医疗相关
法律法规与案例解析

主　编　谢小兵　伍　勇

副主编　谢海波　李志勇　盛尚春　李　萍　王占祥

法律顾问　林文军

人民卫生出版社

图书在版编目（CIP）数据

医疗相关法律法规与案例解析／谢小兵，伍勇主编
. — 北京：人民卫生出版社，2020
ISBN 978-7-117-29465-2

Ⅰ. ①医… Ⅱ. ①谢… ②伍… Ⅲ. ①卫生法–案例
–中国 Ⅳ. ①D922.165

中国版本图书馆 CIP 数据核字（2020）第 005098 号

人卫智网	www.ipmph.com	医学教育、学术、考试、健康，购书智慧智能综合服务平台
人卫官网	www.pmph.com	人卫官方资讯发布平台

医疗相关法律法规与案例解析

主　　编：谢小兵　伍　勇
出版发行：人民卫生出版社（中继线 010-59780011）
地　　址：北京市朝阳区潘家园南里 19 号
邮　　编：100021
E - mail：pmph @ pmph.com
购书热线：010-59787592　010-59787584　010-65264830
印　　刷：中农印务有限公司
经　　销：新华书店
开　　本：787×1092　1/16　　印张：31
字　　数：754 千字
版　　次：2020 年 3 月第 1 版　2020 年 3 月第 1 版第 1 次印刷
标准书号：ISBN 978-7-117-29465-2
定　　价：95.00 元
打击盗版举报电话：010-59787491　E-mail：WQ @ pmph.com
质量问题联系电话：010-59787234　E-mail：zhiliang @ pmph.com

医疗相关法律法规与案例解析

主　　编　谢小兵　伍　勇

副主编　谢海波　李志勇　盛尚春　李　萍　王占祥

法律顾问　林文军

编　　者（以姓氏汉语拼音为序）

邓长娟　湖南中医药大学

方　宇　湖南中医药大学第一附属医院

劳　一　湖南中医药大学第一附属医院

李　萍　湖南中医药大学第一附属医院

李志勇　厦门大学附属第一医院

林文军　福建鹭锴律师事务所

宁兴旺　湖南中医药大学第一附属医院

戚文斌　湖南中医药大学第一附属医院

饶　珺　湖北省中医院

盛尚春　成都大学附属医院

苏　敏　湖南中医药大学第一附属医院

王海娟　湖南中医药大学第一附属医院

王占祥　厦门大学附属第一医院

伍　勇　中南大学湘雅三医院

谢海波　湖南中医药大学第一附属医院

谢小兵　湖南中医药大学第一附属医院

许　涛　湖南中医药大学第一附属医院

易　帆　湖南中医药大学

曾召琼　湖南中医药大学

张　望　中南大学湘雅三医院

张　贞　湖南中医药大学第一附属医院

赵友云　湖北省中医院

邹江玲　湖南省浏阳市中医医院

邹晓玲　湖南中医药大学第一附属医院

编写秘书　劳　一（湖南中医药大学第一附属医院）

序

    2018年9月大连全国检验会议期间,谢小兵教授告诉我:他组织编写了一本有关医疗卫生相关法律法规与案例解析方面的书,可能鉴于我对此比较感兴趣,近期他一直邀请我为此书写序,盛情难却,那就写一点自己的感受,但由于没有通本研读全书内容,难免显得粗浅。

    近年来,各级医疗机构医患纠纷层出不穷,医疗诉讼案件持续上升,很多医院及医护人员在全力以赴救治患者的同时不得不花费一部分精力应付医疗纠纷甚至作为被告而去法院应诉。其原因可能比较复杂,但其中两个方面应该是不争的事实:一方面,随着经济的发展,社会的进步,法律知识的普及,广大人民群众受教育程度的提升及生活水平提高后对自身健康的重视,在现有资源情况下对医疗行业服务期望值上升,医疗过程中维权意识增强;另一方面,尽管很多医护人员在紧张的工作之余对医学知识、业务能力提升非常重视,但对依法行医、规范执业重视不够,对医疗行业相关法律法规不了解或了解不够全面,从而导致在执业、诊疗过程中出现告知不规范、解释不规范、方法不规范、过程不规范、文书不规范等问题,最终极易产生医患纠纷、医疗诉讼、人身伤害、甚至付出生命代价的风险。

    《医疗相关法律法规与案例解析》全书分为两大部分:第一部分系统的收集了医疗相关的法律法规,包括医疗机构管理、临床实验室管理、医疗从业人员管理、医疗技术及服务管理、医疗过程中用品及废弃物管理等管理过程中的法律、规定、条例、要求、办法、细则、标准、说明、通知、批复等内容,并以其不同适用范围通过章节进行了分类编排,以便读者需要时快速查询。第二部分精选了一些典型医疗诉讼案例,并按案例病情简介、案件鉴定及审理经过、关键点进行描述与解读,以方便读者对第一部分法律法规文件内容做进一步的学习和理解。

    期待本书的出版能够帮助医疗机构、医疗相关从业人员提高日常诊疗服务过程中的依法行医、规范执业意识,提升医疗安全和服务水平,减少医疗纠纷和医疗诉讼案件的发生。更期待本书的出版能够帮助医疗机构、医疗相关从业人员在发生医疗纠纷、医疗诉讼后,充分利用现有的法律、法规文件条款沉着应对、积极处理。既防止急躁粗暴激化矛盾,导致恶劣的社会影响,也防止无原则的妥协,通过简单的经济赔偿息事宁人,纵容医闹、敲诈等不良事件的出现。

王成彬

中华医学会检验医学分会主任委员

2019年1月2日

前　言

　　随着科学技术的进步,医学得到了长足的发展,医疗技术日新月异,医疗工作者在日常工作中的诊疗手段大大丰富,得益于此,人民群众的人均寿命明显提高。

　　然而,医学并非单纯的自然科学,它是医生面对患者的诊疗行为,是人与人之间产生的直接或间接关系,而维持这种关系需要遵循一定的规矩,这个规矩就是人们日常行为中所必须遵守的法律法规,医患之间同样也有必须遵循的法律法规,所谓"无规矩不成方圆"。

　　医学的专业性是极强的,医务工作者往往更多地注重医学专业知识本身的学习,提升自己的专业知识与技能,其目的是更好地为患者服务。但由于专业知识的限制,医务工作者往往容易忽略对本身也是一门专业知识的法律法规的学习与了解,因此,对这些法律法规了解得不甚全面,甚至只是略知皮毛,导致在临床工作中可能无意中违背了相关的"规矩",严重的甚至可能触犯法律,造成令人悔恨的后果。

　　因此,遵照"全面推进科学立法、严格执法、公正司法、全民守法,坚持依法治国、依法执政、依法行政共同推进,坚持法治国家、法治政府、法治社会一体建设,不断开创依法治国新局面"的要求,整合了目前国家与医疗相关的各项法律法规及常用的相关律法,大大方便临床医务工作者在工作之余进行相关法律法规的学习,同时,附上与临床医疗活动相关的实际案例,便于临床医务工作者从中吸取经验教训,避开日常工作中的"雷区",不再重蹈覆辙,既保护患者利益不受侵害,也维护临床医务工作者自身合法权益。所以,本书的主要阅读对象是临床医务工作者、在各级医疗单位工作的相关人员及医药卫生行业从业人员等。

　　由于成书时间仓促,编者水平有限,文中难免有疏漏甚至错误之处,望各位读者谅解,并诚恳希望能够给予指正!

谢小兵　伍　勇

2018 年 12 月　长沙

目　录

第一部分　医疗法律法规节选

第一章

医 政 部 分

第一节　医疗机构管理条例

第一章　总　则

第一条　为了加强对医疗机构的管理,促进医疗卫生事业的发展,保障公民健康,制定本条例。

第二条　本条例适用于从事疾病诊断、治疗活动的医院、卫生院、疗养院、门诊部、诊所、卫生所(室)以及急救站等医疗机构。

第三条　医疗机构以救死扶伤,防病治病,为公民的健康服务为宗旨。

第四条　国家扶持医疗机构的发展,鼓励多种形式兴办医疗机构。

第五条　国务院卫生行政部门负责全国医疗机构的监督管理工作。

县级以上地方人民政府卫生行政部门负责本行政区域内医疗机构的监督管理工作。

中国人民解放军卫生主管部门依照本条例和国家有关规定,对军队的医疗机构实施监督管理。

第二章　规划布局和设置审批

第六条　县级以上地方人民政府卫生行政部门应当根据本行政区域内的人口、医疗资源、医疗需求和现有医疗机构的分布状况,制定本行政区域医疗机构设置规划。

机关、企业和事业单位可以根据需要设置医疗机构,并纳入当地医疗机构的设置规划。

第七条　县级以上地方人民政府应当把医疗机构设置规划纳入当地的区域卫生发展规划和城乡建设发展总体规划。

第八条　设置医疗机构应当符合医疗机构设置规划和医疗机构基本标准。

医疗机构基本标准由国务院卫生行政部门制定。

第九条　单位或者个人设置医疗机构,必须经县级以上地方人民政府卫生行政部门审查批准,并取得设置医疗机构批准书,方可向有关部门办理其他手续。

第十条　申请设置医疗机构,应当提交下列文件:

(一)设置申请书;

(二)设置可行性研究报告;

（三）选址报告和建筑设计平面图。

第十一条 单位或者个人设置医疗机构,应当按照以下规定提出设置申请:

（一）不设床位或者床位不满 100 张的医疗机构,向所在地的县级人民政府卫生行政部门申请;

（二）床位在 100 张以上的医疗机构和专科医院按照省级人民政府卫生行政部门的规定申请。

第十二条 县级以上地方人民政府卫生行政部门应当自受理设置申请之日起 30 日内,作出批准或者不批准的书面答复;批准设置的,发给设置医疗机构批准书。

第十三条 国家统一规划的医疗机构的设置,由国务院卫生行政部门决定。

第十四条 机关、企业和事业单位按照国家医疗机构基本标准设置为内部职工服务的门诊部、诊所、卫生所(室),报所在地的县级人民政府卫生行政部门备案。

第三章 登 记

第十五条 医疗机构执业,必须进行登记,领取《医疗机构执业许可证》。

第十六条 申请医疗机构执业登记,应当具备下列条件:

（一）有设置医疗机构批准书;

（二）符合医疗机构的基本标准;

（三）有适合的名称、组织机构和场所;

（四）有与其开展的业务相适应的经费、设施、设备和专业卫生技术人员;

（五）有相应的规章制度;

（六）能够独立承担民事责任。

第十七条 医疗机构的执业登记,由批准其设置的人民政府卫生行政部门办理。

按照本条例第十三条规定设置的医疗机构的执业登记,由所在地的省、自治区、直辖市人民政府卫生行政部门办理。

机关、企业和事业单位设置的为内部职工服务的门诊部、诊所、卫生所(室)的执业登记,由所在地的县级人民政府卫生行政部门办理。

第十八条 医疗机构执业登记的主要事项:

（一）名称、地址、主要负责人;

（二）所有制形式;

（三）诊疗科目、床位;

（四）注册资金。

第十九条 县级以上地方人民政府卫生行政部门自受理执业登记申请之日起 45 日内,根据本条例和医疗机构基本标准进行审核。审核合格的,予以登记,发给《医疗机构执业许可证》;审核不合格的,将审核结果以书面形式通知申请人。

第二十条 医疗机构改变名称、场所、主要负责人、诊疗科目、床位,必须向原登记机关办理变更登记。

第二十一条 医疗机构歇业,必须向原登记机关办理注销登记。经登记机关核准后,收缴《医疗机构执业许可证》。

医疗机构非因改建、扩建、迁建原因停业超过 1 年的,视为歇业。

第二十二条　床位不满100张的医疗机构,其《医疗机构执业许可证》每年校验1次;床位在100张以上的医疗机构,其《医疗机构执业许可证》每3年校验1次。校验由原登记机关办理。

第二十三条　《医疗机构执业许可证》不得伪造、涂改、出卖、转让、出借。

《医疗机构执业许可证》遗失的,应当及时申明,并向原登记机关申请补发。

第四章　执　　业

第二十四条　任何单位或者个人,未取得《医疗机构执业许可证》,不得开展诊疗活动。

第二十五条　医疗机构执业,必须遵守有关法律、法规和医疗技术规范。

第二十六条　医疗机构必须将《医疗机构执业许可证》、诊疗科目、诊疗时间和收费标准悬挂于明显处所。

第二十七条　医疗机构必须按照核准登记的诊疗科目开展诊疗活动。

第二十八条　医疗机构不得使用非卫生技术人员从事医疗卫生技术工作。

第二十九条　医疗机构应当加强对医务人员的医德教育。

第三十条　医疗机构工作人员上岗工作,必须佩戴载有本人姓名、职务或者职称的标牌。

第三十一条　医疗机构对危重病人应当立即抢救。对限于设备或者技术条件不能诊治的病人,应当及时转诊。

第三十二条　未经医师(士)亲自诊查病人,医疗机构不得出具疾病诊断书、健康证明书或者死亡证明书等证明文件;未经医师(士)、助产人员亲自接产,医疗机构不得出具出生证明书或者死产报告书。

第三十三条　医疗机构施行手术、特殊检查或者特殊治疗时,必须征得患者同意,并应当取得其家属或者关系人同意并签字;无法取得患者意见时,应当取得家属或者关系人同意并签字;无法取得患者意见又无家属或者关系人在场,或者遇到其他特殊情况时,经治医师应当提出医疗处置方案,在取得医疗机构负责人或者被授权负责人员的批准后实施。

第三十四条　医疗机构发生医疗事故,按照国家有关规定处理。

第三十五条　医疗机构对传染病、精神病、职业病等患者的特殊诊治和处理,应当按照国家有关法律、法规的规定办理。

第三十六条　医疗机构必须按照有关药品管理的法律、法规,加强药品管理。

第三十七条　医疗机构必须按照人民政府或者物价部门的有关规定收取医疗费用,详列细项,并出具收据。

第三十八条　医疗机构必须承担相应的预防保健工作,承担县级以上人民政府卫生行政部门委托的支援农村、指导基层医疗卫生工作等任务。

第三十九条　发生重大灾害、事故、疾病流行或者其他意外情况时,医疗机构及其卫生技术人员必须服从县级以上人民政府卫生行政部门的调遣。

第五章　监 督 管 理

第四十条　县级以上人民政府卫生行政部门行使下列监督管理职权:

(一)负责医疗机构的设置审批、执业登记和校验;

（二）对医疗机构的执业活动进行检查指导；

（三）负责组织对医疗机构的评审；

（四）对违反本条例的行为给予处罚。

第四十一条　国家实行医疗机构评审制度，由专家组成的评审委员会按照医疗机构评审办法和评审标准，对医疗机构的执业活动、医疗服务质量等进行综合评价。

医疗机构评审办法和评审标准由国务院卫生行政部门制定。

第四十二条　县级以上地方人民政府卫生行政部门负责组织本行政区域医疗机构评审委员会。

医疗机构评审委员会由医院管理、医学教育、医疗、医技、护理和财务等有关专家组成。评审委员会成员由县级以上地方人民政府卫生行政部门聘任。

第四十三条　县级以上地方人民政府卫生行政部门根据评审委员会的评审意见，对达到评审标准的医疗机构，发给评审合格证书；对未达到评审标准的医疗机构，提出处理意见。

第六章　罚　　则

第四十四条　违反本条例第二十四条规定，未取得《医疗机构执业许可证》擅自执业的，由县级以上人民政府卫生行政部门责令其停止执业活动，没收非法所得和药品、器械，并可以根据情节处以 1 万元以下的罚款。

第四十五条　违反本条例第二十二条规定，逾期不校验《医疗机构执业许可证》仍从事诊疗活动的，由县级以上人民政府卫生行政部门责令其限期补办校验手续；拒不校验的，吊销其《医疗机构执业许可证》。

第四十六条　违反本条例第二十三条规定，出卖、转让、出借《医疗机构执业许可证》的，由县级以上人民政府卫生行政部门没收非法所得，并可以处以 5 000 元以下的罚款；情节严重的，吊销其《医疗机构执业许可证》。

第四十七条　违反本条例第二十七条规定，诊疗活动超出登记范围的，由县级以上人民政府卫生行政部门予以警告、责令其改正，并可以根据情节处以 3 000 元以下的罚款；情节严重的，吊销其《医疗机构执业许可证》。

第四十八条　违反本条例第二十八条规定，使用非卫生技术人员从事医疗卫生技术工作的，由县级以上人民政府卫生行政部门责令其限期改正，并可以处以 5 000 元以下的罚款；情节严重的，吊销其《医疗机构执业许可证》。

第四十九条　违反本条例第三十二条规定，出具虚假证明文件的，由县级以上人民政府卫生行政部门予以警告；对造成危害后果的，可以处以 1 000 元以下的罚款；对直接责任人员由所在单位或者上级机关给予行政处分。

第五十条　没收的财物和罚款全部上交国库。

第五十一条　当事人对行政处罚决定不服的，可以依照国家法律、法规的规定申请行政复议或者提起行政诉讼。当事人对罚款及没收药品、器械的处罚决定未在法定期限内申请复议或者提起诉讼又不履行的，县级以上人民政府卫生行政部门可以申请人民法院强制执行。

第七章　附　　则

第五十二条　本条例实施前已经执业的医疗机构，应当在条例实施后的 6 个月内，按照本条例第三章的规定,补办登记手续,领取《医疗机构执业许可证》。

第五十三条 外国人在中华人民共和国境内开设医疗机构及香港、澳门、台湾居民在内地开设医疗机构的管理办法,由国务院卫生行政部门另行制定。

第五十四条 本条例由国务院卫生行政部门负责解释。

第五十五条 本条例自 1994 年 9 月 1 日起施行。1951 年政务院批准发布的《医院诊所管理暂行条例》同时废止。

第二节 医疗机构管理条例实施细则

第一章 总 则

第一条 根据《医疗机构管理条例》(以下简称条例)制定本细则。

第二条 条例及本细则所称医疗机构,是指依据条例和本细则的规定,经登记取得《医疗机构执业许可证》的机构。

第三条 医疗机构的类别:

(一)综合医院、中医医院、中西医结合医院、民族医医院、专科医院、康复医院;

(二)妇幼保健院、妇幼保健计划生育服务中心;

(三)中心卫生院、乡(镇)卫生院、街道卫生院;

(四)疗养院;

(五)综合门诊部、专科门诊部、中医门诊部、中西医结合门诊部、民族医门诊部;

(六)诊所、中医诊所、民族医诊所、卫生所、医务室、卫生保健所、卫生站;

(七)村卫生室(所);

(八)急救中心、急救站;

(九)临床检验中心;

(十)专科疾病防治院、专科疾病防治所、专科疾病防治站;

(十一)护理院、护理站;

(十二)其他诊疗机构。

(十三)医学检验实验室、病理诊断中心、医学影像诊断中心、血液透析中心、安宁疗护中心。

第四条 卫生防疫、国境卫生检疫、医学科研和教学等机构在本机构业务范围之外开展诊疗活动以及美容服务机构开展医疗美容业务的,必须依据条例及本细则,申请设置相应类别的医疗机构。

第五条 中国人民解放军和中国人民武装警察部队编制外的医疗机构,由地方卫生计生行政部门按照条例和本细则管理。

中国人民解放军后勤卫生主管部门负责向地方卫生计生行政部门提供军队编制外医疗机构的名称和地址。

第六条 医疗机构依法从事诊疗活动受法律保护。

第七条 卫生计生行政部门依法独立行使监督管理职权。不受任何单位和个人干涉。

第二章　设 置 审 批

第八条　各省、自治区、直辖市应当按照当地《医疗机构设置规划》合理配置和合理利用医疗资源。

《医疗机构设置规划》由县级以上地方卫生计生行政部门依据《医疗机构设置规划指导原则》制定，经上一级卫生计生行政部门审核，报同级人民政府批准，在本行政区域内发布实施。

《医疗机构设置规划指导原则》另行制定。

第九条　县级以上地方卫生计生行政部门按照《医疗机构设置规划指导原则》规定的权限和程序组织实施本行政区域《医疗机构设置规划》，定期评价实施情况，并将评价结果按年度向上一级卫生计生行政部门和同级人民政府报告。

第十条　医疗机构不分类别、所有制形式、隶属关系、服务对象，其设置必须符合当地《医疗机构设置规划》。

第十一条　床位在一百张以上的综合医院、中医医院、中西医结合医院、民族医医院以及专科医院、疗养院、康复医院、妇幼保健院、急救中心、临床检验中心和专科疾病防治机构的设置审批权限的划分，由省、自治区、直辖市卫生计生行政部门规定；其他医疗机构的设置，由县级卫生计生行政部门负责审批。

医学检验实验室、病理诊断中心、医学影像诊断中心、血液透析中心、安宁疗护中心的设置审批权限另行规定。

第十二条　有下列情形之一的，不得申请设置医疗机构：

（一）不能独立承担民事责任的单位；

（二）正在服刑或者不具有完全民事行为能力的个人；

（三）发生二级以上医疗事故未满五年的医务人员；

（四）因违反有关法律、法规和规章，已被吊销执业证书的医务人员；

（五）被吊销《医疗机构执业许可证》的医疗机构法定代表人或者主要负责人；

（六）省、自治区、直辖市政府卫生计生行政部门规定的其他情形。

有前款第（二）、（三）、（四）、（五）项所列情形之一者，不得充任医疗机构的法定代表人或者主要负责人。

第十三条　在城市设置诊所的个人，必须同时具备下列条件：

（一）经医师执业技术考核合格，取得《医师执业证书》；

（二）取得《医师执业证书》或者医师职称后，从事五年以上同一专业的临床工作；

（三）省、自治区、直辖市卫生计生行政部门规定的其他条件。

医师执业技术标准另行制定。

在乡镇和村设置诊所的个人的条件，由省、自治区、直辖市卫生计生行政部门规定。

第十四条　地方各级人民政府设置医疗机构，由政府指定或者任命的拟建医疗机构的筹建负责人申请；法人或者其他组织设置医疗机构，由其代表人申请；个人设置医疗机构，由设置人申请；两人以上合伙设置医疗机构，由合伙人共同申请。

第十五条　条例第十条规定提交的设置可行性研究报告包括以下内容：

（一）申请单位名称、基本情况以及申请人姓名、年龄、专业履历、身份证号码；

（二）所在地区的人口、经济和社会发展等概况；

（三）所在地区人群健康状况和疾病流行以及有关疾病患病率；

（四）所在地区医疗资源分布情况以及医疗服务需求分析；

（五）拟设医疗机构的名称、选址、功能、任务、服务半径；

（六）拟设医疗机构的服务方式、时间、诊疗科目和床位编制；

（七）拟设医疗机构的组织结构、人员配备；

（八）拟设医疗机构的仪器、设备配备；

（九）拟设医疗机构与服务半径区域内其他医疗机构的关系和影响；

（十）拟设医疗机构的污水、污物、粪便处理方案；

（十一）拟设医疗机构的通讯、供电、上下水道、消防设施情况；

（十二）资金来源、投资方式、投资总额、注册资金（资本）；

（十三）拟设医疗机构的投资预算；

（十四）拟设医疗机构五年内的成本效益预测分析。

并附申请设计单位或者设置人的资信证明。

申请设置门诊部、诊所、卫生所、医务室、卫生保健所、卫生站、村卫生室（所）、护理站等医疗机构的，可以根据情况适当简化设置可行性研究报告内容。

第十六条　条例第十条规定提交的选址报告包括以下内容：

（一）选址的依据；

（二）选址所在地区的环境和公用设施情况；

（三）选址与周围托幼机构、中小学校、食品生产经营单位布局的关系；

（四）占地和建筑面积。

第十七条　由两个以上法人或者其他组织共同申请设置医疗机构以及由两人以上合伙申请设置医疗机构的，除提交可行性研究报告和选址报告外，还必须提交由各方共同签署的协议书。

第十八条　医疗机构建筑设计必须按照法律、法规和规章要求经相关审批机关审查同意后，方可施工。

第十九条　条例第十二条规定的设置申请的受理时间，自申请人提供条例和本细则规定的全部材料之日算起。

第二十条　县级以上地方卫生计生行政部门依据当地《医疗机构设置规划》及本细则审查和批准医疗机构的设置。

申请设计医疗机构有下列情形之一的，不予批准：

（一）不符合当地《医疗机构设置规划》；

（二）设置人不符合规定的条件；

（三）不能提供满足投资总额的资信证明；

（四）投资总额不能满足各项预算开支；

（五）医疗机构选址不合理；

（六）污水、污物、粪便处理方案不合理；

（七）省、自治区、直辖市卫生计生行政部门规定的其他情形。

第二十一条　卫生计生行政部门应当在核发《设置医疗机构批准书》的同时，向上一级卫生计生行政部门备案。

上级卫生计生行政部门有权在接到备案报告之日起三十日内纠正或者撤销下级卫生计生行政部门作出的不符合当地《医疗机构设置规划》的设置审批。

第二十二条 《设置医疗机构批准书》的有效期,由省、自治区、直辖市卫生计生行政部门规定。

第二十三条 变更《设置医疗机构批准书》中核准的医疗机构的类别、规模、选址和诊疗科目,必须按照条例和本细则的规定,重新申请办理设置审批手续。

第二十四条 法人和其他组织设置的为内部职工服务的门诊部、诊所、卫生所(室),由设置单位在该医疗机构执业登记前,向当地县级卫生计生行政部门备案,并提交下列材料:

(一)设置单位或者其主管部门设置医疗机构的决定;

(二)《设置医疗机构备案书》。

卫生计生行政部门应当在接到备案后十五日内给予《设置医疗机构备案回执》。

第三章 登记与校验

第二十五条 申请医疗机构执业登记必须填写《医疗机构申请执业登记注册书》,并向登记机关提交下列材料:

(一)《设置医疗机构批准书》或者《设置医疗机构备案回执》;

(二)医疗机构用房产权证明或者使用证明;

(三)医疗机构建筑设计平面图;

(四)验资证明、资产评估报告;

(五)医疗机构规章制度;

(六)医疗机构法定代表人或者主要负责人以及各科室负责人名录和有关资格证书、执业证书复印件;

(七)省、自治区、直辖市卫生计生行政部门规定提供的其他材料。

申请门诊部、诊所、卫生所、医务室、卫生保健所和卫生站登记的,还应当提交附设药房(柜)的药品种类清单、卫生技术人员名录及其有关资格证书、执业证书复印件以及省、自治区、直辖市卫生计生行政部门规定提交的其他材料。

第二十六条 登记机关在受理医疗机构执业登记申请后,应当按照条例第十六条规定的条件和条例第十九条规定的时限进行审查和实地考察、核实,并对有关执业人员进行消毒、隔离和无菌操作等基本知识和技能的现场抽查考核。经审核合格的,发给《医疗机构执业许可证》;审核不合格的,将审核结果和不予批准的理由以书面形式通知申请人。

《医疗机构执业许可证》及其副本由国家卫生计生委统一印制。

条例第十九条规定的执业登记申请的受理时间,自申请人提供条例和本细则规定的全部材料之日算起。

第二十七条 申请医疗机构执业登记有下列情形之一的,不予登记:

(一)不符合《设置医疗机构批准书》核准的事项;

(二)不符合《医疗机构基本标准》;

(三)投资不到位;

(四)医疗机构用房不能满足诊疗服务功能;

（五）通讯、供电、上下水道等公共设施不能满足医疗机构正常运转；

（六）医疗机构规章制度不符合要求；

（七）消毒、隔离和无菌操作等基本知识和技能的现场抽查考核不合格；

（八）省、自治区、直辖市卫生计生行政部门规定的其他情形。

第二十八条　医疗机构执业登记的事项：

（一）类别、名称、地址、法定代表人或者主要负责人；

（二）所有制形式；

（三）注册资金（资本）；

（四）服务方式；

（五）诊疗科目；

（六）房屋建筑面积、床位（牙椅）；

（七）服务对象；

（八）职工人数；

（九）执业许可证登记号（医疗机构代码）；

（十）省、自治区、直辖市卫生计生行政部门规定的其他登记事项。

门诊部、诊所、卫生所、医务室、卫生保健所、卫生站除登记前款所列事项外，还应当核准登记附设药房（柜）的药品种类。

《医疗机构诊疗科目名录》另行制定。

第二十九条　因分立或者合并而保留的医疗机构应当申请变更登记；因分立或者合并而新设置的医疗机构应当申请设置许可证和执业登记；因合并而终止的医疗机构应当申请注销登记。

第三十条　医疗机构变更名称、地址、法定代表人或者主要负责人、所有制形式、服务对象、服务方式、注册资金（资本）、诊疗科目、床位（牙椅）的，必须向登记机关申请办理变更登记，并提交下列材料：

（一）医疗机构法定代表人或者主要负责人签署的《医疗机构申请变更登记注册书》；

（二）申请变更登记的原因和理由；

（三）登记机关规定提交的其他材料。

第三十一条　机关、企业和事业单位设置的为内部职工服务的医疗机构向社会开放，必须按照前条规定申请办理变更登记。

第三十二条　医疗机构在原登记机关管辖权限范围内变更登记事项的，由原登记机关办理变更登记；因变更登记超出原登记机关管辖权限的，由有管辖权的卫生计生行政部门办理变更登记。

医疗机构在原登记机关管辖区域内迁移，由原登记机关办理变更登记；向原登记机关管辖区域外迁移的，应当在取得迁移目的地的卫生计生行政部门发给的《设置医疗机构批准书》，并经原登记机关核准办理注销登记后，再向迁移目的地的卫生计生行政部门申请办理执业登记。

第三十三条　登记机关在受理变更登记申请后，依据条例和本细则的有关规定以及当地《医疗机构设置规划》进行审核，按照登记程序或者简化程序办理变更登记，并作出核准变更登记或者不予变更登记的决定。

第三十四条　医疗机构停业,必须经登记机关批准。除改建、扩建、迁建原因,医疗机构停业不得超过一年。

第三十五条　床位在一百张以上的综合医院、中医医院、中西医结合医院、民族医医院以及专科医院、疗养院、康复医院、妇幼保健院、急救中心、临床检验中心和专科疾病防治机构的校验期为三年;其他医疗机构的校验期为一年。

医疗机构应当于校验期满前三个月向登记机关申请办理校验手续。

办理校验应当交验《医疗机构执业许可证》,并提交下列文件:

(一)《医疗机构校验申请书》;

(二)《医疗机构执业许可证》副本;

(三)省、自治区、直辖市卫生计生行政部门规定提交的其他材料。

第三十六条　卫生计生行政部门应当在受理校验申请后的三十日内完成校验。

第三十七条　医疗机构有下列情形之一的,登记机关可以根据情况,给予一至六个月的暂缓校验期:

(一)不符合《医疗机构基本标准》;

(二)限期改正期间;

(三)省、自治区、直辖市卫生计生行政部门规定的其他情形。

不设床位的医疗机构在暂缓校验期内不得执业。

暂缓校验期满仍不能通过校验的,由登记机关注销其《医疗机构执业许可证》。

第三十八条　各级卫生计生行政部门应当采用电子证照等信息化手段对医疗机构实行全程管理和动态监管。有关管理办法另行制定。

第三十九条　医疗机构开业、迁移、更名、改变诊疗科目以及停业、歇业和校验结果由登记机关予以公告。

第四章　名　称

第四十条　医疗机构的名称由识别名称和通用名称依次组成。

医疗机构的通用名称为:医院、中心卫生院、卫生院、疗养院、妇幼保健院、门诊部、诊所、卫生所、卫生站、卫生室、医务室、卫生保健所、急救中心、急救站、临床检验中心、防治院、防治站、护理院、护理站、中心以及国家卫生计生委规定或者认可的其他名称。

医疗机构可以下列名称作为识别名称:地名、单位名称、个人姓名、医学学科名称、医学专业和专科名称、诊疗科目名称和核准机关批准使用的名称。

第四十一条　医疗机构的命名必须符合以下原则:

(一)医疗机构的通用名称以前条第二款所列的名称为限;

(二)前条第三款所列的医疗机构的识别名称可以合并使用;

(三)名称必须名副其实;

(四)名称必须与医疗机构类别或者诊疗科目相适应;

(五)各级地方人民政府设置的医疗机构的识别名称中应当含有省、市、区、街道、乡、镇、村等行政区划名称,其他医疗机构的识别名称中不得含有行政区划名称;

(六)国家机关、企业和事业单位、社会团体或者个人设置的医疗机构的名称中应当含有设置单位名称或者个人的姓名。

第四十二条　医疗机构不得使用下列名称：

（一）有损于国家、社会或者公共利益的名称；

（二）侵犯他人利益的名称；

（三）以外文字母、汉语拼音组成的名称；

（四）以医疗仪器、药品、医用产品命名的名称。

（五）含有"疑难病""专治""专家""名医"或者同类含义文字的名称以及其他宣传或者暗示诊疗效果的名称；

（六）超出登记的诊疗科目范围的名称；

（七）省级以上卫生计生行政部门规定不得使用的名称。

第四十三条　以下医疗机构名称由国家卫生计生委核准；属于中医、中西医结合和民族医医疗机构的，由国家中医药管理局核准：

（一）含有外国国家（地区）名称及其简称、国际组织名称的；

（二）含有"中国""全国""中华""国家"等字样以及跨省地域名称的；

（三）各级地方人民政府设置的医疗机构的识别名称中不含有行政区划名称的。

第四十四条　以"中心"作为医疗机构通用名称的医疗机构名称，由省级以上卫生计生行政部门核准；在识别名称中含有"中心"字样的医疗机构名称的核准，由省、自治区、直辖市卫生计生行政部门规定。

含有"中心"字样的医疗机构名称必须同时含有行政区划名称或者地名。

第四十五条　除专科疾病防治机构以外，医疗机构不得以具体疾病名称作为识别名称，确有需要的由省、自治区、直辖市卫生计生行政部门核准。

第四十六条　医疗机构名称经核准登记，于领取《医疗机构执业许可证》后方可使用，在核准机关管辖范围内享有专用权。

第四十七条　医疗机构只准使用一个名称。确有需要，经核准机关核准可以使用两个或者两个以上名称，但必须确定一个第一名称。

第四十八条　卫生计生行政部门有权纠正已经核准登记的不适宜的医疗机构名称，上级卫生计生行政部门有权纠正下级卫生计生行政部门已经核准登记的不适宜的医疗机构名称。

第四十九条　两个以上申请人向同一核准机关申请相同的医疗机构名称，核准机关依照申请在先原则核定。属于同一天申请的，应当由申请人双方协商解决；协商不成的，由核准机关作出裁决。

两个以上医疗机构因已经核准登记的医疗机构名称相同发生争议时，核准机关依照登记在先原则处理。属于同一天登记的，应当由双方协商解决；协商不成的，由核准机关报上一级卫生计生行政部门作出裁决。

第五十条　医疗机构名称不得买卖、出借。

未经核准机关许可，医疗机构名称不得转让。

第五章　执　　业

第五十一条　医疗机构的印章、银行账户、牌匾以及医疗文件中使用的名称应当与核准登记的医疗机构名称相同；使用两个以上的名称的，应当与第一名称相同。

第五十二条 医疗机构应当严格执行无菌消毒、隔离制度,采取科学有效的措施处理污水和废弃物,预防和减少医院感染。

第五十三条 医疗机构的门诊病历的保存期不得少于十五年;住院病历的保存期不得少于三十年。

第五十四条 标有医疗机构标识的票据和病历本册以及处方笺、各种检查的申请单、报告单、证明文书单、药品分装袋、制剂标签等不得买卖、出借和转让。

第五十五条 医疗机构应当按照卫生计生行政部门的有关规定、标准加强医疗质量管理,实施医疗质量保证方案,确保医疗安全和服务质量,不断提高服务水平。

第五十六条 医疗机构应当定期检查、考核各项规章制度和各级各类人员岗位责任制的执行和落实情况。

第五十七条 医疗机构应当经常对医务人员进行"基础理论、基本知识、基本技能"的训练与考核,把"严格要求、严密组织、严谨态度"落实到各项工作中。

第五十八条 医疗机构应当组织医务人员学习医德规范和有关教材,督促医务人员恪守职业道德。

第五十九条 医疗机构不得使用假劣药品,过期和失效药品以及违禁药品。

第六十条 医疗机构为死因不明者出具的《死亡医学证明书》,只作是否死亡的诊断,不作死亡原因的诊断。如有关方面要求进行死亡原因诊断的,医疗机构必须指派医生对尸体进行解剖和有关死因检查后方能作出死因诊断。

第六十一条 医疗机构在诊疗活动中,应当对患者实行保护性医疗措施,并取得患者家属和有关人员的配合。

第六十二条 医疗机构应当尊重患者对自己的病情、诊断、治疗的知情权利。在实施手术、特殊检查、特殊治疗时,应当向患者作必要的解释。因实施保护性医疗措施不宜向患者说明情况的,应当将有关情况通知患者家属。

第六十三条 门诊部、诊所、卫生所、医务室、卫生保健所和卫生站附设药房(柜)的药品种类由登记机关核定,具体办法由省、自治区、直辖市卫生计生行政部门规定。

第六十四条 为内部职工服务的医疗机构未经许可和变更登记不得向社会开放。

第六十五条 医疗机构被吊销或者注销执业许可证后,不得继续开展诊疗活动。

第六章 监 督 管 理

第六十六条 各级卫生计生行政部门负责所辖区域内医疗机构的监督管理工作。

第六十七条 在监督管理工作中,要充分发挥医院管理学会和卫生工作者协会等学术性和行业性社会团体的作用。

第六十八条 县级以上卫生计生行政部门设立医疗机构监督管理办公室。

各级医疗机构监督管理办公室在同级卫生计生行政部门的领导下开展工作。

第六十九条 各级医疗机构监督管理办公室的职责:

(一)拟订医疗机构监督管理工作计划;

(二)办理医疗机构监督员的审查、发证、换证;

(三)负责医疗机构登记、校验和有关监督管理工作的统计,并向同级卫生计生行政部门报告;

（四）负责接待、办理群众对医疗机构的投诉；

（五）完成卫生计生行政部门交给的其他监督管理工作。

第七十条　县级以上卫生计生行政部门设医疗机构监督员，履行规定的监督管理职责。

医疗机构监督员由同级卫生计生行政部门聘任。

医疗机构监督员应当严格执行国家有关法律、法规和规章，其主要职责是：

（一）对医疗机构执行有关法律、法规、规章和标准的情况进行监督、检查、指导；

（二）对医疗机构执业活动进行监督、检查、指导；

（三）对医疗机构违反条例和本细则的案件进行调查、取证；

（四）对经查证属实的案件向卫生计生行政部门提出处理或者处罚意见；

（五）实施职权范围内的处罚；

（六）完成卫生计生行政部门交付的其他监督管理工作。

第七十一条　医疗机构监督员有权对医疗机构进行现场检查，无偿索取有关资料，医疗机构不得拒绝、隐匿或者隐瞒。

医疗机构监督员在履行职责时应当佩戴证章、出示证件。

医疗机构监督员证章、证件由国家卫生计生委监制。

第七十二条　各级卫生计生行政部门对医疗机构的执业活动检查、指导主要包括：

（一）执行国家有关法律、法规、规章和标准情况；

（二）执行医疗机构内部各项规章制度和各级各类人员岗位责任制情况；

（三）医德医风情况；

（四）服务质量和服务水平情况；

（五）执行医疗收费标准情况；

（六）组织管理情况；

（七）人员任用情况；

（八）省、自治区、直辖市卫生计生行政部门规定的其他检查、指导项目。

第七十三条　国家实行医疗机构评审制度，对医疗机构的基本标准、服务质量、技术水平、管理水平等进行综合评价。县级以上卫生计生行政部门负责医疗机构评审的组织和管理；各级医疗机构评审委员会负责医疗机构评审的具体实施。

第七十四条　县级以上中医（药）行政管理部门成立医疗机构评审委员会，负责中医、中西医结合和民族医医疗机构的评审。

第七十五条　医疗机构评审包括周期性评审、不定期重点检查。

医疗机构评审委员会在对医疗机构进行评审时，发现有违反条例和本细则的情节，应当及时报告卫生计生行政部门；医疗机构评审委员会委员为医疗机构监督员的，可以直接行使监督权。

第七十六条　《医疗机构监督管理行政处罚程序》另行制定。

第七章　处　罚

第七十七条　对未取得《医疗机构执业许可证》擅自执业的，责令其停止执业活动，没收非法所得和药品、器械，并处以三千元以下的罚款；有下列情形之一的，责令其停止执业活动，没收非法所得的药品、器械，处以三千元以上一万元以下的罚款：

（一）因擅自执业曾受过卫生计生行政部门处罚；

（二）擅自执业的人员为非卫生技术专业人员；

（三）擅自执业时间在三个月以上；

（四）给患者造成伤害；

（五）使用假药、劣药蒙骗患者；

（六）以行医为名骗取患者钱物；

（七）省、自治区、直辖市卫生计生行政部门规定的其他情形。

第七十八条　对不按期办理校验《医疗机构执业许可证》又不停止诊疗活动的，责令其限期补办校验手续；在限期内仍不办理校验的，吊销其《医疗机构执业许可证》。

第七十九条　转让、出借《医疗机构执业许可证》的，没收其非法所得，并处以三千元以下的罚款；有下列情形之一的，没收其非法所得，处以三千元以上五千元以下的罚款，并吊销《医疗机构执业许可证》：

（一）出卖《医疗机构执业许可证》；

（二）转让或者出借《医疗机构执业许可证》是以营利为目的；

（三）受让方或者承借方给患者造成伤害；

（四）转让、出借《医疗机构执业许可证》给非卫生技术专业人员；

（五）省、自治区、直辖市卫生计生行政部门规定的其他情形。

第八十条　除急诊和急救外，医疗机构诊疗活动超出登记的诊疗科目范围，情节轻微的，处以警告；有下列情形之一的，责令其限期改正，并可处以三千元以下罚款；

（一）超出登记的诊疗科目范围的诊疗活动累计收入在三千元以下；

（二）给患者造成伤害。

有下列情形之一的，处以三千元罚款，并吊销《医疗机构执业许可证》：

（一）超出登记的诊疗科目范围的诊疗活动累计收入在三千元以上；

（二）给患者造成伤害；

（三）省、自治区、直辖市卫生计生行政部门规定的其他情形。

第八十一条　任用非卫生技术人员从事医疗卫生技术工作的，责令其立即改正，并可处以三千元以下罚款；有下列情形之一的，处以三千元以上五千元以下罚款，并可以吊销其《医疗机构执业许可证》：

（一）任用两名以上非卫生技术人员从事诊疗活动；

（二）任用的非卫生技术人员给患者造成伤害。

医疗机构使用卫生技术人员从事本专业以外的诊疗活动的，按使用非卫生技术人员处理。

第八十二条　出具虚假证明文件，情节轻微的，给予警告，并可处以五百元以下的罚款；有下列情形之一的，处以五百元以上一千元以下的罚款：

（一）出具虚假证明文件造成延误诊治的；

（二）出具虚假证明文件给患者精神造成伤害的；

（三）造成其他危害后果的。

对直接责任人员由所在单位或者上级机关给予行政处分。

第八十三条　医疗机构有下列情形之一的，登记机关可以责令其限期改正：

（一）发生重大医疗事故；

（二）连续发生同类医疗事故，不采取有效防范措施；

（三）连续发生原因不明的同类患者死亡事件，同时存在管理不善因素；

（四）管理混乱，有严重事故隐患，可能直接影响医疗安全；

（五）省、自治区、直辖市卫生计生行政部门规定的其他情形。

第八十四条 当事人对行政处罚决定不服的，可以在接到《行政处罚决定通知书》之日起十五日内向作出行政处罚的上一级卫生计生行政部门申请复议。上级卫生计生行政部门应当在接到申请书之日起三十日内作出书面答复。

当事人对行政处罚决定不服的，也可以在接到《行政处罚决定通知书》之日起十五日内直接向人民法院提起行政诉讼。

逾期不申请复议、不起诉又不履行处罚决定的，由作出行政处罚决定的卫生计生行政部门填写《行政处罚强制执行申请书》，向人民法院申请强制执行。

第八章 附 则

第八十五条 医疗机构申请办理设置审批、执业登记、校验、评审时，应当交纳费用，医疗机构执业应当交纳管理费，具体办法由省级以上卫生计生行政部门会同物价管理部门规定。

第八十六条 各省、自治区、直辖市根据条例和本细则并结合当地的实际情况，制定实施办法。实施办法中的有关中医、中西结合、民族医疗机构的条款，由省、自治区、直辖市中医（药）行政部门拟订。

第八十七条 条例及本细则实施前已经批准执业的医疗机构的审核登记办法，由省、自治区、直辖市卫生计生行政部门根据当地的实际情况规定。

第八十八条 条例及本细则中下列用语的含义：

诊疗活动：是指通过各种检查，使用药物、器械及手术等方法，对疾病作出判断和消除疾病、缓解病情、减轻痛苦、改善功能、延长生命、帮助患者恢复健康的活动。

医疗美容：是指使用药物以及手术、物理和其他损伤性或者侵入性手段进行的美容。

特殊检查、特殊治疗：是指具有下列情形之一的诊断、治疗活动：

（一）有一定危险性，可能产生不良后果的检查和治疗；

（二）由于患者体质特殊或者病情危笃，可能对患者产生不良后果和危险的检查和治疗；

（三）临床试验性检查和治疗；

（四）收费可能对患者造成较大经济负担的检查和治疗。

卫生技术人员：是指按照国家有关法律、法规和规章的规定取得卫生技术人员资格或者职称的人员。

技术规范：是指由国家卫生计生委、国家中医药管理局制定或者认可的与诊疗活动有关的技术标准、操作规程等规范性文件。

军队的医疗机构：是指中国人民解放军和中国人民武装警察部队编制内的医疗机构。

第八十九条 各级中医（药）行政管理部门依据条件和本细则以及当地医疗机构管理条例实施办法，对管辖范围内各类中医、中西医结合和民族医医疗机构行使设置审批、登记和监督管理权。

第九十条　本细则的解释权在国家卫生计生委。

第九十一条　本细则自 1994 年 9 月 1 日起施行。

附:关于修改《医疗机构管理条例实施细则》的决定

一、将该实施细则中的"卫生部"统一修改为:"国家卫生计生委",将"卫生行政部门"统一修改为:"卫生计生行政部门"。

二、将第三条第二项修改为:"妇幼保健院、妇幼保健计划生育服务中心"。

增加一项,作为第十三项:"(十三)医学检验实验室、病理诊断中心、医学影像诊断中心、血液透析中心、安宁疗护中心"。

第十三项改为第十四项。

三、第十一条增加一款,作为第二款:"医学检验实验室、病理诊断中心、医学影像诊断中心、血液透析中心、安宁疗护中心的设置审批权限另行规定"。

四、删除第十二条第一款第三项,并将第二款修改为:"有前款第(二)、(三)、(四)、(五)项所列情形之一者,不得充任医疗机构的法定代表人或者主要负责人"。

五、将第十八条修改为:"医疗机构建筑设计必须按照法律、法规和规章要求经相关审批机关审查同意后,方可施工"。

六、将第三十八条修改为:"各级卫生计生行政部门应当采用电子证照等信息化手段对医疗机构实行全程管理和动态监管。有关管理办法另行制定"。

本决定自 2017 年 4 月 1 日起施行。

第三节　中外合资、合作医疗机构管理暂行办法

第一章　总　　则

第一条　为进一步适应改革开放的需要,加强对中外合资、合作医疗机构的管理,促进我国医疗卫生事业的健康发展,根据《中华人民共和国中外合资经营企业法》《中华人民共和国中外合作经营企业法》《医疗机构管理条例》等国家有关法律、法规,制定本办法。

第二条　本办法所称中外合资、合作医疗机构是指外国医疗机构、公司、企业和其他经济组织(以下称合资、合作外方),按照平等互利的原则,经中国政府主管部门批准,在中国境内(香港、澳门及台湾地区除外,下同)与中国的医疗机构、公司、企业和其他经济组织(以下称合资、合作中方)以合资或者合作形式设立的医疗机构。

第三条　申请在中国境内设立中外合资、合作医疗机构,适用本办法。

第四条　中外合资、合作医疗机构必须遵守国家有关法律、法规和规章。中外合资、合作医疗机构的正当经营活动及合资、合作双方的合法权益受中国法律保护。

第五条　卫生部和对外贸易经济合作部(以下称外经贸部)在各自的职责范围内负责全国中外合资、合作医疗机构管理工作。

县级以上地方人民政府卫生行政部门(含中医/药主管部门)和外经贸行政部门在各自职责范围内负责本行政区域内中外合资、合作医疗机构的日常监督管理工作。

第二章　设　置　条　件

第六条　中外合资、合作医疗机构的设置与发展必须符合当地区域卫生规划和医疗机

构设置规划,并执行卫生部制定的《医疗机构基本标准》。

第七条　申请设立中外合资、合作医疗机构的中外双方应是能够独立承担民事责任的法人。合资、合作的中外双方应当具有直接或间接从事医疗卫生投资与管理的经验,并符合下列要求之一:

(一)能够提供国际先进的医疗机构管理经验、管理模式和服务模式;

(二)能够提供具有国际领先水平的医学技术和设备;

(三)可以补充或改善当地在医疗服务能力、医疗技术、资金和医疗设施方面的不足。

第八条　设立的中外合资、合作医疗机构应当符合以下条件:

(一)必须是独立的法人;

(二)投资总额不得低于2 000万元人民币;

(三)合资、合作中方在中外合资、合作医疗机构中所占的股权比例或权益不得低于30%;

(四)合资、合作期限不超过20年;

(五)省级以上卫生行政部门规定的其他条件。

第九条　合资、合作中方以国有资产参与投资(包括作价出资或作为合作条件),应当经相应主管部门批准,并按国有资产评估管理有关规定,由国有资产管理部门确认的评估机构对拟投入国有资产进行评估。经省级以上国有资产管理部门确认的评估结果,可以作为拟投入的国有资产的作价依据。

第三章　设置审批与登记

第十条　设置中外合资、合作医疗机构,应先向所在地设区的市级卫生行政部门提出申请,并提交以下材料:

(一)设置医疗机构申请书;

(二)合资、合作双方法人代表签署的项目建议书及中外合资、合作医疗机构设置可行性研究报告;

(三)合资、合作双方各自的注册登记证明(复印件)、法定代表人身份证明(复印件)和银行资信证明;

(四)国有资产管理部门对拟投入国有资产的评估报告确认文件。

设区的市级卫生行政部门对申请人提交的材料进行初审,并根据区域卫生规划和医疗机构设置规划提出初审意见,并与申请材料、当地区域卫生规划和医疗机构设置规划一起报所在地省级卫生行政部门审核。

第十一条　省级卫生行政部门对申请材料及设区的市级卫生行政部门初审意见进行审核后报卫生部审批。

报请审批,需由省级卫生行政部门向卫生部提交以下材料:

(一)申请人设置申请材料;

(二)设置地设区的市级人民政府批准发布实施的《医疗机构设置规划》及设置地设区的市级和省级卫生行政部门关于拟设置中外合资、合作医疗机构是否符合当地区域卫生规划和医疗机构设置规划的审核意见;

(三)省级卫生行政管理部门关于设置该中外合资、合作医疗机构的审核意见,其中包括对拟设置中外合资、合作医疗机构的名称、选址、规模（床位、牙椅）、诊疗科目和经营期限等的意见；

（四）法律、法规和卫生部规定的其他材料。

卫生部应当自受理之日起45个工作日内，作出批准或者不批准的书面决定。

第十二条 申请设置中外合资、合作中医医疗机构（含中外合资、合作中西医结合医疗机构和中外合资、合作民族医医疗机构）的，按本办法第十条和第十一条要求，经所在地设区的市级卫生行政部门初审和所在地的省级卫生行政部门审核，报国家中医药管理局审核后转报卫生部审批。

第十三条 申请人在获得卫生部设置许可后，按照有关法律、法规向外经贸部提出申请，并提交以下材料：

（一）设置申请申报材料及批准文件；

（二）由中外合资、合作各方的法定代表人或其授权的代表签署的中外合资、合作医疗机构的合同、章程；

（三）拟设立中外合资、合作医疗机构董事会成员名单及合资、合作各方董事委派书；

（四）工商行政管理部门出具的机构名称预先核准通知书；

（五）法律、法规和外经贸部规定的其他材料。

外经贸部应当自受理申请之日起45个工作日内，作出批准或者不批准的书面决定；予以批准的，发给《外商投资企业批准证书》。

获得批准设立的中外合资、合作医疗机构，应自收到外经贸部颁发的《外商投资企业批准证书》之日起一个月内，凭此证书到国家工商行政管理部门办理注册登记手续。

第十四条 申请在我国中西部地区或老、少、边、穷地区设置中外合资、合作医疗机构或申请设置的中外合资、合作医疗机构所提供的医疗服务范围和内容属于国家鼓励的服务领域，可适当放宽第七条、第八条规定的条件。

第十五条 获准设立的中外合资、合作医疗机构，应当按《医疗机构管理条例》和《医疗机构管理条例实施细则》关于医疗机构执业登记所规定的程序和要求，向所在地省级卫生行政部门规定的卫生行政部门申请执业登记，领取《医疗机构执业许可证》。

省级卫生行政部门根据中外合资、合作医疗机构的类别和规模，确定省级卫生行政部门或设区的市级卫生行政部门受理中外合资、合作医疗机构执业登记申请。

第十六条 中外合资、合作医疗机构命名应当遵循卫生部发布的《医疗机构管理条例实施细则》规定。中外合资、合作医疗机构的名称由所在地地名、识别名和通用名依次组成。

第十七条 中外合资、合作医疗机构不得设置分支机构。

第四章 变更、延期和终止

第十八条 已设立的中外合资、合作医疗机构变更机构规模（床位、牙椅）、诊疗科目、合资、合作期限等，应按本办法第三章规定的审批程序，经原审批机关审批后，到原登记机关办理相应的变更登记手续。

中外合资、合作医疗机构涉及合同、章程有关条款的变更，由所在地外经贸部门转报外经贸部批准。

第十九条 中外合资、合作医疗机构合资、合作期20年届满，因特殊情况确需延长合资、合作期限的,合资、合作双方可以申请延长合资、合作期限,并应当在合资、合作期限届满的90天前申请延期。延期申请经省级卫生行政部门和外经贸行政部门审核同意后,报请卫生部和外经贸部审批。审批机关自接到申请之日起45个工作日内,作出批准或者不予批准的书面决定。

第二十条 经批准设置的中外合资、合作医疗机构,应当在审批机关规定的期限内办理完有关登记注册手续;逾期未能完成的,经审批机关核准后,撤销该合资、合作项目。

第五章 执 业

第二十一条 中外合资、合作医疗机构作为独立法人实体,自负盈亏,独立核算,独立承担民事责任。

第二十二条 中外合资、合作医疗机构应当执行《医疗机构管理条例》和《医疗机构管理条例实施细则》关于医疗机构执业的规定。

第二十三条 中外合资、合作医疗机构必须执行医疗技术准入规范和临床诊疗技术规范,遵守新技术、新设备及大型医用设备临床应用的有关规定。

第二十四条 中外合资、合作医疗机构发生医疗事故,依照国家有关法律、法规处理。

第二十五条 中外合资、合作医疗机构聘请外籍医师、护士,按照《中华人民共和国执业医师法》和《中华人民共和国护士管理办法》等有关规定办理。

第二十六条 发生重大灾害、事故、疾病流行或者其他意外情况时,中外合资、合作医疗机构及其卫生技术人员要服从卫生行政部门的调遣。

第二十七条 中外合资、合作医疗机构发布本机构医疗广告,按照《中华人民共和国广告法》《医疗广告管理办法》办理。

第二十八条 中外合资、合作医疗机构的医疗收费价格按照国家有关规定执行。

第二十九条 中外合资、合作医疗机构的税收政策按照国家有关规定执行。

第六章 监 督

第三十条 县以上地方各级卫生行政部门负责本行政区域内中外合资、合作医疗机构的日常监督管理工作。

中外合资、合作医疗机构的《医疗机构执业许可证》每年校验一次,《医疗机构执业许可证》的校验由医疗机构执业登记机关办理。

第三十一条 中外合资、合作医疗机构应当按照国家对外商投资企业的有关规定,接受国家有关部门的监督。

第三十二条 中外合资、合作医疗机构违反国家有关法律、法规和规章,由有关主管部门依法查处。对于违反本办法的中外合资、合作医疗机构,县级以上卫生行政部门和外经贸部门可依据相关法律、法规和规章予以处罚。

第三十三条 地方卫生行政部门和地方外经贸行政部门违反本办法规定,擅自批准中外合资、合作医疗机构的设置和变更的,依法追究有关负责人的责任。

中外各方未经卫生部和外经贸部批准,成立中外合资、合作医疗机构并开展医疗活动或以合同方式经营诊疗项目的,视同非法行医,按《医疗机构管理条例》和《医疗机构管理条例实施细则》及有关规定进行处罚。

第七章 附　则

第三十四条　香港特别行政区、澳门特别行政区、台湾地区的投资者在大陆投资举办合资、合作医疗机构的,参照本办法执行。

第三十五条　申请在中国境内设立外商独资医疗机构的,不予以批准。

第三十六条　各省、自治区、直辖市卫生、外经贸行政部门可依据本办法,结合本地实际制订具体规定。

第三十七条　本办法由卫生部和外经贸部负责解释。

第三十八条　本规定自 2000 年 7 月 1 日起实施。一九八九年二月十日颁布的卫医字〔89〕第 3 号文和一九九七年四月三十日颁布的〔1997〕外经贸发第 292 号文同时废止。

第四节　医疗机构基本标准

2017 年 6 月 12 日,国家卫计委下发了最新的《医疗机构基本标准(试行)》(下文简称《标准》)的最新通知,替换了 1994 年的旧版标准。《标准》对综合医院中医医院、中西医结合医院、民族医医院、专科医院、口腔医院、肿瘤医院、儿童医院、精神病医院、传染病医院、心血管病医院、血液病医院、皮肤病医院、整形外科医院、美容医院、康复医院、疗养院等的设立标准进行了明确规定。

此外,《标准》还指出,少数地区执行本标准确有困难的,可由省、自治区、直辖市卫生行政部门根据实际情况调整某些指标,作为地方标准,报卫生部核准备案后施行。尚未列入本标准的医疗机构,可比照同类医疗机构基本标准执行。民族医医院基本标准由各省、自治区、直辖市卫生行政部门制定。

第一部分　医院基本标准

凡以"医院"命名的医疗机构,住院床位总数应在 20 张以上。

综 合 医 院

一级综合医院

一、床位

住院床位总数 20 至 99 张。

二、科室设置:

(一)临床科室:至少设有急诊室、内科、外科、妇(产)科、预防保健科;

(二)医技科室:至少设有药房、化验室、X 光室、消毒供应室。

三、人员:

(一)每床至少配备 0.7 名卫生技术人员;

(二)至少有 3 名医师、5 名护士和相应的药剂、检验、放射等卫生技术人员;

(三)至少有 1 名具有主治医师以上职称的医师。

四、房屋：

每床建筑面积不少于 45 平方米。

五、设备：

(一)基本设备：

心电图机	洗胃器
电动吸引器	呼吸球囊
妇科检查床	冲洗车
气管插管	万能手术床
必要的手术器械	显微镜
离心机	X 光机
电冰箱	药品柜
恒温培养箱	高压灭菌设备
紫外线灯	洗衣机

常水、热水、蒸馏水、净化过滤系统

(二)病房每床单元设备：

床	1 张
床垫	1.2 条
被子	1.2 条
褥子	1.2 条
被套	2 条
床单	2 条
枕芯	2 个
枕套	4 个
床头柜	1 个
暖水瓶	1 个
面盆	2 个
痰盂或痰杯	1 个
病员服	2 套

(三)有与开展的诊疗科目相应的其他设备。

六、制订各项规章制度、人员岗位责任制,有国家制定或认可的医疗护理技术操作规程,并成册可用。

七、注册资金到位,数额由各省、自治区、直辖市卫生行政部门确定。

二级综合医院

一、床位：

住院床位总数 100 张至 499 张。

二、科室设置：

(一)临床科室：至少设有急诊科、内科、外科、妇产科、儿科、眼科、耳鼻喉科、口腔科、皮肤科、麻醉科、传染科、预防保健科，其中眼科、耳鼻喉科、口腔科可合并建科，皮肤科可并入内科或外科，附近已有传染病医院的，根据当地《医疗机构设置规划》可不设传染科；

(二)医技科室：至少设有药剂科、检验科、放射科、手术室、病理科、血库(可与检验科合设)、理疗科、消毒供应室、病案室。

三、人员：

(一)每床至少配备 0.88 名卫生技术人员；

(二)每床至少配备 0.4 名护士；

(三)至少有 3 名具有副主任医师以上职称的医师；

(四)各专业科室至少有 1 名具有主治医师以上职称的医师。

四、房屋：

(一)每床建筑面积不少于 45 平方米；

(二)病房每床净使用面积不少于 5 平方米；

(三)日平均每诊人次占门诊建筑面积不少于 3 平方米。

五、设备：

(一)基本设备：

给氧装置	呼吸机
电动吸引器	自动洗胃机
心电图机	心脏除颤器
心电监护仪	多功能抢救床
万能手术床	无影灯
麻醉机	胃镜
妇科检查床	冲洗车
万能产床	产程监护仪
婴儿保温箱	裂隙灯
牙科治疗椅	涡轮机
牙钻机	银汞搅拌机
显微镜	电冰箱
恒温箱	分析天平
X 光机	离心机
钾钠氯分析仪	尿分析仪
B 超	冷冻切片机
石蜡切片机	敷料柜
洗衣机	器械柜

紫外线灯	手套烘干上粉机
蒸馏器	高压灭菌设备
下收下送密闭车	常水、热水、净化过滤系统
冲洗工具	净物存放、消毒灭菌密闭柜

热源监测设备(恒温箱、净化台、干燥箱)

(二)病房每床单元设备:除增加床头信号灯1台外,其他与一级综合医院相同;

(三)有与开展的诊疗科目相应的其他设备。

六、制订各项规章制度、人员岗位责任制,有国家制定或认可的医疗护理技术操作规程,并成册可用。

七、注册资金到位,数额由各省、自治区、直辖市卫生行政部门确定。

三级综合医院

一、床位:

住院床位总数500张以上。

二、科室设置:

(一)临床科室:至少设有急诊科、内科、外科、妇产科、儿科、中医科、耳鼻喉科、口腔科、眼科、皮肤科、麻醉科、康复科、预防保健科;

(二)医技科室:至少设有药剂科、检验科、放射科、手术室、病理科、输血科、核医学科、理疗科(可与康复科合设)、消毒供应室、病案室、营养部和相应的临床功能检查室。

三、人员:

(一)每床至少配备1.03名卫生技术人员;

(二)每床至少配备0.4名护士;

(三)各专业科室的主任应具有副主任医师以上职称;

(四)临床营养师不少于2人;

(五)工程技术人员(技师、助理工程师及以上人员)占卫生技术人员总数的比例不低于1%。

四、房屋:

(一)每床建筑面积不少于60平方米;

(二)病房每床净使用面积不少于6平方米;

(三)日平均每门诊人次占门诊建筑面积不少于4平方米。

五、设备:

(一)基本设备:

给氧装置	呼吸机
电动吸引器	自动洗胃机
心电图机	心脏除颤器
心电监护仪	多功能抢救床
万能手术床	无影灯
麻醉机	麻醉监护仪

高频电刀	移动式 X 光机
多普勒成像仪	动态心电图机
X 光机	B 超
脑电图机	脑血流图机
血液透析器	肺功能仪
支气管镜	食道镜
胃镜	十二指肠镜
乙状结肠镜	结肠镜
直肠镜	腹腔镜
膀胱镜	宫腔镜
妇科检查床	产程监护仪
万能产床	胎儿监护仪
婴儿保温箱	骨科牵引床
裂隙灯	牙科治疗椅
涡轮机	牙钻机
银汞搅拌机	显微镜
生化分析仪	紫外线分光光度计
酶标分光光度计	自动生化分析仪
酶标分析仪	尿分析仪
分析天平	细胞自动筛选器
冲洗车	电冰箱
恒温箱离心机	敷料柜
器械柜	冷冻切片机
石蜡切片机	高压灭菌设备
蒸馏器	紫外线灯
手套烘干上粉机	洗衣机
冲洗工具	下收下送密闭车

常水、热水、净化过滤系统

通风降温、烘干设备

净物存放、消毒灭菌密闭柜

热源监测设备(恒温箱、净化台、干燥箱)

(二)病房每床单元设备:与二级综合医院相同;

(三)有与开展的诊疗科目相应的其他设备。

六、制订各项规章制度、人员岗位责任制,有国家制定或认可的医疗护理技术操作规程,并成册可用。

七、注册资金到位,数额由各省、自治区、直辖市卫生行政部门确定。

中 医 医 院

中医医院的门诊中医药治疗率不低于85%,病房中医药治疗率不低于70%。

一级中医医院

一、床位:

住院床位总数20至79张。

二、科室设置:

至少设有三个中医一级临床科室和药房、化验室、X光室。

三、人员:

(一)每床至少配有0.7名卫生技术人员;

(二)中医药人员占医药人员总数的比例不低于60%;

(三)至少有3名中医师,1名中药士,4名护士及相应的放射、检验人员;

(四)至少有1名具有主治医师以上职称的中医师。

四、房屋:

每床建筑面积不少于30平方米。

五、设备:

(一)基本设备:

心电图机	洗胃机
呼吸球囊	吸引器
必备手术刀包	显微镜
离心机	分光光度计
中药煎药设备	各类针具
紫外线杀菌灯	妇科检查台
给氧装置	X光机
针麻仪	高压灭菌设备
电冰箱	
蒸馏水装置	

(二)病房每床单元设备:

床	1张
被子	1.2条
褥子	1.2条
被套	2条
枕头	2个
床头柜	1个

床垫	1.1 条
床单	2 条
枕套	4 个
病员服	2 套

(三)有与开展的诊疗科目相应的其他设备。

六、制订各项规章制度、人员岗位责任制,有国家制定或认可的医疗护理技术操作规程,并成册可用。

七、注册资金到位,数额由各省、自治区、直辖市中医(药)行政管理部门确定。

二级中医医院

一、床位:

住院床位总数 80 至 299 张。

二、科室设置:

(一)临床科室:至少设有中医内科、外科等五个以上中医一级临床科室;

(二)医技科室:至少设有药剂科、检验科、放射科等医技科室。

三、人员:

(一)每床至少配有 0.88 名卫生技术人员;

(二)中医药人员占医药人员总数的比例不低于 60%;

(三)至少有 4 名具有主治医师以上职称的中医师、1 名中药师和相应的药剂、检验、放射等技术人员。各临床科室至少有 1 名中医师;

(四)每床至少配备 0.3 名护士。

四、房屋:

每床建筑面积不少于 35 平方米。

五、设备:

(一)基本设备:

心电图机	自动洗胃机
给氧装置	呼吸机
麻醉机	电针仪
手术器械	手术床
酸度计	分析天平
钾钠分析仪	培养箱
电冰箱	干燥箱
分光光度计	X 光机
纤维胃镜	结肠镜
妇科检查台	蒸馏水器
高压灭菌设备	中药煎药设备
电动吸引器	显微镜

心脏除颤器	离心机
各类针具	B超
无影灯	骨科牵引床
尿分析仪	紫外线杀菌灯
洗衣机	

(二)病房每床单元设备：

床	1张
被子	1.2条
褥子	1.2条
被套	2条
枕头	2个
床头柜	1个
床头信号灯	1个
床垫	1.1条
床单	2条
枕套	4个
病员服	2套

(三)有与开展的诊疗科目相应的其他设备。

六、制订各项规章制度、人员岗位责任制,有国家制定或认可的医疗护理技术操作规程,并成册可用。

七、注册资金到位,数额由各省、自治区、直辖市中医(药)行政管理部门确定。

三级中医医院

一、床位：
住院床位总数300张以上。

二、科室设置：
(一)临床科室:至少设有急诊科、内科、外科、妇产科、儿科、针灸科、骨伤科、肛肠科、皮肤科、眼科、推拿科、耳鼻喉科;

(二)医技科室:至少设有药剂科、检验科、放射科、病理科、消毒供应室、营养部和相应的临床功能检查室。

三、人员：
(一)每床至少配有1.0名卫生技术人员;

(二)中医药人员占医药人员总数的比例不低于60%;

(三)临床科室主任必须是具有副主任医师以上职称的中医师,至少有1名具有副主任药师以上职称的中药师和相应的检验、放射等技术人员;

(四)工程技术人员(技师、助理工程师及以上人员)占卫生技术人员总数的比例不低于1%;

（五）临床营养师不少于 1 人；

（六）每床至少配有 0.3 名护士。

四、房屋：

每床建筑面积不少于 45 平方米。

五、设备：

（一）基本设备：

心电图机	自动洗胃机
给氧装置	呼吸机
多功能抢救床	心电监护仪
无影灯	麻醉机
麻醉监护仪	手术器械
荧光显微镜	尿分析仪
血气分析仪	自动生化分析仪
酶标仪	电冰箱
离心机	分光光度计
超净工作台	肺功能仪
X 光机	移动式 X 光机
膀胱镜	纤维胃镜
电检眼镜	裂隙灯
直接喉镜	动态心电图机
妇科检查台	骨科牵引床
石蜡切片机	冷冻切片机
高压灭菌设备	各类针具
药品柜	人流吸引器
电动吸引器	B 超
心脏除颤器	纤维结肠镜
万能手术床	乙状结肠镜
针麻仪	鼻咽镜
血球计数器	多普勒成像仪
钾钠分析仪	牙科综合治疗台
恒温箱	紫外线杀菌灯
干燥箱	电针仪
分析天平	中药煎药设备
洗衣机	

(二)病房每床单元设备:

床	1 张
被子	1.2 条
褥子	1.2 条
被套	2 条
枕头	2 个
床头柜	1 个
床头信号灯	1 个
床垫	1.1 条
床单	2 条
枕套	4 个
病员服	2 套

(三)有与开展的诊疗科目相应的其他设备。

六、制订各项规章制度、人员岗位责任制,有国家制定或认可的医疗护理技术操作规程,并成册可用。

七、注册资金到位,数额由各省、自治区、直辖市中医(药)行政管理部门确定。

中西医结合医院

一级中西医结合医院

一、床位:

住院床位总数 20 至 99 张。

二、科室设置:

(一)临床科室:至少设有中西医结合内科、外科与预防保健科;

(二)至少设有中药房、西药房、化验室、X 光室、消毒供应室。

三、人员:

(一)每床至少配有 0.7 名卫生技术人员;

(二)中西医结合人员占医药人员总数的比例不低于 50%;

(三)至少有 3 名医师,5 名护士,1 名药剂士,1 名中药剂士及相应的检验、放射人员;

(四)至少有 1 名具有主治医师以上职称的中西医结合医师。

四、房屋:

每床建筑面积不少于 35 平方米。

五、设备:

(一)基本设备:

心电图机	(自动)洗胃机
X 光机	给氧装置
呼吸球囊	呼吸机

电针仪	妇科检查台
高压灭菌设备	显微镜
离心机	紫外线杀菌灯
器械柜	抢救车
蒸馏水装置	各类针具
中药煎药设备	电冰箱
人工洗片装置	药品柜
必备手术刀包	吸引器

(二)病房每床单元设备:

床	1 张
被子	1.2 条
褥子	1.2 条
被套	2 条
枕芯	2 个
床头柜	1 个
暖水瓶	1 个
床垫	1.1 条
床单	2 条
枕套	4 个
病员服	2 套
痰盂或痰杯	1 个

(三)有与开展的诊疗科目相应的其他设备。

六、制订各项规章制度、人员岗位责任制,有国家制定或认可的医疗护理技术操作规程,并成册可用。

七、注册资金到位,数额由各省、自治区、直辖市中医(药)行政管理部门确定。

二级中西医结合医院

一、床位:

住院床位总数 100 至 349 张。

二、科室设置:

(一)临床科室:设有六个以上中西医结合一级临床科室;

(二)医技科室:至少设有药剂科、检验科、放射科、病理科、消毒供应室;

(三)设立中西医结合专科或专病研究室(组)。

三、人员:

(一)每床至少配有 0.98 名卫生技术人员;

(二)每床至少配有 0.35 名护士;

（三）中西医结合人员占医药护技人员总数的比例不低于50%；

（四）至少有3名具有副主任医师以上职称的医师，其中至少有1名副主任医师以上职称的中西医结合医师；

（五）各专业科室至少有1名具有主治医师以上职称的医师；

（六）至少有1名主管药师和1名中药师及相应的检验、放射等技术人员。

四、房屋：

每床建筑面积不少于40平方米。

五、设备：

（一）基本设备：

心电图机	自动洗胃机
呼吸机	心脏除颤器
万能手术床	无影灯
胃肠减压器	万能产床
手术器械	各类针具
妇科检查台	干燥箱
电针仪	涡轮机
高压灭菌设备	紫外线杀菌灯
电冰箱	离心机
显微镜	分光光度计
分析天平	尿分析仪
恒温箱	酸度计
器械柜	中药煎药设备
冷热水净化系统	培养箱
冰冻切片机	石蜡切片机
电动吸引器	钾钠分析仪
心电监护仪	超声心动图机
麻醉机	给氧装置
产程监护仪	药品柜
骨科牵引床	蒸馏水器
鼻咽镜	B超
牙钻机	牙科治疗椅
纤维胃镜	X光机
洗衣机	

(二)病房每床单元设备:

床	1 张
被子	1.2 条
褥子	1.2 条
被套	2 条
枕芯	2 个
床头柜	1 个
暖水瓶	1 个
床头信号灯	1 台
床垫	1.1 条
床单	2 条
枕套	4 个
病员服	2 套
痰盂或痰杯	1 个

(三)有与开展的诊疗科目相应的其他设备。

六、制订各项规章制度、人员岗位责任制,有国家制定或认可的医疗护理技术操作规程,并成册可用。

七、注册资金到位,数额由各省、自治区、直辖市中医(药)行政管理部门确定。

三级中西医结合医院

一、床位:

住院床位总数 350 张以上。

二、科室设置:

(一)临床科室:至少设有急诊科、内科、外科、妇产科、儿科、耳鼻喉科、口腔科、眼科、皮肤科、针灸科、麻醉科、预防保健科;

(二)医技科室:至少设有药剂科、放射科、检验科、病理科、血库、消毒供应室、病案室、营养部和相应的临床功能检查室;

(三)设立中西医结合专科或专病研究所(室)。

三、人员:

(一)每床至少配有 1.1 名卫生技术人员;

(二)每床至少配有 0.4 名护士;

(三)中西医结合人员占医药护技管人员总数的比例不低于 60%;

(四)各临床科室的主任必须是具有副主任医师以上职称的医师,其中至少有 40% 为中西医结合医师或中医师;

(五)至少有 1 名具有副主任药师以上职称的药师、具有主管药师以上职称的药师和中药师各 1 人和相应的检验、放射等技术人员;

(六)至少有 1 名临床营养师;

（七）工程技术人员（技师、助理工程师及以上人员）占卫生技术人员的比例不低于1%。

四、房屋：

每床建筑面积不少于45平方米。

五、设备：

（一）基本设备：

心电图机	自动洗胃机
呼吸机	心脏除颤器
肺功能仪	万能手术床
麻醉机	麻醉监护仪
高频电刀	胃肠减压器
产程监护仪	手术器械
骨科牵引床	妇科检查台
引产吸引器	裂隙灯
直接喉镜	电针仪
牙钻机	高压灭菌设备
X光机	电冰箱
钾钠分析仪	荧光显微镜
显微镜	分光光度计
分析天平	尿分析仪
恒温箱	酸度计
药品柜	器械柜
膀胱镜	电栓眼镜
移动式X光机	多功能抢救床
乙状结肠镜	中药煎药设备
冷热水净化系统	培养箱
多普勒成像仪	纤维结肠镜
石蜡切片机	纤维胃镜
电动吸引器	酶标分析仪
心电监护仪	超声心动图机
无影灯	给氧装置
手术显微镜	支气管镜
万能产床	动态心电图机
各类针具	牙科综合治疗台
干燥箱	自动生化分析仪
鼻咽镜	蒸馏水器

涡轮机	B超
紫外线杀菌灯	冰冻切片机
离心机	洗衣机

(二)病房每床单元设备：

床	1张
被子	1.2条
褥子	1.2条
被套	2条
枕芯	2个
床头柜	1个
暖水瓶	1个
床头信号灯	1台
床垫	1.1条
床单	2条
枕套	4个
病员服	2套
痰盂或痰杯	1个

(三)有与开展的诊疗科目相应的其他设备。

六、制订各项规章制度、人员岗位责任制,有国家制定或认可的医疗护理技术操作规程,并成册可用。

七、注册资金到位,数额由各省、自治区、直辖市中医(药)行政管理部门确定。

专 科 医 院
口 腔 医 院
二级口腔医院

一、牙椅和床位：

牙科治疗椅20至59台,住院床位总数15至49张。

二、科室设置：

(一)临床科室:至少设有口腔内科、口腔颌面外科和口腔修复科、口腔预防保健组、口腔急诊室;

(二)医技科室:至少设有药剂科、检验科、放射科、消毒供应室、病案室。

三、人员：

(一)每牙椅(床)至少配备1.03名卫生技术人员;

(二)至少有2名具有副主任医师以上职称的医师;

(三)各专业科室(组)至少有1名医师;

(四)医生与护理人员之比不低于1：1.5;

(五)修复医师与技工之比为1:1;

四、房屋:

(一)每牙科治疗椅建筑面积不少于30平方米;

(二)诊室每牙科治疗椅净使用面积不少于6平方米;

(三)每床建筑面积不少于45平方米;

(四)病房每床净使用面积不少于6平方米。

五、设备:

(一)基本设备:

给氧装置	呼吸机
心电图机	电动吸引器
抢救床	麻醉机
多功能口腔综合治疗台	
涡轮机	光敏固化灯
银汞搅拌机	高频铸造机
中熔铸造机	超声洁治器
显微镜	火焰光度计
分析天平	生化分析仪
血球计数仪	离心机
电冰箱	X光机
光牙片机	敷料柜
器械柜	高压灭菌设备
煮沸消毒锅	紫外线灯
洗衣机	

(二)病房每床单元设备:与二级综合医院相同;

(三)门诊每诊椅单元设备:

牙科治疗椅	1台
手术灯	1个
痰盂	1个
器械盘	1个
电动吸引器	1支
低速牙科切割装置	1套
高速牙科切割装置	1套
三用枪	1支
口腔检查器械	1套

病历书写柜	1 张
医师座椅	1 个

(四)有与开展的诊疗科目相应的其他设备。

六、制订各项规章制度、人员岗位责任制,有国家制定或认可的医疗护理技术操作规程,并成册可用。

七、注册资金到位,数额由各省、自治区、直辖市卫生行政部门确定。

三级口腔医院

一、牙椅和床位:

牙科治疗椅 60 台以上,住院床位总数 50 张以上。

二、科室设置:

(一)临床科室:至少设有口腔内科、口腔颌面外科、口腔修复科、口腔正畸科、口腔预防保健科、口腔急诊室;

(二)医技科室:至少设有药剂科、检验科、放射科、病理科、消毒供应室、病案室、营养室。

三、人员:

(一)每牙椅(床)至少配备 1.03 名卫生技术人员;

(二)医师与护士之比不低于 1∶1.5;

(三)各专业科室主任应具有副主任医师以上职称;

(四)临床营养师 1 人;

(五)修复医师与技工之比为 1∶1;

(六)工程技术人员(技师、助理工程师以上职称的人员)占卫生技术人员总数的比例不低于 1%。

四、房屋:

(一)每牙科治疗椅建筑面积不少于 40 平方米;

(二)诊室每牙科治疗椅净使用面积不少于 6 平方米;

(三)每床建筑面积不少于 60 平方米。

(四)病房每床净使用面积不少于 6 平方米。

五、设备:

(一)基本装置:

给氧装置	呼吸机
电动吸引器	心电图机
心脏除颤器	心电监护仪
手术床	麻醉机
麻醉监护仪	高频电刀
多功能口腔综合治疗台	
涡轮机	银汞搅拌机
超声洁治器	光敏固化灯

配套微型骨锯	光固化烤塑机
铸造与烤瓷设备	
X光机	X光牙片机
口腔体腔摄片机	断层摄片机
超短波治疗器	激光器
肌松弛仪	肌电图仪
颌力测试仪	显微镜
血球计数仪	分析天平
紫外线分光光度计	自动生化分析仪
酶标分析仪	尿分析仪
血气分析仪	恒温培养箱
电冰箱	离心机
冷冻切片机	石蜡切片机
敷料柜	器械柜
高压灭菌设备	煮沸消毒锅
紫外线灯	蒸馏器
洗衣机	
下收下送密封车	
水净化过滤装置	

(二)病房每床单元设备:与二级综合医院相同;

(三)门诊每诊椅单元设备:与二级口腔医院相同;

(四)有与开展的诊疗科目相应的其他设备。

六、制订各项规章制度、人员岗位责任制,有国家制定或认可的医疗护理技术操作规程,并成册可用。

七、注册资金到位,数额由各省、自治区、直辖市卫生行政部门确定。

(注:目前我国不设一级口腔医院)

肿 瘤 医 院

二级肿瘤医院

一、床位:

住院床位总数100至399张。

二、科室设置:

(一)临床科室:至少设有肿瘤外科、肿瘤内科、放射治疗科、中医(中西医结合)科、急诊室;

(二)医技科室:至少设有药剂科、检验科、放射科、B超室、手术室、病理(包括细胞学)科、血库、消毒供应室、病案室、营养室。

三、人员：

(一)每床至少配备 1.06 名卫生技术人员；

(二)每床至少配备 0.4 名护士,医护之比为 1：1.6；

(三)副主任医师以上职称的医师占医师总数 10%以上；

(四)至少配备 1 名营养士。

四、房屋：

(一)每床建筑面积不少于 45 平方米；

(二)病房每床净使用面积不少于 6 平方米；

(三)每床门诊面积不少于 1.5 平方米。

五、设备：

(一)基本设备：

心电图机	B 超
麻醉机	电止血器
显微镜	胃镜
支气管镜	生化分析仪
肺功能测定仪	病理切片机及染色设备
200mA 以上 X 光机	钴 60 治疗机或加速器
高压灭菌设备	洗衣机
电冰箱	

(二)病房每床单元设备：与二级综合医院相同；

(三)有与开展的诊疗科目相应的其他设备。

六、制订各项规章制度、人员岗位责任制,有国家制定或认可的医疗护理技术操作规程,并成册可用。

七、注册资金到位,数额由各省、自治区、直辖市卫生行政部门确定。

三级肿瘤医院

一、床位：

住院床位总数 400 张以上。

二、科室设置：

(一)临床科室：至少设有肿瘤外科、肿瘤内科、肿瘤妇科、放射治疗科、中医(中西医结合)科、麻醉科、急诊室、预防保健科；

(二)医技科室：至少设有药剂科、检验科、影像诊断科、内窥镜室、手术室、病理(包括细胞学诊断)科、输血科、核医学科、消毒供应室、病案室、营养部和相应的临床功能检查室。

三、人员：

(一)每床至少配备 1.1 名卫生技术人员；

(二)每床至少配备 0.4 名护士,医护之比为 1：1.6；

(三)副主任医师以上职称的医师不少于医师总数的 15%；

(四)护师以上职称的护士不少于护理人员总数的 30%；

（五）至少有 1 名具有营养师以上职称的临床营养专业技术人员；

（六）工程技术人员（技师、助理工程师以上）不少于卫生技术人员总数的 1%。

四、房屋：

（一）每床建筑面积不少于 60 平方米；

（二）病房每床净使用面积不少于 6 平方米；

（三）每床门诊面积不少于 2 平方米。

五、设备：

（一）基本设备：

心电图机	B 超
电手术刀	麻醉机
电止血器	显微镜
自动生化分析仪	自动血细胞计数仪
500mA 以上 X 光机	模拟定位机
γ-照相机（同位素检查）	
钴 60 治疗机	直线加速器
肺功能测定仪	病理切片机
支气管镜	胃镜
结肠镜	膀胱镜
高压灭菌设备	洗衣机
电冰箱	

（二）病房每床单元设备：与二级综合医院相同；

（三）有与开展的诊疗科目相应的其他设备。

六、制订各项规章制度、人员岗位责任制，有国家制定或认可的医疗护理技术操作规程，并成册可用。

七、注册资金到位，数额由各省、自治区、直辖市卫生行政部门确定。

（注：目前我国不设一级肿瘤医院）

儿 童 医 院

一级儿童医院

一、床位：

住院床位总数 20 至 49 张。

二、科室设置：

（一）临床科室：至少设有急诊室、内科、预防保健科；

（二）医技科室：至少设有药房、化验室、X 光室、消毒供应室。

三、人员：

（一）每床至少配备 0.7 名卫生技术人员；

（二）每床至少配备 0.25 名护理人员；

（三）至少有 3 名医师,其中至少有 1 名具有主治医师以上职称的医师;

（四）至少有 4 名护士和相应的放射、药剂、检验人员。

四、房屋:

（一）每床建筑面积不少于 45 平方米;

（二）病房每床净使用面积不少于 5 平方米;

（三）日平均每门诊人次占门诊建筑面积不少于 3 平方米。

五、设备:

（一）基本设备:

氧气瓶	呼吸球囊
电动吸引器	心电图机
抢救车	必备手术器械
显微镜	离心机
电冰箱	X 光机
人工洗片装置	器械柜
药品柜	紫外线灯
高压灭菌设备	洗衣机
常水、热水供应	

（二）病房每床单元设备:

床	1 张
床垫	1 条
被褥	1 条
床单	2 条
枕头	1 个
枕套	2 个
床头柜	1 个
面盆	1 个

每室配备公用暖水瓶、便盆各 1 个

（三）有与开展的诊疗科目相应的其他设备。

六、制订各项规章制度、人员岗位责任制,有国家制定或认可的医疗护理技术操作规程,并成册可用。

七、注册资金到位,数额由各省、自治区、直辖市卫生行政部门确定。

二级儿童医院

一、床位:

住院床位总数 50 至 199 张。

二、科室设置:

（一）临床科室:至少设有急诊室、内科、外科、五官科、口腔科、预防保健科;

(二)医技科室:至少设有药剂科、检验科、放射科、手术室、病理科、消毒供应室、病案统计室。

三、人员:

(一)每床至少配备0.95名卫生技术人员;

(二)至少有3名具有副主任医师以上职称的医师;各专业科室至少有1名具有主治医师以上职称的医师;至少有2名具有主管药师以上职称的药剂人员和相应的检验、放射等卫生技术人员;

(三)每床至少配备0.4名护理人员。

四、房屋:

(一)每床建筑面积不少于45平方米;

(二)病房每床净使用面积不少于5平方米;

(三)日平均每门诊人次占门诊建筑面积不少于3平方米。

五、设备:

(一)基本设备:

给氧装置	呼吸机
电动吸引器	心电图机
心电监护仪	手术床
无影灯	麻醉机
相应的手术器械	显微镜
恒温培养箱	分析天平
自动生化分析仪	尿分析仪
离心机	电冰箱
X光机	B超
裂隙灯	直接喉镜
牙科综合治疗台	雾化吸入设备
婴儿保温箱	器械柜
敷料柜	蒸馏器
紫外线灯	高压灭菌设备
洗衣机	

常水、热水、净化过滤系统

(二)病房每床单元设备:除增加病员服2套外,其他与一级儿童医院相同;

(三)有与开展的诊疗科目相应的其他设备。

六、制订各项规章制度、人员岗位责任制,有国家制定或认可的医疗护理技术操作规程,并成册可用。

七、注册资金到位,数额由各省、自治区、直辖市卫生行政部门确定。

三级儿童医院

一、床位：

住院床位总数 200 张以上。

二、科室设置：

（一）临床科室：至少设有急诊科、内科、外科、耳鼻喉科、口腔科、眼科、皮肤科、传染科、麻醉科、中医科、预防保健科；

（二）医技科室：至少设有药剂科、检验科、放射科、功能检查科、手术室、病理科、血库、消毒供应室、病案室、营养部。

三、人员：

（一）每床至少配备 1.15 名卫生技术人员；

（二）至少有 10 名具有副主任医师以上职称的医师；各专业科室的主任必须具有副主任医师以上职称；

（三）至少有 5 名主管药师以上职称的药剂人员和相应的检验、放射、药剂等技术人员；

（四）每床至少配备 0.4 名护理人员；无陪护病房每床至少配备 0.5 名护理人员。

四、房屋：

（一）每床建筑面积不少于 45 平方米；

（二）病房每床净使用面积不少于 5 平方米；

（三）日平均每门诊人次占门诊建筑面积不少于 3 平方米。

五、设备：

（一）基本设备：

给氧装置	呼吸机
心电图机	心脏除颤器
电动吸引器	自动洗胃机
心电监护仪	万能手术床
无影灯	麻醉机
麻醉监护仪	牙科综合治疗台
涡轮机	显微镜
自动生化分析仪	血液气体分析仪
尿分析仪	电子血球计数仪
离心机	分析天平
恒温箱	X 光机
移动式 X 光机	B 超
脑电图机	裂隙灯
肺功能仪	婴儿保温箱
食道镜	支气管镜
结肠镜	膀胱镜

石蜡切片机	冷冻切片机
电冰箱	器械柜
敷料柜	洗衣机
紫外线灯	蒸馏器

高压灭菌设备

通风、降温烘干设备

常水、热水、净分过滤系统

器械消毒设备(冲洗工具、去污、去热源)

热源监测设备(恒温箱、净化台、干燥箱)

净物存放、消毒灭菌密闭设备

(二)病房每床单元设备:与二级儿童医院相同;

(三)有与开展的诊疗科目相应的其他设备。

六、制订各项规章制度、人员岗位责任制,有国家制定或认可的医疗护理技术操作规程,并成册可用。

七、注册资金到位,数额由各省、自治区、直辖市卫生行政部门确定。

精神病医院

精神病医院是指主要提供综合性精神卫生服务的医疗机构。

一级精神病医院

一、床位:

精神科住院床位总数 20 至 69 张。

二、科室设置:

(一)临床科室:至少设有精神科门诊、精神科病房(男、女病区分设)、预防保健室;

(二)医技科室:至少设有药房、化验室、X 光室、消毒供应室。

三、人员:

(一)每床至少配备 0.4 名卫生技术人员;

(二)至少有 3 名精神科医师,其中至少有 1 名具有主治医师以上职称的精神科医师;

(三)至少有 6 名护士。

四、房屋:

(一)每床建筑面积不少于 35 平方米;

(二)病房每床净使用面积不少于 4 平方米;

(三)病人室外活动的场地平均每床不少于 2 平方米;

(四)通风、采光、安全符合精神病医院要求。

五、设备:

(一)基本设备:

供氧装置	呼吸机

洗胃机	电动吸引器
心电图机	气管切开包
静脉切开包	导尿包
灌肠器	显微镜
火焰光度计	pH 计
血球计数仪	离心机
自动稀释器	电冰箱
干燥箱	X 光机
B 超	脑电图仪
眼底镜	五官检查器
常用处置器械	药用天平
储存柜	器械柜
电休克治疗仪	体疗设备
电视机	录音机
紫外线灯	蒸馏装置
高压灭菌设备	洗衣机

(二)病房每床单元设备:

床	1 张
床垫	1.2 条
被子	1.2 条
褥子	1.2 条
被套	2 条
床单	2 条
枕芯	2 个
枕套	4 个
面盆	2 个
痰盂或痰杯	1 个
病员服	2 套

(三)有与开展的诊疗科目相应的其他设备。

六、制订各项规章制度、人员岗位责任制,有国家制定或认可的医疗护理技术操作规程,并成册可用。

七、注册资金到位,数额由各省、自治区、直辖市卫生行政部门确定。

二级精神病医院

一、床位:

精神科住院床位总数 70 至 299 张。

二、科室设置:

(一)临床科室:至少设有精神科(内含急诊室、心理咨询室)、精神科男病区、精神科女病区、工娱疗室、预防保健室;

(二)医技科室:至少设有药房、化验室、X 光室、心电图、脑电图室、消毒供应室、情报资料室、病案室。

三、人员:

(一)每床至少配备 0.44 名卫生技术人员;

(二)至少有 1 名具有副主任医师以上职称的精神科医师;

(三)每临床科室至少有 1 名具有主治医师以上职称的医师;

(四)至少有 1 名具有主管护师以上职称的护士;

(五)平均每床至少有 0.3 名护士。

四、房屋:

(一)每床建筑面积不少于 40 平方米;

(二)病房每床净使用面积不少于 4.5 平方米;

(三)病人室外活动的场地平均每床不少于 3 平方米;

(四)通风、采光、安全符合精神病医院要求。

五、设备:

(一)基本设备:

供氧装置	呼吸机
电动吸引器	洗胃机
心电图机	心电监护仪
气管切开包	显微镜
火焰光度计	血球计数仪
分光光度计	自动生化分析仪
血气分析仪	荧光光度计
血小板计数仪	pH 计
自动稀释器	恒温箱
干燥箱	分析天平
离心机	超净操作台
电动振荡器	电冰箱
X 光机	脑电图仪
脑电地形图仪	脑血流图仪
B 超	眼底镜

五官检查器	常用处置器械
体疗设备	电休克治疗仪
超声治疗仪	音频电疗仪
音乐治疗仪	生物反馈治疗机
电视机	录音机
扩音机	储存柜
紫外线灯	蒸馏装置
高压灭菌设备	洗衣机

(二)病房每床单元设备:与一级精神病医院相同;

(三)有与开展的诊疗科目相应的其他设备。

六、制订各项规章制度、人员岗位责任制,有国家制定或认可的医疗护理技术操作规程,并成册可用。

七、注册资金到位,数额由各省、自治区、直辖市卫生行政部门确定。

三级精神病医院

一、床位:

精神科住院床位总数 300 张以上。

二、科室设置:

(一)临床科室:至少设有精神科门诊(含急诊、心理咨询),4 个以上精神科病区,男女病区分开,心理测定室、精神医学鉴定室、工娱疗室、康复科;

(二)医技科室:至少设有药剂科、检验科、放射科、心电图室、脑电图室、超声波室、消毒供应室、情报资料室、病案室和 3 个以上的研究室。

三、人员:

(一)每床至少配备 0.55 名卫生技术人员;

(二)每临床科室至少有 1 名具有副主任医师以上职称的精神科医师;

(三)至少有 1 名具有副主任护师以上职称的精神科护士;

(四)平均每床至少有 0.35 名护士。

四、房屋:

(一)每床建筑面积不少于 45 平方米;

(二)病房每床净使用面积不少于 5 平方米;

(三)病人室外活动的场地平均每床不少于 5 平方米;

(四)通风、采光、安全符合精神病医院要求。

五、设备:

(一)基本设备:

供氧装置	呼吸机
洗胃机	气管插管
电动吸引器	心电图机

心电监护仪　　　　　　　　心脏按摩机

气管切开包　　　　　　　　显微镜

火焰光度计　　　　　　　　血球计数仪

血小板计数仪　　　　　　　自动生化分析仪

血气分析仪　　　　　　　　血氨测定计

尿分析仪　　　　　　　　　酶自动分析仪

分光光度计　　　　　　　　荧光光度计

pH 计　　　　　　　　　　　分析天平

离心机　　　　　　　　　　干燥箱

恒温箱　　　　　　　　　　真菌培养箱

电动振荡器　　　　　　　　自动稀释器

净化操作台　　　　　　　　电冰箱

X 光机　　　　　　　　　　B 超

脑电地形图仪　　　　　　　脑血流图仪

五官检查器　　　　　　　　常用处置器械

诱发电位仪　　　　　　　　音乐治疗仪

超声治疗仪　　　　　　　　音频电疗机

生物反馈治疗机

电休克治疗仪

体疗设备

储存柜

电视机

录音机

扩音机

紫外线灯

蒸馏装置

高压灭菌设备

洗衣机

(二)病房每床单元设备:与一级精神病院相同;

(三)有与开展的诊疗科目相应的其他设备。

六、制订各项规章制度、人员岗位责任制,有国家制定或认可的医疗护理技术操作规程,并成册可用。

七、注册资金到位,数额由各省、自治区、直辖市卫生行政部门确定。

传染病医院

二级传染病医院

一、床位：

住院床位总数 150 至 349 张。

二、科室设置：

（一）临床科室：至少设有急诊科、传染科、预防保健科；

（二）医技科室：至少设有药房、化验室、X 光室、手术室、消毒供应室、病案室。

三、人员：

（一）每床至少配备 0.84 名卫技术人员；

（二）每床至少配备 0.4 名护士；

（三）每临床科室至少有 1 名具有副主任医师以上职称医师。

四、房屋：

（一）每床建筑面积不少于 40 平方米；

（二）病房每床净使用面积不少于 5 平方米；

（三）日平均每门诊人次占门诊建筑面积不少于 4 平方米。

五、设备：

（一）基本设备：

呼吸球囊	洗胃机
电动吸引器	心电图机
手术床	麻醉机
必备的手术器械	显微镜
离心机	恒温培养箱
电冰箱	X 光机
紫外线灯	高压灭菌设备
密闭灭菌柜	去热源及热源监测设备洗衣机

常水、热水、蒸馏水、净化过滤系统

（二）病房每床单元设备：与一级综合医院相同；

（三）有与开展的诊疗科目相应的其他设备。

六、制订各项规章制度、人员岗位责任制，有国家制定或认可的医疗护理技术操作规程，并成册可用。

七、注册资金到位，数额由各省、自治区、直辖市卫生行政部门确定。

三级传染病医院

一、床位：

住院床位总数 350 张以上。

二、科室设置：

（一）临床科室：至少设有急诊科、传染科、预防保健科；

(二)医技科室:至少设有药剂科、检验科、放射科、手术室、血库、消毒供应室、病案室。

三、人员:

(一)每床至少配备 1 名卫生技术人员;

(二)每床至少配备 0.4 名护士;

(三)每临床科室至少有 1 名具有副主任医师以上职称的医师。

四、房屋:

(一)每床建筑面积不少于 55 平方米;

(二)病房每床净使用面积不少于 6 平方米;

(三)日平均每门诊人次占门诊建筑面积不少于 4 平方米。

五、设备:

(一)基本设备:

呼吸球囊	洗胃机
电动吸引器	心电图机
手术床	麻醉机
必备的手术器械	显微镜
离心机	恒温培养箱
电冰箱	X 光机
紫外线灯	高压灭菌设备
去热源及热源监测设备	洗衣机

常水、热水、蒸馏水、净化过滤系统

(二)病房每床单元设备:与二级综合医院相同;

(三)有与开展的诊疗科目相应的其他设备。

六、制订各项规章制度、人员岗位责任制,有国家制定或认可的医疗护理技术操作规程,并成册可用。

七、注册资金到位,数额由各省、自治区、直辖市卫生行政部门确定。

(注:目前我国不设一级传染病医院)

心血管病医院

三级心血管病医院

一、床位:

住院床位总数 150 张以上。

二、科室设置:

(一)临床科室:至少设有急诊科、心内科(并设重症监护室)、心外科(并设重症监护室)、麻醉科。

(二)医技科室:至少设有药剂科、检验科、放射科、输血科、手术室、核医学科、消毒供应室、病案室。

三、人员:

(一)每床至少配备 1.03 名卫生技术人员;

(二)每床至少配备 0.4 名护士;

(三)至少有 15 名具有副高级以上职称的卫生技术人员;

(四)每临床科室至少有 2 名具有副主任医师以上职称的医师;

(五)每医技科室至少有 1 名副高级以上职称的卫生技术人员。

四、房屋:

(一)每床建筑面积不少于 60 平方米;

(二)病房每床净使用面积不少于 6 平方米;

(三)日平均每门诊人次占门诊建筑面积不少于 4 平方米。

五、设备:

(一)基本设备:

呼吸机	除颤器
麻醉机	心电监护仪
临时心内起搏器	体外循环机
体内(外)除颤器	血气分析仪
井型计数器	免疫分析仪
全自动生化分析仪	血液分析仪
凝血/纤溶分析仪	1/10 000 分析天平
恒温箱	X 光机
床旁 X 光机	心血管造影机
伽玛相机	彩色血流显像仪
超声图像分析仪	床旁超声心动图机
心电图运动试验仪	放射性活度测量仪
数据处理系统	电影放映机
负荷运动试验设备	消毒灭菌密闭柜
电冰箱	高压灭菌设备
洗衣机	

(二)病房每床单元设备:与二级综合医院相同;

(三)有与开展的诊疗科目相应的其他设备。

六、制订各项规章制度、人员岗位责任制,有国家制定或认可的医疗护理技术操作规程,并成册可用。

七、注册资金到位,数额由各省、自治区、直辖市卫生行政部门确定。

(注:目前我国不设一、二级心血管病医院)

血液病医院

三级血液病医院

一、床位:

住院床位总数 200 张以上,其中专科床位不少于 120 张。

二、科室设置:

(一)临床科室:至少设有急诊室、血液内科含三级科室:血液一科(各类贫血)、血液二科(白血病及各类恶性血液疾患)、血液三科(出凝血疾病)、血液四科(骨髓移植科)、预防保健科;

(二)医技科室:至少设有药剂科、检验科(包括细胞形态室)、放射科、功能检查室、手术室、输血科、病理科、消毒供应室、病案室。

三、人员:

(一)每床至少配备1.03名卫生技术人员;

(二)每床至少配备0.4名护士;

(三)每临床科室至少有2名具有副主任医师以上职称的医师。

四、房屋:

(一)每床建筑面积不少于60平方米;

(二)病房每床净使用面积不少于6平方米;

(三)日平均每门诊人次占门诊建筑面积不少于4平方米。

五、设备:

(一)基本设备:

显微镜	自动生化分析仪
血液成分分离机	血液细胞计数仪
全自动凝血测定仪	全自动微生物检测仪
血气分析仪	紫外线分光光度计
血液黏度计	超低温冰柜
低速冷冻离心机	恒温培养箱
超净工作台	X光机
体外生理监护仪	动态心电监测仪
彩色超声多普勒诊断仪	胃镜
结肠镜	血液辐射治疗仪
自动呼吸机	全功能麻醉机
冷冻切片机	
消毒灭菌密闭柜	
电冰箱	
高压灭菌设备	
洗衣机	

(二)病房每床单元设备:与二级综合医院相同;

(三)有与开展的诊疗科目相应的其他设备。

六、制订各项规章制度、人员岗位责任制,有国家制定或认可的医疗护理技术操作规程,并成册可用。

七、注册资金到位,数额由各省、自治区、直辖市卫生行政部门确定。

(注:目前我国不设一、二级血液病医院)

皮肤病医院

三级皮肤病医院

一、床位:

住院床位总数 100 张以上。

二、科室设置:

(一)临床科室:至少设有皮肤内科、皮肤外科、真菌病科、康复理疗科、中西医结合科、性病科、预防保健科;

(二)医技科室:至少设有药剂科(含制剂室)、检验科(含真菌检验)、放射科、手术室、病理科、治疗室、消毒供应室、病案室。

三、人员:

(一)每床至少配备 1.03 名卫生技术人员;

(二)每床至少配备 0.4 名护士;

(三)每临床科室至少有 2 名具有副主任医师以上职称的医师。

四、房屋:

(一)每床建筑面积不少于 60 平方米;

(二)病房每床净使用面积不少于 6 平方米;

(三)日平均每门诊人次占门诊建筑面积不少于 4 平方米。

五、设备:

(一)基本设备:

呼吸机	心电图机
心电监护仪	显微镜
荧光显微镜	自动生化分析仪
自动免疫分析仪	血球计数仪
尿液分析仪	X 光机
B 超	肌电图机
八导生理仪	X 光治疗机
激光治疗机	冷冻治疗设备
光治疗设备	水治疗设备
电治疗设备	冷冻切片机
超薄切片机	消毒灭菌密闭柜
电冰箱	高压灭菌设备
洗衣机	

(二)病房每床单元设备:与二级综合医院相同;

(三)有与开展的诊疗科目相应的其他设备。

六、制订各项规章制度、人员岗位责任制,有国家制定或认可的医疗护理技术操作规程,并成册可用。

七、注册资金到位,数额由各省、自治区、直辖市卫生行政部门确定。

(注:目前我国不设一、二级皮肤病医院)

整形外科医院

三级整形外科医院

一、床位:

住院床位总数 120 张以上。

二、科室设置:

(一)临床科室:至少设有整形外科、麻醉科;

(二)医技科室:至少设有药剂科、检验科、放射科、手术室、病理科、消毒供应室、病案室。

三、人员:

(一)每床至少配备 1.03 名卫生技术人员;

(二)每床至少配备 0.4 名护士;

(三)至少有 12 名具有副主任医师以上职称的医师。

四、房屋:

(一)每床建筑面积不少于 60 平方米;

(二)病房每床净使用面积不少于 6 平方米;

(三)日平均每门诊人次占门诊建筑面积不少于 4 平方米。

五、设备:

(一)基本设备:

呼吸机	麻醉机
心电监护仪	体外除颤器
自动血压监测仪	吸入麻醉药浓度测定仪
整形外科手术相应的各种手术器械	
显微镜	1/10 000 分析天平
血气分析仪	自动生化分析仪
尿分析仪	血球计数仪
免疫酶标仪	离子分子仪
酸度仪	恒温培养箱
超净工作台	X 光机及暗室成套设备
脉搏氧饱和度监测仪	
呼气末二氧化碳浓度测定仪	
冰冻切片机	消毒灭菌密闭柜
紫外线灯	高压灭菌设备
电冰箱	洗衣机

(二)病房每床单元设备:与二级综合医院相同;

(三)有与开展的诊疗科目相应的其他设备。

六、制订各项规章制度、人员岗位责任制,有国家制定或认可的医疗护理技术操作规程,并成册可用。

七、注册资金到位,数额由各省、自治区、直辖市卫生行政部门确定。

(注:目前我国不设一、二级整形外科医院)

美 容 医 院

一、床位和牙椅:

住院床位总数 50 张以上,美容床 20 张以上,牙科治疗椅 10 台以上。

二、科室设置:

(一)临床科室:至少设有美容外科、口腔科、皮肤科、理疗科、中医科、设计科、麻醉科;

(二)医技科室:至少设有药剂科、检验科、放射科、手术室、病理科、技工室、影像室、消毒供应科、病案室。

三、人员:

(一)每床(椅)至少配备 1.03 名卫生技术人员;

(二)每床(椅)至少配备 0.4 名护士;

(三)至少有 8 名具有副主任医师以上职称的医师。

四、房屋:

(一)每床建筑面积不少于 60 平方米;

(二)病房每床净使用面积不少于 6 平方米;

(三)每牙科治疗椅建筑面积不少于 60 平方米,诊室每牙科治疗椅净使用面积不少于 6 平方米;

(四)每美容床建筑面积不少于 40 平方米,每美容床净使用面积不少于 6 平方米;

(五)日平均每门诊人次占门诊建筑面积不少于 4 平方米。

五、设备:

(一)基本设备:

呼吸机	电动吸引器
心电监护仪	体外除颤器
自动血压监测仪	口腔综合治疗台
超声洁治器	涡轮机
光敏固化灯	银汞搅拌机
正颌外科器械	光固化烤塑机
铸造与烤瓷设备	X 光牙片机
口腔全景 X 光机	麻醉机
二氧化碳激 X 光机	高频电治疗机
皮肤磨削机	离子喷雾器

纹眉机	皮肤测量仪
分析天平	自动生化分析仪
尿分析仪	酶标仪
离子分析仪	酸度仪
恒温培养箱	超净工作台
电冰箱	器械柜
石蜡切片机	紫外线灯
高压灭菌设备	洗衣机
X 光机及暗室成套设备	
血气分析仪	
超声波美容治疗机	
多功能健胸治疗机	
美容外科手术相应的各种手术器械	

（二）病房每床单元设备：与二级综合医院相同；

（三）有与开展的诊疗科目相应的其他设备。

六、制订各项规章制度、人员岗位责任制，有国家制定或认可的医疗护理技术操作规程，并成册可用。

七、注册资金到位，数额由各省、自治区、直辖市卫生行政部门确定。

康 复 医 院

康复医院是指主要提供综合性康复医疗服务的医疗机构。

一、床位：

住院床位总数 20 张以上。

二、科室设置：

（一）临床科室：至少设有功能测评室、运动治疗室、物理治疗室、作业治疗室、传统康复治疗室、言语治疗室；

（二）医技科室：至少设有药房、化验室、X 光室、消毒供应室。

三、人员：

（一）至少有 2 名康复医师和 4 名康复治疗人员（指从事运动治疗、作业治疗、言语治疗、物理因子治疗和传统康复治疗的人员，并有兼职或专职的心理学和社会工作者各 1 名），并且康复治疗人员数不低于卫生技术人员数的三分之一；

（二）每床至少配备 0.7 名卫生技术人员；

（三）每床至少配备 0.25 名护士；

（四）至少有 1 名具有主治医师以上职称的医师。

四、房屋：

（一）每床建筑面积不少于 45 平方米；

（二）主要建筑设施符合无障碍设计要求，并有扶手或栏杆。

五、设备:

(一)基本设备:

颈椎牵引设备	腰椎牵引设备
供氧装置	紫外线灯
显微镜	洗衣机
灌肠器	高压灭菌设备
电冰箱	

(二)病房每床单元设备:与一级综合医院相同;

(三)运动治疗设备:

训练用垫和床	训练用扶梯
肋木	姿势矫正镜
训练用棍和球	常用规格的沙袋和哑铃
墙拉力器	划船器
手指肌训练器	股四头肌训练器
前臂旋转训练器	滑轮吊环
常用规格的拐杖	助力平行木
常用规格的轮椅和助行器	

(四)物理因子治疗设备:

中频治疗仪	低频脉冲电疗机
音频电疗机	超短波治疗机
红外线治疗机	磁疗机

(五)作业治疗设备:

沙磨板	插板、插件、螺栓
红外线治疗机	磁疗机

(六)传统康复治疗设备:针灸用具;

(七)言语治疗设备:

录音机或言语治疗机	非语言交流写字画板
言语治疗和测评用具(实物、图片、卡片、记录本等)	

(八)功能测评设备:

关节功能评定装置	肌力计
血压计	心电图机
脑血流图仪	X 光机
眼底镜	
血球计数器	

（九）有与开展的诊疗科目相应的其他设备。

六、制订各项规章制度、人员岗位责任制,有国家制定或认可的医疗护理技术操作规程,并成册可用。

七、注册资金到位,数额由各省、自治区、直辖市卫生行政部门确定。

疗 养 院

一、床位:

住院床位总数 100 张以上。

二、科室设置:

（一）临床科室:至少设有两个疗区、至少设有传统康复医学室、体疗室;

（二）医技科室:至少设有药房、化验室、X 光室、心电图室、超声波室、理疗室、消毒供应室。

三、人员:

（一）每床至少配备 0.5 名工作人员;

（二）每床至少配备卫生技术人员 0.3 名;

（三）至少有 12 名护士;

（四）至少有 6 名具有主治医师以上职称的医师,其中具有副主任医师以上职称的医师不少于 2 名;

（五）各主要科室至少有 1 名主治医师以上职称的医师。

四、房屋:

（一）平均每床建筑面积 45 平方米以上;

（二）病房每床净使用面积不低于 6 平方米;

（三）每床占地面积不低于 250 平方米;

（四）绿化面积不少于可绿化面积的 80%。

五、设备:

（一）基本设备:

呼吸机	吸痰器
心电图机	除颤机
显微镜	血球计数仪
生化分析仪	分光光度计
自动稀释器	电泳仪
离心机	电冰箱
干燥箱	水浴箱
X 光机	A 超或 B 超
姿式矫正镜	墙拉力器
划船器	手指肌训练器
前臂旋转训练器	滑轮吊环

各种助行器	中频治疗仪
低频脉冲电疗机	音频电疗机
超短波治疗仪	红外线治疗机
磁疗机	针灸用具
按摩用具	颈椎牵引设备
腰椎牵引设备	关节功能评定装置
肌力计	高压灭菌设备
密闭灭菌柜	洗衣机
常水、热水、蒸馏水净化过滤系统	

（二）每床单元设备：与一级综合医院相同；

（三）有与开展的诊疗科目相应的其他设备。

六、制订各项规章制度、人员岗位责任制，有国家制定或认可的医疗护理技术操作规程，并成册可用。

七、注册资金到位，数额由各省、自治区、直辖市卫生行政部门确定。

第二部分　妇幼保健院基本标准

一级妇幼保健院

一、床位：

住院床位总数 5 至 19 张。

二、科室设置：

（一）业务科室：妇女保健科、婚姻保健科、儿童保健科、计划生育科、妇产科、儿科、健康教育科、信息资料科；

（二）医技科室：药房、化验室。

三、人员：

（一）专业卫生技术人员不少于 20 人的基础上，按实际床位数 1：1.3 增加编制；

（二）卫生技术人员占职工总数的 80% 以上。

四、房屋：

（一）在保健业务用房面积不低于 400 平方米的基础上，按每床建筑面积不少于 45 平方米，母婴同室每床不少于 50 平方米增加总面积；

（二）病房每床净使用面积不少于 5 平方米，母婴同室每床不少于 6 平方米，分娩室面积不少于 15 平方米。

五、设备：

（一）基本设备：

妇科检查床	产床
妇科治疗仪	电动吸引器

节育手术器械	新生儿复苏囊
儿童体格测量用具	超声雾化器
紫外线灯	氧气瓶
显微镜	离心机
血红蛋白测定仪	
高压灭菌设备	
健康教育基本设备	
电冰箱	
洗衣机	

(二)病房每床单元设备:

床	1张
床垫	1.2条
被子	1.2条
褥子	1.2条
被套	2块
床单	2个
枕芯	1.2个
枕套	2个
床头柜	1个
暖水瓶	1个
面盆	2个
痰盂或痰杯	1个

母婴同室和家庭化病房增加相应设备

(三)有与开展的诊疗科目相应的其他设备。

六、制订各项规章制度、人员岗位责任制,有国家制定或认可的医疗护理技术操作规程,建立了不同形式妇幼保健保偿责任制。

七、注册资金到位,数额由各省、自治区、直辖市卫生行政部门确定。

二级妇幼保健院

一、床位:

住院床位总数20至49张。

二、科室设置:

(一)业务科室:妇幼保健科、婚姻保健科、围产保健科、优生咨询科、乳腺保健科、儿童保健科、儿童生长发育科、妇儿营养科、儿童五官保健科、生殖健康科、计划生育科、妇产科、儿科、健康教育科、培训指导科、信息资料科;

(二)医技科室:药剂科、检验科、影像诊断科、功能检查科、手术室、消毒供应室。

三、人员：

(一)专业技术人员不少于 40 人的基础上,按床位数 1∶1.4 增加编制；

(二)卫技人员占职工总数 80% 以上,主要科室负责人应具有主治医师以上职称。

四、房屋：

(一)在保健业务用房面积不少于 500 平方米的基础上,按每床建筑面积不少于 45 平方米、母婴同室每床不少于 50 平方米增加总面积；

(二)病房每床净使用面积不少于 5 平方米,母婴同室每床不少于 6 平方米、分娩室面积不少于 30 平方米。

五、设备：

(一)基本设备：

妇科检查床	产床
妇科治疗仪	电动吸引器
节育手术器械	综合手术台
乳腺透照仪	B 超
心电图	双目显微镜
多普勒胎心诊断仪	新生儿抢救台
儿童体格测量用具	200mA X 光机
同视机	新生儿保温箱
儿童口腔保健椅	高压灭菌设备
儿童智力测查工具	洗衣机
电冰箱	血红蛋白测定仪
分光光度计	离心机
水浴箱	电视机
录、放像机	救护车

(二)病房每床单元设备:与一级妇幼保健院相同；

(三)有与开展诊疗科目相应的其他设备。

六、制订各项规章制度、人员岗位责任制,有国家制定或认可的保健、医疗、护理技术操作规程,建立了不同形式妇幼保健保偿责任制。

七、注册资金到位,数额由各省、自治区、直辖市卫生行政部门确定。

三级妇幼保健院

一、床位

住院床位总数 50 张以上。

二、科室设置：

(一)业务科室:妇女保健科、婚姻保健科、围产保健科、优生咨询科、女职工保健科、更年期保健科、妇儿心理卫生科、乳腺保健科、妇儿营养科、儿童保健科、儿童生长发育科、儿童口腔保健科、儿童眼保健科、生殖健康科、计划生育科、妇产科、儿科、培训指导科、健康教育科、信息资料科；

（二）医技科室：药剂科、检验科、影像诊断科、功能检查科、遗传实验室、手术室、消毒供应室、病案图书室。

三、人员：

（一）专业技术人员不少于60人的基础上，按实际床位数1∶1.5增加编制；

（二）卫技人员占职工总数80%，其中至少有6名具有副主任医师以上职称的医师。

四、房屋：

（一）保健业务用房面积不少于1 000平方米的基础上，每床建筑面积不少于55平方米、母婴同室每床不少于60平方米增加总面积；

（二）病房每床净使用面积不少于6平方米，母婴同室每床不少于7平方米，分娩室面积不少于40平方米。

五、设备：

（一）基本设备：

妇科检查床	产床
综合手术台	电动吸引器
腹部手术器械	高压灭菌设备
多普勒胎心诊断仪	新生儿保温箱
B超（线、扇）	200mA以上X光机
心电图机	宫腔镜
新生儿抢救台	麻醉机
妇科治疗仪	乳腺透照仪
儿童体格测量用具	儿童智力测查工具
同视机	儿童口腔保健椅
裂隙灯	节育手术器械
超净工作台	半自动生化分析仪
分光光度计	尿液分析仪
血球计数仪	酶标仪
双目显微镜	恒温培养箱
万能显微镜	γ计数仪
离心机	分析天平
洗衣机	文字处理机（打字机）
电视机	幻灯机
录、放像机	投影仪
救护车	电子计算机

（二）病房每床单元设备：与一级妇幼保健院相同；

（三）有与开展的诊疗科目相应的其他设备。

六、制订各项规章制度、人员岗位责任制,有国家制定或认可的保健、医疗、护理技术操作规程,建立了不同形式妇幼保健保偿责任制。

七、注册资金到位,数额由各省、自治区、直辖市卫生行政部门确定。

第三部分　乡(镇)、街道卫生院基本标准

床位总数在 19 张以下的乡(镇)、街道卫生院

一、科室设置:

(一)临床科室:至少设有急诊(抢救)室、内科、外科、妇(产)科、儿科、预防保健科;

(二)医技科室:至少设有药房、化验室、X 光室、治疗室、处置室、消毒供应室、信息统计室。

二、人员:

(一)定员至少 5 人;

(二)卫生技术人员数不低于全院职工总数的 80%;

(三)从事防护工作人员不低于卫生技术人员总数的 20%。

三、房屋:

无住院床位卫生院,建筑面积至少 300 平方米;每设一床位,建筑面积至少增加 20 平方米。乡镇人口数少于 1 万的卫生院,建筑面积最少为 200 平方米。

四、设备:

(一)基本设备:

急诊抢救箱	氧气瓶
电动吸引器	洗胃机
心电图机	抢救床
观察床	诊察床
妇科检查床	产床
接产包	切开缝合包
新生儿体重计	新生儿保温箱
显微镜	血球计数仪
离心机	恒温箱
电冰箱	干燥箱
X 光机	观片灯
开口器	舌钳
阴道检查器械	人流吸引器
上取环器械	导尿包
身高体重计	

至少 100 支各种规格注射器

器械盘	器械柜
无菌柜	污物桶
担架车	紫外线灯

高压灭菌设备

(二)有与开展的诊疗科目相应的其他设备。

五、制订各项规章制度、人员岗位责任制,有国家制定或认可的医疗护理技术操作规程,并成册可用。

六、注册资金到位,数额由各省、自治区、直辖市卫生行政部门确定。

床位总数 20 至 99 张的乡(镇)、街道卫生院

一、科室设置:

(一)临床科室:至少设有急诊(抢救)室、内科、外科、妇(产)科、儿科、预防保健科;

(二)医技科室:至少设有药房、化验室、X 光室、治疗室、处置室、手术室、消毒供应室、信息统计室。

二、人员:

(一)至少有 3 名医师、5 名护士和相应的药剂、检验、放射线技术人员;

(二)至少有 1 名具有主治医师以上职称的医师。

三、房屋:

每床建筑面积不少于 45 平方米。

四、设备:

(一)基本设备:

呼吸球囊	电动吸引器
急诊抢救箱	抢救床
氧气瓶	导尿包
洗胃机	心电图机
新生儿体重计	新生儿保温箱
万能手术床	麻醉机
必备的手术器械	显微镜
干燥箱	分光光度计
血球计数仪	离心机
恒温培养箱	电冰箱
X 光机	观片灯
B 超	身高体重计
妇科检查床	冲洗车
产床	接产包

阴道检查器械	上取环器械
人流吸引器	器械柜
药品柜	紫外线灯
无菌柜	污物桶
高压灭菌设备	担架车
洗衣机	

(二)病房每床单元设备:与一级综合医院相同;

(三)有与开展的诊疗科目相应的其他设备。

五、制订各项规章制度、人员岗位责任制,有国家制定或认可的医疗护理技术操作规程,并成册可用。

六、注册资金到位,数额由各省、自治区、直辖市卫生行政部门确定。

第四部分 门诊部基本标准

综合门诊部

一、科室设置:

(一)临床科室:至少设有 5 个临床科室。急诊室、内科、外科为必设科室,妇(产)科、儿科、中医科、眼科、耳鼻喉科、口腔科、预防保健科等为选设科室;

(二)医技科室:至少设有药房、化验室、X 光室、治疗室、处置室、消毒供应室。

二、人员:

(一)至少有 5 名医师,其中有 1 名具有副主任医师以上职称的医师;

(二)每临床科室至少有 1 名医师;

(三)至少有 5 名护士,其中至少有 1 名具有护师以上职称的护士;

(四)医技科室至少有 1 名相应专业的卫生技术人员。

三、房屋:

(一)建筑面积不少于 400 平方米;

(二)每室必须独立。

四、设备:

(一)基本设备:

氧气瓶	人工呼吸机
电动吸引器	气管插管
洗胃机	心电图机
显微镜	尿常规分析仪
血球计数器	生化分析仪
血液黏度仪	恒温箱
电冰箱	X 光机

紫外线灯　　　　　　　　　　高压灭菌设备

B超

药柜、转台、密集架、调剂台

静脉切开包、气管切开包及规定的抢救药品

（二）有与开展的诊疗科目相应的其他设备。

五、制订各项规章制度、人员岗位责任制,有国家制定或认可的医疗护理技术操作规程,并成册可用。

六、注册资金到位,数额由各省、自治区、直辖市卫生行政部门确定。

中医门诊部

中医门诊部的中医药治疗率不得低于85%。

一、科室设置:

（一）临床科室:至少设有三个中医临床科室;

（二）医技科室:至少设有药房、化验室、处置室等与门诊部功能相适应的医技科室。

二、人员:

（一）中医药人员占医药人员总数的比例不低于70%;

（二）至少有4名中医师,其中至少有1名具有主治医师以上职称的中医师;

（三）至少有2名护士、1名中药士及相应的检验、放射等技术人员。

三、房屋:

（一）建筑面积不少于300平方米;

（二）每室必须独立。

四、设备:

有基本设备和与开展的诊疗科目相应的设备及中医诊疗器具。

五、制订各项规章制度、人员岗位责任制,有国家制定或认可的中医医疗护理技术操作规程,并成册可用。

六、注册资金到位,数额由各省、自治区、直辖市中医（药）行政管理部门确定。

中西医结合门诊部

一、科室设置:

（一）临床科室:至少设有急诊室、内科、外科;

（二）医技科室:至少设有药房、化验室、X光室、处置室、注射室、消毒供应室。

二、人员:

（一）至少有3名从事中西医结合临床工作2年以上的医师,其中至少有1名具有副主任医师以上职称的中西医结合医师或中医师;

（二）至少有5名护士;

（三）医技科室至少有1名具有相应专业的卫生技术人员。

三、房屋:

（一）建筑面积不少于300平方米;

(二)每室必须独立。

四、设备：

(一)基本设备：

氧气瓶	电冰箱
心电图机	显微镜
B 超	尿常规分析仪
X 光机	血球计数器
人工呼吸机	紫外线消毒灯
洗胃机	药柜
气管插管	调剂台
吸引器	静脉切开包
高压灭菌设备	
规定的各种抢救药品	

(二)有与开展的诊疗科目相应的其他设备。

五、制订各项规章制度、人员岗位责任制,有国家制定或认可的中医医疗护理技术操作规程,并成册可用。

六、注册资金到位,数额由各省、自治区、直辖市中医(药)行政管理部门确定。

民族医门诊部

一、科室设置：

设有三个以上民族医门诊科室。设有民族药药房并具有民族药基本保管与炮制能力。

二、人员：

至少有 3 名民族医医师、1 名民族药药士和 1 名检验士、1 名护士。民族医药人员占人员总数的比例不低于 70%。

三、房屋：

(一)建筑面积不少于 200 平方米;

(二)每室必须独立。

四、设备：

有基本设备和与开展的诊疗科目相应的设备及诊疗器具。

五、制订各项规章制度、人员岗位责任制,有国家制定或认可的中医医疗护理技术操作规程,并成册可用。

六、注册资金到位,数额由各省、自治区、直辖市中医(药)行政管理部门确定。

专科门诊部

普通专科门诊部

一、科室设置：

(一)至少设有 1 个一级科目或 2 个二级科目或 4 个以上二级科目以下的专业科室;

（二）至少设有药房、化验室、X 光室、处置室、治疗室、消毒供应室。

二、人员：

（一）至少有 5 名医师,其中至少有 1 名具有副主任医师以上职称的医师；

（二）每临床科室至少有 1 名医师；

（三）至少有 5 名护士,其中至少有 1 名具有护师以上职称的医师；

（四）医技科室有具有士以上技术职称的相应的卫生技术人员。

三、房屋：

（一）建筑面积不少于 200 平方米；

（二）每室必须独立。

四、设备：

（一）基本设备：

氧气瓶	人工呼吸机
气管插管	电动吸引器
洗胃机	心电图机
显微镜	尿常规分析仪
生化分析仪	血球计数仪
恒温箱	电冰箱
X 光机	
药柜、转台、密集架、调剂台	
紫外线灯	高压灭菌设备

（二）有与开展的诊疗科目相应的其他设备。

五、制订各项规章制度、人员岗位责任制,有国家制定或认可的医疗护理技术操作规程,并成册可用。

六、注册资金到位,数额由各省、自治区、直辖市卫生行政部门确定。

口腔门诊部

一、牙椅：

至少设有牙科治疗椅 4 台。

二、科室设置：

不设分科。能开展口腔内科、口腔外科和口腔修复科的大部分诊治工作,有条件的可分设专业组(室)。有专人负责药剂、化验(检验中心有统一安排的可不要求)、放射、消毒供应等工作。

三、人员：

（一）每牙科治疗椅至少配备 1.03 名卫生技术人员；

（二）至少有 2 名口腔科医师,其中 1 名具有主治医师以上职称；

（三）牙科治疗椅超过 4 台的,每增设 4 台牙椅,至少增加 1 名口腔科医师；

（四）医生与护理人员之比不低于 1：1。

四、房屋:

(一)每牙科治疗椅建筑面积不少于 30 平方米;

(二)诊室每牙科治疗椅净使用面积不少于 6 平方米。

五、设备:

(一)基本设备:

电动吸引器	显微镜
X 光牙片机	银汞搅拌器
光敏固化灯	超声洁治器
铸造机	紫外线灯
高压灭菌设备	

(二)每牙椅单元设备:

牙科治疗椅	1 台
手术灯	1 个
痰盂	1 个
器械盘	1 个
低速牙科切割装置	1 套
医师座椅	1 个
病历书写桌	1 张
口腔检查器械	1 套

配备中高速牙科切割装置不少于牙科治疗椅总数的 1/2;

(三)有与开展的诊疗科目相应的其他设备。

六、制订各项规章制度、人员岗位责任制,有国家制定或认可的医疗护理技术操作规程,并成册可用。

七、注册资金到位,数额由各省、自治区、直辖市卫生行政部门确定。

整形外科门诊部

一、科室设置:

至少设有整形外科、观察室、手术室、药房、化验室、处置室、治疗室、消毒供应室。

二、人员:

(一)每台手术床至少配备 2.7 名卫生技术人员;

(二)至少有 5 名医师,其中至少 1 名从事整形外科工作 5 年以上并具有副主任医师以上职称的整形外科医师;

(三)至少有 5 名护士,其中至少 1 名具有护师以上职称的护士。

三、房屋:

(一)建筑面积不少于 150 平方米;

(二)每室必须独立;

(三)手术床使用面积不少于 15 平方米,在两台手术床的基础上,每增加 1 台手术床应增加手术室使用面积 7 平方米。

四、设备:

(一)基本设备:

手术床 2 台和相应的成套整形外科手术器械

吸引器　　　　　　　　　　　　　　显微镜

电冰箱　　　　　　　　　　　　　　双极电凝器

紫外线消毒灯　　　　　　　　　　　高压灭菌设备

(二)有与开展的诊疗科目相应的其他设备。

五、制订各项规章制度、人员岗位责任制,有国家制定或认可的医疗护理技术操作规程,并成册可用。

六、注册资金到位,数额由各省、自治区、直辖市卫生行政部门确定。

医疗美容门诊部

一、床位:

至少设有美容床 4 张,手术床 2 台。

二、科室设置:

(一)临床科室:至少设有美容外科、皮肤科、物理治疗室、美容咨询室;

(二)医技科室:至少设有药房、化验室、手术室、治疗室、处置室、消毒供应室。

三、人员:

(一)每台手术床至少配备 2.4 名卫生技术人员;

(二)每张美容床至少配备 1.4 名卫生技术人员;

(三)至少有 5 名医师,其中至少有 1 名从事美容外科临床工作 5 年以上并具有副主任医师以上职称的医师和 1 名从事皮肤科临床工作 5 年以上的医师;

(四)至少有 5 名护士,其中至少有 1 名具有护师以上职称的护士。

四、房屋:

(一)建筑面积不少于 200 平方米;

(二)每室必须独立;

(三)手术室净使用面积不少于 15 平方米;

(四)诊室每美容床净使用面积不少于 6 平方米。

五、设备:

(一)基本设备:

手术床 2 台和相应的成套美容外科手术器械

离子喷雾器　　　　　　　　　　　　多功能美容仪

皮肤磨削机　　　　　　　　　　　　二氧化碳激光治疗机

吸引器　　　　　　　　　　　　　　电冰箱

双极电凝器　　　　　　　　　　　　紫外线消毒灯

高压灭菌设备

（二）有与开展的诊疗科目相应的其他设备

六、制订各项规章制度、人员岗位责任制,有国家制定或认可的医疗护理技术操作规程,并成册可用。

七、注册资金到位,数额由各省、自治区、直辖市卫生行政部门确定。

第五部分 诊所、卫生所（室）、医务室、中小学卫生保健所、卫生站基本标准

诊所、卫生所（室）、医务室

一、至少设有诊室、处置室、治疗室。

二、人员：

（一）至少有1名取得医师资格后从事5年以上临床工作的医师；

（二）至少有1名护士。

三、房屋：

（一）建筑面积不少于40平方米；

（二）每室必须独立。

四、设备：

（一）基本设备：

诊察床	诊察桌
诊察凳	听诊器
血压计	出诊箱
体温计	污物桶
压舌板	处置台
注射器	纱布罐
方盘	
药品柜	
紫外线灯	
高压灭菌设备	

（二）有与开展的诊疗科目相应的其他设备。

五、制订各项规章制度、人员岗位责任制,有国家制定或认可的医疗护理技术操作规程,并成册可用。

六、注册资金到位,数额由各省、自治区、直辖市卫生行政部门确定。

中 医 诊 所

中医诊所的中医药治疗率不得低于85%。

一、人员：

至少有1名取得医师资格后从事5年以上临床工作的中医师。经批准设置中药饮片和

成药柜的,须配备具有中药士以上职称的人员共同执业。

二、房屋:

建筑面积不少于 40 平方米。

三、设备:

有基本设备和与开展诊疗科目相应的设备及中医诊疗器具。

四、制订各项规章制度、人员岗位责任制,有国家制定或认可的医疗护理技术操作规程,并成册可用。

五、注册资金到位,数额由各省、自治区、直辖市中医(药)行政管理部门确定。

中西医结合诊所

一、科室设置:

至少设诊室、处置室、治疗室。

二、人员:

(一)至少有 1 名取得医师资格后从事中西医结合临床工作 5 年以上的医师;

(二)至少有 1 名护士。

三、房屋:

(一)建筑面积不少于 40 平方米;

(二)每室必须独立。

四、设备:

(一)基本设备:

诊察床	诊察凳药柜
血压计	压舌板
高压灭菌设备	方盘
洗手盆	诊察桌
处置台	听诊器
诊槌	注射器
紫外线灯	纱布罐
往诊包	

(二)有与开展的诊疗科目相应的其他设备。

五、制订各项规章制度、人员岗位责任制,有国家制定或认可的中医医疗护理技术操作规程,并成册可作。

六、注册资金到位。数额由各省、自治区、直辖市中医(药)行政管理部门确定。

民族医诊所

一、人员:

至少有 1 名民族医医师和 1 名民族药药士。

二、房屋:

建筑面积不少于 30 平方米。

三、设备:

有基本设备和与开展的诊疗科目相应的设备及诊疗器具。

四、备有与诊疗科目相适应的民族药药品。

五、制订各项规章制度、人员岗位责任制,有国家制定或认可的医疗护理技术操作规程,并成册可用。

六、注册资金到位。数额由各省、自治区、直辖市中医(药)行政管理部门确定。

口 腔 诊 所

一、牙椅

至少设有牙科治疗椅 1 台。

二、科室设置:

能开展口腔内科、口腔外科和口腔修复科的部分诊治工作。

三、人员:

(一)设一台牙科治疗椅,人员配备不少于 2 人;设二台牙科治疗椅,人员配备不少于 3 人;设三台牙科治疗椅,人员配备不少于 5 人;

(二)至少有 1 名已取得医师资格后从事 5 年以上临床工作的口腔科医师。

四、房屋:

(一)每牙科治疗椅建筑面积不少于 25 平方米;

(二)诊室每牙科治疗椅净使用面积不少于 6 平方米。

五、设备:

(一)基本设备

电动吸引器	X 光牙片机
银汞搅拌器	紫外线灯
高压灭菌设备	药品柜

(二)每牙椅单元设备:

牙科治疗椅	1 台
手术灯	1 个
痰盂	1 个
器械盘	1 个
低速牙科切割装置	1 套
医师座椅	1 个
病历书写桌	1 张
口腔检查器械	1 套

(三)有与开展的诊疗科目相应的其他设备。

六、制订各项规章制度、人员岗位责任制,有国家制定或认可的医疗护理技术操作规程,并成册可用。

七、注册资金到位、数额由各省、自治区、直辖市卫生行政部门确定。

美容整形外科诊所

一、至少设有诊室、手术室、治疗室、消毒供应室。

二、人员：

（一）每台手术床至少配备 2.4 名工作人员；

（二）至少有 1 名取得医师资格后从事 5 年以上美容整形外科工作的具有主治医师以上职称的整形外科医师；

（三）至少有 1 名护士。

三、房屋：

（一）建筑面积不少于 60 平方米；

（二）每室必须独立；

（三）手术室使用面积不少于 12 平方米。

四、设备：

（一）基本设备：

手术床 1 台和相应的成套整形外科手术器械

电动吸引器	显微镜
双极电凝器	电冰箱
紫外线灯	高压灭菌设备
药品柜	

（二）有与开展的诊疗科目相应的其他设备。

五、制订各项规章制度、人员岗位责任制，有国家制定或认可的医疗护理技术操作规程，并成册可作。

六、注册资金到位，数额由各省、自治区、直辖市卫生行政部门确定。

医疗美容诊所

一、至少设有诊室、治疗室、消毒供应室。

二、人员：

（一）至少有 1 名取得医师资格后从事 5 年以上医疗美容工作的相应专科医师；

（二）至少有 1 名护士。

三、房屋：

（一）建筑面积不少于 40 平方米；

（二）每室必须独立。

四、设备：

（一）基本设备：

美容床	电冰箱
紫外线灯	高压灭菌设备
药品柜	

(二)有与开展的诊疗科目相应的其他设备。

五、制订各项规章制度、人员岗位责任制,有国家制定或认可的医疗护理技术操作规程,并成册可用。

六、注册资金到位,数额由各省、自治区、直辖市卫生行政部门确定。

精神卫生诊所

一、至少设有诊室、处置室。

二、人员:

(一)至少有 1 名取得精神科医师资格后从事 5 年以上精神科临床工作的精神科医师;

(二)至少有 1 名护士。

三、房屋:

(一)建筑面积不少于 40 平方米;

(二)每室必须独立;

(三)通风、采风、安全符合精神卫生工作的要求。

四、设备:

(一)基本设备:

眼底镜	五官检查器
各种规格注射器	输液装置
处置器械	紫外线灯
高压灭菌设备	药品柜

(二)有与开展的诊疗科目相应的其他设备。

五、药品

应配备其功能和任务相适应的精神科常用药品。

六、制订各项规章制度、人员岗位责任制,有国家制定或认可的医疗护理技术操作规范,并成册可用。

七、注册资金到位,数额由各省、自治区、直辖市卫生行政部门确定。

中小学卫生保健所

一、至少设有诊室(体检室)、化验室、X 光室、消毒供应室。

二、人员:

中小学卫生保健所人员编制不少于学生数的万分之三,其中卫生专业人员不少于 80%,并应有内、外、儿、五官、统计学等专业的人员。中级职称以上卫生技术专业人员不少于编制人员的 20%。

三、房屋:

(一)房屋建筑面积不少于每专业人员 15 平方米;

(二)每室必须独立。

四、设备:

(一)基本设备

体重称	身高坐高计
握力计	肺活量计
血压计	听诊器
胸围尺	串镜
五官科检查器械	诊察床
口腔科器械	检眼镜片箱
对数灯光视力表箱	化学消毒剂
显微镜	X 光机
高速涡轮牙钻	721 分光光度计
分析天平	恒温箱
离心机	电冰箱
高压灭菌设备	紫外线灯

(二)有与开展的诊疗科目相应的其他设备。

五、制订各项规章制度、人员岗位责任制,有国家制定或认可的医疗护理技术操作规程,并成册可用。

六、注册资金到位,具体数额由各省、自治区、直辖市卫生行政部门确定。

卫 生 站

一、人员:

至少有 1 名护士负责业务工作。

二、房屋:

建筑面积不少于 25 平方米,治疗、处置、消毒供应等活动相对隔开。

三、设备:

听诊器	体温计
血压计	各种规格注射器
接种包	高压灭菌设备
药品柜	

四、制订各项规章制度、人员岗位责任制,有国家制定或认可的医疗护理技术操作规程,并成册可用。

五、注册资金到位,具体数额由各省、自治区、直辖市卫生行政部门确定。

第六部分　村卫生室(所)基本标准

一、至少设有诊室、治疗室、药房。

二、人员:

至少有 1 名乡村医生。

三、房屋:

(一)建筑面积不少于40平方米;

(二)每室必须独立。

四、设备:

(一)基本设备:

诊查床	听诊器
体温计	血压计
身高体重计	接种包
出诊箱	至少50支各种规格注射器
药品柜	有盖方盘
消毒缸	高压灭菌设备
污物桶	资料柜
健康宣传版	

(二)有与开展的诊疗科目相应的其他设备。

五、药品:

至少配备80种基本药物。

六、制订各项规章制度、人员岗位责任制,有国家制定或认可的医疗护理技术操作规程,并成册可用。

七、注册资金到位,具体数额由各省、自治区、直辖市卫生行政部门确定。

第七部分　专科疾病防治院、所、站基本标准

一级口腔病防治所

一、牙椅:

牙科治疗椅4至14台。

二、科室设置:

不要求设立分科,能开展口腔内科、口腔外科、口腔修复科部分诊治和预防保健工作,并有专人负责药剂、化验(检验中心有统一安排的可不做要求)、放射、消毒供应等工作。

三、人员:

(一)每牙科治疗椅至少配备1.03名卫生技术员;

(二)至少有2名口腔科医师,其中1名具有主治医师以上职称;

(三)牙科治疗椅超过4台的,每增设4台牙椅,至少增加1名口腔科医师;

(四)医生与护理人员之比不低于1:1。

四、房屋:

(一)每牙科治疗椅建筑面积不少于30平方米;

(二)诊室每牙科治疗椅净使用面积不少于6平方米。

五、设备：

(一)基本设备：

电动吸引器	显微镜
X 光牙片机	银汞搅拌器
光敏固化灯	超声洁治器
铸造机	煮沸消毒锅
紫外线灯	高压灭菌设备
药品柜	

(二)每牙椅单元设备：

牙科治疗椅	1 台
手术灯	1 个
痰盂	1 个
器械盘	1 个
低速牙科切割装置	1 套
口腔检查器械	1 套
医师座椅	1 个
病历书写柜	1 张

配备中高速牙科切割装置不少于牙科治疗椅总数的 1/2；

(三)有与开展的诊疗科目相应的其他设备。

六、制订各项规章制度、人员岗位责任制,有国家制定或认可的医疗护理技术操作规程,并成册可用。

七、注册资金到位,数额由各省、自治区、直辖市卫生行政部门确定。

二级口腔病防治所

一、牙椅：

牙科治疗椅 15 至 59 台。

二、科室设置：

(一)临床科室：至少设有口腔内科、口腔外科和口腔修复科、预防保健科；

(二)医技科室：至少设有药剂科、检验科、放射科、消毒供应室、病案室。

三、人员：

(一)每牙科治疗椅应配备 1.03 名卫生技术人员；

(二)至少有 1 名具有副主任医师以上职称的口腔科医师和 1 名任职三年以上的具有主治医师职称的口腔科医师,或者有 2 名具有副主任医师以上职称的口腔科医师；

(三)各专业科室(组)至少有 1 名口腔科医师；

(四)医生与护理人员之比不低于 1∶1.3；

(五)修复医师与技工人员之比不低于 1∶1。

四、房屋：

（一）每牙科治疗椅建筑面积不少于 30 平方米；

（二）诊室每牙科治疗椅净使用面积不少于 6 平方米。

五、设备：

（一）基本设备：

供氧装置	辅助呼吸气囊
电动吸引器	抢救床
显微镜	X 光牙片机
银汞搅拌机	超声洁治器
光敏固化灯	中熔铸造机或高频铸造机
紫外线灯	高压灭菌设备
电冰箱	

（二）每牙椅单元设备：

牙科治疗椅	1 台
手术灯	1 个
痰盂	1 个
器械盘	1 个
吸引器	1 个
低速牙科切割装置	1 套
高速牙科切割装置	1 套
三用枪	1 支
口腔检查器械	1 套
病历书写柜	1 张
医师座椅	1 个

（三）有与开展的诊疗科目相应的其他设备。

六、制订各项规章制度、人员岗位责任制,有国家制定或认可的医疗护理技术操作规程,并成册可用。

七、注册资金到位,数额由各省、自治区、直辖市卫生行政部门确定。

三级口腔病防治所

一、牙椅：

至少设牙科治疗椅 60 台。

二、科室设置：

（一）临床科室:至少设有口腔内科、口腔外科和口腔修复科、口腔正畸科、口腔预防保健科；

（二）医技科室:至少设有药剂科、检验科、放射科、病理科、消毒供应室、病案室。

三、人员：

（一）每牙科治疗椅至少应配备 1.03 名卫生技术人员；

(二)各专业科室主任应是具有副主任医师以上职称的口腔科医师;

(三)医师与护士之比不低于1:1.3;

(四)修复医师与技工人员之比1:1。

四、房屋:

(一)每牙科治疗椅建筑面积不少于40平方米;

(二)诊室每牙科治疗椅净使用面积不少于6平方米。

五、设备:

(一)基本设备:

供氧装置	辅助呼吸气囊
电动吸引器	心电图机
抢救床	抢救柜(车)
显微镜	X光机
光牙片机	断层摄片机
多功能口腔综合治疗台	涡轮机
光敏固化灯	银汞搅拌机
光固化烤塑机	铸造与烤瓷设备
超声洁治器	超短波治疗器
敷料柜	器械柜
紫外线灯	高压灭菌设备
电冰箱	

(二)每牙椅单元设备:与二级口腔病防治所相同;

(三)有与开展的诊疗科目相应的其他设备。

六、制订各项规章制度、人员岗位责任制,有国家制定或认可的医疗护理技术操作规程,并成册可用。

七、注册资金到位,数额由各省、自治区、直辖市卫生行政部门确定。

职业病防治所

一、床位:

住院床位总数10张以上。

二、科室设置:

至少设有职业病科(不同行业可分别设中毒、尘肺、物理因素)、药房、化验室、X光室、消毒供应室、职业健康监护科、病案室。

三、人员:

(一)每床至少配备0.4名卫生技术人员;

(二)至少有3名医师,其中至少有1名具有副主任医师以上职称的医师;

(三)至少有5名护士;

(四)至少有3名化验人员(常规、生化、毒化各一名)和相应的药剂人员;

（五）至少有 2 名从事尘肺诊断治疗的放射人员。

四、房屋：

每床建筑面积最少 45 平方米。

五、设备：

（一）基本设备：

心电图机	X 光机
显微镜	药品柜
电冰箱	恒温培养箱
密闭灭菌柜	紫外线灯
离心机	洗衣机
洗胃机	呼气球囊
B 超	蒸馏器
紫外线消毒器	给氧装置
分析天平	检眼镜
高压灭菌设备	干燥箱
导尿包	血球计数器
血压计	电泳仪
水浴箱	自动稀释器
生化分析仪	粉尘采样器
微量注射器	稳压电源
分光光度计	pH 计
测定仪	SO_2 测定仪
噪声测定仪	振动测定仪
辐射热计	通风式干湿球温度计
静脉切开包	气管切开包
胸穿包	骨穿包
救护车	洗衣机

（二）病房每床单元设备：与一级综合医院相同；

（三）有与开展的诊疗科目相应的其他设备。

六、制订各项规章制度、人员岗位责任制，有国家制定或认可的医疗护理技术操作规程，并成册可用。

七、注册资金到位，数额由各省、自治区、直辖市卫生行政部门确定。

职业病防治院

一、床位：

住院床位总数在 30 张以上。

二、科室设置：

（一）临床科室：至少设有急诊室、中毒科、尘肺科、物理因素科；

（二）医技科室：至少设有药剂科、检验科、放射科、病理科、职业健康监护科、物理诊断科（心电图、脑电图、B超等）、消毒供应科、病案室。

三、人员：

（一）每床至少配备0.7名卫生技术人员；

（二）各专业科室至少有1名医师；

（三）至少有3名具有副主任医师以上职称的医师，其中至少有1名主任医师；

（四）每床至少配备0.4名护士。

四、房屋：

每床建筑面积不少于45平方米。

五、设备：

（一）基本设备：

与职业病防治所的基本设备相同，并增加以下设备：

电动吸引器	麻醉机
心电监护仪	移动式X光机
X光机（200mA以上）	呼吸机
眼科裂隙灯	肺功能仪
自动生化分析仪	脑电图仪
全自动血球计数仪	血气分析仪
气相色谱仪	原子吸收仪
低温冰箱	酸度计
高压液相色谱仪	计算机
支气管镜	病理切片机

（二）病房每床单元设备：与一级综合医院相同；

（三）有与开展的诊疗科目相应的其他设备。

六、制订各项规章制度、人员岗位责任制，有国家制定或认可的医疗护理技术操作规程，并成册可用。

七、注册资金到位，具体数额由各省、自治区、直辖市卫生行政部门确定。

第八部分　急救中心、站基本标准

急　救　站

一、科室设置：

至少设有急救科、通讯调度室、车管科。

二、急救车辆：

（一）按每5万人口配1辆急救车，至少配备5辆能正常运转的急救车；

(二)每辆急救车应备有警灯、警报器,在车身两侧和后门要有医疗急救的标记;

(三)每急救车单元设备:

急救箱(包)	简易产包(含消毒手套)
听诊器	表式血压计
体温计	氧气袋(瓶)
给氧鼻导管(塞)	简易呼吸机
口对面罩吹气管	电动吸引器
心电图机	开口器
拉舌钳	环甲膜穿刺针
张力性气胸穿刺针	静脉输液器
心内注射针	20ml 注射器
5ml 注射器	止血带
砂轮片	胶布
酒精盒	脱脂棉
敷料(大、中、小)	绷带
三角巾	敷料剪
镊子	药勺
针灸针	夹板
敷料箱	手电筒
软担架	移动式担架床

(四)每急救车单元药品:

盐酸肾上腺素	异丙肾上腺素
尼可刹米(可拉明)	洛贝林
多巴胺	间羟胺(阿拉明)
利血平	呋塞米(速尿)
毛花苷 C(西地兰)	地西泮(安定)注射液
异丙嗪(非那根)	哌替啶(杜冷丁)
喷他佐辛(镇痛新)	复方氨基比林
氨茶碱	甲氧氯普胺(灭吐灵)
阿托品	酚磺乙胺(止血敏)
肾上腺色腙(安络血)	地塞米松
碘解磷定(解磷定)	利多卡因
10%葡萄糖酸钙	10%葡萄糖注射液
地西泮(安定)片	双嘧达莫(潘生丁)片

硝苯地平(心痛定)片	马来酸氯苯那敏(扑尔敏)片
维拉帕米(异搏定)片	麝香保心丸
复方利血平(降压)片	硫酸阿托品片
去痛片	盐酸普萘洛尔(心得安)片
外用药	75%酒精(棉球)
2.5%碘酊(棉球)	红汞(棉球)

三、通讯:

应开通急救专线电话。

四、人员:

(一)至少有 5 名司机;

(二)至少有 5 名急救医护人员。

五、房屋:

建筑面积不少于 400 平方米。

六、制订各项规章制度、人员岗位责任制,有国家制定或认可的医疗护理技术操作规程,并成册可用。

七、注册资金到位,数额由各省、自治区、直辖市卫生行政部门确定。

急 救 中 心

一、科室设置:

至少设有急救科、通讯调度室、车管科。

二、急救车辆:

(一)按每 5 万人口配 1 辆急救车,但至少配备 20 辆急救车;

(二)每辆急救车应备有警灯、警报器,在车身两侧和后门要有医疗急救的标记;

(三)至少有 1 辆急救指挥车;

(四)每急救车单元设备:与急救站机相同;

(五)每急救车单元药品:与急救站相同。

三、通讯:

(一)应开通急救"120"专线电话;

(二)急救车及急救指挥车均配备无线电车载台,其中急救指挥车必须配备移动电话;

(三)与该市担任急救医疗任务的医院的急诊科之间建立急救专用电话。

四、人员:

(一)至少配备司机 21 名;

(二)至少配备急救医护人员 30 名。

五、房屋

建筑面积不少于 1 600 平方米。

六、急救网络:

至少设有 3 个分站,并与分站及医院形成急救网络。

七、制订各项规章制度、人员岗位责任制,有国家制定或认可的医疗护理技术操作规程,并成册可用。

八、注册资金到位,数额由各省、自治区、直辖市卫生行政部门确定。

第九部分　临床检验中心基本标准

市(地级)临床检验中心

一、科室设置:

至少设有临床化学组、临床免疫组、临床微生物组、临床血液、体液组。

二、人员:

(一)至少有 12 名卫生技术人员;

(二)至少有 10 名具有检验师(实习研究员、医师)以上职称的卫生技术人员,其中至少有 4 名具有主管检验师(助理研究员、主治医师)以上职称的卫生技术人员。

三、房屋:

建筑面积不少于 200 平方米。

四、设备:

(一)基本设备:

计算机	打印机
投影仪	恒温箱
电冰箱	离心机
振荡器	1/10 000 分析天平
测定仪	稀释器(或加样器)
普通显微镜	干燥器
高压灭菌锅	试剂用水制备系统
分光光度计	血液分析仪
尿分析仪	自动生化分析仪
酶标分析仪	细菌培养箱

火焰光度计或离子选择电极、电解质分析仪

(二)有与开展的诊疗科目相应的其他设备。

五、制订各项规章制度、人员岗位责任制,有国家制定或认可的医疗检验技术操作规程,并成册可用。

六、注册资金到位,数额由各省、自治区、直辖市卫生行政部门确定。

七、易燃、易爆及剧毒试剂严格管理、安全存放、安全使用,现场验收合格。

省临床检验中心

一、科室设置:

至少设有临床化学室、临床免疫室、临床微生物室、临床血液、体液室。

二、人员：

(一)至少有 24 名卫生技术人员；

(二)至少有 2 名具有副主任检验师(副研究员、副主任医师)以上职称的卫生技术人员；

(三)各专业科室主任应具有主管检验师(助理研究员、主治医师)以上技术职称。

三、房屋：

建筑面积不少于 700 平方米。

四、设备：

与地市临床检验中心基本设备相同，并增加以下设备：

(一)基本设备：

低温冰箱	1/10 万分析天平
高速离心机	二氧化碳培养箱
超净台	紫外分光光度计
教学显微镜	复印机
幻灯机	

(二)有与开展的诊疗科目相应的其他设备。

五、制订各项规章制度、人员岗位责任制，有国家制定或认可的医疗检验技术操作规程，并成册可用。

六、注册资金到位，数额由各省、自治区、直辖市卫生行政部门确定。

七、易燃、易爆及剧毒试剂严格管理、安全存放、安全使用，现场验收合格。

部临床检验中心

一、科室设置：

至少设有临床化学室、临床免疫室、临床微生物室、临床血液、体液室。

二、人员：

(一)至少有 51 名卫生技术人员；

(二)至少有 5 名具有副主任检验师(副研究员、副主任医师)以上职称的卫生技术人员；

(三)各业务科室主任应有大学本科以上学历，工作 5 年以上并具有主管检验师(助理研究员、主治医师)以上技术职称。

三、房屋：

建筑面积不少于 2 000 平方米。

四、设备：

(一)基本设备：

与省临床检验中心基本设备相同，并增加以下设备：

原子吸收分光光度计	低温高速离心机
-80℃低温冰箱	冷冻干燥机
高压液相色谱仪	

(二)有与开展的检验科目相应的其他设备。

五、制订各项规章制度、人员岗位责任制,有国家制定或认可的医疗检验技术操作规程,并成册可用。

六、注册资金到位,数额由各省、自治区、直辖市卫生行政部门确定。

七、易燃、易爆及剧毒试剂严格管理、安全存放、安全使用,现场验收合格。

第十部分　护理院、站基本标准

护理服务机构是指由护理人员组成的,在一定社区范围内,为长期卧床患者、老人和婴幼儿、残疾人、临终患者、绝症晚期和其他需要护理服务者提供基础护理、专科护理、根据医嘱进行处置、临终护理、消毒隔离技术指导、营养指导、社区康复指导、心理咨询、卫生宣教和其他护理服务的医疗机构。

护 理 站

一、人员:

(一)至少有 3 名具有护士以上职称的护士,其中有 1 名具有主管护师以上职称的护士;

(二)至少有 1 名康复治疗士;

(三)至少有 2 名护理员。

二、房屋:

建筑面积不少于 30 平方米,治疗、处置、消毒供应等活动相对隔开。

三、设备:

(一)有业务活动所必需的护理用具及消毒灭菌设备;

(二)有三年以上治疗护理记录及文件保存条件;

(三)有必要的通讯联络设备;

(四)有与开展的服务项目相应的其他设备。

四、制订各项规章制度、人员岗位责任制,有国家制定或认可的医疗护理技术操作规程,并成册可用。

五、注册资金到位,数额由各省、自治区、直辖市卫生行政部门确定。

护 理 院

一、床位:

床位总数在 20 张以上。

二、科室设置:

至少设有治疗室、注射室、处置室、消毒供应室。

三、人员:

(一)每床至少配备 0.6 名护理人员;

(二)每 10 床至少配备 1 名具有主管护师职称以上的护士;

(三)护士与护理员之比为 1:2;

(四)至少有 1 名专职或兼职的具有主治医师以上职称的医师。

四、房屋：

（一）每床建筑面积不少于 30 平方米；

（二）病房每床净使用面积不少于 5 平方米。

五、设备：

（一）病房床单元设备同一级综合医院；

（二）有必要的医疗护理用具及设备；

（三）有物品、环境的消毒和灭菌设备；

（四）有洗澡设施；

（五）有 30 年治疗护理记录及文件保存条件；

（六）有与开展的服务项目相应的其他设备。

六、药品

应配备 80 种以上基本药品。

七、制订各项规章制度、人员岗位责任制，有国家制定或认可的医疗护理技术操作规程，并成册可用。

八、注册资金到位，数额由各省、自治区、直辖市卫生行政部门确定。

第五节 关于下发《医疗机构诊疗科目名录》的通知

为了贯彻执行《医疗机构管理条例》，我部制定了《医疗机构诊疗科目名录》，现发给你们，请遵照执行。

附件：1. 医疗机构诊疗科目名录

　　　2.《诊疗科目名录》使用说明

卫生部

一九九四年九月五日

附件1 医疗机构诊疗科目名录

代码	诊疗科目
01	预防保健科
02	全科医疗科
03	内科
03.01	呼吸内科专业
03.02	消化内科专业
03.03	神经内科专业
03.04	心血管内科专业
03.05	血液内科专业
03.06	肾病学专业

续表

代码	诊疗科目
03.07	内分泌专业
03.08	免疫学专业
03.09	变态反应专业
03.10	老年病专业
03.11	其他
04	外科
04.01	普通外科专业
04.02	神经外科专业
04.03	骨科专业
04.04	泌尿外科专业
04.05	胸外科专业
04.06	心脏大血管外科专业
04.07	烧伤科专业
04.08	整形外科专业
04.09	其他
05	妇产科
05.01	妇科专业
05.02	产科专业
05.03	计划生育专业
05.04	优生学专业
05.05	生殖健康与不孕症专业
05.06	其他
06	妇女保健科
06.01	青春期保健专业
06.02	围产期保健专业
06.03	更年期保健专业
06.04	妇女心理卫生专业
06.05	妇女营养专业
06.06	其他
07	儿科
07.01	新生儿专业
07.02	小儿传染病专业
07.03	小儿消化专业
07.04	小儿呼吸专业

代码	诊疗科目
07.05	小儿心脏病专业
07.06	小儿肾病专业
07.07	小儿血液病专业
07.08	小儿神经病学专业
07.09	小儿内分泌专业
07.10	小儿遗传病专业
07.11	小儿免疫专业
07.12	其他
08	小儿外科
08.01	小儿普通外科专业
08.02	小儿骨科专业
08.03	小儿泌尿外科专业
08.04	小儿胸心外科专业
08.05	小儿神经外科专业
08.06	其他
09	儿童保健科
09.01	儿童生长发育专业
09.02	儿童营养专业
09.03	儿童心理卫生专业
09.04	儿童五官保健专业
09.05	儿童康复专业
09.06	其他
10	眼科
11	耳鼻咽喉科
11.01	耳科专业
11.02	鼻科专业
11.03	咽喉科专业
11.04	其他
12	口腔科
12.01	口腔内科专业
12.02	口腔颌面外科专业
12.03	正畸专业
12.04	口腔修复专业
12.05	口腔预防保健专业

代码	诊疗科目
12.06	其他
13	皮肤科
13.01	皮肤病专业
13.02	性传播疾病专业
13.03	其他
14	医疗美容科
15	精神科
15.01	精神病专业
15.02	精神卫生专业
15.03	药物依赖专业
15.04	精神康复专业
15.05	社区防治专业
15.06	临床心理专业
15.07	司法精神专业
15.08	其他
16	传染科
16.01	肠道传染病专业
16.02	呼吸道传染病专业
16.03	肝炎专业
16.04	虫媒传染病专业
16.05	动物源性传染病专业
16.06	蠕虫病专业
16.07	其他
17	结核病科
18	地方病科
19	肿瘤科
20	急诊医学科
21	康复医学科
22	运动医学科
23	职业病科
23.01	职业中毒专业
23.02	尘肺专业
23.03	放射病专业
23.04	物理因素损伤专业

代码	诊疗科目
23.05	职业健康监护专业
23.06	其他
24	临终关怀科
25	特种医学与军事医学科
26	麻醉科
30	医学检验科
30.01	临床体液、血液专业
30.02	临床微生物学专业
30.03	临床生化检验专业
30.04	临床免疫、血清学专业
30.05	其他
31	病理科
32	医学影像科
32.01	X线诊断专业
32.02	CT诊断专业
32.03	磁共振成像诊断专业
32.04	核医学专业
32.05	超声诊断专业
32.06	心电诊断专业
32.07	脑电及脑血流图诊断专业
32.08	神经肌肉电图专业
32.09	介入放射学专业
32.10	放射治疗专业
32.11	其他
50	中医科
50.01	内科专业
50.02	外科专业
50.03	妇产科专业
50.04	儿科专业
50.05	皮肤科专业
50.06	眼科专业
50.07	耳鼻咽喉科专业
50.08	口腔科专业
50.09	肿瘤科专业

续表

代码	诊疗科目
50.10	骨伤科专业
50.11	肛肠科专业
50.12	老年病科专业
50.13	针灸科专业
50.14	推拿科专业
50.15	康复医学专业
50.16	急诊科专业
50.17	预防保健科专业
50.18	其他
51	民族医学科
51.01	维吾尔医学
51.02	藏医学
51.03	蒙医学
51.04	彝医学
51.05	傣医学
51.06	其他
52	中西医结合科

附件2 《诊疗科目名录》使用说明

一、本《名录》依据临床一、二级学科及专业名称编制,是卫生行政部门核定医疗机构诊疗科目,填写《医疗机构执业许可证》和《医疗机构申请执业登记注册书》相应栏目的标准。

二、医疗机构实际设置的临床专业科室名称不受本《名录》限制,可使用习惯名称和跨学科科室名称,如"围产医学科""五官科"等。

三、诊疗科目分为"一级科目"和"二级科目"。

一级科目一般相当临床一级学科,如"内科""外科"等;

二级科目一般相当临床二级学科,如"呼吸内科""消化内科"等。

为便于专科医疗机构使用,部分临床二级学科列入一级科目。

四、科目代码由"××·××"构成,其中小数点前两位为一级科目识别码,小数点后两位为二级科目识别码。

五、《医疗机构申请执业登记注册书》的"医疗机构诊疗科目申报表"填报原则:

1. 申报表由申请单位填报。表中已列出全部诊疗科目及其代码,申请单位在代码前的"□"内以划"√"方式填报。

2. 医疗机构凡在某一级科目下设置二级学科(专业组)的,应填报到所列二级科目;未划分二级学科(专业组)的,只填报到一级诊疗科目,如"内科""外科"等。

3. 只开展专科病诊疗的机构,应填报专科病诊疗所属的科目,并在备注栏注明专科病名称,如颈椎病专科病诊疗机构填报"骨科",并于备注栏注明"颈椎病专科"。

4. 在某科目下只开展门诊服务的,应在备注栏注明"门诊"字样。如申报肝炎专科门诊时,申报"肝炎专业"并在备注栏填注"门诊"。

六、《医疗机构申请执业登记注册书》"核准登记事项"的诊疗科目栏填写原则:

1. 由卫生行政部门在核准申报表后填写。

2. 一般只需填写一级科目。

3. 在某一级科目下只开展个别二级科目诊疗活动的,应直接填写所设二级科目,如某医疗机构在精神科下仅开设心理咨询服务,则填写精神科的二级科目"临床心理专业"。

4. 只开展某诊疗科目下个别专科病诊疗的,应在填写的相应科目后注明专科病名称,如"骨科(颈椎病专科)"。

5. 只提供门诊服务的科目,应注明"门诊"字样,如"肝炎专业门诊"。

七、《医疗机构执业许可证》的"诊科科目"栏填写原则与《医疗机构申请执业登记注册书》"核准登记事项"相应栏目相同。

八、名词释义与注释

代码	诊疗科目	注释
01	预防保健科	含社区保健、儿童计划免疫、健康教育等。
02	全科医疗科	由医务人员向病人提供综合(不分科)诊疗服务和家庭医疗服务的均属此科目,如基层诊所、卫生所(室)等提供的服务。
08	小儿外科	医疗机构仅在外科提供部分儿童手术,未独立设立本专业的,不填报本科目。
23	职业病科	二级科目只供职业病防治机构使用。综合医院经批准设职业病科的,不需再填二级科目。
25	特种医学与军事医学	含航天医学、航空医学、航海医学、潜水医学、野战外科学、军队各类预防和防护学科等。
32.09	介入放射学专业	在各临床科室开展介入放射学检查和治疗的,均应在《医疗机构申请执业登记注书》的"医疗机构诊疗科目申报表"中申报本科目。

第六节 卫生部关于修订《医疗机构诊疗科目名录》部分科目的通知

卫医发[2007]174号

各省、自治区、直辖市卫生厅局,新疆生产建设兵团及计划单列市卫生局,卫生部直属有关单位:

为加强医疗服务管理,经研究决定,修订《医疗机构诊疗科目名录》部分二级科目,增补若干项目。

一、根据《人体器官移植条例》(国务院令第491号)和卫生部《人体器官移植技术临床应用管理暂行规定》(卫医发[2006]94号),增补诊疗科目外科(04.)普通外科专业(04.01)

下肝脏移植项目、胰腺移植项目、小肠移植项目,泌尿外科专业(04.04)下肾脏移植项目,胸外科专业(04.05)下肺脏移植项目,心脏大血管外科专业(04.06)下心脏移植项目。

二、根据《医疗机构临床实验室管理办法》(卫医发〔2006〕73号)和专家建议,诊疗科目医学检验科(30.)下临床生化检验专业(30.03)修订为临床化学检验专业(30.03);增补临床细胞分子遗传学专业(30.05)。

本通知自下发之日起执行。

二〇〇七年五月三十一日

附件 修订增补后的诊疗科目外科(04.)、医学检验科(30.)

04 外科
04.01 普通外科专业
04.01.01 肝脏移植项目
04.01.02 胰腺移植项目
04.01.03 小肠移植项目
04.02 神经外科专业
04.03 骨科专业
04.04 泌尿外科专业
04.04.01 肾脏移植项目
04.05 胸外科专业
04.05.01 肺脏移植项目
04.06 心脏大血管外科专业
04.06.01 心脏移植项目
04.07 烧伤科专业
04.08 整形外科专业
04.09 其他
30 医学检验科
30.01 临床体液、血液专业
30.02 临床微生物学专业
30.03 临床化学检验专业
30.04 临床免疫、血清学专业
30.05 临床细胞分子遗传学专业
30.06 其他

第七节 卫生部关于在《医疗机构诊疗科目名录》中增加"重症医学科"诊疗科目的通知

卫医政发〔2009〕9号

各省、自治区、直辖市卫生厅局,新疆生产建设兵团卫生局:
随着我国临床医学的发展和患者对医疗服务需求的增加,根据中华医学会和有关专家

建议,在广泛征求意见的基础上,经研究决定:

一、在《医疗机构诊疗科目名录》(卫医发〔1994〕第 27 号文附件 1)中增加一级诊疗科目"重症医学科",代码:"28"。

重症医学科的主要业务范围为:急危重症患者的抢救和延续性生命支持;发生多器官功能障碍患者的治疗和器官功能支持;防治多脏器功能障碍综合征。

二、开展"重症医学科"诊疗科目诊疗服务的医院应当有具备内科、外科、麻醉科等专业知识之一和临床重症医学诊疗工作经历及技能的执业医师。

三、目前,只限于二级以上综合医院开展"重症医学科"诊疗科目诊疗服务。具有符合本通知第二条规定的二级以上综合医院可以申请增加"重症医学科"诊疗科目。

四、拟增加"重症医学科"诊疗科目的医院应当向核发其《医疗机构执业许可证》的地方卫生行政部门提出申请,地方卫生行政部门应当依法严格审核,对符合条件的予以登记"重症医学科"诊疗科目。

五、"重症医学科"诊疗科目应当以卫生部委托中华医学会编写的《临床技术操作规范(重症医学分册)》和《临床诊疗指南(重症医学分册)》等为指导开展诊疗服务。

六、从事"重症医学科"诊疗服务的医师应当向卫生行政部门重新申请核定医师执业范围;卫生行政部门根据医师申请和医院证明材料,对符合第二条规定医师的执业范围核定为"重症医学科"。

七、二级以上综合医院原已设置的综合重症加强治疗科(病房、室)(ICU)应重新申请"重症医学科"诊疗科目登记,并更改原科室名称为重症医学科。目前设置在专科医院和综合医院相关科室内的与本科重症患者治疗有关的病房,如内或外科重症加强治疗科(内科或外科 ICU)、心血管重症监护病房(CCU)、儿科重症监护病房(PICU)等可以保留,中文名称统一为××科重症监护病房(室),继续在相关专业范围内开展诊疗活动,其医师执业范围不变。

八、设置"重症医学科"的医院要按照我部有关规定严格科室管理,确保医疗质量和医疗安全,并采取有效措施加强重症医学专业人才培养和重症医学学科建设,促进其健康发展。

九、未经批准"重症医学科"诊疗科目登记的医疗机构不得设置重症医学科;相关科室可以设置监护室、抢救室等开展对本科重症患者的救治。

本通知自下发之日起执行。

二○○九年一月十九日

第八节　中华人民共和国执业医师法

(1998 年 6 月 26 日第九届全国人民代表大会常务委员会第三次会议通过,1998 年 6 月 26 日中华人民共和国主席令第五号公布。根据 2009 年 8 月 27 日中华人民共和国主席令第十八号第十一届全国人民代表大会常务委员会第十次会议《关于修改部分法律的决定》修正。)

第一章　总　则

第一条　为了加强医师队伍的建设,提高医师的职业道德和业务素质,保障医师的合法权益,保护人民健康,制定本法。

第二条 依法取得执业医师资格或者执业助理医师资格,经注册在医疗、预防、保健机构中执业的专业医务人员,适用本法。本法所称医师,包括执业医师和执业助理医师。

第三条 医师应当具备良好的职业道德和医疗执业水平,发扬人道主义精神,履行防病治病、救死扶伤、保护人民健康的神圣职责。

全社会应当尊重医师。医师依法履行职责,受法律保护。

第四条 国务院卫生行政部门主管全国的医师工作。

县级以上地方人民政府卫生行政部门负责管理本行政区域内的医师工作。

第五条 国家对在医疗、预防、保健工作中作出贡献的医师,给予奖励。

第六条 医师的医学专业技术职称和医学专业技术职务的评定、聘任,按照国家有关规定办理。

第七条 医师可以依法组织和参加医师协会。

第二章 考试和注册

第八条 国家实行医师资格考试制度。医师资格考试分为执业医师资格考试和执业助理医师资格考试。

医师资格统一考试的办法,由国务院卫生行政部门制定。医师资格考试由省级以上人民政府卫生行政部门组织实施。

第九条 具有下列条件之一的,可以参加执业医师资格考试:

(一)具有高等学校医学专业本科以上学历,在执业医师指导下,在医疗、预防、保健机构中试用期满一年的;

(二)取得执业助理医师执业证书后,具有高等学校医学专科学历,在医疗、预防、保健机构中工作满二年的;具有中等专业学校医学专业学历,在医疗、预防、保健机构中工作满五年的。

第十条 具有高等学校医学专科学历或者中等专业学校医学专业学历,在执业医师指导下,在医疗、预防、保健机构中试用期满一年的,可以参加执业助理医师资格考试。

第十一条 以师承方式学习传统医学满三年或者经多年实践医术确有专长的,经县级以上人民政府卫生行政部门确定的传统医学专业组织或者医疗、预防、保健机构考核合格并推荐,可以参加执业医师资格或者执业助理医师资格考试。考试的内容和办法由国务院卫生行政部门另行制定。

第十二条 医师资格考试成绩合格,取得执业医师资格或者执业助理医师资格。

第十三条 国家实行医师执业注册制度。

取得医师资格的,可以向所在地县级以上人民政府卫生行政部门申请注册。

除有本法第十五条规定的情形外,受理申请的卫生行政部门应当自收到申请之日起三十日内准予注册,并发给由国务院卫生行政部门统一印制的医师执业证书。

医疗、预防、保健机构可以为本机构中的医师集体办理注册手续。

第十四条 医师经注册后,可以在医疗、预防、保健机构中按照注册的执业地点、执业类别、执业范围执业,从事相应的医疗、预防、保健业务。

未经医师注册取得执业证书,不得从事医师执业活动。

第十五条 有下列情形之一的,不予注册:

(一)不具有完全民事行为能力的;

(二)因受刑事处罚,自刑罚执行完毕之日起至申请注册之日止不满二年的;

(三)受吊销医师执业证书行政处罚,自处罚决定之日起至申请注册之日止不满二年的;

(四)有国务院卫生行政部门规定不宜从事医疗、预防、保健业务的其他情形的。

受理申请的卫生行政部门对不符合条件不予注册的,应当自收到申请之日起三十日内书面通知申请人,并说明理由。申请人有异议的,可以自收到通知之日起十五日内,依法申请复议或者向人民法院提起诉讼。

第十六条 医师注册后有下列情形之一的,其所在的医疗、预防、保健机构应当在三十日内报告准予注册的卫生行政部门,卫生行政部门应当注销注册,收回医师执业证书:

(一)死亡或者被宣告失踪的;

(二)受刑事处罚的;

(三)受吊销医师执业证书行政处罚的;

(四)依照本法第三十一条规定暂停执业活动期满,再次考核仍不合格的;

(五)中止医师执业活动满二年的;

(六)有国务院卫生行政部门规定不宜从事医疗、预防、保健业务的其他情形的。

被注销注册的当事人有异议的,可以自收到注销注册通知之日起十五日内,依法申请复议或者向人民法院提起诉讼。

第十七条 医师变更执业地点、执业类别、执业范围等注册事项的,应当到准予注册的卫生行政部门依照本法第十三条的规定办理变更注册手续。

第十八条 中止医师执业活动二年以上以及有本法第十五条规定情形消失的,申请重新执业,应当由本法第三十一条规定的机构考核合格,并依照本法第十三条的规定重新注册。

第十九条 申请个体行医的执业医师,须经注册后在医疗、预防、保健机构中执业满五年,并按照国家有关规定办理审批手续;未经批准,不得行医。

县级以上地方人民政府卫生行政部门对个体行医的医师,应当按照国务院卫生行政部门的规定,经常监督检查,凡发现有本法第十六条规定的情形的,应当及时注销注册,收回医师执业证书。

第二十条 县级以上地方人民政府卫生行政部门应当将准予注册和注销注册的人员名单予以公告,并由省级人民政府卫生行政部门汇总,报国务院卫生行政部门备案。

第三章 执 业 规 则

第二十一条 医师在执业活动中享有下列权利:

(一)在注册的执业范围内,进行医学诊查、疾病调查、医学处置、出具相应的医学证明文件,选择合理的医疗、预防、保健方案;

(二)按照国务院卫生行政部门规定的标准,获得与本人执业活动相当的医疗设备基本

条件;

（三）从事医学研究、学术交流,参加专业学术团体;

（四）参加专业培训,接受继续医学教育;

（五）在执业活动中,人格尊严、人身安全不受侵犯;

（六）获取工资报酬和津贴,享受国家规定的福利待遇;

（七）对所在机构的医疗、预防、保健工作和卫生行政部门的工作提出意见和建议,依法参与所在机构的民主管理。

第二十二条　医师在执业活动中履行下列义务:

（一）遵守法律、法规,遵守技术操作规范;

（二）树立敬业精神,遵守职业道德,履行医师职责,尽职尽责为患者服务;

（三）关心、爱护、尊重患者,保护患者的隐私;

（四）努力钻研业务,更新知识,提高专业技术水平;

（五）宣传卫生保健知识,对患者进行健康教育。

第二十三条　医师实施医疗、预防、保健措施,签署有关医学证明文件,必须亲自诊查、调查,并按照规定及时填写医学文书,不得隐匿、伪造或者销毁医学文书及有关资料。

医师不得出具与自己执业范围无关或者与执业类别不相符的医学证明文件。

第二十四条　对急危患者,医师应当采取紧急措施进行诊治;不得拒绝急救处置。

第二十五条　医师应当使用经国家有关部门批准使用的药品、消毒药剂和医疗器械。

除正当诊断治疗外,不得使用麻醉药品、医疗用毒性药品、精神药品和放射性药品。

第二十六条　医师应当如实向患者或者其家属介绍病情,但应注意避免对患者产生不利后果。

医师进行实验性临床医疗,应当经医院批准并征得患者本人或者其家属同意。

第二十七条　医师不得利用职务之便,索取、非法收受患者财物或者牟取其他不正当利益。

第二十八条　遇有自然灾害、传染病流行、突发重大伤亡事故及其他严重威胁人民生命健康的紧急情况时,医师应当服从县级以上人民政府卫生行政部门的调遣。

第二十九条　医师发生医疗事故或者发现传染病疫情时,应当按照有关规定及时向所在机构或者卫生行政部门报告。

医师发现患者涉嫌伤害事件或者非正常死亡时,应当按照有关规定向有关部门报告。

第三十条　执业助理医师应当在执业医师的指导下,在医疗、预防、保健机构中按照其执业类别执业。

在乡、民族乡、镇的医疗、预防、保健机构中工作的执业助理医师,可以根据医疗诊治的情况和需要,独立从事一般的执业活动。

第四章　考核和培训

第三十一条　受县级以上人民政府卫生行政部门委托的机构或者组织应当按照医师执业标准,对医师的业务水平、工作成绩和职业道德状况进行定期考核。

对医师的考核结果,考核机构应当报告准予注册的卫生行政部门备案。

对考核不合格的医师,县级以上人民政府卫生行政部门可以责令其暂停执业活动三个月至六个月,并接受培训和继续医学教育。暂停执业活动期满,再次进行考核,对考核合格的,允许其继续执业;对考核不合格的,由县级以上人民政府卫生行政部门注销注册,收回医师执业证书。

第三十二条 县级以上人民政府卫生行政部门负责指导、检查和监督医师考核工作。

第三十三条 医师有下列情形之一的,县级以上人民政府卫生行政部门应当给予表彰或者奖励:

(一)在执业活动中,医德高尚,事迹突出的;

(二)对医学专业技术有重大突破,作出显著贡献的;

(三)遇有自然灾害、传染病流行、突发重大伤亡事故及其他严重威胁人民生命健康的紧急情况时,救死扶伤、抢救诊疗表现突出的;

(四)长期在边远贫困地区、少数民族地区条件艰苦的基层单位努力工作的;

(五)国务院卫生行政部门规定应当予以表彰或者奖励的其他情形的。

第三十四条 县级以上人民政府卫生行政部门应当制定医师培训计划,对医师进行多种形式的培训,为医师接受继续医学教育提供条件。

县级以上人民政府卫生行政部门应当采取有力措施,对在农村和少数民族地区从事医疗、预防、保健业务的医务人员实施培训。

第三十五条 医疗、预防、保健机构应当按照规定和计划保证本机构医师的培训和继续医学教育。

县级以上人民政府卫生行政部门委托的承担医师考核任务的医疗卫生机构,应当为医师的培训和接受继续医学教育提供和创造条件。

第五章 法 律 责 任

第三十六条 以不正当手段取得医师执业证书的,由发给证书的卫生行政部门予以吊销;对负有直接责任的主管人员和其他直接责任人员,依法给予行政处分。

第三十七条 医师在执业活动中,违反本法规定,有下列行为之一的,由县级以上人民政府卫生行政部门给予警告或者责令暂停六个月以上一年以下执业活动;情节严重的,吊销其执业证书;构成犯罪的,依法追究刑事责任:

(一)违反卫生行政规章制度或者技术操作规范,造成严重后果的;

(二)由于不负责任延误急危患者的抢救和诊治,造成严重后果的;

(三)造成医疗责任事故的;

(四)未经亲自诊查、调查,签署诊断、治疗、流行病学等证明文件或者有关出生、死亡等证明文件的;

(五)隐匿、伪造或者擅自销毁医学文书及有关资料的;

(六)使用未经批准使用的药品、消毒药剂和医疗器械的;

(七)不按照规定使用麻醉药品、医疗用毒性药品、精神药品和放射性药品的;

(八)未经患者或者其家属同意,对患者进行实验性临床医疗的;

(九)泄露患者隐私,造成严重后果的;

(十)利用职务之便,索取、非法收受患者财物或者牟取其他不正当利益的;

(十一)发生自然灾害、传染病流行、突发重大伤亡事故以及其他严重威胁人民生命健康

的紧急情况时,不服从卫生行政部门调遣的;

(十二)发生医疗事故或者发现传染病疫情,患者涉嫌伤害事件或者非正常死亡,不按照规定报告的。

第三十八条　医师在医疗、预防、保健工作中造成事故的,依照法律或者国家有关规定处理。

第三十九条　未经批准擅自开办医疗机构行医或者非医师行医的,由县级以上人民政府卫生行政部门予以取缔,没收其违法所得及其药品、器械,并处十万元以下的罚款;对医师吊销其执业证书;给患者造成损害的,依法承担赔偿责任;构成犯罪的,依法追究刑事责任。

第四十条　阻碍医师依法执业,侮辱、诽谤、威胁、殴打医师或者侵犯医师人身自由、干扰医师正常工作、生活的,依照治安管理处罚法的规定处罚;构成犯罪的,依法追究刑事责任。

第四十一条　医疗、预防、保健机构未依照本法第十六条的规定履行报告职责,导致严重后果的,由县级以上人民政府卫生行政部门给予警告;并对该机构的行政负责人依法给予行政处分。

第四十二条　卫生行政部门工作人员或者医疗、预防、保健机构工作人员违反本法有关规定,弄虚作假、玩忽职守、滥用职权、徇私舞弊,尚不构成犯罪的,依法给予行政处分;构成犯罪的,依法追究刑事责任。

第六章　附　　则

第四十三条　本法颁布之日前按照国家有关规定取得医学专业技术职称和医学专业技术职务的人员,由所在机构报请县级以上人民政府卫生行政部门认定,取得相应的医师资格。其中在医疗、预防、保健机构中从事医疗、预防、保健业务的医务人员,依照本法规定的条件,由所在机构集体核报县级以上人民政府卫生行政部门,予以注册并发给医师执业证书。具体办法由国务院卫生行政部门会同国务院人事行政部门制定。

第四十四条　计划生育技术服务机构中的医师,适用本法。

第四十五条　在乡村医疗卫生机构中向村民提供预防、保健和一般医疗服务的乡村医生,符合本法有关规定的,可以依法取得执业医师资格或者执业助理医师资格;不具备本法规定的执业医师资格或者执业助理医师资格的乡村医生,由国务院另行制定管理办法。

第四十六条　军队医师执行本法的实施办法,由国务院、中央军事委员会依据本法的原则制定。

第四十七条　境外人员在中国境内申请医师考试、注册、执业或者从事临床示教、临床研究等活动的,按照国家有关规定办理。

第四十八条　本法自1999年5月1日起施行。

第九节　医师资格考试暂行办法

第一章　总　　则

第一条　根据《中华人民共和国执业医师法》(以下简称《执业医师法》)第八条的规定,

制定本办法。

第二条 医师资格考试是评价申请医师资格者是否具备执业所必须的专业知识与技能的考试。

第三条 医师资格考试分为执业医师资格考试和执业助理医师资格考试。考试类别分为临床、中医(包括中医、民族医、中西医结合)、口腔、公共卫生四类。考试方式分为实践技能考试和医学综合笔试。

医师资格考试方式的具体内容和方案由卫生部医师资格考试委员会制定。

第四条 医师资格考试实行国家统一考试,每年举行一次。考试时间由卫生部医师资格考试委员会确定,提前3个月向社会公告。

第二章 组 织 管 理

第五条 卫生部医师资格考试委员会,负责全国医师资格考试工作。委员会下设办公室和专门委员会。各省、自治区、直辖市卫生行政部门牵头成立医师资格考试领导小组,负责本辖区的医师资格考试工作。领导小组组长由省级卫生行政部门的主要领导兼任。

第六条 医师资格考试考务管理实行同级卫生行政部门领导下的国家医学考试中心、考区、考点三级分别负责制。

第七条 国家医学考试中心在卫生部和卫生部医师资格考试委员会领导下,具体负责医师资格考试的技术性工作,其职责是:

(一)组织拟定考试大纲和命题组卷的有关具体工作;

(二)组织制订考务管理规定;

(三)承担考生报名信息处理、制卷、发送试卷、回收答题卡等考务工作;

(四)组织评定考试成绩,提供考生成绩单;

(五)提交考试结果统计分析报告;

(六)向卫生部和卫生部医师资格考试委员会报告考试工作;

(七)指导考区办公室和考点办公室的业务工作;

(八)承担命题专家的培训工作;

(九)其他。

第八条 各省、自治区、直辖市为考区,考区主任由省级卫生行政部门主管领导兼任。

考区的基本情况和人员组成报卫生部医师资格考试委员会备案。

考区设办公室,其职责是:

(一)制定本地区医师考试考务管理具体措施;

(二)负责本地区的医师资格考试考务管理;

(三)指导各考点办公室的工作;

(四)接收或转发报名信息、试卷、答题卡、成绩单等考试资料;向国家医学考试中心寄送报名信息、答题卡等考试资料;

(五)复核考生报名资格;

(六)处理、上报考试期间本考区发生的重大问题;

(七)其他。

第九条 考区根据考生情况设置考点,报卫生部医师资格考试委员会备案。考点应设在地或设区的市。考点设主考一人,由地或设区的市级卫生行政主管领导兼任。

考点设置应符合考点设置标准。

考点设办公室,其职责是:

(一)负责本地区医师资格考试考务工作;

(二)受理考生报名,核实考生提供的报名材料,审核考生报名资格;

(三)指导考生填写报名信息表,按统一要求处理考生信息;

(四)收取考试费;

(五)核发《准考证》;

(六)安排考场,组织培训监考人员;

(七)负责接收本考点的试卷、答题卡,负责考试前的机要存放;

(八)组织实施考试;

(九)考试结束后清点试卷、答题卡,寄送答题卡并销毁试卷;

(十)分发成绩单并受理成绩查询;

(十一)处理、上报考试期间本考点发生的问题;

(十二)其他。

第十条　各级考试管理部门和机构要有计划地逐级培训考务工作人员。

第三章　报考程序

第十一条　凡符合《执业医师法》第九条所列条件的,可以申请参加执业医师资格考试。

在 1998 年 6 月 26 日前获得医士专业技术职务任职资格,后又取得执业助理医师资格的,医士从业时间和取得执业助理医师执业证书后执业时间累计满五年的,可以申请参加执业医师资格考试。

高等学校医学专业本科以上学历是指国务院教育行政部门认可的各类高等学校医学专业本科以上的学历。

第十二条　凡符合《执业医师法》第十条所列条件的,可以申请参加执业助理医师资格考试。

高等学校医学专科学历是指省级以上教育行政部门认可的各类高等学校医学专业专科学历;中等专业学校医学专业学历是指经省级以上教育行政部门认可的各类中等专业学校医学专业中专学历。

第十三条　申请参加医师资格考试的人员,应当在公告规定期限内,到户籍所在地的考点办公室报名,并提交下列材料:

(一)二寸免冠正面半身照片两张;

(二)本人身份证明;

(三)毕业证书复印件;

(四)试用机构出具的试用期满一年并考核合格的证明;

(五)执业助理医师申报执业医师资格考试的,还应当提交《医师资格证书》复印件、《医师执业证书》复印件、执业时间和考核合格证明;

(六)报考所需的其他材料。

试用机构与户籍所在地跨省分离的,由试用机构推荐,可在试用机构所在地报名参加考试。

第十四条　经审查,符合报考条件,由考点发放《准考证》。

第十五条　考生报名后不参加考试的,取消本次考试资格。

第四章　实践技能考试

第十六条　在卫生部医师资格考试委员会领导下,省级医师资格考试领导小组根据本辖区考生情况及专业特点,依据实践技能考试大纲,负责实施实践技能考试工作。

第十七条　已经取得执业助理医师执业证书,报考执业医师资格的,可以免于实践技能考试。

第十八条　经省级医师资格考试领导小组批准的,符合《医疗机构基本标准》二级以上医院(中医、民族医、中西医结合医院除外)、妇幼保健院、急救中心标准的机构,承担对本机构聘用的申请报考临床类别人员的实践技能考试。

除前款规定的人员外,其他人员应根据考点办公室的统一安排,到省级医师资格考试领导小组指定的地或设区的市级以上医疗、预防、保健机构或组织参加实践技能考试。该机构或组织应当在考生医学综合笔试考点所在地。

第十九条　承担实践技能考试的考官应具备下列条件:

(一)取得主治医师以上专业技术职务任职资格满三年;

(二)具有一年以上培训医师或指导医学专业学生实习的工作经历;

(三)经省级医师资格考试领导小组进行考试相关业务知识的培训,考试成绩合格,并由省级医师资格考试领导小组颁发实践技能考试考官聘任证书。实践技能考试考官的聘用任期为二年。

第二十条　承担实践技能考试的机构或组织内设若干考试小组。每个考试小组由三人以上单数考官组成。其中一名为主考官。主考官应具有副主任医师以上专业技术职务任职资格,并经承担实践技能考试机构或组织的主要负责人推荐,报考点办公室审核,由考点主考批准。

第二十一条　考官有下列情形之一的,必须自行回避;应试者也有权以口头或者书面方式申请回避:

(一)是应试者的近亲属;

(二)与应试者有利害关系;

(三)与应试者有其他关系,可能影响考试公正的。

前款规定适用于组织考试的工作人员。

第二十二条　实践技能考试机构或组织应对应试者所提交的试用期一年的实践材料进行认真审核。

第二十三条　考试小组进行评议时,如果意见分歧,应当少数服从多数,并由主考官签署考试结果。但是少数人的意见应当写入笔录。评议笔录由考试小组的全体考官签名。

第二十四条　省级医师资格考试领导小组要加强对承担实践技能考试工作的机构或组织的检查、指导、监督和评价。

第二十五条　本办法第十八条第一款规定的机构,应当将考生考试结果及有关资料报考点办公室审核。考点办公室应在医学综合笔试考试日期 15 日前将考生实践技能考试结果通知考生,并对考试合格的,发给由主考签发的实践技能考试合格证明。

本办法第十八条第二款规定的机构或组织应于考试结束后将考生考试结果及有关资料报考点办公室审核,由考点办公室将考试结果通知考生,对考试合格的,发给由主考签发的实践技能考试合格证明。具体上报和通知考生时间由省级卫生行政部门规定。

实践技能考试合格者方能参加医学综合笔试。

第五章　医学综合笔试

第二十六条　实践技能考试合格的考生应持实践技能考试合格证明参加医学综合笔试。

第二十七条　医师资格考试试卷(包括备用卷)和标准答案,启用前应当严格保密;使用后的试卷应予销毁。

第二十八条　国家医学考试中心向考区提供医学综合笔试试卷和答题卡、各考区成绩册、考生成绩单及考试统计分析结果。考点在考区的领导监督下组织实施考试。

第二十九条　考试中心、考区、考点工作人员及命题人员,如有直系亲属参加当年医师资格考试的,应实行回避。

第三十条　医师资格考试结束后,考区应当立即将考试情况报告医师资格考试委员会。

第三十一条　医师资格考试的合格线由医师资格考试委员会确定,并向社会公告。

第三十二条　考生成绩单由考点发给考生。考生成绩在未正式公布前,应当严格保密。

第三十三条　考试成绩合格的,授予执业医师资格或执业助理医师资格,由省级卫生行政部门颁发卫生部统一印制的《医师资格证书》。

《医师资格证书》是执业医师资格或执业助理医师资格的证明文件。

第六章　处　　罚

第三十四条　违反本办法,考生有下列情形之一的,县级以上卫生行政部门视情节,给予警告、通报批评、取消单元考试资格、取消当年考试资格的处罚或处分;构成犯罪的,依法追究刑事责任:

(一)违反考场纪律、影响考场秩序;

(二)由他人代考、偷换答卷;

(三)假报姓名、年龄、学历、工龄、民族、身份证明、学籍等;

(四)伪造有关资料,弄虚作假;

(五)其他严重舞弊行为。

第三十五条　考试工作人员违反本办法,有下列情形之一的,由县级以上卫生行政部门给予警告或取消考试工作人员资格,考试工作人员所在单位可以给予记过、记大过、降级、降职、撤职、开除等处分;构成犯罪的,依法追究刑事责任:

(一)监考中不履行职责;

(二)在阅卷评分中错评、漏评、差错较多,经指出仍不改正的;

(三)泄漏阅卷评分工作情况;

(四)利用工作之便,为考生舞弊提供条件或者谋取私利;

(五)其他严重违纪行为。

第三十六条 考点有下列情况之一的,造成较大影响的,取消考点资格,并追究考点负责人的责任:

(一)考点考务工作管理混乱,出现严重差错的;

(二)所属考场秩序混乱、出现大面积舞弊、抄袭现象的;

(三)发生试卷泄密、损毁、丢失的;

(四)其他影响考试的行为。

考场、考点发生考试纪律混乱、有组织的舞弊,相应范围内考试无效。

第三十七条 卫生行政部门工作人员违反本办法有关规定,在考试中弄虚作假、玩忽职守、滥用职权、徇私舞弊,尚不构成犯罪的,依法给予行政处分;构成犯罪的,依法追究刑事责任。

第三十八条 为申请参加实践技能考试的考生出具伪证的,依法追究直接责任者的法律责任。执业医师出具伪证的,注销注册,吊销其《医师执业证书》。对出具伪证的机构主要负责人视情节予以降级、撤职等处分;构成犯罪的,依法追究刑事责任。

省级医师资格考试领导小组对违反有关规定的承担实践技能考试机构或组织责令限期整改;情节严重的,取消承担实践技能考试机构或组织的资格,五年内不得再次申请承担实践技能考试指定机构或组织。

第七章 附 则

第三十九条 省级卫生行政部门可根据本办法制定具体规定,并报卫生部备案。

第四十条 国家和省级中医药主管部门分别在卫生部医师资格考试委员会和省级医师资格考试领导小组统一安排下,参与组织中医(包括中医、民族医、中西医结合)医师资格考试中的有关技术性工作、考生资格审核、实践技能考试等。

第四十一条 本办法所称医疗机构是指符合《医疗机构管理条例》第二条和《医疗机构管理条例实施细则》第二条和第三条规定的机构;社区卫生服务机构和采供血机构适用《医疗机构管理条例实施细则》第三条第一款(十二)的规定;预防机构是指《传染病防治法实施办法》第七十三条规定的机构。

第四十二条 计划生育技术服务机构中的人员适用本办法的规定。

第四十三条 本办法由卫生部解释。

第四十四条 本办法自颁布之日起施行。

第十节 卫生部关于修改《医师资格考试暂行办法》第十六条和第三十四条的通知

各省、自治区、直辖市卫生厅局,新疆生产建设兵团卫生局:

根据医师资格考试的实际情况,经研究,决定对《医师资格考试暂行办法》卫生部令(4号)第十六条、第三十四条进行修改。

第十六条修改为:在卫生部医师资格考试委员会的领导下,国家医学考试中心和国家中医药管理局中医师资格认证中心依据实践技能考试大纲,统一命制实践技能考试试题,向考区提供试卷、计算机化考试软件、考生评分册等考试材料。省级医师资格考试领导小组负责组织实施实践技能考试。

第三十四条修改为:违反本办法,考生有下列情形之一的,县级以上卫生行政部门视情节,给予警告、通报批评、终止考试、取消单元考试资格、取消当年考试资格和考试成绩并取消自下一年度起两年内参加医师资格考试资格的处罚或行政处分;构成犯罪的,依法追究刑事责任:

(一)违反考场纪律、影响考场秩序;

(二)传抄、夹带、偷换试卷;

(三)假报姓名、年龄、学历、工龄、民族、身份证明、学籍等;

(四)伪造有关资料,弄虚作假;

(五)其他严重舞弊行为。

考生由他人代考,取消当年考试资格和考试成绩并取消自下一年度起两年内参加医师资格考试的资格。代他人参加医师资格考试的经执业注册的医师,应认定为医师定期考核不合格,按《执业医师法》第三十一条处理;代他人参加医师资格考试的其他人员,移交相关部门处理。

对以各种欺骗手段取得《医师资格证书》者,应收回其《医师资格证书》,自下一年度起两年内不予受理其报名参加医师资格考试的申请。

二〇〇三年四月十八日

第十一节 卫生部关于修改《医师资格考试暂行办法》第十七条的通知

各省、自治区、直辖市卫生厅局,新疆生产建设兵团卫生局:

根据医师资格考试的有关情况,经研究,决定对卫生部令<4 号>《医师资格考试暂行办法》第十七条修改如下:

已经取得执业助理医师执业证书,报考执业医师资格的,应报名参加相应类别执业医师资格考试的实践技能考试。

二〇〇二年二月五日

第十二节 医师资格考试报名资格规定

国家卫生计生委教育部国家中医药管理局关于印发
《医师资格考试报名资格规定(2014 版)》的通知
国卫医发〔2014〕11 号

各省、自治区、直辖市卫生计生委(卫生厅局)、教育厅(教委)、中医药管理局,新疆生产建设兵团卫生局、教育局:

为指导各地做好医师资格考试报名资格审核工作,严格医师资格准入,加强医师队伍建设,根据《执业医师法》等有关规定,现将《医师资格考试报名资格规定(2014 版)》印发给你们,请遵照执行。

国家卫生计生委 教育部 国家中医药管理局
2014 年 3 月 18 日

医师资格考试报名资格规定（2014版）

为做好医师资格考试报名工作,依据《中华人民共和国执业医师法》(以下简称《执业医师法》)及有关规定,现对医师资格考试考生报名资格规定如下:

第一条 符合《执业医师法》《医师资格考试暂行办法》(原卫生部令第4号)和《传统医学师承和确有专长人员医师资格考核考试办法》(原卫生部令第52号)有关规定。

第二条 试用机构是指符合《执业医师法》《医疗机构管理条例》和《医疗机构管理条例实施细则》所规定的医疗、预防、保健机构。

第三条 试用期考核证明

(一)报名时考生应当提交与报考类别相一致的试用期满1年并考核合格的证明。

应届毕业生报名时应当提交试用机构出具的试用证明,并于当年8月31日前提交试用期满1年并考核合格的证明。

考生报考时应当在与报考类别相一致的医疗、预防、保健机构试用时间或累计(含多个机构)试用时间满1年。

(二)现役军人必须持所在军队医疗、预防、保健机构出具的试用期考核合格证明,方可报考。

(三)试用期考核合格证明当年有效。

第四条 报名有效身份证件

(一)中国大陆公民报考医师资格人员的有效身份证件为第二代居民身份证、临时身份证、军官证、警官证、文职干部证、士兵证、军队学员证;台港澳地区居民报考医师资格人员的有效身份证件为台港澳居民往来大陆通行证。

(二)外籍人员的有效身份证件为护照。

第五条 报考类别

(一)执业助理医师达到报考执业医师规定的,可以报考执业医师资格,报考类别应当与执业助理医师资格类别一致。

(二)报考相应类别的医师资格,应当具备与其相一致的医学学历。

具有临床医学专业本科学历,并在公共卫生岗位试用的,可以以该学历报考公共卫生类别医师资格。中医、中西医结合和民族医医学专业毕业的报考人员,按照取得学历的医学专业报考中医类别相应的医师资格。

(三)符合报考执业医师资格条件的人员可以报考同类别的执业助理医师资格。

(四)在乡级以上计划生育技术服务机构中工作,符合《执业医师法》第九条、第十条规定条件的,可以报考相应类别医师资格。

第六条 学历审核

学历的有效证明是指国家承认的毕业证书。基础医学类、法医学类、护理(学)类、医学技术类、药学类、中药学类等医学相关专业,其学历不作为报考医师资格的学历依据。

(一)研究生学历

1. 临床医学(含中医、中西医结合)、口腔医学、公共卫生专业学位研究生,在符合条件的医疗、预防、保健机构进行临床实践或公共卫生实践,至当次医学综合笔试时累计实践时间满1年的,以符合条件的本科学历和专业,于在学期间报考相应类别医师资格。

临床医学、口腔医学、中医学、中西医结合临床医学、眼视光医学、预防医学长学制学生在学期间已完成 1 年临床或公共卫生毕业实习和 1 年以上临床或公共卫生实践的,以本科学历报考相应类别医师资格。

2. 临床医学(含中医、中西医结合)、口腔医学、公共卫生专业学位研究生学历,作为报考相应类别医师资格的学历依据。

在研究生毕业当年以研究生学历报考者,须在当年 8 月 31 日前提交研究生毕业证书,并提供学位证书等材料,证明是专业学位研究生学历,方可参加医学综合笔试。

3. 2014 年 12 月 31 日以前入学的临床医学、口腔医学、中医学、中西医结合、民族医学、公共卫生与预防医学专业的学术学位(原"科学学位")研究生,具有相当于大学本科 1 年的临床或公共卫生毕业实习和 1 年以上的临床或公共卫生实践的,该研究生学历和学科作为报考相应类别医师资格的依据。在研究生毕业当年报考者,须在当年 8 月 31 日前提交研究生毕业证书,方可参加医学综合笔试。

2015 年 1 月 1 日以后入学的学术学位研究生,其研究生学历不作为报考各类别医师资格的学历依据。

4. 临床医学(护理学)学术学位研究生学历,或临床医学(护理领域)专业学位研究生学历,不作为报考各类别医师资格的学历依据。

(二)本科学历

1. 五年及以上学制临床医学、麻醉学、精神医学、医学影像学、放射医学、眼视光医学("眼视光学"仅限温州医科大学 2012 年 12 月 31 日以前入学)、医学检验(仅限 2012 年 12 月 31 日以前入学)、妇幼保健医学(仅限 2014 年 12 月 31 日以前入学)专业本科学历,作为报考临床类别执业医师资格考试的学历依据。

2. 五年制的口腔医学专业本科学历,作为报考口腔类别执业医师资格考试的学历依据。

3. 五年制预防医学、妇幼保健医学专业本科学历,作为报考公共卫生类别执业医师资格考试的学历依据。

4. 五年及以上学制中医学、针灸推拿学、中西医临床医学、藏医学、蒙医学、维医学、傣医学、壮医学、哈萨克医学专业本科学历,作为报考中医类别相应执业医师资格考试的学历依据。

5. 2009 年 12 月 31 日以前入学、符合本款规定的医学专业本科学历加注医学专业方向的,应以学历专业报考;2010 年 1 月 1 日以后入学的,医学专业本科学历加注医学专业方向的,该学历不作为报考医师资格的学历依据,经国家教育行政部门批准的除外。

6. 专升本医学本科毕业生,2015 年 9 月 1 日以后升入本科的,其专业必须与专科专业相同或相近,其本科学历方可作为报考医师资格的学历依据。

(三)高职(专科)学历

1. 2005 年 1 月 1 日以后入学的经教育部同意设置的临床医学类专业(含临床医学、口腔医学、中医学、中医骨伤、针灸推拿、蒙医学、藏医学、维医学等)毕业生,其专科学历作为报考医师资格的学历依据。

2004 年 12 月 31 日以前入学的经省级教育、卫生行政部门(中医药管理部门)批准设置的医学类专业(参照同期本科专业名称)毕业生,其专科学历作为报考医师资格的学历依据。

2. 经省级以上教育、卫生行政部门同意举办的初中起点 5 年制医学专业 2013 年 12 月 31 日以前入学的毕业生,其专科学历作为报考医师资格的学历依据。取得资格后限定在乡村两级医疗机构执业满 5 年后,方可申请将执业地点变更至县级医疗机构。2014 年 1 月 1 日以后入学的初中起点 5 年制医学专业毕业生,其专科学历不能作为报考医师资格的学历依据。

3. 2008 年 12 月 31 日以前入学的中西医结合专业(含教育部、原卫生部批准试办的初中起点 5 年制专科层次中西医临床医学专业)毕业生,其专科学历作为报考医师资格的学历依据。

2009 年 1 月 1 日以后入学的中西医结合专业毕业生(含初中起点 5 年制专科层次中西医临床医学专业),其专科学历不作为报考医师资格的学历依据。

4. 2009 年 12 月 31 日前入学的,符合本款规定的医学专业专科学历加注医学专业方向的,应以学历专业报考;2010 年 1 月 1 日以后入学的,医学专业专科学历加注医学专业方向的,该学历不作为报考医师资格的学历依据,经国家教育行政部门批准的除外。

(四)中职(中专)学历

1. 2010 年 9 月 1 日以后入学经省级教育行政部门、卫生计生行政部门(中医药管理部门)同意设置并报教育部备案的农村医学专业毕业生,其中职(中专)学历作为报考临床类别执业助理医师资格的学历依据。农村医学专业毕业生考取执业助理医师资格后,限定到村卫生室执业,确有需要的可到乡镇卫生院执业。

2. 2000 年 9 月 25 日至 2010 年 12 月 31 日期间入学的中等职业学校(中等专业学校)卫生保健专业毕业生,其中职(中专)学历作为报考临床类别执业助理医师资格的学历依据。卫生保健专业毕业生取得资格后,限定到村卫生室执业,确有需要的可到乡镇卫生院执业。

2011 年 1 月 1 日以后入学的中等职业学校毕业生,除农村医学专业外,其他专业的中职(中专)学历不作为报考临床类别执业助理医师资格的学历依据。

3. 2001 年 8 月 31 日以前入学的中等职业学校(中等专业学校)社区医学、预防医学、妇幼卫生、医学影像诊断、口腔医学专业毕业生,其中职(中专)学历作为报考相应类别执业助理医师资格的学历依据。

2001 年 9 月 1 日以后入学的上述专业毕业生,其中职(中专)学历不作为报考医师资格的学历依据。

4. 2006 年 12 月 31 日以前入学的中等职业学校中西医结合专业毕业生,其中职(中专)学历作为报考中医类别中西医结合医师资格的学历依据。

2007 年 1 月 1 日以后入学的中西医结合专业毕业生,其中职(中专)学历不作为报考医师资格的学历依据。

5. 2006 年 12 月 31 日以前入学的中等职业学校(中等专业学校)中医、民族医类专业毕业生,其中职(中专)学历作为报考中医类别相应医师资格的学历依据。

2007 年 1 月 1 日以后入学经教育部、国家中医药管理局备案的中等职业学校(中等专业学校)中医、民族医类专业毕业生,其中职(中专)学历作为报考中医类别相应医师资格的学历依据。2011 年 1 月 1 日以后入学的中等中医类专业毕业生,取得资格后限定到基层医疗机构执业。

6. 卫生职业高中学历不作为报考医师资格的学历依据。

7. 1999 年 1 月 1 日以后入学的卫生职工中等专业学校学历不作为报考医师资格的学历依据。

(五)成人教育学历

1. 2002 年 10 月 31 日以前入学的成人高等教育、自学考试、各类高等学校远程教育的医学类专业毕业生,该学历作为报考相应类别的医师资格的学历依据。

2002年11月1日以后入学的上述毕业生,如其入学前已通过医师资格考试取得执业助理医师资格,且所学专业与取得医师资格类别一致的,可以以成人教育学历报考执业医师资格。除上述情形外,2002年11月1日以后入学的成人高等教育、自学考试、各类高等学校远程教育的医学类专业毕业生,其成人高等教育学历不作为报考医师资格的学历依据。

2. 2001年8月31日以前入学的成人中专医学类专业毕业生,其成人中专学历作为报考医师资格的学历依据。

2001年9月1日以后入学的成人中专医学类专业毕业生,其成人中专学历不作为报考医师资格的学历依据。

(六)西医学习中医人员

已获得临床执业医师或执业助理医师资格的人员,取得省级以上教育行政部门认可的中医专业学历或者脱产两年以上系统学习中医药专业知识并获得省级中医药管理部门认可,或者参加省级中医药行政部门批准举办的西医学习中医培训班,并完成了规定课程学习,取得相应证书的,或者按照《传统医学师承和确有专长人员医师资格考核考试办法》有关规定跟师学习满3年并取得《传统医学师承出师证书》的,可以申请参加相同级别的中西医结合执业医师或执业助理医师资格考试。

(七)传统医学师承和确有专长人员

1. 传统医学师承和确有专长人员申请参加医师资格考试应符合《传统医学师承和确有专长人员医师资格考核考试办法》第二十七条、二十八条有关规定。

2. 传统医学师承和确有专长人员取得执业助理医师执业证书后,取得国务院教育行政部门认可的成人高等教育中医类医学专业专科以上学历,其执业时间和取得成人高等教育学历时间符合规定的,可以报考具有规定学历的中医类别相应的执业医师资格。

(八)其他

取得国外医学学历学位的中国大陆居民,其学历学位证书须经教育部留学服务中心认证,同时符合《执业医师法》及其有关文件规定的,可以按照本规定报考。

第七条 台湾、香港、澳门永久性居民以及外籍人员报考的,按照有关文件规定执行。

第八条 盲人医疗按摩人员按照《盲人医疗按摩管理办法》(卫医政发〔2009〕37号)规定,参加盲人医疗按摩人员考试。

第九条 本规定自公布之日起施行。《医师资格考试报名资格规定(2006版)》和《关于修订〈医师资格考试报名资格规定(2006版)〉有关条款的通知》(卫办医发〔2008〕64号)同时废止。

第十三节 传统医学师承和确有专长人员医师资格考核考试办法

第一章 总 则

第一条 为规范传统医学师承和确有专长人员医师资格考核考试,根据《中华人民共和国执业医师法》第十一条的规定和医师资格考试的有关规定,制定本办法。

第二条 以师承方式学习传统医学或者经多年传统医学临床实践医术确有专长、不具备医学专业学历的人员,参加医师资格考试,适用本办法。

第三条 考核是对传统医学师承和确有专长人员申请参加医师资格考试的资格评价和认定,分为传统医学师承出师考核(以下简称出师考核)和传统医学医术确有专长考核(以下简称确有专长考核)。

第四条 国家中医药管理局负责全国传统医学师承人员和确有专长人员医师资格考核考试的监督管理工作。

第五条 本办法所称"传统医学"是指中医学和少数民族医学。

第二章 出师考核

第六条 出师考核由省级中医药管理部门具体组织实施。

第七条 师承人员应当具有高中以上文化程度或者具有同等学力,并连续跟师学习满3年。

第八条 师承人员的指导老师应当同时具备下列条件:

(一)具有中医类别中医或者民族医专业执业医师资格;

(二)从事中医或者民族医临床工作15年以上,或者具有中医或者民族医副主任医师以上专业技术职务任职资格;

(三)有丰富的临床经验和独特的技术专长;

(四)遵纪守法,恪守职业道德,信誉良好;

(五)在医疗机构中坚持临床实践,能够完成教学任务。

第九条 师承人员应当与指导老师签订由国家中医药管理局统一式样的师承关系合同。师承关系合同应当经县级以上公证机构公证,跟师学习时间自公证之日起计算。

第十条 指导老师同时带教师承人员不得超过两名。

第十一条 师承人员跟师学习的形式、内容,由省级中医药管理部门制定。

第十二条 出师考核内容应当包括职业道德和业务水平,重点是传统医学专业基础知识与基本技能,学术经验、技术专长继承情况;方式包括综合笔试和临床实践技能考核。具体考核内容、标准及办法由国家中医药管理局制定。

第十三条 申请参加出师考核的师承人员,填写由国家中医药管理局统一式样的《传统医学师承出师考核申请表》,并经核准其指导老师执业的卫生行政部门、中医药管理部门审核同意后,向省级中医药管理部门提出申请。

第十四条 申请出师考核的应当提交下列材料:

(一)传统医学师承出师考核申请表;

(二)本人身份证明;

(三)二寸免冠正面半身照片2张;

(四)学历或学历证明;

(五)指导老师医师资格证书、医师执业证书、专业技术职务任职资格证书,或者核准其执业的卫生行政部门、中医药管理部门出具的从事中医、民族医临床工作15年以上证明;

(六)经公证的师承关系合同;

(七)省级以上中医药管理部门要求提供的其他材料。

第十五条 省级中医药管理部门对申请出师考核者提交的材料进行审查,符合考核条件的,发放准考证;不符合考核条件的,在受理申请后 15 个工作日内向申请出师考核者说明理由。

第十六条 出师考核每年进行一次,具体时间由省级中医药管理部门确定,考核工作开始前 3 个月在辖区内进行公告。

第十七条 出师考核合格者由省级中医药管理部门颁发由国家中医药管理局统一式样的《传统医学师承出师证书》。

第三章 确有专长考核

第十八条 确有专长考核由设区的市级卫生行政部门、中医药管理部门组织实施。

第十九条 申请确有专长考核的,应当同时具备以下条件:

(一)依法从事传统医学临床实践 5 年以上;

(二)掌握独具特色、安全有效的传统医学诊疗技术。

第二十条 确有专长考核内容应当包括职业道德和业务水平,重点是传统医学专业基础知识及掌握的独特诊疗技术和临床基本操作;方式包括综合笔试和临床实际本领考核。具体考核内容、标准及办法由国家中医药管理局制定。

第二十一条 申请确有专长考核的人员,填写由国家中医药管理局统一式样的《传统医学医术确有专长考核申请表》,并经所在地县级卫生行政部门审核同意后,向设区的市级卫生行政部门、中医药管理部门提出申请。

第二十二条 申请确有专长考核的应当提交下列材料:

(一)传统医学医术确有专长考核申请表;

(二)本人身份证明;

(三)二寸免冠正面半身照片 2 张;

(四)申请人所在地县级卫生行政部门出具的证明其从事传统医学临床实践年限的材料;

(五)两名以上执业医师出具的证明其掌握独具特色、安全有效的传统医学诊疗技术的材料;

(六)设区的市级以上卫生行政部门、中医药管理部门要求提供的其他材料。

第二十三条 确有专长考核每年进行一次,具体时间由设区的市级卫生行政部门、中医药管理部门确定,考核工作开始前 3 个月在辖区内进行公告。

第二十四条 考核合格者由负责组织考核的卫生行政部门、中医药管理部门发给由国家中医药管理局统一式样的《传统医学医术确有专长证书》,并报省级中医药管理部门备案。

第四章 医师资格考试

第二十五条 师承和确有专长人员医师资格考试是评价申请医师资格者是否具备执业所需的专业知识与技能的考试,是国家医师资格考试的组成部分。

第二十六条 师承和确有专长人员医师资格考试方式分为实践技能考试和医学综合笔试,实践技能考试合格的方可参加医学综合笔试。考试的具体内容和方案由卫生部医师资格考试委员会制定。

第二十七条 师承和确有专长人员取得《传统医学师承出师证书》或《传统医学医术确有专长证书》后,在执业医师指导下,在授予《传统医学师承出师证书》或《传统医学医术确有专长证书》的省(自治区、直辖市)内的医疗机构中试用期满 1 年并考核合格,可以申请参加执业助理医师资格考试。

第二十八条　师承和确有专长人员取得执业助理医师执业证书后,在医疗机构中从事传统医学医疗工作满 5 年,可以申请参加执业医师资格考试。

第二十九条　师承和确有专长人员申请参加医师资格考试应当到规定的考点办公室报名,并提交下列材料:

(一)二寸免冠正面半身照片 2 张;

(二)本人身份证明;

(三)《传统医学师承出师证书》或《传统医学医术确有专长证书》;

(四)试用机构出具的试用期考核合格证明;

(五)执业助理医师申报执业医师资格考试的,还需同时提交执业助理医师资格证书和医师执业证书复印件;

(六)报考所需的其他材料。其他报考程序按医师资格考试的有关规定执行。

第三十条　师承和确有专长人员医师资格考试的组织管理与实施,按照医师资格考试有关规定执行。

第三十一条　师承和确有专长人员医师资格考试合格线由卫生部医师资格考试委员会确定。考试成绩合格的,获得卫生部统一印制的《医师资格证书》。

第五章　处　　罚

第三十二条　申请出师考核和确有专长考核人员在申请或者参加考核中,有下列情形的,取消当年参加考核的资格,构成犯罪的,依法追究刑事责任:

(一)假报姓名、年龄、学历、工龄、民族、户籍、学籍和伪造证件、证明、档案以取得申请考核资格的;

(二)在考核中扰乱考核秩序的;

(三)向考核人员行贿的;

(四)威胁或公然侮辱、诽谤考核人员的;

(五)有其他严重舞弊行为的。

第三十三条　卫生行政部门、中医药管理部门工作人员违反本办法有关规定,出具假证明,提供假档案,在考核中弄虚作假、玩忽职守、滥用职权、徇私舞弊,尚不构成犯罪的,依法给予行政处分;构成犯罪的,依法追究刑事责任。

第三十四条　在医师资格考试过程中发生违规、违纪行为的,根据医师资格考试违规处理有关规定进行处罚。

第六章　附　　则

第三十五条　本办法所指传统医学临床实践是指取得有效行医资格人员从事的传统医学医疗活动,或者未取得有效行医资格人员但在中医、民族医执业医师指导下从事的传统医学医疗实习活动。

第三十六条　本办法由国家中医药管理局负责解释。

第三十七条　本办法自 2007 年 2 月 1 日起施行。1999 年 7 月 23 日发布的《传统医学师承和确有专长人员医师资格考核考试暂行办法》同时废止。

第十四节 具有医学专业技术职务任职资格人员认定 医师资格及执业注册办法

第一条 根据《中华人民共和国执业医师法》(以下简称《执业医师法》)第四十三条的规定,制定本办法。

第二条 《执业医师法》颁布之日前,按照国家有关规定已取得医学专业技术职务任职资格的人员,申请执业医师资格或执业助理医师资格认定和申请医师执业注册的,适用本办法。

第三条 已取得医师以上专业技术职务任职资格的,可以申请执业医师资格。

已取得医士专业技术职务任职资格,以及 1995 年、1996 年大学专科毕业生已经转正但未取得医师专业技术职务任职资格的,可以申请执业助理医师资格。

第四条 在医疗、预防、保健机构中工作的人员,可以同时申请医师资格认定和医师执业注册,由所在机构集体申报。其中在医疗、保健机构中工作的,向批准该机构执业的卫生行政部门或中医(药)主管部门申请;在预防机构中工作的,向同级卫生行政部门申请。

医疗、预防、保健机构中的离退休人员,申请医师资格认定,按前款规定办理。

曾经取得过医学专业技术职务任职资格,现未在医疗、预防、保健机构工作,申请医师资格认定的,由申请人向人事档案存放机构所在地的地或设区的市级卫生行政部门提出申请。

符合本办法第三条规定条件,现在国外学习、工作或居住的中国公民,按前款规定办理。

医疗、预防、保健机构应负责通知符合申请条件的人员。

第五条 申请医师资格认定,应当提交下列材料:

(一)医师资格认定申请审核表;

(二)二寸免冠正面半身照片两张;

(三)《执业医师法》颁布以前取得县级以上卫生、人事行政部门授予的医学专业技术职务任职资格证明;

(四)申请人身份证明。

现未在医疗、预防、保健机构工作的人员,由其人事档案存放单位出具档案中取得医学专业技术职务任职资格的证明。

第六条 申请医师执业注册,应当提交下列材料:

(一)医师执业注册申请审核表;

(二)申请人身份证明;

(三)医疗、预防、保健机构聘用证明。

第七条 县级以上卫生行政部门负责受理申请医师资格认定。

县级卫生行政部门收到申请材料后,对申请人的申请材料进行验证,并签署初审意见。初审合格的,经地或设区的市级卫生行政部门审核后,报省级卫生行政部门认定。

地或设区的市级卫生行政部门收到申请材料后,对申请人的申请材料进行验证,并签署审核意见。审核合格的,报省级卫生行政部门认定。

省级卫生行政部门收到申请材料后,对申请人的申请材料进行验证并审核,并签署审核意见。

各级人事行政部门要积极配合医师资格认定工作,确保此项工作的顺利实施。

第八条 省级卫生行政部门对审核合格的,予以认定,授予执业医师资格或执业助理医师资格,并颁发卫生部统一印制的《医师资格证书》。

第九条 中医(药)主管部门负责现有中医(包括中医、民族医、中西医结合的医师资格认定,由省级卫生行政部门颁发卫生部统一印制的《医师资格证书》。

第十条 县级以上卫生行政部门或中医(药)主管部门,对由其批准执业的医疗、预防、保健机构中已取得《医师资格证书》,并在机构中工作的申请执业注册的申请人进行审核。审核合格的,予以注册,发给卫生部统一印制的《医师执业证书》。

第十一条 对《执业医师法》颁布后至实施前发生第三十七条所列情形的人员,暂缓注册,比照法律规定分别处理。

第十二条 现正在医疗、预防、保健机构中工作的,申请医师资格认定和执业注册时间截止至 1999 年 9 月 30 日;因特殊原因和不可抗力等因素,不能在规定截止日期前申请的,可以延期至 1999 年 12 月 31 日。

曾取得医学专业技术职务任职资格,现未在医疗、预防、保健机构工作的,申请医师资格认定时间截止至 1999 年 12 月 31 日。

第十三条 省级卫生行政部门对取得《医师资格证书》的人员情况予以汇总,报同级人事行政部门及卫生部备案。

县级以上卫生行政部门对准予注册的医师名单予以公告,并由省级卫生行政部门汇总,报卫生部备案。

第十四条 机关、企业和事业单位所属医疗机构人员的医师资格认定和执业注册,向核发该机构《医疗机构执业许可证》的卫生行政部门申请。

第十五条 伪造有关证明文件,非法取得《医师资格证书》或《医师执业证书》者,一经发现,取消执业医师资格或执业助理医师资格,收回《医师资格证书》;注销执业注册,吊销《医师执业证书》。

第十六条 本办法所称医疗机构是指符合《医疗机构管理条例》第二条和《医疗机构管理条例实施细则》第二条和第三条规定的机构,社区卫生服务机构和采供血机构适用《医疗机构管理条例实施细则》第三条第一款(十二);预防机构是指《传染病防治法实施办法》第七十三条规定的机构。

第十七条 计划生育技术服务机构中的医师适用本办法。

第十八条 本办法自发布之日起施行。

第十五节 医师执业注册管理办法

国家卫生和计划生育委员会令

(第 13 号)

《医师执业注册管理办法》已于 2017 年 2 月 3 日经国家卫生计生委委主任会议讨论通过,现予公布,自 2017 年 4 月 1 日起施行。

主任 李 斌
2017 年 2 月 28 日

第一章 总 则

第一条 为了规范医师执业活动,加强医师队伍管理,根据《中华人民共和国执业医师法》,制定本办法。

第二条 医师执业应当经注册取得《医师执业证书》。

未经注册取得《医师执业证书》者,不得从事医疗、预防、保健活动。

第三条 国家卫生计生委负责全国医师执业注册监督管理工作。

县级以上地方卫生计生行政部门是医师执业注册的主管部门,负责本行政区域内的医师执业注册监督管理工作。

第四条 国家建立医师管理信息系统,实行医师电子注册管理。

第二章 注册条件和内容

第五条 凡取得医师资格的,均可申请医师执业注册。

第六条 有下列情形之一的,不予注册:

(一)不具有完全民事行为能力的;

(二)因受刑事处罚,自刑罚执行完毕之日起至申请注册之日止不满二年的;

(三)受吊销《医师执业证书》行政处罚,自处罚决定之日起至申请注册之日止不满二年的;

(四)甲类、乙类传染病传染期、精神疾病发病期以及身体残疾等健康状况不适宜或者不能胜任医疗、预防、保健业务工作的;

(五)重新申请注册,经考核不合格的;

(六)在医师资格考试中参与有组织作弊的;

(七)被查实曾使用伪造医师资格或者冒名使用他人医师资格进行注册的;

(八)国家卫生计生委规定不宜从事医疗、预防、保健业务的其他情形的。

第七条 医师执业注册内容包括:执业地点、执业类别、执业范围。

执业地点是指执业医师执业的医疗、预防、保健机构所在地的省级行政区划和执业助理医师执业的医疗、预防、保健机构所在地的县级行政区划。

执业类别是指临床、中医(包括中医、民族医和中西医结合)、口腔、公共卫生。

执业范围是指医师在医疗、预防、保健活动中从事的与其执业能力相适应的专业。

第八条 医师取得《医师执业证书》后,应当按照注册的执业地点、执业类别、执业范围,从事相应的医疗、预防、保健活动。

第三章 注册程序

第九条 拟在医疗、保健机构中执业的人员,应当向批准该机构执业的卫生计生行政部门申请注册;拟在预防机构中执业的人员,应当向该机构的同级卫生计生行政部门申请注册。

第十条 在同一执业地点多个机构执业的医师,应当确定一个机构作为其主要执业机构,并向批准该机构执业的卫生计生行政部门申请注册;对于拟执业的其他机构,应当向批准该机构执业的卫生计生行政部门分别申请备案,注明所在执业机构的名称。

医师只有一个执业机构的,视为其主要执业机构。

第十一条 医师的主要执业机构以及批准该机构执业的卫生计生行政部门应当在医师管理信息系统及时更新医师定期考核结果。

第十二条 申请医师执业注册,应当提交下列材料:

(一)医师执业注册申请审核表;

(二)近6个月2寸白底免冠正面半身照片;

(三)医疗、预防、保健机构的聘用证明;

(四)省级以上卫生计生行政部门规定的其他材料。

获得医师资格后二年内未注册者、中止医师执业活动二年以上或者本办法第六条规定不予注册的情形消失的医师申请注册时,还应当提交在省级以上卫生计生行政部门指定的机构接受连续6个月以上的培训,并经考核合格的证明。

第十三条 注册主管部门应当自收到注册申请之日起20个工作日内,对申请人提交的申请材料进行审核。审核合格的,予以注册并发放《医师执业证书》。

第十四条 对不符合注册条件不予注册的,注册主管部门应当自收到注册申请之日起20个工作日内书面通知聘用单位和申请人,并说明理由。申请人如有异议的,可以依法申请行政复议或者向人民法院提起行政诉讼。

第十五条 执业助理医师取得执业医师资格后,继续在医疗、预防、保健机构中执业的,应当按本办法规定,申请执业医师注册。

第十六条 《医师执业证书》应当由本人妥善保管,不得出借、出租、抵押、转让、涂改和毁损。如发生损坏或者遗失的,当事人应当及时向原发证部门申请补发。

第十七条 医师跨执业地点增加执业机构,应当向批准该机构执业的卫生计生行政部门申请增加注册。

执业助理医师只能注册一个执业地点。

第四章 注册变更

第十八条 医师注册后有下列情形之一的,医师个人或者其所在的医疗、预防、保健机构,应当自知道或者应当知道之日起30日内报告注册主管部门,办理注销注册:

(一)死亡或者被宣告失踪的;

(二)受刑事处罚的;

(三)受吊销《医师执业证书》行政处罚的;

(四)医师定期考核不合格,并经培训后再次考核仍不合格的;

(五)连续两个考核周期未参加医师定期考核的;

(六)中止医师执业活动满二年的;

(七)身体健康状况不适宜继续执业的;

(八)出借、出租、抵押、转让、涂改《医师执业证书》的;

(九)在医师资格考试中参与有组织作弊的;

(十)本人主动申请的;

（十一）国家卫生计生委规定不宜从事医疗、预防、保健业务的其他情形的。

第十九条　医师注册后有下列情况之一的,其所在的医疗、预防、保健机构应当自办理相关手续之日起 30 日内报注册主管部门,办理备案:

（一）调离、退休、退职;

（二）被辞退、开除;

（三）省级以上卫生计生行政部门规定的其他情形。

上述备案满 2 年且未继续执业的予以注销。

第二十条　医师变更执业地点、执业类别、执业范围等注册事项的,应当通过国家医师管理信息系统提交医师变更执业注册申请及省级以上卫生计生行政部门规定的其他材料。

医师因参加培训需要注册或者变更注册的,应当按照本办法规定办理相关手续。

医师变更主要执业机构的,应当按本办法第十二条的规定重新办理注册。

医师承担经主要执业机构批准的卫生支援、会诊、进修、学术交流、政府交办事项等任务和参加卫生计生行政部门批准的义诊,以及在签订帮扶或者托管协议医疗机构内执业等,不需办理执业地点变更和执业机构备案手续。

第二十一条　注册主管部门应当自收到变更注册申请之日起 20 个工作日内办理变更注册手续。对因不符合变更注册条件不予变更的,应当自收到变更注册申请之日起 20 个工作日内书面通知申请人,并说明理由。

第二十二条　国家实行医师注册内容公开制度和查询制度。

地方各级卫生计生行政部门应当按照规定提供医师注册信息查询服务,并对注销注册的人员名单予以公告。

第二十三条　医疗、预防、保健机构未按照本办法第十八条规定履行报告职责,导致严重后果的,由县级以上卫生计生行政部门依据《执业医师法》第四十一条规定进行处理。

医疗、预防、保健机构未按照本办法第十九条规定履行报告职责,导致严重后果的,由县级以上地方卫生计生行政部门对该机构给予警告,并对其主要负责人、相关责任人依法给予处分。

第五章　附　则

第二十四条　中医(包括中医、民族医、中西医结合)医师执业注册管理由中医(药)主管部门负责。

第二十五条　港澳台人员申请在内地(大陆)注册执业的,按照国家有关规定办理。

外籍人员申请在中国境内注册执业的,按照国家有关规定办理。

第二十六条　本办法自 2017 年 4 月 1 日起施行。1999 年 7 月 16 日原卫生部公布的《医师执业注册暂行办法》同时废止。

第十六节　关于医师执业注册中执业范围的暂行规定

为进一步做好医师执业注册工作,根据《中华人民共和国执业医师法》及有关规定,特对医师执业注册中执业范围规定如下:

一、医师执业范围

(一)临床类别医师执业范围

1. 内科专业 2. 外科专业 3. 妇产科专业 4. 儿科专业 5. 眼耳鼻咽喉科专业 6. 皮肤病与性病专业 7. 精神卫生专业 8. 职业病专业 9. 医学影像和放射治疗专业 10. 医学检验、病理专业 11. 全科医学专业 12. 急救医学专业 13. 康复医学专业 14. 预防保健专业 15. 特种医学与军事医学专业 16. 计划生育技术服务专业 17. 省级以上卫生行政部门规定的其他专业。

(二)口腔类别医师执业范围

1. 口腔专业 2. 省级以上卫生行政部门规定的其他专业。

(三)公共卫生医师执业范围

1. 公共卫生类别专业 2. 省级以上卫生行政部门规定的其他专业。

(四)中医类别(包括中医、民族医、中西医结合)医师执业范围

1. 中医专业 2. 中西医结合专业 3. 蒙医专业 4. 藏医专业 5. 维医专业 6. 傣医专业 7. 省级以上卫生行政部门规定的其他专业。

二、医师进行执业注册的类别必须以取得医师资格的类别为依据。医师依法取得两个或两个类别以上医师资格的,除以下两款情况之外,只能选择一个类别及其中一个相应的专业作为执业范围进行注册,从事执业活动。医师不得从事执业注册范围以外其他专业的执业活动。

在县及县级以下医疗机构(主要是乡镇卫生院和社区卫生服务机构)执业的临床医师,从事基层医疗卫生服务工作,确因工作需要,经县级卫生行政部门考核批准,报设区的市级卫生行政部门备案,可申请同一类别至多三个专业作为执业范围进行注册。

在乡镇卫生院和社区卫生服务机构中执业的临床医师因工作需要,经过国家医师资格考试取得公共卫生类医师资格,可申请公共卫生类别专业作为执业范围进行注册;在乡镇卫生院和社区卫生服务机构中执业的公共卫生医师因工作需要,经过国家医师资格考试取得临床类医师资格,可申请临床类别相关专业作为执业范围进行注册。

三、在计划生育技术服务机构中执业的临床医师,其执业范围为计划生育技术服务专业。在医疗机构中执业的临床医师以妇产科专业作为执业范围进行注册的,其范围含计划生育技术服务专业。

四、根据国家有关规定,取得全科医学专业技术职务任职资格者,方可申请注册全科医学专业作为执业范围。

五、医师注册后有下列情况之一的,不属于超范围执业:

(一)对病人实施紧急医疗救护的;

(二)临床医师依据《住院医师规范化培训规定》和《全科医师规范化培训试行办法》等,进行临床转科的;

(三)依据国家有关规定,经医疗、预防、保健机构批准的卫生支农、会诊、进修、学术交流、承担政府交办的任务和卫生行政部门批准的义诊等;

(四)省级以上卫生行政部门规定的其他情形。

六、医师注册后有下列情形之一的,可以向原注册主管部门申请变更执业范围:

(一)取得注册执业范围以外、同一类别其他专业的高一层次的省级以上教育部门承认的学历,经所在执业机构同意,拟从事新的相应专业的;

（二）在省级以上卫生行政部门指定的业务培训机构，接受同一类别其他专业的系统培训两年或者专业进修满两年或系统培训和专业进修合计满两年，并持有省级以上卫生行政部门指定的业务考核机构出具的考核合格证明，经所在执业机构同意，拟从事所受培训专业的。

跨类别变更专业，必须取得相应类别的医师资格。

七、申请变更执业范围，应当提交下列材料：

（一）省级卫生行政部门统一印制的医师变更执业范围申请表；

（二）《医师资格证书》；

（三）《医师执业证书》；

（四）与拟变更的执业范围相应的高一层次毕业学历或者培训考核合格证明；

（五）聘用单位同意变更执业范围的证明；

（六）省级以上卫生行政部门规定的其他材料。

八、省级卫生行政部门规定的临床、口腔、公共卫生类别医师其他专业应报卫生部备案，中医类别医师其他专业，应报国家中医药管理局备案。

第十七节 卫生部《关于医师执业注册中执业范围的暂行规定》说明

一、制定《关于医师执业注册中执业范围的暂行规定》遵循的原则

（一）既要依据《执业医师法》加强对医师队伍科学化、规范化管理，又要实事求是地充分考虑我国目前医师队伍的现状、医学专业技术职务任职资格分类和有关医疗、预防、保健机构诊疗科目的规定，做好衔接工作；

（二）该范围是执业医师和执业助理医师资格准入后的基本执业范围，设定执业范围的专业宜粗不宜细，有些更细的专业分类可以随着专科医师制度的完善予以解决。

二、临床类别相关专业划分

（一）内科专业含老年医学专业、传染病专业；

（二）外科专业含运动医学专业、麻醉专业；

（三）妇产科专业含妇女保健专业；

（四）儿科专业含儿童保健专业；

（五）精神卫生专业含精神病专业、心理卫生专业；

（六）医学影像专业含核医学专业；

（七）肿瘤专业可按所从事具体业务工作注册相关专业，如内科专业、外科专业作为执业范围；

（八）职业病专业含放射病专业。

三、专业名称注释

（一）预防保健专业是指执业范围为社区保健、计划免疫、健康教育等；

（二）特种医学与军事医学专业是指执业范围为航天医学、航空医学、航海医学、潜水医学、野战外科学、军队各类预防和防护学科等；

（三）计划生育技术服务专业具体执业范围应按照国务院有关规定执行。

四、注意事项

医师注册中医专业或中西医结合专业、蒙医专业、藏医专业、维医专业、傣医专业等作为执业范围,从事医疗气功活动,必须依据《医疗气功管理暂行规定》(卫生部令第 12 号)取得《医疗气功技能合格证书》。

五、《医师执业证书》"执业范围"项填写要求

(一)医师申请执业注册,本人对执业范围的要求可在《医师执业注册申请审核表》表 2 "其他要说明的问题"栏填写。执业机构、执业机构主管部门和卫生行政部门在审批核准《医师执业注册申请审核表》时,应将核准的执业范围填写在表 3"拟聘用的科目"和表 4"聘用的科目"栏内,"聘用的科目"也应同时填写;

(二)医师申请变更执业范围注册,本人对执业范围的要求可在《医师变更执业注册申请审核表》表 2"其他要说明的问题"栏填写。执业机构、执业机构主管部门和卫生行政部门在审批核准《医师变更执业注册申请审核表》时,应将核准变更的执业范围填写在表 4"拟聘用的科目"和表 5"聘用的科目"栏内,"聘用的科目"也应同时填写;

(三)医师申请重新执业注册,本人对执业范围的要求可在《医师重新执业注册申请审核表》表 3"其他要说明的问题"栏填写。执业机构、执业机构主管部门和卫生行政部门在审批核准《医师重新执业注册申请审核表》时,应将核准的执业范围填写在表 4"拟聘用的科目"和表 5"聘用的科目"栏内,"聘用的科目"也应同时填写;

(四)《医师执业证书》"执业范围"项在卫生行政部门审核批准以上申请审核表后方可填写;

(五)因医师执业的医疗机构诊疗科目限制或需特别限制医师执业范围的,注册机关应当在医师执业证书"备注"栏中注明。

第十八节　关于计划生育技术服务机构中执业(助理)医师、执业护士资格认定、考试和注册等问题的通知

各省、自治区、直辖市卫生厅局,计生委,新疆生产建设兵团卫生局,计生委:

为加强对计划生育技术服务机构中执业(助理)医师、执业护士的管理,规范其服务行为,保障公民的健康权利,根据《中华人民共和国执业医师法》(以下简称《执业医师法》)、《计划生育技术服务管理条例》和《中华人民共和国护士管理办法》(以下简称《护士管理办法》),对计划生育技术服务机构中执业(助理)医师、执业护士资格认定、考试和注册等问题通知如下:

一、关于执业医师、执业助理医师的资格认定、考试和注册问题

(一)根据《执业医师法》及有关规定,同意计划生育技术服务机构中符合条件的医师按照《具有医学专业技术职务任职资格人员认定医师资格及执业注册办法》(卫医发[1999]第 319 号)和《卫生部关于进一步做好医师资格认定工作的通知》(卫人发[2000]第 117 号)申请医师资格认定。可以由县级以上地方计划生育行政部门组织,在医师资格认定申请审核表"上级主管部门意见"栏提出审核意见并加盖公章,按规定程序经各级卫生行政部门审核后,到执业机构所在地的省级卫生行政部门集体办理医师资格认定。

(二)拟在计划生育技术服务机构中执业的人员,如符合《执业医师法》《医师资格考试

报名资格暂行规定》和《医师资格考试暂行办法》等有关规定,在取得拟执业机构的主管计划生育行政部门同意后,凭计划生育行政部门同意证明,按规定报名参加医师资格考试。报考类别为临床类别。

(三)取得医师资格并拟在计划生育技术服务机构中执业的人员,按照《执业医师法》《医师执业注册暂行办法》和《关于医师执业注册中执业范围的暂行规定》,向拟执业机构所在地县级以上卫生行政部门申请注册。执业类别为临床类别,执业范围为计划生育技术服务专业。其执业机构的主管计划生育行政部门应在《医师执业注册申请审核表》"执业机构上级主管部门审批意见"栏中提出意见并加盖公章。

二、关于护士的资格认定、考试和注册问题

(一)根据《护士管理办法》,1993年12月31日前在计划生育技术服务机构中从事护士工作并取得护士以上(含护士)技术职称的人员,经县级以上计划生育行政部门进行初审,提出书面审核意见并加盖公章,汇总后经同级卫生行政部门报执业机构所在地的省级卫生行政部门审核,对审核合格的,发给《护士执业证书》,并依据《护士管理办法》有关规定办理注册;在计划生育技术服务机构中从事护士工作但未取得护士技术职称者,由省级卫生行政部门根据《护士管理办法》和本地实施细则作出具体规定。

(二)1994年1月1日后在计划生育技术服务机构中从事护士工作的人员,须按照《护士管理办法》规定参加全国护士执业考试。考生的报名资格或符合《护士管理办法》规定的免考资格经其执业机构的主管计划生育行政部门进行初审,提出书面审核意见并加盖公章,汇总后报同级卫生行政部门审核。考试合格者及可以免于护士执业考试者由省级卫生行政部门发给《护士执业证书》,并在执业机构所在地的县级以上卫生行政部门注册。

(三)计划生育技术服务机构中护士的再次注册,由主管该机构的计划生育行政部门进行初审,提出书面审核意见并加盖公章,汇总后报同级卫生行政部门审核并办理有关手续。

第十九节　医师资格考试违纪违规处理规定

第一章　总　则

第一条　为加强医师资格考试工作的管理,规范医师资格考试违纪违规行为的认定与处理,保障考试公平、公正,维护考生和考试工作人员的合法权益,根据《中华人民共和国执业医师法》(以下简称《执业医师法》)及相关法律法规,制定本规定。

第二条　本规定适用于在医师资格考试中对考生、命审题人员、考试工作人员、其他相关人员及考点违纪违规行为的认定和处理。

第三条　对考试违纪违规行为的认定与处理,应当做到事实清楚、证据确凿、程序规范、适用规定准确。

第四条　国家卫生计生委负责全国医师资格考试违纪违规行为认定和处理的监督管理。

设区的市级以上地方卫生计生行政部门负责本辖区医师资格考试违纪违规行为的认定、处理和监督管理。

国家医学考试中心在国家卫生计生委的领导下,负责全国医师资格考试结果的分析和管理,违纪违规行为认定、处理的指导和信息管理,并向国家卫生计生委报告全国医师资格考试违纪违规处理工作的相关情况。

国家中医药管理局中医师资格认证中心(以下简称中医师资格认证中心)根据职责分工负责相关工作。

考区、考点的考试机构在同级卫生计生行政部门领导下,分别负责本辖区考试违纪违规行为认定、处理等相关工作的具体实施。

第二章 考生及相关人员违纪违规行为的认定与处理

第五条 考生有下列行为之一的,当年该单元或者考站考试成绩无效:

(一)考试开始信号发出后,在规定之外位置就座并参加考试的;

(二)进入考室时,经提醒仍未按要求将规定物品放在指定位置的;

(三)考试开始信号发出前答题或者考试结束信号发出后继续答题,经提醒仍不改正的;

(四)未按要求使用考试规定用笔或者纸答题,经提醒仍不改正的;

(五)未按要求在试卷、答卷(含答题卡,下同)上正确书写本人信息、填涂答题信息或者标记其他信息,经提醒仍不改正的;

(六)考试开始30分钟内,经提醒仍不在答卷上填写本人信息的;

(七)在考试过程中,旁窥、交头接耳、互打暗号或者手势,经提醒仍不改正的;

(八)未经考试工作人员同意,在考试过程中擅自离开座位或者考室的;

(九)拒绝、妨碍考试工作人员履行管理职责的;

(十)在考室或者考场禁止的范围内,喧哗、吸烟或者实施其他影响考试秩序的行为,经劝阻仍不改正的;

(十一)同一考室、同一考题两份以上主观题答案文字表述、主要错点高度一致的;

(十二)省级以上卫生计生行政部门规定的其他一般违纪违规行为。

第六条 考生有下列行为之一的,当年考试成绩无效:

(一)考试开始信号发出后,被查出携带记载医学内容的材料的;

(二)抄袭或者协助他人抄袭试题答案或者考试内容相关资料的;

(三)将试卷、答卷或者涉及试题的作答信息材料带出考室的;

(四)故意损毁试卷、答卷或者考试设备、材料的;

(五)省级以上卫生计生行政部门规定的其他较为严重的违纪违规行为。

第七条 考生有下列行为之一的,当年考试成绩无效,在2年内不得报考医师资格:

(一)考试开始信号发出后,被查出携带电子作弊工具的;

(二)抢夺、窃取他人试卷、答卷或者强迫他人为自己抄袭提供方便的;

(三)在考场警戒线范围内交接或者交换试卷、答卷等考试相关材料的;

(四)拒不服从考试工作人员管理,故意扰乱考场、评卷场所等考试工作秩序的;

(五)与考试工作人员串通作弊的;

(六)威胁、侮辱、殴打考试工作人员的;

(七)利用伪造证件、证明及其他虚假材料报名的;

(八)填写他人考试识别信息或者试卷标识信息的;

(九)省级以上卫生计生行政部门规定的其他严重违纪违规行为。

第八条 考生有下列行为之一的,认定为参与有组织作弊,当年考试成绩无效,终身不得报考医师资格:

(一)由他人代替参加考试的;

(二)在考场警戒线范围内对外进行通讯、传递、发送或者接收试卷内容或者答案的;

(三)散布谣言,扰乱考试环境,造成严重不良社会影响的;

(四)考前非法获取、持有、使用、传播试题或者答案的;

(五)省级以上卫生计生行政部门规定的其他有组织作弊行为。

第九条 考试结束后发现并认定考生有违纪违规行为的,依照本规定进行处理。

第十条 考生通过违纪违规行为获得考试成绩并取得医师资格证书、医师执业证书的,由发放证书的卫生计生行政部门依据有关法律法规进行处理,撤销并收回医师资格证书、医师执业证书,并进行通报。

在校医学生、在职教师参与有组织作弊,由卫生计生行政部门将有关情况通报其所在学校,由其所在学校根据有关规定进行处理。在校医学生参与有组织作弊情节严重的,终身不得报考医师资格。

医师参与有组织作弊,已经取得医师资格但尚未注册的,卫生计生行政部门将不予注册;已经注册取得医师执业证书的,由注册的卫生计生行政部门依法注销其执业注册,收回医师执业证书,并不再予以注册。有其他违纪违规行为的,卫生计生行政部门应当依法进行处理。卫生计生行政部门对医师的处理情况应当及时通报其所在单位。

除考生外的其他人员参与有组织作弊的,卫生计生行政部门应当向有关部门或者单位通报,并建议给予其相应处分。

第三章 命审题人员和考试工作人员违纪违规行为的认定与处理

第十一条 命审题人员应当具有良好的政治素质和品行,具有胜任命审题及涉密岗位所要求的工作能力。

命审题人员应当履行以下保密义务:

(一)遵守国家保密法律法规及其他相关规定,不得以任何方式泄露属国家秘密的医师资格考试试卷、试题内容;

(二)凡有直系亲属、利害关系人参加当年考试的,应当主动回避,不得参加当年命审题和组卷工作;

(三)应当接受保密教育和培训,签订《保密责任承诺书》;

(四)不得参与和考试有关的应试培训工作。

第十二条 命审题人员有下列行为之一的,国家医学考试中心或者中医师资格认证中心应当停止其参加命审题工作,视情节轻重作出或者建议其所在单位给予相应处分,并调离命审题工作岗位:

(一)非法获取、持有国家秘密载体的;

(二)买卖、转送或者私自销毁国家秘密载体的;

(三)通过普通邮政、快递等无保密措施的渠道传递国家秘密载体的;

(四)邮寄、托运国家秘密载体出境,或者未经有关主管部门批准,携带、传递国家秘密载体出境的；

（五）非法复制、记录、存储国家秘密的；

（六）在私人交往和通信中泄露国家秘密的；

（七）在互联网及其他公共信息网络或者未采取保密措施的有线和无线通信中传递国家秘密的；

（八）将涉密计算机、涉密存储设备接入互联网及其他公共信息网络的；

（九）在涉密信息系统与互联网及其他公共信息网络之间进行信息交换的；

（十）使用非涉密计算机、非涉密存储设备存储、处理国家秘密信息的；

（十一）擅自卸载、修改涉密信息系统的安全技术程序、管理程序的；

（十二）将未经安全技术处理的退出使用的涉密计算机、涉密存储设备赠送、出售、丢弃或者改作其他用途的；

（十三）参与和医师资格考试有关的培训工作的；

（十四）未经国家医学考试中心或者中医师资格认证中心批准，在聘用期内参与编写、出版医师资格考试辅导用书和相关资料的。

第十三条　考试工作人员应当认真履行工作职责。在考试考务管理工作中，有下列行为之一的，考试机构应当停止其参加考试工作，视情节轻重作出或者建议其所在单位给予相应的处分，并调离考试工作单位或者岗位：

（一）为考生或者考试工作人员提供虚假证明、证件，或者违规修改考生档案（含电子档案）的；

（二）擅自变更考试时间、地点或者考试安排的；

（三）因工作失误，导致辖区内部分考生未能如期参加考试，并造成恶劣社会影响的；

（四）通过提示或者暗示帮助考生答题的；

（五）擅自将试题、答卷以及与考试内容相关的材料带出考室或者传递给他人的；

（六）偷换、涂改考生答卷、考试成绩或者考场原始记录材料的；

（七）未按照规定保管、使用、销毁考试材料的；

（八）未认真履行职责，造成所负责标准考室的雷同率达到60%的；

（九）评阅卷人员造成卷面成绩明显错误，成绩错误试卷数量占其评卷总量1%以上的；

（十）与考生或者其他人员串通，在考试期间帮助考生实施违纪违规行为的；

（十一）具有应当回避考试工作的情形但隐瞒不报的；

（十二）利用考试工作便利，进行索贿、受贿或者牟取不正当利益的；

（十三）诬陷、打击报复考生或者其他考试工作人员的；

（十四）省级以上卫生计生行政部门规定的其他违反考务管理的行为。

第十四条　考点的考试工作人员严重不负责任，造成考试组织管理混乱、违纪违规现象突出的，由卫生计生行政部门进行通报批评，并给予警告。

考点违纪违规现象严重，影响恶劣的，由省级卫生计生行政部门取消该考点承办考试的资格，责令整改，在2年内不得承办考试工作，并追究相关管理人员的责任。

第十五条　除考试工作人员外，其他有关人员有干扰考试行为的，卫生计生行政部门或者考试机构应当建议有关单位给予相应行政处分。

第四章　违纪违规行为的认定与处理程序

第十六条　考试工作人员对考试过程中发现的违纪违规行为应当及时予以纠正,并采取必要措施收集、保全违纪违规证据。

对考试过程中发现的违纪违规行为,应当由 2 名以上考试工作人员共同填写全国统一样式的《医师资格考试违纪违规行为记录单》。记录单内容包括:违纪违规事实、情节及现场处理情况。记录单填写完成并经考试工作人员签字后,应当及时报考点主考签字认定。考试工作人员应当如实将记录内容和拟处理意见告知被处理人。

对事实清楚、证据确凿的违纪违规行为,卫生计生行政部门应当及时作出处理决定,出具全国统一样式的《医师资格考试违纪违规行为处理决定书》,并按要求及时送达被处理人或者其所在单位。

第十七条　考点考试机构负责汇总考点各考场违纪违规情况,并及时报送考点所在地设区的市级卫生计生行政部门。

第十八条　违纪违规考生的处理决定由设区的市级卫生计生行政部门作出。除当年单元或者考站考试成绩无效、当年考试成绩无效的处理决定外,设区的市级卫生计生行政部门作出其他处理决定后,应当自处理决定作出之日起 15 日内报省级卫生计生行政部门备案。对发现的不当处理决定,省级卫生计生行政部门应当自收到备案材料之日起 30 日内进行调查、纠正,也可以要求设区的市级卫生计生行政部门重新调查处理。

第十九条　设区的市级以上地方卫生计生行政部门应当加强对考点、考场的监督管理,有第十三条、第十四条所列情形且情节严重的,可以直接介入调查和处理,并将有关情况及时上报国家卫生计生委,同时抄送国家医学考试中心或者中医师资格认证中心。

第二十条　命审题人员、考试工作人员在试题命制、考场、考点及评卷过程中有违反本规定行为的,国家医学考试中心或者中医师资格认证中心负责人、考点主考、评卷负责人应当暂停其工作,并依照本规定报卫生计生行政部门处理。

第二十一条　卫生计生行政部门作出处理决定时,应当将拟作出的处理决定及时告知被处理人。

被处理人对卫生计生行政部门认定的违纪违规事实或者拟作出的处理决定存在异议的,有权进行陈述和申辩。

被处理人对处理决定不服的,可以依法申请行政复议或者提起行政诉讼。

第二十二条　考区考试机构应当在省级卫生计生行政部门指导下建立国家医师资格考试考生诚信档案,记录、保留并向国家医学考试中心提供在医师资格考试中违纪违规考生的相关信息。

考区考试机构应当汇总本辖区考试违纪违规行为的认定和处理情况,分别报送至省级卫生计生行政部门和国家医学考试中心,由国家医学考试中心纳入考生个人信息库进行管理。

第五章　附　　则

第二十三条　考生、命审题人员、考试工作人员和其他相关人员违反本规定构成犯罪的,依法追究刑事责任。

第二十四条 本规定中下列用语的含义:

当年考试,是指考生当年从报名参加医师资格考试至考试所有测试内容完成的全过程。

考站或者考试单元,是指进行实践技能考试或者医学综合笔试时,将考试分成的不同阶段。实践技能考试中称为考站,医学综合笔试中称为考试单元。

考生,是指根据《执业医师法》和国家卫生计生委制定的考试办法,报名参加医师资格考试的人员。

命审题人员,是指参与医师资格考试命题、审题、组卷的专家和工作人员。

考试工作人员,是指参与医师资格考试考务管理、评阅卷和考试服务工作的人员。

考试机构,是指各级卫生计生行政部门指定的负责医师资格考试考务工作的单位。

考区和考点,是指为进行医师资格考试考务管理划定的考试管理区域。考区指省、自治区、直辖市所辖区域;考点指地或者设区市所辖区域。

考场,是指医师资格考试实施的具体场所,一般指学校、医院等。

考室,是指考场内实施医师资格考试的独立区域,如教室、诊室等。

第二十五条 本规定自 2014 年 9 月 10 日起施行。

第二十节 中华人民共和国护士管理办法

第一章 总 则

第一条 为加强护士管理,提高护理质量,保障医疗和护理安全,保护护士的合法权益,制定本办法。

第二条 本办法所称护士系指按本办法规定取得《中华人民共和国护士执业证书》并经过注册的护理专业技术人员。

第三条 国家发展护理事业,促进护理学科的发展,加强护士队伍建设,重视和发挥护士在医疗、预防、保健和康复工作中的作用。

第四条 护士的执业权利受法律保护。护士的劳动受全社会的尊重。

第五条 各省、自治区、直辖市卫生行政部门负责护士的监督管理。

第二章 考 试

第六条 凡申请护士执业者必须通过卫生部统一执业考试,取得《中华人民共和国护士执业证书》。

第七条 获得高等医学院校护理专业专科以上毕业文凭者,以及获得经省级以上卫生行政部门确认免考资格的普通中等卫生(护士)学校护理专业毕业文凭者,可以免于护士执业考试。

获得其他普通中等卫生(护士)学校护理专业毕业文凭者,可以申请护士执业考试。

第八条 护士执业考试每年举行一次。

第九条 护士执业考试的具体办法另行制定。

第十条 符合本办法第七条规定以及护士执业考试合格者,由省、自治区、直辖市卫生行政部门发给《中华人民共和国护士执业证书》。

第十一条 《中华人民共和国护士执业证书》由卫生部监制。

第三章 注 册

第十二条 获得《中华人民共和国护士执业证书》者,方可申请护士执业注册。

第十三条 护士注册机关为执业所在地的县级卫生行政部门。

第十四条 申请首次护士注册必须填写《护士注册申请表》,缴纳注册费,并向注册机关缴验:

(一)《中华人民共和国护士执业证书》;

(二)身份证明;

(三)健康检查证明;

(四)省级卫生行政部门规定提交的其他证明。

第十五条 注册机关在受理注册申请后,应当在三十日内完成审核,审核合格的,予以注册;审核不合格的,应当书面通知申请者。

第十六条 护士注册的有效期为二年。

护士连续注册,在前一注册期满前六十日,对《中华人民共和国护士执业证书》进行个人或集体校验注册。

第十七条 中断注册五年以上者,必须按省、自治区、直辖市卫生行政部门的规定参加临床实践三个月,并向注册机关提交有关证明,方可办理再次注册。

第十八条 有下列情形之一的,不予注册:

(一)服刑期间;

(二)因健康原因不能或不宜执行护理业务;

(三)违反本办法被中止或取消注册;

(四)其他不宜从事护士工作的。

第四章 执 业

第十九条 未经护士执业注册者不得从事护士工作。

护理专业在校生或毕业生进行专业实习,以及按本办法第十八条规定进行临床实践的,必须按照卫生部的有关规定在护士的指导下进行。

第二十条 护理员只能在护士的指导下从事临床生活护理工作。

第二十一条 护士在执业中应当正确执行医嘱,观察病人的身心状态,对病人进行科学的护理。遇紧急情况应及时通知医生并配合抢救,医生不在场时,护士应当采取力所能及的急救措施。

第二十二条 护士有承担预防保健工作、宣传防病治病知识、进行康复指导、开展健康教育、提供卫生咨询的义务。

第二十三条 护士执业必须遵守职业道德和医疗护理工作的规章制度及技术规范。

第二十四条 护士在执业中得悉就医者的隐私,不得泄露,但法律另有规定的除外。

第二十五条 遇有自然灾害、传染病流行、突发重大伤亡事故及其他严重威胁人群生命健康的紧急情况,护士必须服从卫生行政部门的调遣,参加医疗救护和预防保健工作。

第二十六条 护士依法履行职责的权利受法律保护,任何单位和个人不得侵犯。

第五章 罚 则

第二十七条 违反本办法第十九条规定,未经护士执业注册从事护士工作的,由卫生行政部门予以取缔。

第二十八条 非法取得《中华人民共和国护士执业证书》的,由卫生行政部门予以缴销。

第二十九条 护士执业违反医疗护理规章制度及技术规范的,由卫生行政部门视情节予以警告、责令改正、中止注册直至取消其注册。

第三十条 违反本办法第二十六条规定,非法阻挠护士依法执业或侵犯护士人身权利的,由护士所在单位提请公安机关予以治安行政处罚;情节严重,触犯刑律的,提交司法机关依法追究刑事责任。

第三十一条 违反本办法其他规定的,由卫生行政部门视情节予以警告、责令改正、中止注册直至取消其注册。

第三十二条 当事人对行政处理决定不服的,可以依照国家法律、法规的规定申请行政复议或者提起行政诉讼。当事人对行政处理决定不履行又未在法定期限内申请复议或提起诉讼的,卫生行政部门可以申请人民法院强制执行。

第六章 附 则

第三十三条 本办法实施前已经取得护士以上技术职称者,经省、自治区、直辖市卫生行政部门审核合格,发给《中华人民共和国护士执业证书》,并准许按本办法的规定办理护士执业注册。

本办法实施前从事护士工作但未取得护士职称者的执业证书颁发办法,由省、自治区、直辖市卫生行政部门根据本地区的实际情况和当事人实际水平作出具体规定。

第三十四条 境外人员申请在中华人民共和国境内从事护士工作的,必须依本办法的规定通过执业考试,取得《中华人民共和国护士执业证书》并办理注册。

第三十五条 护士申请开业及成立护理服务机构,由县级以上卫生行政部门比照医疗机构管理的有关规定审批。

第三十六条 本办法的解释权在卫生部。

第三十七条 本办法的实施细则由省、自治区、直辖市制定。

第三十八条 本办法自 1994 年 1 月 1 日起施行。

第二十一节 中华人民共和国护士管理条例

第一章 总 则

第一条 为了维护护士的合法权益,规范护理行为,促进护理事业发展,保障医疗安全和人体健康,制定本条例。

第二条 本条例所称护士,是指经执业注册取得护士执业证书,依照本条例规定从事护理活动,履行保护生命、减轻痛苦、增进健康职责的卫生技术人员。

第三条 护士人格尊严、人身安全不受侵犯。护士依法履行职责,受法律保护。

全社会应当尊重护士。

第四条 国务院有关部门、县级以上地方人民政府及其有关部门以及乡（镇）人民政府应当采取措施，改善护士的工作条件，保障护士待遇，加强护士队伍建设，促进护理事业健康发展。

国务院有关部门和县级以上地方人民政府应当采取措施，鼓励护士到农村、基层医疗卫生机构工作。

第五条 国务院卫生主管部门负责全国的护士监督管理工作。

县级以上地方人民政府卫生主管部门负责本行政区域的护士监督管理工作。

第六条 国务院有关部门对在护理工作中做出杰出贡献的护士，应当授予全国卫生系统先进工作者荣誉称号或者颁发白求恩奖章，受到表彰、奖励的护士享受省部级劳动模范、先进工作者待遇；对长期从事护理工作的护士应当颁发荣誉证书。具体办法由国务院有关部门制定。

县级以上地方人民政府及其有关部门对本行政区域内做出突出贡献的护士，按照省、自治区、直辖市人民政府的有关规定给予表彰、奖励。

第二章 执 业 注 册

第七条 护士执业，应当经执业注册取得护士执业证书。

申请护士执业注册，应当具备下列条件：

（一）具有完全民事行为能力；

（二）在中等职业学校、高等学校完成国务院教育主管部门和国务院卫生主管部门规定的普通全日制3年以上的护理、助产专业课程学习，包括在教学、综合医院完成8个月以上护理临床实习，并取得相应学历证书；

（三）通过国务院卫生主管部门组织的护士执业资格考试；

（四）符合国务院卫生主管部门规定的健康标准。

护士执业注册申请，应当自通过护士执业资格考试之日起3年内提出；逾期提出申请的，除应当具备前款第（一）项、第（二）项和第（四）项规定条件外，还应当在符合国务院卫生主管部门规定条件的医疗卫生机构接受3个月临床护理培训并考核合格。

护士执业资格考试办法由国务院卫生主管部门会同国务院人事部门制定。

第八条 申请护士执业注册的，应当向拟执业地省、自治区、直辖市人民政府卫生主管部门提出申请。收到申请的卫生主管部门应当自收到申请之日起20个工作日内做出决定，对具备本条例规定条件的，准予注册，并发给护士执业证书；对不具备本条例规定条件的，不予注册，并书面说明理由。

护士执业注册有效期为5年。

第九条 护士在其执业注册有效期内变更执业地点的，应当向拟执业地省、自治区、直辖市人民政府卫生主管部门报告。收到报告的卫生主管部门应当自收到报告之日起7个工作日内为其办理变更手续。护士跨省、自治区、直辖市变更执业地点的，收到报告的卫生主管部门还应当向其原执业地省、自治区、直辖市人民政府卫生主管部门通报。

第十条 护士执业注册有效期届满需要继续执业的，应当在护士执业注册有效期届满前30日向执业地省、自治区、直辖市人民政府卫生主管部门申请延续注册。收到申请的卫生主管部门对具备本条例规定条件的,准予延续,延续执业注册有效期为5年;对不具备本条例规定条件的,不予延续,并书面说明理由。

护士有行政许可法规定的应当予以注销执业注册情形的,原注册部门应当依照行政许可法的规定注销其执业注册。

第十一条 县级以上地方人民政府卫生主管部门应当建立本行政区域的护士执业良好记录和不良记录,并将该记录记入护士执业信息系统。

护士执业良好记录包括护士受到的表彰、奖励以及完成政府指令性任务的情况等内容。护士执业不良记录包括护士因违反本条例以及其他卫生管理法律、法规、规章或者诊疗技术规范的规定受到行政处罚、处分的情况等内容。

第三章 权利和义务

第十二条 护士执业,有按照国家有关规定获取工资报酬、享受福利待遇、参加社会保险的权利。任何单位或者个人不得克扣护士工资,降低或者取消护士福利等待遇。

第十三条 护士执业,有获得与其所从事的护理工作相适应的卫生防护、医疗保健服务的权利。从事直接接触有毒有害物质、有感染传染病危险工作的护士,有依照有关法律、行政法规的规定接受职业健康监护的权利;患职业病的,有依照有关法律、行政法规的规定获得赔偿的权利。

第十四条 护士有按照国家有关规定获得与本人业务能力和学术水平相应的专业技术职务、职称的权利;有参加专业培训、从事学术研究和交流、参加行业协会和专业学术团体的权利。

第十五条 护士有获得疾病诊疗、护理相关信息的权利和其他与履行护理职责相关的权利,可以对医疗卫生机构和卫生主管部门的工作提出意见和建议。

第十六条 护士执业,应当遵守法律、法规、规章和诊疗技术规范的规定。

第十七条 护士在执业活动中,发现患者病情危急,应当立即通知医师;在紧急情况下为抢救垂危患者生命,应当先行实施必要的紧急救护。

护士发现医嘱违反法律、法规、规章或者诊疗技术规范规定的,应当及时向开具医嘱的医师提出;必要时,应当向该医师所在科室的负责人或者医疗卫生机构负责医疗服务管理的人员报告。

第十八条 护士应当尊重、关心、爱护患者,保护患者的隐私。

第十九条 护士有义务参与公共卫生和疾病预防控制工作。发生自然灾害、公共卫生事件等严重威胁公众生命健康的突发事件,护士应当服从县级以上人民政府卫生主管部门或者所在医疗卫生机构的安排,参加医疗救护。

第四章 医疗卫生机构的职责

第二十条 医疗卫生机构配备护士的数量不得低于国务院卫生主管部门规定的护士配备标准。

第二十一条 医疗卫生机构不得允许下列人员在本机构从事诊疗技术规范规定的护理活动:

(一)未取得护士执业证书的人员;

（二）未依照本条例第九条的规定办理执业地点变更手续的护士；

（三）护士执业注册有效期届满未延续执业注册的护士。

在教学、综合医院进行护理临床实习的人员应当在护士指导下开展有关工作。

第二十二条　医疗卫生机构应当为护士提供卫生防护用品，并采取有效的卫生防护措施和医疗保健措施。

第二十三条　医疗卫生机构应当执行国家有关工资、福利待遇等规定，按照国家有关规定为在本机构从事护理工作的护士足额缴纳社会保险费用，保障护士的合法权益。

对在艰苦边远地区工作，或者从事直接接触有毒有害物质、有感染传染病危险工作的护士，所在医疗卫生机构应当按照国家有关规定给予津贴。

第二十四条　医疗卫生机构应当制定、实施本机构护士在职培训计划，并保证护士接受培训。

护士培训应当注重新知识、新技术的应用；根据临床专科护理发展和专科护理岗位的需要，开展对护士的专科护理培训。

第二十五条　医疗卫生机构应当按照国务院卫生主管部门的规定，设置专门机构或者配备专（兼）职人员负责护理管理工作。

第二十六条　医疗卫生机构应当建立护士岗位责任制并进行监督检查。

护士因不履行职责或者违反职业道德受到投诉的，其所在医疗卫生机构应当进行调查。经查证属实的，医疗卫生机构应当对护士做出处理，并将调查处理情况告知投诉人。

第五章　法 律 责 任

第二十七条　卫生主管部门的工作人员未依照本条例规定履行职责，在护士监督管理工作中滥用职权、徇私舞弊，或者有其他失职、渎职行为的，依法给予处分；构成犯罪的，依法追究刑事责任。

第二十八条　医疗卫生机构有下列情形之一的，由县级以上地方人民政府卫生主管部门依据职责分工责令限期改正，给予警告；逾期不改正的，根据国务院卫生主管部门规定的护士配备标准和在医疗卫生机构合法执业的护士数量核减其诊疗科目，或者暂停其 6 个月以上 1 年以下执业活动；国家举办的医疗卫生机构有下列情形之一、情节严重的，还应当对负有责任的主管人员和其他直接责任人员依法给予处分：

（一）违反本条例规定，护士的配备数量低于国务院卫生主管部门规定的护士配备标准的；

（二）允许未取得护士执业证书的人员或者允许未依照本条例规定办理执业地点变更手续、延续执业注册有效期的护士在本机构从事诊疗技术规范规定的护理活动的。

第二十九条　医疗卫生机构有下列情形之一的，依照有关法律、行政法规的规定给予处罚；国家举办的医疗卫生机构有下列情形之一、情节严重的，还应当对负有责任的主管人员和其他直接责任人员依法给予处分：

（一）未执行国家有关工资、福利待遇等规定的；

（二）对在本机构从事护理工作的护士，未按照国家有关规定足额缴纳社会保险费用的；

（三）未为护士提供卫生防护用品，或者未采取有效的卫生防护措施、医疗保健措施的；

（四）对在艰苦边远地区工作，或者从事直接接触有毒有害物质、有感染传染病危险工作的护士,未按照国家有关规定给予津贴的。

第三十条 医疗卫生机构有下列情形之一的,由县级以上地方人民政府卫生主管部门依据职责分工责令限期改正,给予警告:

(一)未制定、实施本机构护士在职培训计划或者未保证护士接受培训的;

(二)未依照本条例规定履行护士管理职责的。

第三十一条 护士在执业活动中有下列情形之一的,由县级以上地方人民政府卫生主管部门依据职责分工责令改正,给予警告;情节严重的,暂停其6个月以上1年以下执业活动,直至由原发证部门吊销其护士执业证书:

(一)发现患者病情危急未立即通知医师的;

(二)发现医嘱违反法律、法规、规章或者诊疗技术规范的规定,未依照本条例第十七条的规定提出或者报告的;

(三)泄露患者隐私的;

(四)发生自然灾害、公共卫生事件等严重威胁公众生命健康的突发事件,不服从安排参加医疗救护的。

护士在执业活动中造成医疗事故的,依照医疗事故处理的有关规定承担法律责任。

第三十二条 护士被吊销执业证书的,自执业证书被吊销之日起2年内不得申请执业注册。

第三十三条 扰乱医疗秩序,阻碍护士依法开展执业活动,侮辱、威胁、殴打护士,或者有其他侵犯护士合法权益行为的,由公安机关依照治安管理处罚法的规定给予处罚;构成犯罪的,依法追究刑事责任。

第六章 附 则

第三十四条 本条例施行前按照国家有关规定已经取得护士执业证书或者护理专业技术职称、从事护理活动的人员,经执业地省、自治区、直辖市人民政府卫生主管部门审核合格,换领护士执业证书。

本条例施行前,尚未达到护士配备标准的医疗卫生机构,应当按照国务院卫生主管部门规定的实施步骤,自本条例施行之日起3年内达到护士配备标准。

第三十五条 本条例自2008年5月12日起施行。

第二十二节 医疗美容服务管理办法

第一章 总 则

第一条 为规范医疗美容服务,促进医疗美容事业的健康发展,维护就医者的合法权益,依据《执业医师法》《医疗机构管理条例》和《护士管理办法》制定本办法。

第二条 本办法所称医疗美容,是指运用手术、药物、医疗器械以及其他具有创伤性或者侵入性的医学技术方法对人的容貌和人体各部位形态进行的修复与再塑。

本办法所称美容医疗机构,是指以开展医疗美容诊疗业务为主的医疗机构。

本办法所称主诊医师是指具备本办法第十一条规定条件,负责实施医疗美容项目的执业医师。

医疗美容科为一级诊疗科目,美容外科、美容牙科、美容皮肤科和美容中医科为二级诊疗科目。

医疗美容项目由卫生部委托中华医学会制定并发布。

第三条 凡开展医疗美容服务的机构和个人必须遵守本办法。

第四条 卫生部(含国家中医药管理局)主管全国医疗美容服务管理工作。县级以上地方人民政府卫生行政部门(含中医药行政管理部门,下同)负责本行政区域内医疗美容服务监督管理工作。

第二章 机构设置、登记

第五条 申请举办美容医疗机构或医疗机构设置医疗美容科室必须同时具备下列条件:

(一)具有承担民事责任的能力;

(二)有明确的医疗美容诊疗服务范围;

(三)符合《医疗机构基本标准(试行)》;

(四)省级以上人民政府卫生行政部门规定的其他条件。

第六条 申请举办美容医疗机构的单位或者个人,应按照本办法以及《医疗机构管理条例》和《医疗机构管理条例实施细则》的有关规定办理设置审批和登记注册手续。

卫生行政部门自收到合格申办材料之日起30日内作出批准或不予批准的决定,并书面答复申办者。

第七条 卫生行政部门应在核发美容医疗机构《设置医疗机构批准书》和《医疗机构执业许可证》的同时,向上一级卫生行政部门备案。

上级卫生行政部门对下级卫生行政部门违规作出的审批决定应自发现之日起30日内予以纠正或撤销。

第八条 美容医疗机构必须经卫生行政部门登记注册并获得《医疗机构执业许可证》后方可开展执业活动。

第九条 医疗机构增设医疗美容科目的,必须具备本办法规定的条件,按照《医疗机构管理条例》及其实施细则规定的程序,向登记注册机关申请变更登记。

第十条 美容医疗机构和医疗美容科室开展医疗美容项目应当由登记机关指定的专业学会核准,并向登记机关备案。

第三章 执业人员资格

第十一条 负责实施医疗美容项目的主诊医师必须同时具备下列条件:

(一)具有执业医师资格,经执业医师注册机关注册;

(二)具有从事相关临床学科工作经历。其中,负责实施美容外科项目的应具有6年以上从事美容外科或整形外科等相关专业临床工作经历;负责实施美容牙科项目的应具有5年以上从事美容牙科或口腔科专业临床工作经历;负责实施美容中医科和美容皮肤科项目的应分别具有3年以上从事中医专业和皮肤病专业临床工作经历;

(三)经过医疗美容专业培训或进修并合格,或已从事医疗美容临床工作1年以上;

（四）省级人民政府卫生行政部门规定的其他条件。

第十二条 不具备本办法第十一条规定的主诊医师条件的执业医师，可在主诊医师的指导下从事医疗美容临床技术服务工作。

第十三条 从事医疗美容护理工作的人员，应同时具备下列条件：

（一）具有护士资格，并经护士注册机关注册；

（二）具有 2 年以上护理工作经历；

（三）经过医疗美容护理专业培训或进修并合格，或已从事医疗美容临床护理工作 6 个月以上。

第十四条 未经卫生行政部门核定并办理执业注册手续的人员不得从事医疗美容诊疗服务。

第四章 执 业 规 则

第十五条 实施医疗美容项目必须在相应的美容医疗机构或开设医疗美容科室的医疗机构中进行。

第十六条 美容医疗机构和医疗美容科室应根据自身条件和能力在卫生行政部门核定的诊疗科目范围内开展医疗服务，未经批准不得擅自扩大诊疗范围。

美容医疗机构及开设医疗美容科室的医疗机构不得开展未向登记机关备案的医疗美容项目。

第十七条 美容医疗机构执业人员要严格执行有关法律、法规和规章，遵守医疗医疗美容技术操作规程。

美容医疗机构使用的医用材料须经有关部门批准。

第十八条 医疗美容服务实行主诊医师负责制。医疗美容项目必须由主诊医师负责或在其指导下实施。

第十九条 执业医师对就医者实施治疗前，必须向就医者本人或亲属书面告知治疗的适应证、禁忌证、医疗风险和注意事项等，并取得就医者本人或监护人的签字同意。未经监护人同意，不得为无行为能力或者限制行为能力人实施医疗美容项目。

第二十条 美容医疗机构和医疗美容科室的从业人员要尊重就医者的隐私权，未经就医者本人或监护人同意，不得向第三方披露就医者病情及病历资料。

第二十一条 美容医疗机构和医疗美容科室发生重大医疗过失，要按规定及时报告当地人民政府卫生行政部门。

第二十二条 美容医疗机构和医疗美容科室应加强医疗质量管理，不断提高服务水平。

第五章 监 督 管 理

第二十三条 任何单位和个人，未取得《医疗机构执业许可证》并经登记机关核准开展医疗美容诊疗科目，不得开展医疗美容服务。

第二十四条 各级地方人民政府卫生行政部门要加强对医疗美容项目备案的审核。发现美容医疗机构及开设医疗美容科的医疗机构不具备开展某医疗美容项目的条件和能力，应及时通知该机构停止开展该医疗美容项目。

第二十五条 各相关专业学会和行业协会要积极协助卫生行政部门规范医疗美容服务

行为,加强行业自律工作。

第二十六条 美容医疗机构和医疗美容科室发生医疗纠纷或医疗事故,按照国家有关规定处理。

第二十七条 发布医疗美容广告必须按照国家有关广告管理的法律、法规的规定办理。

第二十八条 对违反本办法规定的,依据《执业医师法》《医疗机构管理条例》和《护士管理办法》有关规定予以处罚。

第六章 附 则

第二十九条 外科、口腔科、眼科、皮肤科、中医科等相关临床学科在疾病治疗过程中涉及的相关医疗美容活动不受本办法调整。

第三十条 县级以上人民政府卫生行政部门应在本办法施行后1年内,按本办法规定对已开办的美容医疗机构和开设医疗美容科室的医疗机构进行审核并重新核发《医疗机构执业许可证》。

第三十一条 本办法自2002年5月1日起施行。

第二十三节 卫生部关于印发《美容医疗机构、医疗美容科(室)基本标准(试行)》的通知

各省、自治区、直辖市卫生厅局,新疆生产建设兵团卫生局:

根据《医疗美容服务管理办法》,我部对《医疗机构基本标准(试行)》(卫医发[1994]第30号)中美容医院、医疗美容门诊部、医疗美容诊所的基本标准进行了修订,并制定了医疗机构医疗美容科(室)基本标准。现将《美容医疗机构、医疗美容科(室)基本标准(试行)》发给你们,请遵照执行。在执行过程中发现的问题,请及时反馈我部。

本标准字印发之日起施行。凡与本标准不一致的规定一律以本标准为准。

二〇〇二年四月十六日

附件:美容医疗机构、医疗美容科(室)基本标准(试行)

美容医疗机构
美 容 医 院

一、床位和牙椅

住院床位总数20张以上,美容治疗床12张以上,牙科综合治疗椅4台以上。

二、科室设置

(一)临床科室:至少设有美容咨询设计室、美容外科、美容牙科、美容皮肤科、美容中医科、美容治疗室、麻醉科。

(二)医技科室:至少设有药剂科、检验科、放射科、手术室、技工室、消毒供应室、病案资料室。

三、人员

(一)每床(椅)至少配备1.03名相关专业卫生技术人员。

(二)每床(椅)至少配备0.4名护士。

（三）至少有 6 名具有相关专业副主任医师资格以上的主诊医师和至少 2 名主管护师资格以上的护士。

（四）每科至少有 1 名本专业的具有主治医师资格以上的主诊医师。

四、医疗用房

（一）每病床建筑面积不少于 60 平方米。

（二）病房每床净使用面积不少于 6 平方米。

（三）每牙科综合治疗椅建筑面积不少于 40 平方米，诊室每牙科治疗椅净使用面积不少于 6 平方米。

（四）每美容治疗床建筑面积不少于 20 平方米，每美容治疗床净使用面积不少于 6 平方米。

五、设备

（一）基本设备

呼吸机、心电监护仪、自动血压监测仪、电动吸引器、体外除颤器、麻醉机、吸脂机、无影灯、紫外线消毒灯、高压蒸气灭菌设备、器械柜、美容外科手术相应的手术器械、X 光机及暗室成套设备、喷砂洁牙器、光固化治疗机、正颌外科器械、X 光牙片、银汞搅拌机、技工设备、口腔全景 X 光机、牙科必备的消毒设备、电凝器、激光机、电子治疗机、皮肤磨削机、离子喷雾器、文眉机、皮肤测试仪、超声波美容治疗机、多功能健胸治疗机、恒温培养箱、电冰箱、洗衣机、消毒柜、检验科需要的配套设备及具有上网功能的计算机。

（二）病房每床单元设备，与二级综合医院相同。

（三）具有与开展的诊疗科目相应的其他设备。

六、制定各项规章制度、人员岗位责任制；有国家制定或认可的医疗美容技术操作规范、医院感染管理规范、消毒技术规范，并成册可用。

七、注册资金到位，并保证医院的运营。

医疗美容门诊部

一、床位

至少设有美容治疗床 4 张，手术床位 2 台，牙科综合治疗椅 2 张，观察床位 2 张。

二、科室设置

（一）临床科室：至少设有美容咨询室、美容外科、美容皮肤科、美容牙科，可设置美容中医科、美容治疗室。

（二）医技科室：至少设有药剂科、化验室、手术室。

三、人员

（一）每台手术床应至少配备 2.4 名相关专业卫生技术人员。

（二）每张观察床、牙科综合治疗椅至少配备 1.03 名相关专业卫生技术人员和 0.4 名护士。

（三）至少有 5 名执业医师，其中至少有 1 名具有相关专业副主任医师资格以上的主诊医师和 1 名具有护师资格以上的护士。

（四）每科目至少有 1 名本专业的具有主治医师资格以上的主诊医师。

四、医疗用房

（一）建筑面积不少于 200 平方米。

（二）每室独立。

（三）手术室净使用面积不少于 20 平方米。

（四）诊室每美容治疗床、牙科综合治疗椅净使用面积不少于 6 平方米。

五、设备

（一）基本设备

手术床和成套美容外科手术器械、无影灯、紫外线消毒灯、高压蒸气灭菌设备、电凝器、电动吸引器、离子喷雾器、多功能美容仪、皮肤磨削机、文眉机、激光治疗机、电冰箱、消毒柜、牙科必备的消毒设备、具有上网功能的计算机。

（二）具有与开展的诊疗科目相应的其他设备。

六、制定各项规章制度、人员岗位责任制；有国家制定或认可的医疗美容技术操作规范、感染管理规范、消毒技术规范，并成册可用。

七、注册资金到位，并保证门诊部的运营。

医疗美容诊所

一、床位

至少设有美容治疗床 2 张，或手术床 1 张及观察床 1 张，或牙科综合治疗椅 1 张。

二、科室设置

（一）临床科室：美容外科、美容皮肤科、美容牙科、美容中医科 4 科目中不超过 2 个科目。

（二）医技科室：根据开设的科目，设置相应的医技科室。

美容外科：至少设有手术室、治疗室、观察室。

美容牙科：至少设有诊疗室。

美容皮肤科：至少设有美容治疗室。

美容中医科：至少设有中医美容治疗室。

三、人员

每一科目至少有 1 名具有相关专业主治医师资格以上的主诊医师和 1 名护士。

四、医疗用房

（一）建筑面积不少于 60 平方米。

（二）每室必须独立。

（三）手术室净使用面积不得少于 15 平方米，或每美容治疗床、牙科综合治疗椅净使用面积不少于 6 平方米。

五、设备

（一）基本设备

美容外科：手术床及相应成套美容外科器械、消毒柜、吸引器、无影灯、紫外线消毒灯、电凝器、高压蒸气灭菌设备。

美容皮肤科：皮肤磨削机、离子喷雾器、多功能美容仪、激光机或电子治疗机、超声波、治疗仪、消毒柜、文眉机、高压蒸气灭菌设备。

美容牙科：消毒柜、牙科必备的消毒设备、高压蒸气灭菌设备。

（二）具有与开展的诊疗科目相应的其他设备，具有上网功能的计算机。

六、制定各项规章制度，人员岗位责任制；有国家制定或认可的医疗美容技术操作规范、感染管理规范、消毒技术规范,并成册可用。

七、注册资金到位,并保证诊所的运营。

医疗美容科(室)

一、床位

至少设有美容治疗床 4 张,手术床 1 张,牙科综合治疗椅 1 张,观察床 1 张。

二、科目设置

(一)临床科室:至少设有美容咨询室、美容治疗室。在美容外科、美容皮肤科、美容牙科、美容中医科 4 个科目中至少设 2 个科目。

(二)医技科室可与医疗机构共用。

三、人员

(一)每台手术床配备 2.4 名相关专业卫生技术人员。

(二)每张观察床、牙科综合治疗椅配备 1.03 名相关专业卫生技术人员和 0.4 名护士。

(三)每科目至少有 1 名本专业的具有主治医师资格以上的主诊医师和 1 名具有护师资格以上的护士。

四、医疗用房

(一)建筑面积不少于 100 平方米。

(二)每室必须独立。

(三)手术室净使用面积不少于 20 平方米。

(四)诊室每美容治疗床、牙科综合治疗椅净使用面积不少于 6 平方米。

(五)应远离传染病诊疗区。

五、设备

(一)基本设备

美容外科:手术床和相应的成套美容外科手术器械、电凝器、吸引器、紫外线消毒灯、无影灯、必备的消毒灭菌设备。

美容皮肤科:离子喷雾器、多功能美容仪、皮肤磨削机、文眉机、激光治疗机、必备的消毒灭菌设备。

美容牙科:牙科必备消毒设备、电冰箱。

(二)具有与开展的诊疗科目相应的其他设备,具有上网功能的计算机。

六、制定各项规章制度、人员岗位责任制;有国家制定或认可的医疗美容技术操作规范、感染管理规范、消毒技术规范,并成册可用。

第二十四节 卫生部办公厅印发《医疗美容项目分级管理目录》

一、美容外科项目及其分级

(一)分级原则。

依据手术难度和复杂程度以及可能出现的医疗意外和风险大小,将美容外科项目分为四级。

一级:操作过程不复杂,技术难度和风险不大的美容外科项目。

二级:操作过程复杂程度一般,有一定技术难度,有一定风险,需使用硬膜外腔阻滞麻醉、静脉全身麻醉等完成的美容外科项目。

三级:操作过程较复杂,技术难度和风险较大,因创伤大需术前备血,并需要气管插管全麻的美容外科项目。

四级:操作过程复杂,难度高、风险大的美容外科项目。

(二)美容外科项目分级。

1. 一级项目。

(1)头面部:

重唇修复术

招风耳矫正术

眉修整术

眉提升术

重睑成形术

下睑袋矫正术

内眦成形术

隆鼻术

鼻尖成形术

隆鼻术后硅胶取出术

鼻小柱及鼻孔成形术

唇峰、薄唇增厚术

唇珠美容术

厚唇矫正术

酒窝成形术

唇系带成形术

颞部填充术

隆颏术

颊脂肪垫去除术

(2)乳房、躯干:

乳头内陷矫正术

乳头乳晕缩小术

脂肪抽吸术(吸脂量<1 000ml)

(3)会阴部:

处女膜修补术

阴蒂肥大缩小术

小阴唇成形术

(4)其他:

体表小肿瘤切除术

瘢痕切除缝合术

穿耳孔术

皮肤磨削术(面积不超过面部 1/4)

酒渣鼻切割术

皮肤肿物切除术

腋臭手术

毛发移植术

自体脂肪注射移植术

皮肤扩张器技术

A型肉毒毒素美容注射

2. 二级项目。

(1)头面部：

隐耳矫正术

杯状耳矫正术

耳畸形矫正术

菜花耳矫正术

驼峰鼻矫正术

鹰钩鼻矫正术

鼻畸形矫正术

鼻翼缺损修复术

颞部除皱术

额部除皱术

内窥镜下除皱术

中面部除皱术

(2)乳房、躯干：

隆乳术

乳房下垂矫正术

乳房液态填充物取出术

脂肪抽吸术(1 000ml≤吸脂量<2 000ml)

(3)会阴部：

阴茎延长术

阴茎增大(增粗)术

阴道紧缩术

3. 三级项目。

头面部：

全颜面皮肤磨削术

全颜面及颌颈部除皱术

不良文饰修复术

乳房及躯干：

脂肪抽吸术(2 000ml≤吸脂量<5 000ml)

4. 四级项目。

(1)头面部：

颧骨降低术

下颌角肥大矫正术

上下颌骨其他成形术

(2)乳房、躯干：

巨乳缩小术(乳房肥大+重度下垂)

腹壁成形术

(三)美容外科项目的分级管理。

1. 可开展一级项目的机构。

(1)设有医疗美容科或整形外科的一级综合医院和门诊部。

(2)设有医疗美容科的诊所。

2. 可开展一级、二级项目的机构。

(1)设有医疗美容科或整形外科的二级综合医院。

(2)设有麻醉科及医疗美容科或整形外科的门诊部。

3. 可开展一级、二级、三级项目的机构。

美容医院。

4. 可开展一级、二级、三级、四级项目的机构。

(1)三级整形外科医院。

(2)设有医疗美容科或整形外科的三级综合医院。

二、美容牙科项目(暂不分级)

1. 牙齿美容修复技术。

牙齿形态修整

牙齿漂白

复合树脂粘结修复

瓷贴面修复

嵌体修复

桩核冠修复

金属烤瓷冠桥修复

全瓷冠修复

临时冠修复

可摘局部义齿美容修复

全口义齿美容修复

即刻义齿美容修复

种植义齿美容修复

粘结固定桥美容修复

柔性义龈美容修复

隐形义齿美容修复

套筒冠义齿美容修复

覆盖义齿美容修复

2. 牙周美容技术操作。

洁治术

牙龈切除术

牙龈成形术

牙冠延长术

根尖复位瓣术

侧向转位瓣术

双乳头瓣移位术

冠向复位瓣术

自体游离龈瓣移植术

牙周引导组织再生术

牙槽骨修整术

3. 牙牙合畸形美容矫治。

错牙合畸形的诊断、分类和矫治设计

常见错牙合畸形的矫治

正颌外科病例的正畸矫治

活动性矫治器矫治

功能性矫治器矫治

固定矫治器矫治

三、美容皮肤科项目（暂不分级）

（一）无创治疗项目。

内服、外用药物美容治疗,光疗（红光、蓝光、紫外线等）治疗痤疮、色素性疾患及调节肤质,红外线治疗,倒膜及面部护理治疗痤疮、色斑及调节肤质,冷喷治疗敏感性皮肤,药物导入调节肤质,药浴（含熏蒸）治疗敏感性皮肤及调节肤质,其他针对皮损或缺陷的无创治疗。

（二）有创治疗项目。

1. 微创治疗项目。

（1）物理治疗:冷冻,电外科治疗（高频电治疗,电解,电灼治疗等）,微波治疗,粉刺挤压,微针（Microneedle）治疗,其他针对皮肤病损或缺陷的物理治疗。

（2）抽吸、注射及填充:局封（相关药物）,硬化剂注射,肉毒素注射,填充物注射,吸脂与脂肪移植,其他针对皮损或缺陷的注射治疗。

（3）化学剥脱。

（4）激光和其他光（电磁波）治疗:

①激光治疗:包括除皱、消除皮肤松弛、脱毛、磨削,去瘢痕,去文身和文眉,去除色素性皮损,治疗血管性疾病所致皮肤异常,治疗皮肤增生物。

②强脉冲光（IPL）治疗:包括除皱、消除皮肤松弛、脱毛、针对色素性皮损和血管性疾病所致皮肤异常的 IPL 治疗,皮肤瘢痕 IPL 治疗。

③其他光（电磁波）治疗:射频治疗,超声治疗,光动力疗法。

④其他针对皮损或缺陷的光疗或激光治疗。

2. 手术项目。

皮肤肿物切除(美容目的)

拔甲术

刮除术

腋臭手术

足病修治术

酒渣鼻切割术

自体表皮移植术

毛发移植术

酒窝成形术

多汗症治疗

皮肤磨削

白癜风治疗术(吸疱移植,相关细胞移植)

四、美容中医科项目(暂不分级)

1. 中药内服美容法。

中草药内服美容法治疗

中成药内服美容法治疗

中药膳食美容法治疗

2. 中药外治美容技术。

中药溶液外用美容技术湿敷、浸浴、足浴美容治疗

中药粉剂外用美容技术膜剂美容治疗

中药其他剂型美容治疗

中药浸膏外用美容治疗

中药紫外负离子喷雾美容治疗

中药超声波透入美容治疗

中药直流电离子导入美容治疗

中药与其他现代仪器配合美容治疗

3. 针灸美容技术。

针刺技术:毫针术、三棱针术、皮肤针(梅花针)术、皮内针术、火针术、电针术、水针(穴位注射)术、杵针术。

灸术:艾炷灸、艾条灸、温针灸、温灸器灸。

穴位磁疗术

耳针术

拔罐术

4. 中医推拿美容技术。

头面部美容经穴按摩技术

躯体和四肢其他部位美容推拿技术

足部美容按摩术

5. 其他中医美容技术。

穴位埋线疗法术

刮痧疗法术
结扎法术

第二十五节 中华人民共和国中医药条例

第一章 总 则

第一条 为了继承和发展中医药学,保障和促进中医药事业的发展,保护人体健康,制定本条例。

第二条 在中华人民共和国境内从事中医医疗、预防、保健、康复服务和中医药教育、科研、对外交流以及中医药事业管理活动的单位或者个人,应当遵守本条例。

中药的研制、生产、经营、使用和监督管理依照《中华人民共和国药品管理法》执行。

第三条 国家保护、扶持、发展中医药事业,实行中西医并重的方针,鼓励中西医相互学习、相互补充、共同提高,推动中医、西医两种医学体系的有机结合,全面发展我国中医药事业。

第四条 发展中医药事业应当遵循继承与创新相结合的原则,保持和发扬中医药特色和优势,积极利用现代科学技术,促进中医药理论和实践的发展,推进中医药现代化。

第五条 县级以上各级人民政府应当将中医药事业纳入国民经济和社会发展计划,使中医药事业与经济、社会协调发展。

县级以上地方人民政府在制定区域卫生规划时,应当根据本地区社会、经济发展状况和居民医疗需求,统筹安排中医医疗机构的设置和布局,完善城乡中医服务网络。

第六条 国务院中医药管理部门负责全国中医药管理工作。国务院有关部门在各自的职责范围内负责与中医药有关的工作。

县级以上地方人民政府负责中医药管理的部门负责本行政区域内的中医药管理工作。县级以上地方人民政府有关部门在各自的职责范围内负责与中医药有关的工作。

第七条 对在继承和发展中医药事业中做出显著贡献和在边远地区从事中医药工作做出突出成绩的单位和个人,县级以上各级人民政府应当给予奖励。

第二章 中医医疗机构与从业人员

第八条 开办中医医疗机构,应当符合国务院卫生行政部门制定的中医医疗机构设置标准和当地区域卫生规划,并按照《医疗机构管理条例》的规定办理审批手续,取得医疗机构执业许可证后,方可从事中医医疗活动。

第九条 中医医疗机构从事医疗服务活动,应当充分发挥中医药特色和优势,遵循中医药自身发展规律,运用传统理论和方法,结合现代科学技术手段,发挥中医药在防治疾病、保健、康复中的作用,为群众提供价格合理、质量优良的中医药服务。

第十条 依法设立的社区卫生服务中心(站)、乡镇卫生院等城乡基层卫生服务机构,应当能够提供中医医疗服务。

第十一条 中医从业人员,应当依照有关卫生管理的法律、行政法规、部门规章的规定通过资格考试,并经注册取得执业证书后,方可从事中医服务活动。

以师承方式学习中医学的人员以及确有专长的人员,应当按照国务院卫生行政部门的规定,通过执业医师或者执业助理医师资格考核考试,并经注册取得医师执业证书后,方可从事中医医疗活动。

第十二条 中医从业人员应当遵守相应的中医诊断治疗原则、医疗技术标准和技术操作规范。

全科医师和乡村医生应当具备中医药基本知识以及运用中医诊疗知识、技术,处理常见病和多发病的基本技能。

第十三条 发布中医医疗广告,医疗机构应当按照规定向所在地省、自治区、直辖市人民政府负责中医药管理的部门申请并报送有关材料。省、自治区、直辖市人民政府负责中医药管理的部门应当自收到有关材料之日起10个工作日内进行审查,并作出是否核发中医医疗广告批准文号的决定。对符合规定要求的,发给中医医疗广告批准文号。未取得中医医疗广告批准文号的,不得发布中医医疗广告。

发布的中医医疗广告,其内容应当与审查批准发布的内容一致。

第三章 中医药教育与科研

第十四条 国家采取措施发展中医药教育事业。

各类中医药教育机构应当加强中医药基础理论教学,重视中医药基础理论与中医药临床实践相结合,推进素质教育。

第十五条 设立各类中医药教育机构,应当符合国家规定的设置标准,并建立符合国家规定标准的临床教学基地。

中医药教育机构的设置标准,由国务院卫生行政部门会同国务院教育行政部门制定;中医药教育机构临床教学基地标准,由国务院卫生行政部门制定。

第十六条 国家鼓励开展中医药专家学术经验和技术专长继承工作,培养高层次的中医临床人才和中药技术人才。

第十七条 承担中医药专家学术经验和技术专长继承工作的指导老师应当具备下列条件:

(一)具有较高学术水平和丰富的实践经验、技术专长和良好的职业品德;

(二)从事中医药专业工作30年以上并担任高级专业技术职务10年以上。

第十八条 中医药专家学术经验和技术专长继承工作的继承人应当具备下列条件:

(一)具有大学本科以上学历和良好的职业品德;

(二)受聘于医疗卫生机构或者医学教育、科研机构从事中医药工作,并担任中级以上专业技术职务。

第十九条 中医药专家学术经验和技术专长继承工作的指导老师以及继承人的管理办法,由国务院中医药管理部门会同有关部门制定。

第二十条 省、自治区、直辖市人民政府负责中医药管理的部门应当依据国家有关规定,完善本地区中医药人员继续教育制度,制定中医药人员培训规划。

县级以上地方人民政府负责中医药管理的部门应当按照中医药人员培训规划的要求,对城乡基层卫生服务人员进行中医药基本知识和基本技能的培训。

医疗机构应当为中医药技术人员接受继续教育创造条件。

第二十一条　国家发展中医药科学技术,将其纳入科学技术发展规划,加强重点中医药科研机构建设。

县级以上地方人民政府应当充分利用中医药资源,重视中医药科学研究和技术开发,采取措施开发、推广、应用中医药技术成果,促进中医药科学技术发展。

第二十二条　中医药科学研究应当注重运用传统方法和现代方法开展中医药基础理论研究和临床研究,运用中医药理论和现代科学技术开展对常见病、多发病和疑难病的防治研究。

中医药科研机构、高等院校、医疗机构应当加强中医药科研的协作攻关和中医药科技成果的推广应用,培养中医药学科带头人和中青年技术骨干。

第二十三条　捐献对中医药科学技术发展有重大意义的中医诊疗方法和中医药文献、秘方、验方的,参照《国家科学技术奖励条例》的规定给予奖励。

第二十四条　国家支持中医药的对外交流与合作,推进中医药的国际传播。

重大中医药科研成果的推广、转让、对外交流,中外合作研究中医药技术,应当经省级以上人民政府负责中医药管理的部门批准,防止重大中医药资源流失。

属于国家科学技术秘密的中医药科研成果,确需转让、对外交流的,应当符合有关保守国家秘密的法律、行政法规和部门规章的规定。

第四章　保障措施

第二十五条　县级以上地方人民政府应当根据中医药事业发展的需要以及本地区国民经济和社会发展状况,逐步增加对中医药事业的投入,扶持中医药事业的发展。

任何单位和个人不得将中医药事业经费挪作他用。

国家鼓励境内外组织和个人通过捐资、投资等方式扶持中医药事业发展。

第二十六条　非营利性中医医疗机构,依照国家有关规定享受财政补贴、税收减免等优惠政策。

第二十七条　县级以上地方人民政府劳动保障行政部门确定的城镇职工基本医疗保险定点医疗机构,应当包括符合条件的中医医疗机构。

获得定点资格的中医医疗机构,应当按照规定向参保人员提供基本医疗服务。

第二十八条　县级以上各级人民政府应当采取措施加强对中医药文献的收集、整理、研究和保护工作。

有关单位和中医医疗机构应当加强重要中医药文献资料的管理、保护和利用。

第二十九条　国家保护野生中药材资源,扶持濒危动植物中药材人工代用品的研究和开发利用。

县级以上地方人民政府应当加强中药材的合理开发和利用,鼓励建立中药材种植、培育基地,促进短缺中药材的开发、生产。

第三十条　与中医药有关的评审或者鉴定活动,应当体现中医药特色,遵循中医药自身的发展规律。

中医药专业技术职务任职资格的评审,中医医疗、教育、科研机构的评审、评估,中医药科研课题的立项和成果鉴定,应当成立专门的中医药评审、鉴定组织或者由中医药专家参加评审、鉴定。

第五章 法 律 责 任

第三十一条 负责中医药管理的部门的工作人员在中医药管理工作中违反本条例的规定，利用职务上的便利收受他人财物或者获取其他利益，滥用职权，玩忽职守，或者发现违法行为不予查处，造成严重后果，构成犯罪的，依法追究刑事责任；尚不够刑事处罚的，依法给予降级或者撤职的行政处分。

第三十二条 中医医疗机构违反本条例的规定，有下列情形之一的，由县级以上地方人民政府负责中医药管理的部门责令限期改正；逾期不改正的，责令停业整顿，直至由原审批机关吊销其医疗机构执业许可证、取消其城镇职工基本医疗保险定点医疗机构资格，并对负有责任的主管人员和其他直接责任人员依法给予纪律处分：

（一）不符合中医医疗机构设置标准的；

（二）获得城镇职工基本医疗保险定点医疗机构资格，未按照规定向参保人员提供基本医疗服务的。

第三十三条 未经批准擅自开办中医医疗机构或者未按照规定通过执业医师或者执业助理医师资格考试取得执业许可，从事中医医疗活动的，依照《中华人民共和国执业医师法》和《医疗机构管理条例》的有关规定给予处罚。

第三十四条 中医药教育机构违反本条例的规定，有下列情形之一的，由县级以上地方人民政府负责中医药管理的部门责令限期改正；逾期不改正的，由原审批机关予以撤销：

（一）不符合规定的设置标准的；

（二）没有建立符合规定标准的临床教学基地的。

第三十五条 违反本条例规定，造成重大中医药资源流失和国家科学技术秘密泄露，情节严重，构成犯罪的，依法追究刑事责任；尚不够刑事处罚的，由县级以上地方人民政府负责中医药管理的部门责令改正，对负有责任的主管人员和其他直接责任人员依法给予纪律处分。

第三十六条 违反本条例规定，损毁或者破坏中医药文献的，由县级以上地方人民政府负责中医药管理的部门责令改正，对负有责任的主管人员和其他直接责任人员依法给予纪律处分；损毁或者破坏属于国家保护文物的中医药文献，情节严重，构成犯罪的，依法追究刑事责任。

第三十七条 篡改经批准的中医医疗广告内容的，由原审批部门撤销广告批准文号，1年内不受理该中医医疗机构的广告审批申请。

负责中医药管理的部门撤销中医医疗广告批准文号后，应当自作出行政处理决定之日起5个工作日内通知广告监督管理机关。广告监督管理机关应当自收到负责中医药管理的部门通知之日起15个工作日内，依照《中华人民共和国广告法》的有关规定查处。

第六章 附 则

第三十八条 本条例所称中医医疗机构，是指依法取得医疗机构执业许可证的中医、中西医结合的医院、门诊部和诊所。

民族医药的管理参照本条例执行。

第三十九条 本条例自2003年10月1日起施行。

第二十六节 医疗广告管理办法

新《广告法》经第十二届全国人大常委会第十四次会议修订通过,已于 2015 年 9 月 1 日施行,为贯彻实施新《广告法》,规范医疗广告市场秩序,加强医疗广告管理,国家工商总局也对《医疗广告管理办法》进行了修订,修订的《医疗广告管理办法》自 2015 年 9 月 1 日起施行。

第一条 为加强医疗广告管理,保障人民身体健康,根据《中华人民共和国广告法》(以下简称《广告法》)、《医疗机构管理条例》《中医药条例》等法律法规的规定,制定本办法。

第二条 本办法所称医疗广告,是指利用各种媒介或者形式直接或间接介绍医疗机构或医疗服务的广告。

第三条 医疗机构发布医疗广告,应当在发布前申请医疗广告审查。未取得《医疗广告审查证明》,不得发布医疗广告。

第四条 工商行政管理机关负责医疗广告的监督管理。

卫生行政部门、中医药管理部门负责医疗广告的审查,并对医疗机构进行监督管理。

第五条 非医疗机构不得发布医疗广告,医疗机构不得以内部科室名义发布医疗广告。

第六条 医疗广告的表现形式不得含有下列内容:

(一)表示功效、安全性的断言或者保证;

(二)说明治愈率或者有效率;

(三)与其他药品、医疗器械的功效和安全性或者其他医疗机构比较;

(四)利用广告代言人作推荐、证明;

(五)涉及医疗技术、诊疗方法、疾病名称、药物的;

(六)淫秽、迷信、荒诞的;

(七)使用解放军和武警部队名义的;

(八)利用患者、卫生技术人员、医学教育科研机构及人员以及其他社会社团、组织的名义、形象作证明的。

第七条 医疗机构发布医疗广告,应当向其所在地省级卫生行政部门申请,并提交以下材料:

(一)《医疗广告审查申请表》;

(二)《医疗机构执业许可证》副本原件和复印件,复印件应当加盖核发其《医疗机构执业许可证》的卫生行政部门公章;

(三)医疗广告成品样件。电视、广播广告可以先提交镜头脚本和广播文稿。

中医、中西医结合、民族医医疗机构发布医疗广告,应当向其所在地省级中医药管理部门申请。

第八条 省级卫生行政部门、中医药管理部门应当自受理之日起 20 日内对医疗广告成品样件内容进行审查。卫生行政部门、中医药管理部门需要请有关专家进行审查的,可延长 10 日。

对审查合格的医疗广告,省级卫生行政部门、中医药管理部门发给《医疗广告审查证明》,并将通过审查的医疗广告样件和核发的《医疗广告审查证明》向社会公布;对审查不合格的医疗广告,应当书面通知医疗机构并告知理由。

第九条　省级卫生行政部门、中医药管理部门应对已审查的医疗广告成品样件和审查意见予以备案保存,保存时间自《医疗广告审查证明》生效之日起至少两年。

第十条　《医疗广告审查申请表》《医疗广告审查证明》的格式由国家卫生与计划生育委员会、国家中医药管理局规定。

第十一条　省级卫生行政部门、中医药管理部门应在核发《医疗广告审查证明》之日起五个工作日内,将《医疗广告审查证明》抄送本地同级工商行政管理机关。

第十二条　《医疗广告审查证明》的有效期为一年。到期后仍需继续发布医疗广告的,应重新提出审查申请。

第十三条　发布医疗广告应当标注医疗机构第一名称和《医疗广告审查证明》文号。

第十四条　医疗机构在其法定控制地带标示仅含有医疗机构名称、标识、联系方式的自设性户外广告,无需申请医疗广告审查。

第十五条　禁止利用新闻报道形式、医疗资讯服务类专题节(栏)目或以介绍健康、养生知识等形式发布或变相发布医疗广告。

有关医疗机构的人物专访、专题报道等宣传内容,可以出现医疗机构名称,但不得出现有关医疗机构的地址、联系方式等医疗广告内容;不得在同一媒介的同一时间段或者版面发布该医疗机构的广告。

第十六条　医疗机构应当按照《医疗广告审查证明》核准的广告成品样件内容与媒体类别发布医疗广告。

医疗广告内容需要改动或者医疗机构的执业情况发生变化,与经审查的医疗广告成品样件内容不符的,医疗机构应当重新提出审查申请。

第十七条　广告经营者、广告发布者发布医疗广告,应当由其广告审查员查验《医疗广告审查证明》,核对广告内容。

第十八条　有下列情况之一的,省级卫生行政部门、中医药管理部门应当收回《医疗广告审查证明》,并告知有关医疗机构:

(一)医疗机构受到停业整顿、吊销《医疗机构执业许可证》的;

(二)医疗机构停业、歇业或被注销的;

(三)其他应当收回《医疗广告审查证明》的情形。

第十九条　医疗机构违反本办法规定发布医疗广告,县级以上地方卫生行政部门、中医药管理部门应责令其限期改正,给予警告;情节严重的,撤销广告审查批准文件、一年内不受理其广告审查申请,并可以责令其停业整顿、吊销有关诊疗科目,直至吊销《医疗机构执业许可证》。

未取得《医疗机构执业许可证》发布医疗广告的,按非法行医处罚。

第二十条　医疗机构篡改《医疗广告审查证明》内容发布医疗广告的,省级卫生行政部门、中医药管理部门应当撤销《医疗广告审查证明》,并在一年内不受理该医疗机构的广告审查申请。

省级卫生行政部门、中医药管理部门撤销《医疗广告审查证明》后,应当自作出行政处理决定之日起5个工作日内通知同级工商行政管理机关,工商行政管理机关应当依法予以查处。

第二十一条 违反本办法规定发布广告,《广告法》及其他法律法规有规定的,依法予以处罚;没有具体规定的,对负有责任的广告主、广告经营者、广告发布者,处以一万元以下罚款;有违法所得的,处以违法所得三倍以下但不超过三万元的罚款。

医疗广告内容涉嫌虚假的,工商行政管理机关可根据需要会同卫生行政部门、中医药管理部门作出认定。

第二十二条 本办法自 2015 年 9 月 1 日起施行。2006 年 11 月 10 日国家工商行政管理总局、卫生部令第 26 号发布的《医疗广告管理办法》同时废止。

第二十七节 医疗纠纷预防与处理条例

《医疗纠纷预防和处理条例》已经 2018 年 6 月 20 日国务院第 13 次常务会议通过,现予公布,自 2018 年 10 月 1 日起施行。

总理 李克强

2018 年 7 月 31 日

第一章 总 则

第一条 为了预防和妥善处理医疗纠纷,保护医患双方的合法权益,维护医疗秩序,保障医疗安全,制定本条例。

第二条 本条例所称医疗纠纷,是指医患双方因诊疗活动引发的争议。

第三条 国家建立医疗质量安全管理体系,深化医药卫生体制改革,规范诊疗活动,改善医疗服务,提高医疗质量,预防、减少医疗纠纷。

在诊疗活动中,医患双方应当互相尊重,维护自身权益应当遵守有关法律、法规的规定。

第四条 处理医疗纠纷,应当遵循公平、公正、及时的原则,实事求是,依法处理。

第五条 县级以上人民政府应当加强对医疗纠纷预防和处理工作的领导、协调,将其纳入社会治安综合治理体系,建立部门分工协作机制,督促部门依法履行职责。

第六条 卫生主管部门负责指导、监督医疗机构做好医疗纠纷的预防和处理工作,引导医患双方依法解决医疗纠纷。

司法行政部门负责指导医疗纠纷人民调解工作。

公安机关依法维护医疗机构治安秩序,查处、打击侵害患者和医务人员合法权益以及扰乱医疗秩序等违法犯罪行为。

财政、民政、保险监督管理等部门和机构按照各自职责做好医疗纠纷预防和处理的有关工作。

第七条 国家建立完善医疗风险分担机制,发挥保险机制在医疗纠纷处理中的第三方赔付和医疗风险社会化分担的作用,鼓励医疗机构参加医疗责任保险,鼓励患者参加医疗意外保险。

第八条 新闻媒体应当加强医疗卫生法律、法规和医疗卫生常识的宣传,引导公众理性对待医疗风险;报道医疗纠纷,应当遵守有关法律、法规的规定,恪守职业道德,做到真实、客观、公正。

第二章 医疗纠纷预防

第九条 医疗机构及其医务人员在诊疗活动中应当以患者为中心,加强人文关怀,严格遵守医疗卫生法律、法规、规章和诊疗相关规范、常规,恪守职业道德。

医疗机构应当对其医务人员进行医疗卫生法律、法规、规章和诊疗相关规范、常规的培训,并加强职业道德教育。

第十条 医疗机构应当制定并实施医疗质量安全管理制度,设置医疗服务质量监控部门或者配备专(兼)职人员,加强对诊断、治疗、护理、药事、检查等工作的规范化管理,优化服务流程,提高服务水平。

医疗机构应当加强医疗风险管理,完善医疗风险的识别、评估和防控措施,定期检查措施落实情况,及时消除隐患。

第十一条 医疗机构应当按照国务院卫生主管部门制定的医疗技术临床应用管理规定,开展与其技术能力相适应的医疗技术服务,保障临床应用安全,降低医疗风险;采用医疗新技术的,应当开展技术评估和伦理审查,确保安全有效、符合伦理。

第十二条 医疗机构应当依照有关法律、法规的规定,严格执行药品、医疗器械、消毒药剂、血液等的进货查验、保管等制度。禁止使用无合格证明文件、过期等不合格的药品、医疗器械、消毒药剂、血液等。

第十三条 医务人员在诊疗活动中应当向患者说明病情和医疗措施。需要实施手术,或者开展临床试验等存在一定危险性、可能产生不良后果的特殊检查、特殊治疗的,医务人员应当及时向患者说明医疗风险、替代医疗方案等情况,并取得其书面同意;在患者处于昏迷等无法自主作出决定的状态或者病情不宜向患者说明等情形下,应当向患者的近亲属说明,并取得其书面同意。

紧急情况下不能取得患者或者其近亲属意见的,经医疗机构负责人或者授权的负责人批准,可以立即实施相应的医疗措施。

第十四条 开展手术、特殊检查、特殊治疗等具有较高医疗风险的诊疗活动,医疗机构应当提前预备应对方案,主动防范突发风险。

第十五条 医疗机构及其医务人员应当按照国务院卫生主管部门的规定,填写并妥善保管病历资料。

因紧急抢救未能及时填写病历的,医务人员应当在抢救结束后 6 小时内据实补记,并加以注明。

任何单位和个人不得篡改、伪造、隐匿、毁灭或者抢夺病历资料。

第十六条 患者有权查阅、复制其门诊病历、住院志、体温单、医嘱单、化验单(检验报告)、医学影像检查资料、特殊检查同意书、手术同意书、手术及麻醉记录、病理资料、护理记录、医疗费用以及国务院卫生主管部门规定的其他属于病历的全部资料。

患者要求复制病历资料的,医疗机构应当提供复制服务,并在复制的病历资料上加盖证明印记。复制病历资料时,应当有患者或者其近亲属在场。医疗机构应患者的要求为其复制病历资料,可以收取工本费,收费标准应当公开。

患者死亡的,其近亲属可以依照本条例的规定,查阅、复制病历资料。

第十七条 医疗机构应当建立健全医患沟通机制,对患者在诊疗过程中提出的咨询、意见和建议,应当耐心解释、说明,并按照规定进行处理;对患者就诊疗行为提出的疑问,应当及时予以核实、自查,并指定有关人员与患者或者其近亲属沟通,如实说明情况。

第十八条　医疗机构应当建立健全投诉接待制度,设置统一的投诉管理部门或者配备专(兼)职人员,在医疗机构显著位置公布医疗纠纷解决途径、程序和联系方式等,方便患者投诉或者咨询。

第十九条　卫生主管部门应当督促医疗机构落实医疗质量安全管理制度,组织开展医疗质量安全评估,分析医疗质量安全信息,针对发现的风险制定防范措施。

第二十条　患者应当遵守医疗秩序和医疗机构有关就诊、治疗、检查的规定,如实提供与病情有关的信息,配合医务人员开展诊疗活动。

第二十一条　各级人民政府应当加强健康促进与教育工作,普及健康科学知识,提高公众对疾病治疗等医学科学知识的认知水平。

第三章　医疗纠纷处理

第二十二条　发生医疗纠纷,医患双方可以通过下列途径解决:

(一)双方自愿协商;

(二)申请人民调解;

(三)申请行政调解;

(四)向人民法院提起诉讼;

(五)法律、法规规定的其他途径。

第二十三条　发生医疗纠纷,医疗机构应当告知患者或者其近亲属下列事项:

(一)解决医疗纠纷的合法途径;

(二)有关病历资料、现场实物封存和启封的规定;

(三)有关病历资料查阅、复制的规定。

患者死亡的,还应当告知其近亲属有关尸检的规定。

第二十四条　发生医疗纠纷需要封存、启封病历资料的,应当在医患双方在场的情况下进行。封存的病历资料可以是原件,也可以是复制件,由医疗机构保管。病历尚未完成需要封存的,对已完成病历先行封存;病历按照规定完成后,再对后续完成部分进行封存。医疗机构应当对封存的病历开列封存清单,由医患双方签字或者盖章,各执一份。

病历资料封存后医疗纠纷已经解决,或者患者在病历资料封存满 3 年未再提出解决医疗纠纷要求的,医疗机构可以自行启封。

第二十五条　疑似输液、输血、注射、用药等引起不良后果的,医患双方应当共同对现场实物进行封存、启封,封存的现场实物由医疗机构保管。需要检验的,应当由双方共同委托依法具有检验资格的检验机构进行检验;双方无法共同委托的,由医疗机构所在地县级人民政府卫生主管部门指定。

疑似输血引起不良后果,需要对血液进行封存保留的,医疗机构应当通知提供该血液的血站派员到场。

现场实物封存后医疗纠纷已经解决,或者患者在现场实物封存满 3 年未再提出解决医疗纠纷要求的,医疗机构可以自行启封。

第二十六条　患者死亡,医患双方对死因有异议的,应当在患者死亡后 48 小时内进行尸检;具备尸体冻存条件的,可以延长至 7 日。尸检应当经死者近亲属同意并签字,拒绝签字的,视为死者近亲属不同意进行尸检。不同意或者拖延尸检,超过规定时间,影响对死因判定的,由不同意或者拖延的一方承担责任。

尸检应当由按照国家有关规定取得相应资格的机构和专业技术人员进行。

医患双方可以委派代表观察尸检过程。

第二十七条　患者在医疗机构内死亡的,尸体应当立即移放太平间或者指定的场所,死者尸体存放时间一般不得超过 14 日。逾期不处理的尸体,由医疗机构在向所在地县级人民政府卫生主管部门和公安机关报告后,按照规定处理。

第二十八条　发生重大医疗纠纷的,医疗机构应当按照规定向所在地县级以上地方人民政府卫生主管部门报告。卫生主管部门接到报告后,应当及时了解掌握情况,引导医患双方通过合法途径解决纠纷。

第二十九条　医患双方应当依法维护医疗秩序。任何单位和个人不得实施危害患者和医务人员人身安全、扰乱医疗秩序的行为。

医疗纠纷中发生涉嫌违反治安管理行为或者犯罪行为的,医疗机构应当立即向所在地公安机关报案。公安机关应当及时采取措施,依法处置,维护医疗秩序。

第三十条　医患双方选择协商解决医疗纠纷的,应当在专门场所协商,不得影响正常医疗秩序。医患双方人数较多的,应当推举代表进行协商,每方代表人数不超过 5 人。

协商解决医疗纠纷应当坚持自愿、合法、平等的原则,尊重当事人的权利,尊重客观事实。医患双方应当文明、理性表达意见和要求,不得有违法行为。

协商确定赔付金额应当以事实为依据,防止畸高或者畸低。对分歧较大或者索赔数额较高的医疗纠纷,鼓励医患双方通过人民调解的途径解决。

医患双方经协商达成一致的,应当签署书面和解协议书。

第三十一条　申请医疗纠纷人民调解的,由医患双方共同向医疗纠纷人民调解委员会提出申请;一方申请调解的,医疗纠纷人民调解委员会在征得另一方同意后进行调解。

申请人可以以书面或者口头形式申请调解。书面申请的,申请书应当载明申请人的基本情况、申请调解的争议事项和理由等;口头申请的,医疗纠纷人民调解员应当当场记录申请人的基本情况、申请调解的争议事项和理由等,并经申请人签字确认。

医疗纠纷人民调解委员会获悉医疗机构内发生重大医疗纠纷,可以主动开展工作,引导医患双方申请调解。

当事人已经向人民法院提起诉讼并且已被受理,或者已经申请卫生主管部门调解并且已被受理的,医疗纠纷人民调解委员会不予受理;已经受理的,终止调解。

第三十二条　设立医疗纠纷人民调解委员会,应当遵守《中华人民共和国人民调解法》的规定,并符合本地区实际需要。医疗纠纷人民调解委员会应当自设立之日起 30 个工作日内向所在地县级以上地方人民政府司法行政部门备案。

医疗纠纷人民调解委员会应当根据具体情况,聘任一定数量的具有医学、法学等专业知识且热心调解工作的人员担任专(兼)职医疗纠纷人民调解员。

医疗纠纷人民调解委员会调解医疗纠纷,不得收取费用。医疗纠纷人民调解工作所需经费按照国务院财政、司法行政部门的有关规定执行。

第三十三条　医疗纠纷人民调解委员会调解医疗纠纷时,可以根据需要咨询专家,并可以从本条例第三十五条规定的专家库中选取专家。

第三十四条　医疗纠纷人民调解委员会调解医疗纠纷,需要进行医疗损害鉴定以明确责任的,由医患双方共同委托医学会或者司法鉴定机构进行鉴定,也可以经医患双方同意,由医疗纠纷人民调解委员会委托鉴定。

医学会或者司法鉴定机构接受委托从事医疗损害鉴定,应当由鉴定事项所涉专业的临床医学、法医学等专业人员进行鉴定;医学会或者司法鉴定机构没有相关专业人员的,应当从本条例第三十五条规定的专家库中抽取相关专业专家进行鉴定。

医学会或者司法鉴定机构开展医疗损害鉴定,应当执行规定的标准和程序,尊重科学,恪守职业道德,对出具的医疗损害鉴定意见负责,不得出具虚假鉴定意见。医疗损害鉴定的具体管理办法由国务院卫生、司法行政部门共同制定。

鉴定费预先向医患双方收取,最终按照责任比例承担。

第三十五条　医疗损害鉴定专家库由设区的市级以上人民政府卫生、司法行政部门共同设立。专家库应当包含医学、法学、法医学等领域的专家。聘请专家进入专家库,不受行政区域的限制。

第三十六条　医学会、司法鉴定机构作出的医疗损害鉴定意见应当载明并详细论述下列内容:

(一)是否存在医疗损害以及损害程度;

(二)是否存在医疗过错;

(三)医疗过错与医疗损害是否存在因果关系;

(四)医疗过错在医疗损害中的责任程度。

第三十七条　咨询专家、鉴定人员有下列情形之一的,应当回避,当事人也可以以口头或者书面形式申请其回避:

(一)是医疗纠纷当事人或者当事人的近亲属;

(二)与医疗纠纷有利害关系;

(三)与医疗纠纷当事人有其他关系,可能影响医疗纠纷公正处理。

第三十八条　医疗纠纷人民调解委员会应当自受理之日起30个工作日内完成调解。需要鉴定的,鉴定时间不计入调解期限。因特殊情况需要延长调解期限的,医疗纠纷人民调解委员会和医患双方可以约定延长调解期限。超过调解期限未达成调解协议的,视为调解不成。

第三十九条　医患双方经人民调解达成一致的,医疗纠纷人民调解委员会应当制作调解协议书。调解协议书经医患双方签字或者盖章,人民调解员签字并加盖医疗纠纷人民调解委员会印章后生效。

达成调解协议的,医疗纠纷人民调解委员会应当告知医患双方可以依法向人民法院申请司法确认。

第四十条　医患双方申请医疗纠纷行政调解的,应当参照本条例第三十一条第一款、第二款的规定向医疗纠纷发生地县级人民政府卫生主管部门提出申请。

卫生主管部门应当自收到申请之日起5个工作日内作出是否受理的决定。当事人已经向人民法院提起诉讼并且已被受理,或者已经申请医疗纠纷人民调解委员会调解并且已被受理的,卫生主管部门不予受理;已经受理的,终止调解。

卫生主管部门应当自受理之日起 30 个工作日内完成调解。需要鉴定的,鉴定时间不计入调解期限。超过调解期限未达成调解协议的,视为调解不成。

第四十一条 卫生主管部门调解医疗纠纷需要进行专家咨询的,可以从本条例第三十五条规定的专家库中抽取专家;医患双方认为需要进行医疗损害鉴定以明确责任的,参照本条例第三十四条的规定进行鉴定。

医患双方经卫生主管部门调解达成一致的,应当签署调解协议书。

第四十二条 医疗纠纷人民调解委员会及其人民调解员、卫生主管部门及其工作人员应当对医患双方的个人隐私等事项予以保密。

未经医患双方同意,医疗纠纷人民调解委员会、卫生主管部门不得公开进行调解,也不得公开调解协议的内容。

第四十三条 发生医疗纠纷,当事人协商、调解不成的,可以依法向人民法院提起诉讼。当事人也可以直接向人民法院提起诉讼。

第四十四条 发生医疗纠纷,需要赔偿的,赔付金额依照法律的规定确定。

第四章 法 律 责 任

第四十五条 医疗机构篡改、伪造、隐匿、毁灭病历资料的,对直接负责的主管人员和其他直接责任人员,由县级以上人民政府卫生主管部门给予或者责令给予降低岗位等级或者撤职的处分,对有关医务人员责令暂停 6 个月以上 1 年以下执业活动;造成严重后果的,对直接负责的主管人员和其他直接责任人员给予或者责令给予开除的处分,对有关医务人员由原发证部门吊销执业证书;构成犯罪的,依法追究刑事责任。

第四十六条 医疗机构将未通过技术评估和伦理审查的医疗新技术应用于临床的,由县级以上人民政府卫生主管部门没收违法所得,并处 5 万元以上 10 万元以下罚款,对直接负责的主管人员和其他直接责任人员给予或者责令给予降低岗位等级或者撤职的处分,对有关医务人员责令暂停 6 个月以上 1 年以下执业活动;情节严重的,对直接负责的主管人员和其他直接责任人员给予或者责令给予开除的处分,对有关医务人员由原发证部门吊销执业证书;构成犯罪的,依法追究刑事责任。

第四十七条 医疗机构及其医务人员有下列情形之一的,由县级以上人民政府卫生主管部门责令改正,给予警告,并处 1 万元以上 5 万元以下罚款;情节严重的,对直接负责的主管人员和其他直接责任人员给予或者责令给予降低岗位等级或者撤职的处分,对有关医务人员可以责令暂停 1 个月以上 6 个月以下执业活动;构成犯罪的,依法追究刑事责任:

(一)未按规定制定和实施医疗质量安全管理制度;

(二)未按规定告知患者病情、医疗措施、医疗风险、替代医疗方案等;

(三)开展具有较高医疗风险的诊疗活动,未提前预备应对方案防范突发风险;

(四)未按规定填写、保管病历资料,或者未按规定补记抢救病历;

(五)拒绝为患者提供查阅、复制病历资料服务;

(六)未建立投诉接待制度、设置统一投诉管理部门或者配备专(兼)职人员;

(七)未按规定封存、保管、启封病历资料和现场实物;

(八)未按规定向卫生主管部门报告重大医疗纠纷;

(九)其他未履行本条例规定义务的情形。

第四十八条 医学会、司法鉴定机构出具虚假医疗损害鉴定意见的,由县级以上人民政府卫生、司法行政部门依据职责没收违法所得,并处 5 万元以上 10 万元以下罚款,对该医学会、司法鉴定机构和有关鉴定人员责令暂停 3 个月以上 1 年以下医疗损害鉴定业务,对直接负责的主管人员和其他直接责任人员给予或者责令给予降低岗位等级或者撤职的处分;情节严重的,该医学会、司法鉴定机构和有关鉴定人员 5 年内不得从事医疗损害鉴定业务或者撤销登记,对直接负责的主管人员和其他直接责任人员给予或者责令给予开除的处分;构成犯罪的,依法追究刑事责任。

第四十九条 尸检机构出具虚假尸检报告的,由县级以上人民政府卫生、司法行政部门依据职责没收违法所得,并处 5 万元以上 10 万元以下罚款,对该尸检机构和有关尸检专业技术人员责令暂停 3 个月以上 1 年以下尸检业务,对直接负责的主管人员和其他直接责任人员给予或者责令给予降低岗位等级或者撤职的处分;情节严重的,撤销该尸检机构和有关尸检专业技术人员的尸检资格,对直接负责的主管人员和其他直接责任人员给予或者责令给予开除的处分;构成犯罪的,依法追究刑事责任。

第五十条 医疗纠纷人民调解员有下列行为之一的,由医疗纠纷人民调解委员会给予批评教育、责令改正;情节严重的,依法予以解聘:

(一)偏袒一方当事人;

(二)侮辱当事人;

(三)索取、收受财物或者牟取其他不正当利益;

(四)泄露医患双方个人隐私等事项。

第五十一条 新闻媒体编造、散布虚假医疗纠纷信息的,由有关主管部门依法给予处罚;给公民、法人或者其他组织的合法权益造成损害的,依法承担消除影响、恢复名誉、赔偿损失、赔礼道歉等民事责任。

第五十二条 县级以上人民政府卫生主管部门和其他有关部门及其工作人员在医疗纠纷预防和处理工作中,不履行职责或者滥用职权、玩忽职守、徇私舞弊的,由上级人民政府卫生等有关部门或者监察机关责令改正;依法对直接负责的主管人员和其他直接责任人员给予处分;构成犯罪的,依法追究刑事责任。

第五十三条 医患双方在医疗纠纷处理中,造成人身、财产或者其他损害的,依法承担民事责任;构成违反治安管理行为的,由公安机关依法给予治安管理处罚;构成犯罪的,依法追究刑事责任。

第五章 附 则

第五十四条 军队医疗机构的医疗纠纷预防和处理办法,由中央军委机关有关部门会同国务院卫生主管部门依据本条例制定。

第五十五条 对诊疗活动中医疗事故的行政调查处理,依照《医疗事故处理条例》的相关规定执行。

第五十六条 本条例自 2018 年 10 月 1 日起施行。

第二十八节 外国医师来华短期行医暂行管理办法

第一条 为了加强外国医师来华短期行医的管理,保障医患双方的合法权益,促进中外医学技术的交流和发展,制定本办法。

第二条 本办法所称"外国医师来华短期行医",是指在外国取得合法行医权的外籍医师,应邀、应聘或申请来华从事不超过一年期限的临床诊断、治疗业务活动。

第三条 外国医师来华短期行医必须经过注册,取得《外国医师短期行医许可证》。

《外国医师短期行医许可证》由国家卫生计生委统一印制。

第四条 外国医师来华短期行医,必须有在华医疗机构作为邀请或聘用单位。邀请或聘用单位可以是一个或多个。

第五条 外国医师申请来华短期行医,必须依本办法的规定与聘用单位签订协议。有多个聘用单位的,要分别签订协议。

外国医师应邀、应聘来华短期行医,可以根据情况由双方决定是否签订协议。未签订协议的,所涉及的有关民事责任由邀请或聘用单位承担。

第六条 外国医师来华短期行医的协议书必须包含以下内容:

(一)目的;

(二)具体项目;

(三)地点;

(四)时间;

(五)责任的承担。

第七条 外国医师可以委托在华的邀请或聘用单位代其办理注册手续。

第八条 外国医师来华短期行医的注册机关为设区的市级以上卫生计生行政部门。

第九条 邀请或聘用单位分别在不同地区的,应当分别向当地设区的市级以上卫生计生行政部门申请注册。

第十条 申请外国医师来华短期行医注册,必须提交下列文件:

(一)申请书;

(二)外国医师的学位证书;

(三)外国行医执照或行医权证明;

(四)外国医师的健康证明;

(五)邀请或聘用单位证明以及协议书或承担有关民事责任的声明书。

前款(二)、(三)项的内容必须经过公证。

第十一条 注册机关应当在受理申请后30日内进行审核,并将审核结果书面通知申请人或代理申请的单位。对审核合格的予以注册,并发给《外国医师短期行医许可证》。

审核的主要内容包括:

(一)有关文字材料的真实性;

(二)申请项目的安全性和可靠性;

(三)申请项目的先进性和必要性。

第十二条 外国医师来华短期行医注册的有效期不超过一年。

注册期满需要延期的,可以按本办法的规定重新办理注册。

第十三条　外国医师来华短期行医,应当事先依法获得入境签证,入境后按有关规定办理居留或停留手续。

第十四条　外国医师来华短期行医,必须遵守中国的法律法规,尊重中国的风俗习惯。

第十五条　违反本办法第三条规定的,由所在地设区的市级以上卫生计生行政部门予以取缔,没收非法所得,并处以 10 000 元以下罚款;对邀请、聘用或提供场所的单位,处以警告,没收非法所得,并处以 5 000 元以下罚款。

第十六条　违反本办法第十四条规定的,由有关主管机关依法处理。

第十七条　外国医疗团体来华短期行医的,由邀请或合作单位所在地的设区的市级卫生计生行政部门依照本办法的有关规定进行审批。

第十八条　香港、澳门、台湾的医师或医疗团体参照本办法执行。

具有香港或澳门合法行医权的香港或澳门永久性居民在内地短期行医注册的有效期不超过 3 年。注册期满需要延期的,可以重新办理短期行医注册手续。

第十九条　本办法的解释权在国家卫生计生委。

第二十条　本办法自一九九三年一月一日起施行。

第二十九节　卫生部关于取得医师资格但未经执业注册的人员开展医师执业活动有关问题的批复

上海市卫生局:

你局《关于取得医师资格但未经执业注册的人员开展医师执业活动应当如何处理的请示》(沪卫法〔2004〕5 号)收悉。经研究,现批复如下:

一、根据《执业医师法》第十四条第二款规定,取得医师资格的人员,"未经医师注册取得执业证书,不得从事医师执业活动。"

二、对于医疗机构聘用取得医师资格但未经医师注册取得执业证书的人员从事医师执业活动的,按照《医疗机构管理条例》第四十八条的规定处理。

三、对于取得医师资格但未经医师注册取得执业证书而从事医师执业活动的人员,按照《中华人民共和国执业医师法》第三十九条的规定处理。在教学医院中实习的本科生、研究生、博士生以及毕业第一年的医学生可以在执业医师的指导下进行临床工作,但不能单独从事医师执业活动。

四、取得医师资格但未经医师注册取得执业证书而从事医师执业活动的人员在行医过程中造成患者人身损害的,按照《医疗事故处理条例》第六十一条的规定处理。

卫生行政部门对于取得医师资格申请医师执业注册的人员,应当按照《中华人民共和国执业医师法》规定的程序和时限及时进行审批。

二○○四年六月三日

第三十节 卫生部关于医技人员出具相关检查 诊断报告问题的批复

卫政法发〔2004〕163号

上海市卫生局:

你局《关于请求明确有关医技人员是否可以出具相关检查诊断报告的请示》（沪卫医政〔2004〕84号）收悉。经研究,提出如下意见:

一、出具影像、病理、超声、心电图等诊断性报告的,必须是经执业注册的执业医师;在乡、民族乡、镇的医疗、预防、保健机构中也可以由经执业注册的执业助理医师出具上述报告。

二、相关专业的医技人员可出具数字、形态描述等客观描述性的检查报告。

此复。

二〇〇四年五月二十四日

第三十一节 卫生部关于对非法采供血液和单采血浆、非法 行医专项整治工作中有关法律适用问题的批复

2004年7月6日卫政法发〔2004〕224号

各省、自治区、直辖市卫生厅局,新疆生产建设兵团卫生局:

根据国务院部署,卫生部和有关部门正在组织开展对非法采供血液和单采血浆、非法行医的专项整治工作。最近,一些地方就打击非法采供血液和单采血浆、非法行医等违法行为的法律适用问题提出请示。经研究,现批复如下:

一、有下列情形之一的,按照《医疗机构管理条例》第四十四条规定予以处罚:

（一）使用通过买卖、转让、租借等非法手段获取的《医疗机构执业许可证》开展诊疗活动的;

（二）使用伪造、变造的《医疗机构执业许可证》开展诊疗活动的;

（三）在未取得《医疗机构执业许可证》的药品经营机构开展诊疗活动的;

（四）医疗机构未经批准在登记的执业地点以外开展诊疗活动的;

（五）非本医疗机构人员或者其他机构承包、承租医疗机构科室或房屋并以该医疗机构名义开展诊疗活动的。

二、医疗机构将科室或房屋承包、出租给非本医疗机构人员或者其他机构并以本医疗机构名义开展诊疗活动的,按照《医疗机构管理条例》第四十六条规定予以处罚。

三、《血液制品管理条例》第七条第二款"划定区域内的供血浆者",是指划定区域内的具有当地户籍的供血浆人员。

四、有下列情形之一的,按照《血液制品管理条例》第三十五条"情节严重"予以处罚:

（一）有第三十五条所列违法行为,经卫生行政部门责令限期改正而拒不改正的;

（二）12个月内两次发生第三十五条所列违法行为的;

（三）同时有三项以上第三十五条所列违法行为的;

（四）因第三十五条所列违法行为造成经血液途径传播的疾病传播或者有传播危险的；

（五）造成第（四）项以外人身伤害后果的。

五、医疗机构及其医务人员违反《医疗机构临床用血管理办法（试行）》第十九条规定，擅自采集血液用于临床的，视为非法采集血液，按照《献血法》第十八条和第二十二条规定予以处罚。

此复。

二〇〇四年七月六日

第三十二节　医疗机构临床基因扩增检验实验室管理办法

第一章　总　则

第一条　为规范医疗机构临床基因扩增检验实验室管理，保障临床基因扩增检验质量和实验室生物安全，保证临床诊断和治疗科学性、合理性，根据《医疗机构管理条例》《医疗机构临床实验室管理办法》和《医疗技术临床应用管理办法》，制定本办法。

第二条　临床基因扩增检验实验室是指通过扩增检测特定的 DNA 或 RNA，进行疾病诊断、治疗监测和预后判定等的实验室，医疗机构应当集中设置，统一管理。

第三条　本办法适用于开展临床基因扩增检验技术的医疗机构。

第四条　卫生部负责全国医疗机构临床基因扩增检验实验室的监督管理工作。各省级卫生行政部门负责所辖行政区域内医疗机构临床基因扩增检验实验室的监督管理工作。

第五条　以科研为目的的基因扩增检验项目不得向临床出具检验报告，不得向患者收取任何费用。

第二章　实验室审核和设置

第六条　医疗机构向省级卫生行政部门提出临床基因扩增检验实验室设置申请，并提交以下材料：

（一）《医疗机构执业许可证》复印件；

（二）医疗机构基本情况，拟设置的临床基因扩增检验实验室平面图以及拟开展的检验项目、实验设备、设施条件和有关技术人员资料；

（三）对临床基因扩增检验的需求以及临床基因扩增检验实验室运行的预测分析。

第七条　省级临床检验中心或省级卫生行政部门指定的其他机构（以下简称省级卫生行政部门指定机构）负责组织医疗机构临床基因扩增检验实验室的技术审核工作。

第八条　省级临床检验中心或省级卫生行政部门指定机构应当制订医疗机构临床基因扩增检验实验室技术审核办法，组建各相关专业专家库，按照《医疗机构临床基因扩增检验工作导则》对医疗机构进行技术审核。技术审核办法报请省级卫生行政部门同意后实施。

第九条　医疗机构通过省级临床检验中心或省级卫生行政部门指定机构组织的技术审核的，凭技术审核报告至省级卫生行政部门进行相应诊疗科目项下的检验项目登记备案。

第十条　省级卫生行政部门应当按照《医疗机构临床实验室管理办法》和《医疗机构临床检验项目目录》开展医疗机构临床基因扩增检验项目登记工作。

第十一条 基因扩增检验实验室设置应符合国家实验室生物安全有关规定。

第三章 实验室质量管理

第十二条 医疗机构经省级卫生行政部门临床基因扩增检验项目登记后,方可开展临床基因扩增检验工作。

第十三条 医疗机构临床基因扩增检验实验室应当按照《医疗机构临床基因扩增检验工作导则》,开展临床基因扩增检验工作。

第十四条 医疗机构临床基因扩增检验实验室人员应当经省级以上卫生行政部门指定机构技术培训合格后,方可从事临床基因扩增检验工作。

第十五条 医疗机构临床基因扩增检验实验室应当按照《医疗机构临床基因扩增检验工作导则》开展实验室室内质量控制,参加卫生部临床检验中心或指定机构组织的实验室室间质量评价。卫生部临床检验中心或指定机构应当将室间质量评价结果及时通报医疗机构和相应省级卫生行政部门。

第四章 实验室监督管理

第十六条 省级临床检验中心或省级卫生行政部门指定机构按照《医疗机构临床基因扩增检验工作导则》对医疗机构临床基因扩增检验实验室的检验质量进行监测,并将监测结果报省级卫生行政部门。

第十七条 省级以上卫生行政部门可以委托临床检验中心或者其他指定机构对医疗机构临床基因扩增检验实验室进行现场检查。现场检查工作人员在履行职责时应当出示证明文件。在进行现场检查时,检查人员有权调阅有关资料,被检查医疗机构不得拒绝或隐瞒。

第十八条 省级以上卫生行政部门指定机构对室间质量评价不合格的医疗机构临床基因扩增检验实验室提出警告。对于连续2次或者3次中有2次发现临床基因扩增检验结果不合格的医疗机构临床基因扩增检验实验室,省级卫生行政部门应当责令其暂停有关临床基因扩增检验项目,限期整改。整改结束后,经指定机构组织的再次技术审核合格后,方可重新开展临床基因扩增检验项目。

第十九条 对于擅自开展临床基因检验项目的医疗机构,由省级卫生行政部门依据《医疗机构管理条例》第四十七条和《医疗机构管理条例实施细则》第八十条处罚,并予以公告。公告所需费用由被公告医疗机构支付。

第二十条 医疗机构临床基因扩增检验实验室出现以下情形之一的,由省级卫生行政部门责令其停止开展临床基因扩增检验项目,并予以公告,公告所需费用由被公告医疗机构支付:

(一)开展的临床基因扩增检验项目超出省级卫生行政部门核定范围的;

(二)使用未经国家食品药品监督管理局批准的临床检验试剂开展临床基因扩增检验的;

(三)在临床基因扩增检验中未开展实验室室内质量控制的;

(四)在临床基因扩增检验中未参加实验室室间质量评价的;

(五)在临床基因扩增检验中弄虚作假的;

(六)以科研为目的的基因扩增检验项目向患者收取费用的;

（七）使用未经培训合格的专业技术人员从事临床基因扩增检验工作的。

（八）严重违反国家实验室生物安全有关规定或不具备实验室生物安全保障条件的。

第五章 附　则

第二十一条　本办法自发布之日起施行。《临床基因扩增检验实验室管理暂行办法》（卫医发〔2002〕10号）同时废止。

第三十三节　卫生部办公厅关于进一步加强医疗美容管理工作的通知

各省、自治区、直辖市卫生厅局，新疆生产建设兵团卫生局：

为进一步加强医疗美容管理，保证医疗美容质量和安全，维护广大人民群众的合法权益，现就加强医疗美容管理工作有关问题通知如下：

一、加强美容医疗机构管理

地方各级卫生行政部门应当严格按照《医疗机构管理条例》及其实施细则、《医疗美容服务管理办法》《医疗机构校验管理办法》等相关规定，设置审批和校验美容医疗机构，同等条件下优先设置审批社会资本举办的美容医疗机构。

二、加强医疗美容从业人员管理

各省级卫生行政部门应当严格按照《医疗美容服务管理办法》开展美容主诊医师、医疗美容护理管理。尚未开展美容主诊医师管理工作的省级卫生行政部门，应当尽快开展或委托中介组织开展美容主诊医师认定工作，并加强管理。

三、加强医疗美容项目管理

地方各级卫生行政部门应当根据美容医疗机构的不同级别、类别以及《医疗美容项目分级管理目录》（卫办医政发〔2009〕220号），核定其执业范围。对于超范围开展医疗美容项目的，要依法依规严肃处理。

四、加强医疗美容广告管理

美容医疗机构发布医疗广告，应当按照《广告法》及《医疗广告管理办法》等有关规定办理审批手续。凡未获得批准发布医疗广告，虚假宣传或夸大疗效的，要依法依规予以处理。

五、加强美容医疗机构信息化管理

地方各级卫生行政部门应当结合医疗机构管理的信息化建设，及时将美容医疗机构的相关信息录入数据库。有条件的，应当将美容医疗机构相关信息对社会公开，接受社会监督。

卫生部办公厅

2012年8月2日

第三十四节　处方管理办法

第一章 总　则

第一条　为规范处方管理，提高处方质量，促进合理用药，保障医疗安全，根据《执业医师法》《药品管理法》《医疗机构管理条例》《麻醉药品和精神药品管理条例》等有关法律、法规,制定本办法。

第二条　本办法所称处方,是指由注册的执业医师和执业助理医师(以下简称医师)在诊疗活动中为患者开具的、由取得药学专业技术职务任职资格的药学专业技术人员(以下简称药师)审核、调配、核对,并作为患者用药凭证的医疗文书。处方包括医疗机构病区用药医嘱单。

本办法适用于与处方开具、调剂、保管相关的医疗机构及其人员。

第三条　卫生部负责全国处方开具、调剂、保管相关工作的监督管理。

县级以上地方卫生行政部门负责本行政区域内处方开具、调剂、保管相关工作的监督管理。

第四条　医师开具处方和药师调剂处方应当遵循安全、有效、经济的原则。

处方药应当凭医师处方销售、调剂和使用。

第二章　处方管理的一般规定

第五条　处方标准由卫生部统一规定,处方格式由省、自治区、直辖市卫生行政部门(以下简称省级卫生行政部门)统一制定,处方由医疗机构按照规定的标准和格式印制。

第六条　处方书写应当符合下列规则:

(一)患者一般情况、临床诊断填写清晰、完整,并与病历记载相一致。

(二)每张处方限于一名患者的用药。

(三)字迹清楚,不得涂改;如需修改,应当在修改处签名并注明修改日期。

(四)药品名称应当使用规范的中文名称书写,没有中文名称的可以使用规范的英文名称书写;医疗机构或者医师、药师不得自行编制药品缩写名称或者使用代号;书写药品名称、剂量、规格、用法、用量要准确规范,药品用法可用规范的中文、英文、拉丁文或者缩写体书写,但不得使用"遵医嘱""自用"等含糊不清字句。

(五)患者年龄应当填写实足年龄,新生儿、婴幼儿写日、月龄,必要时要注明体重。

(六)西药和中成药可以分别开具处方,也可以开具一张处方,中药饮片应当单独开具处方。

(七)开具西药、中成药处方,每一种药品应当另起一行,每张处方不得超过5种药品。

(八)中药饮片处方的书写,一般应当按照"君、臣、佐、使"的顺序排列;调剂、煎煮的特殊要求注明在药品右上方,并加括号,如布包、先煎、后下等;对饮片的产地、炮制有特殊要求的,应当在药品名称之前写明。

(九)药品用法用量应当按照药品说明书规定的常规用法用量使用,特殊情况需要超剂量使用时,应当注明原因并再次签名。

(十)除特殊情况外,应当注明临床诊断。

(十一)开具处方后的空白处划一斜线以示处方完毕。

(十二)处方医师的签名式样和专用签章应当与院内药学部门留样备查的式样相一致,不得任意改动,否则应当重新登记留样备案。

第七条　药品剂量与数量用阿拉伯数字书写。剂量应当使用法定剂量单位:重量以克

(g)、毫克(mg)、微克(μg)、纳克(ng)为单位;容量以升(L)、毫升(ml)为单位;国际单位(IU)、单位(U);中药饮片以克(g)为单位。

片剂、丸剂、胶囊剂、颗粒剂分别以片、丸、粒、袋为单位;溶液剂以支、瓶为单位;软膏及乳膏剂以支、盒为单位;注射剂以支、瓶为单位,应当注明含量;中药饮片以剂为单位。

第三章　处方权的获得

第八条　经注册的执业医师在执业地点取得相应的处方权。

经注册的执业助理医师在医疗机构开具的处方,应当经所在执业地点执业医师签名或加盖专用签章后方有效。

第九条　经注册的执业助理医师在乡、民族乡、镇、村的医疗机构独立从事一般的执业活动,可以在注册的执业地点取得相应的处方权。

第十条　医师应当在注册的医疗机构签名留样或者专用签章备案后,方可开具处方。

第十一条　医疗机构应当按照有关规定,对本机构执业医师和药师进行麻醉药品和精神药品使用知识和规范化管理的培训。执业医师经考核合格后取得麻醉药品和第一类精神药品的处方权,药师经考核合格后取得麻醉药品和第一类精神药品调剂资格。

医师取得麻醉药品和第一类精神药品处方权后,方可在本机构开具麻醉药品和第一类精神药品处方,但不得为自己开具该类药品处方。药师取得麻醉药品和第一类精神药品调剂资格后,方可在本机构调剂麻醉药品和第一类精神药品。

第十二条　试用期人员开具处方,应当经所在医疗机构有处方权的执业医师审核、并签名或加盖专用签章后方有效。

第十三条　进修医师由接收进修的医疗机构对其胜任本专业工作的实际情况进行认定后授予相应的处方权。

第四章　处方的开具

第十四条　医师应当根据医疗、预防、保健需要,按照诊疗规范、药品说明书中的药品适应证、药理作用、用法、用量、禁忌、不良反应和注意事项等开具处方。

开具医疗用毒性药品、放射性药品的处方应当严格遵守有关法律、法规和规章的规定。

第十五条　医疗机构应当根据本机构性质、功能、任务,制定药品处方集。

第十六条　医疗机构应当按照经药品监督管理部门批准并公布的药品通用名称购进药品。同一通用名称药品的品种,注射剂型和口服剂型各不得超过2种,处方组成类同的复方制剂1~2种。因特殊诊疗需要使用其他剂型和剂量规格药品的情况除外。

第十七条　医师开具处方应当使用经药品监督管理部门批准并公布的药品通用名称、新活性化合物的专利药品名称和复方制剂药品名称。

医师开具院内制剂处方时应当使用经省级卫生行政部门审核、药品监督管理部门批准的名称。

医师可以使用由卫生部公布的药品习惯名称开具处方。

第十八条　处方开具当日有效。特殊情况下需延长有效期的,由开具处方的医师注明有效期限,但有效期最长不得超过 3 天。

第十九条 处方一般不得超过 7 日用量;急诊处方一般不得超过 3 日用量;对于某些慢性病、老年病或特殊情况,处方用量可适当延长,但医师应当注明理由。

医疗用毒性药品、放射性药品的处方用量应当严格按照国家有关规定执行。

第二十条 医师应当按照卫生部制定的麻醉药品和精神药品临床应用指导原则,开具麻醉药品、第一类精神药品处方。

第二十一条 门(急)诊癌症疼痛患者和中、重度慢性疼痛患者需长期使用麻醉药品和第一类精神药品的,首诊医师应当亲自诊查患者,建立相应的病历,要求其签署《知情同意书》。

病历中应当留存下列材料复印件:

(一)二级以上医院开具的诊断证明;

(二)患者户籍簿、身份证或者其他相关有效身份证明文件;

(三)为患者代办人员身份证明文件。

第二十二条 除需长期使用麻醉药品和第一类精神药品的门(急)诊癌症疼痛患者和中、重度慢性疼痛患者外,麻醉药品注射剂仅限于医疗机构内使用。

第二十三条 为门(急)诊患者开具的麻醉药品注射剂,每张处方为一次常用量;控缓释制剂,每张处方不得超过 7 日常用量;其他剂型,每张处方不得超过 3 日常用量。

第一类精神药品注射剂,每张处方为一次常用量;控缓释制剂,每张处方不得超过 7 日常用量;其他剂型,每张处方不得超过 3 日常用量。哌醋甲酯用于治疗儿童多动症时,每张处方不得超过 15 日常用量。

第二类精神药品一般每张处方不得超过 7 日常用量;对于慢性病或某些特殊情况的患者,处方用量可以适当延长,医师应当注明理由。

第二十四条 为门(急)诊癌症疼痛患者和中、重度慢性疼痛患者开具的麻醉药品、第一类精神药品注射剂,每张处方不得超过 3 日常用量;控缓释制剂,每张处方不得超过 15 日常用量;其他剂型,每张处方不得超过 7 日常用量。

第二十五条 为住院患者开具的麻醉药品和第一类精神药品处方应当逐日开具,每张处方为 1 日常用量。

第二十六条 对于需要特别加强管制的麻醉药品,盐酸二氢埃托啡处方为一次常用量,仅限于二级以上医院内使用;盐酸哌替啶处方为一次常用量,仅限于医疗机构内使用。

第二十七条 医疗机构应当要求长期使用麻醉药品和第一类精神药品的门(急)诊癌症患者和中、重度慢性疼痛患者,每 3 个月复诊或者随诊一次。

第二十八条 医师利用计算机开具、传递普通处方时,应当同时打印出纸质处方,其格式与手写处方一致;打印的纸质处方经签名或者加盖签章后有效。药师核发药品时,应当核对打印的纸质处方,无误后发给药品,并将打印的纸质处方与计算机传递处方同时收存备查。

第五章 处方的调剂

第二十九条 取得药学专业技术职务任职资格的人员方可从事处方调剂工作。

第三十条 药师在执业的医疗机构取得处方调剂资格。药师签名或者专用签章式样应当在本机构留样备查。

第三十一条　具有药师以上专业技术职务任职资格的人员负责处方审核、评估、核对、发药以及安全用药指导；药士从事处方调配工作。

第三十二条　药师应当凭医师处方调剂处方药品，非经医师处方不得调剂。

第三十三条　药师应当按照操作规程调剂处方药品：认真审核处方，准确调配药品，正确书写药袋或粘贴标签，注明患者姓名和药品名称、用法、用量，包装；向患者交付药品时，按照药品说明书或者处方用法，进行用药交待与指导，包括每种药品的用法、用量、注意事项等。

第三十四条　药师应当认真逐项检查处方前记、正文和后记书写是否清晰、完整，并确认处方的合法性。

第三十五条　药师应当对处方用药适宜性进行审核，审核内容包括：

（一）规定必须做皮试的药品，处方医师是否注明过敏试验及结果的判定；

（二）处方用药与临床诊断的相符性；

（三）剂量、用法的正确性；

（四）选用剂型与给药途径的合理性；

（五）是否有重复给药现象；

（六）是否有潜在临床意义的药物相互作用和配伍禁忌；

（七）其他用药不适宜情况。

第三十六条　药师经处方审核后，认为存在用药不适宜时，应当告知处方医师，请其确认或者重新开具处方。

药师发现严重不合理用药或者用药错误，应当拒绝调剂，及时告知处方医师，并应当记录，按照有关规定报告。

第三十七条　药师调剂处方时必须做到"四查十对"：查处方，对科别、姓名、年龄；查药品，对药名、剂型、规格、数量；查配伍禁忌，对药品性状、用法用量；查用药合理性，对临床诊断。

第三十八条　药师在完成处方调剂后，应当在处方上签名或者加盖专用签章。

第三十九条　药师应当对麻醉药品和第一类精神药品处方，按年月日逐日编制顺序号。

第四十条　药师对于不规范处方或者不能判定其合法性的处方，不得调剂。

第四十一条　医疗机构应当将本机构基本用药供应目录内同类药品相关信息告知患者。

第四十二条　除麻醉药品、精神药品、医疗用毒性药品和儿科处方外，医疗机构不得限制门诊就诊人员持处方到药品零售企业购药。

第六章　监督管理

第四十三条　医疗机构应当加强对本机构处方开具、调剂和保管的管理。

第四十四条　医疗机构应当建立处方点评制度，填写处方评价表，对处方实施动态监测及超常预警，登记并通报不合理处方，对不合理用药及时予以干预。

第四十五条　医疗机构应当对出现超常处方3次以上且无正当理由的医师提出警告，限制其处方权；限制处方权后，仍连续2次以上出现超常处方且无正当理由的，取消其处方权。

第四十六条 医师出现下列情形之一的,处方权由其所在医疗机构予以取消:

(一)被责令暂停执业;

(二)考核不合格离岗培训期间;

(三)被注销、吊销执业证书;

(四)不按照规定开具处方,造成严重后果的;

(五)不按照规定使用药品,造成严重后果的;

(六)因开具处方牟取私利。

第四十七条 未取得处方权的人员及被取消处方权的医师不得开具处方。未取得麻醉药品和第一类精神药品处方资格的医师不得开具麻醉药品和第一类精神药品处方。

第四十八条 除治疗需要外,医师不得开具麻醉药品、精神药品、医疗用毒性药品和放射性药品处方。

第四十九条 未取得药学专业技术职务任职资格的人员不得从事处方调剂工作。

第五十条 处方由调剂处方药品的医疗机构妥善保存。普通处方、急诊处方、儿科处方保存期限为 1 年,医疗用毒性药品、第二类精神药品处方保存期限为 2 年,麻醉药品和第一类精神药品处方保存期限为 3 年。

处方保存期满后,经医疗机构主要负责人批准、登记备案,方可销毁。

第五十一条 医疗机构应当根据麻醉药品和精神药品处方开具情况,按照麻醉药品和精神药品品种、规格对其消耗量进行专册登记,登记内容包括发药日期、患者姓名、用药数量。专册保存期限为 3 年。

第五十二条 县级以上地方卫生行政部门应当定期对本行政区域内医疗机构处方管理情况进行监督检查。

县级以上卫生行政部门在对医疗机构实施监督管理过程中,发现医师出现本办法第四十六条规定情形的,应当责令医疗机构取消医师处方权。

第五十三条 卫生行政部门的工作人员依法对医疗机构处方管理情况进行监督检查时,应当出示证件;被检查的医疗机构应当予以配合,如实反映情况,提供必要的资料,不得拒绝、阻碍、隐瞒。

第七章 法 律 责 任

第五十四条 医疗机构有下列情形之一的,由县级以上卫生行政部门按照《医疗机构管理条例》第四十八条的规定,责令限期改正,并可处以 5 000 元以下的罚款;情节严重的,吊销其《医疗机构执业许可证》:

(一)使用未取得处方权的人员、被取消处方权的医师开具处方的;

(二)使用未取得麻醉药品和第一类精神药品处方资格的医师开具麻醉药品和第一类精神药品处方的;

(三)使用未取得药学专业技术职务任职资格的人员从事处方调剂工作的。

第五十五条 医疗机构未按照规定保管麻醉药品和精神药品处方,或者未依照规定进行专册登记的,按照《麻醉药品和精神药品管理条例》第七十二条的规定,由设区的市级卫生行政部门责令限期改正,给予警告;逾期不改正的,处 5 000 元以上 1 万元以下的罚款;情节严重的,吊销其印鉴卡;对直接负责的主管人员和其他直接责任人员,依法给予降级、撤职、开除的处分。

第五十六条　医师和药师出现下列情形之一的,由县级以上卫生行政部门按照《麻醉药品和精神药品管理条例》第七十三条的规定予以处罚:

(一)未取得麻醉药品和第一类精神药品处方资格的医师擅自开具麻醉药品和第一类精神药品处方的;

(二)具有麻醉药品和第一类精神药品处方医师未按照规定开具麻醉药品和第一类精神药品处方,或者未按照卫生部制定的麻醉药品和精神药品临床应用指导原则使用麻醉药品和第一类精神药品的;

(三)药师未按照规定调剂麻醉药品、精神药品处方的。

第五十七条　医师出现下列情形之一的,按照《执业医师法》第三十七条的规定,由县级以上卫生行政部门给予警告或者责令暂停六个月以上一年以下执业活动;情节严重的,吊销其执业证书:

(一)未取得处方权或者被取消处方权后开具药品处方的;

(二)未按照本办法规定开具药品处方的;

(三)违反本办法其他规定的。

第五十八条　药师未按照规定调剂处方药品,情节严重的,由县级以上卫生行政部门责令改正、通报批评,给予警告;并由所在医疗机构或者其上级单位给予纪律处分。

第五十九条　县级以上地方卫生行政部门未按照本办法规定履行监管职责的,由上级卫生行政部门责令改正。

第八章　附　　则

第六十条　乡村医生按照《乡村医生从业管理条例》的规定,在省级卫生行政部门制定的乡村医生基本用药目录范围内开具药品处方。

第六十一条　本办法所称药学专业技术人员,是指按照卫生部《卫生技术人员职务试行条例》规定,取得药学专业技术职务任职资格人员,包括主任药师、副主任药师、主管药师、药师、药士。

第六十二条　本办法所称医疗机构,是指按照《医疗机构管理条例》批准登记的从事疾病诊断、治疗活动的医院、社区卫生服务中心(站)、妇幼保健院、卫生院、疗养院、门诊部、诊所、卫生室(所)、急救中心(站)、专科疾病防治院(所、站)以及护理院(站)等医疗机构。

第六十三条　本办法自 2007 年 5 月 1 日起施行。《处方管理办法(试行)》(卫医发〔2004〕269 号)和《麻醉药品、精神药品处方管理规定》(卫医法〔2005〕436 号)同时废止。

第三十五节　中华人民共和国侵权责任法(与医疗相关部分)

第一章　一般规定

第一条　为保护民事主体的合法权益,明确侵权责任,预防并制裁侵权行为,促进社会和谐稳定,制定本法。

第二条 侵害民事权益,应当依照本法承担侵权责任。

本法所称民事权益,包括生命权、健康权、姓名权、名誉权、荣誉权、肖像权、隐私权、婚姻自主权、监护权、所有权、用益物权、担保物权、著作权、专利权、商标专用权、发现权、股权、继承权等人身、财产权益。

第三条 被侵权人有权请求侵权人承担侵权责任。

第四条 侵权人因同一行为应当承担行政责任或者刑事责任的,不影响依法承担侵权责任。

因同一行为应当承担侵权责任和行政责任、刑事责任,侵权人的财产不足以支付的,先承担侵权责任。

第五条 其他法律对侵权责任另有特别规定的,依照其规定。

第二章 责任构成和责任方式

第六条 行为人因过错侵害他人民事权益,应当承担侵权责任。

根据法律规定推定行为人有过错,行为人不能证明自己没有过错的,应当承担侵权责任。

第七条 行为人损害他人民事权益,不论行为人有无过错,法律规定应当承担侵权责任的,依照其规定。

第八条 二人以上共同实施侵权行为,造成他人损害的,应当承担连带责任。

第九条 教唆、帮助他人实施侵权行为的,应当与行为人承担连带责任。

教唆、帮助无民事行为能力人、限制民事行为能力人实施侵权行为的,应当承担侵权责任;该无民事行为能力人、限制民事行为能力人的监护人未尽到监护责任的,应当承担相应的责任。

第十条 二人以上实施危及他人人身、财产安全的行为,其中一人或者数人的行为造成他人损害,能够确定具体侵权人的,由侵权人承担责任;不能确定具体侵权人的,行为人承担连带责任。

第十一条 二人以上分别实施侵权行为造成同一损害,每个人的侵权行为都足以造成全部损害的,行为人承担连带责任。

第十二条 二人以上分别实施侵权行为造成同一损害,能够确定责任大小的,各自承担相应的责任;难以确定责任大小的,平均承担赔偿责任。

第十三条 法律规定承担连带责任的,被侵权人有权请求部分或者全部连带责任人承担责任。

第十四条 连带责任人根据各自责任大小确定相应的赔偿数额;难以确定责任大小的,平均承担赔偿责任。

支付超出自己赔偿数额的连带责任人,有权向其他连带责任人追偿。

第十五条 承担侵权责任的方式主要有:

(一)停止侵害;

(二)排除妨碍;

(三)消除危险;

（四）返还财产；

（五）恢复原状；

（六）赔偿损失；

（七）赔礼道歉；

（八）消除影响、恢复名誉。

以上承担侵权责任的方式，可以单独适用，也可以合并适用。

第十六条 侵害他人造成人身损害的，应当赔偿医疗费、护理费、交通费等为治疗和康复支出的合理费用，以及因误工减少的收入。造成残疾的，还应当赔偿残疾生活辅助具费和残疾赔偿金。造成死亡的，还应当赔偿丧葬费和死亡赔偿金。

第十七条 因同一侵权行为造成多人死亡的，可以以相同数额确定死亡赔偿金。

第十八条 被侵权人死亡的，其近亲属有权请求侵权人承担侵权责任。被侵权人为单位，该单位分立、合并的，承继权利的单位有权请求侵权人承担侵权责任。

被侵权人死亡的，支付被侵权人医疗费、丧葬费等合理费用的人有权请求侵权人赔偿费用，但侵权人已支付该费用的除外。

第十九条 侵害他人财产的，财产损失按照损失发生时的市场价格或者其他方式计算。

第二十条 侵害他人人身权益造成财产损失的，按照被侵权人因此受到的损失赔偿；被侵权人的损失难以确定，侵权人因此获得利益的，按照其获得的利益赔偿；侵权人因此获得的利益难以确定，被侵权人和侵权人就赔偿数额协商不一致，向人民法院提起诉讼的，由人民法院根据实际情况确定赔偿数额。

第二十一条 侵权行为危及他人人身、财产安全的，被侵权人可以请求侵权人承担停止侵害、排除妨碍、消除危险等侵权责任。

第二十二条 侵害他人人身权益，造成他人严重精神损害的，被侵权人可以请求精神损害赔偿。

第二十三条 因防止、制止他人民事权益被侵害而使自己受到损害的，由侵权人承担责任。侵权人逃逸或者无力承担责任，被侵权人请求补偿的，受益人应当给予适当补偿。

第二十四条 受害人和行为人对损害的发生都没有过错的，可以根据实际情况，由双方分担损失。

第二十五条 损害发生后，当事人可以协商赔偿费用的支付方式。协商不一致的，赔偿费用应当一次性支付；一次性支付确有困难的，可以分期支付，但应当提供相应的担保。

第三章 不承担责任和减轻责任的情形

第二十六条 被侵权人对损害的发生也有过错的，可以减轻侵权人的责任。

第二十七条 损害是因受害人故意造成的，行为人不承担责任。

第二十八条 损害是因第三人造成的，第三人应当承担侵权责任。

第二十九条 因不可抗力造成他人损害的，不承担责任。法律另有规定的，依照其规定。

第三十条 因正当防卫造成损害的,不承担责任。正当防卫超过必要的限度,造成不应有的损害的,正当防卫人应当承担适当的责任。

第三十一条 因紧急避险造成损害的,由引起险情发生的人承担责任。如果危险是由自然原因引起的,紧急避险人不承担责任或者给予适当补偿。紧急避险采取措施不当或者超过必要的限度,造成不应有的损害的,紧急避险人应当承担适当的责任。

第四章 关于责任主体的特殊规定

第三十二条 无民事行为能力人、限制民事行为能力人造成他人损害的,由监护人承担侵权责任。监护人尽到监护责任的,可以减轻其侵权责任。

有财产的无民事行为能力人、限制民事行为能力人造成他人损害的,从本人财产中支付赔偿费用。不足部分,由监护人赔偿。

第三十三条 完全民事行为能力人对自己的行为暂时没有意识或者失去控制造成他人损害有过错的,应当承担侵权责任;没有过错的,根据行为人的经济状况对受害人适当补偿。

完全民事行为能力人因醉酒、滥用麻醉药品或者精神药品对自己的行为暂时没有意识或者失去控制造成他人损害的,应当承担侵权责任。

第三十四条 用人单位的工作人员因执行工作任务造成他人损害的,由用人单位承担侵权责任。

劳务派遣期间,被派遣的工作人员因执行工作任务造成他人损害的,由接受劳务派遣的用工单位承担侵权责任;劳务派遣单位有过错的,承担相应的补充责任。

第三十五条 个人之间形成劳务关系,提供劳务一方因劳务造成他人损害的,由接受劳务一方承担侵权责任。提供劳务一方因劳务自己受到损害的,根据双方各自的过错承担相应的责任。

第三十六条 网络用户、网络服务提供者利用网络侵害他人民事权益的,应当承担侵权责任。

网络用户利用网络服务实施侵权行为的,被侵权人有权通知网络服务提供者采取删除、屏蔽、断开链接等必要措施。网络服务提供者接到通知后未及时采取必要措施的,对损害的扩大部分与该网络用户承担连带责任。

网络服务提供者知道网络用户利用其网络服务侵害他人民事权益,未采取必要措施的,与该网络用户承担连带责任。

第三十七条 宾馆、商场、银行、车站、娱乐场所等公共场所的管理人或者群众性活动的组织者,未尽到安全保障义务,造成他人损害的,应当承担侵权责任。

因第三人的行为造成他人损害的,由第三人承担侵权责任;管理人或者组织者未尽到安全保障义务的,承担相应的补充责任。

第三十八条 无民事行为能力人在幼儿园、学校或者其他教育机构学习、生活期间受到人身损害的,幼儿园、学校或者其他教育机构应当承担责任,但能够证明尽到教育、管理职责的,不承担责任。

第三十九条　限制民事行为能力人在学校或者其他教育机构学习、生活期间受到人身损害,学校或者其他教育机构未尽到教育、管理职责的,应当承担责任。

第四十条　无民事行为能力人或者限制民事行为能力人在幼儿园、学校或者其他教育机构学习、生活期间,受到幼儿园、学校或者其他教育机构以外的人员人身损害的,由侵权人承担侵权责任;幼儿园、学校或者其他教育机构未尽到管理职责的,承担相应的补充责任。

第七章　医疗损害责任

第五十四条　患者在诊疗活动中受到损害,医疗机构及其医务人员有过错的,由医疗机构承担赔偿责任。

第五十五条　医务人员在诊疗活动中应当向患者说明病情和医疗措施。需要实施手术、特殊检查、特殊治疗的,医务人员应当及时向患者说明医疗风险、替代医疗方案等情况,并取得其书面同意;不宜向患者说明的,应当向患者的近亲属说明,并取得其书面同意。

医务人员未尽到前款义务,造成患者损害的,医疗机构应当承担赔偿责任。

第五十六条　因抢救生命垂危的患者等紧急情况,不能取得患者或者其近亲属意见的,经医疗机构负责人或者授权的负责人批准,可以立即实施相应的医疗措施。

第五十七条　医务人员在诊疗活动中未尽到与当时的医疗水平相应的诊疗义务,造成患者损害的,医疗机构应当承担赔偿责任。

第五十八条　患者有损害,因下列情形之一的,推定医疗机构有过错:

(一)违反法律、行政法规、规章以及其他有关诊疗规范的规定;

(二)隐匿或者拒绝提供与纠纷有关的病历资料;

(三)伪造、篡改或者销毁病历资料。

第五十九条　因药品、消毒药剂、医疗器械的缺陷,或者输入不合格的血液造成患者损害的,患者可以向生产者或者血液提供机构请求赔偿,也可以向医疗机构请求赔偿。患者向医疗机构请求赔偿的,医疗机构赔偿后,有权向负有责任的生产者或者血液提供机构追偿。

第六十条　患者有损害,因下列情形之一的,医疗机构不承担赔偿责任:

(一)患者或者其近亲属不配合医疗机构进行符合诊疗规范的诊疗;

(二)医务人员在抢救生命垂危的患者等紧急情况下已经尽到合理诊疗义务;

(三)限于当时的医疗水平难以诊疗。

前款第一项情形中,医疗机构及其医务人员也有过错的,应当承担相应的赔偿责任。

第六十一条　医疗机构及其医务人员应当按照规定填写并妥善保管住院志、医嘱单、检验报告、手术及麻醉记录、病理资料、护理记录、医疗费用等病历资料。

患者要求查阅、复制前款规定的病历资料的,医疗机构应当提供。

第六十二条　医疗机构及其医务人员应当对患者的隐私保密。泄露患者隐私或者未经患者同意公开其病历资料,造成患者损害的,应当承担侵权责任。

第六十三条　医疗机构及其医务人员不得违反诊疗规范实施不必要的检查。

第六十四条 医疗机构及其医务人员的合法权益受法律保护。干扰医疗秩序,妨害医务人员工作、生活的,应当依法承担法律责任。

第十二章 附 则

第九十二条 本法自 2010 年 7 月 1 日起施行。

第二章

基层卫生与妇幼保健管理

第一节 乡村医生从业管理条例

第一章 总 则

第一条 为了提高乡村医生的职业道德和业务素质,加强乡村医生从业管理,保护乡村医生的合法权益,保障村民获得初级卫生保健服务,根据《中华人民共和国执业医师法》(以下称执业医师法)的规定,制定本条例。

第二条 本条例适用于尚未取得执业医师资格或者执业助理医师资格,经注册在村医疗卫生机构从事预防、保健和一般医疗服务的乡村医生。

村医疗卫生机构中的执业医师或者执业助理医师,依照执业医师法的规定管理,不适用本条例。

第三条 国务院卫生行政主管部门负责全国乡村医生的管理工作。

县级以上地方人民政府卫生行政主管部门负责本行政区域内乡村医生的管理工作。

第四条 国家对在农村预防、保健、医疗服务和突发事件应急处理工作中做出突出成绩的乡村医生,给予奖励。

第五条 地方各级人民政府应当加强乡村医生的培训工作,采取多种形式对乡村医生进行培训。

第六条 具有学历教育资格的医学教育机构,应当按照国家有关规定开展适应农村需要的医学学历教育,定向为农村培养适用的卫生人员。

国家鼓励乡村医生学习中医药基本知识,运用中医药技能防治疾病。

第七条 国家鼓励乡村医生通过医学教育取得医学专业学历;鼓励符合条件的乡村医生申请参加国家医师资格考试。

第八条 国家鼓励取得执业医师资格或者执业助理医师资格的人员,开办村医疗卫生机构,或者在村医疗卫生机构向村民提供预防、保健和医疗服务。

第二章 执 业 注 册

第九条 国家实行乡村医生执业注册制度。

县级人民政府卫生行政主管部门负责乡村医生执业注册工作。

第十条　本条例公布前的乡村医生,取得县级以上地方人民政府卫生行政主管部门颁发的乡村医生证书,并符合下列条件之一的,可以向县级人民政府卫生行政主管部门申请乡村医生执业注册,取得乡村医生执业证书后,继续在村医疗卫生机构执业:

(一)已经取得中等以上医学专业学历的;

(二)在村医疗卫生机构连续工作20年以上的;

(三)按照省、自治区、直辖市人民政府卫生行政主管部门制定的培训规划,接受培训取得合格证书的。

第十一条　对具有县级以上地方人民政府卫生行政主管部门颁发的乡村医生证书,但不符合本条例第十条规定条件的乡村医生,县级人民政府卫生行政主管部门应当进行有关预防、保健和一般医疗服务基本知识的培训,并根据省、自治区、直辖市人民政府卫生行政主管部门确定的考试内容、考试范围进行考试。

前款所指的乡村医生经培训并考试合格的,可以申请乡村医生执业注册;经培训但考试不合格的,县级人民政府卫生行政主管部门应当组织对其再次培训和考试。不参加再次培训或者再次考试仍不合格的,不得申请乡村医生执业注册。

本条所指的培训、考试,应当在本条例施行后6个月内完成。

第十二条　本条例公布之日起进入村医疗卫生机构从事预防、保健和医疗服务的人员,应当具备执业医师资格或者执业助理医师资格。

不具备前款规定条件的地区,根据实际需要,可以允许具有中等医学专业学历的人员,或者经培训达到中等医学专业水平的其他人员申请执业注册,进入村医疗卫生机构执业。具体办法由省、自治区、直辖市人民政府制定。

第十三条　符合本条例规定申请在村医疗卫生机构执业的人员,应当持村医疗卫生机构出具的拟聘用证明和相关学历证明、证书,向村医疗卫生机构所在地的县级人民政府卫生行政主管部门申请执业注册。

县级人民政府卫生行政主管部门应当自受理申请之日起15日内完成审核工作,对符合本条例规定条件的,准予执业注册,发给乡村医生执业证书;对不符合本条例规定条件的,不予注册,并书面说明理由。

第十四条　乡村医生有下列情形之一的,不予注册:

(一)不具有完全民事行为能力的;

(二)受刑事处罚,自刑罚执行完毕之日起至申请执业注册之日止不满2年的;

(三)受吊销乡村医生执业证书行政处罚,自处罚决定之日起至申请执业注册之日止不满2年的。

第十五条　乡村医生经注册取得执业证书后,方可在聘用其执业的村医疗卫生机构从事预防、保健和一般医疗服务。

未经注册取得乡村医生执业证书的,不得执业。

第十六条　乡村医生执业证书有效期为5年。

乡村医生执业证书有效期满需要继续执业的,应当在有效期满前3个月申请再注册。

县级人民政府卫生行政主管部门应当自受理申请之日起15日内进行审核,对符合省、自治区、直辖市人民政府卫生行政主管部门规定条件的,准予再注册,换发乡村医生执业证书;对不符合条件的,不予再注册,由发证部门收回原乡村医生执业证书。

第十七条　乡村医生应当在聘用其执业的村医疗卫生机构执业；变更执业的村医疗卫生机构的，应当依照本条例第十三条规定的程序办理变更注册手续。

第十八条　乡村医生有下列情形之一的，由原注册的卫生行政主管部门注销执业注册，收回乡村医生执业证书：

（一）死亡或者被宣告失踪的；

（二）受刑事处罚的；

（三）中止执业活动满 2 年的；

（四）考核不合格，逾期未提出再次考核申请或者经再次考核仍不合格的。

第十九条　县级人民政府卫生行政主管部门应当将准予执业注册、再注册和注销注册的人员名单向其执业的村医疗卫生机构所在地的村民公告，并由设区的市级人民政府卫生行政主管部门汇总，报省、自治区、直辖市人民政府卫生行政主管部门备案。

第二十条　县级人民政府卫生行政主管部门办理乡村医生执业注册、再注册、注销注册，应当依据法定权限、条件和程序，遵循便民原则，提高办事效率。

第二十一条　村民和乡村医生发现违法办理乡村医生执业注册、再注册、注销注册的，可以向有关人民政府卫生行政主管部门反映；有关人民政府卫生行政主管部门对反映的情况应当及时核实，调查处理，并将调查处理结果予以公布。

第二十二条　上级人民政府卫生行政主管部门应当加强对下级人民政府卫生行政主管部门办理乡村医生执业注册、再注册、注销注册的监督检查，及时纠正违法行为。

第三章　执 业 规 则

第二十三条　乡村医生在执业活动中享有下列权利：

（一）进行一般医学处置，出具相应的医学证明；

（二）参与医学经验交流，参加专业学术团体；

（三）参加业务培训和教育；

（四）在执业活动中，人格尊严、人身安全不受侵犯；

（五）获取报酬；

（六）对当地的预防、保健、医疗工作和卫生行政主管部门的工作提出意见和建议。

第二十四条　乡村医生在执业活动中应当履行下列义务：

（一）遵守法律、法规、规章和诊疗护理技术规范、常规；

（二）树立敬业精神，遵守职业道德，履行乡村医生职责，为村民健康服务；

（三）关心、爱护、尊重患者，保护患者的隐私；

（四）努力钻研业务，更新知识，提高专业技术水平；

（五）向村民宣传卫生保健知识，对患者进行健康教育。

第二十五条　乡村医生应当协助有关部门做好初级卫生保健服务工作；按照规定及时报告传染病疫情和中毒事件，如实填写并上报有关卫生统计报表，妥善保管有关资料。

第二十六条　乡村医生在执业活动中，不得重复使用一次性医疗器械和卫生材料。对使用过的一次性医疗器械和卫生材料，应当按照规定处置。

第二十七条　乡村医生应当如实向患者或者其家属介绍病情，对超出一般医疗服务范围或者限于医疗条件和技术水平不能诊治的病人，应当及时转诊；情况紧急不能转诊的，应当先行抢救并及时向有抢救条件的医疗卫生机构求助。

第二十八条 乡村医生不得出具与执业范围无关或者与执业范围不相符的医学证明，不得进行实验性临床医疗活动。

第二十九条 省、自治区、直辖市人民政府卫生行政主管部门应当按照乡村医生一般医疗服务范围，制定乡村医生基本用药目录。乡村医生应当在乡村医生基本用药目录规定的范围内用药。

第三十条 县级人民政府对乡村医生开展国家规定的预防、保健等公共卫生服务，应当按照有关规定予以补助。

第四章 培训与考核

第三十一条 省、自治区、直辖市人民政府组织制定乡村医生培训规划，保证乡村医生至少每2年接受一次培训。县级人民政府根据培训规划制定本地区乡村医生培训计划。

对承担国家规定的预防、保健等公共卫生服务的乡村医生，其培训所需经费列入县级财政预算。对边远贫困地区，设区的市级以上地方人民政府应当给予适当经费支持。

国家鼓励社会组织和个人支持乡村医生培训工作。

第三十二条 县级人民政府卫生行政主管部门根据乡村医生培训计划，负责组织乡村医生的培训工作。

乡、镇人民政府以及村民委员会应当为乡村医生开展工作和学习提供条件，保证乡村医生接受培训和继续教育。

第三十三条 乡村医生应当按照培训规划的要求至少每2年接受一次培训，更新医学知识，提高业务水平。

第三十四条 县级人民政府卫生行政主管部门负责组织本地区乡村医生的考核工作；对乡村医生的考核，每2年组织一次。

对乡村医生的考核应当客观、公正，充分听取乡村医生执业的村医疗卫生机构、乡村医生本人、所在村村民委员会和村民的意见。

第三十五条 县级人民政府卫生行政主管部门负责检查乡村医生执业情况，收集村民对乡村医生业务水平、工作质量的评价和建议，接受村民对乡村医生的投诉，并进行汇总、分析。汇总、分析结果与乡村医生接受培训的情况作为对乡村医生进行考核的主要内容。

第三十六条 乡村医生经考核合格的，可以继续执业；经考核不合格的，在6个月之内可以申请进行再次考核。逾期未提出再次考核申请或者经再次考核仍不合格的乡村医生，原注册部门应当注销其执业注册，并收回乡村医生执业证书。

第三十七条 有关人民政府卫生行政主管部门对村民和乡村医生提出的意见、建议和投诉，应当及时调查处理，并将调查处理结果告知村民或者乡村医生。

第五章 法律责任

第三十八条 乡村医生在执业活动中，违反本条例规定，有下列行为之一的，由县级人民政府卫生行政主管部门责令限期改正，给予警告；逾期不改正的，责令暂停3个月以上6个月以下执业活动；情节严重的，由原发证部门暂扣乡村医生执业证书：

（一）执业活动超出规定的执业范围，或者未按照规定进行转诊的；

（二）违反规定使用乡村医生基本用药目录以外的处方药品的；

（三）违反规定出具医学证明，或者伪造卫生统计资料的；

（四）发现传染病疫情、中毒事件不按规定报告的。

第三十九条　乡村医生在执业活动中，违反规定进行实验性临床医疗活动，或者重复使用一次性医疗器械和卫生材料的，由县级人民政府卫生行政主管部门责令停止违法行为，给予警告，可以并处 1 000 元以下的罚款；情节严重的，由原发证部门暂扣或者吊销乡村医生执业证书。

第四十条　乡村医生变更执业的村医疗卫生机构，未办理变更执业注册手续的，由县级人民政府卫生行政主管部门给予警告，责令限期办理变更注册手续。

第四十一条　以不正当手段取得乡村医生执业证书的，由发证部门收缴乡村医生执业证书；造成患者人身损害的，依法承担民事赔偿责任；构成犯罪的，依法追究刑事责任。

第四十二条　未经注册在村医疗卫生机构从事医疗活动的，由县级以上地方人民政府卫生行政主管部门予以取缔，没收其违法所得以及药品、医疗器械，违法所得 5 000 元以上的，并处违法所得 1 倍以上 3 倍以下的罚款；没有违法所得或者违法所得不足 5 000 元的，并处 1 000 元以上 3 000 元以下的罚款；造成患者人身损害的，依法承担民事赔偿责任；构成犯罪的，依法追究刑事责任。

第四十三条　县级人民政府卫生行政主管部门未按照乡村医生培训规划、计划组织乡村医生培训的，由本级人民政府或者上一级人民政府卫生行政主管部门责令改正；情节严重的，对直接负责的主管人员和其他直接责任人员依法给予行政处分。

第四十四条　县级人民政府卫生行政主管部门，对不符合本条例规定条件的人员发给乡村医生执业证书，或者对符合条件的人员不发给乡村医生执业证书的，由本级人民政府或者上一级人民政府卫生行政主管部门责令改正，收回或者补发乡村医生执业证书，并对直接负责的主管人员和其他直接责任人员依法给予行政处分。

第四十五条　县级人民政府卫生行政主管部门对乡村医生执业注册或者再注册申请，未在规定时间内完成审核工作的，或者未按照规定将准予执业注册、再注册和注销注册的人员名单向村民予以公告的，由本级人民政府或者上一级人民政府卫生行政主管部门责令限期改正；逾期不改正的，对直接负责的主管人员和其他直接责任人员依法给予行政处分。

第四十六条　卫生行政主管部门对村民和乡村医生反映的办理乡村医生执业注册、再注册、注销注册的违法活动未及时核实、调查处理或者未公布调查处理结果的，由本级人民政府或者上一级人民政府卫生行政主管部门责令限期改正；逾期不改正的，对直接负责的主管人员和其他直接责任人员依法给予行政处分。

第四十七条　寻衅滋事、阻碍乡村医生依法执业，侮辱、诽谤、威胁、殴打乡村医生，构成违反治安管理行为的，由公安机关依法予以处罚；构成犯罪的，依法追究刑事责任。

第六章　附　　则

第四十八条　乡村医生执业证书格式由国务院卫生行政主管部门规定。

第四十九条　本条例自 2004 年 1 月 1 日起施行。

第二节　中华人民共和国母婴保健法

(1994年10月27日第八届全国人民代表大会常务委员会第十次会议通过　根据2009年8月27日第十一届全国人民代表大会常务委员会第十次会议《关于修改部分法律的决定》第一次修正　根据2017年11月4日第十二届全国人民代表大会常务委员会第三十次会议《关于修改〈中华人民共和国会计法〉等十一部法律的决定》第二次修正)

第一章　总　　则

第一条　为了保障母亲和婴儿健康,提高出生人口素质,根据宪法,制定本法。

第二条　国家发展母婴保健事业,提供必要条件和物质帮助,使母亲和婴儿获得医疗保健服务。

国家对边远贫困地区的母婴保健事业给予扶持。

第三条　各级人民政府领导母婴保健工作。

母婴保健事业应当纳入国民经济和社会发展计划。

第四条　国务院卫生行政部门主管全国母婴保健工作,根据不同地区情况提出分级分类指导原则,并对全国母婴保健工作实施监督管理。

国务院其他有关部门在各自职责范围内,配合卫生行政部门做好母婴保健工作。

第五条　国家鼓励、支持母婴保健领域的教育和科学研究,推广先进、实用的母婴保健技术,普及母婴保健科学知识。

第六条　对在母婴保健工作中做出显著成绩和在母婴保健科学研究中取得显著成果的组织和个人,应当给予奖励。

第二章　婚前保健

第七条　医疗保健机构应当为公民提供婚前保健服务。

婚前保健服务包括下列内容:

(一)婚前卫生指导:关于性卫生知识、生育知识和遗传病知识的教育;

(二)婚前卫生咨询:对有关婚配、生育保健等问题提供医学意见;

(三)婚前医学检查:对准备结婚的男女双方可能患影响结婚和生育的疾病进行医学检查。

第八条　婚前医学检查包括对下列疾病的检查:

(一)严重遗传性疾病;

(二)指定传染病;

(三)有关精神病。

经婚前医学检查,医疗保健机构应当出具婚前医学检查证明。

第九条　经婚前医学检查,对患指定传染病在传染期内或者有关精神病在发病期内的,医师应当提出医学意见;准备结婚的男女双方应当暂缓结婚。

第十条　经婚前医学检查,对诊断患医学上认为不宜生育的严重遗传性疾病的,医师应当向男女双方说明情况,提出医学意见;经男女双方同意,采取长效避孕措施或者施行结扎手术后不生育的,可以结婚。但《中华人民共和国婚姻法》规定禁止结婚的除外。

第十一条 接受婚前医学检查的人员对检查结果持有异议的,可以申请医学技术鉴定,取得医学鉴定证明。

第十二条 男女双方在结婚登记时,应当持有婚前医学检查证明或者医学鉴定证明。

第十三条 省、自治区、直辖市人民政府根据本地区的实际情况,制定婚前医学检查制度实施办法。

省、自治区、直辖市人民政府对婚前医学检查应当规定合理的收费标准,对边远贫困地区或者交费确有困难的人员应当给予减免。

第三章 孕产期保健

第十四条 医疗保健机构应当为育龄妇女和孕产妇提供孕产期保健服务。

孕产期保健服务包括下列内容:

(一)母婴保健指导:对孕育健康后代以及严重遗传性疾病和碘缺乏病等地方病的发病原因、治疗和预防方法提供医学意见;

(二)孕妇、产妇保健:为孕妇、产妇提供卫生、营养、心理等方面的咨询和指导以及产前定期检查等医疗保健服务;

(三)胎儿保健:为胎儿生长发育进行监护,提供咨询和医学指导;

(四)新生儿保健:为新生儿生长发育、哺乳和护理提供医疗保健服务。

第十五条 对患严重疾病或者接触致畸物质,妊娠可能危及孕妇生命安全或者可能严重影响孕妇健康和胎儿正常发育的,医疗保健机构应当予以医学指导。

第十六条 医师发现或者怀疑患严重遗传性疾病的育龄夫妻,应当提出医学意见。育龄夫妻应当根据医师的医学意见采取相应的措施。

第十七条 经产前检查,医师发现或者怀疑胎儿异常的,应当对孕妇进行产前诊断。

第十八条 经产前诊断,有下列情形之一的,医师应当向夫妻双方说明情况,并提出终止妊娠的医学意见:

(一)胎儿患严重遗传性疾病的;

(二)胎儿有严重缺陷的;

(三)因患严重疾病,继续妊娠可能危及孕妇生命安全或者严重危害孕妇健康的。

第十九条 依照本法规定施行终止妊娠或者结扎手术,应当经本人同意,并签署意见。本人无行为能力的,应当经其监护人同意,并签署意见。

依照本法规定施行终止妊娠或者结扎手术的,接受免费服务。

第二十条 生育过严重缺陷患儿的妇女再次妊娠前,夫妻双方应当到县级以上医疗保健机构接受医学检查。

第二十一条 医师和助产人员应当严格遵守有关操作规程,提高助产技术和服务质量,预防和减少产伤。

第二十二条 不能住院分娩的孕妇应当由经过培训、具备相应接生能力的接生人员实行消毒接生。

第二十三条 医疗保健机构和从事家庭接生的人员按照国务院卫生行政部门的规定,出具统一制发的新生儿出生医学证明;有产妇和婴儿死亡以及新生儿出生缺陷情况的,应当向卫生行政部门报告。

第二十四条　医疗保健机构为产妇提供科学育儿、合理营养和母乳喂养的指导。

医疗保健机构对婴儿进行体格检查和预防接种,逐步开展新生儿疾病筛查、婴儿多发病和常见病防治等医疗保健服务。

第四章　技　术　鉴　定

第二十五条　县级以上地方人民政府可以设立医学技术鉴定组织,负责对婚前医学检查、遗传病诊断和产前诊断结果有异议的进行医学技术鉴定。

第二十六条　从事医学技术鉴定的人员,必须具有临床经验和医学遗传学知识,并具有主治医师以上的专业技术职务。

医学技术鉴定组织的组成人员,由卫生行政部门提名,同级人民政府聘任。

第二十七条　医学技术鉴定实行回避制度。凡与当事人有利害关系,可能影响公正鉴定的人员,应当回避。

第五章　行　政　管　理

第二十八条　各级人民政府应当采取措施,加强母婴保健工作,提高医疗保健服务水平,积极防治由环境因素所致严重危害母亲和婴儿健康的地方性高发性疾病,促进母婴保健事业的发展。

第二十九条　县级以上地方人民政府卫生行政部门管理本行政区域内的母婴保健工作。

第三十条　省、自治区、直辖市人民政府卫生行政部门指定的医疗保健机构负责本行政区域内的母婴保健监测和技术指导。

第三十一条　医疗保健机构按照国务院卫生行政部门的规定,负责其职责范围内的母婴保健工作,建立医疗保健工作规范,提高医学技术水平,采取各种措施方便人民群众,做好母婴保健服务工作。

第三十二条　医疗保健机构依照本法规定开展婚前医学检查、遗传病诊断、产前诊断以及施行结扎手术和终止妊娠手术的,必须符合国务院卫生行政部门规定的条件和技术标准,并经县级以上地方人民政府卫生行政部门许可。

严禁采用技术手段对胎儿进行性别鉴定,但医学上确有需要的除外。

第三十三条　从事本法规定的遗传病诊断、产前诊断的人员,必须经过省、自治区、直辖市人民政府卫生行政部门的考核,并取得相应的合格证书。

从事本法规定的婚前医学检查、施行结扎手术和终止妊娠手术的人员,必须经过县级以上地方人民政府卫生行政部门的考核,并取得相应的合格证书。

第三十四条　从事母婴保健工作的人员应当严格遵守职业道德,为当事人保守秘密。

第六章　法　律　责　任

第三十五条　未取得国家颁发的有关合格证书的,有下列行为之一,县级以上地方人民政府卫生行政部门应当予以制止,并可以根据情节给予警告或者处以罚款:

(一)从事婚前医学检查、遗传病诊断、产前诊断或者医学技术鉴定的;

（二）施行终止妊娠手术的；

（三）出具本法规定的有关医学证明的。

上款第（三）项出具的有关医学证明无效。

第三十六条 未取得国家颁发的有关合格证书,施行终止妊娠手术或者采取其他方法终止妊娠,致人死亡、残疾、丧失或者基本丧失劳动能力的,依照刑法有关规定追究刑事责任。

第三十七条 从事母婴保健工作的人员违反本法规定,出具有关虚假医学证明或者进行胎儿性别鉴定的,由医疗保健机构或者卫生行政部门根据情节给予行政处分;情节严重的,依法取消执业资格。

第七章 附 则

第三十八条 本法下列用语的含义:

指定传染病,是指《中华人民共和国传染病防治法》中规定的艾滋病、淋病、梅毒、麻风病以及医学上认为影响结婚和生育的其他传染病。

严重遗传性疾病,是指由于遗传因素先天形成,患者全部或者部分丧失自主生活能力,后代再现风险高,医学上认为不宜生育的遗传性疾病。

有关精神病,是指精神分裂症、躁狂抑郁型精神病以及其他重型精神病。

产前诊断,是指对胎儿进行先天性缺陷和遗传性疾病的诊断。

第三十九条 本法自 1995 年 6 月 1 日起施行。

第三节 中华人民共和国母婴保健法实施办法

第一章 总 则

第一条 根据《中华人民共和国母婴保健法》(以下简称母婴保健法),制定本办法。

第二条 在中华人民共和国境内从事母婴保健服务活动的机构及其人员应当遵守母婴保健法和本办法。

从事计划生育技术服务的机构开展计划生育技术服务活动,依照《计划生育技术服务管理条例》的规定执行。

第三条 母婴保健技术服务主要包括下列事项:

（一）有关母婴保健的科普宣传、教育和咨询；

（二）婚前医学检查；

（三）产前诊断和遗传病诊断；

（四）助产技术；

（五）实施医学上需要的节育手术；

（六）新生儿疾病筛查；

（七）有关生育、节育、不育的其他生殖保健服务。

第四条 公民享有母婴保健的知情选择权。国家保障公民获得适宜的母婴保健服务的权利。

第五条　母婴保健工作以保健为中心,以保障生殖健康为目的,实行保健和临床相结合,面向群体、面向基层和预防为主的方针。

第六条　各级人民政府应当将母婴保健工作纳入本级国民经济和社会发展计划,为母婴保健事业的发展提供必要的经济、技术和物质条件,并对少数民族地区、贫困地区的母婴保健事业给予特殊支持。

县级以上地方人民政府根据本地区的实际情况和需要,可以设立母婴保健事业发展专项资金。

第七条　国务院卫生行政部门主管全国母婴保健工作,履行下列职责:

(一)制定母婴保健法及本办法的配套规章和技术规范;

(二)按照分级分类指导的原则,制定全国母婴保健工作发展规划和实施步骤;

(三)组织推广母婴保健及其他生殖健康的适宜技术;

(四)对母婴保健工作实施监督。

第八条　县级以上各级人民政府财政、公安、民政、教育、劳动保障、计划生育等部门应当在各自职责范围内,配合同级卫生行政部门做好母婴保健工作。

第二章　婚前保健

第九条　母婴保健法第七条所称婚前卫生指导,包括下列事项:

(一)有关性卫生的保健和教育;

(二)新婚避孕知识及计划生育指导;

(三)受孕前的准备、环境和疾病对后代影响等孕前保健知识;

(四)遗传病的基本知识;

(五)影响婚育的有关疾病的基本知识;

(六)其他生殖健康知识。

医师进行婚前卫生咨询时,应当为服务对象提供科学的信息,对可能产生的后果进行指导,并提出适当的建议。

第十条　在实行婚前医学检查的地区,准备结婚的男女双方在办理结婚登记前,应当到医疗、保健机构进行婚前医学检查。

第十一条　从事婚前医学检查的医疗、保健机构,由其所在地设区的市级人民政府卫生行政部门进行审查;符合条件的,在其《医疗机构执业许可证》上注明。

第十二条　申请从事婚前医学检查的医疗、保健机构应当具备下列条件:

(一)分别设置专用的男、女婚前医学检查室,配备常规检查和专科检查设备;

(二)设置婚前生殖健康宣传教育室;

(三)具有符合条件的进行男、女婚前医学检查的执业医师。

第十三条　婚前医学检查包括询问病史、体格及相关检查。

婚前医学检查应当遵守婚前保健工作规范并按照婚前医学检查项目进行。婚前保健工作规范和婚前医学检查项目由国务院卫生行政部门规定。

第十四条　经婚前医学检查,医疗、保健机构应当向接受婚前医学检查的当事人出具婚前医学检查证明。

婚前医学检查证明应当列明是否发现下列疾病:

（一）在传染期内的指定传染病；

（二）在发病期内的有关精神病；

（三）不宜生育的严重遗传性疾病；

（四）医学上认为不宜结婚的其他疾病。

发现前款第（一）项、第（二）项、第（三）项疾病的，医师应当向当事人说明情况，提出预防、治疗以及采取相应医学措施的建议。当事人依据医生的医学意见，可以暂缓结婚，也可以自愿采用长效避孕措施或者结扎手术；医疗、保健机构应当为其治疗提供医学咨询和医疗服务。

第十五条 经婚前医学检查，医疗、保健机构不能确诊的，应当转到设区的市级以上人民政府卫生行政部门指定的医疗、保健机构确诊。

第十六条 在实行婚前医学检查的地区，婚姻登记机关在办理结婚登记时，应当查验婚前医学检查证明或者母婴保健法第十一条规定的医学鉴定证明。

第三章 孕产期保健

第十七条 医疗、保健机构应当为育龄妇女提供有关避孕、节育、生育、不育和生殖健康的咨询和医疗保健服务。

医师发现或者怀疑育龄夫妻患有严重遗传性疾病的，应当提出医学意见；限于现有医疗技术水平难以确诊的，应当向当事人说明情况。育龄夫妻可以选择避孕、节育、不孕等相应的医学措施。

第十八条 医疗、保健机构应当为孕产妇提供下列医疗保健服务：

（一）为孕产妇建立保健手册（卡），定期进行产前检查；

（二）为孕产妇提供卫生、营养、心理等方面的医学指导与咨询；

（三）对高危孕妇进行重点监护、随访和医疗保健服务；

（四）为孕产妇提供安全分娩技术服务；

（五）定期进行产后访视，指导产妇科学喂养婴儿；

（六）提供避孕咨询指导和技术服务；

（七）对产妇及其家属进行生殖健康教育和科学育儿知识教育；

（八）其他孕产期保健服务。

第十九条 医疗、保健机构发现孕妇患有下列严重疾病或者接触物理、化学、生物等有毒、有害因素，可能危及孕妇生命安全或者可能严重影响孕妇健康和胎儿正常发育的，应当对孕妇进行医学指导和下列必要的医学检查：

（一）严重的妊娠合并症或者并发症；

（二）严重的精神性疾病；

（三）国务院卫生行政部门规定的严重影响生育的其他疾病。

第二十条 孕妇有下列情形之一的，医师应当对其进行产前诊断：

（一）羊水过多或者过少的；

（二）胎儿发育异常或者胎儿有可疑畸形的；

（三）孕早期接触过可能导致胎儿先天缺陷的物质的；

（四）有遗传病家族史或者曾经分娩过先天性严重缺陷婴儿的；

（五）初产妇年龄超过 35 周岁的。

第二十一条 母婴保健法第十八条规定的胎儿的严重遗传性疾病、胎儿的严重缺陷、孕妇患继续妊娠可能危及其生命健康和安全的严重疾病目录，由国务院卫生行政部门规定。

第二十二条 生育过严重遗传性疾病或者严重缺陷患儿的，再次妊娠前，夫妻双方应当按照国家有关规定到医疗、保健机构进行医学检查。医疗、保健机构应当向当事人介绍有关遗传性疾病的知识，给予咨询、指导。对诊断患有医学上认为不宜生育的严重遗传性疾病的，医师应当向当事人说明情况，并提出医学意见。

第二十三条 严禁采用技术手段对胎儿进行性别鉴定。

对怀疑胎儿可能为伴性遗传病，需要进行性别鉴定的，由省、自治区、直辖市人民政府卫生行政部门指定的医疗、保健机构按照国务院卫生行政部门的规定进行鉴定。

第二十四条 国家提倡住院分娩。医疗、保健机构应当按照国务院卫生行政部门制定的技术操作规范，实施消毒接生和新生儿复苏，预防产伤及产后出血等产科并发症，降低孕产妇及围产儿发病率、死亡率。

没有条件住院分娩的，应当由经县级地方人民政府卫生行政部门许可并取得家庭接生员技术证书的人员接生。

高危孕妇应当在医疗、保健机构住院分娩。

第四章 婴儿保健

第二十五条 医疗、保健机构应当按照国家有关规定开展新生儿先天性、遗传性代谢病筛查、诊断、治疗和监测。

第二十六条 医疗、保健机构应当按照规定进行新生儿访视，建立儿童保健手册（卡），定期对其进行健康检查，提供有关预防疾病、合理膳食、促进智力发育等科学知识，做好婴儿多发病、常见病防治等医疗保健服务。

第二十七条 医疗、保健机构应当按照规定的程序和项目对婴儿进行预防接种。

婴儿的监护人应当保证婴儿及时接受预防接种。

第二十八条 国家推行母乳喂养。医疗、保健机构应当为实施母乳喂养提供技术指导，为住院分娩的产妇提供必要的母乳喂养条件。

医疗、保健机构不得向孕产妇和婴儿家庭宣传、推荐母乳代用品。

第二十九条 母乳代用品产品包装标签应当在显著位置标明母乳喂养的优越性。

母乳代用品生产者、销售者不得向医疗、保健机构赠送产品样品或者以推销为目的有条件地提供设备、资金和资料。

第三十条 妇女享有国家规定的产假。有不满 1 周岁婴儿的妇女，所在单位应当在劳动时间内为其安排一定的哺乳时间。

第五章 技术鉴定

第三十一条 母婴保健医学技术鉴定委员会分为省、市、县三级。

母婴保健医学技术鉴定委员会成员应当符合下列任职条件：

（一）县级母婴保健医学技术鉴定委员会成员应当具有主治医师以上专业技术职务；

（二）设区的市级和省级母婴保健医学技术鉴定委员会成员应当具有副主任医师以上专

业技术职务。

第三十二条　当事人对婚前医学检查、遗传病诊断、产前诊断结果有异议，需要进一步确诊的，可以自接到检查或者诊断结果之日起 15 日内向所在地县级或者设区的市级母婴保健医学技术鉴定委员会提出书面鉴定申请。

母婴保健医学技术鉴定委员会应当自接到鉴定申请之日起 30 日内作出医学技术鉴定意见，并及时通知当事人。

当事人对鉴定意见有异议的，可以自接到鉴定意见通知书之日起 15 日内向上一级母婴保健医学技术鉴定委员会申请再鉴定。

第三十三条　母婴保健医学技术鉴定委员会进行医学鉴定时须有 5 名以上相关专业医学技术鉴定委员会成员参加。

鉴定委员会成员应当在鉴定结论上署名；不同意见应当如实记录。鉴定委员会根据鉴定结论向当事人出具鉴定意见书。

母婴保健医学技术鉴定管理办法由国务院卫生行政部门制定。

第六章　监　督　管　理

第三十四条　县级以上地方人民政府卫生行政部门负责本行政区域内的母婴保健监督管理工作，履行下列监督管理职责：

（一）依照母婴保健法和本办法以及国务院卫生行政部门规定的条件和技术标准，对从事母婴保健工作的机构和人员实施许可，并核发相应的许可证书；

（二）对母婴保健法和本办法的执行情况进行监督检查；

（三）对违反母婴保健法和本办法的行为，依法给予行政处罚；

（四）负责母婴保健工作监督管理的其他事项。

第三十五条　从事遗传病诊断、产前诊断的医疗、保健机构和人员，须经省、自治区、直辖市人民政府卫生行政部门许可。

从事婚前医学检查的医疗、保健机构和人员，须经设区的市级人民政府卫生行政部门许可。

从事助产技术服务、结扎手术和终止妊娠手术的医疗、保健机构和人员以及从事家庭接生的人员，须经县级人民政府卫生行政部门许可，并取得相应的合格证书。

第三十六条　卫生监督人员在执行职务时，应当出示证件。

卫生监督人员可以向医疗、保健机构了解情况，索取必要的资料，对母婴保健工作进行监督、检查，医疗、保健机构不得拒绝和隐瞒。

卫生监督人员对医疗、保健机构提供的技术资料负有保密的义务。

第三十七条　医疗、保健机构应当根据其从事的业务，配备相应的人员和医疗设备，对从事母婴保健工作的人员加强岗位业务培训和职业道德教育，并定期对其进行检查、考核。

医师和助产人员（包括家庭接生人员）应当严格遵守有关技术操作规范，认真填写各项记录，提高助产技术和服务质量。

助产人员的管理，按照国务院卫生行政部门的规定执行。

从事母婴保健工作的执业医师应当依照母婴保健法的规定取得相应的资格。

第三十八条　医疗、保健机构应当按照国务院卫生行政部门的规定，对托幼园、所卫生保健工作进行业务指导。

第三十九条　国家建立孕产妇死亡、婴儿死亡和新生儿出生缺陷监测、报告制度。

第七章　罚　则

第四十条　医疗、保健机构或者人员未取得母婴保健技术许可,擅自从事婚前医学检查、遗传病诊断、产前诊断、终止妊娠手术和医学技术鉴定或者出具有关医学证明的,由卫生行政部门给予警告,责令停止违法行为,没收违法所得;违法所得5 000元以上的,并处违法所得3倍以上5倍以下的罚款;没有违法所得或者违法所得不足5 000元的,并处5 000元以上2万元以下的罚款。

第四十一条　从事母婴保健技术服务的人员出具虚假医学证明文件的,依法给予行政处分;有下列情形之一的,由原发证部门撤销相应的母婴保健技术执业资格或者医师执业证书:

（一）因延误诊治,造成严重后果的;

（二）给当事人身心健康造成严重后果的;

（三）造成其他严重后果的。

第四十二条　违反本办法规定进行胎儿性别鉴定的,由卫生行政部门给予警告,责令停止违法行为;对医疗、保健机构直接负责的主管人员和其他直接责任人员,依法给予行政处分。进行胎儿性别鉴定两次以上的或者以营利为目的进行胎儿性别鉴定的,并由原发证机关撤销相应的母婴保健技术执业资格或者医师执业证书。

第八章　附　则

第四十三条　婚前医学检查证明的格式由国务院卫生行政部门规定。

第四十四条　母婴保健法及本办法所称的医疗、保健机构,是指依照《医疗机构管理条例》取得卫生行政部门医疗机构执业许可的各级各类医疗机构。

第四十五条　本办法自公布之日起施行。

第四节　母婴保健专项技术服务许可及人员资格管理办法

第一条　根据《中华人民共和国母婴保健法》第三十二条和第三十三条的规定制定本办法。

第二条　凡开展《中华人民共和国母婴保健法》规定的婚前医学检查、遗传病诊断、产前诊断、施行结扎手术和终止妊娠手术技术服务的医疗保健机构,必须符合本办法规定的条件,经卫生行政部门审查批准,取得《母婴保健技术服务执业许可证》。

第三条　施行结扎手术、终止妊娠手术的审批,由县级卫生行政部门负责;婚前医学检查的审批,由设区的市级以上卫生行政部门负责;遗传病诊断、产前诊断以及涉外婚前医学检查的审批,由省级卫生行政部门负责。

第四条　申请开展婚前医学检查、遗传病诊断、产前诊断以及施行结扎手术和终止妊娠手术的医疗保健机构,必须同时具备下列条件:

（一）符合当地医疗保健机构设置规划;

（二）取得《医疗机构执业许可证》；

（三）符合《母婴保健专项技术服务基本标准》；

（四）符合审批机关规定的其他条件。

第五条　申请婚前医学检查、遗传病诊断、产前诊断以及施行结扎手术和终止妊娠手术许可的医疗保健机构，必须向审批机关，提交《母婴保健技术服务执业许可申请登记书》并交验下列材料：

（一）《医疗机构执业许可证》及其副本；

（二）有关医师的《母婴保健技术考核合格证书》；

（三）审批机关规定的其他材料。

申请母婴保健专项技术服务应向审批机构交纳审批费。收费标准由各省、自治区、直辖市卫生行政部门会同当地物价管理部门规定。

第六条　审批机关受理申请后，应当在 60 日内，按照本办法规定的条件及《母婴保健专项技术服务基本标准》进行审查和核实。经审核合格的，发给《母婴保健技术服务执业许可证》；审核不合格的，将审核结果和理由以书面形式通知申请人。

第七条　《母婴保健技术服务执业许可证》的有效期为三年，有效期满继续开展母婴保健专项技术服务的，应当按照本办法规定的程序，重新办理审批手续。

第八条　申请变更《母婴保健技术服务执业许可证》的许可项目的，应当依照本办法规定的程序重新报批。

第九条　医疗保健机构应当把《母婴保健技术服务执业许可证》悬挂在明显处所。

第十条　凡从事《中华人民共和国母婴保健法》规定的婚前医学检查、遗传病诊断、产前诊断、施行结扎手术和终止妊娠手术以及家庭接生技术服务的人员，必须符合《母婴保健专项技术服务基本标准》的有关规定，经考核合格，取得《母婴保健技术考核合格证书》《家庭接生员技术合格证书》。

第十一条　从事遗传病诊断、产前诊断技术服务人员的资格考核，由省级卫生行政部门负责；从事婚前医学检查技术服务人员的资格考核，由设区的市级以上卫生行政部门负责；结扎手术和终止妊娠手术以及从事家庭接生技术服务人员的资格考核，由县级以上地方卫生行政部门负责。

母婴保健技术人员资格考核内容由卫生部规定。

第十二条　母婴保健技术人员资格考核办法由各省、自治区、直辖市卫生行政部门规定。

第十三条　经考核合格，取得《母婴保健技术考核合格证书》的卫生技术人员，不得私自或者在未取得《母婴保健技术服务执业许可证》的机构中开展母婴保健专项技术服务。

第十四条　《母婴保健技术服务执业许可证》和《母婴保健技术考核合格证书》《家庭接生员技术合格证书》应当妥善保管，不得出借或者涂改，禁止伪造、变造、盗用以及买卖。

第十五条　《母婴保健技术服务执业许可证》和《母婴保健技术考核合格证书》《家庭接生员技术合格证书》遗失后，应当及时报告原发证机关，并申请办理补发证书的手续。

第十六条　本办法实施前已经开展婚前医学检查、遗传病诊断、产前诊断以及施行结扎手术和终止妊娠手术的医疗保健机构，应当在本办法施行后的 6 个月内，按照本办法的规定补办审批手续。

第十七条 本办法实施前已经开展婚前医学检查、遗传病诊断、产前诊断以及施行结扎手术和终止妊娠手术的医师,经考核认定,发给《母婴保健技术考核合格证书》。已从事家庭接生的人员,经考核认定,发给《家庭接生员技术合格证书》。具体办法由省、自治区、直辖市卫生行政部门规定。

第十八条 《母婴保健技术服务执业许可证》和《母婴保健技术考核合格证书》和《家庭接生员技术合格证书》由卫生部统一印制。

第十九条 本办法由卫生部负责解释。

第二十条 本办法自发布之日起施行。

第五节 禁止非医学需要的胎儿性别鉴定和选择性别人工终止妊娠的规定

国家卫生和计划生育委员会令 第9号

《禁止非医学需要的胎儿性别鉴定和选择性别人工终止妊娠的规定》已经国家卫生和计划生育委员会委主任会议讨论通过,并经国家工商行政管理总局、国家食品药品监督管理总局同意,现予公布,自2016年5月1日起施行。

国家卫生和计划生育委员会主任 李 斌

国家工商行政管理总局局长 张 茅

国家食品药品监督管理总局局长 毕井泉

2016年3月28日

第一条 为了贯彻计划生育基本国策,促进出生人口性别结构平衡,促进人口均衡发展,根据《中华人民共和国人口与计划生育法》《中华人民共和国母婴保健法》等法律法规,制定本规定。

第二条 非医学需要的胎儿性别鉴定和选择性别人工终止妊娠,是指除经医学诊断胎儿可能为伴性遗传病等需要进行胎儿性别鉴定和选择性别人工终止妊娠以外,所进行的胎儿性别鉴定和选择性别人工终止妊娠。

第三条 禁止任何单位或者个人实施非医学需要的胎儿性别鉴定和选择性别人工终止妊娠。

禁止任何单位或者个人介绍、组织孕妇实施非医学需要的胎儿性别鉴定和选择性别人工终止妊娠。

第四条 各级卫生计生行政部门和食品药品监管部门应当建立查处非医学需要的胎儿性别鉴定和选择性别人工终止妊娠违法行为的协作机制和联动执法机制,共同实施监督管理。

卫生计生行政部门和食品药品监管部门应当按照各自职责,制定胎儿性别鉴定、人工终止妊娠以及相关药品和医疗器械等管理制度。

第五条 县级以上卫生计生行政部门履行以下职责:

(一)监管并组织、协调非医学需要的胎儿性别鉴定和选择性别人工终止妊娠的查处工作;

(二)负责医疗卫生机构及其从业人员的执业准入和相关医疗器械使用监管,以及相关

法律法规、执业规范的宣传培训等工作;

（三）负责人口信息管理系统的使用管理,指导医疗卫生机构及时准确地采集新生儿出生、死亡等相关信息;

（四）法律、法规、规章规定的涉及非医学需要的胎儿性别鉴定和选择性别人工终止妊娠的其他事项。

第六条　县级以上工商行政管理部门(包括履行工商行政管理职责的市场监督管理部门,下同)对含有胎儿性别鉴定和人工终止妊娠内容的广告实施监管,并依法查处违法行为。

第七条　食品药品监管部门依法对与胎儿性别鉴定和人工终止妊娠相关的药品和超声诊断仪、染色体检测专用设备等医疗器械的生产、销售和使用环节的产品质量实施监管,并依法查处相关违法行为。

第八条　禁止非医学需要的胎儿性别鉴定和选择性别人工终止妊娠的工作应当纳入计划生育目标管理责任制。

第九条　符合法定生育条件,除下列情形外,不得实施选择性别人工终止妊娠:

（一）胎儿患严重遗传性疾病的;

（二）胎儿有严重缺陷的;

（三）因患严重疾病,继续妊娠可能危及孕妇生命安全或者严重危害孕妇健康的;

（四）法律法规规定的或医学上认为确有必要终止妊娠的其他情形。

第十条　医学需要的胎儿性别鉴定,由省、自治区、直辖市卫生计生行政部门批准设立的医疗卫生机构按照国家有关规定实施。

实施医学需要的胎儿性别鉴定,应当由医疗卫生机构组织三名以上具有临床经验和医学遗传学知识,并具有副主任医师以上的专业技术职称的专家集体审核。经诊断,确需人工终止妊娠的,应当出具医学诊断报告,并由医疗卫生机构通报当地县级卫生计生行政部门。

第十一条　医疗卫生机构应当在工作场所设置禁止非医学需要的胎儿性别鉴定和选择性别人工终止妊娠的醒目标志;医务人员应当严格遵守有关法律法规和超声诊断、染色体检测、人工终止妊娠手术管理等相关制度。

第十二条　实施人工终止妊娠手术的机构应当在手术前登记、查验受术者身份证明信息,并及时将手术实施情况通报当地县级卫生计生行政部门。

第十三条　医疗卫生机构发生新生儿死亡的,应当及时出具死亡证明,并向当地县级卫生计生行政部门报告。

新生儿在医疗卫生机构以外地点死亡的,监护人应当及时向当地乡(镇)人民政府、街道办事处卫生计生工作机构报告;乡(镇)人民政府、街道办事处卫生计生工作机构应当予以核查,并向乡镇卫生院或社区卫生服务中心通报有关信息。

第十四条　终止妊娠药品目录由国务院食品药品监管部门会同国务院卫生计生行政部门制定发布。

药品生产、批发企业仅能将终止妊娠药品销售给药品批发企业或者获准施行终止妊娠手术的医疗卫生机构。药品生产、批发企业销售终止妊娠药品时,应当按照药品追溯有关规定,严格查验购货方资质,并做好销售记录。禁止药品零售企业销售终止妊娠药品。

终止妊娠的药品,仅限于在获准施行终止妊娠手术的医疗卫生机构的医师指导和监护下使用。

经批准实施人工终止妊娠手术的医疗卫生机构应当建立真实、完整的终止妊娠药品购进记录,并为终止妊娠药品使用者建立完整档案。

第十五条 医疗器械销售企业销售超声诊断仪、染色体检测专用设备等医疗器械,应当核查购买者的资质,验证机构资质并留存复印件,建立真实、完整的购销记录;不得将超声诊断仪、染色体检测专用设备等医疗器械销售给不具有相应资质的机构和个人。

第十六条 医疗卫生、教学科研机构购置可用于鉴定胎儿性别的超声诊断仪、染色体检测专用设备等医疗器械时,应当提供机构资质原件和复印件,交销售企业核查、登记,并建立进货查验记录制度。

第十七条 违法发布非医学需要的胎儿性别鉴定或者非医学需要的选择性别人工终止妊娠广告的,由工商行政管理部门依据《中华人民共和国广告法》等相关法律法规进行处罚。

对广告中涉及的非医学需要的胎儿性别鉴定或非医学需要的选择性别人工终止妊娠等专业技术内容,工商行政管理部门可根据需要提请同级卫生计生行政部门予以认定。

第十八条 违反规定利用相关技术为他人实施非医学需要的胎儿性别鉴定或者选择性别人工终止妊娠的,由县级以上卫生计生行政部门依据《中华人民共和国人口与计划生育法》等有关法律法规进行处理;对医疗卫生机构的主要负责人、直接负责的主管人员和直接责任人员,依法给予处分。

第十九条 对未取得母婴保健技术许可的医疗卫生机构或者人员擅自从事终止妊娠手术的、从事母婴保健技术服务的人员出具虚假的医学需要的人工终止妊娠相关医学诊断意见书或者证明的,由县级以上卫生计生行政部门依据《中华人民共和国母婴保健法》及其实施办法的有关规定进行处理;对医疗卫生机构的主要负责人、直接负责的主管人员和直接责任人员,依法给予处分。

第二十条 经批准实施人工终止妊娠手术的机构未建立真实完整的终止妊娠药品购进记录,或者未按照规定为终止妊娠药品使用者建立完整用药档案的,由县级以上卫生计生行政部门责令改正;拒不改正的,给予警告,并可处1万元以上3万元以下罚款;对医疗卫生机构的主要负责人、直接负责的主管人员和直接责任人员,依法进行处理。

第二十一条 药品生产企业、批发企业将终止妊娠药品销售给未经批准实施人工终止妊娠的医疗卫生机构和个人,或者销售终止妊娠药品未查验购药者的资格证明、未按照规定作销售记录的,以及药品零售企业销售终止妊娠药品的,由县级以上食品药品监管部门按照《中华人民共和国药品管理法》的有关规定进行处理。

第二十二条 医疗器械生产经营企业将超声诊断仪、染色体检测专用设备等医疗器械销售给无购买资质的机构或者个人的,由县级以上食品药品监管部门责令改正,处1万元以上3万元以下罚款。

第二十三条 介绍、组织孕妇实施非医学需要的胎儿性别鉴定或者选择性别人工终止妊娠的,由县级以上卫生计生行政部门责令改正,给予警告;情节严重的,没收违法所得,并处5 000元以上3万元以下罚款。

第二十四条 鼓励任何单位和个人举报违反本规定的行为。举报内容经查证属实的,应当依据有关规定给予举报人相应的奖励。

第二十五条 本规定自2016年5月1日起施行。2002年11月29日原国家计生委、原卫生部、原国家药品监管局公布的《关于禁止非医学需要的胎儿性别鉴定和选择性别的人工终止妊娠的规定》同时废止。

国家卫生计生委办公厅
2016 年 4 月 12 日

第六节 母婴保健医学技术鉴定管理办法

第一章 总 则

第一条 为了保障母亲和婴儿的健康权益,保护和监督医疗保健机构依法开展母婴保健工作,根据《中华人民共和国母婴保健法》,制定本办法。

第二条 本办法所称母婴保健医学技术鉴定,是指接受母婴保健服务的公民或提供母婴保健服务的医疗保健机构,对婚前医学检查、遗传病诊断和产前诊断结果或医学技术鉴定结论持有异议所进行的医学技术鉴定。

第三条 母婴保健医学技术鉴定工作必须坚持实事求是,尊重科学,公正鉴定,保守秘密的原则。

第二章 鉴 定 组 织

第四条 省、市、县级人民政府应当分别设立母婴保健医学技术鉴定组织,统称母婴保健医学技术鉴定委员会(以下简称医学技术鉴定委员会)。医学技术鉴定委员会办事机构设在同级妇幼保健院内,负责母婴保健医学技术鉴定委员会的日常工作。

第五条 医学技术鉴定委员会的组成人员,由卫生行政部门提名,同级人民政府聘任,其名单应当报上级卫生行政部门备案。

第六条 医学技术鉴定委员会应由妇产科、儿科、妇女保健、儿童保健、生殖保健、医学遗传、神经病学、精神病学、传染病学等医学专家组成。

第七条 医学技术鉴定委员会成员应符合下列任职条件:

(一)县级应具有主治医师以上的专业技术职务;市级应具有副主任以上的专业技术职务;省级应具有主任或教授技术职务。

(二)具有认真负责的工作精神和良好的医德医风。

第八条 医学技术鉴定委员会成员任期四年。可以连任。

第九条 因医学技术鉴定需要,医学技术鉴定委员会可以临时聘请有关专家参加鉴定工作,所聘人员有发表医学诊断意见的权利,但无表决权。

第十条 医学技术鉴定委员会负责本行政区域内有异议的婚前医学检查、遗传病诊断、产前诊断结果和有异议的下一级医学技术鉴定结论的医学技术鉴定工作。

第十一条 医学技术鉴定委员会有以下权利和义务:

(一)要求有关医疗保健机构提供有关资料(包括病案、各项检查、检验报告、所采用的技术方法等)的原始记录;

(二)要求当事人补充材料或者对有关事实情节进行复查;

(三)应当认真收集和审查有关资料,广泛听取各方意见,做好调查分析工作;

(四)应当以事实为依据,以科学为准则,自主发表医学技术鉴定意见,不受任何部门和个人的干预;

(五)应当慎重作出医学技术鉴定结论。

第三章 鉴 定 程 序

第十二条 公民对许可的医疗保健机构出具的婚前医学检查、遗传病诊断、产前诊断结果持有异议的,可在接到诊断结果证明之日起 15 日内,向当地医学技术鉴定委员会办事机构提出书面申请,同时填写《母婴保健医学技术鉴定申请表》,提供与鉴定有关的材料。

第十三条 医学技术鉴定委员会应当在接到《母婴保健医学技术鉴定申请表》之日起 30 日内作出医学技术鉴定结论,如有特殊情况,最长不得超过 90 日。如鉴定有困难,可向上一级医学技术鉴定委员会提出鉴定申请,上级鉴定委员会在接到鉴定申请后 30 日内做出鉴定结论。省级为终级鉴定。如省级技术鉴定有困难,可转至有条件的医疗保健机构进行检查确诊,出具检测报告,由省级医学技术鉴定委员会作出鉴定结论。

第十四条 医学技术鉴定委员会进行医学技术鉴定时必须有五名以上相关专业医学技术鉴定委员会成员参加。参加鉴定人员中与当事人有利害关系的,应当回避。

第十五条 医学技术鉴定委员会成员在发表鉴定意见前,可以要求当事人及有关人员到会陈述理由和事实经过,当事人应当如实回答提出的询问。

当事人无正当理由不到会的,鉴定仍可照常进行。

医学技术鉴定委员会成员发表医学技术鉴定意见时,当事人应当回避。

第十六条 在医学技术鉴定过程中,医学技术鉴定委员会认为需要重新进行临床检查、检验的,应当在医学技术鉴定委员会指定的医疗保健机构进行。

第十七条 参加鉴定的医学技术鉴定委员会成员应当在鉴定书上签名,对鉴定结论有不同意见时,应当如实记录。

与鉴定有关的材料和鉴定结论原件必须立卷存档,严禁涂改、伪造。

第十八条 医学技术鉴定委员会办事机构在医学技术鉴定委员会作出鉴定结论后,应当出具《母婴保健医学技术鉴定证明》,并及时送达当事人各一份。

第十九条 《母婴保健医学技术鉴定证明》必须加盖医学技术鉴定委员会鉴定专用章后方可生效。

第二十条 当事人对鉴定结论有异议,可在接到《母婴保健医学技术鉴定证明》之日起 15 日内向上一级医学技术鉴定委员会申请重新鉴定。

省级医学技术鉴定委员会的医学技术鉴定结论,为最终鉴定结论。

第二十一条 鉴定按规定收取鉴定费。鉴定费由申请医学技术鉴定的当事人预付,根据鉴定结论,由责任人支付。

鉴定费的收费标准,由省级卫生行政部门会同当地物价部门制定。

第二十二条 医学技术鉴定委员会成员在进行医学技术鉴定工作中滥用职权,玩忽职守,徇私舞弊的,可依照规定取消医学技术鉴定委员会成员资格,并由其所在单位给予行政处分。

第四章 附 则

第二十三条 《母婴保健医学技术鉴定申请表》《母婴保健医学技术鉴定证明》按卫生

部规定的式样,由省级卫生行政部门统一印制。

第二十四条　本办法自发布之日起施行。

第七节　产前诊断技术管理办法

第一章　总　　则

第一条　为保障母婴健康,提高出生人口素质,保证产前诊断技术的安全、有效,规范产前诊断技术的监督管理,依据《中华人民共和国母婴保健法》以及《中华人民共和国母婴保健法实施办法》,制定本管理办法。

第二条　本管理办法中所称的产前诊断,是指对胎儿进行先天性缺陷和遗传性疾病的诊断,包括相应筛查。

产前诊断技术项目包括遗传咨询、医学影像、生化免疫、细胞遗传和分子遗传等。

第三条　本管理办法适用于各类开展产前诊断技术的医疗保健机构。

第四条　产前诊断技术的应用应当以医疗为目的,符合国家有关法律规定和伦理原则,由经资格认定的医务人员在经许可的医疗保健机构中进行。

医疗保健机构和医务人员不得实施任何非医疗目的的产前诊断技术。

第五条　卫生部负责全国产前诊断技术应用的监督管理工作。

第二章　管理与审批

第六条　卫生部根据医疗需求、技术发展状况、组织与管理的需要等实际情况,制定产前诊断技术应用规划。

第七条　产前诊断技术应用实行分级管理。

卫生部制定开展产前诊断技术医疗保健机构的基本条件和人员条件;颁布有关产前诊断的技术规范;指定国家级开展产前诊断技术的医疗保健机构;对全国产前诊断技术应用进行质量管理和信息管理;对全国产前诊断专业技术人员的培训进行规划。

省、自治区、直辖市人民政府卫生行政部门(以下简称省级卫生行政部门)根据当地实际,因地制宜地规划、审批或组建本行政区域内开展产前诊断技术的医疗保健机构;对从事产前诊断技术的专业人员进行系统培训和资格认定;对产前诊断技术应用进行质量管理和信息管理。

县级以上人民政府卫生行政部门负责本行政区域内产前诊断技术应用的日常监督管理。

第八条　从事产前诊断的卫生专业技术人员应符合以下所有条件:

(一)从事临床工作的,应取得执业医师资格;

(二)从事医技和辅助工作的,应取得相应卫生专业技术职称;

(三)符合《从事产前诊断卫生专业技术人员的基本条件》;

(四)经省级卫生行政部门批准,取得从事产前诊断的《母婴保健技术考核合格证书》。

第九条　申请开展产前诊断技术的医疗保健机构应符合下列所有条件:

(一)设有妇产科诊疗科目;

（二）具有与所开展技术相适应的卫生专业技术人员；

（三）具有与所开展技术相适应的技术条件和设备；

（四）设有医学伦理委员会；

（五）符合《开展产前诊断技术医疗保健机构的基本条件》及相关技术规范。

第十条　申请开展产前诊断技术的医疗保健机构应当向所在地省级卫生行政部门提交下列文件：

（一）医疗机构执业许可证副本；

（二）开展产前诊断技术的母婴保健技术服务执业许可申请文件；

（三）可行性报告；

（四）拟开展产前诊断技术的人员配备、设备和技术条件情况；

（五）开展产前诊断技术的规章制度；

（六）省级以上卫生行政部门规定提交的其他材料。

申请开展产前诊断技术的医疗保健机构，必须明确提出拟开展的产前诊断具体技术项目。

第十一条　申请开展产前诊断技术的医疗保健机构，由所属省、自治区、直辖市人民政府卫生行政部门审查批准。省、自治区、直辖市人民政府卫生行政部门收到本办法第十条规定的材料后，组织有关专家进行论证，并在收到专家论证报告后 30 个工作日内进行审核。经审核同意的，发给开展产前诊断技术的母婴保健技术服务执业许可证，注明开展产前诊断以及具体技术服务项目；经审核不同意的，书面通知申请单位。

第十二条　卫生部根据全国产前诊断技术发展需要，在经审批合格的开展产前诊断技术服务的医疗保健机构中，指定国家级开展产前诊断技术的医疗保健机构。

第十三条　开展产前诊断技术的《母婴保健技术服务执业许可证》每三年校验一次，校验由原审批机关办理。经校验合格的，可继续开展产前诊断技术；经校验不合格的，撤销其许可证书。

第十四条　省、自治区、直辖市人民政府卫生行政部门指定的医疗保健机构，协助卫生行政部门负责对本行政区域内产前诊断的组织管理工作。

第十五条　从事产前诊断的人员不得在未许可开展产前诊断技术的医疗保健机构中从事相关工作。

第三章　实　　施

第十六条　对一般孕妇实施产前筛查以及应用产前诊断技术坚持知情选择。开展产前筛查的医疗保健机构要与经许可开展产前诊断技术的医疗保健机构建立工作联系，保证筛查病例能落实后续诊断。

第十七条　孕妇有下列情形之一的，经治医师应当建议其进行产前诊断：

（一）羊水过多或者过少的；

（二）胎儿发育异常或者胎儿有可疑畸形的；

（三）孕早期时接触过可能导致胎儿先天缺陷的物质的；

（四）有遗传病家族史或者曾经分娩过先天性严重缺陷婴儿的；

（五）年龄超过 35 周岁的。

第十八条 既往生育过严重遗传性疾病或者严重缺陷患儿的,再次妊娠前,夫妻双方应当到医疗保健机构进行遗传咨询。医务人员应当对当事人介绍有关知识,给予咨询和指导。

经治医师根据咨询的结果,对当事人提出医学建议。

第十九条 确定产前诊断重点疾病,应当符合下列条件:

(一)疾病发生率较高;

(二)疾病危害严重,社会、家庭和个人疾病负担大;

(三)疾病缺乏有效的临床治疗方法;

(四)诊断技术成熟、可靠、安全和有效。

第二十条 开展产前检查、助产技术的医疗保健机构在为孕妇进行早孕检查或产前检查时,遇到本办法第十七条所列情形的孕妇,应当进行有关知识的普及,提供咨询服务,并以书面形式如实告知孕妇或其家属,建议孕妇进行产前诊断。

第二十一条 孕妇自行提出进行产前诊断的,经治医师可根据其情况提供医学咨询,由孕妇决定是否实施产前诊断技术。

第二十二条 开展产前诊断技术的医疗保健机构出具的产前诊断报告,应当由2名以上经资格认定的执业医师签发。

第二十三条 对于产前诊断技术及诊断结果,经治医师应本着科学、负责的态度,向孕妇或家属告知技术的安全性、有效性和风险性,使孕妇或家属理解技术可能存在的风险和结果的不确定性。

第二十四条 在发现胎儿异常的情况下,经治医师必须将继续妊娠和终止妊娠可能出现的结果以及进一步处理意见,以书面形式明确告知孕妇,由孕妇夫妻双方自行选择处理方案,并签署知情同意书。若孕妇缺乏认知能力,由其近亲属代为选择。涉及伦理问题的,应当交医学伦理委员会讨论。

第二十五条 开展产前诊断技术的医疗保健机构对经产前诊断后终止妊娠娩出的胎儿,在征得其家属同意后,进行尸体病理学解剖及相关的遗传学检查。

第二十六条 当事人对产前诊断结果有异议的,可以依据《中华人民共和国母婴保健法实施办法》第五章的有关规定,申请技术鉴定。

第二十七条 开展产前诊断技术的医疗保健机构不得擅自进行胎儿的性别鉴定。对怀疑胎儿可能为伴性遗传病,需要进行性别鉴定的,由省、自治区、直辖市人民政府卫生行政部门指定的医疗保健机构按照有关规定进行鉴定。

第二十八条 开展产前诊断技术的医疗保健机构应当建立健全技术档案管理和追踪观察制度。

第四章 处 罚

第二十九条 违反本办法规定,未经批准擅自开展产前诊断技术的非医疗保健机构,按照《医疗机构管理条例》有关规定进行处罚。

第三十条 对违反本办法,医疗保健机构未取得产前诊断执业许可或超越许可范围,擅自从事产前诊断的,按照《中华人民共和国母婴保健法实施办法》有关规定处罚,由卫生行政部门给予警告,责令停止违法行为,没收违法所得;违法所得5 000元以上的,并处违法所得3倍以上5倍以下的罚款;违法所得不足5 000元的,并处5 000元以上2万元以下的罚款。

情节严重的,依据《医疗机构管理条例》依法吊销医疗机构执业许可证。

第三十一条 对未取得产前诊断类母婴保健技术考核合格证书的个人,擅自从事产前诊断或超越许可范围的,由县级以上人民政府卫生行政部门给予警告或者责令暂停六个月以上一年以下执业活动;情节严重的,按照《中华人民共和国执业医师法》吊销其医师执业证书。构成犯罪的,依法追究刑事责任。

第三十二条 违反本办法第二十七条规定,按照《中华人民共和国母婴保健法实施办法》第四十二条规定处罚。

第五章 附 则

第三十三条 各省、自治区、直辖市人民政府卫生行政部门可以根据本办法和本地实际情况制定实施细则。

第三十四条 本办法自 2003 年 5 月 1 日起施行。

第八节 卫生部关于印发《产前诊断技术管理办法》 相关配套文件的通知

卫基妇发〔2002〕307 号

各省、自治区、直辖市卫生厅局:

产前诊断技术是《中华人民共和国母婴保健法》规定的母婴保健技术服务的重要内容。根据《中华人民共和国母婴保健法实施办法》,我部制定了《产前诊断技术管理办法》(以下简称《管理办法》),已于 2002 年 12 月 13 日以 33 号部长令形式发布。为了贯彻落实《管理办法》,我部制定了 7 个相关配套文件,现予以发布。请遵照执行。

附件:1. 开展产前诊断技术医疗保健机构的设置和职责

2. 开展产前诊断技术医疗保健机构的基本条件

3. 从事产前诊断卫生专业技术人员的基本条件

4. 遗传咨询技术规范

5. 21 三体综合征和神经管缺陷产前筛查技术规范

6. 超声产前诊断技术规范

7. 胎儿染色体核型分析技术规范

二○○二年十二月十三日

附件 1:

开展产前诊断技术医疗保健机构的设置和职责

根据人群对产前诊断技术服务的需求、产前诊断技术的发展,实行产前诊断技术的分级管理,设置开展产前诊断技术服务的医疗保健机构。

一、产前诊断技术服务机构的设置

开展产前诊断技术的医疗保健机构,是指经省级卫生行政部门许可开展产前诊断技术的医疗保健机构。

开展产前诊断技术的医疗保健机构,必须有能力开展遗传咨询、医学影像、生化免疫和细胞遗传等产前诊断技术服务。有条件的机构应逐步开展分子遗传诊断或与能提供分子遗传诊断的机构建立工作联系。

卫生部在全国范围内经省级卫生行政部门许可开展产前诊断技术的医疗保健机构中，经专家评议，指定国家级开展产前诊断技术的医疗保健机构。

省、自治区、直辖市卫生行政部门，根据《产前诊断技术管理办法》的要求，审核、许可、监督、管理各省开展产前诊断技术的医疗保健机构。各省、自治区、直辖市在规划、管理本省、自治区、直辖市产前诊断技术服务工作时坚持：

1. 严格按《产前诊断技术管理办法》规定的条件和程序对申请开展产前诊断技术的医疗保健机构进行审批。

2. 所有提供产前检查和助产技术服务的医疗保健机构在为孕妇进行早孕检查或产前检查时，应当进行有关孕产期保健和生育健康等知识的普及。遇到《产前诊断技术管理办法》第十七条规定的孕妇时，应当提供咨询服务，并以书面形式如实告知孕妇或其家属，建议孕妇进行产前诊断，并提供经许可进行产前诊断的医疗保健机构的有关信息。

3. 对一般孕妇进行产前筛查，要坚持知情选择。开展产前筛查的医疗保健机构要与经许可开展产前诊断的医疗保健机构建立起转诊联系，并将产前筛查的项目纳入产前诊断质量控制。

卫生部和各省级卫生行政部门定期公布经指定的国家级和经许可的各省开展产前诊断技术的医疗保健机构的名称、技术特长和其他相关信息。各省卫生行政部门还应定期公布产前诊断和产前筛查质量控制信息。

二、国家级开展产前诊断技术医疗保健机构的职责

1. 接受下级产前诊断机构的转诊，负责产前诊断中疑难病例的诊断。

2. 培训和指导各省产前诊断技术骨干和师资。

3. 对开展产前诊断技术的医疗保健机构进行质量控制。

4. 进行产前诊断新技术及适宜技术的研究与开展、推广与应用工作；收集、汇总、分析全国产前诊断技术有关信息。

5. 追踪产前诊断技术的发展趋势，开展产前诊断技术的国际合作与交流。

6. 承担卫生部交办的其他工作。

三、各省开展产前诊断技术医疗保健机构的职责

1. 提供产前诊断技术服务，接受开展产前检查、助产技术的医疗保健机构发现的拟进行产前诊断孕妇的转诊，对诊断有困难的病例转诊。

2. 统计和分析产前诊断技术服务有关信息，尤其是确诊阳性病例的有关数据，定期向省级卫生行政部门报告；对确诊阳性病例进行跟踪观察，定期讨论疑难病例。

3. 承担本省(自治区、直辖市)产前诊断技术人员的培训和继续教育，负责对开展产前筛查的医疗保健机构的业务指导工作。

4. 对本省开展产前诊断技术的医疗保健机构和开展产前筛查的医疗保健机构进行质量控制。

5. 有条件的，与国家级开展产前诊断技术的医疗保健机构合作，开展产前诊断新技术及适宜技术的研究与开发、推广与应用工作。

6. 承担省级卫生行政部门交办的其他工作。

四、质量控制工作的基本要求

国家级开展产前诊断技术的医疗保健机构负责全国的产前诊断技术的质量控制工作,具体地域工作范围由卫生部指定。各省开展产前诊断技术的医疗保健及机构负责本省产前诊断和产前筛查服务的技术管理和质量控制工作,具体地域工作范围由省级卫生行政部门指定,未纳入质量控制的医疗保健机构不得继续进行产前筛查。产前诊断技术质量控制包括:

1. 各类实验室技术质量保证。
2. 机构间进行实验室的能力比对试验(验证试验)、现场抽样检查和实验室质量评定。
3. 诊断试剂的敏感度和特异度标准等制定和执行。
4. 产前诊断技术结果的质量检测和评定。
5. 公开发布产前诊断质量的有关信息。

附件2:
开展产前诊断技术医疗保健机构的基本条件

根据《产前诊断技术管理办法》,以及开展产前诊断技术的医疗保健机构的职责,指定国家级开展产前诊断技术医疗保健机构的设置原则、各省开展产前诊断技术医疗保健机构的基本条件,作为开展产前诊断技术医疗保健机构建设和评审的参考依据。

一、设置国家级开展产前诊断技术医疗保健机构的基本原则

1. 国家级开展产前诊断技术的医疗保健机构,为经省级卫生行政部门许可的开展产前诊断技术的医疗保健机构。产前诊断的各项技术具有全国领先地位和权威性,具备承担国家级产前诊断技术医疗保健机构职责的条件。

2. 卫生部根据《产前诊断技术管理办法》有关条款的规定和全国产前诊断实际工作及技术发展的需要,组织专家评议,并征求各省级卫生行政部门和产前诊断技术医疗保健机构的意见后,确定国家级产前诊断技术医疗保健机构。

二、各省开展产前诊断技术医疗保健机构的基本条件

(一)组织设置要求

各省开展产前诊断技术的医疗保健机构,需设立产前诊断诊疗组织,设主任1名,负责产前诊断的临床技术服务,下设办公室和资料室,分别负责具体的管理工作和信息档案管理工作。

各省开展产前诊断技术的医疗保健机构应设有遗传咨询、影像诊断(超声)、生化免疫和细胞遗传等部门,具有妇产科、儿科、病理科、临床遗传专业的技术力量。

鼓励尚未具备分子遗传诊断能力的机构与大学、科研机构等合作,将分子遗传诊断技术应用到产前诊断技术服务中。

(二)产前诊断业务范围要求

各省开展产前诊断技术的医疗保健机构应提供的产前诊断技术服务包括:

1. 进行预防先天性缺陷和遗传性疾病的健康教育和健康促进工作。
2. 开展与产前诊断相关的遗传咨询。
3. 开展常见染色体病、神经管畸形、超声下可见的严重肢体畸形等的产前筛查和诊断。
4. 开展常见单基因遗传病(包括遗传代谢病)的诊断。
5. 接受开展产前检查、助产技术的医疗保健机构发现的拟进行产前诊断的孕妇的转

诊,对诊断有困难的病例转诊。

6. 在征得家属同意后,对引产出的胎儿进行尸检及相关遗传学检查。

7. 建立健全技术档案管理和追踪观察制度,信息档案资料保存期50年。

(三)规章制度要求

开展产前诊断技术的医疗保健机构必须建立健全各项规章制度和操作常规,包括:人员职责、人员行为准则、诊疗常规、实验室操作规范、质量控制管理规定、标本采集与管理制度、专科档案建立与管理制度、疑难病例会诊制度、转诊制度及跟踪观察制度、统计汇总及上报制度以及患者知情同意制度等。

(四)专业技术基本要求

1. 具有遗传咨询的能力。

2. 具有开展血清学标记免疫检测技术的能力。

3. 具有常规开展外周血染色体核型分析的能力。

4. 具有开展孕中期羊水胎儿细胞染色体核型分析的能力。

5. 具有对常见先天性缺陷和遗传性疾病做出风险率估计的能力。

6. 具有对常见的胎儿体表畸形及内脏畸形进行影像诊断的能力。

7. 具有开展常见的单基本遗传病(包括遗传代谢病)诊断的能力。

8. 具有对产前筛查出的多数(95%以上)高风险胎儿做出正确诊断及处理的能力。

9. 具有相关健康教育的能力。

(五)人员配备基本要求

开展产前诊断技术的医疗保健机构配备至少2名具有副高以上职称的从事遗传咨询的临床医师,2名具有副高以上职称的妇产科医师,1名具有副高以上职称的儿科医师,1名具有副高以上职称的从事超声产前诊断的临床医师,2名具有中级以上职称的细胞遗传实验技术人员和生化免疫实验技术人员。

(六)设备配置基本要求

设备配置基本要求

设置名称	建议数量
B超室	
B型超声仪附穿刺引导装置	1
彩超	1
超声工作站(图文管理系统)	1
细胞遗传室	
普通双目显微镜	2
三筒研究显微镜附显微照相设备	1
超净工作台	1
二氧化碳培养箱	2
普通离心机	2
恒温干燥箱	1
自动纯水蒸馏器	1
恒温水浴箱	2
普通电冰箱	2

设置名称	建议数量
倒置显微镜附显微照相设置	1
荧光显微镜	1
分析天平	1
恒温培养箱	1
普通天平	1
生化免疫室	
紫外分光光度计	1
荧光分光光度计	1
酶标仪	1
pH 仪	1
半自动分析仪	1
电泳仪	1
其他	
计算机	2

附件 3:

从事产前诊断卫生专业技术人员的基本条件

从事产前诊断技术的卫生专业技术人员,必须经过系统的产前诊断技术专业培训,通过省级卫生行政部门的考核获得从事产前诊断技术的《母婴保健技术考核合格证书》,方可从事产前诊断技术服务。从事辅助性产前诊断技术的人员,需在取得产前诊断类《母婴保健技术考核合格证书》的人员指导下开展工作。

一、临床医师

1. 从事产前诊断技术服务的临床医师必须取得执业医师资格,并符合下列条件之一:

1)医学院校本科以上学历,且具有妇产科或其他相关临床学科 5 年以上临床经验,接受过临床遗传学专业技术培训。

2)从事产前诊断技术服务 10 年以上,掌握临床遗传学专业知识和技能。

2. 从事产前诊断技术的临床医师具备的相关基本知识和技能是指:

1)遗传咨询的目的、原则、步骤和基本策略。

2)常见染色体病及其他遗传病的临床表现、一般进程、预后、遗传方式、遗传风险及可采取的预防和治疗措施。

3)常见的致畸因素、致畸原理以及预防措施。

4)常见遗传病和先天畸形的检测方法及临床意义。

5)胎儿标本采集(如绒毛膜、羊膜腔或脐静脉穿刺技术)及其术前术后医疗处置。

二、超声产前诊断医师

1. 从事超声产前诊断的医师,必须取得执业医师资格,并符合下列条件之一:

1)大专以上学历,且具有中级以上技术职称,接受过超声产前诊断的系统培训。

2)在本岗位从事妇产科超声检查工作 5 年以上,接受过超声产前诊断的系统培训。

2.熟练掌握胎儿发育各阶段脏器的正常与异常超声图像及羊膜腔穿刺定位技术,能鉴别常见的严重体表畸形和内脏畸形。

三、实验室技术人员

1.产前诊断实验室技术人员,必须符合下列条件之一:

1)大专以上学历,从事实验室工作2年以上,接受过产前诊断相关实验室技术培训。

2)中级以上技术职称,接受过产前诊断相关实验室技术培训。

2.实验室技术人员具备的相关基本知识和技能包括:

1)标本采集与保管的基本知识。

2)无菌消毒技术。

3)标记免疫检测技术的基本知识与操作技能。

4)风险率分析技术。

5)外周血及羊水胎儿细胞培养、制片、显带及染色体核型分析技术。

附件4:
遗传咨询技术规范

本技术规范主要指与产前诊断有关的遗传咨询,是指取得了《母婴保健技术考核合格证书》从事产前诊断的临床医师,对咨询对象就所咨询的先天性缺陷和遗传性疾病等情况的咨询。

一、基本要求

(一)遗传咨询机构的设置

凡经卫生行政部门许可的开展产前诊断技术的医疗保健机构可以开展遗传咨询。

(二)遗传咨询人员的要求

1.遗传咨询人员应为从事产前诊断的临床医师,必须符合《从事产前诊断卫生专业技术人员的基本条件》中有关要求。

2.具备系统、扎实的医学遗传学基础理论知识,能正确推荐辅助诊断手段,对实验室检测结果能正确判断,并对各种遗传的风险与再现风险做出估计。

(三)场所要求

遗传咨询门诊至少具备诊室1间,独立候诊室1间,检查室1间。

二、遗传咨询应遵循的原则

1.遗传咨询人员应态度亲和,密切注意咨询对象的心理状态,并给予必要疏导。

2.遗传咨询人员应尊重咨询对象的隐私权,对咨询对象提供的病史和家族史给予保密。

3.遵循知情同意的原则,尽可能让咨询对象了解疾病可能的发生风险、建议采用的产前诊断技术的目的、必要性、风险等,是否采用某项诊断技术由受检者本人或其家属决定。

三、遗传咨询的对象

1.夫妇双方或家系成员还有某些遗传病或先天畸形者。

2.曾生育过遗传病患儿的夫妇。

3.不明原因智力低下或先天畸形儿的父母。

4.不明原因的反复流产或有死胎死产等情况的夫妇。

5.婚后多年不育的夫妇。

6. 35 岁以上的高龄孕妇。

7. 长期接触不良环境因素的育龄青年男女。

8. 孕期接触不良环境因素以及还有某些慢性病的孕妇。

9. 常规检查或常见遗传病筛查发现异常者。

10. 其他需要咨询的情况。

四、技术程序

(一)遗传咨询技术要求

1. 采集信息:遗传咨询人员要全面了解咨询对象的情况,详细询问咨询对象的家族遗传病史、医疗史、生育史(流产史、死胎史、早产史)、婚姻史(婚龄、配偶健康状况)、环境因素和特殊化学物接触及特殊反应情况、年龄、居住地区、民族。收集先证者的家系发病情况,绘制出家系谱。

2. 遗传病诊断及遗传方式的确定:遗传咨询人员根据确切的家系分析及医学资料、各种检查化验结果,诊断咨询问题是哪种遗传病或与哪种遗传病有关,单基因遗传病还须确定是何种遗传方式。

3. 遗传病再现风险的估计:染色体病和多基因遗传病以其群体发病率为经验风险,而单基因遗传病根据遗传方式进行家系分析,进一步进行发病风险估计并预测其子代患病风险。

4. 提供产前诊断方法的有关信息:遗传咨询应根据子代可能的再现风险度,建议采取适当的产前诊断方法,充分考虑诊断方法为孕妇和胎儿的风险等。临床应用的主要采集标本方法有绒毛膜穿刺、羊膜腔穿刺、脐静脉穿刺等。产前诊断方法有超声诊断、生化免疫、细胞遗传诊断、分子遗传诊断等。

5. 提供建议:遗传咨询人员应向咨询对象提供结婚、生育或其他建议。

(二)遗传咨询需注意的问题

1. 阐明各种产前诊断技术应用的有效性、局限性,所进行筛查或诊断的时限性、风险和可能结局。

2. 说明使用的遗传学原理,用科学的语言解释风险。

3. 解释疾病性质,提供病情、疾病发展趋势和预防的信息。

4. 在咨询过程中尽可能提供客观、依据充分的信息,在遗传咨询过程中尽可能避免医生本人的导向性意见。

附件 5:
21 三体综合征和神经管缺陷产前筛查技术规范

产前筛查,是通过简便、经济和较少创伤的检测方法,从孕妇群体中发现某些怀疑有先天性缺陷和遗传性疾病胎儿的高危孕妇,以便进一步明确诊断。产前筛查必须符合下列原则:目标疾病的危害程度大;筛查后能落实明确的诊断服务;疾病的自然史清楚;筛查、诊断技术必须有效和可接受。为规范产前筛查技术的应用,根据目前医学技术发展,制定 21 三体综合征和神经管缺陷产前筛查的技术规范。

一、基本要求

(一)机构设置

开展 21 三体综合征和神经管缺陷产前筛查的医疗保健机构必须设有妇产科诊疗科目,

如果有产前诊断资质许可,应及时对产前筛查的高危孕妇进行相应的产前诊断;如果无产前诊断资质许可,应与开展产前诊断技术的医疗保健机构建立工作联系,保证筛查阳性病例在知情选择的前提下及时得到必要的产前诊断。

(二)设备要求

设备配置参照附件 2 有关生化免疫室的要求。

二、管理

(一)产前筛查的组织管理

1. 产前筛查必须在广泛宣传的基础上,按照知情选择、孕妇自愿的原则,任何单位或各人不得以强制性手段要求孕妇进行产前筛查。医务人员应事先详细告知孕妇或其家属 21 三体综合征和神经管缺陷产前筛查技术本身的局限性和结果的不确定性,是否筛查以及对于筛查后的阳性结果的处理由孕妇或其家属决定,并签署知情同意书。

2. 产前筛查纳入产前诊断的质量控制体系。孕中期的筛查,根据各地的具体条件可采取两项血清筛查指标、三项血清筛查指标或其他有效的筛查指标。从事 21 三体综合征和神经管缺陷产前筛查的医疗保健机构所选用的筛查方法和筛查指标(包括所用的试剂)必须报指定的各省开展产前诊断技术的医疗保健机构统一管理。

(二)定期报告

开展产前筛查和产前诊断技术的医疗保健机构应定期将 21 三体综合征和神经管缺陷产前筛查结果,包括筛查阳性率、21 三体综合征(或胎儿其他染色体异常)和神经管缺陷检出病例、假阴性病例汇报给指定的各省开展产前诊断技术的医疗保健机构。

(三)筛查效果的定期评估

国家级和各省开展产前诊断技术的医疗保健机构,应指导、监督 21 三体综合征和神经管缺陷产前筛查工作,并进行筛查质量控制,包括筛查所用试剂、筛查方法,对筛查效果定期进行评估,根据各地的筛查效果提出调整或改进的建议。

三、技术程序与质量控制

(一)筛查的技术程序和要求

1. 筛查结果必须以书面报告形式送交被筛查者,筛查报告应包括经筛查后孕妇所怀胎儿 21 三体综合征发生的概率或针对神经管缺陷的高危指标甲胎蛋白(AFP)的中位数倍数值(AFP MoM),并有相应的临床建议。

2. 筛查报告必须经副高以上职称的具有从事产前诊断技术资格的专业技术人员复核后,才能签发。

3. 筛查结果的原始数据和血清标本必须保存至少一年,血清标本须保存于-70℃,以备复查。

(二)筛查后高危人群的处理原则

1. 应将筛查结果及时通知高危孕妇,并由医疗保健机构的遗传咨询人员进行解释和给予相应的医学建议。

2. 对 21 三体综合征高危胎儿的染色体核型分析和对神经管畸形高危胎儿的超声诊断,应在经批准开展产前诊断的医疗保健机构进行。具体技术规范参考附件 7 和附件 6。

3. 对筛查出的高危病例,在未做出明确诊断前,不得随意为孕妇做终止妊娠的处理。

4. 对筛查对象进行跟踪观察,直至胎儿出生,并将观察结果记录。

四、产前筛查及产前诊断工作流程图

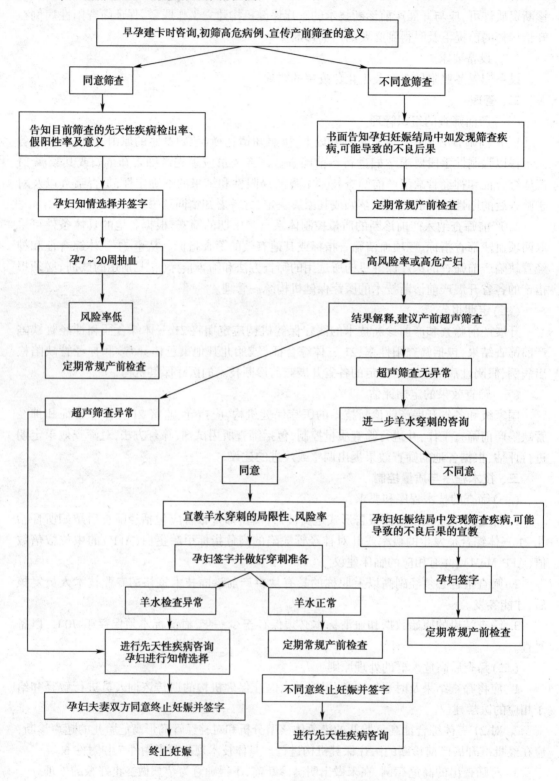

附件 6：

超声产前诊断技术规范

超声产前诊断是产前诊断的重要内容之一，它包括对胎儿生长发育的评估、对高危胎儿在超声引导下的标本采集和对某些先天性缺陷的诊断。

一、基本要求

（一）超声产前诊断机构的设置

超声产前诊断应在卫生行政部门许可的国家级、各省开展产前诊断技术的医疗保健机构开展。

（二）超声产前诊断人员的要求

从事超声产前诊断的人员必须符合《从事产前诊断卫生专业技术人员的基本条件》中有关要求。

（三）设备要求

1. 超声室应配备高分辨率的彩色多普勒超声诊断仪。

2. 具有完整的图像记录系统和图文管理系统，供图像分析和资料管理。

二、管理

1. 对胎儿有可疑发育异常者，必须进行全面的超声检查，并做必要的记录。

2. 严禁非医疗目的进行胎儿性别鉴定。

3. 未取得产前诊断技术服务资格的医疗保健机构在进行常规产前超声检查时，发现可疑病例，应出具超声报告，同时必须将可疑病例转诊至开展产前诊断技术的医疗保健机构。

4. 产前诊断超声报告，应由 2 名经审核认证的专业技术人员签发。

三、超声产前诊断应诊断的严重畸形

根据目前超声技术水平，妊娠 16～24 周应诊断的致命畸形包括无脑儿、脑膨出、开放性脊柱裂、胸腹壁缺损内脏外翻、单腔心、致命性软骨发育不全等。

四、技术程序

1. 对孕妇进行产前检查的医院应在孕妇妊娠 16～24 周进行常规超声检查，主要内容应包括：胎儿生长评估和胎儿体表及内脏结构发育的检查。具体操作步骤应按医院超声检查的诊疗常规进行。如疑有胎儿生长发育异常，应立即转诊到经许可开展产前诊断技术的医疗保健机构进行进一步检查诊断。

2. 对《产前诊断技术管理办法》第十七条规定的高危孕妇，应进行早期妊娠超声检查，对发现的异常病例应转诊到经许可开展产前诊断技术的医疗保健机构进行进一步检查诊断。

3. 开展产前诊断技术的医疗保健机构对转诊来的可疑病例以及产前筛查出的高危孕妇，应在妊娠 24 周前对胎儿进行全面的超声检查并做详细的记录。

4. 对无结构异常的腔室容积改变，需随访后再做诊断。

5. 胎儿标本采集应严格按照介入性超声操作常规进行。

附件 7：

胎儿染色体核型分析技术规范

对胎儿细胞进行染色体核型分析是产前诊断染色体异常的主要诊断方法。

胎儿细胞可通过羊膜腔、脐血管和绒毛膜穿刺获取。获得的细胞经体外培养后收获、制

片、显带,做染色体核型分析。

一、基本要求

(一)机构设置

只有在经卫生行政部门许可的开展产前诊断技术的医疗保健机构才能实施。

(二)人员要求

从事胎儿染色体核型分析的人员必须符合《从事产前诊断卫生专业技术人员的基本条件》中有关要求。

(三)场所要求

场所应包含小手术室、接种培养室、标本制备室、实验室、暗室和洗涤室。各工作室应具备恒温设施,小手术室和接种培养室应具备空气消毒设施。

(四)设备要求

设备配置参照附件 2 有关要求。

二、管理

(一)建立规章制度

1. 各级工作人员分工和职责。

2. 各项技术操作常规。

3. 消毒隔离制度。

4. 设备仪器和材料管理制度。

5. 资料信息档案和管理。

(二)所有的操作必须在孕妇及其家属了解该技术的目的、局限性和风险,并签订了知情同意书后方可进行。

(三)所有操作必须按常规进行,手术操作后应做好手术记录。

(四)染色体核型分析报告,应由 2 名经认证审批的专业技术人员签发,审核人必须具有副高以上专业技术职称。

三、产前诊断适应证、适宜检查时间及手术禁忌证

(一)产前诊断适应证

1. 35 岁以上的高龄孕妇。

2. 产前筛查后的高危人群。

3. 曾生育过染色体病患儿的孕妇。

4. 产前检查怀疑胎儿患染色体病的孕妇。

5. 夫妇一方为染色体异常携带者。

6. 孕妇可能为某种 X 连锁遗传病基因携带者。

7. 其他,如曾有不良孕产史者或特殊致畸因子接触史者。

(二)产前诊断时间

1. 早孕绒毛采样检查宜在孕 8~11 周进行。

2. 羊水穿刺检查宜在孕 16~21 周进行。

3. 脐血管穿刺检查宜在孕 18~24 周进行。

(三)穿刺禁忌证

1. 术前感染未治愈或手术当天感染及可疑感染者。

2. 中央性前置胎盘或前置、低置胎盘有出血现象。

3. 先兆流产未治愈者。

四、技术质量标准

(一)技术程序

1. 正确选择产前诊断适应证、时间和相关技术。

2. 在超声监护下做各种穿刺,2次穿刺未获标本者,2周后再进行穿刺。

(二)质量标准

1. 各种穿刺成功率不得低于90%。

2. 羊水细胞培养成功率不得低于90%。

3. 脐血细胞培养成功率不得低于95%。

4. 在符合标准的标本、培养、制片、显带情况下,核型分析的准确率不得低于98%。

5. 绒毛染色体核型分析异常,必要时做羊水或脐血复核。

第九节　婚前保健工作规范(修订)

卫基妇发[2002]147号

为向公民提供优质保健服务,提高生活质量和出生人口素质,根据《中华人民共和国母婴保健法》(以下简称《母婴保健法》)、《中华人民共和国母婴保健法实施办法》及相关法律、法规,制定婚前保健工作规范。

一、婚前保健服务内容

婚前保健服务是对准备结婚的男女双方,在结婚登记前所进行的婚前医学检查、婚前卫生指导和婚前卫生咨询服务。

(一)婚前医学检查

婚前医学检查是对准备结婚的男女双方可能患影响结婚和生育的疾病进行的医学检查。

1. 婚前医学检查项目包括询问病史,体格检查,常规辅助检查和其他特殊检查。

检查女性生殖器官时应做肛门腹壁双合诊,如需做阴道检查,须征得本人或家属同意后进行。除处女膜发育异常外,严禁对其完整性进行描述。对可疑发育异常者,应慎重诊断。

常规辅助检查应进行胸部透视,血常规、尿常规、梅毒筛查,血转氨酶和乙肝表面抗原检测、女性阴道分泌物滴虫、霉菌检查。

其他特殊检查,如乙型肝炎血清学标志检测、淋病、艾滋病、支原体和衣原体检查、精液常规、B型超声、乳腺、染色体检查等,应根据需要或自愿原则确定。

2. 婚前医学检查的主要疾病

(1)严重遗传性疾病:由于遗传因素先天形成,患者全部或部分丧失自主生活能力,子代再现风险高,医学上认为不宜生育的疾病。

(2)指定传染病:《中华人民共和国传染病防治法》中规定的艾滋病、淋病、梅毒以及医学上认为影响结婚和生育的其他传染病。

(3)有关精神病:精神分裂症、躁狂抑郁型精神病以及其他重型精神病。

(4)其他与婚育有关的疾病,如重要脏器疾病和生殖系统疾病等。

3. 婚前医学检查的转诊

婚前医学检查实行逐级转诊制度。对不能确诊的疑难病症,应由原婚前医学检查单位填写统一的转诊单,转至设区的市级以上人民政府卫生行政部门指定的医疗保健机构进行确诊。该机构应将确诊结果和检测报告反馈给原婚前医学检查单位。原婚前医学检查单位应根据确诊结果填写《婚前医学检查证明》,并保留原始资料。

对婚前医学检查结果有异议的,可申请母婴保健技术鉴定。

4. 医学意见

婚前医学检查单位应向接受婚前医学检查的当事人出具《婚前医学检查证明》,并在"医学意见"栏内注明:

(1)双方为直系血亲、三代以内旁系血亲关系,以及医学上认为不宜结婚的疾病,如发现一方或双方患有重度、极重度智力低下,不具有婚姻意识能力;重型精神病,在病情发作期有攻击危害行为的,注明"建议不宜结婚"。

(2)发现医学上认为不宜生育的严重遗传性疾病或其他重要脏器疾病,以及医学上认为不宜生育的疾病的,注明"建议不宜生育"。

(3)发现指定传染病在传染期内、有关精神病在发病期内或其他医学上认为应暂缓结婚的疾病时,注明"建议暂缓结婚";对于婚检发现的可能会终生传染的不在发病期的传染病患者或病原体携带者,在出具婚前检查医学意见时,应向受检者说明情况,提出预防、治疗及采取其他医学措施的意见。若受检者坚持结婚,应充分尊重受检双方的意愿,注明"建议采取医学措施,尊重受检者意愿"。

(4)未发现前款第(1)、(2)、(3)类情况,为婚检时法定允许结婚的情形,注明"未发现医学上不宜结婚的情形"。

在出具任何一种医学意见时,婚检医师应当向当事人说明情况,并进行指导。

(二)婚前卫生指导

婚前卫生指导是对准备结婚的男女双方进行的以生殖健康为核心,与结婚和生育有关的保健知识的宣传教育。

1. 婚前卫生指导内容

(1)有关性保健和性教育

(2)新婚避孕知识及计划生育指导

(3)受孕前的准备、环境和疾病对后代影响等孕前保健知识

(4)遗传病的基本知识

(5)影响婚育的有关疾病的基本知识

(6)其他生殖健康知识

2. 婚前卫生指导方法

由省级妇幼保健机构根据婚前卫生指导的内容,制定宣传教育材料。婚前保健机构通过多种方法系统地为服务对象进行婚前生殖健康教育,并向婚检对象提供婚前保健宣传资料。宣教时间不少于40分钟,并进行效果评估。

(三)婚前卫生咨询

婚检医师应针对医学检查结果发现的异常情况以及服务对象提出的具体问题进行解答、交换意见、提供信息,帮助受检对象在知情的基础上作出适宜的决定。医师在提出"不宜

结婚""不宜生育"和"暂缓结婚"等医学意见时,应充分尊重服务对象的意愿,耐心、细致地讲明科学道理,对可能产生的后果给予重点解释,并由受检双方在体检表上签署知情意见。

二、婚前保健服务机构及人员的管理

(一)婚前医学检查机构与人员的审批

1. 从事婚前医学检查的机构,必须是取得《医疗机构执业许可证》的医疗、保健机构,并经其所在地设区的地(市)级卫生行政部门审查,取得《母婴保健技术服务执业许可证》。在其《医疗机构执业许可证》副本上须予以注明。设立婚前医学检查机构,应当方便公民。

从事外国人、港澳台居民和居住在国外的中国公民婚前医学检查的医疗、保健机构,应为具备条件的省级医疗、保健机构。有特殊需要的,需征求省、自治区、直辖市卫生行政部门的意见,同意后可为设区的地(市)级、县级医疗保健机构。

2. 从事婚前医学检查的人员,必须取得《执业医师证书》和《母婴保健技术考核合格证书》。主检医师必须取得主治医师以上技术职称。

(二)婚前保健服务机构基本标准

1. 应是县级以上医疗、保健机构。

2. 房屋要求:分别设置专用的男、女婚前医学检查室,有条件的地区设置专用综合检查室、婚前卫生宣传教育室和咨询室、检验室及其他相关辅助科室。

3. 设备要求:

(1)女婚检室:诊查床、听诊器、血压计、体重计、视力表、色谱仪、叩诊槌(如设有综合检查室,以上设备应放置在综合检查室)、妇科检查床、器械桌、妇科检查器械、手套、臀垫、化验用品、屏风、洗手池、污物桶、消毒物品等。

(2)男婚检室:听诊器、血压计、体重计、视力表、色谱仪、叩诊槌(如设有综合检查室,以上设备应放置在综合检查室)、诊查床、器械桌、睾丸和阴茎测量用具、手套、化验用品、屏风、洗手池、污物桶、消毒物品等。

(3)宣教室:有关生殖健康知识的挂图、模型、放像设备等宣教设施。

(4)咨询室:有男女生殖器官模型、图片等辅助教具及常用避孕药具等。

(5)具有开展常规及特殊检查项目的实验室及其他辅助检查设备。从事外国人、港澳台居民和居住在国外的中国公民婚前保健服务的医疗、保健机构应具备检测艾滋病病毒(HIV)的设备及其他条件。

4. 环境要求

婚前保健服务环境应严肃、整洁、安静、温馨,布局合理,方便群众,有利于保护服务对象的隐私,防止交叉感染。在明显位置悬挂《母婴保健技术服务执业许可证》、检查项目和收费标准。

(三)婚前保健服务人员的配备

婚前保健服务机构应根据实际需要,配备数量适宜、符合要求的男、女婚检医师、主检医师和注册护士,合格的检验人员和经过培训的健康教育人员。从事外国人、港澳台居民和居住在国外的中国公民婚前保健服务人员,要具备一定的外语水平。

三、婚前保健服务工作的管理

婚前保健工作实行逐级管理制度。

省级、地市级妇幼保健机构协助卫生行政部门管理辖区内婚前保健工作,承担卫生行政部门交办的培训、技术指导等日常工作及其他工作。

婚前保健机构的主管领导和主检医师,负责本机构婚前保健服务的技术管理工作。

(一)服务质量管理

建立健全各项制度,开展人员培训、业务学习、疑难病例讨论和资料统计分析等活动;加强质量控制,提高疾病诊断和医学指导意见的准确率,服务对象对服务的满意率等。

(二)实验室质量管理

婚前医学检查中的常规检验项目,应按检验科规范的检验方法及质量控制标准进行。检验人员应严守操作规程,出具规范的检验报告。

(三)信息资料管理

1. 婚前保健信息资料由专人负责管理,定期统计、汇总,按卫生部常规统计报表要求,按时逐级上报,并做好信息反馈。

2. 婚前保健机构应建立"婚前医学检查登记本""婚前医学检查疾病登记和咨询指导记录本""婚前保健业务学习、讨论记录本"等原始本册,并根据记录,及时总结经验,查找问题。

3. 婚前医学检查表应妥善保存,对个人隐私保密。

(四)《婚前医学检查表》和《婚前医学检查证明》的管理

1.《婚前医学检查表》及《婚前医学检查证明》分"国内"和"外国人、港澳台居民和居住在国外的中国公民"两种。格式由卫生部统一规定,各省、自治区、直辖市卫生行政部门自行印制(表格样式见附件)。

2.《婚前医学检查表》是婚前医学检查的原始记录,是出具《婚前医学检查证明》的依据,应逐项完整、认真填写,并妥善管理。

《婚前医学检查证明》是法律规定的医学证明之一,其格式由卫生部统一规定,各省、自治区、直辖市卫生行政部门印制。由婚检医师填写,主检医师审核签名,婚检单位加盖婚前医学检查专用章。

《婚前医学检查证明》分两联,存根联由婚前保健服务机构存档保存,另一联交受检者。男女双方在结婚登记时,须将《婚前医学检查证明》或《医学鉴定证明》交婚姻登记部门。

3.《婚前医学检查表》的保存同医疗机构住院病例,保存期一般不得少于30年。《婚前医学检查证明》的保存同医疗机构门诊病例,保存期一般不得少于15年。婚检机构应逐步以电子病例的方式保存《婚前医学检查表》和《婚前医学检查证明》。

第十节　人类遗传资源管理暂行办法

第一章　总　则

第一条　为了有效保护和合理利用我国的人类遗传资源,加强人类基因的研究与开发,促进平等互利的国际合作和交流,制定本办法。

第二条　本办法所称人类遗传资源是指含有人体基因组、基因及其产物的器官、组织、细胞、血液、制备物、重组脱氧核糖核酸(DNA)构建体等遗传材料及相关的信息资料。

第三条　凡从事涉及我国人类遗传资源的采集、收集、研究、开发、买卖、出口、出境等活动,必须遵守本办法。

第四条　国家对重要遗传家系和特定地区遗传资源实行申报登记制度,发现和持有重要遗传家系和特定地区遗传资源的单位或个人,应及时向有关部门报告。未经许可,任何单位和个人不得擅自采集、收集、买卖、出口、出境或以其他形式对外提供。

第五条　人类遗传资源及有关信息、资料,属于国家科学技术秘密的,必须遵守《科学技术保密规定》。

第二章　管 理 机 构

第六条　国家对人类遗传资源实行分级管理,统一审批制度。

第七条　国务院科学技术行政主管部门和卫生行政主管部门共同负责管理全国人类遗传资源,联合成立中国人类遗传资源管理办公室,负责日常工作。

第八条　中国人类遗传资源管理办公室暂设在国务院科学技术行政主管部门。在国务院科学技术和卫生行政主管部门领导下,中国人类遗传资源管理办公室行使以下职责:

(一)起草有关的实施细则和文件,经批准后发布施行,协调和监督本办法的实施;

(二)负责重要遗传家系和特定地区遗传资源的登记和管理;

(三)组织审核涉及人类遗传资源的国际合作项目;

(四)受理人类遗传资源出口、出境的申请,办理出口、出境证明;

(五)与人类遗传资源管理有关的其他工作。

第九条　中国人类遗传资源管理办公室聘请有关专家组成专家组,参与拟定研究规划,协助审核国际合作项目,进行有关的技术评估和提供技术咨询。

第十条　各省、自治区、直辖市科学技术行政主管部门和卫生行政主管部门(以下简称地方主管部门)负责本地区的人类遗传资源管理工作。

国务院有关部门负责本部门的人类遗传资源管理工作。

第三章　申报与审批

第十一条　凡涉及我国人类遗传资源的国际合作项目,须由中方合作单位办理报批手续。中央所属单位按隶属关系报国务院有关部门,地方所属单位及无上级主管部门或隶属关系的单位报该单位所在地的地方主管部门,审查同意后,向中国人类遗传资源管理办公室提出申请,经审核批准后方可正式签约。

国务院有关部门和地方主管部门在审查国际合作项目申请时,应当征询人类遗传资源采集地的地方主管部门的意见。

本办法施行前已进行但尚未完成的国际合作项目须按规定补办报批手续。

第十二条　办理涉及我国人类遗传资源的国际合作项目的报批手续,须填写申请书,并附以下材料:

(一)人类遗传资源材料提供者及其亲属的知情同意证明材料;

(二)合同文本草案;

(三)审批机关要求的其他材料。

第十三条　依本办法第十二条提出的申请,有下列情况之一的,不予批准:

(一)缺乏明确的工作目的和方向;

（二）外方合作单位无较强的研究开发实力和优势；

（三）中方合作单位不具备合作研究的基础和条件；

（四）知识产权归属和分享的安排不合理、不明确；

（五）工作范围过宽，合作期限过长；

（六）无人类遗传资源提供者及其亲属的知情同意证明材料；

（七）违反我国有关法律、法规的规定。

第十四条　重要人类遗传资源严格控制出口、出境和对外提供。

已审核批准的国际合作项目中，列出人类遗传资源材料出口、出境计划的，需填写申报表，直接由中国人类遗传资源管理办公室办理出口、出境证明。

因其他特殊情况，确需临时对外提供人类遗传资源材料的，须填写申报表，经地方主管部门或国务院有关部门审查同意后，报中国人类遗传资源管理办公室，经批准后核发出口、出境证明。

第十五条　中国人类遗传资源管理办公室对国际合作项目和人类遗传资源材料的出口、出境申请每季度审理一次。对于符合本办法要求的，核发批准文件，办理出口、出境证明，并注明《商品名称及编码协调制度》中相对应的编码；不符合本办法要求的，不予批准；对于申请文件不完备的，退回补正，补正后可重新申请。

第十六条　携带、邮寄、运输人类遗传资源出口、出境时，应如实向海关申报，海关凭中国人类遗传资源管理办公室核发的出口、出境证明予以放行。

第四章　知识产权

第十七条　我国境内的人类遗传资源信息，包括重要遗传家系和特定地区遗传资源及其数据、资料、样本等，我国研究开发机构享有专属持有权，未经许可，不得向其他单位转让。获得上述信息的外方合作单位和个人未经许可不得公开、发表、申请专利或以其他形式向他人披露。

第十八条　有关人类遗传资源的国际合作项目应当遵循平等互利、诚实信用、共同参与、共享成果的原则，明确各方应享有的权利和承担的义务，充分、有效地保护知识产权。

第十九条　中外机构就我国人类遗传资源进行合作研究开发，其知识产权按下列原则处理：

（一）合作研究开发成果属于专利保护范围的，应由双方共同申请专利，专利权归双方共有。双方可根据协议共同实施或分别在本国境内实施该项专利，但向第三方转让或者许可第三方实施，必须经过双方同意，所获利益按双方贡献大小分享。

（二）合作研究开发产生的其他科技成果，其使用权、转让权和利益分享办法由双方通过合作协议约定。协议没有约定的，双方都有使用的权利，但向第三方转让须经双方同意，所获利益按双方贡献大小分享。

第五章　奖励与处罚

第二十条　对于发现和报告重要遗传家系和资源信息的单位或个人，给予表彰和奖励；对于揭发违法行为的，给予奖励和保护。

第二十一条　我国单位和个人违反本办法的规定，未经批准，私自携带、邮寄、运输人类遗传资源材料出口、出境的,由海关没收其携带、邮寄、运输的人类遗传资源材料,视情节轻重,给予行政处罚直至移送司法机关处理;未经批准擅自向外方机构或者个人提供人类遗传资源材料的,没收所提供的人类遗传资源材料并处以罚款;情节严重的,给予行政处罚直至追究法律责任。

第二十二条　国(境)外单位和个人违反本办法的规定,未经批准,私自采集、收集、买卖我国人类遗传资源材料的,没收其所持有的人类遗传资源材料并处以罚款;情节严重的,依照我国有关法律追究其法律责任。私自携带、邮寄、运输我国人类遗传资源材料出口、出境的,由海关没收其携带、邮寄、运输的人类遗传资源材料,视情节轻重,给予处罚或移送司法机关处理。

第二十三条　管理部门的工作人员和参与审核的专家负有为申报者保守技术秘密的责任。玩忽职守、徇私舞弊,造成技术秘密泄露或人类遗传资源流失的,视情节给予行政处罚直至追究法律责任。

第六章　附　　则

第二十四条　军队系统可根据本办法的规定,制定本系统的实施细则,报中国人类遗传资源管理办公室备案。武警部队按照本办法的规定执行。

第二十五条　本办法由国务院科学技术行政主管部门、卫生行政主管部门负责解释。

第二十六条　本办法自发布之日起施行。

第十一节　人类辅助生殖技术管理办法

第一章　总　　则

第一条　为保证人类辅助生殖技术安全、有效和健康发展,规范人类辅助生殖技术的应用和管理,保障人民健康,制定本办法。

第二条　本办法适用于开展人类辅助生殖技术的各类医疗机构。

第三条　人类辅助生殖技术的应用应当在医疗机构中进行,以医疗为目的,并符合国家计划生育政策、伦理原则和有关法律规定。

禁止以任何形式买卖配子、合子、胚胎。医疗机构和医务人员不得实施任何形式的代孕技术。

第四条　卫生部主管全国人类辅助生殖技术应用的监督管理工作。县级以上地方人民政府卫生行政部门负责本行政区域内人类辅助生殖技术的日常监督管理。

第二章　审　　批

第五条　卫生部根据区域卫生规划、医疗需求和技术条件等实际情况,制订人类辅助生殖技术应用规划。

第六条　申请开展人类辅助生殖技术的医疗机构应当符合下列条件:

(一)具有与开展技术相适应的卫生专业技术人员和其他专业技术人员;

(二)具有与开展技术相适应的技术和设备;

（三）设有医学伦理委员会；

（四）符合卫生部制定的《人类辅助生殖技术规范》的要求。

第七条　申请开展人类辅助生殖技术的医疗机构应当向所在地省、自治区、直辖市人民政府卫生行政部门提交下列文件：

（一）可行性报告；

（二）医疗机构基本情况（包括床位数、科室设置情况、人员情况、设备和技术条件情况等）；

（三）拟开展的人类辅助生殖技术的业务项目和技术条件、设备条件、技术人员配备情况；

（四）开展人类辅助生殖技术的规章制度；

（五）省级以上卫生行政部门规定提交的其他材料。

第八条　申请开展丈夫精液人工授精技术的医疗机构，由省、自治区、直辖市人民政府卫生行政部门审查批准。省、自治区、直辖市人民政府卫生行政部门收到前条规定的材料后，可以组织有关专家进行论证，并在收到专家论证报告后 30 个工作日内进行审核，审核同意的，发给批准证书；审核不同意的，书面通知申请单位。

对申请开展供精人工授精和体外受精-胚胎移植技术及其衍生技术的医疗机构，由省、自治区、直辖市人民政府卫生行政部门提出初审意见，卫生部审批。

第九条　卫生部收到省、自治区、直辖市人民政府卫生行政部门的初审意见和材料后，聘请有关专家进行论证，并在收到专家论证报告后 45 个工作日内进行审核，审核同意的，发给批准证书；审核不同意的，书面通知申请单位。

第十条　批准开展人类辅助生殖技术的医疗机构应当按照《医疗机构管理条例》的有关规定，持省、自治区、直辖市人民政府卫生行政部门或者卫生部的批准证书到核发其医疗机构执业许可证的卫生行政部门办理变更登记手续。

第十一条　人类辅助生殖技术批准证书每 2 年校验一次，校验由原审批机关办理。校验合格的，可以继续开展人类辅助生殖技术；校验不合格的，收回其批准证书。

第三章　实　　施

第十二条　人类辅助生殖技术必须在经过批准并进行登记的医疗机构中实施。未经卫生行政部门批准，任何单位和个人不得实施人类辅助生殖技术。

第十三条　实施人类辅助生殖技术应当符合卫生部制定的《人类辅助生殖技术规范》的规定。

第十四条　实施人类辅助生殖技术应当遵循知情同意原则，并签署知情同意书。涉及伦理问题的，应当提交医学伦理委员会讨论。

第十五条　实施供精人工授精和体外受精—胚胎移植技术及其各种衍生技术的医疗机构应当与卫生部批准的人类精子库签订供精协议。严禁私自采精。

医疗机构在实施人类辅助生殖技术时应当索取精子检验合格证明。

第十六条　实施人类辅助生殖技术的医疗机构应当为当事人保密，不得泄露有关信息。

第十七条　实施人类辅助生殖技术的医疗机构不得进行性别选择。法律法规另有规定的除外。

第十八条　实施人类辅助生殖技术的医疗机构应当建立健全技术档案管理制度。

供精人工授精医疗行为方面的医疗技术档案和法律文书应当永久保存。

第十九条　实施人类辅助生殖技术的医疗机构应当对实施人类辅助生殖技术的人员进行医学业务和伦理学知识的培训。

第二十条　卫生部指定卫生技术评估机构对开展人类辅助生殖技术的医疗机构进行技术质量监测和定期评估。技术评估的主要内容为人类辅助生殖技术的安全性、有效性、经济性和社会影响。监测结果和技术评估报告报医疗机构所在地的省、自治区、直辖市人民政府卫生行政部门和卫生部备案。

第四章　处　　罚

第二十一条　违反本办法规定,未经批准擅自开展人类辅助生殖技术的非医疗机构,按照《医疗机构管理条例》第四十四条规定处罚;对有上述违法行为的医疗机构,按照《医疗机构管理条例》第四十七条和《医疗机构管理条例实施细则》第八十条的规定处罚。

第二十二条　开展人类辅助生殖技术的医疗机构违反本办法,有下列行为之一的,由省、自治区、直辖市人民政府卫生行政部门给予警告、3万元以下罚款,并给予有关责任人行政处分;构成犯罪的,依法追究刑事责任:

(一)买卖配子、合子、胚胎的;

(二)实施代孕技术的;

(三)使用不具有《人类精子库批准证书》机构提供的精子的;

(四)擅自进行性别选择的;

(五)实施人类辅助生殖技术档案不健全的;

(六)经指定技术评估机构检查技术质量不合格的;

(七)其他违反本办法规定的行为。

第五章　附　　则

第二十三条　本办法颁布前已经开展人类辅助生殖技术的医疗机构,在本办法颁布后3个月内向所在地省、自治区、直辖市人民政府卫生行政部门提出申请,省、自治区、直辖市人民政府卫生行政部门和卫生部按照本办法审查,审查同意的,发给批准证书;审查不同意的,不得再开展人类辅助生殖技术服务。

第二十四条　本办法所称人类辅助生殖技术是指运用医学技术和方法对配子、合子、胚胎进行人工操作,以达到受孕目的的技术,分为人工授精和体外受精-胚胎移植技术及其各种衍生技术。

人工授精是指用人工方式将精液注入女性体内以取代性交途径使其妊娠的一种方法。根据精液来源不同,分为丈夫精液人工授精和供精人工授精。体外受精-胚胎移植技术及其各种衍生技术是指从女性体内取出卵子,在器皿内培养后,加入经技术处理的精子,待卵子受精后,继续培养,到形成早早期胚胎时,再转移到子宫内着床,发育成胎儿直至分娩的技术。

第二十五条　本办法自2001年8月1日起实施。

第十二节 人类精子库管理办法

第一章 总 则

第一条 为了规范人类精子库管理,保证人类辅助生殖技术安全、有效应用和健康发展,保障人民健康,制定本办法。

第二条 本办法所称人类精子库是指以治疗不育症以及预防遗传病等为目的,利用超低温冷冻技术,采集、检测、保存和提供精子的机构。

人类精子库必须设置在医疗机构内。

第三条 精子的采集和提供应当遵守当事人自愿和符合社会伦理原则。

任何单位和个人不得以营利为目的进行精子的采集与提供活动。

第四条 卫生部主管全国人类精子库的监督管理工作。县级以上地方人民政府卫生行政部门负责本行政区域内人类精子库的日常监督管理。

第二章 审 批

第五条 卫生部根据我国卫生资源、对供精的需求、精子的来源、技术条件等实际情况,制订人类精子库设置规划。

第六条 设置人类精子库应当经卫生部批准。

第七条 申请设置人类精子库的医疗机构应当符合下列条件:(一)具有医疗机构执业许可证;(二)设有医学伦理委员会;(三)具有与采集、检测、保存和提供精子相适应的卫生专业技术人员;(四)具有与采集、检测、保存和提供精子相适应的技术和仪器设备;(五)具有对供精者进行筛查的技术能力;(六)应当符合卫生部制定的《人类精子库基本标准》。

第八条 申请设置人类精子库的医疗机构应当向所在地省、自治区、直辖市人民政府卫生行政部门提交下列资料:(一)设置人类精子库可行性报告;(二)医疗机构基本情况;(三)拟设置人类精子库的建筑设计平面图;(四)拟设置人类精子库将开展的技术业务范围、技术设备条件、技术人员配备情况和组织结构;(五)人类精子库的规章制度、技术操作手册等;(六)省级以上卫生行政部门规定的其他材料。

第九条 省、自治区、直辖市人民政府卫生行政部门收到前条规定的材料后,提出初步意见,报卫生部审批。

第十条 卫生部收到省、自治区、直辖市人民政府卫生行政部门的初步意见和材料后,聘请有关专家进行论证,并在收到专家论证报告后 45 个工作日内进行审核,审核同意的,发给人类精子库批准证书;审核不同意的,书面通知申请单位。

第十一条 批准设置人类精子库的医疗机构应当按照《医疗机构管理条例》的有关规定,持卫生部的批准证书到核发其医疗机构执业许可证的卫生行政部门办理变更登记手续。

第十二条 人类精子库批准证书每 2 年校验一次。校验合格的,可以继续开展人类精子库工作;校验不合格的,收回人类精子库批准证书。

第三章 精子采集与提供

第十三条 精子的采集与提供应当在经过批准的人类精子库中进行。未经批准,任何单位和个人不得从事精子的采集与提供活动。

第十四条　精子的采集与提供应当严格遵守卫生部制定的《人类精子库技术规范》和各项技术操作规程。

第十五条　供精者应当是年龄在 22～45 周岁之间的健康男性。

第十六条　人类精子库应当对供精者进行健康检查和严格筛选,不得采集有下列情况之一的人员的精液:(一)有遗传病家族史或者患遗传性疾病;(二)精神病患者;(三)传染病患者或者病源携带者;(四)长期接触放射线和有害物质者;(五)精液检查不合格者;(六)其他严重器质性疾病患者。

第十七条　人类精子库工作人员应当向供精者说明精子的用途、保存方式以及可能带来的社会伦理等问题。人类精子库应当和供精者签署知情同意书。

第十八条　供精者只能在一个人类精子库中供精。

第十九条　精子库采集精子后,应当进行检验和筛查。精子冷冻 6 个月后,经过复检合格,方可向经卫生行政部门批准开展人类辅助生殖技术的医疗机构提供,并向医疗机构提交检验结果。未经检验或检验不合格的,不得向医疗机构提供。

严禁精子库向医疗机构提供新鲜精子。

严禁精子库向未经批准开展人类辅助生殖技术的医疗机构提供精子。

第二十条　一个供精者的精子最多只能提供给 5 名妇女受孕。

第二十一条　人类精子库应当建立供精者档案,对供精者的详细资料和精子使用情况进行计算机管理并永久保存。

人类精子库应当为供精者和受精者保密,未经供精者和受精者同意不得泄露有关信息。

第二十二条　卫生部指定卫生技术评估机构,对人类精子库进行技术质量监测和定期检查。监测结果和检查报告报人类精子库所在地的省、自治区、直辖市人民政府卫生行政部门和卫生部备案。

第四章　处　　罚

第二十三条　违反本办法规定,未经批准擅自设置人类精子库,采集、提供精子的非医疗机构,按照《医疗机构管理条例》第四十四条的规定处罚;对有上述违法行为的医疗机构,按照《医疗机构管理条例》第四十七条和《医疗机构管理条例实施细则》第八十条的规定处罚。

第二十四条　设置人类精子库的医疗机构违反本办法,有下列行为之一的,省、自治区、直辖市人民政府卫生行政部门给予警告、一万元以下罚款,并给予有关责任人员行政处分;构成犯罪的,依法追究刑事责任:(一)采集精液前,未按规定对供精者进行健康检查的;(二)向医疗机构提供未经检验的精子的;(三)向不具有人类辅助生殖技术批准证书的机构提供精子的;(四)供精者档案不健全的;(五)经评估机构检查质量不合格的;(六)其他违反本办法规定的行为。

第五章　附　　则

第二十五条　本办法颁布前已经设置人类精子库的医疗机构,在本办法颁布后 3 个月内向所在地省、自治区、直辖市人民政府卫生行政部门提出申请,省、自治区、直辖市人民政府卫生行政部门和卫生部按照本办法审查,审查同意的,发给人类精子库批准证书;审查不同意的,不得再设置人类精子库。

第二十六条 本办法自 2001 年 8 月 1 日起实施。

第十三节 计划生育技术服务管理条例(修订)

第一章 总 则

第一条 为了加强对计划生育技术服务工作的管理,控制人口数量,提高人口素质,保障公民的生殖健康权利,制定本条例。

第二条 在中华人民共和国境内从事计划生育技术服务活动的机构及其人员应当遵守本条例。

第三条 计划生育技术服务实行国家指导和个人自愿相结合的原则。

公民享有避孕方法的知情选择权。国家保障公民获得适宜的计划生育技术服务的权利。

国家向农村实行计划生育的育龄夫妻免费提供避孕、节育技术服务,所需经费由地方财政予以保障,中央财政对西部困难地区给予适当补助。

第四条 国务院计划生育行政部门负责管理全国计划生育技术服务工作。国务院卫生行政等有关部门在各自的职责范围内,配合计划生育行政部门做好计划生育技术服务工作。

第五条 计划生育技术服务网络由计划生育技术服务机构和从事计划生育技术服务的医疗、保健机构组成,并纳入区域卫生规划。

国家依靠科技进步提高计划生育技术服务质量,鼓励研究、开发、引进和推广计划生育新技术、新药具。

第二章 技 术 服 务

第六条 计划生育技术服务包括计划生育技术指导、咨询以及与计划生育有关的临床医疗服务。

第七条 计划生育技术指导、咨询包括下列内容:

(一)生殖健康科普宣传、教育、咨询;

(二)提供避孕药具及相关的指导、咨询、随访;

(三)对已经施行避孕、节育手术和输卵(精)管复通手术的,提供相关的咨询、随访。

第八条 县级以上城市从事计划生育技术服务的机构可以在批准的范围内开展下列与计划生育有关的临床医疗服务:

(一)避孕和节育的医学检查;

(二)计划生育手术并发症和计划生育药具不良反应的诊断、治疗;

(三)施行避孕、节育手术和输卵(精)管复通手术;

(四)开展围绕生育、节育、不育的其他生殖保健项目。具体项目由国务院计划生育行政部门、卫生行政部门共同规定。

第九条 乡级计划生育技术服务机构可以在批准的范围内开展下列计划生育技术服务

项目：

（一）放置宫内节育器；

（二）取出宫内节育器；

（三）输卵（精）管结扎术；

（四）早期人工终止妊娠术。

乡级计划生育技术服务机构开展上述全部或者部分项目的，应当依照本条例的规定，向所在地设区的市级人民政府计划生育行政部门提出申请。设区的市级人民政府计划生育行政部门应当根据其申请的项目，进行逐项审查。对符合本条例规定条件的，应当予以批准，并在其执业许可证上注明获准开展的项目。

第十条 乡级计划生育技术服务机构申请开展本条例第九条规定的项目，应当具备下列条件：

（一）具有 1 名以上执业医师或者执业助理医师；其中，申请开展输卵（精）管结扎术、早期人工终止妊娠术的，必须具备 1 名以上执业医师；

（二）具有与申请开展的项目相适应的诊疗设备；

（三）具有与申请开展的项目相适应的抢救设施、设备、药品和能力，并具有转诊条件；

（四）具有保证技术服务安全和服务质量的管理制度；

（五）符合与申请开展的项目有关的技术标准和条件。

具体的技术标准和条件由国务院卫生行政部门会同国务院计划生育行政部门制定。

第十一条 各级计划生育行政部门和卫生行政部门应当定期互相通报开展与计划生育有关的临床医疗服务的审批情况。

计划生育技术服务机构开展本条例第八条、第九条规定以外的其他临床医疗服务，应当依照《医疗机构管理条例》的有关规定进行申请、登记和执业。

第十二条 因生育病残儿要求再生育的，应当向县级人民政府计划生育行政部门申请医学鉴定，经县级人民政府计划生育行政部门初审同意后，由设区的市级人民政府计划生育行政部门组织医学专家进行医学鉴定；当事人对医学鉴定有异议的，可以向省、自治区、直辖市人民政府计划生育行政部门申请再鉴定。省、自治区、直辖市人民政府计划生育行政部门组织的医学鉴定为终局鉴定。具体办法由国务院计划生育行政部门会同国务院卫生行政部门制定。

第十三条 向公民提供的计划生育技术服务和药具应当安全、有效，符合国家规定的质量技术标准。

第十四条 国务院计划生育行政部门定期编制并发布计划生育技术、药具目录，指导列入目录的计划生育技术、药具的推广和应用。

第十五条 开展计划生育科技项目和计划生育国际合作项目，应当经国务院计划生育行政部门审核批准，并接受项目实施地县级以上地方人民政府计划生育行政部门的监督管理。

第十六条 涉及计划生育技术的广告，其内容应当经省、自治区、直辖市人民政府计划生育行政部门审查同意。

第十七条 从事计划生育技术服务的机构施行避孕、节育手术、特殊检查或者特殊治疗时，应当征得受术者本人同意，并保证受术者的安全。

第十八条 任何机构和个人不得进行非医学需要的胎儿性别鉴定或者选择性别的人工终止妊娠。

第三章 机构及其人员

第十九条 从事计划生育技术服务的机构包括计划生育技术服务机构和从事计划生育技术服务的医疗、保健机构。

第二十条 从事计划生育技术服务的机构,必须符合国务院计划生育行政部门规定的设置标准。

第二十一条 设立计划生育技术服务机构,由设区的市级以上地方人民政府计划生育行政部门批准,发给《计划生育技术服务机构执业许可证》,并在《计划生育技术服务机构执业许可证》上注明获准开展的计划生育技术服务项目。

第二十二条 从事计划生育技术服务的医疗、保健机构,由县级以上地方人民政府卫生行政部门审查批准,在其《医疗机构执业许可证》上注明获准开展的计划生育技术服务项目,并向同级计划生育行政部门通报。

第二十三条 乡、镇已有医疗机构的,不再新设立计划生育技术服务机构;但是,医疗机构内必须设有计划生育技术服务科(室),专门从事计划生育技术服务工作。乡、镇既有医疗机构,又有计划生育技术服务机构的,各自在批准的范围内开展计划生育技术服务工作。乡、镇没有医疗机构,需要设立计划生育技术服务机构的,应当依照本条例第二十一条的规定从严审批。

第二十四条 计划生育技术服务机构从事产前诊断的,应当经省、自治区、直辖市人民政府计划生育行政部门同意后,由同级卫生行政部门审查批准,并报国务院计划生育行政部门和国务院卫生行政部门备案。

从事计划生育技术服务的机构使用辅助生育技术治疗不育症的,由省级以上人民政府卫生行政部门审查批准,并向同级计划生育行政部门通报。使用辅助生育技术治疗不育症的具体管理办法,由国务院卫生行政部门会同国务院计划生育行政部门制定。使用辅助生育技术治疗不育症的技术规范,由国务院卫生行政部门征求国务院计划生育行政部门意见后制定。

第二十五条 从事计划生育技术服务的机构的执业许可证明文件每三年由原批准机关校验一次。

从事计划生育技术服务的机构的执业许可证明文件不得买卖、出借、出租,不得涂改、伪造。

从事计划生育技术服务的机构的执业许可证明文件遗失的,应当自发现执业许可证明文件遗失之日起30日内向原发证机关申请补发。

第二十六条 从事计划生育技术服务的机构应当按照批准的业务范围和服务项目执业,并遵守有关法律、行政法规和国务院卫生行政部门制定的医疗技术常规和抢救与转诊制度。

第二十七条 县级以上地方人民政府计划生育行政部门应当对本行政区域内的计划生育技术服务工作进行定期检查。

第二十八条 国家建立避孕药具流通管理制度。具体办法由国务院药品监督管理部门会同国务院计划生育行政部门及其他有关主管部门制定。

第二十九条 计划生育技术服务人员中依据本条例的规定从事与计划生育有关的临床服务人员,应当依照执业医师法和国家有关护士管理的规定,分别取得执业医师、执业助理医师、乡村医生或者护士的资格,并在依照本条例设立的机构中执业。在计划生育技术服务机构执业的执业医师和执业助理医师应当依照执业医师法的规定向所在地县级以上地方人民政府卫生行政部门申请注册。具体办法由国务院计划生育行政部门、卫生行政部门共同制定。

个体医疗机构不得从事计划生育手术。

第三十条 计划生育技术服务人员必须按照批准的服务范围、服务项目、手术术种从事计划生育技术服务,遵守与执业有关的法律、法规、规章、技术常规、职业道德规范和管理制度。

第四章 监 督 管 理

第三十一条 国务院计划生育行政部门负责全国计划生育技术服务的监督管理工作。县级以上地方人民政府计划生育行政部门负责本行政区域内计划生育技术服务的监督管理工作。

县级以上人民政府卫生行政部门依据本条例的规定,负责对从事计划生育技术服务的医疗、保健机构的监督管理工作。

第三十二条 国家建立计划生育技术服务统计制度和计划生育技术服务事故、计划生育手术并发症和计划生育药具不良反应的鉴定制度和报告制度。

计划生育手术并发症鉴定和管理办法由国务院计划生育行政部门会同国务院卫生行政部门制定。

从事计划生育技术服务的机构发生计划生育技术服务事故、发现计划生育手术并发症和计划生育药具不良反应的,应当在国务院计划生育行政部门规定的时限内同时向所在地人民政府计划生育行政部门和卫生行政部门报告;对计划生育技术服务重大事故、计划生育手术严重的并发症和计划生育药具严重的或者新出现的不良反应,应当同时逐级向上级人民政府计划生育行政部门、卫生行政部门和国务院计划生育行政部门、卫生行政部门报告。

第三十三条 国务院计划生育行政部门会同国务院卫生行政部门汇总、分析计划生育技术服务事故、计划生育手术并发症和计划生育药具不良反应的数据,并应当及时向有关部门通报。国务院计划生育行政部门应当按照国家有关规定及时公布计划生育技术服务重大事故、计划生育手术严重的并发症和计划生育药具严重的或者新出现的不良反应,并可以授权省、自治区、直辖市计划生育行政部门及时公布和通报本行政区域内计划生育技术服务事故、计划生育手术并发症和计划生育药具不良反应。

第五章 罚 则

第三十四条 计划生育技术服务机构或者医疗、保健机构以外的机构或者人员违反本条例的规定,擅自从事计划生育技术服务的,由县级以上地方人民政府计划生育行政部门依据职权,责令改正,给予警告,没收违法所得和有关药品、医疗器械;违法所得 5 000 元以上的,并处违法所得 2 倍以上 5 倍以下的罚款;没有违法所得或者违法所得不足 5 000 元的,并处 5 000 元以上 2 万元以下的罚款;造成严重后果,构成犯罪的,依法追究刑事责任。

第三十五条　计划生育技术服务机构违反本条例的规定,未经批准擅自从事产前诊断和使用辅助生育技术治疗不育症的,由县级以上地方人民政府卫生行政部门会同计划生育行政部门依据职权,责令改正,给予警告,没收违法所得和有关药品、医疗器械;违法所得 5 000 元以上的,并处违法所得 2 倍以上 5 倍以下的罚款;没有违法所得或者违法所得不足 5 000 元的,并处 5 000 元以上 2 万元以下的罚款;情节严重的,并由原发证部门吊销计划生育技术服务的执业资格。

第三十六条　违反本条例的规定,逾期不校验计划生育技术服务执业许可证明文件,继续从事计划生育技术服务的,由原发证部门责令限期补办校验手续;拒不校验的,由原发证部门吊销计划生育技术服务的执业资格。

第三十七条　违反本条例的规定,买卖、出借、出租或者涂改、伪造计划生育技术服务执业许可证明文件的,由原发证部门责令改正,没收违法所得;违法所得 3 000 元以上的,并处违法所得 2 倍以上 5 倍以下的罚款;没有违法所得或者违法所得不足 3 000 元的,并处 3 000 元以上 5 000 元以下的罚款;情节严重的,并由原发证部门吊销相关的执业资格。

第三十八条　从事计划生育技术服务的机构违反本条例第三条第三款的规定,向农村实行计划生育的育龄夫妻提供避孕、节育技术服务,收取费用的,由县级地方人民政府计划生育行政部门责令退还所收费用,给予警告,并处所收费用 2 倍以上 5 倍以下的罚款;情节严重的,并对该机构的正职负责人、直接负责的主管人员和其他直接责任人员给予降级或者撤职的行政处分。

第三十九条　从事计划生育技术服务的机构违反本条例的规定,未经批准擅自扩大计划生育技术服务项目的,由原发证部门责令改正,给予警告,没收违法所得;违法所得 5 000元以上的,并处违法所得 2 倍以上 5 倍以下的罚款;没有违法所得或者违法所得不足 5 000元的,并处 5 000 元以上 2 万元以下的罚款;情节严重的,并由原发证部门吊销计划生育技术服务的执业资格。

第四十条　从事计划生育技术服务的机构违反本条例的规定,使用没有依法取得相应的医师资格的人员从事与计划生育技术服务有关的临床医疗服务的,由县级以上人民政府卫生行政部门依据职权,责令改正,没收违法所得;违法所得 3 000 元以上的,并处违法所得 1 倍以上 3 倍以下的罚款;没有违法所得或者违法所得不足 3 000 元的,并处 3 000 元以上 5 000 元以下的罚款;情节严重的,并由原发证部门吊销计划生育技术服务的执业资格。

第四十一条　从事计划生育技术服务的机构出具虚假证明文件,构成犯罪的,依法追究刑事责任;尚不构成犯罪的,由原发证部门责令改正,给予警告,没收违法所得;违法所得 5 000 元以上的,并处违法所得 2 倍以上 5 倍以下的罚款;没有违法所得或者违法所得不足 5 000 元的,并处 5 000 元以上 2 万元以下的罚款;情节严重的,并由原发证部门吊销计划生育技术服务的执业资格。

第四十二条　计划生育行政部门、卫生行政部门违反规定,批准不具备规定条件的计划生育技术服务机构或者医疗、保健机构开展与计划生育有关的临床医疗服务项目,或者不履行监督职责,或者发现违法行为不予查处,导致计划生育技术服务重大事故发生的,对该部门的正职负责人、直接负责的主管人员和其他直接责任人员给予降级或者撤职的行政处分;构成犯罪的,依法追究刑事责任。

第六章　附　　则

第四十三条　依照本条例的规定,乡级计划生育技术服务机构开展本条例第九条规定的项目发生计划生育技术服务事故的,由计划生育行政部门行使依照《医疗事故处理条例》有关规定由卫生行政部门承担的受理、交由负责医疗事故技术鉴定工作的医学会组织鉴定和赔偿调解的职能;对发生计划生育技术服务事故的该机构及其有关责任人员,依法进行处理。

第四十四条　设区的市级以上地方人民政府计划生育行政部门应当自《国务院关于修改〈计划生育技术服务管理条例〉的决定》施行之日起6个月内,对本行政区域内已经获得批准开展本条例第九条规定的项目的乡级计划生育技术服务机构,依照本条例第十条规定的条件重新进行检查;对不符合条件的,应当责令其立即停止开展相应的项目,并收回原批准文件。

第四十五条　在乡村计划生育技术服务机构或者乡村医疗、保健机构中从事计划生育技术服务的人员,符合本条例规定的,可以经认定取得执业资格;不具备本条例规定条件的,按照国务院的有关规定执行。

第四十六条　本条例自2001年10月1日起施行。

第十四节　计划生育技术服务管理条例实施细则

第一章　总　　则

第一条　根据《计划生育技术服务管理条例》(以下简称条例),制订本细则。

第二条　中华人民共和国境内从事计划生育技术服务活动的各级各类机构及其人员应当遵守条例和本细则。

第三条　计划生育技术服务实行国家指导与个人自愿相结合的原则。公民实行计划生育时,有权了解自身的健康检查结果和常用避孕节育方法的作用机理、适应证、禁忌证、优缺点、使用方法、注意事项、可能出现的副作用及其处理方法,在计划生育技术服务人员指导下,负责任地选择适合于自己的避孕节育方法。从事计划生育技术服务的机构和人员,在提供避孕节育技术服务时应充分考虑服务对象的健康状况、劳动强度及其所处的生理时期,指导公民选择适宜的避孕节育方法,并为其提供安全、有效、规范的技术服务。对于已生育子女的夫妻,提倡选择以长效为主的避孕方法。

第四条　国家保障公民获得适宜的计划生育技术服务的权利,向农村实行计划生育的育龄夫妻免费提供避孕、节育技术服务。免费提供的技术服务项目包括发放避孕药具;孕情、环情检查;放置、取出宫内节育器及技术常规所规定的各项医学检查;人工终止妊娠术及技术常规所规定的各项医学检查;输卵管结扎术、输精管结扎术及技术常规所规定的各项医学检查;计划生育手术并发症诊治。

第五条　向农村实行计划生育的育龄夫妻免费提供避孕、节育技术服务所需经费,由各级财政设立专项经费予以保障,具体结算标准和结算形式由各省、自治区、直辖市人民政府制定。国家向城市实行计划生育的育龄夫妻免费发放避孕药具。城市实行计划生育的育龄夫妻接受避孕、节育技术服务的,其费用解决途径为:参加生育保险、医疗保险和其他相关社会保险的,由社会保险基金统筹支付;未参加上述保险的公民,由所在单位或地方财政负担。具体办法由县级以上地方人民政府制定。对西部困难地区免费提供避孕节育技术服务所需经费,由中央财政给予适当补助。

第六条　国家计划生育委员会负责管理全国计划生育技术服务工作,履行下列职责:

(一)制定与条例配套的规章和制度;

(二)围绕生育、节育、不育制定生殖保健服务的规划与规范,编制并颁布计划生育技术服务项目、药具目录;

(三)制定全国计划生育技术服务工作发展规划,指导各地计划生育技术服务网络的规划、建设、管理和监督;

(四)组织制定并实施与计划生育技术服务工作相关的科学研究总体规划,组织计划生育新技术推广和避孕药具上市后的监测工作;

(五)对计划生育技术服务进行管理和监督;

(六)管理与计划生育技术服务相关的其他工作。

第七条　各地计划生育技术服务网络的规划,应当由县级以上地方人民政府计划生育行政部门在当地人民政府的统一领导下,遵循布局合理、规模适当、广为覆盖的原则提出,并报请同级人民政府将其纳入国民经济、社会发展和区域卫生规划。

第八条　从事计划生育技术服务的机构应当坚持"面向基层,深入乡村,服务上门,方便群众"的工作方针。各级各类从事计划生育技术服务的机构要合理分工,密切协作,优势互补,围绕生育、节育、不育共同做好避孕节育和其他生殖保健服务工作。

第九条　国家计划生育委员会制定并组织实施计划生育科学研究、技术发展、新技术引入和推广的总体规划。省、自治区、直辖市人民政府计划生育行政部门负责组织实施推进与计划生育优质服务相关的科学研究、技术发展、新技术引入和推广项目。国内外企业、基金会、国际组织和社会团体,可以根据条例和本细则的规定申请承担或参与推进计划生育技术服务相关的科学研究、技术发展和新技术的引入和推广。

第二章　技　术　服　务

第十条　计划生育技术服务是指使用手术、药物、工具、仪器、信息及其他技术手段,有目的地向育龄公民提供生育调节及其他有关的生殖保健服务的活动,包括计划生育技术指导、咨询以及与计划生育有关的临床医疗服务。

第十一条　计划生育技术指导、咨询包括下列内容:

(一)避孕节育与降低出生缺陷发生风险及其他生殖健康的科普宣传、指导和咨询;

(二)提供避孕药具,对服务对象进行相关的指导、咨询、随访;

(三)对施行避孕、节育手术和输卵(精)管复通手术的,在手术前、后提供相关的指导、咨询和随访。

第十二条　与计划生育有关的临床医疗服务包括下列内容:

(一)避孕和节育的医学检查,主要指按照避孕、节育技术常规,为了排除禁忌证、掌握适应证而进行的术前健康检查以及术后康复和保证避孕安全、有效所需要的检查;

(二)各种计划生育手术并发症和计划生育药具不良反应的诊断、鉴定和治疗;

(三)施行各种避孕、节育手术和输卵(精)管复通术等恢复生育力的手术以及与施行手术相关的临床医学诊断和治疗；

(四)根据国家计划生育委员会和卫生部共同制定的有关规定,开展围绕生育、节育、不育的其他生殖保健服务；

(五)病残儿医学鉴定中必要的检查、观察、诊断、治疗活动。

第十三条 因生育病残儿要求再生育而申请医学鉴定的,依照《病残儿医学鉴定管理办法》执行。病残儿医学鉴定诊断及其父母再生育指导,依照《病残儿医学鉴定诊断暂行标准及再生育指导原则》执行。

第十四条 计划生育手术并发症的诊断、鉴定和管理,依照《计划生育手术并发症鉴定管理办法》执行。计划生育技术服务中发生的医疗事故,按照国家有关规定处理。

第十五条 在城乡基层开展涉及人群的计划生育科学技术研究项目和国际合作项目,应按规定由项目承担单位提出书面申请和工作方案,经实施地省、自治区、直辖市人民政府计划生育行政部门初审同意,报国家计划生育委员会审查批准后实施。实施中接受项目实施地县级以上地方人民政府计划生育行政部门的监督。

第十六条 发布涉及计划生育技术的广告,须经省、自治区、直辖市人民政府计划生育行政部门审查同意后,再报同级广告主管部门批准。

第十七条 各级计划生育技术服务机构和从事计划生育技术服务的医疗、保健机构,在施行避孕、节育手术、特殊检查或者特殊治疗时,应向实行计划生育的服务对象做必要的解释,征得服务对象的同意。特殊检查、特殊治疗是指具有下列情形之一的诊断、治疗活动：

(一)有一定危险性,可能产生不良后果的检查和治疗；

(二)由于服务对象体质特殊或者病情危重,可能对其产生不良后果和危险的检查和治疗；

(三)临床试验性检查和治疗；

(四)需收费并可能对服务对象造成较大经济负担的检查和治疗。

第十八条 从事计划生育技术服务的机构及其计划生育技术服务人员,不得进行非医学需要的胎儿性别鉴定或者选择性别的人工终止妊娠。

因生育病残儿经鉴定获准再生育者,怀疑胎儿可能为伴性遗传病需进行性别鉴定的,由省级病残儿医学鉴定组确定,到指定的机构按照有关规定进行鉴定；鉴定确诊后,要求人工终止妊娠的,应出具省级病残儿医学鉴定组的鉴定意见和处理意见。

第三章 服 务 机 构

第十九条 从事计划生育技术服务的机构包括计划生育技术服务机构和从事计划生育技术服务的医疗、保健机构。

计划生育技术服务机构是指依照条例规定取得执业许可、隶属同级计划生育行政部门、具有医疗保健性质、从事计划生育技术服务的非营利的公益性全额拨款事业单位。各级计划生育技术服务机构的事业经费由各级财政予以保障。

从事计划生育技术服务的医疗、保健机构是指已持有《医疗机构执业许可证》,又依照条例规定设有计划生育技术服务科(室),并取得计划生育技术服务项目执业许可的医疗、保健单位。

第二十条　设置乡级以上从事计划生育技术服务的机构必须符合国家计划生育委员会制定的机构设置标准。

村级和城市社区计划生育技术服务机构的设置标准和审批程序由省、自治区、直辖市人民政府计划生育行政部门提出方案,报同级人民政府批准,并报国家计划生育委员会备案。

第二十一条　依照分级管辖原则办理计划生育技术服务机构的设置审批、执业许可审批和校验。

省、自治区、直辖市人民政府计划生育行政部门负责设区的市级以上计划生育技术服务机构的设置审批、执业许可审批和校验;

设区的市级地方人民政府计划生育行政部门负责县、乡级计划生育技术服务机构的设置审批、执业许可审批和校验;

批准执业的,发给《计划生育技术服务机构执业许可证》,并在《计划生育技术服务机构执业许可证》上载明获准开展的计划生育技术服务项目。

第二十二条　乡级计划生育技术服务机构除可以开展条例第七条规定的计划生育技术指导、咨询外,可根据《从事计划生育技术服务的机构设置标准》和《计划生育技术服务项目评审基本标准》,申请开展避孕和节育的医学检查、放置和取出宫内节育器、绝育术、人工流产术以及与避孕、节育有关的临床技术服务;经设区的市级地方人民政府计划生育行政部门逐项审查、批准,方可开展相应的服务项目。未经批准,不得擅自增加技术服务项目。

第二十三条　医疗、保健机构开展计划生育技术服务,应当依照国家计划生育委员会制定的设置标准,内设计划生育科(室),由县级以上地方人民政府卫生行政部门审查批准,在其执业许可证上载明获准开展的服务项目。

第二十四条　乡、镇既有卫生院,又有计划生育技术服务站的,各自在批准的范围内开展计划生育技术服务工作;乡、镇已有卫生院而没有计划生育技术服务机构的,不再新设立计划生育技术服务机构,但是,乡、镇卫生院内必须设立计划生育技术服务科(室),专门从事计划生育技术服务工作,并接受上级卫生行政部门和计划生育行政部门的业务指导和监督管理;乡、镇卫生院内虽设有计划生育技术服务科(室),但无人从事计划生育技术服务,或不能满足计划生育工作需要的,由所在乡、镇人民政府、县级地方人民政府卫生行政部门和计划生育行政部门妥善解决;乡、镇既没有卫生院,又没有计划生育技术服务机构的,必须设立计划生育技术服务机构。

第二十五条　计划生育技术服务机构开展条例规定的与计划生育有关的临床医疗服务项目之外的其他诊疗业务,应当依照《医疗机构管理条例》的规定,依法向卫生行政部门申办《医疗机构执业许可证》,并接受卫生行政部门的监督管理。

第二十六条　计划生育技术服务机构从事产前诊断的,应当经省、自治区、直辖市人民政府计划生育行政部门同意后,报同级卫生行政部门审查批准。受理部门应在规定的时限内作出决定,书面通知申报单位,并向同级计划生育行政部门通报。作出许可决定的,在规定的时限内,将批准的单位同时上报卫生部和国家计划生育委员会备案。

从事计划生育技术服务的机构使用辅助生育技术治疗不育症的,应根据卫生部会同国家计划生育委员会制定的使用辅助生育技术治疗不育症的管理办法申办服务项目申请。

获准开展使用辅助生育技术治疗不育症服务项目的机构和技术人员,应当按照使用辅助生育技术治疗不育症的技术规范开展服务。

第二十七条 计划生育技术服务机构设置、执业许可和校验依照《计划生育技术服务机构执业管理办法》执行。

申报新设置从事计划生育技术服务的医疗、保健机构,应当向县级以上卫生行政部门申请,参照医疗机构管理条例规定的程序,取得设置批准书和执业许可证明文件。执业许可证上应注明获准开展的技术服务项目。

第二十八条 从事计划生育技术服务的机构需要变更名称、场所、法定代表人、主要技术负责人的,应到原发证部门登记变更。因歇业、转业而停止从事计划生育技术服务的,必须向原发证部门办理注销登记,收回相应的许可证明,或在《医疗机构执业许可证》上注销相应的计划生育技术服务项目。

原发证部门在收到变更、注销申请之日后 30 个工作日之内作出决定并函告申请者。从事计划生育技术服务的机构,其执业许可证明文件遗失的,应当自发现执业许可证明文件遗失之日起 30 个工作日内,在所在地县级的报纸上刊登遗失证明后,向原发证机关申请补发,未申请补办的,视为无证。

第二十九条 从事计划生育技术服务的机构应将执业许可证明、服务项目和收费标准悬挂于明显处所。

从事计划生育技术服务的机构,应当自觉遵守有关法律、法规,严格执行国家制定的医疗技术常规、计划生育技术服务规范及其他有关的制度。

第三十条 计划生育技术服务专家委员会由计划生育行政部门商同级卫生行政部门后提名,报同级人民政府审查批准后设立。计划生育技术服务专家委员会由从事计划生育技术服务和相关医学专家及计划生育、卫生管理专家组成,其主要职责是:

(一)参与从事计划生育技术服务的机构的评审;

(二)参与组织计划生育技术服务人员的考试、考核;

(三)指导病残儿医学鉴定、计划生育手术并发症及其他与计划生育有关的技术鉴定;

(四)协助当地计划生育行政部门组织与计划生育技术服务有关的科研项目,指导当地计划生育新技术推广应用和对计划生育技术服务的指导和培训;

(五)参与计划生育技术服务工作的考核和评估;

(六)开展计划生育技术服务的调研,对计划生育技术服务的管理和发展提出意见和建议;

(七)承担计划生育行政部门委托的其他工作任务。

第四章 技 术 人 员

第三十一条 计划生育技术服务人员是指依照条例和本细则的规定,取得《计划生育技术服务人员合格证》(以下简称《合格证》)并在从事计划生育技术服务的机构中从事计划生育技术指导、咨询以及与计划生育有关的临床医疗服务的人员。

第三十二条 计划生育技术服务人员中依据条例的规定从事与计划生育有关的临床服务人员,应当依照《执业医师法》及国家有关乡村医生、护士等卫生技术人员管理的规定,向所在地县级以上地方人民政府卫生行政部门申请注册。暂未达到执业医师、执业助理医师、乡村医生、护士注册条件,但从事计划生育技术服务工作 3 年以上且未发生过医疗事故,并已取得国家计划生育委员会岗位培训合格证书,经县级以上地方人民政府计划生育行政部门推荐,由设区的市级地方人民政府计划生育行政部门商同级卫生行政部门同意,从2001年10月1日起缓期2至3年认定执业资格。具体办法由省、自治区、直辖市人民政府计划生育行政部门制定。

第三十三条 计划生育技术服务人员实行持证上岗的制度。从事计划生育技术服务的各类技术人员,应当经过相应的业务培训,熟悉相关的专业基础理论知识和实际操作技能,了解国家和地方的计划生育政策,掌握计划生育技术标准、服务规范,取得《合格证》,按《合格证》载明的服务项目提供服务。在计划生育技术服务机构或从事计划生育技术服务的医疗、保健机构中从事计划生育技术服务的人员的《合格证》的审批、校验及其管理分别由设区的市级以上地方人民政府计划生育行政部门、县级以上地方人民政府卫生行政部门负责。

第三十四条 拟从事咨询指导、药具发放、手术、临床检验等各类计划生育技术服务的人员,均应申请办理《合格证》。申请办理《合格证》应提交以下文件:

(一)申请人填写的计划生育技术服务人员合格证申请表。申请表应清楚注明技术服务项目的类别,由申请人所在单位审查、签署意见并加盖公章;

(二)设区的市级以上地方人民政府计划生育行政部门组织的人口政策与计划生育技术基础知识考试和县级以上地方人民政府计划生育行政部门组织的操作技能考核合格的证明文件;

(三)学历、专业技术职称证明文件;

(四)设区的市级以上地方人民政府计划生育行政部门或县级以上地方人民政府卫生行政部门要求提交的其他材料。

第三十五条 条例实施前已取得计划生育手术施术资格并继续在从事计划生育技术服务的机构内从事计划生育技术服务活动的,应换发《合格证》。换发《合格证》应提交以下文件:

(一)原由县级以上地方人民政府计划生育行政部门或卫生行政部门核发的施术合格证;

(二)申请人填写的计划生育技术服务人员合格证申请表,单位审查、签署意见并加盖公章;

(三)近3年内无医疗事故,无违背计划生育技术规范和职业道德行为的证明文件;

(四)设区的市级以上地方人民政府计划生育行政部门或县级以上地方人民政府卫生行政部门要求提交的其他材料。

第三十六条 《合格证》的申请办理、申请换发和审批,均应注明技术服务项目,获准从事手术服务项目的,应注明手术术种。已取得《合格证》,要求增加技术服务项目或手术术种的,须向原发证部门申请。

第三十七条 《合格证》的有效期为3年。有效期届满前3个月,持证人应持《合格证》、单位审查意见、近3年内无重大医疗事故、无违背计划生育技术规范和职业道德行为的证明文件,到原发证机关进行校验。逾期未校验的《合格证》自行作废。受理申请办理、换发、校验的部门应在收到申请之日起30个工作日内作出决定,并通知申请者。

第三十八条 县级以上地方人民政府计划生育行政部门或卫生行政部门,应制订规划、组织实施本部门计划生育技术服务人员的业务培训和继续医学教育,不断提高计划生育技术服务人员的业务能力和技术水平。在计划生育技术服务机构中接受的与执业有关的培训和继续教育的记录,可作为医师执业考核和专业技术职称评定的依据。

第五章　监督管理

第三十九条　国家计划生育委员会负责全国计划生育技术服务的监督管理工作,履行下列监督管理职责:

(一)对条例和本细则及其他配套文件的执行情况进行检查、监督和指导;

(二)对计划生育技术服务统计工作监督、检查并负责组织全国计划生育技术服务统计数据汇总、分析和结果的发布;

(三)负责全国计划生育技术服务事故、并发症、不良反应的汇总、分析和信息发布,指导不良事件的调查、处理;

(四)对全国计划生育技术服务工作的其他事项进行监督管理。

第四十条　县级以上地方人民政府计划生育行政部门负责本行政区域内计划生育技术服务监督管理工作,履行下列监督管理职责:

(一)负责提出对本行政区域内计划生育技术服务网络的规划,报同级人民政府批准后,负责其建设和管理的具体工作;

(二)负责对本行政区域内计划生育技术服务机构和人员执业许可、登记和许可证明文件的校验;

(三)对本行政区域内从事计划生育技术服务的机构和人员执行条例和本细则的情况进行检查和监督;

(四)负责本行政区域内计划生育技术服务统计工作;

(五)对本行政区域内计划生育技术服务中出现的事故、并发症、不良反应进行调查处理;

(六)负责病残儿医学鉴定和计划生育手术并发症的管理工作;

(七)对在本行政区域内开展的涉及人群的计划生育科学技术项目和国际合作项目进行监督管理;

(八)对违反条例及本细则的行为,依法给予行政处罚;

(九)负责本行政区域内计划生育技术服务监督管理的其他事项。

第四十一条　县级以上地方人民政府计划生育行政部门应配备科技管理人员和执法监督人员,由具有相关专业学历并经计划生育技术执法和管理培训合格的人员担任,依法履行计划生育技术服务的管理和执法监督职责。

第四十二条　计划生育技术服务执法监督人员在履行职务时,应当出示证件。计划生育技术服务执法监督人员可以向从事计划生育技术服务的机构了解情况,索取必要的资料,向相关人员进行调查、取证,对计划生育技术服务工作进行检查、监督,从事计划生育技术服务的机构和相关人员不得拒绝和隐瞒。计划生育技术服务执法监督人员对从事计划生育技术服务的机构和相关人员提供的资料负有保密的义务。

第四十三条　县级以上地方人民政府计划生育行政部门应建立计划生育技术服务监督员制度,聘请计划生育技术专家、科技管理专家和药品检测专家对本级从事计划生育技术服务的机构和人员执行条例和本细则的情况进行检查并及时向计划生育行政部门报告。

第四十四条　县级以上地方人民政府计划生育行政部门每年至少组织一次计划生育技

术服务工作检查,检查的主要内容包括:各级从事计划生育技术服务的机构执行条例和本细则的情况,执行计划生育技术标准、服务规范的情况,技术服务质量以及计划生育技术、药具的应用情况。

第四十五条 县级以上地方人民政府计划生育行政部门依法受理辖区内机构、个人对销售计划生育药具、相关产品的质量、事故、不良反应以及辖区内从事计划生育技术服务的机构提供的计划生育技术服务的质量、事故的举报和投诉,并对举报和投诉进行登记,会同有关部门及时作出处理。

第四十六条 从事计划生育技术服务的机构必须按照国家计划生育委员会制定的计划生育技术服务统计制度,以及技术服务事故、计划生育手术并发症、计划生育药具不良反应报告制度,如实向所在地县级以上地方人民政府计划生育行政部门和卫生行政部门报告计划生育技术服务的统计数据、事故、并发症和药具不良反应。县级以上地方人民政府卫生行政部门每年的 11 月 1 日前,将从事计划生育技术服务的医疗、保健机构所做的计划生育技术服务工作的统计数字通报同级计划生育行政部门。

第四十七条 国家计划生育委员会会同卫生部每年对计划生育技术服务事故、手术并发症和药具不良反应的数据进行汇总、分析和通报,并将药具不良反应数据汇总和分析结果通报国家药品监督管理局。各省、自治区、直辖市人民政府计划生育行政部门应会同同级卫生行政部门对本区域内计划生育技术服务工作中发生的事故、手术并发症和药具不良反应数据进行汇总、分析,并及时上报国家计划生育委员会和卫生部。

第六章 罚 则

第四十八条 未取得执业许可,擅自从事计划生育技术服务的,按照条例第三十一条的规定处罚。

计划生育技术服务机构违反本细则规定,使用没有依法取得《合格证》的人员从事计划生育技术服务的,由县级以上地方人民政府计划生育行政部门责令改正,没收违法所得;违法所得 1 000 元以上的,并处违法所得 1 倍以上 3 倍以下的罚款;没有违法所得或者违法所得不足 1 000 元的,并处 1 000 元以上 3 000 元以下的罚款。

第四十九条 从事计划生育技术服务的机构和人员,违反条例的规定,未经批准擅自从事产前诊断和使用辅助生育技术治疗不育症的,由县级以上地方人民政府卫生行政部门会同同级计划生育行政部门,依据条例第三十二条的规定,对违规的机构和人员进行处罚。

第五十条 对买卖、出借、出租或者涂改、伪造计划生育技术服务执业许可证明文件的,由原发证部门依照条例第三十四条的规定进行处罚。买卖、出借、出租或涂改、伪造计划生育技术服务人员合格证明文件的,由原发证部门责令改正,没收违法所得;违法所得 1 000 元以上的,并处违法所得 2 倍以上 5 倍以下的罚款;没有违法所得或者违法所得不足 1 000 元的,并处 1 000 元以上 3 000 元以下罚款;情节严重的,并由原发证部门吊销相关的执业资格。

第五十一条 向农村实行计划生育的育龄夫妻提供避孕、节育技术服务时,在规定的免费项目范围内收取费用的,由县级以上地方人民政府计划生育行政部门按照条例第三十五条的规定进行处罚。

第五十二条 从事计划生育技术服务的人员违反条例和本细则规定,擅自增加计划生育技术服务项目或在执业的机构外从事计划生育技术服务的,由原发证部门责令改正,给予警告,没收违法所得;违法所得1 000元以上的,并处违法所得2倍以上5倍以下的罚款;没有违法所得或者违法所得不足1 000元的,并处1 000元以上3 000元以下罚款;情节严重的,并由原发证部门吊销相关的执业资格。

第五十三条　计划生育技术服务机构和从事计划生育技术服务的医疗、保健机构在开展计划生育技术服务时,出具虚假证明文件、做假手术的,由原发证部门依照条例第三十九条的规定进行处罚。

从事计划生育技术服务的人员有以上行为的,由原发证部门责令改正,给予警告,没收违法所得;违法所得1 000元以上的,并处违法所得2倍以上5倍以下的罚款;没有违法所得或者违法所得不足1 000元的,并处1 000元以上3 000元以下罚款;情节严重的,并由原发证部门吊销相关的执业资格。

第五十四条　当事人对行政处罚决定不服的,可以依法申请行政复议或者提起行政诉讼。逾期不申请行政复议、不提起行政诉讼又不履行行政处罚决定的,作出该行政处罚决定的机关可以向人民法院申请强制执行。

第七章　附　则

第五十五条　条例及本细则所涉及的《计划生育技术服务机构执业许可证》由国家计划生育委员会统一印制;《计划生育技术服务人员合格证》由国家计划生育委员会制定统一格式,各省、自治区、直辖市人民政府计划生育行政部门印制。

第五十六条　本细则自发布之日起施行。

第三章

采供血液（浆）管理

第一节 中华人民共和国献血法

第一条 为保证医疗临床用血需要和安全,保障献血者和用血者身体健康,发扬人道主义精神,促进社会主义物质文明和精神文明建设,制定本法。

第二条 国家实行无偿献血制度。

国家提倡十八周岁至五十五周岁的健康公民自愿献血。

第三条 地方各级人民政府领导本行政区域内的献血工作,统一规划并负责组织、协调有关部门共同做好献血工作。

第四条 县级以上各级人民政府卫生行政部门监督管理献血工作。

各级红十字会依法参与、推动献血工作。

第五条 各级人民政府采取措施广泛宣传献血的意义,普及献血的科学知识,开展预防和控制经血液途径传播的疾病的教育。

新闻媒介应当开展献血的社会公益性宣传。

第六条 国家机关、军队、社会团体、企业事业组织、居民委员会、村民委员会,应当动员和组织本单位或者本居住区的适龄公民参加献血。

现役军人献血的动员和组织办法,由中国人民解放军卫生主管部门制定。

对献血者,发给国务院卫生行政部门制作的无偿献血证书,有关单位可以给予适当补贴。

第七条 国家鼓励国家工作人员、现役军人和高等学校在校学生率先献血,为树立社会新风尚作表率。

第八条 血站是采集、提供临床用血的机构,是不以营利为目的的公益性组织。设立血站向公民采集血液,必须经国务院卫生行政部门或者省、自治区、直辖市人民政府卫生行政部门批准。血站应当为献血者提供各种安全、卫生、便利的条件。血站的设立条件和管理办法由国务院卫生行政部门制定。

第九条 血站对献血者必须免费进行必要的健康检查;身体不符合献血条件的,血站应当向其说明情况,不得采集血液。献血者的身体健康条件由国务院卫生行政部门规定。

血站对献血者每次采集血液量一般为二百毫升,最多不得超过四百毫升,两次采集间隔期不少于六个月。

严格禁止血站违反前款规定对献血者超量、频繁采集血液。

第十条　血站采集血液必须严格遵守有关规程和制度,采血必须由具有采血资格的医务人员进行,一次性采血器材用后必须销毁,确保献血者的身体健康。

血站应当根据国务院卫生行政部门制定的标准,保证血液质量。

血站对采集的血液必须进行检测;未经检测或检测不合格的血液,不得向医疗机构提供。

第十一条　无偿献血的血液必须用于临床,不得买卖。血站、医疗机构不得将无偿献血的血液出售给单采血浆站或者血液制品生产单位。

第十二条　临床用血的包装、储存、运输,必须符合国家规定的卫生标准和要求。

第十三条　医疗机构对临床用血必须进行核查,不得将不符合国家规定标准的血液用于临床。

第十四条　公民临床用血时只交付用于血液采集、储存、分离、检验等费用;具体收费标准由国务院卫生行政门会同国务院价格主管部门制定。

无偿献血者临床需要用血时,免交前款规定的费用;无偿献血者的配偶和直系亲属临床需要用血时,可以按照省、自治区、直辖市人民政府的规定免交或者减交前款规定的费用。

第十五条　为保障公民临床急救用血的需要,国家提倡并指导择期手术的患者自身储血,动员家庭、亲友、所在单位以及社会互助献血。

为保证应急用血,医疗机构可以临时采集血液,但应当依照本法规定,确保采血用血安全。

第十六条　医疗机构临床用血应当制定用血计划,遵循合理、科学的原则,不得浪费和滥用血液。

医疗机构应当积极推行按血液成分针对医疗实际需要输血,具体管理办法由国务院卫生行政部门制定。

国家鼓励临床用血新技术的研究和推广。

第十七条　各级人民政府和红十字会对积极参加献血和在献血工作中做出显著成绩的单位和个人,给予奖励。

第十八条　有下列行为之一的,由县级以上地方人民政府卫生行政部门予以取缔,没收违法所得,可以并处十万元以下的罚款;构成犯罪的,依法追究刑事责任:

(一)非法采集血液的;

(二)血站、医疗机构出售无偿献血的血液的;

(三)非法组织他人出卖血液的。

第十九条　血站违反有关操作规程和制度采集血液,由县级以上地方人民政府卫生行政部门责令改正;给献血者健康造成损害的,应当依法赔偿,对直接负责的主管人员和其他直接责任人员,依法给予行政处分;构成犯罪的,依法追究刑事责任。

第二十条　临床用血的包装、储存、运输,不符合国家规定的卫生标准和要求的,由县级以上地方人民政府卫生行政部门责令改正,给予警告,可以并处一万元以下的罚款。

第二十一条 血站违反本法的规定,向医疗机构提供不符合国家规定标准的血液的,由县级以上人民政府卫生行政部门责令改正;情节严重,造成经血液途径传播的疾病传播或者有传播严重危险的,限期整顿,对直接负责的主管人员和其他直接责任人员,依法给予行政处分;构成犯罪的,依法追究刑事责任。

第二十二条 医疗机构的医务人员违反本法规定,将不符合国家规定标准的血液用于患者的,由县级以上地方人民政府卫生行政部门责令改正;给患者健康造成损害的,应当依法赔偿,对直接负责的主管人员和其他直接责任人员,依法给予行政处分;构成犯罪的,依法追究刑事责任。

第二十三条 卫生行政部门及其工作人员在献血、用血的监督管理工作中,玩忽职守,造成严重后果,构成犯罪的,依法追究刑事责任;尚不构成犯罪的,依法给予行政处分。

第二十四条 本法自 1998 年 10 月 1 日起施行。

第二节 血液制品管理条例

第一章 总 则

第一条 为了加强血液制品管理,预防和控制经血液途径传播的疾病,保证血液制品的质量,根据药品管理法和传染病防治法,制定本条例。

第二条 本条例适用于在中华人民共和国境内从事原料血浆的采集、供应以及血液制品的生产、经营活动。

第三条 国务院卫生行政部门对全国的原料血浆的采集、供应和血液制品的生产、经营活动实施监督管理。

县级以上地方各级人民政府卫生行政部门对本行政区域内的原料血浆的采集、供应和血液制品的生产、经营活动,依照本条例第三十条规定的职责实施监督管理。

第二章 原料血浆的管理

第四条 国家实行单采血浆站统一规划、设置的制度。

国务院卫生行政部门根据核准的全国生产用原料血浆的需求,对单采血浆站的布局、数量和规模制定总体规划。省、自治区、直辖市人民政府卫生行政部门根据总体规划制定本行政区域内单采血浆站设置规划和采集血浆的区域规划,并报国务院卫生行政部门备案。

第五条 单采血浆站由血液制品生产单位设置或者由县级人民政府卫生行政部门设置,专门从事单采血浆活动,具有独立法人资格。其他任何单位和个人不得从事单采血浆活动。

第六条 设置单采血浆站,必须具备下列条件:

(一)符合单采血浆站布局、数量、规模的规划;

(二)具有与所采集原料血浆相适应的卫生专业技术人员;

(三)具有与所采集原料血浆相适应的场所及卫生环境；

(四)具有识别供血浆者的身份识别系统；

(五)具有与所采集原料血浆相适应的单采血浆机械及其他设施；

(六)具有对所采集原料血浆进行质量检验的技术人员以及必要的仪器设备。

第七条 申请设置单采血浆站的,由县级人民政府卫生行政部门初审,经设区的市、自治州人民政府卫生行政部门或者省、自治区人民政府设立的派出机关的卫生行政机构审查同意,报省、自治区、直辖市人民政府卫生行政部门审批;经审查符合条件的,由省、自治区、直辖市人民政府卫生行政部门核发《单采血浆许可证》,并报国务院卫生行政部门备案。

单采血浆站只能对省、自治区、直辖市人民政府卫生行政部门划定区域内的供血浆者进行筛查和采集血浆。

第八条 《单采血浆许可证》应当规定有效期。

第九条 在一个采血浆区域内,只能设置一个单采血浆站。

严禁单采血浆站采集非划定区域内的供血浆者和其他人员的血浆。

第十条 单采血浆站必须对供血浆者进行健康检查;检查合格的,由县级人民政府卫生行政部门核发《供血浆证》。

供血浆者健康检查标准,由国务院卫生行政部门制定。

第十一条 《供血浆证》由省、自治区、直辖市人民政府卫生行政部门负责设计和印制。《供血浆证》不得涂改、伪造、转让。

第十二条 单采血浆站在采集血浆前,必须对供血浆者进行身份识别并核实其《供血浆证》,确认无误的,方可按照规定程序进行健康检查和血液化验;对检查、化验合格的,按照有关技术操作标准及程序采集血浆,并建立供血浆者健康检查及供血浆记录档案;对检查、化验不合格的,由单采血浆站收缴《供血浆证》,并由所在地县级人民政府卫生行政部门监督销毁。

严禁采集无《供血浆证》者的血浆。

血浆采集技术操作标准及程序,由国务院卫生行政部门制定。

第十三条 单采血浆站只能向一个与其签订质量责任书的血液制品生产单位供应原料血浆,严禁向其他任何单位供应原料血浆。

第十四条 单采血浆站必须使用单采血浆机械采集血浆,严禁手工操作采集血浆。采集的血浆必须按单人份冰冻保存,不得混浆。

严禁单采血浆站采集血液或者将所采集的原料血浆用于临床。

第十五条 单采血浆站必须使用有产品批准文号并经国家药品生物制品检定机构逐批检定合格的体外诊断试剂以及合格的一次性采血浆器材。

采血浆器材等一次性消耗品使用后,必须按照国家有关规定予以销毁,并作记录。

第十六条 单采血浆站采集的原料血浆的包装、储存、运输,必须符合国家规定的卫生标准和要求。

第十七条 单采血浆站必须依照传染病防治法及其实施办法等有关规定,严格执行消毒管理及疫情上报制度。

第十八条　单采血浆站应当每半年向所在地的县级人民政府卫生行政部门报告有关原料血浆采集情况,同时抄报设区的市、自治州人民政府卫生行政部门或者省、自治区人民政府设立的派出机关的卫生行政机构及省、自治区、直辖市人民政府卫生行政部门。省、自治区、直辖市人民政府卫生行政部门应当每年向国务院卫生行政部门汇总报告本行政区域内原料血浆的采集情况。

第十九条　国家禁止出口原料血浆。

第三章　血液制品生产经营单位管理

第二十条　新建、改建或者扩建血液制品生产单位,经国务院卫生行政部门根据总体规划进行立项审查同意后,由省、自治区、直辖市人民政府卫生行政部门依照药品管理法的规定审核批准。

第二十一条　血液制品生产单位必须达到国务院卫生行政部门制定的《药品生产质量管理规范》规定的标准,经国务院卫生行政部门审查合格,并依法向工商行政管理部门申领营业执照后,方可从事血液制品的生产活动。

第二十二条　血液制品生产单位应当积极开发新品种,提高血浆综合利用率。

血液制品生产单位生产国内已经生产的品种,必须依法向国务院卫生行政部门申请产品批准文号;国内尚未生产的品种,必须按照国家有关新药审批的程序和要求申报。

第二十三条　严禁血液制品生产单位出让、出租、出借以及与他人共用《药品生产企业许可证》和产品批准文号。

第二十四条　血液制品生产单位不得向无《单采血浆许可证》的单采血浆站或者未与其签订质量责任书的单采血浆站及其他任何单位收集原料血浆。

血液制品生产单位不得向其他任何单位供应原料血浆。

第二十五条　血液制品生产单位在原料血浆投料生产前,必须使用有产品批准文号并经国家药品生物制品检定机构逐批检定合格的体外诊断试剂,对每一人份血浆进行全面复检,并作检测记录。

原料血浆经复检不合格的,不得投料生产,并必须在省级药品监督员监督下按照规定程序和方法予以销毁,并作记录。

原料血浆经复检发现有血液途径传播的疾病的,必须通知供应血浆的单采血浆站,并及时上报所在地省、自治区、直辖市人民政府卫生行政部门。

第二十六条　血液制品出厂前,必须经过质量检验;经检验不符合国家标准的,严禁出厂。

第二十七条　开办血液制品经营单位,由省、自治区、直辖市人民政府卫生行政部门审核批准。

第二十八条　血液制品经营单位应当具备与所经营的产品相适应的冷藏条件和熟悉所经营品种的业务人员。

第二十九条　血液制品生产经营单位生产、包装、储存、运输、经营血液制品,应当符合国家规定的卫生标准和要求。

第四章 监 督 管 理

第三十条 县级以上地方各级人民政府卫生行政部门依照本条例的规定负责本行政区域内的单采血浆站、供血浆者、原料血浆的采集及血液制品经营单位的监督管理。

省、自治区、直辖市人民政府卫生行政部门依照本条例的规定负责本行政区域内的血液制品生产单位的监督管理。

县级以上地方各级人民政府卫生行政部门的监督人员执行职务时,可以按照国家有关规定抽取样品和索取有关资料,有关单位不得拒绝和隐瞒。

第三十一条 省、自治区、直辖市人民政府卫生行政部门每年组织一次对本行政区域内单采血浆站的监督检查并进行年度注册。

设区的市、自治州人民政府卫生行政部门或者省、自治区人民政府设立的派出机关的卫生行政机构每半年对本行政区域内的单采血浆站进行一次检查。

第三十二条 国家药品生物制品检定机构及国务院卫生行政部门指定的省级药品检验机构,应当依照本条例和国家规定的标准和要求,对血液制品生产单位生产的产品定期进行检定。

第三十三条 国务院卫生行政部门负责全国进出口血液制品的审批及监督管理。

第五章 罚 则

第三十四条 违反本条例规定,未取得省、自治区、直辖市人民政府卫生行政部门核发的《单采血浆许可证》,非法从事组织、采集、供应、倒卖原料血浆活动的,由县级以上地方人民政府卫生行政部门予以取缔,没收违法所得和从事违法活动的器材、设备,并处违法所得5倍以上10倍以下的罚款,没有违法所得的,并处5万元以上10万元以下的罚款;造成经血液途径传播的疾病传播、人身伤害等危害,构成犯罪的,依法追究刑事责任。

第三十五条 单采血浆站有下列行为之一的,由县级以上地方人民政府卫生行政部门责令限期改正,处5万元以上10万元以下的罚款;有第八项所列行为的,或者有下列其他行为并且情节严重的,由省、自治区、直辖市人民政府卫生行政部门吊销《单采血浆许可证》;构成犯罪的,对负有直接责任的主管人员和其他直接责任人员依法追究刑事责任:

(一)采集血浆前,未按照国务院卫生行政部门颁布的健康检查标准对供血浆者进行健康检查和血液化验的;

(二)采集非划定区域内的供血浆者或者其他人员的血浆的,或者不对供血浆者进行身份识别,采集冒名顶替者、健康检查不合格者或者无《供血浆证》者的血浆的;

(三)违反国务院卫生行政部门制定的血浆采集技术操作标准和程序,过频过量采集血浆的;

(四)向医疗机构直接供应原料血浆或者擅自采集血液的;

(五)未使用单采血浆机械进行血浆采集的;

(六)未使用有产品批准文号并经国家药品生物制品检定机构逐批检定合格的体外诊断试剂以及合格的一次性采血浆器材的;

(七)未按照国家规定的卫生标准和要求包装、储存、运输原料血浆的;

(八)对国家规定检测项目检测结果呈阳性的血浆不清除、不及时上报的;

(九)对污染的注射器、采血浆器材及不合格血浆等不经消毒处理,擅自倾倒,污染环境,造成社会危害的;

(十)重复使用一次性采血浆器材的;

(十一)向与其签订质量责任书的血液制品生产单位以外的其他单位供应原料血浆的。

第三十六条 单采血浆站已知其采集的血浆检测结果呈阳性,仍向血液制品生产单位供应的,由省、自治区、直辖市人民政府卫生行政部门吊销《单采血浆许可证》,由县级以上地方人民政府卫生行政部门没收违法所得,并处 10 万元以上 30 万元以下的罚款;造成经血液途径传播的疾病传播、人身伤害等危害,构成犯罪的,对负有直接责任的主管人员和其他直接责任人员依法追究刑事责任。

第三十七条 涂改、伪造、转让《供血许可证》的,由县级人民政府卫生行政部门收缴《供血浆证》,没收违法所得,并处违法所得 3 倍以上 5 倍以下的罚款,没有违法所得的,并处 1 万元以下的罚款;构成犯罪的,依法追究刑事责任。

第三十八条 血液制品生产单位有下列行为之一的,由省级以上人民政府卫生行政部门依照药品管理法及其实施办法等有关规定,按照生产假药、劣药予以处罚;构成犯罪的,对负有直接责任的主管人员和其他直接责任人员依法追究刑事责任:

(一)使用无《单采血浆许可证》的单采血浆站或者未与其签订质量责任书的单采血浆站及其他任何单位供应的原料血浆的,或者非法采集原料血浆的;

(二)投料生产前未对原料血浆进行复检的,或者使用没有产品批准文号或者未经国家药品生物制品检定机构逐批检定合格的体外诊断试剂进行复检的,或者将检测不合格的原料血浆投入生产的;

(三)擅自更改生产工艺和质量标准的,或者将检验不合格的产品出厂的;

(四)与他人共用产品批准文号的。

第三十九条 血液制品生产单位违反本条例规定,擅自向其他单位出让、出租、出借以及与他人共用《药品生产企业许可证》、产品批准文号或者供应原料血浆的,由省级以上人民政府卫生行政部门没收违法所得,并处违法所得 5 倍以上 10 倍以下的罚款,没有违法所得的,并处 5 万元以上 10 万元以下的罚款。

第四十条 违反本条例规定,血液制品生产经营单位生产、包装、储存、运输、经营血液制品不符合国家规定的卫生标准和要求的,由省、自治区、直辖市人民政府卫生行政部门责令改正,可以处 1 万元以下的罚款。

第四十一条 在血液制品生产单位成品库待出厂的产品中,经抽检有一批次达不到国家规定的指标,经复检仍不合格的,由国务院卫生行政部门撤销该血液制品批准文号。

第四十二条 违反本条例规定,擅自进出口血液制品或者出口原料血浆的,由省级以上人民政府卫生行政部门没收所进出口的血液制品或者所出口的原料血浆和违法所得,并处所进出口的血液制品或者所出口的原料血浆总值 3 倍以上 5 倍以下的罚款。

第四十三条 血液制品检验人员虚报、瞒报、涂改、伪造检验报告及有关资料的,依法给予行政处分;构成犯罪的,依法追究刑事责任。

第四十四条　卫生行政部门工作人员滥用职权、玩忽职守、徇私舞弊、索贿受贿,构成犯罪的,依法追究刑事责任;尚不构成犯罪的,依法给予行政处分。

第六章　附　　则

第四十五条　本条例下列用语的含义:

血液制品,是特指各种人血浆蛋白制品。

原料血浆,是指由单采血浆站采集的专用于血液制品生产原料的血浆。

供血浆者,是指提供血液制品生产用原料血浆的人员。

单采血浆站,是指根据地区血源资源,按照有关标准和要求并经严格审批设立,采集供应血液制品生产用原料血浆的单位。

第四十六条　原料血浆的采集、供应和血液制品的价格标准和价格管理办法,由国务院物价管理部门会同国务院卫生行政部门制定。

第四十七条　本条例施行前已经设立的单采血浆站和血液制品生产经营单位应当自本条例施行之日起 6 个月内,依照本条例的规定重新办理审批手续;凡不符合本条例规定的,一律予以关闭。

本条例施行前已经设立的单采血浆站适用本条例第六条第五项的时间,由国务院卫生行政部门另行规定。

第四十八条　本条例自发布之日起施行。

第三节　血站管理办法

第一章　总　　则

第一条　为了确保血液安全,规范血站执业行为,促进血站的建设与发展,根据《献血法》制定本办法。

第二条　本办法所称血站是指不以营利为目的,采集、提供临床用血的公益性卫生机构。

第三条　血站分为一般血站和特殊血站。

一般血站包括血液中心、中心血站和中心血库。

特殊血站包括脐带血造血干细胞库和卫生部根据医学发展需要批准、设置的其他类型血库。

第四条　血液中心、中心血站和中心血库由地方人民政府设立。

血站的建设和发展纳入当地国民经济和社会发展计划。

第五条　卫生部根据全国医疗资源配置、临床用血需求,制定全国采供血机构设置规划指导原则,并负责全国血站建设规划的指导。

省、自治区、直辖市人民政府卫生行政部门应当根据前款规定,结合本行政区域人口、医疗资源、临床用血需求等实际情况和当地区域卫生发展规划,制定本行政区域血站设置规划,报同级人民政府批准,并报卫生部备案。

第六条　卫生部主管全国血站的监督管理工作。

县级以上地方人民政府卫生行政部门负责本行政区域内血站的监督管理工作。

第七条　鼓励和支持开展血液应用研究和技术创新工作,以及与临床输血有关的科学技术的国际交流与合作。

第二章　一般血站管理

第一节　设置、职责与执业登记

第八条　血液中心应当设置在直辖市、省会市、自治区首府市。其主要职责是:

(一)按照省级人民政府卫生行政部门的要求,在规定范围内开展无偿献血者的招募、血液的采集与制备、临床用血供应以及医疗用血的业务指导等工作;

(二)承担所在省、自治区、直辖市血站的质量控制与评价;

(三)承担所在省、自治区、直辖市血站的业务培训与技术指导;

(四)承担所在省、自治区、直辖市血液的集中化检测任务;

(五)开展血液相关的科研工作;

(六)承担卫生行政部门交办的任务。

血液中心应当具有较高综合质量评价的技术能力。

第九条　中心血站应当设置在设区的市。其主要职责是:

(一)按照省级人民政府卫生行政部门的要求,在规定范围内开展无偿献血者的招募、血液的采集与制备、临床用血供应以及医疗用血的业务指导等工作;

(二)承担供血区域范围内血液储存的质量控制;

(三)对所在行政区域内的中心血库进行质量控制;

(四)承担卫生行政部门交办的任务。

直辖市、省会市、自治区首府市已经设置血液中心的,不再设置中心血站;尚未设置血液中心的,可以在已经设置的中心血站基础上加强能力建设,履行血液中心的职责。

第十条　中心血库应当设置在中心血站服务覆盖不到的县级综合医院内。其主要职责是,按照省级人民政府卫生行政部门的要求,在规定范围内开展无偿献血者的招募、血液的采集与制备、临床用血供应以及医疗用血业务指导等工作。

第十一条　省、自治区、直辖市人民政府卫生行政部门依据采供血机构设置规划批准设置血站,并报卫生部备案。

省、自治区、直辖市人民政府卫生行政部门负责明确辖区内各级卫生行政部门监管责任和血站的职责;根据实际供血距离与能力等情况,负责划定血站采供血服务区域,采供血服务区域可以不受行政区域的限制。

同一行政区域内不得重复设置血液中心、中心血站。

血站与单采血浆站不得在同一县级行政区域内设置。

第十二条　省、自治区、直辖市人民政府卫生行政部门应当统一规划、设置集中化检测实验室,并逐步实施。

第十三条　血站开展采供血活动,应当向所在省、自治区、直辖市人民政府卫生行政部门申请办理执业登记,取得《血站执业许可证》。没有取得《血站执业许可证》的,不得开展采供血活动。

《血站执业许可证》有效期为三年。

第十四条　血站申请办理执业登记必须填写《血站执业登记申请书》。

省级人民政府卫生行政部门在受理血站执业登记申请后,应当组织有关专家或者委托技术部门,根据《血站质量管理规范》和《血站实验室质量管理规范》,对申请单位进行技术审查,并提交技术审查报告。

省级人民政府卫生行政部门应当在接到专家或者技术部门的技术审查报告后二十日内对申请事项进行审核。审核合格的,予以执业登记,发给卫生部统一样式的《血站执业许可证》及其副本。

第十五条　有下列情形之一的,不予执业登记:

(一)《血站质量管理规范》技术审查不合格的;

(二)《血站实验室质量管理规范》技术审查不合格的;

(三)血液质量检测结果不合格的。

执业登记机关对审核不合格、不予执业登记的,将结果和理由以书面形式通知申请人。

第十六条　《血站执业许可证》有效期满前三个月,血站应当办理再次执业登记,并提交《血站再次执业登记申请书》及《血站执业许可证》。

省级人民政府卫生行政部门应当根据血站业务开展和监督检查情况进行审核,审核合格的,予以继续执业。未通过审核的,责令其限期整改;经整改仍审核不合格的,注销其《血站执业许可证》。

未办理再次执业登记手续或者被注销《血站执业许可证》的血站,不得继续执业。

第十七条　血站因采供血需要,在规定的服务区域内设置分支机构,应当报所在省、自治区、直辖市人民政府卫生行政部门批准;设置固定采血点(室)或者流动采血车的,应当报省、自治区、直辖市人民政府卫生行政部门备案。

为保证辖区内临床用血需要,血站可以设置储血点储存血液。储血点应当具备必要的储存条件,并由省级卫生行政部门批准。

第十八条　根据规划予以撤销的血站,应当在撤销后十五日内向执业登记机关申请办理注销执业登记。逾期不办理的,由执业登记机关依程序予以注销,并收回《血站执业许可证》及其副本和全套印章。

第二节　执　　业

第十九条　血站执业,应当遵守有关法律、行政法规、规章和技术规范。

第二十条　血站应当根据医疗机构临床用血需求,制定血液采集、制备、供应计划,保障临床用血安全、及时、有效。

第二十一条　血站应当开展无偿献血宣传。

血站开展献血者招募,应当为献血者提供安全、卫生、便利的条件和良好的服务。

第二十二条　血站应当按照国家有关规定对献血者进行健康检查和血液采集。

血站采血前应当对献血者身份进行核对并进行登记。

严禁采集冒名顶替者的血液。严禁超量、频繁采集血液。

血站不得采集血液制品生产用原料血浆。

第二十三条　献血者应当按照要求出示真实的身份证明。

任何单位和个人不得组织冒名顶替者献血。

第二十四条 血站采集血液应当遵循自愿和知情同意的原则,并对献血者履行规定的告知义务。

血站应当建立献血者信息保密制度,为献血者保密。

第二十五条 血站应当建立对有易感染经血液传播疾病危险行为的献血者献血后的报告工作程序、献血屏蔽和淘汰制度。

第二十六条 血站开展采供血业务应当实行全面质量管理,严格遵守《中国输血技术操作规程》《血站质量管理规范》和《血站实验室质量管理规范》等技术规范和标准。

血站应当建立人员岗位责任制度和采供血管理相关工作制度,并定期检查、考核各项规章制度和各级各类人员岗位责任制的执行和落实情况。

第二十七条 血站工作人员应当符合岗位执业资格的规定,并接受血液安全和业务岗位培训与考核,领取岗位培训合格证书后方可上岗。

血站工作人员每人每年应当接受不少于 75 学时的岗位继续教育。

岗位培训与考核由省级以上人民政府卫生行政部门负责组织实施。

第二十八条 血站各业务岗位工作记录应当内容真实、项目完整、格式规范、字迹清楚、记录及时,有操作者签名。

记录内容需要更改时,应当保持原记录内容清晰可辨,注明更改内容、原因和日期,并在更改处签名。

献血、检测和供血的原始记录应当至少保存十年,法律、行政法规和卫生部另有规定的,依照有关规定执行。

第二十九条 血站应当保证所采集的血液由具有血液检测实验室资格的实验室进行检测。

对检测不合格或者报废的血液,血站应当严格按照有关规定处理。

第三十条 血站应当制定实验室室内质控与室间质评制度,确保试剂、卫生器材、仪器、设备在使用过程中能达到预期效果。

血站的实验室应当配备必要的生物安全设备和设施,并对工作人员进行生物安全知识培训。

第三十一条 血液检测的全血标本的保存期应当与全血有效期相同;血清(浆)标本的保存期应当在全血有效期满后半年。

第三十二条 血站应当加强消毒、隔离工作管理,预防和控制感染性疾病的传播。

血站产生的医疗废物应当按《医疗废物管理条例》规定处理,做好记录与签字,避免交叉感染。

第三十三条 血站及其执行职务的人员发现法定传染病疫情时,应当按照《传染病防治法》和卫生部的规定向有关部门报告。

第三十四条 血液的包装、储存、运输应当符合《血站质量管理规范》的要求。血液包装袋上应当标明:

(一)血站的名称及其许可证号;

(二)献血编号或者条形码;

(三)血型;

(四)血液品种;

(五)采血日期及时间或者制备日期及时间;

(六)有效日期及时间;

(七)储存条件。

第三十五条　血站应当保证发出的血液质量符合国家有关标准,其品种、规格、数量、活性、血型无差错;未经检测或者检测不合格的血液,不得向医疗机构提供。

第三十六条　血站应当建立质量投诉、不良反应监测和血液收回制度。

第三十七条　血站应当加强对其所设储血点的质量监督,确保储存条件,保证血液储存质量;按照临床需要进行血液储存和调换。

第三十八条　血站使用的药品、体外诊断试剂、一次性卫生器材应当符合国家有关规定。

第三十九条　血站应当按照有关规定,认真填写采供血机构统计报表,及时准确上报。

第四十条　血站应当制定紧急灾害应急预案,并从血源、管理制度、技术能力和设备条件等方面保证预案的实施。在紧急灾害发生时服从县级以上人民政府卫生行政部门的调遣。

第四十一条　特殊血型的血液需要从外省、自治区、直辖市调配的,由省级人民政府卫生行政部门批准。

因科研或者特殊需要而进行血液调配的,由省级人民政府卫生行政部门批准。

出于人道主义、救死扶伤的目的,需要向中国境外医疗机构提供血液及特殊血液成分的,应当严格按照有关规定办理手续。

第四十二条　无偿献血的血液必须用于临床,不得买卖。

血站剩余成分血浆由省、自治区、直辖市人民政府卫生行政部门协调血液制品生产单位解决。

第四十三条　血站必须严格执行国家有关报废血处理和有易感染经血液传播疾病危险行为的献血者献血后保密性弃血处理的规定。

第四十四条　血站剩余成分血浆以及因科研或者特殊需要用血而进行的调配所得的收入,全部用于无偿献血者用血返还费用,血站不得挪作他用。

第三章　特殊血站管理

第四十五条　卫生部根据全国人口分布、卫生资源、临床造血干细胞移植需要等实际情况,统一制定我国脐带血造血干细胞库等特殊血站的设置规划和原则。

国家不批准设置以营利为目的的脐带血造血干细胞库等特殊血站。

第四十六条　申请设置脐带血造血干细胞库等特殊血站的,应当按照卫生部规定的条件向所在地省级人民政府卫生行政部门申请。省级人民政府卫生行政部门组织初审后报卫生部。

卫生部对脐带血造血干细胞库等特殊血站设置审批按照申请的先后次序进行。

第四十七条　脐带血造血干细胞库等特殊血站执业,应当向所在地省级人民政府卫生行政部门申请办理执业登记。

省级卫生行政部门应当组织有关专家和技术部门,按照本办法和卫生部制定的脐带血造血干细胞库等特殊血站的基本标准、技术规范,对申请单位进行技术审查及执业验收。审查合格的,发给《血站执业许可证》,并注明开展的业务。《血站执业许可证》有效期为三年。

未取得《血站执业许可证》的,不得开展采供脐带血造血干细胞等业务。

第四十八条 脐带血造血干细胞库等特殊血站在《血站执业许可证》有效期满后继续执业的,应当在《血站执业许可证》有效期满前三个月向原执业登记的省级人民政府卫生行政部门申请办理再次执业登记手续。

第四十九条 脐带血造血干细胞库等特殊血站执业除应当遵守本办法第二章第二节一般血站的执业要求外,还应当遵守以下规定:

(一)按照卫生部规定的脐带血造血干细胞库等特殊血站的基本标准、技术规范等执业;

(二)脐带血等特殊血液成分的采集必须符合医学伦理的有关要求,并遵循自愿和知情同意的原则。脐带血造血干细胞库必须与捐献者签署经执业登记机关审核的知情同意书;

(三)脐带血造血干细胞库等特殊血站只能向有造血干细胞移植经验和基础,并装备有造血干细胞移植所需的无菌病房和其他必须设施的医疗机构提供脐带血造血干细胞;

(四)出于人道主义、救死扶伤的目的,必须向境外医疗机构提供脐带血造血干细胞等特殊血液成分的,应当严格按照国家有关人类遗传资源管理规定办理手续;

(五)脐带血等特殊血液成分必须用于临床。

第四章 监 督 管 理

第五十条 县级以上人民政府卫生行政部门对采供血活动履行下列职责:

(一)制定临床用血储存、配送管理办法,并监督实施;

(二)对下级卫生行政部门履行本办法规定的血站管理职责进行监督检查;

(三)对辖区内血站执业活动进行日常监督检查,组织开展对采供血质量的不定期抽检;

(四)对辖区内临床供血活动进行监督检查;

(五)对违反本办法的行为依法进行查处。

第五十一条 各级人民政府卫生行政部门应当对无偿献血者的招募、采血、供血活动予以支持、指导。

第五十二条 省级人民政府卫生行政部门应当对本辖区内的血站执行有关规定情况和无偿献血比例、采供血服务质量、业务指导、人员培训、综合质量评价技术能力等情况进行评价及监督检查,按照卫生部的有关规定将结果上报,同时向社会公布。

第五十三条 卫生部定期对血液中心执行有关规定情况和无偿献血比例、采供血服务质量、业务指导、人员培训、综合质量评价技术能力等情况以及脐带血造血干细胞库等特殊血站的质量管理状况进行评价及监督检查,并将结果向社会公布。

第五十四条 卫生行政部门在进行监督检查时,有权索取有关资料,血站不得隐瞒、阻碍或者拒绝。

卫生行政部门对血站提供的资料负有保密的义务,法律、行政法规或者部门规章另有规定的除外。

第五十五条　卫生行政部门和工作人员在履行职责时,不得有以下行为:

(一)对不符合法定条件的,批准其设置、执业登记或者变更登记,或者超越职权批准血站设置、执业登记或者变更登记;

(二)对符合法定条件和血站设置规划的,不予批准其设置、执业登记或者变更登记;或者不在法定期限内批准其设置、执业登记或者变更登记;

(三)对血站不履行监督管理职责;

(四)其他违反本办法的行为。

第五十六条　各级人民政府卫生行政部门应当建立血站监督管理的举报、投诉机制。

卫生行政部门对举报人和投诉人负有保密的义务。

第五十七条　国家实行血液质量监测、检定制度,对血站质量管理、血站实验室质量管理实行技术评审制度,具体办法由卫生部另行制定。

第五十八条　血站有下列情形之一的,由省级人民政府卫生行政部门注销其《血站执业许可证》:

(一)《血站执业许可证》有效期届满未办理再次执业登记的;

(二)取得《血站执业许可证》后一年内未开展采供血工作的。

第五章　法律责任

第五十九条　有下列行为之一的,属于非法采集血液,由县级以上地方人民政府卫生行政部门按照《献血法》第十八条的有关规定予以处罚;构成犯罪的,依法追究刑事责任:

(一)未经批准,擅自设置血站,开展采供血活动的;

(二)已被注销的血站,仍开展采供血活动的;

(三)已取得设置批准但尚未取得《血站执业许可证》即开展采供血活动,或者《血站执业许可证》有效期满未再次登记仍开展采供血活动的;

(四)租用、借用、出租、出借、变造、伪造《血站执业许可证》开展采供血活动的。

第六十条　血站出售无偿献血血液的,由县级以上地方人民政府卫生行政部门按照《献血法》第十八条的有关规定,予以处罚;构成犯罪的,依法追究刑事责任。

第六十一条　血站有下列行为之一的,由县级以上地方人民政府卫生行政部门予以警告、责令改正;逾期不改正,或者造成经血液传播疾病发生,或者其他严重后果的,对负有责任的主管人员和其他直接负责人员,依法给予行政处分;构成犯罪的,依法追究刑事责任:

(一)超出执业登记的项目、内容、范围开展业务活动的;

(二)工作人员未取得相关岗位执业资格或者未经执业注册而从事采供血工作的;

(三)血液检测实验室未取得相应资格即进行检测的;

(四)擅自采集原料血浆、买卖血液的;

(五)采集血液前,未按照国家颁布的献血者健康检查要求对献血者进行健康检查、检测的;

(六)采集冒名顶替者、健康检查不合格者血液以及超量、频繁采集血液的;

(七)违反输血技术操作规程、有关质量规范和标准的;

（八）采血前未向献血者、特殊血液成分捐赠者履行规定的告知义务的；

（九）擅自涂改、毁损或者不按规定保存工作记录的；

（十）使用的药品、体外诊断试剂、一次性卫生器材不符合国家有关规定的；

（十一）重复使用一次性卫生器材的；

（十二）对检测不合格或者报废的血液，未按有关规定处理的；

（十三）未经批准擅自与外省、自治区、直辖市调配血液的；

（十四）未经批准向境外医疗机构提供血液或者特殊血液成分的；

（十五）未按规定保存血液标本的；

（十六）脐带血造血干细胞库等特殊血站违反有关技术规范的。

血站造成经血液传播疾病发生或者其他严重后果的，卫生行政部门在行政处罚的同时，可以注销其《血站执业许可证》。

第六十二条　临床用血的包装、储存、运输，不符合国家规定的卫生标准和要求的，由县级以上地方人民政府卫生行政部门责令改正，给予警告。

第六十三条　血站违反规定，向医疗机构提供不符合国家规定标准的血液的，由县级以上人民政府卫生行政部门责令改正；情节严重，造成经血液途径传播的疾病传播或者有传播严重危险的，限期整顿，对直接负责的主管人员和其他责任人员，依法给予行政处分；构成犯罪的，依法追究刑事责任。

第六十四条　卫生行政部门及其工作人员违反本办法有关规定，有下列情形之一的，依据《献血法》《行政许可法》的有关规定，由上级行政机关或者监察机关责令改正；情节严重的，对直接负责的主管人员和其他直接责任人员依法给予行政处分；构成犯罪的，依法追究刑事责任：

（一）未按规定的程序审查而使不符合条件的申请者得到许可的；

（二）对不符合条件的申请者准予许可或者超越法定职权作出准予许可决定的；

（三）在许可审批过程中弄虚作假的；

（四）对符合条件的设置及执业登记申请不予受理的；

（五）对符合条件的申请不在法定期限内作出许可决定的；

（六）不依法履行监督职责，或者监督不力造成严重后果的；

（七）其他在执行本办法过程中，存在滥用职权，玩忽职守，徇私舞弊，索贿受贿等行为的。

第六章　附　　则

第六十五条　本办法下列用语的含义：

血液，是指全血、血液成分和特殊血液成分。

脐带血，是指与孕妇和新生儿血容量和血循环无关的，由新生儿脐带扎断后的远端所采集的胎盘血。

脐带血造血干细胞库，是指以人体造血干细胞移植为目的，具有采集、处理、保存和提供造血干细胞的能力，并具有相当研究实力的特殊血站。

第六十六条　本办法实施前已经设立的血站应当在本办法实施后九个月内，依照本办法规定进行调整。

省级人民政府卫生行政部门应当按照血液中心标准对现有血液中心进行审核,未达到血液中心标准的,应当责令限期整改。整改仍不合格的,卫生行政部门应当取消血液中心设置。对符合中心血站执业标准的,按照中心血站标准审核设置与执业登记。

第六十七条 本办法自 2006 年 3 月 1 日起施行。1998 年 9 月 21 日颁布的《血站管理办法》(暂行)同时废止。

第四节 血站基本标准

一、科室设置

应有血源管理、体检、采血、检验、成分血制备、贮血、发血、消毒供应、质量控制等功能,并有相宜的科室设置。

二、人员配置

(一)血站卫生技术人员数与年采血量参考比例

年采供血量/L	卫生技术人员数/人
2 000 以下	12~20
2 000~10 000	20~70
10 000~20 000	70~120
20 000~40 000	120~200
40 000 以上	200 以上

(二)人员任职要求

1. 具有国家认定资格的卫生技术人员应占职工总数的 75% 以上,高、中、初级卫生技术职称的人员比较要与其功能和任务相适应。

2. 血液中心主任应具有高等学校本科以上学历,中心血站站长应具有高等学校专科以上学历,基层血站站长应具有中等专业学校医学专业以上学历。

3. 技术岗位人员应具有中等专业学校医学专业以上学历及初级以上卫生技术职称,并按照有关规定经省级以上卫生行政部门培训并考核合格。

4. 患有经血传播疾病的人员,不得从事采血、供血、成分血制备等相关业务工作。

三、建筑和设施

(一)建筑要求

1. 血站选址应远离污染源;

2. 业务工作区域与行政区域应分开;

3. 业务工作区域内污染区与非污染区应分开;

4. 业务科室的结构布局符合工作流程;人流物流分开;符合卫生学要求;

5. 应为献血者提供安全、卫生、便利的休息场所;

6. 特殊需要开放分离血液成分的,必须在 100 级洁净间(台)操作。

(二)建筑面积

1. 业务部门建筑面积应能满足其任务和功能的需要;

2. 业务部门建筑面积与年采供血量参考比例:

年采供血量/L	业务部门建筑面积/m²
2 000 以下	500 以上
2 000~10 000	1 000~2 000
10 000~20 000	1 500~3 000
20 000~40 000	3 000~4 500
40 000 以上	4 500 以上

（三）辅助设施要求

1. 通讯、给排水、消防等设施应符合有关规定；

2. 具备双路供电或应急发电设施；

3. 污水、污物处理及废气排放设施应符合有关环境保护法律、法规的规定；

4. 应有与采供血任务相适应的运血车；

5. 应具有计算机管理设施。

四、设备

（一）基层血站

贮血专用冰箱（4℃）、低温冰箱（-20℃以下）、恒温水浴箱、体重秤、血压计、采血计量仪、热合机、急救设备、必备药品、酶标仪、洗板机、恒温箱、振荡器、离心机、加样器、转动器、酸度计、分析天平、洁净工作台（间）、毁形机、高压蒸气灭菌器。

（二）中心血站

（在基层血站应配备设备的基础上还应配备）大容量低温离心机、分浆器、血细胞分离机、试剂专用冰柜（箱）、血凝仪、紫外线强度测定仪、血小板保存箱、微粒测定仪、离心机转速测定仪、运血车、速冻冰箱、工作间消毒设备。

（三）血液中心

（在中心血站应配备设备的基础上还应配备）生化分析仪、紫外分光光度计、细菌培养仪、热原仪、血液辐照仪、电子天平、温控器、采血车。

（四）采血车、采血点

1. 比照上述设备标准配备开展业务工作的仪器设备；

2. 能与所属血站进行及时、可靠联系的通讯设备；

3. 应有洗手设施和充分的照明设备及电力供电设备。

（五）采用国家规定的法定强制检定的计量器具必须具法定计量部门的检定合格证明。

五、工作制度、岗位职责和技术操作规程

（一）工作制度

1. 职工守则

2. 科室工作制度

3. 职工培训和继续教育制度

4. 献血者管理及隐私保密制度

5. AIDS 登记和报告制度

6. 输血不良反应反馈制度

7. 登记、记录管理和保存制度

8. 工作环节交接制度

9. 差错登记、报告和处理制度

10. 血液的包装、储存、运输、发放规程

11. 血液标本留样保存管理制度

12. 血液报废制度

13. 仪器设备采购、使用、维护、报废制度

14. 器材试剂采购制度

15. 大型、精密、贵重仪器设备专管专用制度

16. 衡器、量器计量管理和检定制度

17. 资料、信息、统计的收集、整理、保管制度

18. 科研管理制度

19. 污物处理制度

20. 技术档案归档管理制度

21. 库房管理制度

22. 财务管理、财务审计制度

23. 安全制度

24. 微机信息管理制度

25. 站内感染监控制度

(二)岗位职责

1. 各级行政人员岗位职责

2. 各级技术人员岗位职责

(三)技术操作规程

1. 各业务科室技术操作规程

2. 仪器设备操作规程

六、质量控制

(一)建立质量管理的各项工作制度、岗位责任制及操作规程;

(二)血站检验部门室内质量控制制度;

(三)参加国家级或省级室间质量评估制度;

(四)全血及成分血质量标准(见附件)。

附件:全血及成分血质量标准

全血	质量标准
标签	执行国家有关规定
外观	无凝块、溶血、黄疸、气泡及重度乳糜,储血容器无破损,采血袋上保留至少 20cm 长分段热合注满全血的采血管。

容量	ACD-B 方保养液:200ml 全血　250ml±10% 　　　　　　　400ml 全血　500ml±10% CPD、CPDA-1 方保养液:200ml 全血　228ml±10% 　　　　　　　　　400ml 全血　456ml±10%
血细胞比容	ACD-B 方保养液≥0.3 CPD、CPDA-1 方保养液:≥0.35
pH 值	ACD-B 方:6.6~7.0 CPDA 方:6.7~7.2 CPDA-1 方:6.8~7.4
K^+浓度	ACD-B 方:≤21mmol/L CPDA 方:≤27mmol/L CPDA-1 方:≤27.3mmol/L
Na^+浓度	ACD-B 方:≥146mmol/L CPD 方:≥152mmol/L CPDA-1 方:≤104mmol/L
血浆血红蛋白	ACD-B 方保养液:≤0.29g/L CPD 方保养液:≤0.26g/L CPDA-1 方保养液:≤0.72g/L
血型	ABO 血型应正反定型符合,稀有血型应符合血型标签标示
HBsAg	阴性
HCV-Ab	阴性
HIV-Ab	阴性
梅毒螺旋体血清学试验	阴性
ALT	正常
无菌试验	无细菌生长
浓缩红细胞	**质量标准**
标签	执行国家有关规定
外观	(同全血)
容量	200ml 全血分　120ml±10% 400ml 全血分　240ml±10%
血细胞比容	0.65~0.80
pH 值	6.7~7.2
血型	正反定型相符合,稀有血型应符合血型标签标示
HBsAg	阴性
HCV-Ab	阴性

HIV-Ab	阴性
梅毒螺旋体血清学试验	阴性
ALT	正常
无菌试验	无细菌生长
悬浮红细胞	**质量标准**
标签	执行国家有关规定
外观	无凝块、溶血、气泡、上清呈无色透明、储血容器无破损、采血袋上保留至少 20cm 长分段热合注满全血的采血管。
容量	标示量±10%
血细胞比容	0.50~0.65
血型	(同全血)
HBsAg	阴性
HCV-Ab	阴性
HIV-Ab	阴性
梅毒螺旋体血清学试验	阴性
ALT	正常
无菌试验	无细菌生长
浓缩少白细胞红细胞	**质量标准**
标签	执行国家有关规定
外观	无凝块、溶血、黄疸、气泡、重度乳糜,储血容器无破损,采血袋上保留至少 20cm 长分段热合注满全血的采血管。
容量	200ml 全血分　120ml±10% 400ml 全血分　240ml±10%
血细胞比容	0.60~0.75
残余白细胞	1. 用于预防 CMV 感染或 HLA 同种免疫: 200ml 全血制备:≤2.5×10^6 400ml 全血制备:≤5×10^6 2. 用于预防非溶血性发热输血反应: 200ml 全血制备:≤2.5×10^8 400ml 全血制备:≤2.5×10^8
血型	(同全血)
HBsAg	阴性
HCV-Ab	阴性
HIV-Ab	阴性

梅毒螺旋体血清学试验	阴性
ALT	正常
无菌试验	无细菌生长
悬浮少白细胞红细胞	**质量标准**
标签	执行国家有关规定
外观	（同悬浮红细胞）
容量	（同悬浮红细胞）
血细胞比容	（同悬浮红细胞）
残余白细胞	（同浓缩少白细胞红细胞）
血型	（同浓缩少白细胞红细胞）
HBsAg	阴性
HCV-Ab	阴性
HIV-Ab	阴性
梅毒螺旋体血清学试验	阴性
ALT	正常
无菌试验	无细菌生长
洗涤红细胞	**质量标准**
标签	执行国家有关规定
外观	（同悬浮红细胞）
容量	200ml 全血制备　125ml±10% 400ml 全血制备　250ml±10%
红细胞回收率	≥70%
白细胞清除率	≥80%
血浆蛋白清除率	≥90%
血型	（同全血）
HBsAg	阴性
HCV-Ab	阴性
HIV-Ab	阴性
梅毒螺旋体血清学试验	阴性
ALT	正常
无菌试验	无细菌生长
冰冻解冻去甘油红细胞	**质量标准**
标签	执行国家有关规定

外观	(同全血)
容量	200ml 全血制备:125ml±10%
	400ml 全血制备:250ml±10%
红细胞回收率	≥80%
残余白细胞	≤1%
残余血小板	≤1%
甘油含量	≤10g/L
游离血红蛋白含量	≤1g/L
体外溶血试验	≤50%
血型	(同全血)
HBsAg	阴性
HCV-Ab	阴性
HIV-Ab	阴性
梅毒螺旋体血清学试验	阴性
ALT	正常
无菌试验	无细菌生长
浓缩血小板	**质量标准**
标签	执行国家有关规定
外观	呈淡黄色雾状、无纤维蛋白析出、无黄疸、气泡、重度乳糜,容器无破损,保留至少 15cm 长度注满血小板的转移管。
容量	保存 24 小时者　25~30ml
	保存 5 天者　25~35ml/200ml 全血　50~70ml/400ml 全血
pH 值	6.0~7.4
血小板含量	200ml 全血制备:≥2.0×10^{10}
	400ml 全血制备:≥4.0×10^{10}
红细胞混入量	200ml 全血制备:≤1.0×10^{9}
	400ml 全血制备:≤2.0×10^{9}
残余白红胞	同浓缩少白细胞红细胞
血型	(同全血)
HBsAg	阴性
HCV-Ab	阴性
HIV-Ab	阴性
梅毒螺旋体血清学试验	阴性
ALT	正常

无菌试验	无细菌生长
新鲜冰冻血浆	**质量标准**
标签	执行国家有关规定
外观	30~37℃融化的新鲜冰冻血浆为淡黄色澄清液体、无纤维蛋白析出、无黄疸、气泡、重度乳糜,容器无破损,保留至少长度10cm注满新鲜冰冻血浆的转移管。
容量	200ml 全血制备　100ml±10% 400ml 全血制备　200ml±10%
血浆蛋白含量	≥50g/L
Ⅷ因子含量	≥0.7IU/ml
血型	(同全血)
HBsAg	阴性
HCV-Ab	阴性
HIV-Ab	阴性
梅毒螺旋体血清学试验	阴性
ALT	正常
无菌试验	无细菌生长
冷沉淀凝血因子	**质量标准**
标签	执行国家有关规定
外观	30~37℃融化的冷沉淀为淡黄色澄清液体、无纤维蛋白析出、无黄疸、气泡、重度乳糜,容器无破损,保留至少长度10cm注满冷沉淀的转移管。
容量	25±5ml/袋
纤维蛋白原含量	200ml 新鲜冰冻血浆制备:≥150mg 100ml 新鲜冰冻血浆制备:≥75mg
Ⅷ因子含量	200ml 新鲜冰冻血浆制备:≥80IU 100ml 新鲜冰冻血浆制备:≥40IU
血型	(同全血)
HBsAg	阴性
HCV-Ab	阴性
HIV-Ab	阴性
梅毒螺旋体血清学试验	阴性
ALT	正常
无菌试验	无细菌生长

续表

单采血小板	质量标准
标签	执行国家有关规定
外观	(同浓缩血小板)
容量	保存 24 小时的容积为 125~200ml 保存 5 天的容积为 250~300ml
pH 值	6.2~7.4
血小板含量	$\geqslant 2.5\times10^{11}$/袋
白细胞混入量	$\leqslant 5.0\times10^{8}$/袋
红细胞混入量	$\geqslant 8.0\times10^{9}$/袋
血型	(同全血)
HBsAg	阴性
HCV-Ab	阴性
HIV-Ab	阴性
梅毒螺旋体血清学试验	阴性
ALT	正常
无菌试验	无细菌生长
单采少白细胞血小板	质量标准
标签	执行国家有关规定
外观	(同浓缩血小板)
容量	(同浓缩血小板)
pH 值	6.2~7.4
血小板含量	$\geqslant 2.5\times10^{11}$/袋
白细胞混入量	$\leqslant 5.0\times10^{8}$/袋
红细胞混入量	$\leqslant 8.0\times10^{9}$/袋
血型	(同全血)
HBsAg	阴性
HCV-Ab	阴性
HIV-Ab	阴性
梅毒螺旋体血清学试验	阴性
ALT	正常
无菌试验	无细菌生长
单采新鲜冰冻血浆	质量标准
标签	执行国家有关规定

续表

容量	标示量±10%
蛋白含量	≥50g/L
Ⅷ因子含量	≥0.7IU/ml
血型	(同全血)
HBsAg	阴性
HCV-Ab	阴性
HIV-Ab	阴性
梅毒螺旋体血清学试验	阴性
ALT	正常
无菌试验	无细菌生长
单采粒细胞	**质量标准**
标签	执行国家有关规定
外观	无凝块、溶血、黄疸、气泡及重度乳糜出现,血浆颜色呈淡黄色,储血容器无破损,保留采血袋上至少20cm长注满粒细胞的采血管
容量	150～500ml
中性粒细胞含量	≥1.0×10^{10}/袋
红细胞混入量	血细胞比容≤0.15/袋
血型	(同全血)
HBsAg	阴性
HCV-Ab	阴性
HIV-Ab	阴性
梅毒螺旋体血清学试验	阴性
ALT	正常
无细菌实验	无细菌生长

第五节 医疗机构临床用血管理办法

第一章 总 则

第一条 为加强医疗机构临床用血管理,推进临床科学合理用血,保护血液资源,保障临床用血安全和医疗质量,根据《中华人民共和国献血法》,制定本办法。

第二条 卫生部负责全国医疗机构临床用血的监督管理。县级以上地方人民政府卫生行政部门负责本行政区域医疗机构临床用血的监督管理。

第三条 医疗机构应当加强临床用血管理,将其作为医疗质量管理的重要内容,完善组织建设,建立健全岗位责任制,制定并落实相关规章制度和技术操作规程。

第四条 本办法适用于各级各类医疗机构的临床用血管理工作。

第二章 组织与职责

第五条 卫生部成立临床用血专家委员会,其主要职责是:

(一)协助制订国家临床用血相关制度、技术规范和标准;

(二)协助指导全国临床用血管理和质量评价工作,促进提高临床合理用血水平;

(三)协助临床用血重大安全事件的调查分析,提出处理意见;

(四)承担卫生部交办的有关临床用血管理的其他任务。

卫生部建立协调机制,做好临床用血管理工作,提高临床合理用血水平,保证输血治疗质量。

第六条 各省、自治区、直辖市人民政府卫生行政部门成立省级临床用血质量控制中心,负责辖区内医疗机构临床用血管理的指导、评价和培训等工作。

第七条 医疗机构应当加强组织管理,明确岗位职责,健全管理制度。

医疗机构法定代表人为临床用血管理第一责任人。

第八条 二级以上医院和妇幼保健院应当设立临床用血管理委员会,负责本机构临床合理用血管理工作。主任委员由院长或者分管医疗的副院长担任,成员由医务部门、输血科、麻醉科、开展输血治疗的主要临床科室、护理部门、手术室等部门负责人组成。医务、输血部门共同负责临床合理用血日常管理工作。

其他医疗机构应当设立临床用血管理工作组,并指定专(兼)职人员负责日常管理工作。

第九条 临床用血管理委员会或者临床用血管理工作组应当履行以下职责:

(一)认真贯彻临床用血管理相关法律、法规、规章、技术规范和标准,制订本机构临床用血管理的规章制度并监督实施;

(二)评估确定临床用血的重点科室、关键环节和流程;

(三)定期监测、分析和评估临床用血情况,开展临床用血质量评价工作,提高临床合理用血水平;

(四)分析临床用血不良事件,提出处理和改进措施;

(五)指导并推动开展自体输血等血液保护及输血新技术;

(六)承担医疗机构交办的有关临床用血的其他任务。

第十条 医疗机构应当根据有关规定和临床用血需求设置输血科或者血库,并根据自身功能、任务、规模,配备与输血工作相适应的专业技术人员、设施、设备。

不具备条件设置输血科或者血库的医疗机构,应当安排专(兼)职人员负责临床用血工作。

第十一条 输血科及血库的主要职责是:

(一)建立临床用血质量管理体系,推动临床合理用血;

（二）负责制订临床用血储备计划，根据血站供血的预警信息和医院的血液库存情况协调临床用血；

（三）负责血液预订、入库、储存、发放工作；

（四）负责输血相关免疫血液学检测；

（五）参与推动自体输血等血液保护及输血新技术；

（六）参与特殊输血治疗病例的会诊，为临床合理用血提供咨询；

（七）参与临床用血不良事件的调查；

（八）根据临床治疗需要，参与开展血液治疗相关技术；

（九）承担医疗机构交办的有关临床用血的其他任务。

第三章 临床用血管理

第十二条 医疗机构应当加强临床用血管理，建立并完善管理制度和工作规范，并保证落实。

第十三条 医疗机构应当使用卫生行政部门指定血站提供的血液。

医疗机构科研用血由所在地省级卫生行政部门负责核准。

医疗机构应当配合血站建立血液库存动态预警机制，保障临床用血需求和正常医疗秩序。

第十四条 医疗机构应当科学制订临床用血计划，建立临床合理用血的评价制度，提高临床合理用血水平。

第十五条 医疗机构应当对血液预订、接收、入库、储存、出库及库存预警等进行管理，保证血液储存、运送符合国家有关标准和要求。

第十六条 医疗机构接收血站发送的血液后，应当对血袋标签进行核对。符合国家有关标准和要求的血液入库，做好登记；并按不同品种、血型和采血日期（或有效期），分别有序存放于专用储藏设施内。

血袋标签核对的主要内容是：

（一）血站的名称；

（二）献血编号或者条形码、血型；

（三）血液品种；

（四）采血日期及时间或者制备日期及时间；

（五）有效期及时间；

（六）储存条件。

禁止将血袋标签不合格的血液入库。

第十七条 医疗机构应当在血液发放和输血时进行核对，并指定医务人员负责血液的收领、发放工作。

第十八条 医疗机构的储血设施应当保证运行有效，全血、红细胞的储藏温度应当控制在 $2 \sim 6\,^\circ\!\mathrm{C}$，血小板的储藏温度应当控制在 $20 \sim 24\,^\circ\!\mathrm{C}$。储血保管人员应当做好血液储藏温度的 24 小时监测记录。储血环境应当符合卫生标准和要求。

第十九条 医务人员应当认真执行临床输血技术规范，严格掌握临床输血适应证，根据患者病情和实验室检测指标，对输血指证进行综合评估，制订输血治疗方案。

第二十条 医疗机构应当建立临床用血申请管理制度。

同一患者一天申请备血量少于 800 毫升的,由具有中级以上专业技术职务任职资格的医师提出申请,上级医师核准签发后,方可备血。

同一患者一天申请备血量在 800 毫升至 1 600 毫升的,由具有中级以上专业技术职任职资格的医师提出申请,经上级医师审核,科室主任核准签发后,方可备血。

同一患者一天申请备血量达到或超过 1 600 毫升的,由具有中级以上专业技术职务任职资格的医师提出申请,科室主任核准签发后,报医务部门批准,方可备血。

以上第二款、第三款和第四款规定不适用于急救用血。

第二十一条 在输血治疗前,医师应当向患者或者其近亲属说明输血目的、方式和风险,并签署临床输血治疗知情同意书。

因抢救生命垂危的患者需要紧急输血,且不能取得患者或者其近亲属意见的,经医疗机构负责人或者授权的负责人批准后,可以立即实施输血治疗。

第二十二条 医疗机构应当积极推行节约用血的新型医疗技术。

三级医院、有条件的二级医院和妇幼保健院应当开展自体输血技术,建立并完善管理制度和技术规范,提高合理用血水平,保证医疗质量和安全。

医疗机构应当动员符合条件的患者接受自体输血技术,提高输血治疗效果和安全性。

第二十三条 医疗机构应当积极推行成分输血,保证医疗质量和安全。

第二十四条 医疗机构应当加强无偿献血知识的宣传教育工作,规范开展互助献血工作。

血站负责互助献血血液的采集、检测及用血者血液调配等工作。

第二十五条 医疗机构应当根据国家有关法律法规和规范建立临床用血不良事件监测报告制度。临床发现输血不良反应后,应当积极救治患者,及时向有关部门报告,并做好观察和记录。

第二十六条 各省、自治区、直辖市人民政府卫生行政部门应当制订临床用血保障措施和应急预案,保证自然灾害、突发事件等大量伤员和特殊病例、稀缺血型等应急用血的供应和安全。

因应急用血或者避免血液浪费,在保证血液安全的前提下,经省、自治区、直辖市人民政府卫生行政部门核准,医疗机构之间可以调剂血液。具体方案由省级卫生行政部门制订。

第二十七条 省、自治区、直辖市人民政府卫生行政部门应当加强边远地区医疗机构临床用血保障工作,科学规划和建设中心血库与储血点。

医疗机构应当制订应急用血工作预案。为保证应急用血,医疗机构可以临时采集血液,但必须同时符合以下条件:

(一)危及患者生命,急需输血;

(二)所在地血站无法及时提供血液,且无法及时从其他医疗机构调剂血液,而其他医疗措施不能替代输血治疗;

(三)具备开展交叉配血及乙型肝炎病毒表面抗原、丙型肝炎病毒抗体、艾滋病病毒抗体和梅毒螺旋体抗体的检测能力;

(四)遵守采供血相关操作规程和技术标准。

医疗机构应当在临时采集血液后 10 日内将情况报告县级以上人民政府卫生行政部门。

第二十八条　医疗机构应当建立临床用血医学文书管理制度,确保临床用血信息客观真实、完整、可追溯。医师应当将患者输血适应证的评估、输血过程和输血后疗效评价情况记入病历;临床输血治疗知情同意书、输血记录单等随病历保存。

第二十九条　医疗机构应当建立培训制度,加强对医务人员临床用血和无偿献血知识的培训,将临床用血相关知识培训纳入继续教育内容。新上岗医务人员应当接受岗前临床用血相关知识培训及考核。

第三十条　医疗机构应当建立科室和医师临床用血评价及公示制度。将临床用血情况纳入科室和医务人员工作考核指标体系。

禁止将用血量和经济收入作为输血科或者血库工作的考核指标。

第四章　监督管理

第三十一条　县级以上地方人民政府卫生行政部门应当加强对本行政区域内医疗机构临床用血情况的督导检查。

第三十二条　县级以上地方人民政府卫生行政部门应当建立医疗机构临床用血评价制度,定期对医疗机构临床用血工作进行评价。

第三十三条　县级以上地方人民政府卫生行政部门应当建立临床合理用血情况排名、公布制度。对本行政区域内医疗机构临床用血量和不合理使用等情况进行排名,将排名情况向本行政区域内的医疗机构公布,并报上级卫生行政部门。

第三十四条　县级以上地方人民政府卫生行政部门应当将医疗机构临床用血情况纳入医疗机构考核指标体系;将临床用血情况作为医疗机构评审、评价重要指标。

第五章　法律责任

第三十五条　医疗机构有下列情形之一的,由县级以上人民政府卫生行政部门责令限期改正;逾期不改的,进行通报批评,并予以警告;情节严重或者造成严重后果的,可处 3 万元以下的罚款,对负有责任的主管人员和其他直接责任人员依法给予处分:

(一)未设立临床用血管理委员会或者工作组的;

(二)未拟定临床用血计划或者一年内未对计划实施情况进行评估和考核的;

(三)未建立血液发放和输血核对制度的;

(四)未建立临床用血申请管理制度的;

(五)未建立医务人员临床用血和无偿献血知识培训制度的;

(六)未建立科室和医师临床用血评价及公示制度的;

(七)将经济收入作为对输血科或者血库工作的考核指标的;

(八)违反本办法的其他行为。

第三十六条　医疗机构使用未经卫生行政部门指定的血站供应的血液的,由县级以上地方人民政府卫生行政部门给予警告,并处 3 万元以下罚款;情节严重或者造成严重后果的,对负有责任的主管人员和其他直接责任人员依法给予处分。

第三十七条　医疗机构违反本办法关于应急用血采血规定的,由县级以上人民政府卫生生行政部门责令限期改正,给予警告;情节严重或者造成严重后果的,处3万元以下罚款,对负有责任的主管人员和其他直接责任人员依法给予处分。

第三十八条　医疗机构及其医务人员违反本法规定,将不符合国家规定标准的血液用于患者的,由县级以上地方人民政府卫生行政部门责令改正;给患者健康造成损害的,应当依据国家有关法律法规进行处理,并对负有责任的主管人员和其他直接责任人员依法给予处分。

第三十九条　县级以上地方卫生行政部门未按照本办法规定履行监管职责,造成严重后果的,对直接负责的主管人员和其他直接责任人员依法给予记大过、降级、撤职、开除等行政处分。

第四十条　医疗机构及其医务人员违反临床用血管理规定,构成犯罪的,依法追究刑事责任。

第六章　附　　则

第四十一条　本办法自2012年8月1日起施行。卫生部于1999年1月5日公布的《医疗机构临床用血管理办法(试行)》同时废止。

第六节　临床输血技术规范

第一章　总　　则

第一条　为了规范、指导医疗机构科学、合理用血,根据《中华人民共和国献血法》和《医疗机构临床用血管理办法》(试行)制定本规范。

第二条　血液资源必须加以保护、合理应用,避免浪费,杜绝不必要的输血。

第三条　临床医师和输血医技人员应严格掌握输血适应证,正确应用成熟的临床输血技术和血液保护技术,包括成分输血和自体输血等。

第四条　二级以上医院应设置独立的输血科(血库),负责临床用血的技术指导和技术实施,确保贮血、配血和其他科学、合理用血措施的执行。

第二章　输　血　申　请

第五条　申请输血应由经治医师逐项填写《临床输血申请单》,由主治医师核准签字,连同受血者血样于预定输血日期前送交输血科(血库)备血。

第六条　决定输血治疗前,经治医师应向患者或其家属说明输同种异体血的不良反应和经血传播疾病的可能性,征得患者或家属的同意,并在《输血治疗同意书》上签字。《输血治疗同意书》入病历。无家属签字的无自主意识患者的紧急输血,应报医院职能部门或主管领导同意、备案,并记入病历。

第七条　术前自身贮血由输血科(血库)负责采血和贮血,经治医师负责输血过程的医疗监护。手术室的自身输血包括急性等容性血液稀释、术野自身血回输及术中控制性低血压等医疗技术由麻醉科医师负责实施。

第八条　亲友互助献血由经治医师等对患者家属进行动员,在输血科(血库)填写登记表,到血站或卫生行政部门批准的采血点(室)无偿献血,由血站进行血液的初、复检,并负责调配合格血液。

第九条　患者治疗性血液成分去除、血浆置换等,由经治医师申请,输血科(血库)或有关科室参加制订治疗方案并负责实施,由输血科(血库)和经治医师负责患者治疗过程的监护。

第十条　对于 Rh(D)阴性和其他稀有血型患者,应采用自身输血、同型输血或配合型输血。

第十一条　新生儿溶血病如需要换血疗法的,由经治医师申请,经主治医师核准,并经患儿家属或监护人签字同意,由血站和医院输血科(血库)提供适合的血液,换血由经治医师和输血科(血库)人员共同实施。

第三章　受血者血样采集与送检

第十二条　确定输血后,医护人员持输血申请单和贴好标签的试管,当面核对患者姓名、性别、年龄、病案号、病室/门诊、床号、血型和诊断,采集血样。

第十三条　由医护人员或专门人员将受血者血样与输血申请单送交输血科(血库),双方进逐项核对。

第四章　交 叉 配 血

第十四条　受血者配血试验的血标本必须是输血前 3 天之内的。

第十五条　输血科(血库)要逐项核对输血申请单、受血者和供血者血样,复查受血者和供血者 ABO 血型(正、反定型),并常规检查患者 Rh(D)血型(急诊抢救患者紧急输血时 Rh(D)检查可除外),正确无误时可进行交叉配血。

第十六条　凡输注全血、浓缩红细胞、红细胞悬液、洗涤红细胞、冰冻红细胞、浓缩白细胞、手工分离浓缩血小板等患者,应进行交叉配血试验。机器单采浓缩血小板应 ABO 血型同型输注。

第十七条　凡遇有下列情况必须按《全国临床检验操作规程》有关规定作抗体筛选试验:交叉配血不合时;对有输血史、妊娠史或短期内需要接受多次输血者。

第十八条　两人值班时,交叉配血试验由两人互相核对;一人值班时,操作完毕后自己复核,并填写配血试验结果。

第五章　血液入库、核对、贮存

第十九条　全血、血液成分入库前要认真核对验收。核对验收内容包括:运输条件、物理外观、血袋封闭及包装是否合格,标签填写是否清楚齐全(供血机构名称及其许可证号、供血者姓名或条型码编号和血型、血液品种、容量、采血日期、血液成分的制备日期及时间,有效期及时间、血袋编号/条形码,储存条件)等。

第二十条　输血科(血库)要认真做好血液出入库、核对、领发的登记,有关资料需保存十年。

第二十一条　按 A、B、O、AB 血型将全血、血液成分分别贮存于血库专用冰箱不同层内或不同专用冰箱内,并有明显的标识。

第二十二条 保存温度和保存期如下:

品种	保存温度	保存期
浓缩红细胞(CRC)	4℃±2℃	ACD:21 天;CPD:28 天;CPDA:35 天
少白细胞红细胞(LPRC)	4℃±2℃	与受血者 ABO 血型相同
红细胞悬液(CRCs)	4℃±2℃	(同 CRC)
洗涤红细胞(WRC)	4℃±2℃	24 小时内输注
冰冻红细胞(FTRC)	4℃±2℃	解冻后 24 小时内输注
手工分离浓缩血小板(PC-1)	22℃±2℃(轻振荡)	24 小时(普通袋)或 5 天(专用袋制备)
机器单采浓缩血小板(PC-2)	(同 PC-1)	(同 PC-1)
机器单采浓缩白细胞悬液(GRANs)	22℃±2℃	24 小时内输注
新鲜液体血浆(FLP)	4℃±2℃	24 小时内输注
新鲜冰冻血浆(FFP)	-20℃以下	一年
普通冰冻血浆(FP)	-20℃以下	四年
冷沉淀(Cryo)	-20℃以下	一年
全血	4℃±2℃	(同 CRC)
其他制剂按相应规定执行		

当贮血冰箱的温度自动控制记录和报警装置发出报警信号时,要立即检查原因,及时解决并记录。

第二十三条 贮血冰箱内严禁存放其他物品;每周消毒一次;冰箱内空气培养每月一次,无霉菌生长或培养皿(90mm)细菌生长菌落<8CFU/10 分钟或<200CFU/m³ 为合格。

第六章 发 血

第二十四条 配血合格后,由医护人员到输血科(血库)取血。

第二十五条 取血与发血的双方必须共同查对患者姓名、性别、病案号、门急诊/病室、床号、血型有效期及配血试验结果,以及保存血的外观等,准确无误时,双方共同签字后方可发出。

第二十六条 凡血袋有下列情形之一的,一律不得发出:

1. 标签破损、字迹不清;

2. 血袋有破损、漏血;

3. 血液中有明显凝块;

4. 血浆呈乳糜状或暗灰色;

5. 血浆中有明显气泡、絮状物或粗大颗粒;

6. 未摇动时血浆层与红细胞的界面不清或交界面上出现溶血；

7. 红细胞层呈紫红色；

8. 过期或其他须查证的情况。

第二十七条 血液发出后,受血者和供血者的血样保存于 2-6℃ 冰箱,至少 7 天,以便对输血不良反应追查原因。

第二十八条 血液发出后不得退回。

第七章 输 血

第二十九条 输血前由两名医护人员核对交叉配血报告单及血袋标签各项内容,检查血袋有无破损渗漏,血液颜色是否正常。准确无误方可输血。

第三十条 输血时,由两名医护人员带病历共同到患者床旁核对患者姓名、性别、年龄、病案号、门急诊/病室、床号、血型等,确认与配血报告相符,再次核对血液后,用符合标准的输血器进行输血。

第三十一条 取回的血应尽快输用,不得自行贮血。输用前将血袋内的成分轻轻混匀,避免剧烈振荡。血液内不得加入其他药物,如需稀释只能用静脉注射生理盐水。

第三十二条 输血前后用静脉注射生理盐水冲洗输血管道。连续输用不同供血者的血液时,前一袋血输尽后,用静脉注射生理盐水冲洗输血器,再接下一袋血继续输注。

第三十三条 输血过程中应先慢后快,再根据病情和年龄调整输注速度,并严密观察受血者有无输血不良反应,如出现异常情况应及时处理:

1. 减慢或停止输血,用静脉注射生理盐水维持静脉通路；

2. 立即通知值班医师和输血科(血库)值班人员,及时检查、治疗和抢救,并查找原因,做好记录。

第三十四条 疑为溶血性或细菌污染性输血反应,应立即停止输血,用静脉注射生理盐水维护静脉通路,及时报告上级医师,在积极治疗抢救的同时,做以下核对检查:

1. 核对用血申请单、血袋标签、交叉配血试验记录；

2. 核对受血者及供血者 ABO 血型、Rh(D)血型。用保存于冰箱中的受血者与供血者血样、新采集的受血者血样、血袋中血样,重测 ABO 血型、RH(D)血型、不规则抗体筛选及交叉配血试验(包括盐水相和非盐水相试验)；

3. 立即抽取受血者血液加肝素抗凝剂,分离血浆,观察血浆颜色,测定血浆游离血红蛋白含量；

4. 立即抽取受血者血液,检测血清胆红素含量、血浆游离血红蛋白含量、血浆结合珠蛋白测定、直接抗人球蛋白试验并检测相关抗体效价,如发现特殊抗体,应作进一步鉴定；

5. 如怀疑细菌污染性输血反应,抽取血袋中血液做细菌学检验；

6. 尽早检测血常规、尿常规及尿血红蛋白；

7. 必要时,溶血反应发生后 5~7 小时测血清胆红素含量。

第三十五条 输血完毕,医护人员对有输血反应的应逐项填写患者输血反应回报单,并返还输血科(血库)保存。输血科(血库)每月统计上报医务处(科)。

第三十六条 输血完毕后,医护人员将输血记录单(交叉配血报告单)贴在病历中,并将血袋送回输血科(血库)至少保存一天。

第三十七条　本规范由卫生部负责解释。

第三十八条　本规范自 2000 年 10 月 1 日起实施。

附件一　成分输血指南

附件二　自身输血指南

附件三　手术及创伤输血指南

附件四　内科输血指南

附件五　术中控制性低血压技术指南

附件六　输血治疗同意书

附件七　临床输血申请书

附件八　输血记录单

附件九　输血不良反应回报单

附件一　成分输血指南

一、成分输血的定义

血液由不同血细胞和血浆组成。将供者血液的不同成分应用科学方法分开,依据患者病情的实际需要,分别输入有关血液成分,称为成分输血。

二、成分输血的优点

成分输血具有疗效好、副作用小、节约血液资源以及便于保存和运输等优点,各地应积极推广。

三、成分输血的临床应用

品名	特点	保存方式及保质期	作用及适应证	备注
红细胞				
浓缩红细胞(CRC)	每袋含 200ml 全血中全部RBC,总量 110～120ml,红细胞压积 0.7～0.8。含血浆 30ml 及抗凝剂 8～10ml,运氧能力和体内存活率等同一袋全血。规格:110～120ml/袋	4℃±2℃ ACD:21 天 CPD:28 天 CPDA:35 天	作用:增强运氧能力。适用:①各种急性失血的输血;②各种慢性贫血;③高钾血症、肝、肾、心功能障碍者输血;④小儿、老年人输血	交叉配合试验
少白细胞红细胞(LPRC)	过滤法:白细胞去除率96.3%～99.6%,红细胞回收率>90%;手工洗涤法:白细胞去除率 79℃±1.2%,红细胞回收率>74℃±3.3%;机器洗涤法:白细胞去除率>93%,红细胞回收率>87%。	4℃±2℃24 小时	作用:(同 CRC)。适用:①由于输血产生白细胞抗体,引起发热等输血不良反应的患者;②防止产生白细胞抗体的输血(如器官移植的患者)	与受血者 ABO血型相同

品名	特点	保存方式及保质期	作用及适应证	备注
红细胞悬液（CRCs）	400ml 或 200ml 全血离心后除去血浆，加入适量红细胞添加剂后制成，所有操作在三联袋内进行。规格：由 400ml 或 20ml 全血制备	（同 CRC）	（同 CRC）	交叉配合试验
洗涤红细胞（WRC）	400ml 或 200ml 全血经离心去除血浆和白细胞，用无菌生理盐水洗涤 3~4 次，最后加 150ml 生理盐水悬浮。白细胞去除率>80%，血浆去除率>90%，RBC 回收率>70%。规格：由 400ml 或 200ml 全血制备	（同 LPRC）	作用：增强运氧能力。适用：①对血浆蛋白有过敏反应的贫血患者；②自身免疫性溶血性贫血患者；③阵发性睡眠性血红蛋白尿症；④高钾血症及肝肾功能障碍需要输血者	主侧配血试验
冰冻红细胞（FTRC）	去除血浆的红细胞加甘油保护剂，在-80℃保存，保存期 10 年，解冻后洗涤去甘油，加入 100ml 无菌生理盐水或红细胞添加剂或原血浆。白细胞去除率>98%；血浆去除>99%；RBC 回收>80%；残余甘油量<1%。洗除了枸橼酸盐或磷酸盐、K^+、NH_3 等。规格：200ml/袋	解冻后 4℃±2℃ 24 小时	作用：增强运氧能力适用：①同 WRC②稀有血型患者输血；③新生儿溶血病换血；④自身输血	加原血浆悬浮红细胞要做交叉配血试验。加生理盐水悬浮只做主侧配血试验
血小板				
手工分离浓缩血小板（PC-1）	由 200ml 或 400ml 全血制备。血小板含量为≥$2.0×10^{10}$/袋 20~25ml；≥$4.0×10^{10}$/袋 40~50ml。规格：20~25ml/袋 40~50ml/袋	22℃±2℃（轻振荡）24 小时（普通袋）或 5 天（专用袋制备）	作用：止血。适用：①血小板减少所致的出血；②血小板功能障碍所致的出血	需做交叉配合试验，要求 ABO 相合，一次足量输注
机器单采浓缩血小板（PC-2）	用细胞分离机单采技术，从单个供血者循环液中采集，每袋内含血小板≥$2.5×10^{11}$，红细胞含量<0.41ml。规格：150~250ml/袋	（同 PC-1）	（同 PC-1）	ABO 血型相同

品名	特点	保存方式及保质期	作用及适应证	备注
白细胞				
机器单采浓缩白细胞悬液(GRANs)	用细胞分离机单采技术由单个供血者循环血液中采集。每袋内含粒细胞≥1×10^{10}	22℃±2℃ 24 小时	作用:提高机体抗感染能力。适用:中性粒细胞低于 0.5×10^9/L,并发细菌感染,抗生素治疗 48 小时无效者(从严掌握适用症)	必须做交叉配合试验 ABO 血型相同
血浆				
新鲜液体血浆(FLP)	含有新鲜血液中全部凝血因子,血浆蛋白为 6~8g/%;纤维蛋白原 0.2~4g/%;其他凝血因子 0.7~1 单位/ml。规格:根据医院需要而定	4℃±2℃ 24 小时(三联袋)	作用:补充凝血因子,扩充血容量。适用:①补充全部凝血因子(包括不稳定的凝血因子 V、Ⅷ);②大面积烧伤、创伤	要求与受血者 ABO 血型相同或相容
新鲜冰冻血浆(FFP)	含有全部凝血因子。血浆蛋白为 6~8g/%;纤维蛋白原 0.2~0.4g/%;其他凝血因子 0.7~1 单位/ml。规格:自采血后 6~8 小时内(ACD 抗凝剂:6 小时内;CPD 抗凝剂:8 小时内)。速冻成块规格:200ml,100ml,50ml,25ml	-20℃以下一年(三联)	作用:扩充血容量,补充凝血因子。适用:①补充凝血因子;②大面积创伤、烧伤	要求与受血者 ABO 血型相同或相容 37℃摆动水浴融化
普通冰冻血浆(FP)	FFP 保存一年后即为普通冰冻血浆。规格:200ml,100ml,50ml,25ml	-20℃以下四年	作用:补充稳定的凝血因子和血浆蛋白。适用:①主要用于补充稳定的凝血因子缺乏,如Ⅱ、Ⅶ、Ⅸ、X 因子缺乏;②手术、外伤、烧伤、肠梗阻等大出血或血浆大量丢失	要求与受血者 ABO 血型相同
冷沉淀(Cryo)	每袋由 200ml 血浆制成。含有:Ⅷ因子 80~100 单位;纤维蛋白原约 250mg;血浆 20ml。规格:20ml	-20℃以下一年	适用:①甲型血友病;②血管性血友病(vWD);③纤维蛋白原缺乏症	要求与受血者 ABO 血型相同或相容

附件二　自身输血指南

自身输血可以避免血源传播性疾病和免疫抑制,对一时无法获得同型血的患者也是唯一血源。自身输血有三种方法:贮存式自身输血、急性等容血液稀释(ANH)及回收式自身输血。

一、贮存式自身输血

术前一定时间采集患者自身的血液进行保存,在手术期间输用。

1. 只要患者身体一般情况好,血红蛋白>110g/L或红细胞压积>0.33,行择期手术,患者签字同意,都适合贮存式自身输血。

2. 按相应的血液储存条件,手术前3天完成采集血液。

3. 每次采血不超过500ml(或自身血容量的10%),两次采血间隔不少于3天。

4. 在采血前后可给患者铁剂、维生素C及叶酸(有条件的可应用重组人红细胞生成素)等治疗。

5. 血红蛋白<100g/L的患者及有细菌性感染的患者不能采集自身血。

6. 对冠心病、严重主动脉瓣狭窄等心脑血管疾病及重症患者慎用。

二、急性等容血液稀释(ANH)

ANH一般在麻醉后、手术主要出血步骤开始前,抽取患者一定量自身血在室温下保存备用,同时输入胶体液或等渗晶体补充血容量,使血液适度稀释,降低红细胞压积,使手术出血时血液的有形成分丢失减少。然后根据术中失血及患者情况将自身血回输给患者。

1. 患者身体一般情况好,血红蛋白≥110g/L(红细胞压积≥0.33),估计术中有大量失血,可以考虑进行ANH。

2. 手术降低血液黏稠度,改善微循环灌流时,也可采用。

3. 血液稀释程度,一般使红细胞压积不低于0.25。

4. 术中必须密切监测血压、脉搏、血氧饱和度、红细胞压积和尿量的变化,必要时应监测患者静脉压。

5. 下列患者不宜进行血液稀释:血红蛋白<100g/L,低蛋白血症,凝血机能障碍,静脉输液通路不畅及不具备监护条件的。

三、回收式自身输血

血液回收是指用血液回收装置,将患者体腔积血、手术失血及术后引流血液进行回收、抗凝、滤过、洗涤等处理,然后回输给患者。血液回收必须采用合格的设备,回收处理的血必须达到一定的质量标准。体外循环后的机器余血应尽可能回输给患者。

回收血禁忌证:

1. 血液流出血管外超过6小时。

2. 怀疑流出的血液被细菌、粪便、羊水或毒液污染。

3. 怀疑流出的血液含有癌细胞。

4. 流出的血液严重溶血。

注:①自身贮血的采血量应根据患者耐受性及手术需要综合考虑。有些行自身贮血的患者术前可能存在不同程度的贫血,术中应予以重视。

②适当的血液稀释后动脉氧含量降低,但充分的氧供不会受到影响,主要代偿机制是输出量和组织氧摄取率增加。ANH 还可降低血液黏稠度使组织灌注改善。纤维蛋白原和血小板的浓度与红细胞压积平行性降低,只要红细胞压积>0.20,凝血不会受到影响。与自身贮血相比,ANH 方法简单、耗费低;有些不适合自身贮血的患者,在麻醉医师的严密监护下,可以安全地进行 ANH;疑有菌血症的患者不能进行自身贮血,而 ANH 不会造成细菌在血内繁殖;肿瘤手术不宜进行血液回收,但可以应用 ANH。

③回收的血液虽然是自身血,但血管内的血及自身贮存的血仍有着差别。血液回收有多种技术方法,其质量高低取决于对回收血的处理好坏,处理不当的回收血输入体内会造成严重的后果。目前先进的血液回收装置已达到全自动化程度,按程度自动过滤、分离、洗涤红细胞。如出血过快来不及洗涤,也可直接回输未洗涤的抗凝血液。

④术前自身贮血、术中 ANH 及血液回收可以联合应用。

附件三 手术及创伤输血指南

一、浓缩红细胞

用于需要提高血液携氧能力,血容量基本正常或低血容量已被纠正的患者。低血容量患者可配晶体液或胶体液应用。

1. 血红蛋白>100g/L,可以不输。

2. 血红蛋白<70g/L,应考虑输。

3. 血红蛋白在 70~100g/L 之间,根据患者的贫血程度、心肺代偿功能、有无代谢率增高以及年龄等因素决定。

二、血小板

用于患者血小板数量减少或功能异常伴有出血倾向或表现。

1. 血小板计数>$100×10^9$/L,可以不输。

2. 血小板计数<$50×10^9$/L,应考虑输。

3. 血小板计数在 $50~100×10^9$/L 之间,应根据是否有自发性出血或伤口渗血决定。

4. 如术中出现不可控渗血,确定血小板功能低下,输血小板不受上述限制。

三、新鲜冰冻血浆(FFP)

用于凝血因子缺乏的患者。

1. PT 或 APTT>正常 1.5 倍,创面弥漫性渗血。

2. 患者急性大出血输入大量库存全血或浓缩红细胞后(出血量或输血量相当于患者自身血容量)。

3. 病史或临床过程表现有先天性或获得性凝血功能障碍。

4. 紧急对抗华法令的抗凝血作用(FFP:5~8ml/kg)。

四、全血

用于急性大量血液丢失可能出现低血容量休克的患者,或患者存在持续活动性出血,估计失血量超过自身血容量的 30%。回输自体全血不受本指征限制,根据患者血容量决定。

注:①红细胞的主要功能是携带氧到组织细胞。贫血及容量不足都会影响机体氧输送,但这两者的生理影响不一样的。失血达总血容量 30%才会有明显的低血容量表现,年轻体

健的患者补充足够液体(晶体液或胶体液)就可以完全纠正其失血造成的血容量不足。全血或血浆不宜用作扩容剂。血容量补足之后,输血目的是提高血液的携氧能力,首选红细胞制品。晶体液或并用胶体液扩容,结合红细胞输注,也适用于大量输血。

②无器官器质性病变的患者,只要血容量正常,红细胞压积达 0.20(血红蛋白>60g/L)的贫血不影响组织氧合。急性贫血患者,动脉血氧含量的降低可以被心输出血的增加及氧离曲线右移而代偿;当然,心肺功能不全和代谢率增高的患者应保持血红蛋白浓度>100g/L以保证足够的氧输送。

③手术患者在血小板>50×10^9/L 时,一般不会发生出血增多。血小板功能低下(如继发于术前阿司匹林治疗)对出血的影响比血小板计数更重要。手术类型和范围、出血速率、控制出血的能力、出血所致后果的大小以及影响血小板功能的相关因素(如体外循环、肾衰、严重肝病用药)等,都是决定是否输血小板的指征。分娩功能的相关因素(如体外循环、肾衰、严重肝病用药)等,都是决定是否输血小板的指征。分娩妇女血小板可能会低于 50×10^9/L(妊娠性血小板减少)而不一定输血小板,因输血小板后的峰值决定其效果,缓慢输入的效果较差,所以输血小板时应快速输注,并一次性足量使用。

④只要纤维蛋白原浓度大于 0.8g/L,即使凝血因子只有正常的 30%,凝血功能仍可能维持正常。即患者血液置换量达全身血液总量,实际上还会有三分之一自体成分(包括凝血因子)保留在体内,仍然有足够的凝血功能。应当注意,休克没得到及时纠正,可导致消耗性凝血障碍。FFP 的使用,必须达到 10~15ml/kg,才能有效。禁止用 FFP 作为扩容剂,禁止用FFP 促进伤口愈合。

附件四 内科输血指南

一、红细胞:

用于红细胞破坏过多、丢失或生成障碍引起的慢性贫血并伴缺氧症状。血红蛋白<60g/L 或红细胞压积<0.2 时可考虑输注。

二、血小板:

血小板计数和临床出血症状结合决定是否输注血小板,血小板输注指征:

血小板计数>50×10^9/L 一般不需输注

血小板 10~50×10^9/L 根据临床出血情况决定,可考虑输注

血小板计数<5×10^9/L 应立即输血小板防止出血

预防性输注不可滥用,防止产生同种免疫导致输注无效。有出血表现时应一次足量输注并测 CCI 值。

CCI=(输注后血小板计数-输注前血小板计数)(10^{11})×体表面积(m^2)/输入血小板总数(10^{11})

注:输注后血小板计数为输注后一小时测定值。CCI>10 者为输注有效。

三、新鲜冰冻血浆:

用于各种原因(先天性、后天获得性、输入大量陈旧库血等)引起的多种凝血因子Ⅱ、Ⅴ、Ⅶ、Ⅸ、Ⅹ、Ⅺ或抗凝血酶Ⅲ缺乏,并伴有出血表现时输注。一般需输入 10~15ml/kg 体重新鲜冰冻血浆。

四、新鲜液体血浆：

主要用于补充多种凝血因子(特别是Ⅷ因子)缺陷及严重肝病患者。

五、普通冰冻血浆：

主要用于补充稳定的凝血因子。

六、洗涤红细胞：

用于避免引起同种异型白细胞抗体和避免输入血浆中某些成分(如补体、凝集素、蛋白质等)，包括对血浆蛋白过敏、自身免疫性溶血性贫血患者、高钾血症及肝肾功能障碍和阵发性睡眠性血红蛋白尿症的患者。

七、机器单采浓缩白细胞悬液：

主要用于中性粒细胞缺乏(中性粒细胞$<0.5×10^9/L$、并发细菌感染且抗菌素治疗难以控制者，充分权衡利弊后输注。

八、冷沉淀：

主要用于儿童及成人轻型甲型血友病，血管性血友病(vWD)，纤维蛋白原缺乏症及因子Ⅷ缺乏症患者。严重甲型血友病需加用Ⅷ因子浓缩剂。

九、全血：

用于内科急性出血引起的血红蛋白和血容量的迅速下降并伴有缺氧症状。血红蛋白$<70g/L$或红细胞压积<0.22，或出现失血性休克时考虑输注，但晶体液或并用胶体液扩容仍是治疗失血性休克的主要输血方案。

附件五　术中控制性低血压技术指南

术中控制性低血压，是指在全身麻醉下手术期间，在保证重要脏器氧供情况下，人为地将平均动脉压降低到一定水平，使手术野出血量随血压的降低而相应减少，避免输血或使输血量降低，并使术野清晰，有利于手术操作，提高手术精确性，缩短手术时间。

一、术中控制性低血压主要应用于①血供丰富区域的手术，如头颈部、盆腔手术；②血管手术，如主动脉瘤、动脉导管未闭、颅内血管畸形；③创面较大且出血可能难以控制的手术，如癌症根治、髋关节断离成形、脊柱侧弯矫正、巨大脑膜瘤、颅颌面整形；④区域狭小的精细手术，如中耳成形、腭咽成形。

二、术中控制性低血压技术的实施具有较大的难度，麻醉工程师对该技术不熟悉时应视为绝对禁忌。对有明显机体、器官、组织氧运输降低的患者，或重要器官严重功能不全的患者，应仔细衡量术中控制性低血压的利弊后再酌情使用。

三、实施术中控制性低血压应尽可能采用扩张血管方法，避免抑制心肌功能、降低心输出量。

四、术中控制性低血压时，必须进行实时监测，内容包括：动脉血压、心电图、呼气末CO_2、脉搏、血氧饱和度、尿量。对出血量较多的患者还应测定中心静脉压、血电解质、红细胞压积等。

五、术中控制性低血压水平的"安全限"在患者之间有较大的个体差异，应根据患者的术前基础血压、重要器官功能状况、手术创面出血渗血状况来确定该患者最适低血压水平及降压时间。

注：

组织灌流量主要随血压和血管内径的变化而变化,血压降低,灌流量也降低。如果组织血管内径增加,尽管灌注压下降,组织灌流量可以不变甚至增加。理论上,只要保证毛细血管前血压大于临界闭合压,就可保证组织的血流灌注。重要器官的血管在组织血流灌注降低、出血量减少时仍对血流具有较强的自主调节能力,维持足够的组织血供。另一方面,器官血压的自身调节低限并不是该器官缺血阈,器官组织丧失自身调节血流能力的最低压高于该组织缺血的临界血压。所以,如果术中控制性低血压应用正确,则可以安全有效地发挥减少出血、改善手术视野的优点。

附件六：××××医院输血治疗同意书

输血治疗同意书

病案号：_____；科别：_____；

姓名：_____；性别：_____(男/女)；年龄：_____

输血目的：_____

输血史：有/无；孕产史：孕____产____流____；

输血前检查：ALT _____ U/L；HBsAg _____；Anti－HBs _____；HBeAg _____；Anti－HBe _____；Anti－HBc _____；Anti－HCV _____；Anti－HIV1/2 _____；

输血治疗包括输全血、成分血,是临床治疗的重要措施之一,是临床抢救急危重患者生命行之有效的手段。

但输血存在一定风险,可能发生输血反应及感染经血传播疾病。

虽然我院使用的血液,均已按卫生部有关规定进行检测,但由于当前科技水平的限制,输血仍有某些不能预测或不能防止的输血反应和输血传染病。输血时可能发生的主要情况如下：

1. 过敏反应；

2. 发热反应；

3. 感染肝炎(乙肝、丙肝等)；

4. 感染艾滋病、梅毒；

5. 感染疟疾；

6. 巨细胞病毒或 EB 病毒感染；

7. 输血引起的其他疾病；

在您及家属或监护人了解上述可能发生的情况后,如同意输血治疗,请在下面签字。

受血者(家属/监护人)签字：_____,_____年_____月_____日

医师签字：_____,_____年_____月_____日

备注：

附件七:××××医院临床输血申请单

输血申请单

No.

预定输血日期:_____年_____月_____日

受血者姓名:_____;性别:____(男/女);年龄:_____

病案号:_____;科别:_____;病区:_____;床号:_____;

临床诊断:_____

输血目的:_____

继往输血史(有/无):____;孕产史:____孕____产____流____

受血者属地:(本市/外埠)

预定输血成分:_____

预定输血量:_____

受血者血型:_____

血红蛋白:_____;HCT:_____;血小板:_____;ALT:_____;U/L:_____;

HBsAg:_____;Anti-HCV_____;Anti-HIV1/2:_____;梅毒:_____

申请医师签字:

主治医师审核签字:

申请日期:_____年____月____日____时____分(上午/下午)

备注:请医师逐项认真准确填写,请于输血日前送输血科/血库。

附件八:××××医院输血记录单

输血记录单

病案号_____;姓名_____;性别_____;年龄_____;血型_____;

科别_____;病区_____;床号;_____;

输血性质:□常规　　　□紧急　　　□大量　　　□特殊

供血者姓名:_____;血型:_____;供血者血袋号:_____

血量复检血型结果:_____

交叉配血试验结果:_____

不规则抗体筛选结果:_____

其他检查结果:_____

复检者:_____;配血者:_____;发血者:_____;取血者:_____;

发血时间:_____年_____月_____日(上午/下午)_____时_____分

附件九:××××医院患者输血不良反应回报单

患者输血不良反应回报单

No.

患者姓名_____;性别_____;年龄_____;科室_____;病案号_____;血型_____;

诊断:_____

供血者血型:_____;储血号:_____;输血量_____ml;

输用何种血液:1. 红细胞悬液_____单位;

2. 浓缩血小板_____袋;

3. 冷沉淀_____袋;

4. 全血_____ml;

5. 血浆_____ml;

6. 其他:_____

不良反应:□无;□有(发热,过敏,溶血,细菌,血红蛋白尿其他)

输血史:□无;□有____(次数);其他:_____;

孕产史:孕____产____流____

发血日期:____年____月____日

填报人:_____

注:本回报单务必请临床医师认真填写,及时送回输血科/血库。

第七节 脐带血造血干细胞库管理办法(试行)

第一章 总 则

第一条 为合理利用我国脐带血造血干细胞资源,促进脐带血造血干细胞移植高新技术的发展,确保脐带血造血干细胞应用的安全性和有效性,特制定本管理办法。

第二条 脐带血造血干细胞库是指以人体造血干细胞移植为目的,具有采集、处理、保存和提供造血干细胞的能力,并具有相当研究实力的特殊血站。

任何单位和个人不得以营利为目的进行脐带血采供活动。

第三条 本办法所指脐带血为与孕妇和新生儿血容量和血循环无关的,由新生儿脐带扎断后的远端所采集的胎盘血。

第四条 对脐带血造血干细胞库实行全国统一规划,统一布局,统一标准,统一规范和统一管理制度。

第二章 设 置 审 批

第五条 国务院卫生行政部门根据我国人口分布、卫生资源、临床造血干细胞移植需要等实际情况,制订我国脐带血造血干细胞库设置的总体布局和发展规划。

第六条 脐带血造血干细胞库的设置必须经国务院卫生行政部门批准。

第七条　国务院卫生行政部门成立由有关方面专家组成的脐带血造血干细胞库专家委员会(以下简称专家委员会),负责对脐带血造血干细胞库设置的申请、验收和考评提出论证意见。专家委员会负责制订脐带血造血干细胞库建设、操作、运行等技术标准。

第八条　脐带血造血干细胞库设置的申请者除符合国家规划和布局要求,具备设置一般血站基本条件之外,还需具备下列条件:

(一)具有基本的血液学研究基础和造血干细胞研究能力;

(二)具有符合储存不低于1万份脐带血的高清洁度的空间和冷冻设备的设计规划;

(三)具有血细胞生物学、HLA配型、相关病原体检测、遗传学和冷冻生物学、专供脐带血处理等符合GMP、GLP标准的实验室、资料保存室;

(四)具有流式细胞仪、程控冷冻仪、PCR仪和细胞冷冻及相关检测及计算机网络管理等仪器设备;

(五)具有独立开展实验血液学、免疫学、造血细胞培养、检测、HLA配型、病原体检测、冷冻生物学、管理、质量控制和监测、仪器操作、资料保管和共享等方面的技术、管理和服务人员;

(六)具有安全可靠的脐带血来源保证;

(七)具备多渠道筹集建设资金运转经费的能力。

第九条　设置脐带血造血干细胞库应向所在地省级卫生行政部门提交设置可行性研究报告,内容包括:

(一)申请单位名称、基本状况;

(二)拟设脐带血造血干细胞库的名称、规模、任务、功能、组织结构、资金来源等;

(三)拟设脐带血造血干细胞库服务对象、需求状况、机构运行的预测分析;

(四)拟设脐带血造血干细胞库的选址和建筑设计平面图;

(五)拟设脐带血造血干细胞库将开展的业务项目、技术设备条件和技术人员配置的资料;

(六)审批机关规定提交的其他材料。

第十条　符合申请条件者,经省级人民政府卫生行政部门初审推荐,上报国务院卫生行政部门。

第十一条　国务院卫生行政部门在接到设置申请后,根据总体布局和发展规划,组织专家委员会在30个工作日内进行论证和审查。国务院卫生行政部门根据专家委员会意见进行审核,审核合格的发给设置批准书。审核不合格的,将审核结果以书面形式通知省级人民政府卫生行政部门。

第三章　执业许可

第十二条　脐带血造血干细胞库开展业务必须经执业验收及注册登记,并领取《脐带血造血干细胞库执业许可证》后方可进行。

《脐带血造血干细胞库执业许可证》由国务院卫生行政部门统一监制。

第十三条　国务院卫生行政部门委托专家委员会进行脐血造血干细胞库的执业验收,对验收合格的出具验收合格证明,验收不合格的书面通知申请者。

《脐带血造血干细胞库基本标准》由国务院卫生行政部门制订。

第十四条 脐带血造血干细胞库注册登记机关为国务院卫生行政部门。

第十五条 申请注册登记的应向国务院卫生行政部门提出申请,并提交下列文件:

(一)脐带血造血干细胞库设置批准书;

(二)脐带血造血干细胞库的名称、地址和法定代表人姓名;

(三)脐带血造血干细胞库执业验收合格证明;

(四)与其开展的业务相适应的资金来源和验资证明;

(五)执业用房的产权证明或使用证明;

(六)脐带血采供计划报告书,包括采集和供应范围等;

(七)脐带血造血干细胞库的规章制度,技术操作手册;

(八)审批机关规定提交的其他材料。

第十六条 国务院卫生行政部门在受理注册登记申请后,于 20 个工作日内进行审核。审核合格的,予以注册登记,发给《脐带血造血干细胞库执业许可证》;审核不合格的,将审核结果和不予批准的理由以书面形式通知申请者。

脐带血造血干细胞库执业许可证号为:

卫脐血干细胞库字[   ]年份第×××号。

第十七条 注册登记的内容:

(一)名称、地址、法定代表人;

(二)脐带血采供项目及范围;

(三)资金、设备和执业(业务)用房证明;

(四)许可日期和许可证号。

第十八条 《脐带血造血干细胞库执业许可证》注册登记的有效期为 3 年。脐带血造血干细胞库在注册登记期满前 3 个月应当申请办理再次注册登记。再次注册登记除提供本办法第十七条规定文件外,还应提交专家委员会定期及不定期的考评结果、脐带血造血干细胞库规章制度执行情况、脐带血质量、服务质量及数据资料共享情况的报告。

第十九条 脐带血造血干细胞库变更本办法第十七条(一)、(二)项内容,必须向所在地省级人民政府卫生行政部门提出申请,由当地省级人民政府卫生行政部门报国务院卫生行政部门办理变更手续。变更注册登记应当在 30 个工作日内完成。

第二十条 国务院卫生行政部门在对注册单位进行日常监督检查中,如发现违规行为,将根据情节予以注销注册。

第二十一条 《脐带血造血干细胞库执业许可证》不得伪造、涂改、出卖、转让、出借。执业许可证遗失的,应当向注册机关报告,并办理有关手续。

第四章 脐带血造血干细胞采供管理

第二十二条 脐带血造血干细胞库必须执行我国《血站管理办法》(暂行)中有关采供血管理的各项规定。

第二十三条 脐带血造血干细胞库采供脐血造血干细胞必须严格遵守各项技术操作规程和制度。参与脐带血采集、处理和管理的人员应符合《脐带血造血干细胞库技术规范》中的要求。

《脐带血造血干细胞库技术规范》由国务院卫生行政部门另行制订。

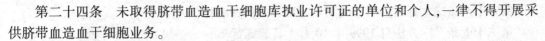

第二十四条　未取得脐带血造血干细胞库执业许可证的单位和个人,一律不得开展采供脐带血造血干细胞业务。

第二十五条　脐带血的采集需遵循自愿和知情同意的原则。除采供双方必须签署知情同意书外,并应符合医学伦理的有关要求。

第二十六条　临床应用单位只能接受具有执业许可证的脐带血造血干细胞库提供的脐带血。

脐带血造血干细胞库只能向有造血干细胞移植经验和基础,并装备有造血干细胞移植所需的无菌病房和其他必需设施,经省级卫生行政部门批准的临床单位提供移植造血干细胞用的脐带血。

第二十七条　出于人道主义目的,满足救死扶伤需要,而必须向境外医疗单位提供移植造血干细胞用脐带血时,应严格按我国遗传资源保护管理办法中的有关规定办理手续。

第二十八条　脐带血造血干细胞库应当保证提供的脐带血的质量,造血干细胞的数量和活性、HLA 配型的要求、病原体的检测等应无差错。未经检验或检验不合格的不得向医疗机构提供。

第五章　监　督　管　理

第二十九条　脐带血造血干细胞库所在地的省级人民政府卫生行政部门按照《血站管理办法》(暂行)和本办法的规定,负责对辖区内脐带血造血干细胞库进行监督管理。

第三十条　国务院卫生行政部门指定脐带血造血干细胞检定机构,按照《血站管理办法》(暂行)和本办法对脐带血造血干细胞库进行质量监测,监测结果报国务院卫生行政部门。

第三十一条　有关卫生行政部门和检定机构应当对脐带血造血干细胞库进行定期或不定期的检查,无偿调阅有关资料。

第六章　罚　　则

第三十二条　违反本办法有关规定,未经批准擅自设置和开办脐带血造血干细胞库,非法采集、提供脐带血的,由省级人民政府卫生行政部门予以取缔,没收擅自开办脐带血造血干细胞库的违法所得和设备、器材以及采集的脐带血,并处以 3 万元以下的罚款;构成犯罪的,依法追究刑事责任。

第三十三条　脐带血造血干细胞库在提供造血干细胞过程中发生的由于质量、病原污染等差错所引起的医疗事故,由脐带血造血干细胞库承担应负的法律责任。

第三十四条　对违反本办法有关规定,或者专家委员会考评和脐带血检定机构监测结果不合格的脐带血造血干细胞库,由国务院卫生行政部门视情节予以警告,责令限期整顿。

第七章　附　　则

第三十五条　本办法实施前已经设置的脐带血造血干细胞库,在本办法实施后 3 个月内提出申请,由国务院卫生行政部门按照本办法有关规定补办审批登记手续。对不符合规定的应当关闭。

第三十六条　本办法由国务院卫生行政部门负责解释。

第三十七条　本办法自 1999 年 10 月 1 日起施行。

第八节　脐带血造血干细胞库设置管理规范(试行)

脐带血造血干细胞库的设置管理必须符合本规范的规定。

一、机构设置

(一)脐带血造血干细胞库(以下简称脐带血库)实行主任负责制。

(二)部门设置

脐带血库设置业务科室至少应涵盖以下功能:脐带血采运、处理、细胞培养、组织配型、微生物、深低温冻存及融化、脐带血档案资料及独立的质量管理部分。

二、人员要求

(一)脐带血库主任应具有医学高级职称。脐带血库可设副主任,应具有临床医学或生物学中、高级职称。

(二)各部门负责人员要求

1. 负责脐带血采运的人员应具有医学中专以上学历,2 年以上医护工作经验,经专业培训并考核合格者。

2. 负责细胞培养、组织配型、微生物、深低温冻存及融化、质量保证的人员应具有医学或相关学科本科以上学历,4 年以上专业工作经历,并具有丰富的相关专业技术经验和较高的业务指导水平。

3. 负责档案资料的人员应具相关专业中专以上学历,具有计算机基础知识和一定的医学知识,熟悉脐带血库的生产全过程。

4. 负责其他业务工作的人员应具有相关专业大学以上学历,熟悉相关业务,具有 2 年以上相关专业工作经验。

(三)各部门工作人员任职条件

1. 脐带血采集人员为经过严格专业培训的护士或助产士职称以上卫生专业技术人员并经考核合格者。

2. 脐带血处理技术人员为医学、生物学专业大专以上学历,经培训并考核合格者。

3. 脐带血冻存技术人员为大专以上学历,经培训并考核合格者。

4. 脐带血库实验室技术人员为相关专业大专以上学历,经培训并考核合格者。

三、建筑和设施

(一)脐带血库建筑选址应保证周围无污染源。

(二)脐带血库建筑设施应符合国家有关规定,总体结构与装修要符合抗震、消防、安全、合理、坚固的要求。

(三)脐带血库要布局合理,建筑面积应达到至少能够储存一万份脐带血的空间;并具有脐带血处理洁净室、深低温冻存室、组织配型室、细菌检测室、病毒检测室、造血干/祖细胞检测室、流式细胞仪室、档案资料室、收/发血室、消毒室等专业房。

(四)业务工作区域应与行政区域分开。

(五)业务工作区域内污染区域应与非污染区域分开。

(六)脐带血库必须具有完备畅通的上下水、电力(包括应急供电设备)、通讯和完善的消防安全系统。

(七)污水、污物处理及废气排放设施应符合国家有关环境保护法律、法规的规定。

四、必备仪器设备

(一)计算机、网络服务器等电脑网络设备。

(二)开展造血干/祖细胞培养和检测、组织配型、病原体检测、冷冻保存、质量管理控制和检测所需的仪器设备。

(三)程控降温仪等冻存设备;冷冻贮存设备须有液氮储存罐与系统。

(四)脐带血专用采集器材和脐带血专用运输工作。

(五)高压消毒设备。

(六)采用国家规定的法定强制检定的计量器具必须有法定计量部门的检定合格证明。

五、管理制度

(一)脐带血的采集、制备、保存与发放应符合卫生部制订《脐带血造血干细胞库技术规范》的要求。

(二)脐带血库必须具备的工作制度。

1. 职工守则。

2. 各科室工作制度。

3. 职工岗位培训制度和继续教育制度。

4. 脐带血采集单位的认定与管理制度。

5. 脐带血供者的隐私保密制度。

6. 检测出的输血传播病源微生物的登记制度。

7. 各种登记、记录管理和保存、发放制度。

8. 各工作环节交接制度。

9. 差错、事故登记、报告、处理制度。

10. 带血的包装、低温保存、运输及发放前的质量认定、核对、发放制度。

11. 脐带血的报废制度。

12. 各种仪器设备采购、使用、维护、报废制度。

13. 各种器材、试剂与药品采购制度。

14. 各类药品与试剂的使用、制备的检定制度。

15. 大型、精密、贵重仪器设备专管专用制度。

16. 各种衡器、量器讲师管理制度和检定制度。

17. 资料、信息、统计资料的收集、整理、保管制度。

18. 科研管理制度。

19. 污物处理制度。

20. 各种技术档案管理制度。

21. 各种库房管理制度。

22. 财务管理、审计制度。

23. 安全制度。

24. 各级行政人员岗位职责制度。

25. 各级技术人员岗位职责制度。

（三）技术操作规程

1. 各项业务技术操作规程。

2. 无菌技术操作规程。

3. 卫生、消毒及灭菌规程。

4. 仪器设备操作规程。

（四）质量控制要求

1. 质量管理的各项工作制度。

2. 各部门质量控制标准。

3. 脐带血库应参加卫生部主管部门组织的质量评估。

4. 脐带血库应参加各脐带血库间的质量评估并达到规定的标准。

六、附则

本规范自 2001 年 2 月 1 日起实施。

第九节　中国造血干细胞捐献者资料库管理办法（试行）

第一章　总　　则

第一条　为加强中国造血干细胞捐献者资料库的规范化、标准化、科学化管理,确保 HLA 分型资料有充足的数量和质量,根据中国红十字会总会与国家卫生部联合下发《关于加强中国造血干细胞捐献者资料库（中华骨髓库）及分库建设的通知》（红赈字〔2002〕28 号）,制定本办法。

第二条　中国造血干细胞捐献者资料库××省分库及管理中心接受中国造血干细胞捐献者资料库管理中心（以下简称"国家级管理中心"）的业务领导、管理与监督。

第二章　申　　报

第三条　拟建立"分库"的省级红十字会,应向"国家级管理中心"提出书面申请,履行审批程序。

第四条　申报条件

（一）独立设立机构（可在省红十字会内部协调）；

（二）专、兼职工作人员不得少于 3 人；

（三）具有办公用房、基本的办公设施（包括数据传输必需的计算机等设备）；

（四）有一定的开办经费和稳定的经费来源。

第五条　申报资料

（一）申请建立"分库"的书面请示；

（二）提交《中国造血干细胞捐献者资料库分库申请表》。

第三章　审　　批

第六条　"国家级管理中心"接到申请后,根据中国造血干细胞捐献者资料库的总体布局和发展规划,对拟建"分库"进行审查,并在 30 个工作日内,以书面形式通知申报的省级红十字会。

第七条 拟建"分库"须经"国家级管理中心"审核批准后,方可正式挂牌运行工作。

第四章 职　　责

第八条 "国家级管理中心"负责中国造血干细胞捐献者资料库总体规划的制定和实施;组织开展大型宣传、募捐等活动;领导、管理和监督各分库开展业务工作。

负责管理全国的 HLA 分型资料,面向全国及国(境)外开展检索。

第九条 "分库"接受"国家级管理中心"的业务领导,负责组织开展本省的宣传、募捐和捐献者的动员、登记、联络、采血、配型检索及捐献者的相关服务工作;统一管理本省志愿捐献者的 HLA 分型资料,确保捐献者的 HLA 分型数据准确、安全、及时地传递到总库。

第五章 管　　理

第十条 制度管理

(一)分库应根据职责,制定各项管理制度、操作规范,并抓好落实;

(二)严格执行保密制度,不得随意将捐献者的 HLA 分型数据和有关信息、资料向任何单位和人员公开及用于其他目的;

(三)严格执行数据检索制度,"国家级管理中心"负责境外的及跨分库间的检索服务,"分库"负责为本省卫生行政部门认定的造血干细胞移植医院提供检索服务。

第十一条 业务管理

(一)"管理中心"代表中国与国(境)外相关组织开展学术交流与合作;

(二)"分库"应以合同方式,约定本省 HLA 组织配型实验室数据检测的质量和数量;

(三)暂时没有检测能力的"分库",可通过其他"分库"与有资质的 HLA 实验室签订委托协议;

(四)因各种原因,"分库"要求调整工作目标、任务、范围等,应报"国家级管理中心"批准。

第十二条 人员培训

"分库"应按时参加"国家级管理中心"举办的业务培训,并负责对本地区的管理人员及业务人员进行培训。

第十三条 网络管理

"分库"通过统一的计算机网络系统,定期向"国家级管理中心"传递 HLA 分型数据;分库计算机网络系统要与国际互联网隔离。

第十四条 经费来源及管理

(一)严格执行国家有关法律、法规;

(二)积极争取地方政府资助;

(三)开展多种形式的社会募捐活动;

(四)专款专用,单独核算。

第六章 考　　核

第十五条 "国家级管理中心"对各"分库"的考核,采取经常性检查与年终(完成工作目标情况)考评相结合的办法。

第十六条　"国家级管理中心"根据考核情况,经确认数据的准确性后,向"分库"拨付适当的检测补助费用。

第十七条　"分库"应根据"国家级管理中心"制定的工作计划,定期进行自查,发现问题及时纠正。

第十八条　"国家级管理中心"对不能履行工作职责的"分库"提出限期整改意见,在规定时限内不见成效的,将撤消其"分库"资格;对做出突出贡献的"分库",将给予适当的奖励。

第七章　附　　则

第十九条　本办法解释权在中国造血干细胞捐献者资料库管理中心。

第二十条　本办法自发布之日起试行。

中国造血干细胞捐献者资料库管理中心
二〇〇二年十月二十二日

第十节　关于加强生物制品和血液制品管理的规定(试行)

生物制品(本规定指菌苗、疫苗、血清、类毒素等,不包括体外用诊断用品)及血液制品(包括胎盘血制品)是防病、治病、战备、救灾和临床抢救急需的重要产品。产品质量直接关系到千百万人的安全与健康,必须坚持"质量第一"的方针,实行全面质量管理,生产中必须具备必要的生产技术条件,严格的质量检定制度和严密的科学管理办法。为加强生物制品和血液制品管理,确保制品符合国家的法定标准,保证人民用药安全有效,特作如下规定。

一、凡生产生物制品、血液制品的单位必须具备以下的条件:

1. 有适合所生产品种的工艺要求、合乎微生物操作的实验室,灭菌操作条件及保障安全的生产车间、辅助车间、冷藏设施以及相应配套的设备等。

2. 有受过严格训练的主管技师以上的专业技术人员和熟练的技术操作人员;能解决生产、检定中遇到的实际问题。

3. 有科学管理的职能机构,保证文明生产和正常的工作秩序。

4. 有健全的检定机构,担负成品、半成品、原材料质量检验,确保制品合格。

5. 坚持质量第一,制品质量必须符合《生物制品规程》的各项规定。不具备以上条件和要求的,不得进行生产,产品不准出售、不准使用。

二、生物制品和血液制品的管理权限:

生物制品统一由卫生部直接管理,由部属生物制品研究所生产。其他有特殊需要生产某种生物制品的省、市、自治区和中国医学科学院所属单位,应由省、市、自治区卫生厅(局)、中国医学科学院向卫生部报告,经卫生部批准后方得生产。

血液制品除部属生物制品研究所生产外,省、市、自治区现已有生产并具备第一条规定条件的省、市、自治区血站等单位,在综合利用血液的基础上,可进行生产,但不得超过1~2

个生产单位。血站等单位所生产血液制品的质量监督检验,由所在省、市、自治区药品检验所负责进行。

三、生产生物制品和血液制品的单位,由卫生部或省、市、自治区卫生厅(局)会同工商行政管理总局或省、市、自治区工商行政管理局审批,发给营业执照。

四、领有营业执照或经批准生产的单位所生产的品种必须按第二条管理权限范围由卫生部或省、市、自治区卫生厅(局)审批,合格者发给批准文号。

五、其他各级医疗卫生单位不准生产生物制品及血液制品。个别因科研需要,又无生产单位正常供应的品种,有关医疗卫生单位也需具备第一条规定的必要条件,经省、市、自治区或相当于省、市、自治区卫生行政部门批准,并严格遵照有关技术文件的规定,方可进行研制,研制品需经国家检定机构审核或检验同意后才能在一定范围内上人体试用。但不得进一步中试、投产。

六、各生产单位研制的新制品应按部颁《新制品管理办法》办理。

七、部颁《生物制品规程》是国家对生物制品、血液制品管理、生产和检定的基本要求,必须严格执行。任何人不得擅自改变《生物制品规程》的技术规定和降低质量标准。不符合《生物制品规程》要求的制品不准发出。

八、纳入卫生部管理的生物制品品种及有部交生产任务的单位生产的血液制品,其生产、调拨、储备计划由卫生部统一平衡、调配。省、市、自治区血站血液制品的生产、供应计划由省、市、自治区卫生厅(局)安排。生产计划编制后,生产单位要与使用单位签定供货合同(规定供货时间、地点、数量及特殊要求等),双方应严格遵守,凡已发出的制品发现质量不符合《生物制品规程》要求的,要予以调换或同意退货。违背合同造成损失者,要负经济责任直至法律责任。

九、卫生部药品生物制品检定所是执行国家对制品质量进行检查、检验和鉴定的专业机构,有权对生物制品和血液制品生产、使用单位的制品质量进行检查了解、抽样检验以及调阅制检记录,并有权对违反本规定的行为和低劣制品据情处理,各有关单位应积极协助,不得拒绝。遇有造成严重后果的质量问题和事故,要及时报告上级卫生行政部门。

十、生物制品、血液制品生产单位的检定机构对本单位生产的制品负责质量检验,并填写制品质量合格证,对不合格的制品不得发出使用。生产单位的检定机构在业务上受国家检定机构的指导,有责任直接向国家检定机构或卫生行政部门反映制品质量的真实情况。单位领导人要尊重检定人员对制品质量的意见,对制品质量发生分歧意见时,由国家检定机构仲裁。

十一、各级检定人员应坚持原则,严肃认真,不得玩忽职守,执法犯法。如在质量问题上不坚持原则,又不向上报告,从而产生严重后果的,要追究责任。

十二、进口的生物制品(包括双边科研合作对方提供的制品)、血液制品列为法定检验。生物制品经卫生部药品生物制品检定所检验,血液制品经进口口岸药检所检验或委托有关单位检验,合格者方准进口上人体使用。违者由组织进口单位和接货单位承担经济和法律责任。

十三、各生产单位对产品要精益求精,不断提高质量,采取切实可行的措施,解决影响质量的关键问题,实行技术改造,力争创立名牌产品。要加强企业管理,降低成本,讲究经济效果。任何一种制品质量上不去,达不到规程的质量要求或反应事故多、效果不好,或不具备生产的基本条件,应停产整顿,整顿后经国家检定机构核查仍达不到要求的,要坚决下马。

十四、生物制品及血液制品的价格的制订及调整,按国家价格政策由卫生部统一管理。新制品的试销价格,由试制单位参照同类或近似产品价格自定,报卫生部备案;正式投产后,根据测算成本和薄利的原则,提出正式价格的意见,报卫生部审批。

十五、生产单位要不断改善经营作风,提高服务质量,坚决制止经营中的一切违法行为和不正之风。对销售中搞"奖钱奖物"、请客送礼及畅滞产品搭配,要严肃处理。对哄抬价格、抢购、套购防疫和急救所需的紧缺制品进行投机倒把活动者,要坚决打击,依法惩办。

十六、经营及使用生物制品及血液制品的单位,要按《生物制品规程》规定妥为保藏,保管不善致遇热、冻结、变质、变色、安瓶裂纹及过期失效的制品,禁止销售使用。

第十一节 献血者健康检查要求

前 言

本标准的第 4 章、第 5 章、第 9 章、第 10 章、第 8.2、8.3 条为强制性的,其余为推荐性的。

本标准按照 GB/T 1.1—2009 给出的规则起草。

本标准代替 GB 18467—2001《献血者健康检查要求》,与 GB 18467—2001 相比,主要技术变化如下:

——调整标准结构,增加目次、引用文件、献血者知情同意,删除原附录 C;

——调整规范性技术条款的章节结构;调整免疫接种后献血的有关条款,按疫苗生产工艺分类管理;

——调整强制性条款,除原有的献血前检测、献血量和献血间隔、捐献血液的检测要求外,增加献血者知情同意;

——增加献血者有关生活经历和旅行经历的健康征询;

——删去献血后血液检测有关检测方法、检测标志物等内容;

——调整献血年龄、献血量、血色素标准、单采血小板采集标准和献血间隔;

——修订眼科疾患、同性恋以及免疫接种后献血的有关条款;

——修订附录 A 献血者知情同意及健康征询表有关内容;

——修订附录 B 献血前血液检测和献血记录有关内容。

本标准由中华人民共和国卫生部提出并归口。

本标准主要起草单位:北京市红十字血液中心。

本标准主要起草人:高东英、刘江、戴苏娜、郭瑾、周倩、陈霄、刘志永、江峰、赵冬雁、庄光艳。

本标准所代替标准的历次版本发布情况为:

——GB 18467—2001。

献血者健康检查要求

1 范围

本标准规定了一般血站献血者健康检查的项目和要求。

本标准适用于一般血站对献血者的健康检查。

本标准不适用于造血干细胞捐献、自身储血和治疗性单采。

2　规范性引用文件

下列文件对于本文件的应用是必不可少的。凡是注日期的引用文件,仅注日期的版本适用于本文件。凡是不注日期的引用文件,其最新版本(包括所有的修改单)适用于本文件。

GB 18469 全血及成分血质量要求

3　术语和定义

GB 18469 界定的以及下列术语和定义适用于本文件。

3.1

固定无偿献血者 regular non-remunerated voluntary blood donor

至少献过 3 次血,且近 12 个月内献血至少 1 次。

3.2

预测采后血小板数 predicted post-donation platelet count

采集后献血者体内剩余血小板数量的控制下限,用于验证血小板采集方案。

4　总则

4.1　采集血液前应征得献血者的知情同意,并对其进行必要的健康征询、一般检查和血液检测。书面记录文件参见附录 A、附录 B。

4.2　献血者献血前的一般检查和血液检测应以血站结果为准,有效期为 14 天。

4.3　献血前健康检查结果只用于判断献血者是否适宜献血,不适用于献血者健康状态或疾病的诊断。

4.4　对经健康检查不适宜献血的献血者,应给予适当解释,并注意保护其个人信息。

5　献血者知情同意

5.1　告知义务

血站工作人员应在献血前对献血者履行书面告知义务,并取得献血者签字的知情同意书。

5.2　告知内容

5.2.1　献血动机

无偿献血是出于利他主义的动机,目的是帮助需要输血的患者。请不要为化验而献血。国家提供艾滋病免费咨询和艾滋病病毒抗体检测服务,如有需要,请与当地疾病预防控制中心联系(联系电话可查询全国公共卫生公益热线 12320)。

5.2.2　安全献血者的重要性

不安全的血液会危害患者的生命与健康。具有高危行为的献血者不应献血,如静脉药瘾史、男男性行为或具有经血传播疾病(艾滋病、丙型肝炎、乙型肝炎、梅毒等)风险的。

5.2.3　具有高危行为者故意献血的责任

献血者捐献具有传染性的血液会给受血者带来危险,应承担对受血者的道德责任。

根据《中华人民共和国传染病防治法》第 77 条、《艾滋病防治条例》第 38 条和第 62 条规定,高危献血者故意献血,造成传染病传播、流行的,依法承担民事责任;构成犯罪的,依法追究刑事责任。

5.2.4　实名制献血

根据《血站管理办法》规定,献血者在献血前应出示真实有效的身份证件,血站应进行核对并登记。冒用他人身份献血的,应按照相关法律规定承担责任。

5.2.5 献血者献血后回告

献血者如果认为已捐献的血液可能存在安全隐患,应当尽快告知血站。血站应当提供联系电话。

5.2.6 献血反应

绝大多数情况下,献血是安全的,但个别人偶尔可能出现如头晕、出冷汗、穿刺部位青紫、血肿、疼痛等不适,极个别可能出现较为严重的献血反应,如晕厥。医务人员应当对献血反应及时进行处置,献血者应遵照献血前和献血后注意事项,以减低献血反应的发生概率。

5.2.7 健康征询与检查

根据《中华人民共和国献血法》的规定,须对献血者进行健康征询与一般检查,献血者应该如实填写健康状况征询表。不真实填写者,因所献血液引发受血者发生不良后果,应按照相关法律规定承担责任。

5.2.8 血液检测

血站将遵照国家规定对献血者血液进行经血传播疾病的检测,检测合格的血液将用于临床,不合格血液将按照国家规定处置。血液检测结果不合格仅表明捐献的血液不符合国家血液标准的要求,不作为感染或疾病的诊断依据。

5.2.9 疫情报告

根据《中华人民共和国传染病防治法》等相关规定,血站将向当地疾病预防控制中心报告艾滋病病毒感染等检测阳性的结果及其个人资料。

5.3 献血者知情同意

献血者应认真阅读有关知情同意的资料,并签字表示知情同意。

6. 献血者健康征询

6.1 献血者有下列情况之一者不能献血

6.1.1 呼吸系统疾病患者,如包括慢性支气管炎、支气管扩张、支气管哮喘、肺气肿、以及肺功能不全等。

6.1.2 循环系统疾病患者,如各种心脏病、高血压病、低血压、四肢动脉粥样硬化、血栓性静脉炎等。

6.1.3 消化系统疾病患者,如慢性胃肠炎、活动期的或经治疗反复发作的胃及十二指肠溃疡、慢性胰腺炎、非特异性溃疡性结肠炎等。

6.1.4 泌尿系统疾病患者,如急慢性肾小球肾炎、慢性肾盂肾炎、肾病综合征、慢性泌尿道感染以及急慢性肾功能不全等。

6.1.5 血液系统疾病患者,如贫血(缺铁性贫血、巨幼红细胞贫血治愈者除外)、真性红细胞增多症、粒细胞缺乏症、白血病、淋巴瘤及各种出、凝血性疾病。

6.1.6 内分泌系统疾病及代谢障碍疾病患者,如脑垂体及肾上腺疾病、甲状腺功能性疾病、糖尿病、肢端肥大症、尿崩症等。

6.1.7 免疫系统疾病患者,如系统性红斑狼疮、皮肌炎、硬皮病、类风湿性关节炎、大动脉炎等。

6.1.8 慢性皮肤病患者,特别是传染性、过敏性及炎症性全身皮肤病,如黄癣、广泛性湿疹及全身性牛皮癣等。

6.1.9 过敏性疾病及反复发作过敏患者,如经常性荨麻疹等、支气管哮喘、药物过敏等。单纯性荨麻疹不在急性发作期间可献血。

6.1.10 神经系统疾病患者,如脑血管病、脑炎、脑外伤后遗症、癫痫等,以及有惊厥病史或反复晕厥发作者。

6.1.11 精神疾病患者,如抑郁症、躁狂症、精神分裂症、癔病等。

6.1.12 克-雅(Creutzfeldt-Jakob)病患者及有家族病史者,或接受可能是来源于克-雅病原体感染的组织或组织衍生物(如硬脑膜、角膜、人垂体生长激素等)治疗者。

6.1.13 各种恶性肿瘤及影响健康的良性肿瘤患者。

6.1.14 传染性疾病患者,如病毒性肝炎患者及感染者。获得性免疫缺陷综合征(AIDS,艾滋病)患者及人类免疫缺陷病毒(HIV)感染者。麻风病及性传播疾病患者及感染者,如梅毒患者、梅毒螺旋体感染者、淋病、尖锐湿疣等。

6.1.15 各种结核患者,如肺结核、肾结核、淋巴结核及骨结核等。

6.1.16 寄生虫及地方病患者,如血吸虫病、丝虫病、钩虫病、肺吸虫病、囊虫病、肝吸虫病、黑热病及克山病和大骨节病等。

6.1.17 某些职业病患者,如放射性疾病、尘肺、矽肺及有害气体、有毒物质所致的急、慢性中毒等。

6.1.18 某些药物使用者,如长期使用肾上腺皮质激素、免疫抑制剂、镇静催眠、精神类药物治疗的患者;既往或现有药物依赖、酒精依赖或药物滥用者,包括吸食、服食或经静脉、肌肉、皮下注射等途径使用类固醇、激素、镇静催眠或麻醉类药物者等。

6.1.19 易感染经血传播疾病的高危人群,如有吸毒史、男男性行为和多个性伴侣者等。

6.1.20 异体组织器官移植物受者:曾接受过异体移植物移植的患者,包括接受组织、器官移植,如脏器、皮肤、角膜、骨髓、骨骼、硬脑膜移植等。

6.1.21 接受过胃、肾、脾、肺等重要内脏器官切除者。

6.1.22 曾使受血者发生过与输血相关的传染病的献血者。

6.1.23 医护人员认为不适宜献血的其他疾病患者。

6.2 献血者有下列情况之一者暂不能献血

6.2.1 口腔护理(包括洗牙等)后未满3d;拔牙或其他小手术后未满半个月;阑尾切除术、疝修补术及扁桃体手术痊愈后未满3个月;较大手术痊愈后未满半年者。

6.2.2 良性肿瘤:妇科良性肿瘤、体表良性肿瘤手术治疗后未满1年者。

6.2.3 妇女月经期及前后3d,妊娠期及流产后未满6个月,分娩及哺乳期未满1年者。

6.2.4 活动性或进展性眼科疾病病愈未满1周者,眼科手术愈后未满3个月者。

6.2.5 上呼吸道感染病愈未满1周者,肺炎病愈未满3个月者。

6.2.6 急性胃肠炎病愈未满1周者。

6.2.7 急性泌尿道感染病愈未满1个月者,急性肾盂肾炎病愈未满3个月者,泌尿系统结石发作期。

6.2.8 伤口愈合或感染痊愈未满1周者,皮肤局限性炎症愈合后未满1周者,皮肤广泛性炎症愈合后未满2周者。

6.2.9　被血液或组织液污染的器材致伤或污染伤口以及施行纹身术后未满 1 年者。

6.2.10　与传染病患者有密切接触史者,自接触之日起至该病最长潜伏期。甲型肝炎病愈后未满 1 年者,痢疾病愈未满半年者,伤寒病愈未满 1 年者,布氏杆菌病病愈未满 2 年者。1 年内前往疟疾流行病区者或疟疾病愈未满 3 年者,弓形体病临床恢复后未满 6 个月,Q 热完全治愈未满 2 年。

6.2.11　口服抑制或损害血小板功能的药物(如含阿司匹林或阿司匹林类药物)停药后不满五天者,不能献单采血小板及制备血小板的成分用全血。

6.2.12　一年内输注全血及血液成分者。

6.2.13　寄生虫病:蛔虫病、蛲虫病感染未完全康复者。

6.2.14　急性风湿热:病愈后未满 2 年。

6.2.15　性行为:曾与易感经血传播疾病高危风险者发生性行为未满 1 年者。

6.2.16　旅行史:曾有国务院卫生行政部门确定的检疫传染病疫区或监测传染病疫区旅行史,入境时间未满疾病最长潜伏期者。

6.3　免疫接种或者接受生物制品治疗后献血的规定

6.3.1　无暴露史的预防接种

6.3.1.1　接受灭活疫苗、重组 DNA 疫苗、类毒素注射者

无病症或不良反应出现者,暂缓至接受疫苗 24 小时后献血,包括:伤寒疫苗、冻干乙型脑炎灭活疫苗、吸附百白破联合疫苗、甲型肝炎灭活疫苗、重组乙型肝炎疫苗、流感全病毒灭活疫苗等。

6.3.1.2　接受减毒活疫苗接种者

接受麻疹、腮腺炎、脊髓灰质炎等活疫苗最后一次免疫接种 2 周后,或风疹活疫苗、人用狂犬病疫苗、乙型脑炎减毒活疫苗等最后一次免疫接种 4 周后方可献血。

6.3.2　有暴露史的预防接种

被动物咬伤后接受狂犬病疫苗注射者,最后一次免疫接种 1 年后方可献血。

6.3.3　接受生物制品治疗者

接受抗毒素及免疫血清注射者:于最后一次注射 4 周后方可献血,包括破伤风抗毒素、抗狂犬病血清等。接受乙型肝炎人免疫球蛋白注射者 1 年后方可献血。

7　献血者一般检查

7.1　年龄:国家提倡献血年龄为 18~55 周岁;既往无献血反应、符合健康检查要求的多次献血者主动要求再次献血的,年龄可延长至 60 周岁。

7.2　体重:男≥50kg,女≥45kg。

7.3　血压:

90mmHg≤收缩压<140mmHg

60mmHg≤舒张压<90mmHg

脉压差:≥30mmHg。

7.4　脉搏:60 次/min~100 次/min,高度耐力的运动员≥50 次/min,节律整齐。

7.5　体温:正常。

7.6　一般健康状况:

a)皮肤、巩膜无黄染。皮肤无创面感染,无大面积皮肤病;

b)四肢无重度及以上残疾,无严重功能障碍及关节无红肿;

c)双臂静脉穿刺部位无皮肤损伤。无静脉注射药物痕迹。

8 献血前血液检测

8.1 血型检测:ABO 血型(正定型)。

8.2 血红蛋白(Hb)测定:男≥120g/L;女≥115g/L。如采用硫酸铜法:男≥1.0520,女≥1.0510。

8.3 单采血小板献血者:除满足8.2外,还应同时满足:

a)红细胞比容(HCT):≥0.36

b)采前血小板计数(PLT):≥150×10⁹/L 且<450×10⁹/L

c)预测采后血小板数(PLT):≥100×10⁹/L。

9 献血量及献血间隔

9.1 献血量

9.1.1 全血献血者每次可献全血 400ml,或者 300ml,或者 200ml。

9.1.2 单采血小板献血者:每次可献 1 个至 2 个治疗单位,或者 1 个治疗单位及不超过 200ml 血浆。全年血小板和血浆采集总量不超过 10L。

注:上述献血量均不包括血液检测留样的血量和保养液或抗凝剂的量。

9.2 献血间隔

9.2.1 全血献血间隔:不少于 6 个月。

9.2.2 单采血小板献血间隔:不少于 2 周,不大于 24 次/年。因特殊配型需要,由医生批准,最短间隔时间不少于 1 周。

9.2.3 单采血小板后与全血献血间隔:不少于 4 周。

9.2.4 全血献血后与单采血小板献血间隔:不少于 3 个月。

10 献血后血液检测

10.1 血型检测:ABO 和 RhD 血型正确定型。

10.2 丙氨酸氨基转移酶(ALT):符合相关要求。

10.3 乙型肝炎病毒(HBV)检测:符合相关要求。

10.4 丙型肝炎病毒(HCV)检测:符合相关要求。

10.5 艾滋病病毒(HIV)检测:符合相关要求。

10.6 梅毒(SypHilis)试验:符合相关要求。

附录 A

(资料性附录)
献血者知情同意及健康状况征询表

A.1 献血者知情同意及健康状况征询表如下。

> 尊敬的朋友:
>
> 您好!感谢您参加无偿献血。
>
> 为了您本人的健康和受血者的安全,请您认真阅读并如实填写问卷中的各项内容。下列任何问题即使您回答"是"也不一定表示您今天或以后不可以献血。如有任何疑问,请向医护人员咨询。谢谢您的理解与支持。

第一部分　献血前应知内容

1. 安全的血液可挽救生命,不安全的血液却能危害生命。安全的血液只能来自于以利他主义为动机和具有健康生活方式的献血者。请高危行为者(如有静脉药瘾史、男男性行为、艾滋病或性病等)不要献血。若明知有高危行为而故意献血,造成传染病传播、流行的,根据《中华人民共和国传染病防治法》第77条、《艾滋病防治条例》第38条和第62条规定,可被追究相应的民事责任。

2. 请不要为了化验而献血。国家提供艾滋病免费咨询和检测服务,如有需要,请与当地疾病控制中心联系(联系电话可查询全国公共卫生公益热线12320)。

3. 为了对您的健康状况和是否适宜献血进行评价,您需要如实填写健康状况征询表。如果表中提问涉及到您的隐私或令您感到不舒服,请您谅解。

4.《血站管理办法》规定,献血者在献血前应出示真实的身份证件,血站应进行核对并登记,请给予支持。

5. 如果您认为已捐献的血液可能存在安全隐患,请在第一时间内告诉我们(联系电话:×××××××)。

6. 献血过程是安全的。血液采集使用一次性无菌耗材以保证献血者安全。有些人偶尔会出现如穿刺部位青紫、出血或疼痛、献血后头晕等不适,这些不适都是轻微或短暂的。恳请每位献血者遵照献血前、后应注意的事项,以减低献血不适发生的可能。

7. 血站严格遵从国家规定进行血液检测,将检测合格的血液用于临床,不合格血液将按照国家规定处理。血液检测结果不合格仅表明您所捐献的血液不符合国家标准的要求,不能作为感染或疾病的诊断依据。

8. 根据《传染病防治法》规定,血站将艾滋病等检测阳性的结果及其个人资料向当地疾病控制中心报告。我们承诺对您的相关信息严格保密。

第二部分　献血前健康征询(请以"√"表示)

今日/现时:	是	否
1. 您是否觉得今天的身体状况适合献血?	□	□
2 您是否正等待医院的检验报告或正接受某种治疗?	□	□
3. 今天献血后您是否会参加危险性的运动(如:爬山、潜水或滑翔)? 驾驶重型汽车? 从事地下或高空作业(如:飞行、消防员、棚架工作)?	□	□
4. 您献血的目的之一,是不是想了解您身体是否健康? 有没有染上艾滋病病毒或梅毒或其他疾病?	□	□
5. 您是否知道,如果感染了艾滋病病毒或梅毒,即使感觉无恙,检验结果呈阴性,也可能将病毒传播给他人?	□	□
6. (女性填写)您现在是否处于月经期及前后三天? 是否已怀孕? 是否在过去一年内分娩或六个月内流产?	□	□
在过去24小时内:	是	否
7. 是否曾经注射类毒素、灭活或基因工程技术制成的疫苗(包括霍乱、伤寒、白喉、破伤风、甲型肝炎、乙型肝炎、流行性感冒、脊髓灰质炎或百日咳等,且并无病症或不良反应出现?	□	□
在过去3天内:	是	否

	是	否
8. 是否曾接受任何口腔护理(包括洗牙等)?	□	□
在过去 5 天内:	是	否
9. 是否服用阿司匹林或含阿司匹林的药物?	□	□
在过去 1 周内:	是	否
10. 您是否有发热、头痛或腹泻?是否曾患有感冒、急性胃肠炎?是否有任何未愈合的伤口或皮肤炎症?	□	□
在过去 2 周内:	是	否
11. 是否曾拔牙?是否曾患有广泛性炎症?是否有其他小手术?	□	□
12. 是否曾经注射减毒活疫苗,如麻疹、腮腺炎、黄热病、脊髓灰质炎等?	□	□
在过去 4 周内:	是	否
13. 是否曾接触传染病患者,如:水痘、麻疹、肺结核等?	□	□
14. 是否曾接受减毒活疫苗注射,如:伤寒疫苗、风疹活疫苗、狂犬病疫苗、水痘疫苗?	□	□
15. 是否曾有不明原因的腹泻?	□	□
在过去一年内:	是	否
16. 是否曾纹身、穿耳或曾被使用过的针刺伤等?是否曾意外接触血液或血液污染的仪器?	□	□
17. 是否曾注射乙型肝炎免疫球蛋白?	□	□
18. 曾被动物咬伤并因此注射狂犬疫苗?	□	□
19. 是否曾接受外科手术(包括内窥镜检查、使用导管作治疗等)?或接受输血治疗?	□	□
健康史情况:	是	否
20. 您是否曾有下述情况: 1)接受凝血因子治疗?接受脑垂体激素药物如生长激素治疗? 2)您本人或直系亲属是否患克雅氏病(疯牛病)? 3)是否曾有晕厥、痉挛、抽搐或意识丧失? 4)是否对某些药物产生过敏反应? 5)如曾感染过猪带绦虫、蛔虫、蛲虫等,是否已治愈? 6)是否曾患有肺结核或肺外结核? 7)是否被告知永久不能献血?	□	□
21. 是否曾患有任何严重疾病? 1)循环系统疾病(例如:冠心病、高血压病、心脏瓣膜病等) 2)呼吸系统疾病(例如:支气管哮喘、支气管扩张、慢性支气管炎、肺气肿等) 3)消化系统疾病(例如:胃溃疡、十二指肠溃疡、溃疡性结肠炎等)		

续表

	是	否
4）血液系统疾病（例如：溶血性贫血、再生障碍性贫血、凝血性疾病等） 5）恶性肿瘤（例如：胃癌、食管癌、肺癌、白血病等） 6）内分泌及代谢性疾病（例如：糖尿病、甲状腺功能亢进等） 7）神经系统疾病（例如：癫痫、脑出血等） 8）精神系统疾病（例如：抑郁症、躁狂症等） 9）泌尿及生殖系统疾病（例如：肾、膀胱、尿道疾病等） 10）免疫系统疾病（例如：红斑狼疮、风湿性关节炎等） 11）慢性皮肤病患者（例如：黄癣、广泛性湿疹、全身性牛皮癣等） 12）严重寄生虫病（例如：血吸虫病、丝虫病、吸虫病等） 13）其他严重疾病	☐	☐
22. 是否曾患有传染病或性病？ 1）12 个月内是否曾患有甲型肝炎？ 2）是否是病毒性肝炎患者或感染者？病毒性肝炎血液检测阳性？如：乙型肝炎、丙型肝炎。 3）是否是梅毒感染者或梅毒螺旋体检测阳性者？ 4）是否是 HIV 感染者或 HIV 检测阳性者？ 5）是否患有淋病、尖锐湿疣等？ 6）3 年内是否患有疟疾？12 个月内是否曾前往疟疾流行区？	☐	☐

生活习惯：	是	否
23. 您是否曾有下述情况： 1）您是否曾滥服药物或注射毒品？ 2）您是否曾接受（或给予）金钱而与他人发生性行为？ 3）如您是男性，您是否曾与另一男性发生性行为？ 4）您是否同时期有多个性伙伴？ 5）其他您认为不适宜献血的情况	☐	☐
24. 在过去的 12 个月里，您是否曾与下列人士发生过性行为？ 1）被怀疑感染了 HIV（艾滋病病毒）或 HIV 检测呈阳性的人士？ 2）滥服药物或注射毒品的人？ 3）从事提供性服务的男士或女士？ 4）有双性性行为的男士？ 5）其他您认为不适宜献血的情况	☐	☐

旅行情况：	是	否
25. 自 1980 年起，您是否曾居住在欧洲国家五年或以上，或于英国接受过输血？	☐	☐
26. 1980 年至 1996 年间，您是否曾居住于英国、爱尔兰、法国 3 个月或以上？	☐	☐
27. 您是否曾在传染病区（如鼠疫、霍乱、黄热病、疟疾等）居住或工作过？	☐	☐

献血者签字：　　　　　　　　　　　医务人员签字：

日期：　　年　　月　　日　　　　　日期：　　年　　月　　日

第三部分 献血者登记表

姓名		性别		年龄		民族		国籍	
证件 类别	□身份证 □护照 □军人证 □驾照 □其他								
职业	□学生 □商业服务人员 □办事人员 □单位负责人 □专业技术人员 □医务工作者 □军人 □其他( )								
文化 程度	□大学以上 □大学 □大专 □高中 □中专 □初中及以下								
居住 状况	□本地户籍_____区 □非本地户籍居住六个月以上 □非本地户籍居住六个月以内								
固定 通讯 地址				邮政 编码					
联系 方式	移动电话: 固定电话: 电子邮箱: 其他(如QQ):								
既往 献血史	□首次 □再次	上次献血类型:□全血 □成分血		上次献血时间: 年 月 日					
个人 意愿	是否需要献血提醒:□是 □否			是否愿意参加应急献血:□是 □否					

献血者知情同意书

本人已理解以上内容,并已知悉献血的整个过程。本人在健康征询表和献血者登记表中所提供的资料正确无误,并同意按规定对血液进行相关检测及使用。本人理解献血的血液检测结果只是安全输血的需要,不能用于疾病诊断或其他目的。本人愿意承担因提供虚假资料和信息所带来的一切后果。

献血者签字: 日期: 年 月 日

附录 B

（资料性附录）
献血前检查及采血记录

B.1 献血前检查记录见表 B.1。

表 B.1 献血前检查记录

<table>
<tr>
<td rowspan="3">一般体格检查</td>
<td colspan="8">一般检查（以√表示正常×不正常）：
皮肤、巩膜无黄染□ 皮肤无创面感染、无大面积皮肤病□
四肢无严重功能障碍及关节无红肿□
双臂静脉穿刺部位无皮肤损伤且无穿刺痕迹□</td>
</tr>
<tr>
<td>体重</td>
<td>kg</td>
<td>血压</td>
<td>/ kPa</td>
<td>脉搏</td>
<td>次/分</td>
<td>体温</td>
<td>正常□ 不正常□ ℃</td>
</tr>
<tr>
<td colspan="8">检查结论： 体检者签名： 日期： 年 月 日</td>
</tr>
<tr>
<td rowspan="4">献血前检测</td>
<td rowspan="2">必查项目</td>
<td colspan="7">血色素（血比重）：符合要求□ 不符合要求□</td>
</tr>
<tr>
<td colspan="7">单采血小板捐献增加以下项目:采前血小板计数： ×10^9/L；HCT：
其他血液成分_____捐献及增加项目：</td>
</tr>
<tr>
<td colspan="8">选择性项目： 血型： ALT： HBsAg： HIV： 其他_____</td>
</tr>
<tr>
<td colspan="8">检测结论:□合格 □不合格 检测者签名： 日期： 年 月 日</td>
</tr>
<tr>
<td colspan="2">总评估意见</td>
<td colspan="7">□可以献血 □不宜献血_____ □暂缓献血(□血压 □血色素 □化验检测
□其他_____)</td>
</tr>
<tr>
<td colspan="2">本次献血</td>
<td colspan="2">全血</td>
<td colspan="2">□200ml □300ml
□400ml</td>
<td>成分献血</td>
<td colspan="2">单采血小板 □1 单位 □2 单位 □200ml 血浆
□其他：</td>
</tr>
<tr>
<td colspan="4">医务人员签名：

日期： 年 月 日</td>
<td colspan="5">献血者签名：

日期： 年 月 日</td>
</tr>
</table>

B.2　采血记录见表 B.2。

表 B.2　采血记录

采血袋用前检查:□已检查完好		"可以献血及献血量"确认:□可以献血_____	身份证件核对:正确□　不正确□
标识一致性核对	□采血袋　□征询表　□检验试管　□留样导管　□配血导管		
采血量	全血:□200ml　□300ml　□400ml　□采血量不足 成分献血:□1 单位　□2 单位　□200ml 血浆 □其他_____	采血时间	开始时间:____分____秒 结束时间:____分____秒
采血过程	□顺利(□左臂　□右臂)　□二次穿刺(□左臂 □右臂 □双臂)　□其他,请说明:		
献血不良反应: □有 □无	处置记录(请说明症状、体征、处理及转归): 处置人签名:		
采血者签名:	采血日期:　　年　　月　　日		
备注			

第四章

传染病防治管理

第一节　中华人民共和国传染病防治法

第一章　总　则

第一条　为了预防、控制和消除传染病的发生与流行,保障人体健康和公共卫生,制定本法。

第二条　国家对传染病防治实行预防为主的方针,防治结合、分类管理、依靠科学、依靠群众。

第三条　本法规定的传染病分为甲类、乙类和丙类。

甲类传染病是指:鼠疫、霍乱。

乙类传染病是指:传染性非典型肺炎、艾滋病、病毒性肝炎、脊髓灰质炎、人感染高致病性禽流感、麻疹、流行性出血热、狂犬病、流行性乙型脑炎、登革热、炭疽、细菌性和阿米巴性痢疾、肺结核、伤寒和副伤寒、流行性脑脊髓膜炎、百日咳、白喉、新生儿破伤风、猩红热、布鲁氏菌病、淋病、梅毒、钩端螺旋体病、血吸虫病、疟疾。

丙类传染病是指:流行性感冒、流行性腮腺炎、风疹、急性出血性结膜炎、麻风病、流行性和地方性斑疹伤寒、黑热病、包虫病、丝虫病,除霍乱、细菌性和阿米巴性痢疾、伤寒和副伤寒以外的感染性腹泻病。

上述规定以外的其他传染病,根据其暴发、流行情况和危害程度,需要列入乙类、丙类传染病的,由国务院卫生行政部门决定并予以公布。

国务院卫生行政部门根据传染病暴发、流行情况和危害程度,可以决定增加、减少或者调整乙类、丙类传染病病种并予以公布。

第四条　对乙类传染病中传染性非典型肺炎、炭疽中的肺炭疽和人感染高致病性禽流感,采取本法所称甲类传染病的预防、控制措施。其他乙类传染病和突发原因不明的传染病需要采取本法所称甲类传染病的预防、控制措施的,由国务院卫生行政部门及时报经国务院批准后予以公布、实施。

需要解除依照前款规定采取的甲类传染病预防、控制措施的,由国务院卫生行政部门报经国务院批准后予以公布。

省、自治区、直辖市人民政府对本行政区域内常见、多发的其他地方性传染病,可以根据情况决定按照乙类或者丙类传染病管理并予以公布,报国务院卫生行政部门备案。

第五条 各级人民政府领导传染病防治工作。

县级以上人民政府制定传染病防治规划并组织实施,建立健全传染病防治的疾病预防控制、医疗救治和监督管理体系。

第六条 国务院卫生行政部门主管全国传染病防治及其监督管理工作。县级以上地方人民政府卫生行政部门负责本行政区域内的传染病防治及其监督管理工作。

县级以上人民政府其他部门在各自的职责范围内负责传染病防治工作。

军队的传染病防治工作,依照本法和国家有关规定办理,由中国人民解放军卫生主管部门实施监督管理。

第七条 各级疾病预防控制机构承担传染病监测、预测、流行病学调查、疫情报告以及其他预防、控制工作。

医疗机构承担与医疗救治有关的传染病防治工作和责任区域内的传染病预防工作。城市社区和农村基层医疗机构在疾病预防控制机构的指导下,承担城市社区、农村基层相应的传染病防治工作。

第八条 国家发展现代医学和中医药等传统医学,支持和鼓励开展传染病防治的科学研究,提高传染病防治的科学技术水平。

国家支持和鼓励开展传染病防治的国际合作。

第九条 国家支持和鼓励单位和个人参与传染病防治工作。各级人民政府应当完善有关制度,方便单位和个人参与防治传染病的宣传教育、疫情报告、志愿服务和捐赠活动。

居民委员会、村民委员会应当组织居民、村民参与社区、农村的传染病预防与控制活动。

第十条 国家开展预防传染病的健康教育。新闻媒体应当无偿开展传染病防治和公共卫生教育的公益宣传。

各级各类学校应当对学生进行健康知识和传染病预防知识的教育。

医学院校应当加强预防医学教育和科学研究,对在校学生以及其他与传染病防治相关人员进行预防医学教育和培训,为传染病防治工作提供技术支持。

疾病预防控制机构、医疗机构应当定期对其工作人员进行传染病防治知识、技能的培训。

第十一条 对在传染病防治工作中做出显著成绩和贡献的单位和个人,给予表彰和奖励。

对因参与传染病防治工作致病、致残、死亡的人员,按照有关规定给予补助、抚恤。

第十二条 在中华人民共和国领域内的一切单位和个人,必须接受疾病预防控制机构、医疗机构有关传染病的调查、检验、采集样本、隔离治疗等预防、控制措施,如实提供有关情况。疾病预防控制机构、医疗机构不得泄露涉及个人隐私的有关信息、资料。

卫生行政部门以及其他有关部门、疾病预防控制机构和医疗机构因违法实施行政管理或者预防、控制措施,侵犯单位和个人合法权益的,有关单位和个人可以依法申请行政复议或者提起诉讼。

第二章 传染病预防

第十三条 各级人民政府组织开展群众性卫生活动,进行预防传染病的健康教育,倡导文明健康的生活方式,提高公众对传染病的防治意识和应对能力,加强环境卫生建设,消除鼠害和蚊、蝇等病媒生物的危害。

各级人民政府农业、水利、林业行政部门按照职责分工负责指导和组织消除农田、湖区、河流、牧场、林区的鼠害与血吸虫危害,以及其他传播传染病的动物和病媒生物的危害。

铁路、交通、民用航空行政部门负责组织消除交通工具以及相关场所的鼠害和蚊、蝇等病媒生物的危害。

第十四条 地方各级人民政府应当有计划地建设和改造公共卫生设施,改善饮用水卫生条件,对污水、污物、粪便进行无害化处置。

第十五条 国家实行有计划的预防接种制度。国务院卫生行政部门和省、自治区、直辖市人民政府卫生行政部门,根据传染病预防、控制的需要,制定传染病预防接种规划并组织实施。用于预防接种的疫苗必须符合国家质量标准。

国家对儿童实行预防接种证制度。国家免疫规划项目的预防接种实行免费。医疗机构、疾病预防控制机构与儿童的监护人应当相互配合,保证儿童及时接受预防接种。具体办法由国务院制定。

第十六条 国家和社会应当关心、帮助传染病病人、病原携带者和疑似传染病病人,使其得到及时救治。任何单位和个人不得歧视传染病病人、病原携带者和疑似传染病病人。传染病病人、病原携带者和疑似传染病病人,在治愈前或者在排除传染病嫌疑前,不得从事法律、行政法规和国务院卫生行政部门规定禁止从事的易使该传染病扩散的工作。

第十七条 国家建立传染病监测制度。

国务院卫生行政部门制定国家传染病监测规划和方案。省、自治区、直辖市人民政府卫生行政部门根据国家传染病监测规划和方案,制定本行政区域的传染病监测计划和工作方案。

各级疾病预防控制机构对传染病的发生、流行以及影响其发生、流行的因素,进行监测;对国外发生、国内尚未发生的传染病或者国内新发生的传染病,进行监测。

第十八条 各级疾病预防控制机构在传染病预防控制中履行下列职责:

(一)实施传染病预防控制规划、计划和方案;

(二)收集、分析和报告传染病监测信息,预测传染病的发生、流行趋势;

(三)开展对传染病疫情和突发公共卫生事件的流行病学调查、现场处理及其效果评价;

(四)开展传染病实验室检测、诊断、病原学鉴定;

(五)实施免疫规划,负责预防性生物制品的使用管理;

(六)开展健康教育、咨询,普及传染病防治知识;

(七)指导、培训下级疾病预防控制机构及其工作人员开展传染病监测工作;

(八)开展传染病防治应用性研究和卫生评价,提供技术咨询。

国家、省级疾病预防控制机构负责对传染病发生、流行以及分布进行监测,对重大传染病流行趋势进行预测,提出预防控制对策,参与并指导对暴发的疫情进行调查处理,开展传染病病原学鉴定,建立检测质量控制体系,开展应用性研究和卫生评价。

设区的市和县级疾病预防控制机构负责传染病预防控制规划、方案的落实,组织实施免疫、消毒、控制病媒生物的危害,普及传染病防治知识,负责本地区疫情和突发公共卫生事件监测、报告,开展流行病学调查和常见病原微生物检测。

第十九条　国家建立传染病预警制度。

国务院卫生行政部门和省、自治区、直辖市人民政府根据传染病发生、流行趋势的预测，及时发出传染病预警，根据情况予以公布。

第二十条　县级以上地方人民政府应当制定传染病预防、控制预案，报上一级人民政府备案。

传染病预防、控制预案应当包括以下主要内容：

（一）传染病预防控制指挥部的组成和相关部门的职责；

（二）传染病的监测、信息收集、分析、报告、通报制度；

（三）疾病预防控制机构、医疗机构在发生传染病疫情时的任务与职责；

（四）传染病暴发、流行情况的分级以及相应的应急工作方案；

（五）传染病预防、疫点疫区现场控制，应急设施、设备、救治药品和医疗器械以及其他物资和技术的储备与调用。

地方人民政府和疾病预防控制机构接到国务院卫生行政部门或者省、自治区、直辖市人民政府发出的传染病预警后，应当按照传染病预防、控制预案，采取相应的预防、控制措施。

第二十一条　医疗机构必须严格执行国务院卫生行政部门规定的管理制度、操作规范，防止传染病的医源性感染和医院感染。

医疗机构应当确定专门的部门或者人员，承担传染病疫情报告、本单位的传染病预防、控制以及责任区域内的传染病预防工作；承担医疗活动中与医院感染有关的危险因素监测、安全防护、消毒、隔离和医疗废物处置工作。

疾病预防控制机构应当指定专门人员负责对医疗机构内传染病预防工作进行指导、考核，开展流行病学调查。

第二十二条　疾病预防控制机构、医疗机构的实验室和从事病原微生物实验的单位，应当符合国家规定的条件和技术标准，建立严格的监督管理制度，对传染病病原体样本按照规定的措施实行严格监督管理，严防传染病病原体的实验室感染和病原微生物的扩散。

第二十三条　采供血机构、生物制品生产单位必须严格执行国家有关规定，保证血液、血液制品的质量。禁止非法采集血液或者组织他人出卖血液。

疾病预防控制机构、医疗机构使用血液和血液制品，必须遵守国家有关规定，防止因输入血液、使用血液制品引起经血液传播疾病的发生。

第二十四条　各级人民政府应当加强艾滋病的防治工作，采取预防、控制措施，防止艾滋病的传播。具体办法由国务院制定。

第二十五条　县级以上人民政府农业、林业行政部门以及其他有关部门，依据各自的职责负责与人畜共患传染病有关的动物传染病的防治管理工作。

与人畜共患传染病有关的野生动物、家畜家禽，经检疫合格后，方可出售、运输。

第二十六条　国家建立传染病菌种、毒种库。

对传染病菌种、毒种和传染病检测样本的采集、保藏、携带、运输和使用实行分类管理，建立健全严格的管理制度。

对可能导致甲类传染病传播的以及国务院卫生行政部门规定的菌种、毒种和传染病检测样本，确需采集、保藏、携带、运输和使用的，须经省级以上人民政府卫生行政部门批准。具体办法由国务院制定。

第二十七条　对被传染病病原体污染的污水、污物、场所和物品,有关单位和个人必须在疾病预防控制机构的指导下或者按照其提出的卫生要求,进行严格消毒处理;拒绝消毒处理的,由当地卫生行政部门或者疾病预防控制机构进行强制消毒处理。

第二十八条　在国家确认的自然疫源地计划兴建水利、交通、旅游、能源等大型建设项目的,应当事先由省级以上疾病预防控制机构对施工环境进行卫生调查。建设单位应当根据疾病预防控制机构的意见,采取必要的传染病预防、控制措施。施工期间,建设单位应当设专人负责工地上的卫生防疫工作。工程竣工后,疾病预防控制机构应当对可能发生的传染病进行监测。

第二十九条　用于传染病防治的消毒产品、饮用水供水单位供应的饮用水和涉及饮用水卫生安全的产品,应当符合国家卫生标准和卫生规范。

饮用水供水单位从事生产或者供应活动,应当依法取得卫生许可证。

生产用于传染病防治的消毒产品的单位和生产用于传染病防治的消毒产品,应当经省级以上人民政府卫生行政部门审批。具体办法由国务院制定。

第三章　疫情报告、通报和公布

第三十条　疾病预防控制机构、医疗机构和采供血机构及其执行职务的人员发现本法规定的传染病疫情或者发现其他传染病暴发、流行以及突发原因不明的传染病时,应当遵循疫情报告属地管理原则,按照国务院规定的或者国务院卫生行政部门规定的内容、程序、方式和时限报告。

军队医疗机构向社会公众提供医疗服务,发现前款规定的传染病疫情时,应当按照国务院卫生行政部门的规定报告。

第三十一条　任何单位和个人发现传染病病人或者疑似传染病病人时,应当及时向附近的疾病预防控制机构或者医疗机构报告。

第三十二条　港口、机场、铁路疾病预防控制机构以及国境卫生检疫机关发现甲类传染病病人、病原携带者、疑似传染病病人时,应当按照国家有关规定立即向国境口岸所在地的疾病预防控制机构或者所在地县级以上地方人民政府卫生行政部门报告并互相通报。

第三十三条　疾病预防控制机构应当主动收集、分析、调查、核实传染病疫情信息。接到甲类、乙类传染病疫情报告或者发现传染病暴发、流行时,应当立即报告当地卫生行政部门,由当地卫生行政部门立即报告当地人民政府,同时报告上级卫生行政部门和国务院卫生行政部门。

疾病预防控制机构应当设立或者指定专门的部门、人员负责传染病疫情信息管理工作,及时对疫情报告进行核实、分析。

第三十四条　县级以上地方人民政府卫生行政部门应当及时向本行政区域内的疾病预防控制机构和医疗机构通报传染病疫情以及监测、预警的相关信息。接到通报的疾病预防控制机构和医疗机构应当及时告知本单位的有关人员。

第三十五条　国务院卫生行政部门应当及时向国务院其他有关部门和各省、自治区、直辖市人民政府卫生行政部门通报全国传染病疫情以及监测、预警的相关信息。

毗邻的以及相关的地方人民政府卫生行政部门,应当及时互相通报本行政区域的传染病疫情以及监测、预警的相关信息。

县级以上人民政府有关部门发现传染病疫情时,应当及时向同级人民政府卫生行政部门通报。

中国人民解放军卫生主管部门发现传染病疫情时,应当向国务院卫生行政部门通报。

第三十六条　动物防疫机构和疾病预防控制机构,应当及时互相通报动物间和人间发生的人畜共患传染病疫情以及相关信息。

第三十七条　依照本法的规定负有传染病疫情报告职责的人民政府有关部门、疾病预防控制机构、医疗机构、采供血机构及其工作人员,不得隐瞒、谎报、缓报传染病疫情。

第三十八条　国家建立传染病疫情信息公布制度。

国务院卫生行政部门定期公布全国传染病疫情信息。省、自治区、直辖市人民政府卫生行政部门定期公布本行政区域的传染病疫情信息。

传染病暴发、流行时,国务院卫生行政部门负责向社会公布传染病疫情信息,并可以授权省、自治区、直辖市人民政府卫生行政部门向社会公布本行政区域的传染病疫情信息。

公布传染病疫情信息应当及时、准确。

第四章　疫 情 控 制

第三十九条　医疗机构发现甲类传染病时,应当及时采取下列措施:

(一)对病人、病原携带者,予以隔离治疗,隔离期限根据医学检查结果确定;

(二)对疑似病人,确诊前在指定场所单独隔离治疗;

(三)对医疗机构内的病人、病原携带者、疑似病人的密切接触者,在指定场所进行医学观察和采取其他必要的预防措施。拒绝隔离治疗或者隔离期未满擅自脱离隔离治疗的,可以由公安机关协助医疗机构采取强制隔离治疗措施。医疗机构发现乙类或者丙类传染病病人,应当根据病情采取必要的治疗和控制传播措施。

医疗机构对本单位内被传染病病原体污染的场所、物品以及医疗废物,必须依照法律、法规的规定实施消毒和无害化处置。

第四十条　疾病预防控制机构发现传染病疫情或者接到传染病疫情报告时,应当及时采取下列措施:

(一)对传染病疫情进行流行病学调查,根据调查情况提出划定疫点、疫区的建议,对被污染的场所进行卫生处理,对密切接触者,在指定场所进行医学观察和采取其他必要的预防措施,并向卫生行政部门提出疫情控制方案;

(二)传染病暴发、流行时,对疫点、疫区进行卫生处理,向卫生行政部门提出疫情控制方案,并按照卫生行政部门的要求采取措施;

(三)指导下级疾病预防控制机构实施传染病预防、控制措施,组织、指导有关单位对传染病疫情的处理。

第四十一条　对已经发生甲类传染病病例的场所或者该场所内的特定区域的人员,所在地的县级以上地方人民政府可以实施隔离措施,并同时向上一级人民政府报告;接到报告的上级人民政府应当即时作出是否批准的决定。上级人民政府作出不予批准决定的,实施隔离措施的人民政府应当立即解除隔离措施。

在隔离期间,实施隔离措施的人民政府应当对被隔离人员提供生活保障;被隔离人员有工作单位的,所在单位不得停止支付其隔离期间的工作报酬。

隔离措施的解除,由原决定机关决定并宣布。

第四十二条 传染病暴发、流行时,县级以上地方人民政府应当立即组织力量,按照预防、控制预案进行防治,切断传染病的传播途径,必要时,报经上一级人民政府决定,可以采取下列紧急措施并予以公告:

(一)限制或者停止集市、影剧院演出或者其他人群聚集的活动;

(二)停工、停业、停课;

(三)封闭或者封存被传染病病原体污染的公共饮用水源、食品以及相关物品;

(四)控制或者扑杀染疫野生动物、家畜家禽;

(五)封闭可能造成传染病扩散的场所。

上级人民政府接到下级人民政府关于采取前款所列紧急措施的报告时,应当即时作出决定。

紧急措施的解除,由原决定机关决定并宣布。

第四十三条 甲类、乙类传染病暴发、流行时,县级以上地方人民政府报经上一级人民政府决定,可以宣布本行政区域部分或者全部为疫区;国务院可以决定并宣布跨省、自治区、直辖市的疫区。县级以上地方人民政府可以在疫区内采取本法第四十二条规定的紧急措施,并可以对出入疫区的人员、物资和交通工具实施卫生检疫。

省、自治区、直辖市人民政府可以决定对本行政区域内的甲类传染病疫区实施封锁;但是,封锁大、中城市的疫区或者封锁跨省、自治区、直辖市的疫区,以及封锁疫区导致中断干线交通或者封锁国境的,由国务院决定。

疫区封锁的解除,由原决定机关决定并宣布。

第四十四条 发生甲类传染病时,为了防止该传染病通过交通工具及其乘运的人员、物资传播,可以实施交通卫生检疫。具体办法由国务院制定。

第四十五条 传染病暴发、流行时,根据传染病疫情控制的需要,国务院有权在全国范围或者跨省、自治区、直辖市范围内,县级以上地方人民政府有权在本行政区域内紧急调集人员或者调用储备物资,临时征用房屋、交通工具以及相关设施、设备。

紧急调集人员的,应当按照规定给予合理报酬。临时征用房屋、交通工具以及相关设施、设备的,应当依法给予补偿;能返还的,应当及时返还。

第四十六条 患甲类传染病、炭疽死亡的,应当将尸体立即进行卫生处理,就近火化。患其他传染病死亡的,必要时,应当将尸体进行卫生处理后火化或者按照规定深埋。

为了查找传染病病因,医疗机构在必要时可以按照国务院卫生行政部门的规定,对传染病病人尸体或者疑似传染病病人尸体进行解剖查验,并应当告知死者家属。

第四十七条 疫区中被传染病病原体污染或者可能被传染病病原体污染的物品,经消毒可以使用的,应当在当地疾病预防控制机构的指导下,进行消毒处理后,方可使用、出售和运输。

第四十八条 发生传染病疫情时,疾病预防控制机构和省级以上人民政府卫生行政部门指派的其他与传染病有关的专业技术机构,可以进入传染病疫点、疫区进行调查、采集样本、技术分析和检验。

第四十九条 传染病暴发、流行时,药品和医疗器械生产、供应单位应当及时生产、供应防治传染病的药品和医疗器械。铁路、交通、民用航空经营单位必须优先运送处理传染病疫情的人员以及防治传染病的药品和医疗器械。县级以上人民政府有关部门应当做好组织协调工作。

第五章　医疗救治

第五十条　县级以上人民政府应当加强和完善传染病医疗救治服务网络的建设,指定具备传染病救治条件和能力的医疗机构承担传染病救治任务,或者根据传染病救治需要设置传染病医院。

第五十一条　医疗机构的基本标准、建筑设计和服务流程,应当符合预防传染病医院感染的要求。

医疗机构应当按照规定对使用的医疗器械进行消毒;对按照规定一次使用的医疗器具,应当在使用后予以销毁。

医疗机构应当按照国务院卫生行政部门规定的传染病诊断标准和治疗要求,采取相应措施,提高传染病医疗救治能力。

第五十二条　医疗机构应当对传染病病人或者疑似传染病病人提供医疗救护、现场救援和接诊治疗,书写病历记录以及其他有关资料,并妥善保管。

医疗机构应当实行传染病预检、分诊制度;对传染病病人、疑似传染病病人,应当引导至相对隔离的分诊点进行初诊。医疗机构不具备相应救治能力的,应当将患者及其病历记录复印件一并转至具备相应救治能力的医疗机构。具体办法由国务院卫生行政部门规定。

第六章　监督管理

第五十三条　县级以上人民政府卫生行政部门对传染病防治工作履行下列监督检查职责:

(一)对下级人民政府卫生行政部门履行本法规定的传染病防治职责进行监督检查;

(二)对疾病预防控制机构、医疗机构的传染病防治工作进行监督检查;

(三)对采供血机构的采供血活动进行监督检查;

(四)对用于传染病防治的消毒产品及其生产单位进行监督检查,并对饮用水供水单位从事生产或者供应活动以及涉及饮用水卫生安全的产品进行监督检查;

(五)对传染病菌种、毒种和传染病检测样本的采集、保藏、携带、运输、使用进行监督检查;

(六)对公共场所和有关单位的卫生条件和传染病预防、控制措施进行监督检查。

省级以上人民政府卫生行政部门负责组织对传染病防治重大事项的处理。

第五十四条　县级以上人民政府卫生行政部门在履行监督检查职责时,有权进入被检查单位和传染病疫情发生现场调查取证,查阅或者复制有关的资料和采集样本。被检查单位应当予以配合,不得拒绝、阻挠。

第五十五条　县级以上地方人民政府卫生行政部门在履行监督检查职责时,发现被传染病病原体污染的公共饮用水源、食品以及相关物品,如不及时采取控制措施可能导致传染病传播、流行的,可以采取封闭公共饮用水源、封存食品以及相关物品或者暂停销售的临时控制措施,并予以检验或者进行消毒。经检验,属于被污染的食品,应当予以销毁;对未被污染的食品或者经消毒后可以使用的物品,应当解除控制措施。

第五十六条　卫生行政部门工作人员依法执行职务时,应当不少于两人,并出示执法证件,填写卫生执法文书。

卫生执法文书经核对无误后,应当由卫生执法人员和当事人签名。当事人拒绝签名的,卫生执法人员应当注明情况。

第五十七条　卫生行政部门应当依法建立健全内部监督制度,对其工作人员依据法定职权和程序履行职责的情况进行监督。

上级卫生行政部门发现下级卫生行政部门不及时处理职责范围内的事项或者不履行职责的,应当责令纠正或者直接予以处理。

第五十八条　卫生行政部门及其工作人员履行职责,应当自觉接受社会和公民的监督。单位和个人有权向上级人民政府及其卫生行政部门举报违反本法的行为。接到举报的有关人民政府或者其卫生行政部门,应当及时调查处理。

第七章　保 障 措 施

第五十九条　国家将传染病防治工作纳入国民经济和社会发展计划,县级以上地方人民政府将传染病防治工作纳入本行政区域的国民经济和社会发展计划。

第六十条　县级以上地方人民政府按照本级政府职责负责本行政区域内传染病预防、控制、监督工作的日常经费。

国务院卫生行政部门会同国务院有关部门,根据传染病流行趋势,确定全国传染病预防、控制、救治、监测、预测、预警、监督检查等项目。中央财政对困难地区实施重大传染病防治项目给予补助。

省、自治区、直辖市人民政府根据本行政区域内传染病流行趋势,在国务院卫生行政部门确定的项目范围内,确定传染病预防、控制、监督等项目,并保障项目的实施经费。

第六十一条　国家加强基层传染病防治体系建设,扶持贫困地区和少数民族地区的传染病防治工作。

地方各级人民政府应当保障城市社区、农村基层传染病预防工作的经费。

第六十二条　国家对患有特定传染病的困难人群实行医疗救助,减免医疗费用。具体办法由国务院卫生行政部门会同国务院财政部门等部门制定。

第六十三条　县级以上人民政府负责储备防治传染病的药品、医疗器械和其他物资,以备调用。

第六十四条　对从事传染病预防、医疗、科研、教学、现场处理疫情的人员,以及在生产、工作中接触传染病病原体的其他人员,有关单位应当按照国家规定,采取有效的卫生防护措施和医疗保健措施,并给予适当的津贴。

第八章　法 律 责 任

第六十五条　地方各级人民政府未依照本法的规定履行报告职责,或者隐瞒、谎报、缓报传染病疫情,或者在传染病暴发、流行时,未及时组织救治、采取控制措施的,由上级人民政府责令改正,通报批评;造成传染病传播、流行或者其他严重后果的,对负有责任的主管人员,依法给予行政处分;构成犯罪的,依法追究刑事责任。

第六十六条　县级以上人民政府卫生行政部门违反本法规定,有下列情形之一的,由本级人民政府、上级人民政府卫生行政部门责令改正,通报批评;造成传染病传播、流行或者其他严重后果的,对负有责任的主管人员和其他直接责任人员,依法给予行政处分;构成犯罪的,依法追究刑事责任:

（一）未依法履行传染病疫情通报、报告或者公布职责,或者隐瞒、谎报、缓报传染病疫情的;

（二）发生或者可能发生传染病传播时未及时采取预防、控制措施的;

（三）未依法履行监督检查职责,或者发现违法行为不及时查处的;

（四）未及时调查、处理单位和个人对下级卫生行政部门不履行传染病防治职责的举报的;

（五）违反本法的其他失职、渎职行为。

第六十七条　县级以上人民政府有关部门未依照本法的规定履行传染病防治和保障职责的,由本级人民政府或者上级人民政府有关部门责令改正,通报批评;造成传染病传播、流行或者其他严重后果的,对负有责任的主管人员和其他直接责任人员,依法给予行政处分;构成犯罪的,依法追究刑事责任。

第六十八条　疾病预防控制机构违反本法规定,有下列情形之一的,由县级以上人民政府卫生行政部门责令限期改正,通报批评,给予警告;对负有责任的主管人员和其他直接责任人员,依法给予降级、撤职、开除的处分,并可以依法吊销有关责任人员的执业证书;构成犯罪的,依法追究刑事责任:

（一）未依法履行传染病监测职责的;

（二）未依法履行传染病疫情报告、通报职责,或者隐瞒、谎报、缓报传染病疫情的;

（三）未主动收集传染病疫情信息,或者对传染病疫情信息和疫情报告未及时进行分析、调查、核实的;

（四）发现传染病疫情时,未依据职责及时采取本法规定的措施的;

（五）故意泄露传染病病人、病原携带者、疑似传染病病人、密切接触者涉及个人隐私的有关信息、资料的。

第六十九条　医疗机构违反本法规定,有下列情形之一的,由县级以上人民政府卫生行政部门责令改正,通报批评,给予警告;造成传染病传播、流行或者其他严重后果的,对负有责任的主管人员和其他直接责任人员,依法给予降级、撤职、开除的处分,并可以依法吊销有关责任人员的执业证书;构成犯罪的,依法追究刑事责任:

（一）未按照规定承担本单位的传染病预防、控制工作、医院感染控制任务和责任区域内的传染病预防工作的;

（二）未按照规定报告传染病疫情,或者隐瞒、谎报、缓报传染病疫情的;

（三）发现传染病疫情时,未按照规定对传染病病人、疑似传染病病人提供医疗救护、现场救援、接诊、转诊的,或者拒绝接受转诊的;

（四）未按照规定对本单位内被传染病病原体污染的场所、物品以及医疗废物实施消毒或者无害化处置的;

（五）未按照规定对医疗器械进行消毒,或者对按照规定一次使用的医疗器具未予销毁,再次使用的;

（六）在医疗救治过程中未按照规定保管医学记录资料的;

（七）故意泄露传染病病人、病原携带者、疑似传染病病人、密切接触者涉及个人隐私的有关信息、资料的。

第七十条 采供血机构未按照规定报告传染病疫情，或者隐瞒、谎报、缓报传染病疫情，或者未执行国家有关规定，导致因输入血液引起经血液传播疾病发生的，由县级以上人民政府卫生行政部门责令改正，通报批评，给予警告；造成传染病传播、流行或者其他严重后果的，对负有责任的主管人员和其他直接责任人员，依法给予降级、撤职、开除的处分，并可以依法吊销采供血机构的执业许可证；构成犯罪的，依法追究刑事责任。

非法采集血液或者组织他人出卖血液的，由县级以上人民政府卫生行政部门予以取缔，没收违法所得，可以并处十万元以下的罚款；构成犯罪的，依法追究刑事责任。

第七十一条 国境卫生检疫机关、动物防疫机构未依法履行传染病疫情通报职责的，由有关部门在各自职责范围内责令改正，通报批评；造成传染病传播、流行或者其他严重后果的，对负有责任的主管人员和其他直接责任人员，依法给予降级、撤职、开除的处分；构成犯罪的，依法追究刑事责任。

第七十二条 铁路、交通、民用航空经营单位未依照本法的规定优先运送处理传染病疫情的人员以及防治传染病的药品和医疗器械的，由有关部门责令限期改正，给予警告；造成严重后果的，对负有责任的主管人员和其他直接责任人员，依法给予降级、撤职、开除的处分。

第七十三条 违反本法规定，有下列情形之一，导致或者可能导致传染病传播、流行的，由县级以上人民政府卫生行政部门责令限期改正，没收违法所得，可以并处五万元以下的罚款；已取得许可证的，原发证部门可以依法暂扣或者吊销许可证；构成犯罪的，依法追究刑事责任：

（一）饮用水供水单位供应的饮用水不符合国家卫生标准和卫生规范的；

（二）涉及饮用水卫生安全的产品不符合国家卫生标准和卫生规范的；

（三）用于传染病防治的消毒产品不符合国家卫生标准和卫生规范的；

（四）出售、运输疫区中被传染病病原体污染或者可能被传染病病原体污染的物品，未进行消毒处理的；

（五）生物制品生产单位生产的血液制品不符合国家质量标准的。

第七十四条 违反本法规定，有下列情形之一的，由县级以上地方人民政府卫生行政部门责令改正，通报批评，给予警告，已取得许可证的，可以依法暂扣或者吊销许可证；造成传染病传播、流行以及其他严重后果的，对负有责任的主管人员和其他直接责任人员，依法给予降级、撤职、开除的处分，并可以依法吊销有关责任人员的执业证书；构成犯罪的，依法追究刑事责任：

（一）疾病预防控制机构、医疗机构和从事病原微生物实验的单位，不符合国家规定的条件和技术标准，对传染病病原体样本未按照规定进行严格管理，造成实验室感染和病原微生物扩散的；

（二）违反国家有关规定，采集、保藏、携带、运输和使用传染病菌种、毒种和传染病检测样本的；

（三）疾病预防控制机构、医疗机构未执行国家有关规定，导致因输入血液、使用血液制品引起经血液传播疾病发生的。

第七十五条　未经检疫出售、运输与人畜共患传染病有关的野生动物、家畜家禽的,由县级以上地方人民政府畜牧兽医行政部门责令停止违法行为,并依法给予行政处罚。

第七十六条　在国家确认的自然疫源地兴建水利、交通、旅游、能源等大型建设项目,未经卫生调查进行施工的,或者未按照疾病预防控制机构的意见采取必要的传染病预防、控制措施的,由县级以上人民政府卫生行政部门责令限期改正,给予警告,处五千元以上三万元以下的罚款;逾期不改正的,处三万元以上十万元以下的罚款,并可以提请有关人民政府依据职责权限,责令停建、关闭。

第七十七条　单位和个人违反本法规定,导致传染病传播、流行,给他人人身、财产造成损害的,应当依法承担民事责任。

第九章　附　　则

第七十八条　本法中下列用语的含义:

(一)传染病病人、疑似传染病病人:指根据国务院卫生行政部门发布的《中华人民共和国传染病防治法规定管理的传染病诊断标准》,符合传染病病人和疑似传染病病人诊断标准的人。

(二)病原携带者:指感染病原体无临床症状但能排出病原体的人。

(三)流行病学调查:指对人群中疾病或者健康状况的分布及其决定因素进行调查研究,提出疾病预防控制措施及保健对策。

(四)疫点:指病原体从传染源向周围播散的范围较小或者单个疫源地。

(五)疫区:指传染病在人群中暴发、流行,其病原体向周围播散时所能波及的地区。

(六)人畜共患传染病:指人与脊椎动物共同罹患的传染病,如鼠疫、狂犬病、血吸虫病等。

(七)自然疫源地:指某些可引起人类传染病的病原体在自然界的野生动物中长期存在和循环的地区。

(八)病媒生物:指能够将病原体从人或者其他动物传播给人的生物,如蚊、蝇、蚤类等。

(九)医源性感染:指在医学服务中,因病原体传播引起的感染。

(十)医院感染:指住院病人在医院内获得的感染,包括在住院期间发生的感染和在医院内获得出院后发生的感染,但不包括入院前已开始或者入院时已处于潜伏期的感染。医院工作人员在医院内获得的感染也属医院感染。

(十一)实验室感染:指从事实验室工作时,因接触病原体所致的感染。

(十二)菌种、毒种:指可能引起本法规定的传染病发生的细菌菌种、病毒毒种。

(十三)消毒:指用化学、物理、生物的方法杀灭或者消除环境中的病原微生物。

(十四)疾病预防控制机构:指从事疾病预防控制活动的疾病预防控制中心以及与上述机构业务活动相同的单位。

(十五)医疗机构:指按照《医疗机构管理条例》取得医疗机构执业许可证,从事疾病诊断、治疗活动的机构。

第七十九条　传染病防治中有关食品、药品、血液、水、医疗废物和病原微生物的管理以及动物防疫和国境卫生检疫,本法未规定的,分别适用其他有关法律、行政法规的规定。

第八十条　本法自 2004 年 12 月 1 日起施行。

第二节 医疗废物管理条例

第一章 总 则

第一条 为了加强医疗废物的安全管理,防止疾病传播,保护环境,保障人体健康,根据《中华人民共和国传染病防治法》和《中华人民共和国固体废物污染环境防治法》,制定本条例。

第二条 本条例所称医疗废物,是指医疗卫生机构在医疗、预防、保健以及其他相关活动中产生的具有直接或者间接感染性、毒性以及其他危害性的废物。

医疗废物分类目录,由国务院卫生行政主管部门和环境保护行政主管部门共同制定、公布。

第三条 本条例适用于医疗废物的收集、运送、贮存、处置以及监督管理等活动。

医疗卫生机构收治的传染病病人或者疑似传染病病人产生的生活垃圾,按照医疗废物进行管理和处置。

医疗卫生机构废弃的麻醉、精神、放射性、毒性等药品及其相关的废物的管理,依照有关法律、行政法规和国家有关规定、标准执行。

第四条 国家推行医疗废物集中无害化处置,鼓励有关医疗废物安全处置技术的研究与开发。

县级以上地方人民政府负责组织建设医疗废物集中处置设施。

国家对边远贫困地区建设医疗废物集中处置设施给予适当的支持。

第五条 县级以上各级人民政府卫生行政主管部门,对医疗废物收集、运送、贮存、处置活动中的疾病防治工作实施统一监督管理;环境保护行政主管部门,对医疗废物收集、运送、贮存、处置活动中的环境污染防治工作实施统一监督管理。

县级以上各级人民政府其他有关部门在各自的职责范围内负责与医疗废物处置有关的监督管理工作。

第六条 任何单位和个人有权对医疗卫生机构、医疗废物集中处置单位和监督管理部门及其工作人员的违法行为进行举报、投诉、检举和控告。

第二章 医疗废物管理的一般规定

第七条 医疗卫生机构和医疗废物集中处置单位,应当建立、健全医疗废物管理责任制,其法定代表人为第一责任人,切实履行职责,防止因医疗废物导致传染病传播和环境污染事故。

第八条 医疗卫生机构和医疗废物集中处置单位,应当制定与医疗废物安全处置有关的规章制度和在发生意外事故时的应急方案;设置监控部门或者专(兼)职人员,负责检查、督促、落实本单位医疗废物的管理工作,防止违反本条例的行为发生。

第九条 医疗卫生机构和医疗废物集中处置单位,应当对本单位从事医疗废物收集、运送、贮存、处置等工作的人员和管理人员,进行相关法律和专业技术、安全防护以及紧急处理等知识的培训。

第十条　医疗卫生机构和医疗废物集中处置单位,应当采取有效的职业卫生防护措施,为从事医疗废物收集、运送、贮存、处置等工作的人员和管理人员,配备必要的防护用品,定期进行健康检查;必要时,对有关人员进行免疫接种,防止其受到健康损害。

第十一条　医疗卫生机构和医疗废物集中处置单位,应当依照《中华人民共和国固体废物污染环境防治法》的规定,执行危险废物转移联单管理制度。

第十二条　医疗卫生机构和医疗废物集中处置单位,应当对医疗废物进行登记,登记内容应当包括医疗废物的来源、种类、重量或者数量、交接时间、处置方法、最终去向以及经办人签名等项目。登记资料至少保存3年。

第十三条　医疗卫生机构和医疗废物集中处置单位,应当采取有效措施,防止医疗废物流失、泄漏、扩散。

发生医疗废物流失、泄漏、扩散时,医疗卫生机构和医疗废物集中处置单位应当采取减少危害的紧急处理措施,对致病人员提供医疗救护和现场救援;同时向所在地的县级人民政府卫生行政主管部门、环境保护行政主管部门报告,并向可能受到危害的单位和居民通报。

第十四条　禁止任何单位和个人转让、买卖医疗废物。

禁止在运送过程中丢弃医疗废物;禁止在非贮存地点倾倒、堆放医疗废物或者将医疗废物混入其他废物和生活垃圾。

第十五条　禁止邮寄医疗废物。

禁止通过铁路、航空运输医疗废物。

有陆路通道的,禁止通过水路运输医疗废物;没有陆路通道必须经水路运输医疗废物的,应当经设区的市级以上人民政府环境保护行政主管部门批准,并采取严格的环境保护措施后,方可通过水路运输。

禁止将医疗废物与旅客在同一运输工具上载运。

禁止在饮用水源保护区的水体上运输医疗废物。

第三章　医疗卫生机构对医疗废物的管理

第十六条　医疗卫生机构应当及时收集本单位产生的医疗废物,并按照类别分置于防渗漏、防锐器穿透的专用包装物或者密闭的容器内。

医疗废物专用包装物、容器,应当有明显的警示标识和警示说明。

医疗废物专用包装物、容器的标准和警示标识的规定,由国务院卫生行政主管部门和环境保护行政主管部门共同制定。

第十七条　医疗卫生机构应当建立医疗废物的暂时贮存设施、设备,不得露天存放医疗废物;医疗废物暂时贮存的时间不得超过2天。

医疗废物的暂时贮存设施、设备,应当远离医疗区、食品加工区和人员活动区以及生活垃圾存放场所,并设置明显的警示标识和防渗漏、防鼠、防蚊蝇、防蟑螂、防盗以及预防儿童接触等安全措施。

医疗废物的暂时贮存设施、设备应当定期消毒和清洁。

第十八条　医疗卫生机构应当使用防渗漏、防遗撒的专用运送工具,按照本单位确定的内部医疗废物运送时间、路线,将医疗废物收集、运送至暂时贮存地点。

运送工具使用后应当在医疗卫生机构内指定的地点及时消毒和清洁。

第十九条　医疗卫生机构应当根据就近集中处置的原则,及时将医疗废物交由医疗废物集中处置单位处置。

医疗废物中病原体的培养基、标本和菌种、毒种保存液等高危险废物,在交医疗废物集中处置单位处置前应当就地消毒。

第二十条　医疗卫生机构产生的污水、传染病病人或者疑似传染病病人的排泄物,应当按照国家规定严格消毒;达到国家规定的排放标准后,方可排入污水处理系统。

第二十一条　不具备集中处置医疗废物条件的农村,医疗卫生机构应当按照县级人民政府卫生行政主管部门、环境保护行政主管部门的要求,自行就地处置其产生的医疗废物。自行处置医疗废物的,应当符合下列基本要求:

(一)使用后的一次性医疗器具和容易致人损伤的医疗废物,应当消毒并作毁形处理;

(二)能够焚烧的,应当及时焚烧;

(三)不能焚烧的,消毒后集中填埋。

第四章　医疗废物的集中处置

第二十二条　从事医疗废物集中处置活动的单位,应当向县级以上人民政府环境保护行政主管部门申请领取经营许可证;未取得经营许可证的单位,不得从事有关医疗废物集中处置的活动。

第二十三条　医疗废物集中处置单位,应当符合下列条件:

(一)具有符合环境保护和卫生要求的医疗废物贮存、处置设施或者设备;

(二)具有经过培训的技术人员以及相应的技术工人;

(三)具有负责医疗废物处置效果检测、评价工作的机构和人员;

(四)具有保证医疗废物安全处置的规章制度。

第二十四条　医疗废物集中处置单位的贮存、处置设施,应当远离居(村)民居住区、水源保护区和交通干道,与工厂、企业等工作场所有适当的安全防护距离,并符合国务院环境保护行政主管部门的规定。

第二十五条　医疗废物集中处置单位应当至少每2天到医疗卫生机构收集、运送一次医疗废物,并负责医疗废物的贮存、处置。

第二十六条　医疗废物集中处置单位运送医疗废物,应当遵守国家有关危险货物运输管理的规定,使用有明显医疗废物标识的专用车辆。医疗废物专用车辆应当达到防渗漏、防遗撒以及其他环境保护和卫生要求。

运送医疗废物的专用车辆使用后,应当在医疗废物集中处置场所内及时进行消毒和清洁。

运送医疗废物的专用车辆不得运送其他物品。

第二十七条　医疗废物集中处置单位在运送医疗废物过程中应当确保安全,不得丢弃、遗撒医疗废物。

第二十八条　医疗废物集中处置单位应当安装污染物排放在线监控装置,并确保监控装置经常处于正常运行状态。

第二十九条　医疗废物集中处置单位处置医疗废物,应当符合国家规定的环境保护、卫生标准、规范。

第三十条　医疗废物集中处置单位应当按照环境保护行政主管部门和卫生行政主管部门的规定,定期对医疗废物处置设施的环境污染防治和卫生学效果进行检测、评价。检测、评价结果存入医疗废物集中处置单位档案,每半年向所在地环境保护行政主管部门和卫生行政主管部门报告一次。

第三十一条　医疗废物集中处置单位处置医疗废物,按照国家有关规定向医疗卫生机构收取医疗废物处置费用。

医疗卫生机构按照规定支付的医疗废物处置费用,可以纳入医疗成本。

第三十二条　各地区应当利用和改造现有固体废物处置设施和其他设施,对医疗废物集中处置,并达到基本的环境保护和卫生要求。

第三十三条　尚无集中处置设施或者处置能力不足的城市,自本条例施行之日起,设区的市级以上城市应当在1年内建成医疗废物集中处置设施;县级市应当在2年内建成医疗废物集中处置设施。县(旗)医疗废物集中处置设施的建设,由省、自治区、直辖市人民政府规定。

在尚未建成医疗废物集中处置设施期间,有关地方人民政府应当组织制定符合环境保护和卫生要求的医疗废物过渡性处置方案,确定医疗废物收集、运送、处置方式和处置单位。

第五章　监督管理

第三十四条　县级以上地方人民政府卫生行政主管部门、环境保护行政主管部门,应当依照本条例的规定,按照职责分工,对医疗卫生机构和医疗废物集中处置单位进行监督检查。

第三十五条　县级以上地方人民政府卫生行政主管部门,应当对医疗卫生机构和医疗废物集中处置单位从事医疗废物的收集、运送、贮存、处置中的疾病防治工作,以及工作人员的卫生防护等情况进行定期监督检查或者不定期的抽查。

第三十六条　县级以上地方人民政府环境保护行政主管部门,应当对医疗卫生机构和医疗废物集中处置单位从事医疗废物收集、运送、贮存、处置中的环境污染防治工作进行定期监督检查或者不定期的抽查。

第三十七条　卫生行政主管部门、环境保护行政主管部门应当定期交换监督检查和抽查结果。在监督检查或者抽查中发现医疗卫生机构和医疗废物集中处置单位存在隐患时,应当责令立即消除隐患。

第三十八条　卫生行政主管部门、环境保护行政主管部门接到对医疗卫生机构、医疗废物集中处置单位和监督管理部门及其工作人员违反本条例行为的举报、投诉、检举和控告后,应当及时核实,依法作出处理,并将处理结果予以公布。

第三十九条　卫生行政主管部门、环境保护行政主管部门履行监督检查职责时,有权采取下列措施:

(一)对有关单位进行实地检查,了解情况,现场监测,调查取证;

(二)查阅或者复制医疗废物管理的有关资料,采集样品;

(三)责令违反本条例规定的单位和个人停止违法行为;

(四)查封或者暂扣涉嫌违反本条例规定的场所、设备、运输工具和物品;

(五)对违反本条例规定的行为进行查处。

第四十条　发生因医疗废物管理不当导致传染病传播或者环境污染事故,或者有证据证明传染病传播或者环境污染的事故有可能发生时,卫生行政主管部门、环境保护行政主管部门应当采取临时控制措施,疏散人员,控制现场,并根据需要责令暂停导致或者可能导致传染病传播或者环境污染事故的作业。

第四十一条　医疗卫生机构和医疗废物集中处置单位,对有关部门的检查、监测、调查取证,应当予以配合,不得拒绝和阻碍,不得提供虚假材料。

第六章　法律责任

第四十二条　县级以上地方人民政府未依照本条例的规定,组织建设医疗废物集中处置设施或者组织制定医疗废物过渡性处置方案的,由上级人民政府通报批评,责令限期建成医疗废物集中处置设施或者组织制定医疗废物过渡性处置方案;并可以对政府主要领导人、负有责任的主管人员,依法给予行政处分。

第四十三条　县级以上各级人民政府卫生行政主管部门、环境保护行政主管部门或者其他有关部门,未按照本条例的规定履行监督检查职责,发现医疗卫生机构和医疗废物集中处置单位的违法行为不及时处理,发生或者可能发生传染病传播或者环境污染事故时未及时采取减少危害措施,以及有其他玩忽职守、失职、渎职行为的,由本级人民政府或者上级人民政府有关部门责令改正,通报批评;造成传染病传播或者环境污染事故的,对主要负责人、负有责任的主管人员和其他直接责任人员依法给予降级、撤职、开除的行政处分;构成犯罪的,依法追究刑事责任。

第四十四条　县级以上人民政府环境保护行政主管部门,违反本条例的规定发给医疗废物集中处置单位经营许可证的,由本级人民政府或者上级人民政府环境保护行政主管部门通报批评,责令收回违法发给的证书;并可以对主要负责人、负有责任的主管人员和其他直接责任人员依法给予行政处分。

第四十五条　医疗卫生机构、医疗废物集中处置单位违反本条例规定,有下列情形之一的,由县级以上地方人民政府卫生行政主管部门或者环境保护行政主管部门按照各自的职责责令限期改正,给予警告;逾期不改正的,处2 000元以上5 000元以下的罚款:

(一)未建立、健全医疗废物管理制度,或者未设置监控部门或者专(兼)职人员的;

(二)未对有关人员进行相关法律和专业技术、安全防护以及紧急处理等知识的培训的;

(三)未对从事医疗废物收集、运送、贮存、处置等工作的人员和管理人员采取职业卫生防护措施的;

(四)未对医疗废物进行登记或者未保存登记资料的;

(五)对使用后的医疗废物运送工具或者运送车辆未在指定地点及时进行消毒和清洁的;

(六)未及时收集、运送医疗废物的;

(七)未定期对医疗废物处置设施的环境污染防治和卫生学效果进行检测、评价,或者未将检测、评价效果存档、报告的。

第四十六条　医疗卫生机构、医疗废物集中处置单位违反本条例规定,有下列情形之一的,由县级以上地方人民政府卫生行政主管部门或者环境保护行政主管部门按照各自的职责责令限期改正,给予警告,可以并处5 000元以下的罚款;逾期不改正的,处5 000元以上3

万元以下的罚款：

（一）贮存设施或者设备不符合环境保护、卫生要求的；

（二）未将医疗废物按照类别分置于专用包装物或者容器的；

（三）未使用符合标准的专用车辆运送医疗废物或者使用运送医疗废物的车辆运送其他物品的；

（四）未安装污染物排放在线监控装置或者监控装置未经常处于正常运行状态的。

第四十七条　医疗卫生机构、医疗废物集中处置单位有下列情形之一的，由县级以上地方人民政府卫生行政主管部门或者环境保护行政主管部门按照各自的职责责令限期改正，给予警告，并处 5 000 元以上 1 万元以下的罚款；逾期不改正的，处 1 万元以上 3 万元以下的罚款；造成传染病传播或者环境污染事故的，由原发证部门暂扣或者吊销执业许可证件或者经营许可证件；构成犯罪的，依法追究刑事责任：

（一）在运送过程中丢弃医疗废物，在非贮存地点倾倒、堆放医疗废物或者将医疗废物混入其他废物和生活垃圾的；

（二）未执行危险废物转移联单管理制度的；

（三）将医疗废物交给未取得经营许可证的单位或者个人收集、运送、贮存、处置的；

（四）对医疗废物的处置不符合国家规定的环境保护、卫生标准、规范的；

（五）未按照本条例的规定对污水、传染病病人或者疑似传染病病人的排泄物，进行严格消毒，或者未达到国家规定的排放标准，排入污水处理系统的；

（六）对收治的传染病病人或者疑似传染病病人产生的生活垃圾，未按照医疗废物进行管理和处置的。

第四十八条　医疗卫生机构违反本条例规定，将未达到国家规定标准的污水、传染病病人或者疑似传染病病人的排泄物排入城市排水管网的，由县级以上地方人民政府建设行政主管部门责令限期改正，给予警告，并处 5 000 元以上 1 万元以下的罚款；逾期不改正的，处 1 万元以上 3 万元以下的罚款；造成传染病传播或者环境污染事故的，由原发证部门暂扣或者吊销执业许可证件；构成犯罪的，依法追究刑事责任。

第四十九条　医疗卫生机构、医疗废物集中处置单位发生医疗废物流失、泄漏、扩散时，未采取紧急处理措施，或者未及时向卫生行政主管部门和环境保护行政主管部门报告的，由县级以上地方人民政府卫生行政主管部门或者环境保护行政主管部门按照各自的职责责令改正，给予警告，并处 1 万元以上 3 万元以下的罚款；造成传染病传播或者环境污染事故的，由原发证部门暂扣或者吊销执业许可证件或者经营许可证件；构成犯罪的，依法追究刑事责任。

第五十条　医疗卫生机构、医疗废物集中处置单位，无正当理由，阻碍卫生行政主管部门或者环境保护行政主管部门执法人员执行职务，拒绝执法人员进入现场，或者不配合执法部门的检查、监测、调查取证的，由县级以上地方人民政府卫生行政主管部门或者环境保护行政主管部门按照各自的职责责令改正，给予警告；拒不改正的，由原发证部门暂扣或者吊销执业许可证件或者经营许可证件；触犯《中华人民共和国治安管理处罚法》，构成违反治安管理行为的，由公安机关依法予以处罚；构成犯罪的，依法追究刑事责任。

第五十一条　不具备集中处置医疗废物条件的农村，医疗卫生机构未按照本条例的要求处置医疗废物的，由县级人民政府卫生行政主管部门或者环境保护行政主管部门按照各自的职责责令限期改正，给予警告；逾期不改正的，处 1 000 元以上 5 000 元以下的罚款；造成传染病传播或者环境污染事故的,由原发证部门暂扣或者吊销执业许可证件;构成犯罪的,依法追究刑事责任。

第五十二条 未取得经营许可证从事医疗废物的收集、运送、贮存、处置等活动的,由县级以上地方人民政府环境保护行政主管部门责令立即停止违法行为,没收违法所得,可以并处违法所得 1 倍以下的罚款。

第五十三条 转让、买卖医疗废物,邮寄或者通过铁路、航空运输医疗废物,或者违反本条例规定通过水路运输医疗废物的,由县级以上地方人民政府环境保护行政主管部门责令转让、买卖双方、邮寄人、托运人立即停止违法行为,给予警告,没收违法所得;违法所得5 000元以上的,并处违法所得 2 倍以上 5 倍以下的罚款;没有违法所得或者违法所得不足5 000元的,并处 5 000 元以上 2 万元以下的罚款。

承运人明知托运人违反本条例的规定运输医疗废物,仍予以运输的,或者承运人将医疗废物与旅客在同一工具上载运的,按照前款的规定予以处罚。

第五十四条 医疗卫生机构、医疗废物集中处置单位违反本条例规定,导致传染病传播或者发生环境污染事故,给他人造成损害的,依法承担民事赔偿责任。

第七章 附 则

第五十五条 计划生育技术服务、医学科研、教学、尸体检查和其他相关活动中产生的具有直接或者间接感染性、毒性以及其他危害性废物的管理,依照本条例执行。

第五十六条 军队医疗卫生机构医疗废物的管理由中国人民解放军卫生主管部门参照本条例制定管理办法。

第五十七条 本条例自公布之日起施行。

第三节 医疗废物分类目录

类别	特征	常见组分或者废物名称
感染性废物	携带病原微生物具有引发感染性疾病传播危险的医疗废物。	1. 被病人血液、体液、排泄物污染的物品,包括: ——棉球、棉签、引流棉条、纱布及其他各种敷料; ——一次性使用卫生用品、一次性使用医疗用品及一次性医疗器械; ——废弃的被服; ——其他被病人血液、体液、排泄物污染的物品。 2. 医疗机构收治的隔离传染病病人或者疑似传染病病人产生的生活垃圾。 3. 病原体的培养基、标本和菌种、毒种保存液。 4. 各种废弃的医学标本。 5. 废弃的血液、血清。 6. 使用后的一次性使用医疗用品及一次性医疗器械视为感染性废物。

类别	特征	常见组分或者废物名称
病理性废物	诊疗过程中产生的人体废弃物和医学实验动物尸体等。	1. 手术及其他诊疗过程中产生的废弃的人体组织、器官等。 2. 医学实验动物的组织、尸体。 3. 病理切片后废弃的人体组织、病理蜡块等。
损伤性废物	能够刺伤或者割伤人体的废弃的医用锐器。	1. 医用针头、缝合针。 2. 各类医用锐器,包括:解剖刀、手术刀、备皮刀、手术锯等。 3. 载玻片、玻璃试管、玻璃安瓿等。
药物性废物	过期、淘汰、变质或者被污染的废弃的药品。	1. 废弃的一般性药品,如:抗生素、非处方类药品等。 2. 废弃的细胞毒性药物和遗传毒性药物,包括: ——致癌性药物,如硫唑嘌呤、苯丁酸氮芥、萘氮芥、环孢霉素、环磷酰胺、苯丙胺酸氮芥、司莫司汀、三苯氧氨、硫替派等; ——可疑致癌性药物,如:顺铂、丝裂霉素、阿霉素、苯巴比妥等; ——免疫抑制剂。 3. 废弃的疫苗、血液制品等。
化学性废物	具有毒性、腐蚀性、易燃易爆性的废弃的化学物品。	1. 医学影像室、实验室废弃的化学试剂。 2. 废弃的过氧乙酸、戊二醛等化学消毒剂。 3. 废弃的汞血压计、汞温度计。

第四节　医疗卫生机构医疗废物管理办法

第一章　总　则

第一条　为规范医疗卫生机构对医疗废物的管理,有效预防和控制医疗废物对人体健康和环境产生危害,根据《医疗废物管理条例》,制定本办法。

第二条　各级各类医疗卫生机构应当按照《医疗废物管理条例》和本办法的规定对医疗废物进行管理。

第三条　卫生部对全国医疗卫生机构的医疗废物管理工作实施监督。

县级以上地方人民政府卫生行政部门对本行政区域医疗卫生机构的医疗废物管理工作实施监督。

第二章　医疗卫生机构对医疗废物的管理职责

第四条　医疗卫生机构应当建立、健全医疗废物管理责任制,其法定代表人或者主要负责人为第一责任人,切实履行职责,确保医疗废物的安全管理。

第五条　医疗卫生机构应当依据国家有关法律、行政法规、部门规章和规范性文件的规定,制定并落实医疗废物管理的规章制度、工作流程和要求、有关人员的工作职责及发生医疗卫生机构内医疗废物流失、泄漏、扩散和意外事故的应急方案。内容包括:

（一）医疗卫生机构内医疗废物各产生地点对医疗废物分类收集方法和工作要求；

（二）医疗卫生机构内医疗废物的产生地点、暂时贮存地点的工作制度及从产生地点运送至暂时贮存地点的工作要求；

（三）医疗废物在医疗卫生机构内部运送及将医疗废物交由医疗废物处置单位的有关交接、登记的规定；

（四）医疗废物管理过程中的特殊操作程序及发生医疗废物流失、泄漏、扩散和意外事故的紧急处理措施；

（五）医疗废物分类收集、运送、暂时贮存过程中有关工作人员的职业卫生安全防护。

第六条　医疗卫生机构应当设置负责医疗废物管理的监控部门或者专（兼）职人员，履行以下职责：

（一）负责指导、检查医疗废物分类收集、运送、暂时贮存及机构内处置过程中各项工作的落实情况；

（二）负责指导、检查医疗废物分类收集、运送、暂时贮存及机构内处置过程中的职业卫生安全防护工作；

（三）负责组织医疗废物流失、泄漏、扩散和意外事故发生时的紧急处理工作；

（四）负责组织有关医疗废物管理的培训工作；

（五）负责有关医疗废物登记和档案资料的管理；

（六）负责及时分析和处理医疗废物管理中的其他问题。

第七条　医疗卫生机构发生医疗废物流失、泄漏、扩散时，应当在48小时内向所在地的县级人民政府卫生行政主管部门、环境保护行政主管部门报告，调查处理工作结束后，医疗卫生机构应当将调查处理结果向所在地的县级人民政府卫生行政主管部门、环境保护行政主管部门报告。

县级人民政府卫生行政主管部门每月逐级上报至当地省级人民政府卫生行政主管部门。

省级人民政府卫生行政主管部门每半年汇总后报卫生部。

第八条　医疗卫生机构发生因医疗废物管理不当导致1人以上死亡或者3人以上健康损害，需要对致病人员提供医疗救护和现场救援的重大事故时，应当在24小时内向所在地的县级人民政府卫生行政主管部门、环境保护行政主管部门报告，并根据《医疗废物管理条例》的规定，采取相应紧急处理措施。

县级人民政府卫生行政主管部门接到报告后，应当在12小时内逐级向省级人民政府卫生行政主管部门报告。

省级人民政府卫生行政主管部门接到报告后，应当在12小时内向卫生部报告。

发生医疗废物导致传染病传播或者有证据证明传染病传播的事故有可能发生时，应当按照《传染病防治法》及有关规定报告，并采取相应措施。

第九条　医疗卫生机构应当根据医疗废物分类收集、运送、暂时贮存及机构内处置过程中所需要的专业技术、职业卫生安全防护和紧急处理知识等，制定相关工作人员的培训计划并组织实施。

第三章　分类收集、运送与暂时贮存

第十条　医疗卫生机构应当根据《医疗废物分类目录》，对医疗废物实施分类管理。

第十一条 医疗卫生机构应当按照以下要求,及时分类收集医疗废物:

(一)根据医疗废物的类别,将医疗废物分置于符合《医疗废物专用包装物、容器的标准和警示标识的规定》的包装物或者容器内;

(二)在盛装医疗废物前,应当对医疗废物包装物或者容器进行认真检查,确保无破损、渗漏和其他缺陷;

(三)感染性废物、病理性废物、损伤性废物、药物性废物及化学性废物不能混合收集。少量的药物性废物可以混入感染性废物,但应当在标签上注明;

(四)废弃的麻醉、精神、放射性、毒性等药品及其相关的废物的管理,依照有关法律、行政法规和国家有关规定、标准执行;

(五)化学性废物中批量的废化学试剂、废消毒剂应当交由专门机构处置;

(六)批量的含有汞的体温计、血压计等医疗器具报废时,应当交由专门机构处置;

(七)医疗废物中病原体的培养基、标本和菌种、毒种保存液等高危险废物,应当首先在产生地点进行压力蒸汽灭菌或者化学消毒处理,然后按感染性废物收集处理;

(八)隔离的传染病病人或者疑似传染病病人产生的具有传染性的排泄物,应当按照国家规定严格消毒,达到国家规定的排放标准后方可排入污水处理系统;

(九)隔离的传染病病人或者疑似传染病病人产生的医疗废物应当使用双层包装物,并及时密封;

(十)放入包装物或者容器内的感染性废物、病理性废物、损伤性废物不得取出。

第十二条 医疗卫生机构内医疗废物产生地点应当有医疗废物分类收集方法的示意图或者文字说明。

第十三条 盛装的医疗废物达到包装物或者容器的3/4时,应当使用有效的封口方式,使包装物或者容器的封口紧实、严密。

第十四条 包装物或者容器的外表面被感染性废物污染时,应当对被污染处进行消毒处理或者增加一层包装。

第十五条 盛装医疗废物的每个包装物、容器外表面应当有警示标识,在每个包装物、容器上应当系中文标签,中文标签的内容应当包括:医疗废物产生单位、产生日期、类别及需要的特别说明等。

第十六条 运送人员每天从医疗废物产生地点将分类包装的医疗废物按照规定的时间和路线运送至内部指定的暂时贮存地点。

第十七条 运送人员在运送医疗废物前,应当检查包装物或者容器的标识、标签及封口是否符合要求,不得将不符合要求的医疗废物运送至暂时贮存地点。

第十八条 运送人员在运送医疗废物时,应当防止造成包装物或容器破损和医疗废物的流失、泄漏和扩散,并防止医疗废物直接接触身体。

第十九条 运送医疗废物应当使用防渗漏、防遗撒、无锐利边角、易于装卸和清洁的专用运送工具。

每天运送工作结束后,应当对运送工具及时进行清洁和消毒。

第二十条 医疗卫生机构应当建立医疗废物暂时贮存设施、设备,不得露天存放医疗废物;医疗废物暂时贮存的时间不得超过2天。

第二十一条 医疗卫生机构建立的医疗废物暂时贮存设施、设备应当达到以下要求:

（一）远离医疗区、食品加工区、人员活动区和生活垃圾存放场所,方便医疗废物运送人员及运送工具、车辆的出入;

（二）有严密的封闭措施,设专(兼)职人员管理,防止非工作人员接触医疗废物;

（三）有防鼠、防蚊蝇、防蟑螂的安全措施;

（四）防止渗漏和雨水冲刷;

（五）易于清洁和消毒;

（六）避免阳光直射;

（七）设有明显的医疗废物警示标识和"禁止吸烟、饮食"的警示标识。

第二十二条　暂时贮存病理性废物,应当具备低温贮存或者防腐条件。

第二十三条　医疗卫生机构应当将医疗废物交由取得县级以上人民政府环境保护行政主管部门许可的医疗废物集中处置单位处置,依照危险废物转移联单制度填写和保存转移联单。

第二十四条　医疗卫生机构应当对医疗废物进行登记,登记内容应当包括医疗废物的来源、种类、重量或者数量、交接时间、最终去向以及经办人签名等项目。登记资料至少保存3年。

第二十五条　医疗废物转交出去后,应当对暂时贮存地点、设施及时进行清洁和消毒处理。

第二十六条　禁止医疗卫生机构及其工作人员转让、买卖医疗废物。

禁止在非收集、非暂时贮存地点倾倒、堆放医疗废物,禁止将医疗废物混入其他废物和生活垃圾。

第二十七条　不具备集中处置医疗废物条件的农村地区,医疗卫生机构应当按照当地卫生行政主管部门和环境保护主管部门的要求,自行就地处置其产生的医疗废物。自行处置医疗废物的,应当符合以下基本要求:

（一）使用后的一次性医疗器具和容易致人损伤的医疗废物应当消毒并作毁形处理;

（二）能够焚烧的,应当及时焚烧;

（三）不能焚烧的,应当消毒后集中填埋。

第二十八条　医疗卫生机构发生医疗废物流失、泄漏、扩散和意外事故时,应当按照以下要求及时采取紧急处理措施:

（一）确定流失、泄漏、扩散的医疗废物的类别、数量、发生时间、影响范围及严重程度;

（二）组织有关人员尽快按照应急方案,对发生医疗废物泄漏、扩散的现场进行处理;

（三）对被医疗废物污染的区域进行处理时,应当尽可能减少对病人、医务人员、其他现场人员及环境的影响;

（四）采取适当的安全处置措施,对泄漏物及受污染的区域、物品进行消毒或者其他无害化处理,必要时封锁污染区域,以防扩大污染;

（五）对感染性废物污染区域进行消毒时,消毒工作从污染最轻区域向污染最严重区域进行,对可能被污染的所有使用过的工具也应当进行消毒;

（六）工作人员应当做好卫生安全防护后进行工作。

处理工作结束后,医疗卫生机构应当对事件的起因进行调查,并采取有效的防范措施预防类似事件的发生。

第四章　人员培训和职业安全防护

第二十九条　医疗卫生机构应当对本机构工作人员进行培训,提高全体工作人员对医疗废物管理工作的认识。对从事医疗废物分类收集、运送、暂时贮存、处置等工作的人员和管理人员,进行相关法律和专业技术、安全防护以及紧急处理等知识的培训。

第三十条　医疗废物相关工作人员和管理人员应当达到以下要求:

(一)掌握国家相关法律、法规、规章和有关规范性文件的规定,熟悉本机构制定的医疗废物管理的规章制度、工作流程和各项工作要求;

(二)掌握医疗废物分类收集、运送、暂时贮存的正确方法和操作程序;

(三)掌握医疗废物分类中的安全知识、专业技术、职业卫生安全防护等知识;

(四)掌握在医疗废物分类收集、运送、暂时贮存及处置过程中预防被医疗废物刺伤、擦伤等伤害的措施及发生后的处理措施;

(五)掌握发生医疗废物流失、泄漏、扩散和意外事故情况时的紧急处理措施。

第三十一条　医疗卫生机构应当根据接触医疗废物种类及风险大小的不同,采取适宜、有效的职业卫生防护措施,为机构内从事医疗废物分类收集、运送、暂时贮存和处置等工作的人员和管理人员配备必要的防护用品,定期进行健康检查,必要时,对有关人员进行免疫接种,防止其受到健康损害。

第三十二条　医疗卫生机构的工作人员在工作中发生被医疗废物刺伤、擦伤等伤害时,应当采取相应的处理措施,并及时报告机构内的相关部门。

第五章　监　督　管　理

第三十三条　县级以上地方人民政府卫生行政主管部门应当依照《医疗废物管理条例》和本办法的规定,对所辖区域的医疗卫生机构进行定期监督检查和不定期抽查。

第三十四条　对医疗卫生机构监督检查和抽查的主要内容是:

(一)医疗废物管理的规章制度及落实情况;

(二)医疗废物分类收集、运送、暂时贮存及机构内处置的工作状况;

(三)有关医疗废物管理的登记资料和记录;

(四)医疗废物管理工作中,相关人员的安全防护工作;

(五)发生医疗废物流失、泄漏、扩散和意外事故的上报及调查处理情况;

(六)进行现场卫生学监测。

第三十五条　卫生行政主管部门在监督检查或者抽查中发现医疗卫生机构存在隐患时,应当责令立即消除隐患。

第三十六条　县级以上卫生行政主管部门应当对医疗卫生机构发生违反《医疗废物管理条例》和本办法规定的行为依法进行查处。

第三十七条　发生因医疗废物管理不当导致发生传染病传播事故,或者有证据证明传染病传播的事故有可能发生时,卫生行政主管部门应当按照《医疗废物管理条例》第四十条的规定及时采取相应措施。

第三十八条　医疗卫生机构对卫生行政主管部门的检查、监测、调查取证等工作,应当予以配合,不得拒绝和阻碍,不得提供虚假材料。

第六章 罚 则

第三十九条 医疗卫生机构违反《医疗废物管理条例》及本办法规定,有下列情形之一的,由县级以上地方人民政府卫生行政主管部门责令限期改正、给予警告;逾期不改正的,处以 2 000 元以上 5 000 以下的罚款:

(一)未建立、健全医疗废物管理制度,或者未设置监控部门或者专(兼)职人员的;

(二)未对有关人员进行相关法律和专业技术、安全防护以及紧急处理等知识的培训的;

(三)未对医疗废物进行登记或者未保存登记资料的;

(四)未对机构内从事医疗废物分类收集、运送、暂时贮存、处置等工作的人员和管理人员采取职业卫生防护措施的;

(五)未对使用后的医疗废物运送工具及时进行清洁和消毒的;

(六)自行建有医疗废物处置设施的医疗卫生机构,未定期对医疗废物处置设施的卫生学效果进行检测、评价,或者未将检测、评价效果存档、报告的。

第四十条 医疗卫生机构违反《医疗废物管理条例》及本办法规定,有下列情形之一的,由县级以上地方人民政府卫生行政主管部门责令限期改正、给予警告,可以并处 5 000 元以下的罚款;逾期不改正的,处 5 000 元以上 3 万元以下的罚款:

(一)医疗废物暂时贮存地点、设施或者设备不符合卫生要求的;

(二)未将医疗废物按类别分置于专用包装物或者容器的;

(三)使用的医疗废物运送工具不符合要求的。

第四十一条 医疗卫生机构违反《医疗废物管理条例》及本办法规定,有下列情形之一的,由县级以上地方人民政府卫生行政主管部门责令限期改正,给予警告,并处 5 000 元以上 1 万元以下的罚款;逾期不改正的,处 1 万元以上 3 万元以下的罚款;造成传染病传播的,由原发证部门暂扣或者吊销医疗卫生机构执业许可证件;构成犯罪的,依法追究刑事责任:

(一)在医疗卫生机构内丢弃医疗废物和在非贮存地点倾倒、堆放医疗废物或者将医疗废物混入其他废物和生活垃圾的;

(二)将医疗废物交给未取得经营许可证的单位或者个人的;

(三)未按照条例及本办法的规定对污水、传染病病人和疑似传染病病人的排泄物进行严格消毒,或者未达到国家规定的排放标准,排入污水处理系统的;

(四)对收治的传染病病人或者疑似传染病病人产生的生活垃圾,未按照医疗废物进行管理和处置的。

第四十二条 医疗卫生机构转让、买卖医疗废物的,依照《医疗废物管理条例》第五十三条处罚。

第四十三条 医疗卫生机构发生医疗废物流失、泄漏、扩散时,未采取紧急处理措施,或者未及时向卫生行政主管部门报告的,由县级以上地方人民政府卫生行政主管部门责令改正,给予警告,并处 1 万元以上 3 万元以下的罚款;造成传染病传播的,由原发证部门暂扣或者吊销医疗卫生机构执业许可证件;构成犯罪的,依法追究刑事责任。

第四十四条 医疗卫生机构无正当理由,阻碍卫生行政主管部门执法人员执行职务,拒绝执法人员进入现场,或者不配合执法部门的检查、监测、调查取证的,由县级以上地方人民政府卫生行政主管部门责令改正,给予警告;拒不改正的,由原发证部门暂扣或者吊销医疗卫生机构执业许可证件;触犯《中华人民共和国治安管理处罚条例》,构成违反治安管理行为的,由公安机关依法予以处罚;构成犯罪的,依法追究刑事责任。

第四十五条　不具备集中处置医疗废物条件的农村,医疗卫生机构未按照《医疗废物管理条例》和本办法的要求处置医疗废物的,由县级以上地方人民政府卫生行政主管部门责令限期改正,给予警告;逾期不改的,处1 000元以上5 000元以下的罚款;造成传染病传播的,由原发证部门暂扣或者吊销医疗卫生机构执业许可证件;构成犯罪的,依法追究刑事责任。

第四十六条　医疗卫生机构违反《医疗废物管理条例》及本办法规定,导致传染病传播,给他人造成损害的,依法承担民事赔偿责任。

第七章　附　　则

第四十七条　本办法所称医疗卫生机构指依照《医疗机构管理条例》的规定取得《医疗机构执业许可证》的机构及疾病预防控制机构、采供血机构。

第四十八条　本办法自公布之日起施行。

第五节　医疗废物管理行政处罚办法

第一条　根据《中华人民共和国传染病防治法》《中华人民共和国固体废物污染环境防治法》和《医疗废物管理条例》(以下简称《条例》),县级以上人民政府卫生行政主管部门和环境保护行政主管部门按照各自职责,对违反医疗废物管理规定的行为实施的行政处罚,适用本办法。

第二条　医疗卫生机构有《条例》第四十五条规定的下列情形之一的,由县级以上地方人民政府卫生行政主管部门责令限期改正,给予警告;逾期不改正的,处2 000元以上5 000元以下的罚款:

(一)未建立、健全医疗废物管理制度,或者未设置监控部门或者专(兼)职人员的;

(二)未对有关人员进行相关法律和专业技术、安全防护以及紧急处理等知识培训的;

(三)未对医疗废物进行登记或者未保存登记资料的;

(四)对使用后的医疗废物运送工具或者运送车辆未在指定地点及时进行消毒和清洁的;

(五)依照《条例》自行建有医疗废物处置设施的医疗卫生机构未定期对医疗废物处置设施的污染防治和卫生学效果进行检测、评价,或者未将检测、评价效果存档、报告的。

第三条　医疗废物集中处置单位有《条例》第四十五条规定的下列情形之一的,由县级以上地方人民政府环境保护行政主管部门责令限期改正,给予警告;逾期不改正的,处2 000元以上5 000元以下的罚款:

(一)未建立、健全医疗废物管理制度,或者未设置监控部门或者专(兼)职人员的;

(二)未对有关人员进行相关法律和专业技术、安全防护以及紧急处理等知识培训的;

(三)未对医疗废物进行登记或者未保存登记资料的;

(四)对使用后的医疗废物运送车辆未在指定地点及时进行消毒和清洁的;

(五)未及时收集、运送医疗废物的;

(六)未定期对医疗废物处置设施的污染防治和卫生学效果进行检测、评价,或者未将检测、评价效果存档、报告的。

第四条 医疗卫生机构、医疗废物集中处置单位有《条例》第四十五条规定的情形，未对从事医疗废物收集、运送、贮存、处置等工作的人员和管理人员采取职业卫生防护措施的，由县级以上地方人民政府卫生行政主管部门责令限期改正，给予警告；逾期不改正的，处2 000元以上5 000元以下的罚款。

第五条 医疗卫生机构有《条例》第四十六条规定的下列情形之一的，由县级以上地方人民政府卫生行政主管部门责令限期改正，给予警告，可以并处5 000元以下的罚款，逾期不改正的，处5 000元以上3万元以下的罚款：

（一）贮存设施或者设备不符合环境保护、卫生要求的；

（二）未将医疗废物按照类别分置于专用包装物或者容器的；

（三）未使用符合标准的运送工具运送医疗废物的。

第六条 医疗废物集中处置单位有《条例》第四十六条规定的下列情形之一的，由县级以上地方人民政府环境保护行政主管部门责令限期改正，给予警告，可以并处5 000元以下的罚款，逾期不改正的，处5 000元以上3万元以下的罚款：

（一）贮存设施或者设备不符合环境保护、卫生要求的；

（二）未将医疗废物按照类别分置于专用包装物或者容器的；

（三）未使用符合标准的专用车辆运送医疗废物的；

（四）未安装污染物排放在线监控装置或者监控装置未经常处于正常运行状态的。

第七条 医疗卫生机构有《条例》第四十七条规定的下列情形之一的，由县级以上地方人民政府卫生行政主管部门责令限期改正，给予警告，并处5 000元以上1万元以下的罚款；逾期不改正的，处1万元以上3万元以下的罚款：

（一）在医疗卫生机构内运送过程中丢弃医疗废物，在非贮存地点倾倒、堆放医疗废物或者将医疗废物混入其他废物和生活垃圾的；

（二）未按照《条例》的规定对污水、传染病病人或者疑似传染病病人的排泄物，进行严格消毒的，或者未达到国家规定的排放标准，排入医疗卫生机构内的污水处理系统的；

（三）对收治的传染病病人或者疑似传染病病人产生的生活垃圾，未按照医疗废物进行管理和处置的。

医疗卫生机构在医疗卫生机构外运送过程中丢弃医疗废物，在非贮存地点倾倒、堆放医疗废物或者将医疗废物混入其他废物和生活垃圾的，由县级以上地方人民政府环境保护行政主管部门责令限期改正，给予警告，并处5 000元以上1万元以下的罚款；逾期不改正的，处1万元以上3万元以下的罚款。

第八条 医疗废物集中处置单位有《条例》第四十七条规定的情形，在运送过程中丢弃医疗废物，在非贮存地点倾倒、堆放医疗废物或者将医疗废物混入其他废物和生活垃圾的，由县级以上地方人民政府环境保护行政主管部门责令限期改正，给予警告，并处5 000元以上1万元以下的罚款；逾期不改正的，处1万元以上3万元以下的罚款。

第九条 医疗废物集中处置单位和依照《条例》自行建有医疗废物处置设施的医疗卫生机构，有《条例》第四十七条规定的情形，对医疗废物的处置不符合国家规定的环境保护、卫生标准、规范的，由县级以上地方人民政府环境保护行政主管部门责令限期改正，给予警告，并处5 000元以上1万元以下的罚款；逾期不改正的，处1万元以上3万元以下的罚款。

第十条　医疗卫生机构、医疗废物集中处置单位有《条例》第四十七条规定的下列情形之一的,由县级以上人民政府环境保护行政主管部门责令停止违法行为,限期改正,并处 5 万元以下的罚款:

(一)未执行危险废物转移联单管理制度的;

(二)将医疗废物交给或委托给未取得经营许可证的单位或者个人收集、运送、贮存、处置的。

第十一条　有《条例》第四十九条规定的情形,医疗卫生机构发生医疗废物流失、泄漏、扩散时,未采取紧急处理措施,或者未及时向卫生行政主管部门报告的,由县级以上地方人民政府卫生行政主管部门责令改正,给予警告,并处 1 万元以上 3 万元以下的罚款。

医疗废物集中处置单位发生医疗废物流失、泄漏、扩散时,未采取紧急处理措施,或者未及时向环境保护行政主管部门报告的,由县级以上地方人民政府环境保护行政主管部门责令改正,给予警告,并处 1 万元以上 3 万元以下的罚款。

第十二条　有《条例》第五十条规定的情形,医疗卫生机构、医疗废物集中处置单位阻碍卫生行政主管部门执法人员执行职务,拒绝执法人员进入现场,或者不配合执法部门的检查、监测、调查取证的,由县级以上地方人民政府卫生行政主管部门责令改正,给予警告;拒不改正的,由原发证的卫生行政主管部门暂扣或者吊销医疗卫生机构的执业许可证件。

医疗卫生机构、医疗废物集中处置单位阻碍环境保护行政主管部门执法人员执行职务,拒绝执法人员进入现场,或者不配合执法部门的检查、监测、调查取证的,由县级以上地方人民政府环境保护行政主管部门责令限期改正,并处 1 万元以下的罚款;拒不改正的,由原发证的环境保护行政主管部门暂扣或者吊销医疗废物集中处置单位经营许可证件。

第十三条　有《条例》第五十一条规定的情形,不具备集中处置医疗废物条件的农村,医疗卫生机构未按照卫生行政主管部门有关疾病防治的要求处置医疗废物的,由县级人民政府卫生行政主管部门责令限期改正,给予警告;逾期不改正的,处 1 000 元以上 5 000 元以下的罚款;未按照环境保护行政主管部门有关环境污染防治的要求处置医疗废物的,由县级人民政府环境保护行政主管部门责令限期改正,给予警告;逾期不改正的,处 1 000 元以上 5 000元以下的罚款。

第十四条　有《条例》第五十二条规定的情形,未取得经营许可证从事医疗废物的收集、运送、贮存、处置等活动的,由县级以上地方人民政府环境保护行政主管部门责令停止违法行为,没收违法所得,可以并处违法所得 1 倍以下的罚款。

第十五条　有《条例》第四十七条、第四十八条、第四十九条、第五十一条规定的情形,医疗卫生机构造成传染病传播的,由县级以上地方人民政府卫生行政主管部门依法处罚,并由原发证的卫生行政主管部门暂扣或者吊销执业许可证件;造成环境污染事故的,由县级以上地方人民政府环境保护行政主管部门依照《中华人民共和国固体废物污染环境防治法》有关规定予以处罚,并由原发证的卫生行政主管部门暂扣或者吊销执业许可证件。

医疗废物集中处置单位造成传染病传播的,由县级以上地方人民政府卫生行政主管部门依法处罚,并由原发证的环境保护行政主管部门暂扣或者吊销经营许可证件;造成环境污染事故的,由县级以上地方人民政府环境保护行政主管部门依照《中华人民共和国固体废物污染环境防治法》有关规定予以处罚,并由原发证的环境保护行政主管部门暂扣或者吊销经营许可证件。

第十六条　有《条例》第五十三条规定的情形,转让、买卖医疗废物,邮寄或者通过铁路、航空运输医疗废物,或者违反《条例》规定通过水路运输医疗废物的,由县级以上地方人民政府环境保护行政主管部门责令转让、买卖双方、邮寄人、托运人立即停止违法行为,给予警告,没收违法所得;违法所得5 000元以上的,并处违法所得2倍以上5倍以下的罚款;没有违法所得或者违法所得不足5 000元的,并处5 000元以上2万元以下的罚款。

承运人明知托运人违反《条例》的规定运输医疗废物,仍予以运输的,或者承运人将医疗废物与旅客在同一工具上载运的,按照前款的规定予以处罚。

第十七条　本办法自2004年6月1日起施行。

附录:

依据《关于废止、修改部分环保部门规章和规范性文件的决定》(环境保护部令第16号),自2010年12月22日起,《医疗废物管理行政处罚办法》(2004年5月27日,卫生部、国家环境保护总局令第21号发布)做如下修改:

1. 将第七条第二款修改为:"医疗卫生机构在医疗卫生机构外运送过程中丢弃医疗废物,在非贮存地点倾倒、堆放医疗废物或者将医疗废物混入其他废物和生活垃圾的,由县级以上地方人民政府环境保护行政主管部门依照《中华人民共和国固体废物污染环境防治法》第七十五条规定责令停止违法行为,限期改正,处一万元以上十万元以下的罚款。"

2. 将第八条修改为:"医疗废物集中处置单位有《条例》第四十七条规定的情形,在运送过程中丢弃医疗废物,在非贮存地点倾倒、堆放医疗废物或者将医疗废物混入其他废物和生活垃圾的,由县级以上地方人民政府环境保护行政主管部门依照《中华人民共和国固体废物污染环境防治法》第七十五条规定责令停止违法行为,限期改正,处一万元以上十万元以下的罚款。"

3. 将第十条中的"医疗卫生机构、医疗废物集中处置单位有《条例》第四十七条规定的下列情形之一的,由县级以上人民政府环境保护行政主管部门责令停止违法行为,限期改正,并处5万元以下的罚款",修改为:"医疗卫生机构、医疗废物集中处置单位有《条例》第四十七条规定的下列情形之一的,由县级以上人民政府环境保护行政主管部门依照《中华人民共和国固体废物污染环境防治法》第七十五条规定责令停止违法行为,限期改正,处二万元以上二十万元以下的罚款"。

4. 将第十二条第二款修改为:"医疗卫生机构、医疗废物集中处置单位阻碍环境保护行政主管部门执法人员执行职务,拒绝执法人员进入现场,或者不配合执法部门的检查、监测、调查取证的,由县级以上地方人民政府环境保护行政主管部门依照《中华人民共和国固体废物污染环境防治法》第七十条规定责令限期改正;拒不改正或者在检查时弄虚作假的,处二千元以上二万元以下的罚款。"

5. 将第十四条修改为:"有《条例》第五十二条规定的情形,未取得经营许可证从事医疗废物的收集、运送、贮存、处置等活动的,由县级以上人民政府环境保护行政主管部门依照《中华人民共和国固体废物污染环境防治法》第七十七条规定责令停止违法行为,没收违法所得,可以并处违法所得三倍以下的罚款。"

6. 将第十六条第二款修改为:"承运人明知托运人违反《条例》的规定运输医疗废物,仍予以运输的,按照前款的规定予以处罚;承运人将医疗废物与旅客在同一工具上载运的,由县级以上人民政府环境保护行政主管部门依照《中华人民共和国固体废物污染环境防治法》第七十五条规定责令停止违法行为,限期改正,处一万元以上十万元以下的罚款"。

第六节　医疗器械监督管理条例

(2000年1月4日中华人民共和国国务院令第276号公布,2014年2月12日国务院第39次常务会议修订通过,根据2017年5月4日《国务院关于修改〈医疗器械监督管理条例〉的决定》修订)

第一章　总　　则

第一条　为了保证医疗器械的安全、有效,保障人体健康和生命安全,制定本条例。

第二条　在中华人民共和国境内从事医疗器械的研制、生产、经营、使用活动及其监督管理,应当遵守本条例。

第三条　国务院食品药品监督管理部门负责全国医疗器械监督管理工作。国务院有关部门在各自的职责范围内负责与医疗器械有关的监督管理工作。

县级以上地方人民政府食品药品监督管理部门负责本行政区域的医疗器械监督管理工作。县级以上地方人民政府有关部门在各自的职责范围内负责与医疗器械有关的监督管理工作。

国务院食品药品监督管理部门应当配合国务院有关部门,贯彻实施国家医疗器械产业规划和政策。

第四条　国家对医疗器械按照风险程度实行分类管理。

第一类是风险程度低,实行常规管理可以保证其安全、有效的医疗器械。

第二类是具有中度风险,需要严格控制管理以保证其安全、有效的医疗器械。

第三类是具有较高风险,需要采取特别措施严格控制管理以保证其安全、有效的医疗器械。

评价医疗器械风险程度,应当考虑医疗器械的预期目的、结构特征、使用方法等因素。

国务院食品药品监督管理部门负责制定医疗器械的分类规则和分类目录,并根据医疗器械生产、经营、使用情况,及时对医疗器械的风险变化进行分析、评价,对分类目录进行调整。制定、调整分类目录,应当充分听取医疗器械生产经营企业以及使用单位、行业组织的意见,并参考国际医疗器械分类实践。医疗器械分类目录应当向社会公布。

第五条　医疗器械的研制应当遵循安全、有效和节约的原则。国家鼓励医疗器械的研究与创新,发挥市场机制的作用,促进医疗器械新技术的推广和应用,推动医疗器械产业的发展。

第六条　医疗器械产品应当符合医疗器械强制性国家标准;尚无强制性国家标准的,应当符合医疗器械强制性行业标准。

一次性使用的医疗器械目录由国务院食品药品监督管理部门会同国务院卫生计生主管部门制定、调整并公布。重复使用可以保证安全、有效的医疗器械,不列入一次性使用的医疗器械目录。对因设计、生产工艺、消毒灭菌技术等改进后重复使用可以保证安全、有效的医疗器械,应当调整出一次性使用的医疗器械目录。

第七条　医疗器械行业组织应当加强行业自律,推进诚信体系建设,督促企业依法开展生产经营活动,引导企业诚实守信。

第二章　医疗器械产品注册与备案

第八条　第一类医疗器械实行产品备案管理,第二类、第三类医疗器械实行产品注册管理。

第九条　第一类医疗器械产品备案和申请第二类、第三类医疗器械产品注册,应当提交下列资料:

(一)产品风险分析资料;

(二)产品技术要求;

(三)产品检验报告;

(四)临床评价资料;

(五)产品说明书及标签样稿;

(六)与产品研制、生产有关的质量管理体系文件;

(七)证明产品安全、有效所需的其他资料。

医疗器械注册申请人、备案人应当对所提交资料的真实性负责。

第十条　第一类医疗器械产品备案,由备案人向所在地设区的市级人民政府食品药品监督管理部门提交备案资料。其中,产品检验报告可以是备案人的自检报告;临床评价资料不包括临床试验报告,可以是通过文献、同类产品临床使用获得的数据证明该医疗器械安全、有效的资料。

向我国境内出口第一类医疗器械的境外生产企业,由其在我国境内设立的代表机构或者指定我国境内的企业法人作为代理人,向国务院食品药品监督管理部门提交备案资料和备案人所在国(地区)主管部门准许该医疗器械上市销售的证明文件。

备案资料载明的事项发生变化的,应当向原备案部门变更备案。

第十一条　申请第二类医疗器械产品注册,注册申请人应当向所在地省、自治区、直辖市人民政府食品药品监督管理部门提交注册申请资料。申请第三类医疗器械产品注册,注册申请人应当向国务院食品药品监督管理部门提交注册申请资料。

向我国境内出口第二类、第三类医疗器械的境外生产企业,应当由其在我国境内设立的代表机构或者指定我国境内的企业法人作为代理人,向国务院食品药品监督管理部门提交注册申请资料和注册申请人所在国(地区)主管部门准许该医疗器械上市销售的证明文件。

第二类、第三类医疗器械产品注册申请资料中的产品检验报告应当是医疗器械检验机构出具的检验报告;临床评价资料应当包括临床试验报告,但依照本条例第十七条的规定免于进行临床试验的医疗器械除外。

第十二条　受理注册申请的食品药品监督管理部门应当自受理之日起 3 个工作日内将注册申请资料转交技术审评机构。技术审评机构应当在完成技术审评后向食品药品监督管理部门提交审评意见。

第十三条　受理注册申请的食品药品监督管理部门应当自收到审评意见之日起 20 个工作日内作出决定。对符合安全、有效要求的,准予注册并发给医疗器械注册证;对不符合要求的,不予注册并书面说明理由。

国务院食品药品监督管理部门在组织对进口医疗器械的技术审评时认为有必要对质量管理体系进行核查的,应当组织质量管理体系检查技术机构开展质量管理体系核查。

第十四条 已注册的第二类、第三类医疗器械产品,其设计、原材料、生产工艺、适用范围、使用方法等发生实质性变化,有可能影响该医疗器械安全、有效的,注册人应当向原注册部门申请办理变更注册手续;发生非实质性变化,不影响该医疗器械安全、有效的,应当将变化情况向原注册部门备案。

第十五条 医疗器械注册证有效期为5年。有效期届满需要延续注册的,应当在有效期届满6个月前向原注册部门提出延续注册的申请。

除有本条第三款规定情形外,接到延续注册申请的食品药品监督管理部门应当在医疗器械注册证有效期届满前作出准予延续的决定。逾期未作决定的,视为准予延续。

有下列情形之一的,不予延续注册:

(一)注册人未在规定期限内提出延续注册申请的;

(二)医疗器械强制性标准已经修订,申请延续注册的医疗器械不能达到新要求的;

(三)对用于治疗罕见疾病以及应对突发公共卫生事件急需的医疗器械,未在规定期限内完成医疗器械注册证载明事项的。

第十六条 对新研制的尚未列入分类目录的医疗器械,申请人可以依照本条例有关第三类医疗器械产品注册的规定直接申请产品注册,也可以依据分类规则判断产品类别并向国务院食品药品监督管理部门申请类别确认后依照本条例的规定申请注册或者进行产品备案。

直接申请第三类医疗器械产品注册的,国务院食品药品监督管理部门应当按照风险程度确定类别,对准予注册的医疗器械及时纳入分类目录。申请类别确认的,国务院食品药品监督管理部门应当自受理申请之日起20个工作日内对该医疗器械的类别进行判定并告知申请人。

第十七条 第一类医疗器械产品备案,不需要进行临床试验。申请第二类、第三类医疗器械产品注册,应当进行临床试验;但是,有下列情形之一的,可以免于进行临床试验:

(一)工作机理明确、设计定型,生产工艺成熟,已上市的同品种医疗器械临床应用多年且无严重不良事件记录,不改变常规用途的;

(二)通过非临床评价能够证明该医疗器械安全、有效的;

(三)通过对同品种医疗器械临床试验或者临床使用获得的数据进行分析评价,能够证明该医疗器械安全、有效的。

免于进行临床试验的医疗器械目录由国务院食品药品监督管理部门制定、调整并公布。

第十八条 开展医疗器械临床试验,应当按照医疗器械临床试验质量管理规范的要求,在具备相应条件的临床试验机构进行,并向临床试验提出者所在地省、自治区、直辖市人民政府食品药品监督管理部门备案。接受临床试验备案的食品药品监督管理部门应当将备案情况通报临床试验机构所在地的同级食品药品监督管理部门和卫生计生主管部门。

医疗器械临床试验机构实行备案管理。医疗器械临床试验机构应当具备的条件及备案管理办法和临床试验质量管理规范,由国务院食品药品监督管理部门会同国务院卫生计生主管部门制定并公布。

第十九条 第三类医疗器械进行临床试验对人体具有较高风险的,应当经国务院食品药品监督管理部门批准。临床试验对人体具有较高风险的第三类医疗器械目录由国务院食品药品监督管理部门制定、调整并公布。

国务院食品药品监督管理部门审批临床试验,应当对拟承担医疗器械临床试验的机构的设备、专业人员等条件,该医疗器械的风险程度,临床试验实施方案,临床受益与风险对比分析报告等进行综合分析。准予开展临床试验的,应当通报临床试验提出者以及临床试验机构所在地省、自治区、直辖市人民政府食品药品监督管理部门和卫生计生主管部门。

第三章 医疗器械生产

第二十条 从事医疗器械生产活动,应当具备下列条件:
(一)有与生产的医疗器械相适应的生产场地、环境条件、生产设备以及专业技术人员;
(二)有对生产的医疗器械进行质量检验的机构或者专职检验人员以及检验设备;
(三)有保证医疗器械质量的管理制度;
(四)有与生产的医疗器械相适应的售后服务能力;
(五)产品研制、生产工艺文件规定的要求。

第二十一条 从事第一类医疗器械生产的,由生产企业向所在地设区的市级人民政府食品药品监督管理部门备案并提交其符合本条例第二十条规定条件的证明资料。

第二十二条 从事第二类、第三类医疗器械生产的,生产企业应当向所在地省、自治区、直辖市人民政府食品药品监督管理部门申请生产许可并提交其符合本条例第二十条规定条件的证明资料以及所生产医疗器械的注册证。

受理生产许可申请的食品药品监督管理部门应当自受理之日起 30 个工作日内对申请资料进行审核,按照国务院食品药品监督管理部门制定的医疗器械生产质量管理规范的要求进行核查。对符合规定条件的,准予许可并发给医疗器械生产许可证;对不符合规定条件的,不予许可并书面说明理由。

医疗器械生产许可证有效期为 5 年。有效期届满需要延续的,依照有关行政许可的法律规定办理延续手续。

第二十三条 医疗器械生产质量管理规范应当对医疗器械的设计开发、生产设备条件、原材料采购、生产过程控制、企业的机构设置和人员配备等影响医疗器械安全、有效的事项作出明确规定。

第二十四条 医疗器械生产企业应当按照医疗器械生产质量管理规范的要求,建立健全与所生产医疗器械相适应的质量管理体系并保证其有效运行;严格按照经注册或者备案的产品技术要求组织生产,保证出厂的医疗器械符合强制性标准以及经注册或者备案的产品技术要求。

医疗器械生产企业应当定期对质量管理体系的运行情况进行自查,并向所在地省、自治区、直辖市人民政府食品药品监督管理部门提交自查报告。

第二十五条 医疗器械生产企业的生产条件发生变化,不再符合医疗器械质量管理体系要求的,医疗器械生产企业应当立即采取整改措施;可能影响医疗器械安全、有效的,应当立即停止生产活动,并向所在地县级人民政府食品药品监督管理部门报告。

第二十六条　医疗器械应当使用通用名称。通用名称应当符合国务院食品药品监督管理部门制定的医疗器械命名规则。

第二十七条　医疗器械应当有说明书、标签。说明书、标签的内容应当与经注册或者备案的相关内容一致。

医疗器械的说明书、标签应当标明下列事项:

(一)通用名称、型号、规格;

(二)生产企业的名称和住所、生产地址及联系方式;

(三)产品技术要求的编号;

(四)生产日期和使用期限或者失效日期;

(五)产品性能、主要结构、适用范围;

(六)禁忌证、注意事项以及其他需要警示或者提示的内容;

(七)安装和使用说明或者图示;

(八)维护和保养方法,特殊储存条件、方法;

(九)产品技术要求规定应当标明的其他内容。

第二类、第三类医疗器械还应当标明医疗器械注册证编号和医疗器械注册人的名称、地址及联系方式。

由消费者个人自行使用的医疗器械还应当具有安全使用的特别说明。

第二十八条　委托生产医疗器械,由委托方对所委托生产的医疗器械质量负责。受托方应当是符合本条例规定、具备相应生产条件的医疗器械生产企业。委托方应当加强对受托方生产行为的管理,保证其按照法定要求进行生产。

具有高风险的植入性医疗器械不得委托生产,具体目录由国务院食品药品监督管理部门制定、调整并公布。

第四章　医疗器械经营与使用

第二十九条　从事医疗器械经营活动,应当有与经营规模和经营范围相适应的经营场所和贮存条件,以及与经营的医疗器械相适应的质量管理制度和质量管理机构或者人员。

第三十条　从事第二类医疗器械经营的,由经营企业向所在地设区的市级人民政府食品药品监督管理部门备案并提交其符合本条例第二十九条规定条件的证明资料。

第三十一条　从事第三类医疗器械经营的,经营企业应当向所在地设区的市级人民政府食品药品监督管理部门申请经营许可并提交其符合本条例第二十九条规定条件的证明资料。

受理经营许可申请的食品药品监督管理部门应当自受理之日起30个工作日内进行审查,必要时组织核查。对符合规定条件的,准予许可并发给医疗器械经营许可证;对不符合规定条件的,不予许可并书面说明理由。

医疗器械经营许可证有效期为5年。有效期届满需要延续的,依照有关行政许可的法律规定办理延续手续。

第三十二条　医疗器械经营企业、使用单位购进医疗器械,应当查验供货者的资质和医疗器械的合格证明文件,建立进货查验记录制度。从事第二类、第三类医疗器械批发业务以及第三类医疗器械零售业务的经营企业,还应当建立销售记录制度。

记录事项包括:

(一)医疗器械的名称、型号、规格、数量;

(二)医疗器械的生产批号、有效期、销售日期;

(三)生产企业的名称;

(四)供货者或者购货者的名称、地址及联系方式;

(五)相关许可证明文件编号等。

进货查验记录和销售记录应当真实,并按照国务院食品药品监督管理部门规定的期限予以保存。国家鼓励采用先进技术手段进行记录。

第三十三条　运输、贮存医疗器械,应当符合医疗器械说明书和标签标示的要求;对温度、湿度等环境条件有特殊要求的,应当采取相应措施,保证医疗器械的安全、有效。

第三十四条　医疗器械使用单位应当有与在用医疗器械品种、数量相适应的贮存场所和条件。医疗器械使用单位应当加强对工作人员的技术培训,按照产品说明书、技术操作规范等要求使用医疗器械。

医疗器械使用单位配置大型医用设备,应当符合国务院卫生计生主管部门制定的大型医用设备配置规划,与其功能定位、临床服务需求相适应,具有相应的技术条件、配套设施和具备相应资质、能力的专业技术人员,并经省级以上人民政府卫生计生主管部门批准,取得大型医用设备配置许可证。

大型医用设备配置管理办法由国务院卫生计生主管部门会同国务院有关部门制定。大型医用设备目录由国务院卫生计生主管部门商国务院有关部门提出,报国务院批准后执行。

第三十五条　医疗器械使用单位对重复使用的医疗器械,应当按照国务院卫生计生主管部门制定的消毒和管理的规定进行处理。

一次性使用的医疗器械不得重复使用,对使用过的应当按照国家有关规定销毁并记录。

第三十六条　医疗器械使用单位对需要定期检查、检验、校准、保养、维护的医疗器械,应当按照产品说明书的要求进行检查、检验、校准、保养、维护并予以记录,及时进行分析、评估,确保医疗器械处于良好状态,保障使用质量;对使用期限长的大型医疗器械,应当逐台建立使用档案,记录其使用、维护、转让、实际使用时间等事项。记录保存期限不得少于医疗器械规定使用期限终止后 5 年。

第三十七条　医疗器械使用单位应当妥善保存购入第三类医疗器械的原始资料,并确保信息具有可追溯性。

使用大型医疗器械以及植入和介入类医疗器械的,应当将医疗器械的名称、关键性技术参数等信息以及与使用质量安全密切相关的必要信息记载到病历等相关记录中。

第三十八条　发现使用的医疗器械存在安全隐患的,医疗器械使用单位应当立即停止使用,并通知生产企业或者其他负责产品质量的机构进行检修;经检修仍不能达到使用安全标准的医疗器械,不得继续使用。

第三十九条　食品药品监督管理部门和卫生计生主管部门依据各自职责,分别对使用环节的医疗器械质量和医疗器械使用行为进行监督管理。

第四十条　医疗器械经营企业、使用单位不得经营、使用未依法注册、无合格证明文件以及过期、失效、淘汰的医疗器械。

第四十一条　医疗器械使用单位之间转让在用医疗器械,转让方应当确保所转让的医疗器械安全、有效,不得转让过期、失效、淘汰以及检验不合格的医疗器械。

第四十二条　进口的医疗器械应当是依照本条例第二章的规定已注册或者已备案的医疗器械。

进口的医疗器械应当有中文说明书、中文标签。说明书、标签应当符合本条例规定以及相关强制性标准的要求,并在说明书中载明医疗器械的原产地以及代理人的名称、地址、联系方式。没有中文说明书、中文标签或者说明书、标签不符合本条规定的,不得进口。

第四十三条　出入境检验检疫机构依法对进口的医疗器械实施检验;检验不合格的,不得进口。

国务院食品药品监督管理部门应当及时向国家出入境检验检疫部门通报进口医疗器械的注册和备案情况。进口口岸所在地出入境检验检疫机构应当及时向所在地设区的市级人民政府食品药品监督管理部门通报进口医疗器械的通关情况。

第四十四条　出口医疗器械的企业应当保证其出口的医疗器械符合进口国(地区)的要求。

第四十五条　医疗器械广告应当真实合法,不得含有虚假、夸大、误导性的内容。

医疗器械广告应当经医疗器械生产企业或者进口医疗器械代理人所在地省、自治区、直辖市人民政府食品药品监督管理部门审查批准,并取得医疗器械广告批准文件。广告发布者发布医疗器械广告,应当事先核查广告的批准文件及其真实性;不得发布未取得批准文件、批准文件的真实性未经核实或者广告内容与批准文件不一致的医疗器械广告。省、自治区、直辖市人民政府食品药品监督管理部门应当公布并及时更新已经批准的医疗器械广告目录以及批准的广告内容。

省级以上人民政府食品药品监督管理部门责令暂停生产、销售、进口和使用的医疗器械,在暂停期间不得发布涉及该医疗器械的广告。

医疗器械广告的审查办法由国务院食品药品监督管理部门会同国务院工商行政管理部门制定。

第五章　不良事件的处理与医疗器械的召回

第四十六条　国家建立医疗器械不良事件监测制度,对医疗器械不良事件及时进行收集、分析、评价、控制。

第四十七条　医疗器械生产经营企业、使用单位应当对所生产经营或者使用的医疗器械开展不良事件监测;发现医疗器械不良事件或者可疑不良事件,应当按照国务院食品药品监督管理部门的规定,向医疗器械不良事件监测技术机构报告。

任何单位和个人发现医疗器械不良事件或者可疑不良事件,有权向食品药品监督管理部门或者医疗器械不良事件监测技术机构报告。

第四十八条　国务院食品药品监督管理部门应当加强医疗器械不良事件监测信息网络建设。

医疗器械不良事件监测技术机构应当加强医疗器械不良事件信息监测,主动收集不良事件信息;发现不良事件或者接到不良事件报告的,应当及时进行核实、调查、分析,对不良事件进行评估,并向食品药品监督管理部门和卫生计生主管部门提出处理建议。

医疗器械不良事件监测技术机构应当公布联系方式,方便医疗器械生产经营企业、使用单位等报告医疗器械不良事件。

第四十九条 食品药品监督管理部门应当根据医疗器械不良事件评估结果及时采取发布警示信息以及责令暂停生产、销售、进口和使用等控制措施。

省级以上人民政府食品药品监督管理部门应当会同同级卫生计生主管部门和相关部门组织对引起突发、群发的严重伤害或者死亡的医疗器械不良事件及时进行调查和处理,并组织对同类医疗器械加强监测。

第五十条 医疗器械生产经营企业、使用单位应当对医疗器械不良事件监测技术机构、食品药品监督管理部门开展的医疗器械不良事件调查予以配合。

第五十一条 有下列情形之一的,省级以上人民政府食品药品监督管理部门应当对已注册的医疗器械组织开展再评价:

(一)根据科学研究的发展,对医疗器械的安全、有效有认识上的改变的;

(二)医疗器械不良事件监测、评估结果表明医疗器械可能存在缺陷的;

(三)国务院食品药品监督管理部门规定的其他需要进行再评价的情形。

再评价结果表明已注册的医疗器械不能保证安全、有效的,由原发证部门注销医疗器械注册证,并向社会公布。被注销医疗器械注册证的医疗器械不得生产、进口、经营、使用。

第五十二条 医疗器械生产企业发现其生产的医疗器械不符合强制性标准、经注册或者备案的产品技术要求或者存在其他缺陷的,应当立即停止生产,通知相关生产经营企业、使用单位和消费者停止经营和使用,召回已经上市销售的医疗器械,采取补救、销毁等措施,记录相关情况,发布相关信息,并将医疗器械召回和处理情况向食品药品监督管理部门和卫生计生主管部门报告。

医疗器械经营企业发现其经营的医疗器械存在前款规定情形的,应当立即停止经营,通知相关生产经营企业、使用单位、消费者,并记录停止经营和通知情况。医疗器械生产企业认为属于依照前款规定需要召回的医疗器械,应当立即召回。

医疗器械生产经营企业未依照本条规定实施召回或者停止经营的,食品药品监督管理部门可以责令其召回或者停止经营。

第六章 监督检查

第五十三条 食品药品监督管理部门应当对医疗器械的注册、备案、生产、经营、使用活动加强监督检查,并对下列事项进行重点监督检查:

(一)医疗器械生产企业是否按照经注册或者备案的产品技术要求组织生产;

(二)医疗器械生产企业的质量管理体系是否保持有效运行;

(三)医疗器械生产经营企业的生产经营条件是否持续符合法定要求。

第五十四条 食品药品监督管理部门在监督检查中有下列职权:

(一)进入现场实施检查、抽取样品;

(二)查阅、复制、查封、扣押有关合同、票据、账簿以及其他有关资料;

(三)查封、扣押不符合法定要求的医疗器械,违法使用的零配件、原材料以及用于违法生产医疗器械的工具、设备；

(四)查封违反本条例规定从事医疗器械生产经营活动的场所。

食品药品监督管理部门进行监督检查，应当出示执法证件，保守被检查单位的商业秘密。

有关单位和个人应当对食品药品监督管理部门的监督检查予以配合，不得隐瞒有关情况。

第五十五条　对人体造成伤害或者有证据证明可能危害人体健康的医疗器械，食品药品监督管理部门可以采取暂停生产、进口、经营、使用的紧急控制措施。

第五十六条　食品药品监督管理部门应当加强对医疗器械生产经营企业和使用单位生产、经营、使用的医疗器械的抽查检验。抽查检验不得收取检验费和其他任何费用，所需费用纳入本级政府预算。省级以上人民政府食品药品监督管理部门应当根据抽查检验结论及时发布医疗器械质量公告。

卫生计生主管部门应当对大型医用设备的使用状况进行监督和评估；发现违规使用以及与大型医用设备相关的过度检查、过度治疗等情形的，应当立即纠正，依法予以处理。

第五十七条　医疗器械检验机构资质认定工作按照国家有关规定实行统一管理。经国务院认证认可监督管理部门会同国务院食品药品监督管理部门认定的检验机构，方可对医疗器械实施检验。

食品药品监督管理部门在执法工作中需要对医疗器械进行检验的，应当委托有资质的医疗器械检验机构进行，并支付相关费用。

当事人对检验结论有异议的，可以自收到检验结论之日起7个工作日内选择有资质的医疗器械检验机构进行复检。承担复检工作的医疗器械检验机构应当在国务院食品药品监督管理部门规定的时间内作出复检结论。复检结论为最终检验结论。

第五十八条　对可能存在有害物质或者擅自改变医疗器械设计、原材料和生产工艺并存在安全隐患的医疗器械，按照医疗器械国家标准、行业标准规定的检验项目和检验方法无法检验的，医疗器械检验机构可以补充检验项目和检验方法进行检验；使用补充检验项目、检验方法得出的检验结论，经国务院食品药品监督管理部门批准，可以作为食品药品监督管理部门认定医疗器械质量的依据。

第五十九条　设区的市级和县级人民政府食品药品监督管理部门应当加强对医疗器械广告的监督检查；发现未经批准、篡改经批准的广告内容的医疗器械广告，应当向所在地省、自治区、直辖市人民政府食品药品监督管理部门报告，由其向社会公告。

工商行政管理部门应当依照有关广告管理的法律、行政法规的规定，对医疗器械广告进行监督检查，查处违法行为。食品药品监督管理部门发现医疗器械广告违法发布行为，应当提出处理建议并按照有关程序移交所在地同级工商行政管理部门。

第六十条　国务院食品药品监督管理部门建立统一的医疗器械监督管理信息平台。食品药品监督管理部门应当通过信息平台依法及时公布医疗器械许可、备案、抽查检验、违法行为查处情况等日常监督管理信息。但是，不得泄露当事人的商业秘密。

食品药品监督管理部门对医疗器械注册人和备案人、生产经营企业、使用单位建立信用档案，对有不良信用记录的增加监督检查频次。

第六十一条　食品药品监督管理等部门应当公布本单位的联系方式，接受咨询、投诉、举报。食品药品监督管理等部门接到与医疗器械监督管理有关的咨询,应当及时答复;接到投诉、举报,应当及时核实、处理、答复。对咨询、投诉、举报情况及其答复、核实、处理情况,应当予以记录、保存。

有关医疗器械研制、生产、经营、使用行为的举报经调查属实的,食品药品监督管理等部门对举报人应当给予奖励。

第六十二条 国务院食品药品监督管理部门制定、调整、修改本条例规定的目录以及与医疗器械监督管理有关的规范,应当公开征求意见;采取听证会、论证会等形式,听取专家、医疗器械生产经营企业和使用单位、消费者以及相关组织等方面的意见。

第七章 法 律 责 任

第六十三条 有下列情形之一的,由县级以上人民政府食品药品监督管理部门没收违法所得、违法生产经营的医疗器械和用于违法生产经营的工具、设备、原材料等物品;违法生产经营的医疗器械货值金额不足1万元的,并处5万元以上10万元以下罚款;货值金额1万元以上的,并处货值金额10倍以上20倍以下罚款;情节严重的,5年内不受理相关责任人及企业提出的医疗器械许可申请:

(一)生产、经营未取得医疗器械注册证的第二类、第三类医疗器械的;

(二)未经许可从事第二类、第三类医疗器械生产活动的;

(三)未经许可从事第三类医疗器械经营活动的。

有前款第一项情形、情节严重的,由原发证部门吊销医疗器械生产许可证或者医疗器械经营许可证。

未经许可擅自配置使用大型医用设备的,由县级以上人民政府卫生计生主管部门责令停止使用,给予警告,没收违法所得;违法所得不足1万元的,并处1万元以上5万元以下罚款;违法所得1万元以上的,并处违法所得5倍以上10倍以下罚款;情节严重的,5年内不受理相关责任人及单位提出的大型医用设备配置许可申请。

第六十四条 提供虚假资料或者采取其他欺骗手段取得医疗器械注册证、医疗器械生产许可证、医疗器械经营许可证、大型医用设备配置许可证、广告批准文件等许可证件的,由原发证部门撤销已经取得的许可证件,并处5万元以上10万元以下罚款,5年内不受理相关责任人及单位提出的医疗器械许可申请。

伪造、变造、买卖、出租、出借相关医疗器械许可证件的,由原发证部门予以收缴或者吊销,没收违法所得;违法所得不足1万元的,处1万元以上3万元以下罚款;违法所得1万元以上的,处违法所得3倍以上5倍以下罚款;构成违反治安管理行为的,由公安机关依法予以治安管理处罚。

第六十五条 未依照本条例规定备案的,由县级以上人民政府食品药品监督管理部门责令限期改正;逾期不改正的,向社会公告未备案单位和产品名称,可以处1万元以下罚款。

备案时提供虚假资料的,由县级以上人民政府食品药品监督管理部门向社会公告备案单位和产品名称;情节严重的,直接责任人员5年内不得从事医疗器械生产经营活动。

第六十六条 有下列情形之一的,由县级以上人民政府食品药品监督管理部门责令改正,没收违法生产、经营或者使用的医疗器械;违法生产、经营或者使用的医疗器械货值金额不足1万元的,并处2万元以上5万元以下罚款;货值金额1万元以上的,并处货值金额5倍以上10倍以下罚款;情节严重的,责令停产停业,直至由原发证部门吊销医疗器械注册证、医疗器械生产许可证、医疗器械经营许可证:

(一)生产、经营、使用不符合强制性标准或者不符合经注册或者备案的产品技术要求的医疗器械的;

(二)医疗器械生产企业未按照经注册或者备案的产品技术要求组织生产,或者未依照本条例规定建立质量管理体系并保持有效运行的;

(三)经营、使用无合格证明文件、过期、失效、淘汰的医疗器械,或者使用未依法注册的医疗器械的;

(四)食品药品监督管理部门责令其依照本条例规定实施召回或者停止经营后,仍拒不召回或者停止经营医疗器械的;

(五)委托不具备本条例规定条件的企业生产医疗器械,或者未对受托方的生产行为进行管理的。

医疗器械经营企业、使用单位履行了本条例规定的进货查验等义务,有充分证据证明其不知道所经营、使用的医疗器械为前款第一项、第三项规定情形的医疗器械,并能如实说明其进货来源的,可以免予处罚,但应当依法没收其经营、使用的不符合法定要求的医疗器械。

第六十七条 有下列情形之一的,由县级以上人民政府食品药品监督管理部门责令改正,处1万元以上3万元以下罚款;情节严重的,责令停产停业,直至由原发证部门吊销医疗器械生产许可证、医疗器械经营许可证:

(一)医疗器械生产企业的生产条件发生变化、不再符合医疗器械质量管理体系要求,未依照本条例规定整改、停止生产、报告的;

(二)生产、经营说明书、标签不符合本条例规定的医疗器械的;

(三)未按照医疗器械说明书和标签标示要求运输、贮存医疗器械的;

(四)转让过期、失效、淘汰或者检验不合格的在用医疗器械的。

第六十八条 有下列情形之一的,由县级以上人民政府食品药品监督管理部门和卫生计生主管部门依据各自职责责令改正,给予警告;拒不改正的,处5 000元以上2万元以下罚款;情节严重的,责令停产停业,直至由原发证部门吊销医疗器械生产许可证、医疗器械经营许可证:

(一)医疗器械生产企业未按照要求提交质量管理体系自查报告的;

(二)医疗器械经营企业、使用单位未依照本条例规定建立并执行医疗器械进货查验记录制度的;

(三)从事第二类、第三类医疗器械批发业务以及第三类医疗器械零售业务的经营企业未依照本条例规定建立并执行销售记录制度的;

(四)对重复使用的医疗器械,医疗器械使用单位未按照消毒和管理的规定进行处理的;

(五)医疗器械使用单位重复使用一次性使用的医疗器械,或者未按照规定销毁使用过的一次性使用的医疗器械的;

(六)对需要定期检查、检验、校准、保养、维护的医疗器械,医疗器械使用单位未按照产品说明书要求检查、检验、校准、保养、维护并予以记录,及时进行分析、评估,确保医疗器械

处于良好状态的;

（七）医疗器械使用单位未妥善保存购入第三类医疗器械的原始资料,或者未按照规定将大型医疗器械以及植入和介入类医疗器械的信息记载到病历等相关记录中的;

（八）医疗器械使用单位发现使用的医疗器械存在安全隐患未立即停止使用、通知检修,或者继续使用经检修仍不能达到使用安全标准的医疗器械的;

（九）医疗器械使用单位违规使用大型医用设备,不能保障医疗质量安全的;

（十）医疗器械生产经营企业、使用单位未依照本条例规定开展医疗器械不良事件监测,未按照要求报告不良事件,或者对医疗器械不良事件监测技术机构、食品药品监督管理部门开展的不良事件调查不予配合的。

第六十九条 违反本条例规定开展医疗器械临床试验的,由县级以上人民政府食品药品监督管理部门责令改正或者立即停止临床试验,可以处 5 万元以下罚款;造成严重后果的,依法对直接负责的主管人员和其他直接责任人员给予降级、撤职或者开除的处分;该机构 5 年内不得开展相关专业医疗器械临床试验。

医疗器械临床试验机构出具虚假报告的,由县级以上人民政府食品药品监督管理部门处 5 万元以上 10 万元以下罚款;有违法所得的,没收违法所得;对直接负责的主管人员和其他直接责任人员,依法给予撤职或者开除的处分;该机构 10 年内不得开展相关专业医疗器械临床试验。

第七十条 医疗器械检验机构出具虚假检验报告的,由授予其资质的主管部门撤销检验资质,10 年内不受理其资质认定申请;处 5 万元以上 10 万元以下罚款;有违法所得的,没收违法所得;对直接负责的主管人员和其他直接责任人员,依法给予撤职或者开除的处分;受到开除处分的,自处分决定作出之日起 10 年内不得从事医疗器械检验工作。

第七十一条 违反本条例规定,发布未取得批准文件的医疗器械广告,未事先核实批准文件的真实性即发布医疗器械广告,或者发布广告内容与批准文件不一致的医疗器械广告的,由工商行政管理部门依照有关广告管理的法律、行政法规的规定给予处罚。

篡改经批准的医疗器械广告内容的,由原发证部门撤销该医疗器械的广告批准文件,2 年内不受理其广告审批申请。

发布虚假医疗器械广告的,由省级以上人民政府食品药品监督管理部门决定暂停销售该医疗器械,并向社会公布;仍然销售该医疗器械的,由县级以上人民政府食品药品监督管理部门没收违法销售的医疗器械,并处 2 万元以上 5 万元以下罚款。

第七十二条 医疗器械技术审评机构、医疗器械不良事件监测技术机构未依照本条例规定履行职责,致使审评、监测工作出现重大失误的,由县级以上人民政府食品药品监督管理部门责令改正,通报批评,给予警告;造成严重后果的,对直接负责的主管人员和其他直接责任人员,依法给予降级、撤职或者开除的处分。

第七十三条 食品药品监督管理部门、卫生计生主管部门及其工作人员应当严格依照本条例规定的处罚种类和幅度,根据违法行为的性质和具体情节行使行政处罚权,具体办法由国务院食品药品监督管理部门、卫生计生主管部门依据各自职责制定。

第七十四条 违反本条例规定,县级以上人民政府食品药品监督管理部门或者其他有关部门不履行医疗器械监督管理职责或者滥用职权、玩忽职守、徇私舞弊的,由监察机关或者任免机关对直接负责的主管人员和其他直接责任人员依法给予警告、记过或者记大过的处分;造成严重后果的,给予降级、撤职或者开除的处分。

第七十五条　违反本条例规定,构成犯罪的,依法追究刑事责任;造成人身、财产或者其他损害的,依法承担赔偿责任。

第八章　附　　则

第七十六条　本条例下列用语的含义:

医疗器械,是指直接或者间接用于人体的仪器、设备、器具、体外诊断试剂及校准物、材料以及其他类似或者相关的物品,包括所需要的计算机软件;其效用主要通过物理等方式获得,不是通过药理学、免疫学或者代谢的方式获得,或者虽然有这些方式参与但是只起辅助作用;其目的是:

(一)疾病的诊断、预防、监护、治疗或者缓解;

(二)损伤的诊断、监护、治疗、缓解或者功能补偿;

(三)生理结构或者生理过程的检验、替代、调节或者支持;

(四)生命的支持或者维持;

(五)妊娠控制;

(六)通过对来自人体的样本进行检查,为医疗或者诊断目的提供信息。

医疗器械使用单位,是指使用医疗器械为他人提供医疗等技术服务的机构,包括取得医疗机构执业许可证的医疗机构,取得计划生育技术服务机构执业许可证的计划生育技术服务机构,以及依法不需要取得医疗机构执业许可证的血站、单采血浆站、康复辅助器具适配机构等。

大型医用设备,是指使用技术复杂、资金投入量大、运行成本高、对医疗费用影响大且纳入目录管理的大型医疗器械。

第七十七条　医疗器械产品注册可以收取费用。具体收费项目、标准分别由国务院财政、价格主管部门按照国家有关规定制定。

第七十八条　非营利的避孕医疗器械管理办法以及医疗卫生机构为应对突发公共卫生事件而研制的医疗器械的管理办法,由国务院食品药品监督管理部门会同国务院卫生计生主管部门制定。

中医医疗器械的管理办法,由国务院食品药品监督管理部门会同国务院中医药管理部门依据本条例的规定制定;康复辅助器具类医疗器械的范围及其管理办法,由国务院食品药品监督管理部门会同国务院民政部门依据本条例的规定制定。

第七十九条　军队医疗器械使用的监督管理,由军队卫生主管部门依据本条例和军队有关规定组织实施。

第八十条　本条例自 2014 年 6 月 1 日起施行。

附录:国务院关于修改《医疗器械监督管理条例》的决定

国务院决定对《医疗器械监督管理条例》作如下修改:

一、将第十八条修改为:"开展医疗器械临床试验,应当按照医疗器械临床试验质量管理规范的要求,在具备相应条件的临床试验机构进行,并向临床试验提出者所在地省、自治区、直辖市人民政府食品药品监督管理部门备案。接受临床试验备案的食品药品监督管理部门应当将备案情况通报临床试验机构所在地的同级食品药品监督管理部门和卫生计生主管部门。

医疗器械临床试验机构实行备案管理。医疗器械临床试验机构应当具备的条件及备案管理办法和临床试验质量管理规范,由国务院食品药品监督管理部门会同国务院卫生计生主管部门制定并公布。"

二、将第三十四条第一款、第二款合并,作为第一款:"医疗器械使用单位应当有与在用医疗器械品种、数量相适应的贮存场所和条件。医疗器械使用单位应当加强对工作人员的技术培训,按照产品说明书、技术操作规范等要求使用医疗器械。"

增加一款,作为第二款:"医疗器械使用单位配置大型医用设备,应当符合国务院卫生计生主管部门制定的大型医用设备配置规划,与其功能定位、临床服务需求相适应,具有相应的技术条件、配套设施和具备相应资质、能力的专业技术人员,并经省级以上人民政府卫生计生主管部门批准,取得大型医用设备配置许可证。"

增加一款,作为第三款:"大型医用设备配置管理办法由国务院卫生计生主管部门会同国务院有关部门制定。大型医用设备目录由国务院卫生计生主管部门商国务院有关部门提出,报国务院批准后执行。"

三、将第五十六条第一款、第二款合并,作为第一款:"食品药品监督管理部门应当加强对医疗器械生产经营企业和使用单位生产、经营、使用的医疗器械的抽查检验。抽查检验不得收取检验费和其他任何费用,所需费用纳入本级政府预算。省级以上人民政府食品药品监督管理部门应当根据抽查检验结论及时发布医疗器械质量公告。"

增加一款,作为第二款:"卫生计生主管部门应当对大型医用设备的使用状况进行监督和评估;发现违规使用以及与大型医用设备相关的过度检查、过度治疗等情形的,应当立即纠正,依法予以处理。"

四、第六十三条增加一款,作为第三款:"未经许可擅自配置使用大型医用设备的,由县级以上人民政府卫生计生主管部门责令停止使用,给予警告,没收违法所得;违法所得不足1万元的,并处1万元以上5万元以下罚款;违法所得1万元以上的,并处违法所得5倍以上10倍以下罚款;情节严重的,5年内不受理相关责任人及单位提出的大型医用设备配置许可申请。"

五、将第六十四条第一款修改为:"提供虚假资料或者采取其他欺骗手段取得医疗器械注册证、医疗器械生产许可证、医疗器械经营许可证、大型医用设备配置许可证、广告批准文件等许可证件的,由原发证部门撤销已经取得的许可证件,并处5万元以上10万元以下罚款,5年内不受理相关责任人及单位提出的医疗器械许可申请。"

六、第六十六条增加一款,作为第二款:"医疗器械经营企业、使用单位履行了本条例规定的进货查验等义务,有充分证据证明其不知道所经营、使用的医疗器械为前款第一项、第三项规定情形的医疗器械,并能如实说明其进货来源的,可以免予处罚,但应当依法没收其经营、使用的不符合法定要求的医疗器械。"

七、第六十八条增加一项,作为第九项:"(九)医疗器械使用单位违规使用大型医用设备,不能保障医疗质量安全的",并将原第九项改为第十项。

八、将第六十九条修改为:"违反本条例规定开展医疗器械临床试验的,由县级以上人民政府食品药品监督管理部门责令改正或者立即停止临床试验,可以处5万元以下罚款;造成严重后果的,依法对直接负责的主管人员和其他直接责任人员给予降级、撤职或者开除的处分;该机构 5 年内不得开展相关专业医疗器械临床试验。

医疗器械临床试验机构出具虚假报告的,由县级以上人民政府食品药品监督管理部门处 5 万元以上 10 万元以下罚款;有违法所得的,没收违法所得;对直接负责的主管人员和其他直接责任人员,依法给予撤职或者开除的处分;该机构 10 年内不得开展相关专业医疗器械临床试验。"

九、将第七十三条修改为:"食品药品监督管理部门、卫生计生主管部门及其工作人员应当严格依照本条例规定的处罚种类和幅度,根据违法行为的性质和具体情节行使行政处罚权,具体办法由国务院食品药品监督管理部门、卫生计生主管部门依据各自职责制定。"

十、第七十六条增加规定:"大型医用设备,是指使用技术复杂、资金投入量大、运行成本高、对医疗费用影响大且纳入目录管理的大型医疗器械。"

本决定自公布之日起施行。

《医疗器械监督管理条例》根据本决定作相应修改,重新公布。

第七节　医院消毒供应室验收标准(试行)

消毒供应室是医院供应各种无菌器械、敷料、用品的重要科室。其工作质量直接影响医疗护理质量和病人安危。为加强消毒供应室的科学管理,确保医疗安全,适应医院文明建设需要,特制定本标准。

一、建筑要求

供应室的新建、扩建和改建,应以提高工作效率和保证工作质量为前提。供应室应接近临床科室,可设在住院部和门诊部的中间位置。周围环境应清洁、无污染源,应形成一个相对独立的区域,便于组织内部工作流水线,避免外人干扰。为免除消毒灭菌器材的污染,应分污染区、清洁区、无菌区,路线采取强制通过的方式,不准逆行。高压蒸汽供应要充足、方便。通风采光要良好。墙壁及天花板应无裂隙、不落尘、便于清洗和消毒。地面光滑,有排水道。完备的供应室应有接收、洗涤、专用晾晒物品场所、敷料制作、消毒、无菌贮存、发放和工作人员更衣室。有条件的医院应设热原监测室、办公室及卫生间。

二、人员编制

供应室的人员编制,应根据医院规模、性质、任务等需要配备,原则上应配备护士长(或组长)、护士、卫生员和消毒员,其中 1/2 以上应具有护理专业技术职称,以中、青年为主。其他人员均需培训后方可上岗。传染病患者不得从事供应室工作。

三、领导体制

供应室与临床各科和总务后勤部门有着密切联系,在医院占有重要地位,应由院长领导和护理部或总护士长进行业务指导,或由护理部直接领导,与临床各科协调合作。总务后勤等部门在设备、安装、维修、物资供应等方面予以保证。

四、必备条件

1. 要有常水(自来水)、热水供应和净化(过滤)系统。

2. 蒸馏水供应、过滤系统和贮存设备,必须备有蒸馏器。

3. 各种冲洗工具:包括去污、除热原、除洗涤剂、洗涤池和贮存洗涤物品设备等。

4. 压力蒸汽灭菌器、气体灭菌器、耐酸缸等消毒灭菌设备及相应的通风降温设备和净物存放密闭无菌柜等。

5. 棉球机、切纱布机、干燥柜(箱)、家用洗衣机、磨针设备等敷料制作加工器具和各种珐琅盘、铝制盒、玻璃器械柜等贮放设备和下收下送设备。并尽可能地采用自动化洗涤、加工制作等装备,改善工作条件。

6. 劳保用品:个人防护眼镜、防酸衣、胶鞋、胶手套等。

五、管理要求

1. 严格执行部颁《医院工作制度》、《消毒管理办法》有关供应室管理的规定。健全岗位责任制、物品洗涤、包装、灭菌、存放、质量监测、物资管理等制度。当前要重点加强关于"输液、输血器、注射器洗涤操作规程"(附件1)"输液、输血器、注射器洗涤质量检验标准"(附件2)的贯彻执行。做好一次性注射器具的回收、消毒工作。

2. 根据医院的性质、任务和人员情况,一般应分设洗涤组、包装组、敷料组、消毒组、发放组、器械组和质检组(或由药剂科代检)。有条件的应将针头、注射器、输液管与其他各种器材、导管分室处理。已消毒区和未消毒区必须严格分开。

3. 供应室人员必须树立严肃认真的工作态度,严格无菌观念,认真执行各项技术操作规程和质量检验标准,熟悉各种器械、备品的性能、消毒方法和洗涤操作技术,做到供应物品的适用和绝对无菌,确保医疗安全。

4. 质量控制:由护士长或质量监督员负责对原材料的质量检查,并对供应的无菌医疗用品进行定期定量质量监测。建立热原反应原因追查制度,和热原反应发生情况月报制度。凡发生热原反应,必须立即向所属药检部门报告,并送检有关输液、注射器具及药品。

附件1:输液、输血器、注射器洗涤操作规程

输液、输血器(以下简称输液器)用后,立即用清水冲洗。头皮针和用于穿刺的注射器及针头立即用可杀灭乙肝病毒的消毒液分别浸泡(针筒、针头孔和头皮针管内不应有气体),然后送供应室洗涤。供应室回收后应全部拆开,根据不同部分的特点,分别处理。整个洗涤过程应包括去污、去热原、去洗涤剂、精洗四个环节。

1. 玻璃部分洗涤方法:(1)用常水清洗,将残留物洗掉,用适当洗涤剂洗刷至光亮再将洗涤剂冲净。(2)将重铬酸钾硫酸洗液挂满吊桶内壁,注射器放在洗液中浸过,莫斐氏滴管、针头接管泡入洗液中,均放置4小时以上,或采用干热法去热原。(3)用常水冲净洗液。(4)用蒸馏水冲洗两次,再用新鲜(无热原)经过滤的蒸馏水冲洗两次。

2. 胶管及胶塞的清洁方法:(1)及时用常水冲洗残留的血块及药液,然后用少量碱水揉搓,再用常水冲掉碱液和脱落物。(2)浸入4%(g/ml)HCl溶液中放置12小时,注意胶管中间不要有气体。(3)取出后用常水冲洗到中性。(4)用蒸馏水冲洗2~4次,再用新鲜过滤蒸馏水冲洗两次。

3. 针头的清洁方法:(1)拆下的针头用常水浸洗。(2)可放入超声机内,加清洗消毒剂,超声30分钟,或浸入2%~3%碳酸钠或碳酸氢钠溶液中煮沸15分钟。然后用针头机冲洗或用铜丝贯擦针孔,用棉签卷擦针栓,将残留血块及药液除去。(3)用常水洗净。(4)用蒸馏水冲洗,再用新鲜过滤蒸馏水冲洗。

4. 头皮针管的清洁方法:(1)用常水冲洗将残留物洗净。(2)注入可杀灭乙肝病毒的消

毒液浸泡。(3)取出后注入 3%~5% 过氧化氢溶液放置 12 小时。(4)用常水洗净。(5)用新鲜过滤蒸馏水冲洗 2~4 次。

5. 包布应放在专用洗衣机中(或送洗衣房专锅)洗净、干燥。其他包装用容器也应洗净。

6. 组装灭菌:(1)装配室应与其他操作间隔开,在做好清洁卫生后用紫外线消毒。(2)将上述清洗干净的输液器组装后,再用新鲜过滤蒸馏水冲洗内外一次。(3)将输液器、注射器包裹或装盒,并放上记有洗涤者、质量负责人、灭菌日期的卡片。(4)高压蒸汽灭菌。(5)注意:从最后一次用新鲜过滤蒸馏水冲洗至灭菌开始,不应超过 1~2 小时。

7. 灭菌后的输液器、注射器应放在专用柜中保存,在干燥条件下储存日期以 1 周为宜。

附件 2:输液、输血器、注射器洗涤质量检验标准

本标准的输液、输血器(以下简称输液器)是指经医疗单位供应室洗涤灭菌后,供临床用于输液、输血的开放式或密闭式输液器。注射器是指经医疗单位供应室洗涤灭菌后,供临床用于注射或加药的各种不同规格的玻璃注射器。为确保患者临床输液用药安全,洗涤灭菌后的输液器、注射器经检查应符合本标准之规定。

开放式输液器包括吊桶及与它相连接的管道(胶管、莫斐氏滴管、玻璃接管、三通接头、针头、头皮针管)。

密闭式输液器包括胶管、莫斐氏滴管、玻璃接管、三通接头、针头、头皮针管。

注射器包括和它配套使用的针头。

输液器和注射器均应用合适的包布包裹或其他合适的容器盛装。

【外观】包布或容器应完整、清洁、干燥、无臭。包装外应有洗涤者、灭菌者或质量负责人及储存(有效)期限等标记。

输液器各部分应完整配套,连接严密、牢固、无黏附物。瓶盖不脱落异物。玻璃部分应光洁,水冲后不挂水珠。胶管部分不发黏、不老化。针头不应被剔出异物。

【检查】澄明度开放式输液器注入灭菌注射用水 5ml,密闭式输液器注入灭菌注射用水 2.5ml,经充分冲洗输液器后(注意不要揉搓胶管),将水集在莫斐氏滴管中,参照注射剂澄明度的检查方法检查。

注射器各部连接好,经针头吸入灭菌注射用水(20ml 以上注射器吸 2ml,10ml 以下注射器吸 1ml),充分冲洗注射器内壁后,参照注射剂澄明度检查方法检查。

以上检查均不应混浊。

细菌内毒素　将上述灌入或吸入灭菌注射用水的输液器或注射器放入保温箱或干燥箱中于 50℃±5℃ 保温半小时,其间输液器要进行两次胶管的揉捏和吊桶的转动,以使灭菌注射用水充分接触输液器内壁。抽取其中的水 0.1ml 进行细菌内毒素检查。注射器要进行两次荡洗,抽取其中的水 0.1ml 进行细菌内毒素检查。头皮针管要首先注满灭菌注射用水,与输液器在相同的条件下保温后,抽取其中的水 0.1ml 进行细菌内毒素检查。

细菌内毒素检查采用鲎试验法,结果不得出阳性。

灭菌质量　用 S-BI 高压灭菌生物指示剂检查应合格。即事先将该指示剂与欲检物品同时灭菌后按规定判断结果。

氯化物　取输液器中检查细菌内毒素后剩余水 1ml,置小试管中,加硝酸银试液 1 滴,不

得发生混浊(仅限硅胶管做管道的输液器)。取注射器中检查细菌内毒素后剩余水 0.5ml,置小试管中,加硝酸银试液 1 滴,不得发生混浊。

酸碱性　取输液器或注射器中检查细菌内毒素后剩余的水,滴在广泛 pH 试纸上,pH 应为 5-7。

附　试剂试纸

1. 灭菌注射用水应符合以下质量要求:

氯化物参照蒸馏水项下的检查法(中国药典八五年版二部 583 页)检查,应符合规定。

细菌内毒素用鲎试验法检查,不应出现阳性。其他各项应符合灭菌注射用水(中国药典八五年版二部 263 页)项下规定。

2. 硝酸银试液同中国药典八五年版二部。

3. pH 广泛试纸用 pH1~14 规格。

4. 鲎试剂敏感度 1ng/ml。

第八节　人间传染的病原微生物菌(毒)种保藏机构管理办法

第一章　总　则

第一条　为加强人间传染的病原微生物菌(毒)种(以下称菌(毒)种)保藏机构的管理,保护和合理利用我国菌(毒)种或样本资源,防止菌(毒)种或样本在保藏和使用过程中发生实验室感染或者引起传染病传播,依据《中华人民共和国传染病防治法》《病原微生物实验室生物安全管理条例》(以下称《条例》)的规定制定本办法。

第二条　卫生部主管全国人间传染的菌(毒)种保藏机构(以下称保藏机构)的监督管理工作。

县级以上人民政府卫生行政部门负责本行政区域内保藏机构的监督管理工作。

第三条　本办法所称的菌(毒)种是指可培养的,人间传染的真菌、放线菌、细菌、立克次体、螺旋体、支原体、衣原体、病毒等具有保存价值的,经过保藏机构鉴定、分类并给予固定编号的微生物。

本办法所称的病原微生物样本(以下称样本)是指含有病原微生物的、具有保存价值的人和动物体液、组织、排泄物等物质,以及食物和环境样本等。

可导致人类传染病的寄生虫不同感染时期的虫体、虫卵或样本按照本办法进行管理。

编码产物或其衍生物对人体有直接或潜在危害的基因(或其片段)参照本办法进行管理。

菌(毒)种的分类按照《人间传染的病原微生物名录》(以下简称《名录》)的规定执行。

菌(毒)种或样本的保藏是指保藏机构依法以适当的方式收集、检定、编目、储存菌(毒)种或样本,维持其活性和生物学特性,并向合法从事病原微生物相关实验活动的单位提供菌(毒)种或样本的活动。

保藏机构是指由卫生部指定的,按照规定接收、检定、集中储存与管理菌(毒)种或样本,并能向合法从事病原微生物实验活动的单位提供菌(毒)种或样本的非营利性机构。

第四条 保藏机构以外的机构和个人不得擅自保藏菌(毒)种或样本。

必要时,卫生部可以根据疾病控制和科研、教学、生产的需要,指定特定机构从事保藏活动。

第五条 国家病原微生物实验室生物安全专家委员会卫生专业委员会负责保藏机构的生物安全评估和技术咨询、论证等工作。

第六条 菌(毒)种或样本有关保密资料、信息的管理和使用必须严格遵守国家保密工作的有关法律、法规和规定。信息及数据的相关主管部门负责确定菌(毒)种或样本有关资料和信息的密级、保密范围、保密期限、管理责任和解密。各保藏机构应当根据菌(毒)种信息及数据所定密级和保密范围制定相应的保密制度,履行保密责任。

未经批准,任何组织和个人不得以任何形式泄露涉密菌(毒)种或样本有关的资料和信息,不得使用个人计算机、移动储存介质储存涉密菌(毒)种或样本有关的资料和信息。

第二章 保藏机构的职责

第七条 保藏机构分为菌(毒)种保藏中心和保藏专业实验室。菌(毒)种保藏中心分为国家级和省级两级。

保藏机构的设立及其保藏范围应当根据国家在传染病预防控制、医疗、检验检疫、科研、教学、生产等方面工作的需要,兼顾各地实际情况,统一规划、整体布局。

国家级菌(毒)种保藏中心和保藏专业实验室根据工作需要设立。省级菌(毒)种保藏中心根据工作需要设立,原则上各省、自治区、直辖市只设立一个。

第八条 国家级菌(毒)种保藏中心的职责为:

(一)负责菌(毒)种或样本的收集、选择、鉴定、复核、保藏、供应和依法进行对外交流;

(二)出具国家标准菌(毒)株证明;

(三)从国际菌(毒)种保藏机构引进标准或参考菌(毒)种,供应国内相关单位使用;

(四)开展菌(毒)种或样本分类、保藏新方法、新技术的研究和应用;

(五)负责收集和提供菌(毒)种或样本的信息,编制菌(毒)种或样本目录和数据库;

(六)组织全国学术交流和培训;

(七)对保藏专业实验室和省级菌(毒)种保藏中心进行业务指导。

第九条 省级菌(毒)种保藏中心的职责:

(一)负责本行政区域内菌(毒)种或样本的收集、选择、鉴定、分类、保藏、供应和依法进行对外交流;

(二)向国家级保藏机构提供国家级保藏机构所需的菌(毒)种或样本;

(三)从国家或者国际菌(毒)种保藏机构引进标准或参考菌(毒)种,供应辖区内相关单位使用;

(四)开展菌(毒)种或样本分类、保藏新方法、新技术的研究和应用;

(五)负责收集和提供本省(自治区、直辖市)菌(毒)种或样本的各种信息,编制地方菌(毒)种或样本目录和数据库。

第十条 保藏专业实验室的职责:

(一)负责专业菌(毒)种或样本的收集、选择、鉴定、复核、保藏、供应和依法进行对外交流;

(二)开展菌(毒)种或样本分类、保藏新方法、新技术的研究和应用;

(三)负责提供专业菌(毒)种或样本的各种信息,建立菌(毒)种或样本数据库;

(四)向国家级和所属行政区域内省级保藏中心提供菌(毒)种代表株。

第十一条 下列菌(毒)种或样本必须由国家级保藏中心或专业实验室进行保藏:

(一)我国境内未曾发现的高致病性病原微生物菌(毒)种或样本和已经消灭的病原微生物菌(毒)种或样本;

(二)《名录》规定的第一类病原微生物菌(毒)种或样本;

(三)卫生部规定的其他菌(毒)种或样本。

第三章 保藏机构的指定

第十二条 保藏机构及其保藏范围由卫生部组织专家评估论证后指定,并由卫生部颁发《人间传染的病原微生物菌(毒)种保藏机构证书》。

第十三条 申请保藏机构应当具备以下条件:

(一)符合国家关于保藏机构设立的整体布局(规划)和实际需要;

(二)依法从事涉及菌(毒)种或样本实验活动,并符合有关主管部门的相关规定;

(三)符合卫生部公布的《人间传染的病原微生物菌(毒)种保藏机构设置技术规范》的要求,具备与所从事的保藏工作相适应的保藏条件;

(四)生物安全防护水平与所保藏的病原微生物相适应,符合《名录》对生物安全防护水平的要求。高致病性菌(毒)种保藏机构还必须具备获得依法开展实验活动资格的相应级别的高等级生物安全实验室;

(五)工作人员具备与拟从事保藏活动相适应的能力;

(六)明确保藏机构的职能、工作范围、工作内容和所保藏的病原微生物种类。在对所保藏的病原微生物进行风险评估的基础上,制订可靠、完善的生物安全防护方案、相应标准操作程序、意外事故应急预案及感染监测方案等;

(七)建立持续有效的保藏机构实验室生物安全管理体系及完善的管理制度;

(八)具备开展保藏活动所需的经费支持。

第十四条 拟申请保藏机构的法人单位应当向所在地省、自治区、直辖市人民政府卫生行政部门提交下列资料:

(一)《人间传染的病原微生物菌(毒)种保藏机构申请表》;

(二)保藏机构所属法人机构的法人资格证书(复印件);

(三)保藏机构生物安全实验室的相关批准或者证明文件(复印件);

(四)保藏工作的内容、范围,拟保藏菌(毒)种及样本的清单;

(五)保藏机构的组织结构、管理职责、硬件条件、基本建设条件等文件,并提供设施、设备、用品清单;

(六)生物安全管理文件、生物安全手册、风险评估报告、相应标准操作程序、生物安全防护方案、意外事故和安全保卫应急预案、暴露及暴露后监测和处理方案等;

(七)保藏机构人员名单、生物安全培训证明及所在单位颁发的上岗证书;

(八)卫生部规定的其他相关资料。

省、自治区、直辖市人民政府卫生行政部门收到材料后,在 15 个工作日内进行审核,审核同意的报卫生部。卫生部在收到省、自治区、直辖市人民政府卫生行政部门报告后60个工作日内组织专家进行评估和论证,对于符合本办法第十三条所列条件的,颁发《人间传染的病原微生物菌(毒)种保藏机构证书》。

第十五条　取得《人间传染的病原微生物菌(毒)种保藏机构证书》的保藏机构发生以下变化时,应当及时向省、自治区、直辖市人民政府卫生行政部门报告,省、自治区、直辖市人民政府卫生行政部门经核查后报卫生部:

(一)实验室生物安全级别发生变化;

(二)实验室增加高致病性菌(毒)种或样本保藏内容;

(三)保藏场所和空间发生变化;

(四)实验室存在严重安全隐患、发生生物安全事故;

(五)管理体系文件换版或者进行较大修订;

(六)保藏机构应报告的其他重大事项。

第十六条　《人间传染的病原微生物菌(毒)种保藏机构证书》有效期5年。保藏机构需要继续从事保藏工作的,应当在有效期届满前6个月按照本办法的规定重新申请《人间传染的病原微生物菌(毒)种保藏机构证书》。

第四章　保藏活动

第十七条　各实验室应当将在研究、教学、检测、诊断、生产等实验活动中获得的有保存价值的各类菌(毒)株或样本送交保藏机构进行鉴定和保藏。保藏机构对送交的菌(毒)株或样本,应当予以登记,并出具接收证明。

国家级保藏中心、专业实验室和省级保藏中心应当定期向卫生部指定的机构申报保藏入库菌(毒)种目录。

国家级保藏中心可根据需要选择收藏省级保藏中心保藏的有价值的菌(毒)种。

第十八条　保藏机构有权向有关单位收集和索取所需要保藏的菌(毒)种,相关单位应当无偿提供。

第十九条　保藏机构对专用和专利菌(毒)种要承担相应的保密责任,依法保护知识产权和物权。

样本等不可再生资源所有权属于提交保藏的单位,其他单位需要使用,必须征得所有权单位的书面同意。根据工作需要,卫生部和省、自治区、直辖市人民政府卫生行政部门依据各自权限可以调配使用。

第二十条　申请使用菌(毒)种或样本的实验室,应当向保藏机构提供从事病原微生物相关实验活动的批准或证明文件。保藏机构应当核查登记后无偿提供菌(毒)种或样本。

非保藏机构实验室在从事病原微生物相关实验活动结束后,应当在6个月内将菌(毒)种或样本就地销毁或者送交保藏机构保藏。

医疗卫生、出入境检验检疫、教学和科研机构按规定从事临床诊疗、疾病控制、检疫检验、教学和科研等工作,在确保安全的基础上,可以保管其工作中经常使用的菌(毒)种或样本,其保管的菌(毒)种或样本名单应当报当地卫生行政部门备案。但涉及高致病性病原微生物及行政部门有特殊管理规定的菌(毒)种除外。

第二十一条 实验室从事实验活动,使用涉及本办法第十一条规定的菌(毒)种或样本,应当经卫生部批准;使用其他高致病性菌(毒)种或样本,应当经省级人民政府卫生行政部门批准;使用第三、四类菌(毒)种或样本,应当经实验室所在法人机构批准。

第二十二条 保藏机构储存、提供菌(毒)种和样本,不得收取任何费用。

第二十三条 保藏机构保藏的菌(毒)种或样本符合下列条件之一的可以销毁:

(一)国家规定必须销毁的;

(二)有证据表明保藏物已丧失生物活性或被污染已不适于继续使用的;

(三)保藏机构认为无继续保存价值且经送保藏单位同意的。

销毁的菌(毒)种或样本属于本办法第十一条规定的应当经卫生部批准;销毁其他高致病性菌(毒)种或样本,应当经省级人民政府卫生行政部门批准;销毁第三、四类菌(毒)种或样本的,应当经保藏机构负责人批准。

第二十四条 销毁高致病性病原微生物菌(毒)种或样本必须采用安全可靠的方法,并应当对所用方法进行可靠性验证。

销毁应当在与拟销毁菌(毒)种相适应的生物安全防护水平的实验室内进行,由两人共同操作,并应当对销毁过程进行严格监督。

销毁后应当作为医疗废物送交具有资质的医疗废物集中处置单位处置。

销毁的全过程应当有详细记录,相关记录保存不得少于20年。

第二十五条 保藏机构应当制定严格的安全保管制度,做好菌(毒)种或样本的出入库、储存和销毁等原始记录,建立档案制度,并指定专人负责。所有档案保存不得少于20年。

保藏机构对保藏的菌(毒)种或样本应当设专库储存。建立严格的菌(毒)种库人员管理制度,保(监)管人应当为本单位正式员工并不少于2人。

保藏环境和设施应当符合有关规范,具有防盗设施并向公安机关备案。保藏机构应当制定应急处置预案,并具备相关的应急设施设备,对储存库应当实行24小时监控。

第二十六条 对从事菌(毒)种或样本实验活动的专业人员,保藏机构应当按照国家规定采取有效的安全防护和医疗保障措施。

第二十七条 菌(毒)种或样本的国际交流应当符合本办法第十九条的规定,并参照《中华人民共和国生物两用品及相关设备和技术出口管制条例》《出口管制清单》《卫生部和国家质检总局关于加强医用特殊物品出入境管理卫生检疫的通知》等规定办理出入境手续。

第五章 监督管理与处罚

第二十八条 卫生部主管保藏机构生物安全监督工作。地方人民政府卫生行政部门应当按照属地化管理的原则对所辖区域内的保藏机构依法进行监督管理。保藏机构的设立单位及上级主管部门应当加强对保藏机构的建设及监督管理,建立明确的责任制和责任追究制度,确保实验室生物安全。

第二十九条 保藏机构应当加强自身管理工作,完善并执行下列要求:

(一)主管领导负责菌(毒)种或样本保藏工作;

(二)建立菌(毒)种或样本安全保管、使用和销毁制度,标准操作程序和监督保障体系;

(三)建立菌(毒)种或样本的出入库记录、相关生物学和鉴定、复核等信息档案;

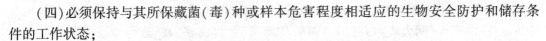

（四）必须保持与其所保藏菌（毒）种或样本危害程度相适应的生物安全防护和储存条件的工作状态；

（五）工作人员必须经过生物安全和专业知识培训，考核合格后上岗；

（六）建立相关人员健康监测制度，制定保藏机构相关人员感染应急处置预案，并向实验活动批准机构备案。

第三十条　保藏机构每年年底应向卫生部报送所保藏的高致病性菌（毒）种或样本的种类、数量、使用、发放及变化等情况。

第三十一条　保藏机构在保藏过程中发生菌（毒）种或样本被盗、被抢、丢失、泄漏以及实验室感染时，应当按照《条例》第十七条、第四十二条、第四十三条、第四十四条、第四十五条、第四十六条、第四十七条、第四十八条规定及时报告和处理，做好感染控制工作。

第三十二条　保藏机构未依照规定储存实验室送交的菌（毒）种和样本，或者未依照规定提供菌（毒）种和样本的，按照《条例》第六十八条规定，由卫生部责令限期改正，收回违法提供的菌（毒）种和样本，并给予警告；造成传染病传播、流行或者其他严重后果的，由其所在单位或者其上级主管部门对主要负责人、直接负责的主管人员和其他直接责任人员，依法予以处理；构成犯罪的，依法追究刑事责任。

第六章　附　　则

第三十三条　军队菌（毒）种保藏机构的管理由中国人民解放军主管部门负责。

第三十四条　本办法施行前设立的菌（毒）种保藏机构，应当自本办法施行之日起 2 年内，依照本办法申请《人间传染的病原微生物菌（毒）种保藏机构证书》。

第三十五条　本办法自 2009 年 10 月 1 日起施行。

第九节　传染性非典型肺炎病毒的毒种保存、使用和感染动物模型的暂行管理办法

第一条　传染性非典型肺炎属于法定管理传染病，其病原体为传染性非典型肺炎病毒。按《中华人民共和国传染病防治法》的有关规定，特制定本办法。

第二条　国家对传染性非典型肺炎病毒毒种的保存、使用以及感染动物模型建立实行申请、审定制度。未经国家许可，任何单位和个人不得用传染性非典型肺炎病毒和动物模型从事研究活动。

第三条　分离出的传染性非典型肺炎病毒和建立的动物模型要按规定要求登记、上报和核准。

第四条　保存和使用传染性非典型肺炎病毒的单位，必须具备三级生物安全实验室（P3）条件，并须在二级以上生物安全柜中操作。动物模型须在 P3 级和 P3 级以上实验室中进行。

第五条　病毒毒种保藏：必须具有该病毒毒种的详细历史及有关资料。应在带锁的$-80℃$超低温冰箱或液氮罐中，用双层套管保存，外层套管须作消毒处理。保存传染性非典型肺炎病毒的冰箱或液氮罐，必须有明确的警示标签。采用双锁双人管理。

第六条　传染性非典型肺炎病毒毒种应有专人负责管理，并建立严格的使用登记制度。

第七条　病毒毒种运输：经申请并由国家主管部门批准后，使用单位应持批准件和本单位证件，派专人（两人或两人以上）领取和携带，不得邮寄。样品的容器要使用能够承受不少于95kpa压力的高质量的防水包装材料并且密封，以防止运输过程中发生内容物的外泄；第二层和第三层包装中应使用吸水性好的柔软的物质充填；样品的容器须印有生物危险标志。

第八条　研究单位或实验室应具有做疾病或感染动物模型的工作基础与经验，如要进行灵长类动物感染模型研究，必须有做过传染性微生物感染灵长类动物模型的经验。

第九条　建立动物疾病模型必须有医学、兽医学、实验动物学以及具有从事经验的专业人员参加。在实验过程中，必须保证实验动物可随时进行微生物、病理检测，以掌握动物健康状况。

第十条　研究单位或实验室应有动物质量、健康、疾病和感染模型的监控和评价技术。

第十一条　感染用实验动物必须符合国家对科研用动物的相关要求，并附有"实验动物许可证"和"实验动物等级许可证"等背景资料。使用灵长类动物的，必须持有林业部门颁发的"灵长类动物驯养繁殖许可证"。

第十二条　感染非标准化实验动物，包括野生动物，来源必须清楚，须经过检疫后方可使用，在实验过程中需制定其饲养和检测标准。

第十三条　参加实验人员应取得其健康资料，并采取严格的防护措施。

第十四条　使用单位要建立监测制度、事故报告制度和应急措施办法。

第十五条　除国家指定的传染性非典型肺炎病毒保存单位外，经批准使用传染性非典型肺炎病毒研究的单位，在实验过程中应严格安全保存病毒，任务完成后，应在国家派出人员的监督下将传染性非典型肺炎病毒销毁。

第十六条　本办法自发布之日起施行，由中华人民共和国科学技术部负责解释。

第十节　病原微生物实验室生物安全管理条例

第一章　总　　则

第一条　为了加强病原微生物实验室（以下称实验室）生物安全管理，保护实验室工作人员和公众的健康，制定本条例。

第二条　对中华人民共和国境内的实验室及其从事实验活动的生物安全管理，适用本条例。

本条例所称病原微生物，是指能够使人或者动物致病的微生物。

本条例所称实验活动，是指实验室从事与病原微生物菌（毒）种、样本有关的研究、教学、检测、诊断等活动。

第三条　国务院卫生主管部门主管与人体健康有关的实验室及其实验活动的生物安全监督工作。

国务院兽医主管部门主管与动物有关的实验室及其实验活动的生物安全监督工作。

国务院其他有关部门在各自职责范围内负责实验室及其实验活动的生物安全管理工作。

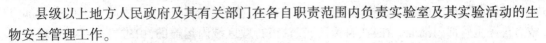

县级以上地方人民政府及其有关部门在各自职责范围内负责实验室及其实验活动的生物安全管理工作。

第四条 国家对病原微生物实行分类管理，对实验室实行分级管理。

第五条 国家实行统一的实验室生物安全标准。实验室应当符合国家标准和要求。

第六条 实验室的设立单位及其主管部门负责实验室日常活动的管理，承担建立健全安全管理制度，检查、维护实验设施、设备，控制实验室感染的职责。

第二章 病原微生物的分类和管理

第七条 国家根据病原微生物的传染性、感染后对个体或者群体的危害程度，将病原微生物分为四类：

第一类病原微生物，是指能够引起人类或者动物非常严重疾病的微生物，以及我国尚未发现或者已经宣布消灭的微生物。

第二类病原微生物，是指能够引起人类或者动物严重疾病，比较容易直接或者间接在人与人、动物与人、动物与动物间传播的微生物。

第三类病原微生物，是指能够引起人类或者动物疾病，但一般情况下对人、动物或者环境不构成严重危害，传播风险有限，实验室感染后很少引起严重疾病，并且具备有效治疗和预防措施的微生物。

第四类病原微生物，是指在通常情况下不会引起人类或者动物疾病的微生物。

第一类、第二类病原微生物统称为高致病性病原微生物。

第八条 人间传染的病原微生物名录由国务院卫生主管部门商国务院有关部门后制定、调整并予以公布；动物间传染的病原微生物名录由国务院兽医主管部门商国务院有关部门后制定、调整并予以公布。

第九条 采集病原微生物样本应当具备下列条件：

（一）具有与采集病原微生物样本所需要的生物安全防护水平相适应的设备；

（二）具有掌握相关专业知识和操作技能的工作人员；

（三）具有有效的防止病原微生物扩散和感染的措施；

（四）具有保证病原微生物样本质量的技术方法和手段。

采集高致病性病原微生物样本的工作人员在采集过程中应当防止病原微生物扩散和感染，并对样本的来源、采集过程和方法等作详细记录。

第十条 运输高致病性病原微生物菌（毒）种或者样本，应当通过陆路运输；没有陆路通道，必须经水路运输的，可以通过水路运输；紧急情况下或者需要将高致病性病原微生物菌（毒）种或者样本运往国外的，可以通过民用航空运输。

第十一条 运输高致病性病原微生物菌（毒）种或者样本，应当具备下列条件：

（一）运输目的、高致病性病原微生物的用途和接收单位符合国务院卫生主管部门或者兽医主管部门的规定；

（二）高致病性病原微生物菌（毒）种或者样本的容器应当密封，容器或者包装材料还应当符合防水、防破损、防外泄、耐高（低）温、耐高压的要求；

（三）容器或者包装材料上应当印有国务院卫生主管部门或者兽医主管部门规定的生物危险标识、警告用语和提示用语。

运输高致病性病原微生物菌(毒)种或者样本,应当经省级以上人民政府卫生主管部门或者兽医主管部门批准。在省、自治区、直辖市行政区域内运输的,由省、自治区、直辖市人民政府卫生主管部门或者兽医主管部门批准;需要跨省、自治区、直辖市运输或者运往国外的,由出发地的省、自治区、直辖市人民政府卫生主管部门或者兽医主管部门进行初审后,分别报国务院卫生主管部门或者兽医主管部门批准。

出入境检验检疫机构在检验检疫过程中需要运输病原微生物样本的,由国务院出入境检验检疫部门批准,并同时向国务院卫生主管部门或者兽医主管部门通报。

通过民用航空运输高致病性病原微生物菌(毒)种或者样本的,除依照本条第二款、第三款规定取得批准外,还应当经国务院民用航空主管部门批准。

有关主管部门应当对申请人提交的关于运输高致性病原微生物菌(毒)种或者样本的申请材料进行审查,对符合本条第一款规定条件的,应当即时批准。

第十二条 运输高致病性病原微生物菌(毒)种或者样本,应当由不少于 2 人的专人护送,并采取相应的防护措施。

有关单位或者个人不得通过公共电(汽)车和城市铁路运输病原微生物菌(毒)种或者样本。

第十三条 需要通过铁路、公路、民用航空等公共交通工具运输高致病性病原微生物菌(毒)种或者样本的,承运单位应当凭本条例第十一条规定的批准文件予以运输。

承运单位应当与护送人共同采取措施,确保所运输的高致病性病原微生物菌(毒)种或者样本的安全,严防发生被盗、被抢、丢失、泄漏事件。

第十四条 国务院卫生主管部门或者兽医主管部门指定的菌(毒)种保藏中心或者专业实验室(以下称保藏机构),承担集中储存病原微生物菌(毒)种和样本的任务。

保藏机构应当依照国务院卫生主管部门或者兽医主管部门的规定,储存实验室送交的病原微生物菌(毒)种和样本,并向实验室提供病原微生物菌(毒)种和样本。

保藏机构应当制定严格的安全保管制度,作好病原微生物菌(毒)种和样本进出和储存的记录,建立档案制度,并指定专人负责。对高致病性病原微生物菌(毒)种和样本应当设专库或者专柜单独储存。

保藏机构储存、提供病原微生物菌(毒)种和样本,不得收取任何费用,其经费由同级财政在单位预算中予以保障。

保藏机构的管理办法由国务院卫生主管部门会同国务院兽医主管部门制定。

第十五条 保藏机构应当凭实验室依照本条例的规定取得的从事高致病性病原微生物相关实验活动的批准文件,向实验室提供高致病性病原微生物菌(毒)种和样本,并予以登记。

第十六条 实验室在相关实验活动结束后,应当依照国务院卫生主管部门或者兽医主管部门的规定,及时将病原微生物菌(毒)种和样本就地销毁或者送交保藏机构保管。

保藏机构接受实验室送交的病原微生物菌(毒)种和样本,应当予以登记,并开具接收证明。

第十七条 高致病性病原微生物菌(毒)种或者样本在运输、储存中被盗、被抢、丢失、泄漏的,承运单位、护送人、保藏机构应当采取必要的控制措施,并在 2 小时内分别向承运单位的主管部门、护送人所在单位和保藏机构的主管部门报告,同时向所在地的县级人民政府卫生主管部门或者兽医主管部门报告,发生被盗、被抢、丢失的,还应当向公安机关报告;接到报告的卫生主管部门或者兽医主管部门应当在 2 小时内向本级人民政府报告,并同时向上级人民政府卫生主管部门或者兽医主管部门和国务院卫生主管部门或者兽医主管部门报告。

县级人民政府应当在接到报告后 2 小时内向设区的市级人民政府或者上一级人民政府报告;设区的市级人民政府应当在接到报告后 2 小时内向省、自治区、直辖市人民政府报告。省、自治区、直辖市人民政府应当在接到报告后 1 小时内,向国务院卫生主管部门或者兽医主管部门报告。

任何单位和个人发现高致病性病原微生物菌(毒)种或者样本的容器或者包装材料,应当及时向附近的卫生主管部门或者兽医主管部门报告;接到报告的卫生主管部门或者兽医主管部门应当及时组织调查核实,并依法采取必要的控制措施。

第三章　实验室的设立与管理

第十八条　国家根据实验室对病原微生物的生物安全防护水平,并依照实验室生物安全国家标准的规定,将实验室分为一级、二级、三级、四级。

第十九条　新建、改建、扩建三级、四级实验室或者生产、进口移动式三级、四级实验室应当遵守下列规定:

(一)符合国家生物安全实验室体系规划并依法履行有关审批手续;

(二)经国务院科技主管部门审查同意;

(三)符合国家生物安全实验室建筑技术规范;

(四)依照《中华人民共和国环境影响评价法》的规定进行环境影响评价并经环境保护主管部门审查批准;

(五)生物安全防护级别与其拟从事的实验活动相适应。

前款规定所称国家生物安全实验室体系规划,由国务院投资主管部门会同国务院有关部门制定。制定国家生物安全实验室体系规划应当遵循总量控制、合理布局、资源共享的原则,并应当召开听证会或者论证会,听取公共卫生、环境保护、投资管理和实验室管理等方面专家的意见。

第二十条　三级、四级实验室应当通过实验室国家认可。

国务院认证认可监督管理部门确定的认可机构应当依照实验室生物安全国家标准以及本条例的有关规定,对三级、四级实验室进行认可;实验室通过认可的,颁发相应级别的生物安全实验室证书。证书有效期为 5 年。

第二十一条　一级、二级实验室不得从事高致病性病原微生物实验活动。三级、四级实验室从事高致病性病原微生物实验活动,应当具备下列条件:

(一)实验目的和拟从事的实验活动符合国务院卫生主管部门或者兽医主管部门的规定;

(二)通过实验室国家认可;

(三)具有与拟从事的实验活动相适应的工作人员;

(四)工程质量经建筑主管部门依法检测验收合格。

第二十二条　三级、四级实验室需要从事某种高致病性病原微生物或者疑似高致病性病原微生物实验活动的,应当依照国务院卫生主管部门或者兽医主管部门的规定报省级以上人民政府卫生主管部门或者兽医主管部门批准。实验活动结果以及工作情况应当向原批准部门报告。

实验室申报或者接受与高致病性病原微生物有关的科研项目,应当符合科研需要和生物安全要求,具有相应的生物安全防护水平,并经国务院卫生主管部门或者兽医主管部门同意。

第二十三条 出入境检验检疫机构、医疗卫生机构、动物防疫机构在实验室开展检测、诊断工作时,发现高致病性病原微生物或者疑似高致病性病原微生物,需要进一步从事这类高致病性病原微生物相关实验活动的,应当依照本条例的规定经批准同意,并在取得相应资格证书的实验室中进行。

专门从事检测、诊断的实验室应当严格依照国务院卫生主管部门或者兽医主管部门的规定,建立健全规章制度,保证实验室生物安全。

第二十四条 省级以上人民政府卫生主管部门或者兽医主管部门应当自收到需要从事高致病性病原微生物相关实验活动的申请之日起 15 日内作出是否批准的决定。

对出入境检验检疫机构为了检验检疫工作的紧急需要,申请在实验室对高致病性病原微生物或者疑似高致病性病原微生物开展进一步实验活动的,省级以上人民政府卫生主管部门或者兽医主管部门应当自收到申请之时起 2 小时内作出是否批准的决定;2 小时内未作出决定的,实验室可以从事相应的实验活动。

省级以上人民政府卫生主管部门或者兽医主管部门应当为申请人通过电报、电传、传真、电子数据交换和电子邮件等方式提出申请提供方便。

第二十五条 新建、改建或者扩建一级、二级实验室,应当向设区的市级人民政府卫生主管部门或者兽医主管部门备案。设区的市级人民政府卫生主管部门或者兽医主管部门应当每年将备案情况汇总后报省、自治区、直辖市人民政府卫生主管部门或者兽医主管部门。

第二十六条 国务院卫生主管部门和兽医主管部门应当定期汇总并互相通报实验室数量和实验室设立、分布情况,以及取得从事高致病性病原微生物实验活动资格证书的三级、四级实验室及其从事相关实验活动的情况。

第二十七条 已经建成并通过实验室国家认可的三级、四级实验室应当向所在地的县级人民政府环境保护主管部门备案。环境保护主管部门依照法律、行政法规的规定对实验室排放的废水、废气和其他废物处置情况进行监督检查。

第二十八条 对我国尚未发现或者已经宣布消灭的病原微生物,任何单位和个人未经批准不得从事相关实验活动。

为了预防、控制传染病,需要从事前款所指病原微生物相关实验活动的,应当经国务院卫生主管部门或者兽医主管部门批准,并在批准部门指定的专业实验室中进行。

第二十九条 实验室使用新技术、新方法从事高致病性病原微生物相关实验活动的,应当符合防止高致病性病原微生物扩散、保证生物安全和操作者人身安全的要求,并经国家病原微生物实验室生物安全专家委员会论证;经论证可行的,方可使用。

第三十条 需要在动物体上从事高致病性病原微生物相关实验活动的,应当在符合动物实验室生物安全国家标准的三级以上实验室进行。

第三十一条　实验室的设立单位负责实验室的生物安全管理。

实验室的设立单位应当依照本条例的规定制定科学、严格的管理制度,并定期对有关生物安全规定的落实情况进行检查,定期对实验室设施、设备、材料等进行检查、维护和更新,以确保其符合国家标准。

实验室的设立单位及其主管部门应当加强对实验室日常活动的管理。

第三十二条　实验室负责人为实验室生物安全的第一责任人。

实验室从事实验活动应当严格遵守有关国家标准和实验室技术规范、操作规程。实验室负责人应当指定专人监督检查实验室技术规范和操作规程的落实情况。

第三十三条　从事高致病性病原微生物相关实验活动的实验室的设立单位,应当建立健全安全保卫制度,采取安全保卫措施,严防高致病性病原微生物被盗、被抢、丢失、泄漏,保障实验室及其病原微生物的安全。实验室发生高致病性病原微生物被盗、被抢、丢失、泄漏的,实验室的设立单位应当依照本条例第十七条的规定进行报告。

从事高致病性病原微生物相关实验活动的实验室应当向当地公安机关备案,并接受公安机关有关实验室安全保卫工作的监督指导。

第三十四条　实验室或者实验室的设立单位应当每年定期对工作人员进行培训,保证其掌握实验室技术规范、操作规程、生物安全防护知识和实际操作技能,并进行考核。工作人员经考核合格的,方可上岗。

从事高致病性病原微生物相关实验活动的实验室,应当每半年将培训、考核其工作人员的情况和实验室运行情况向省、自治区、直辖市人民政府卫生主管部门或者兽医主管部门报告。

第三十五条　从事高致病性病原微生物相关实验活动应当有2名以上的工作人员共同进行。

进入从事高致病性病原微生物相关实验活动的实验室的工作人员或者其他有关人员,应当经实验室负责人批准。实验室应当为其提供符合防护要求的防护用品并采取其他职业防护措施。从事高致病性病原微生物相关实验活动的实验室,还应当对实验室工作人员进行健康监测,每年组织对其进行体检,并建立健康档案;必要时,应当对实验室工作人员进行预防接种。

第三十六条　在同一个实验室的同一个独立安全区域内,只能同时从事一种高致病性病原微生物的相关实验活动。

第三十七条　实验室应当建立实验档案,记录实验室使用情况和安全监督情况。实验室从事高致病性病原微生物相关实验活动的实验档案保存期,不得少于20年。

第三十八条　实验室应当依照环境保护的有关法律、行政法规和国务院有关部门的规定,对废水、废气以及其他废物进行处置,并制定相应的环境保护措施,防止环境污染。

第三十九条　三级、四级实验室应当在明显位置标示国务院卫生主管部门和兽医主管部门规定的生物危险标识和生物安全实验室级别标志。

第四十条　从事高致病性病原微生物相关实验活动的实验室应当制定实验室感染应急处置预案,并向该实验室所在地的省、自治区、直辖市人民政府卫生主管部门或者兽医主管部门备案。

第四十一条　国务院卫生主管部门和兽医主管部门会同国务院有关部门组织病原学、

免疫学、检验医学、流行病学、预防兽医学、环境保护和实验室管理等方面的专家,组成国家病原微生物实验室生物安全专家委员会。该委员会承担从事高致病性病原微生物相关实验活动的实验室的设立与运行的生物安全评估和技术咨询、论证工作。

省、自治区、直辖市人民政府卫生主管部门和兽医主管部门会同同级人民政府有关部门组织病原学、免疫学、检验医学、流行病学、预防兽医学、环境保护和实验室管理等方面的专家,组成本地区病原微生物实验室生物安全专家委员会。该委员会承担本地区实验室设立和运行的技术咨询。

第四章 实验室感染控制

第四十二条 实验室的设立单位应当指定专门的机构或者人员承担实验室感染控制工作,定期检查实验室的生物安全防护、病原微生物菌(毒)种和样本保存与使用、安全操作、实验室排放的废水和废气以及其他废物处置等规章制度的实施情况。

负责实验室感染控制工作的机构或者人员应当具有与该实验室中的病原微生物有关的传染病防治知识,并定期调查、了解实验室工作人员的健康状况。

第四十三条 实验室工作人员出现与本实验室从事的高致病性病原微生物相关实验活动有关的感染临床症状或者体征时,实验室负责人应当向负责实验室感染控制工作的机构或者人员报告,同时派专人陪同及时就诊;实验室工作人员应当将近期所接触的病原微生物的种类和危险程度如实告知诊治医疗机构。接诊的医疗机构应当及时救治;不具备相应救治条件的,应当依照规定将感染的实验室工作人员转诊至具备相应传染病救治条件的医疗机构;具备相应传染病救治条件的医疗机构应当接诊治疗,不得拒绝救治。

第四十四条 实验室发生高致病性病原微生物泄漏时,实验室工作人员应当立即采取控制措施,防止高致病性病原微生物扩散,并同时向负责实验室感染控制工作的机构或者人员报告。

第四十五条 负责实验室感染控制工作的机构或者人员接到本条例第四十三条、第四十四条规定的报告后,应当立即启动实验室感染应急处置预案,并组织人员对该实验室生物安全状况等情况进行调查;确认发生实验室感染或者高致病性病原微生物泄漏的,应当依照本条例第十七条的规定进行报告,并同时采取控制措施,对有关人员进行医学观察或者隔离治疗,封闭实验室,防止扩散。

第四十六条 卫生主管部门或者兽医主管部门接到关于实验室发生工作人员感染事故或者病原微生物泄漏事件的报告,或者发现实验室从事病原微生物相关实验活动造成实验室感染事故的,应当立即组织疾病预防控制机构、动物防疫监督机构和医疗机构以及其他有关机构依法采取下列预防、控制措施:

(一)封闭被病原微生物污染的实验室或者可能造成病原微生物扩散的场所;

(二)开展流行病学调查;

(三)对病人进行隔离治疗,对相关人员进行医学检查;

(四)对密切接触者进行医学观察;

(五)进行现场消毒;

(六)对染疫或者疑似染疫的动物采取隔离、扑杀等措施;

(七)其他需要采取的预防、控制措施。

第四十七条　医疗机构或者兽医医疗机构及其执行职务的医务人员发现由于实验室感染而引起的与高致病性病原微生物相关的传染病病人、疑似传染病病人或者患有疫病、疑似患有疫病的动物,诊治的医疗机构或者兽医医疗机构应当在2小时内报告所在地的县级人民政府卫生主管部门或者兽医主管部门;接到报告的卫生主管部门或者兽医主管部门应当在2小时内通报实验室所在地的县级人民政府卫生主管部门或者兽医主管部门。接到通报的卫生主管部门或者兽医主管部门应当依照本条例第四十六条的规定采取预防、控制措施。

第四十八条　发生病原微生物扩散,有可能造成传染病暴发、流行时,县级以上人民政府卫生主管部门或者兽医主管部门应当依照有关法律、行政法规的规定以及实验室感染应急处置预案进行处理。

第五章　监督管理

第四十九条　县级以上地方人民政府卫生主管部门、兽医主管部门依照各自分工,履行下列职责:

(一)对病原微生物菌(毒)种、样本的采集、运输、储存进行监督检查;

(二)对从事高致病性病原微生物相关实验活动的实验室是否符合本条例规定的条件进行监督检查;

(三)对实验室或者实验室的设立单位培训、考核其工作人员以及上岗人员的情况进行监督检查;

(四)对实验室是否按照有关国家标准、技术规范和操作规程从事病原微生物相关实验活动进行监督检查。

县级以上地方人民政府卫生主管部门、兽医主管部门,应当主要通过检查反映实验室执行国家有关法律、行政法规以及国家标准和要求的记录、档案、报告,切实履行监督管理职责。

第五十条　县级以上人民政府卫生主管部门、兽医主管部门、环境保护主管部门在履行监督检查职责时,有权进入被检查单位和病原微生物泄漏或者扩散现场调查取证、采集样品,查阅复制有关资料。需要进入从事高致病性病原微生物相关实验活动的实验室调查取证、采集样品的,应当指定或者委托专业机构实施。被检查单位应当予以配合,不得拒绝、阻挠。

第五十一条　国务院认证认可监督管理部门依照《中华人民共和国认证认可条例》的规定对实验室认可活动进行监督检查。

第五十二条　卫生主管部门、兽医主管部门、环境保护主管部门应当依据法定的职权和程序履行职责,做到公正、公平、公开、文明、高效。

第五十三条　卫生主管部门、兽医主管部门、环境保护主管部门的执法人员执行职务时,应当有2名以上执法人员参加,出示执法证件,并依照规定填写执法文书。

现场检查笔录、采样记录等文书经核对无误后,应当由执法人员和被检查人、被采样人签名。被检查人、被采样人拒绝签名的,执法人员应当在自己签名后注明情况。

第五十四条　卫生主管部门、兽医主管部门、环境保护主管部门及其执法人员执行职务,应当自觉接受社会和公民的监督。公民、法人和其他组织有权向上级人民政府及其卫生主管部门、兽医主管部门、环境保护主管部门举报地方人民政府及其有关主管部门不依照规定履行职责的情况。接到举报的有关人民政府或者其卫生主管部门、兽医主管部门、环境保护主管部门,应当及时调查处理。

第五十五条 上级人民政府卫生主管部门、兽医主管部门、环境保护主管部门发现属于下级人民政府卫生主管部门、兽医主管部门、环境保护主管部门职责范围内需要处理的事项的,应当及时告知该部门处理;下级人民政府卫生主管部门、兽医主管部门、环境保护主管部门不及时处理或者不积极履行本部门职责的,上级人民政府卫生主管部门、兽医主管部门、环境保护主管部门应当责令其限期改正;逾期不改正的,上级人民政府卫生主管部门、兽医主管部门、环境保护主管部门有权直接予以处理。

第六章 法 律 责 任

第五十六条 三级、四级实验室未依照本条例的规定取得从事高致病性病原微生物实验活动的资格证书,或者已经取得相关资格证书但是未经批准从事某种高致病性病原微生物或者疑似高致病性病原微生物实验活动的,由县级以上地方人民政府卫生主管部门、兽医主管部门依照各自职责,责令停止有关活动,监督其将用于实验活动的病原微生物销毁或者送交保藏机构,并给予警告;造成传染病传播、流行或者其他严重后果的,由实验室的设立单位对主要负责人、直接负责的主管人员和其他直接责任人员,依法给予撤职、开除的处分;有资格证书的,应当吊销其资格证书;构成犯罪的,依法追究刑事责任。

第五十七条 卫生主管部门或者兽医主管部门违反本条例的规定,准予不符合本条例规定条件的实验室从事高致病性病原微生物相关实验活动的,由作出批准决定的卫生主管部门或者兽医主管部门撤销原批准决定,责令有关实验室立即停止有关活动,并监督其将用于实验活动的病原微生物销毁或者送交保藏机构,对直接负责的主管人员和其他直接责任人员依法给予行政处分;构成犯罪的,依法追究刑事责任。

因违法作出批准决定给当事人的合法权益造成损害的,作出批准决定的卫生主管部门或者兽医主管部门应当依法承担赔偿责任。

第五十八条 卫生主管部门或者兽医主管部门对符合法定条件的实验室不颁发从事高致病性病原微生物实验活动的资格证书,或者对出入境检验检疫机构为了检验检疫工作的紧急需要,申请在实验室对高致病性病原微生物或者疑似高致病性病原微生物开展进一步检测活动,不在法定期限内作出是否批准决定的,由其上级行政机关或者监察机关责令改正,给予警告;造成传染病传播、流行或者其他严重后果的,对直接负责的主管人员和其他直接责任人员依法给予撤职、开除的行政处分;构成犯罪的,依法追究刑事责任。

第五十九条 违反本条例规定,在不符合相应生物安全要求的实验室从事病原微生物相关实验活动的,由县级以上地方人民政府卫生主管部门、兽医主管部门依照各自职责,责令停止有关活动,监督其将用于实验活动的病原微生物销毁或者送交保藏机构,并给予警告;造成传染病传播、流行或者其他严重后果的,由实验室的设立单位对主要负责人、直接负责的主管人员和其他直接责任人员,依法给予撤职、开除的处分;构成犯罪的,依法追究刑事责任。

第六十条 实验室有下列行为之一的,由县级以上地方人民政府卫生主管部门、兽医主管部门依照各自职责,责令限期改正,给予警告;逾期不改正的,由实验室的设立单位对主要负责人、直接负责的主管人员和其他直接责任人员,依法给予撤职、开除的处分;有许可证件的,并由原发证部门吊销有关许可证件:

（一）未依照规定在明显位置标示国务院卫生主管部门和兽医主管部门规定的生物危险标识和生物安全实验室级别标志的;

（二）未向原批准部门报告实验活动结果以及工作情况的;

（三）未依照规定采集病原微生物样本,或者对所采集样本的来源、采集过程和方法等未作详细记录的;

（四）新建、改建或者扩建一级、二级实验室未向设区的市级人民政府卫生主管部门或者兽医主管部门备案的;

（五）未依照规定定期对工作人员进行培训,或者工作人员考核不合格允许其上岗,或者批准未采取防护措施的人员进入实验室的;

（六）实验室工作人员未遵守实验室生物安全技术规范和操作规程的;

（七）未依照规定建立或者保存实验档案的;

（八）未依照规定制定实验室感染应急处置预案并备案的。

第六十一条　经依法批准从事高致病性病原微生物相关实验活动的实验室的设立单位未建立健全安全保卫制度,或者未采取安全保卫措施的,由县级以上地方人民政府卫生主管部门、兽医主管部门依照各自职责,责令限期改正;逾期不改正,导致高致病性病原微生物菌（毒）种、样本被盗、被抢或者造成其他严重后果的,由原发证部门吊销该实验室从事高致病性病原微生物相关实验活动的资格证书;造成传染病传播、流行的,该实验室设立单位的主管部门还应当对该实验室的设立单位的直接负责的主管人员和其他直接责任人员,依法给予降级、撤职、开除的处分;构成犯罪的,依法追究刑事责任。

第六十二条　未经批准运输高致病性病原微生物菌（毒）种或者样本,或者承运单位经批准运输高致病性病原微生物菌（毒）种或者样本未履行保护义务,导致高致病性病原微生物菌（毒）种或者样本被盗、被抢、丢失、泄漏的,由县级以上地方人民政府卫生主管部门、兽医主管部门依照各自职责,责令采取措施,消除隐患,给予警告;造成传染病传播、流行或者其他严重后果的,由托运单位和承运单位的主管部门对主要负责人、直接负责的主管人员和其他直接责任人员,依法给予撤职、开除的处分;构成犯罪的,依法追究刑事责任。

第六十三条　有下列行为之一的,由实验室所在地的设区的市级以上地方人民政府卫生主管部门、兽医主管部门依照各自职责,责令有关单位立即停止违法活动,监督其将病原微生物销毁或者送交保藏机构;造成传染病传播、流行或者其他严重后果的,由其所在单位或者其上级主管部门对主要负责人、直接负责的主管人员和其他直接责任人员,依法给予撤职、开除的处分;有许可证件的,并由原发证部门吊销有关许可证件;构成犯罪的,依法追究刑事责任:

（一）实验室在相关实验活动结束后,未依照规定及时将病原微生物菌（毒）种和样本就地销毁或者送交保藏机构保管的;

（二）实验室使用新技术、新方法从事高致病性病原微生物相关实验活动未经国家病原微生物实验室生物安全专家委员会论证的;

（三）未经批准擅自从事在我国尚未发现或者已经宣布消灭的病原微生物相关实验活动的；

（四）在未经指定的专业实验室从事在我国尚未发现或者已经宣布消灭的病原微生物相关实验活动的；

（五）在同一个实验室的同一个独立安全区域内同时从事两种或者两种以上高致病性病原微生物的相关实验活动的。

第六十四条　认可机构对不符合实验室生物安全国家标准以及本条例规定条件的实验室予以认可，或者对符合实验室生物安全国家标准以及本条例规定条件的实验室不予认可的，由国务院认证认可监督管理部门责令限期改正，给予警告；造成传染病传播、流行或者其他严重后果的，由国务院认证认可监督管理部门撤销其认可资格，有上级主管部门的，由其上级主管部门对主要负责人、直接负责的主管人员和其他直接责任人员依法给予撤职、开除的处分；构成犯罪的，依法追究刑事责任。

第六十五条　实验室工作人员出现该实验室从事的病原微生物相关实验活动有关的感染临床症状或者体征，以及实验室发生高致病性病原微生物泄漏时，实验室负责人、实验室工作人员、负责实验室感染控制的专门机构或者人员未依照规定报告，或者未依照规定采取控制措施的，由县级以上地方人民政府卫生主管部门、兽医主管部门依照各自职责，责令限期改正，给予警告；造成传染病传播、流行或者其他严重后果的，由其设立单位对实验室主要负责人、直接负责的主管人员和其他直接责任人员，依法给予撤职、开除的处分；有许可证件的，并由原发证部门吊销有关许可证件；构成犯罪的，依法追究刑事责任。

第六十六条　拒绝接受卫生主管部门、兽医主管部门依法开展有关高致病性病原微生物扩散的调查取证、采集样品等活动或者依照本条例规定采取有关预防、控制措施的，由县级以上人民政府卫生主管部门、兽医主管部门依照各自职责，责令改正，给予警告；造成传染病传播、流行以及其他严重后果的，由实验室的设立单位对实验室主要负责人、直接负责的主管人员和其他直接责任人员，依法给予降级、撤职、开除的处分；有许可证件的，并由原发证部门吊销有关许可证件；构成犯罪的，依法追究刑事责任。

第六十七条　发生病原微生物被盗、被抢、丢失、泄漏，承运单位、护送人、保藏机构和实验室的设立单位未依照本条例的规定报告的，由所在地的县级人民政府卫生主管部门或者兽医主管部门给予警告；造成传染病传播、流行或者其他严重后果的，由实验室的设立单位或者承运单位、保藏机构的上级主管部门对主要负责人、直接负责的主管人员和其他直接责任人员，依法给予撤职、开除的处分；构成犯罪的，依法追究刑事责任。

第六十八条　保藏机构未依照规定储存实验室送交的菌（毒）种和样本，或者未依照规定提供菌（毒）种和样本的，由其指定部门责令限期改正，收回违法提供的菌（毒）种和样本，并给予警告；造成传染病传播、流行或者其他严重后果的，由其所在单位或者其上级主管部门对主要负责人、直接负责的主管人员和其他直接责任人员，依法给予撤职、开除的处分；构成犯罪的，依法追究刑事责任。

第六十九条　县级以上人民政府有关主管部门，未依照本条例的规定履行实验室及其实验活动监督检查职责的，由有关人民政府在各自职责范围内责令改正，通报批评；造成传染病传播、流行或者其他严重后果的，对直接负责的主管人员，依法给予行政处分；构成犯罪的，依法追究刑事责任。

第七章 附 则

第七十条 军队实验室由中国人民解放军卫生主管部门参照本条例负责监督管理。

第七十一条 本条例施行前设立的实验室,应当自本条例施行之日起6个月内,依照本条例的规定,办理有关手续。

第七十二条 本条例自公布之日起施行。

第五章

中华人民共和国民法总则

第一章 基 本 规 定

第一条 为了保护民事主体的合法权益,调整民事关系,维护社会和经济秩序,适应中国特色社会主义发展要求,弘扬社会主义核心价值观,根据宪法,制定本法。

第二条 民法调整平等主体的自然人、法人和非法人组织之间的人身关系和财产关系。

第三条 民事主体的人身权利、财产权利以及其他合法权益受法律保护,任何组织或者个人不得侵犯。

第四条 民事主体在民事活动中的法律地位一律平等。

第五条 民事主体从事民事活动,应当遵循自愿原则,按照自己的意思设立、变更、终止民事法律关系。

第六条 民事主体从事民事活动,应当遵循公平原则,合理确定各方的权利和义务。

第七条 民事主体从事民事活动,应当遵循诚信原则,秉持诚实,恪守承诺。

第八条 民事主体从事民事活动,不得违反法律,不得违背公序良俗。

第九条 民事主体从事民事活动,应当有利于节约资源、保护生态环境。

第十条 处理民事纠纷,应当依照法律;法律没有规定的,可以适用习惯,但是不得违背公序良俗。

第十一条 其他法律对民事关系有特别规定的,依照其规定。

第十二条 中华人民共和国领域内的民事活动,适用中华人民共和国法律。法律另有规定的,依照其规定。

第二章 自 然 人

第一节 民事权利能力和民事行为能力

第十三条 自然人从出生时起到死亡时止,具有民事权利能力,依法享有民事权利,承担民事义务。

第十四条 自然人的民事权利能力一律平等。

第十五条 自然人的出生时间和死亡时间,以出生证明、死亡证明记载的时间为准;没有出生证明、死亡证明的,以户籍登记或者其他有效身份登记记载的时间为准。有其他证据足以推翻以上记载时间的,以该证据证明的时间为准。

第十六条 涉及遗产继承、接受赠予等胎儿利益保护的,胎儿视为具有民事权利能力。

但是胎儿娩出时为死体的,其民事权利能力自始不存在。

第十七条　十八周岁以上的自然人为成年人。不满十八周岁的自然人为未成年人。

第十八条　成年人为完全民事行为能力人,可以独立实施民事法律行为。

十六周岁以上的未成年人,以自己的劳动收入为主要生活来源的,视为完全民事行为能力人。

第十九条　八周岁以上的未成年人为限制民事行为能力人,实施民事法律行为由其法定代理人代理或者经其法定代理人同意、追认,但是可以独立实施纯获利益的民事法律行为或者与其年龄、智力相适应的民事法律行为。

第二十条　不满八周岁的未成年人为无民事行为能力人,由其法定代理人代理实施民事法律行为。

第二十一条　不能辨认自己行为的成年人为无民事行为能力人,由其法定代理人代理实施民事法律行为。

八周岁以上的未成年人不能辨认自己行为的,适用前款规定。

第二十二条　不能完全辨认自己行为的成年人为限制民事行为能力人,实施民事法律行为由其法定代理人代理或者经其法定代理人同意、追认,但是可以独立实施纯获利益的民事法律行为或者与其智力、精神健康状况相适应的民事法律行为。

第二十三条　无民事行为能力人、限制民事行为能力人的监护人是其法定代理人。

第二十四条　不能辨认或者不能完全辨认自己行为的成年人,其利害关系人或者有关组织,可以向人民法院申请认定该成年人为无民事行为能力人或者限制民事行为能力人。

被人民法院认定为无民事行为能力人或者限制民事行为能力人的,经本人、利害关系人或者有关组织申请,人民法院可以根据其智力、精神健康恢复的状况,认定该成年人恢复为限制民事行为能力人或者完全民事行为能力人。

本条规定的有关组织包括:居民委员会、村民委员会、学校、医疗机构、妇女联合会、残疾人联合会、依法设立的老年人组织、民政部门等。

第二十五条　自然人以户籍登记或者其他有效身份登记记载的居所为住所;经常居所与住所不一致的,经常居所视为住所。

第二节　监　护

第二十六条　父母对未成年子女负有抚养、教育和保护的义务。

成年子女对父母负有赡养、扶助和保护的义务。

第二十七条　父母是未成年子女的监护人。

未成年人的父母已经死亡或者没有监护能力的,由下列有监护能力的人按顺序担任监护人:

(一)祖父母、外祖父母;

(二)兄、姐;

(三)其他愿意担任监护人的个人或者组织,但是须经未成年人住所地的居民委员会、村民委员会或者民政部门同意。

第二十八条　无民事行为能力或者限制民事行为能力的成年人,由下列有监护能力的人按顺序担任监护人:

（一）配偶；

（二）父母、子女；

（三）其他近亲属；

（四）其他愿意担任监护人的个人或者组织，但是须经被监护人住所地的居民委员会、村民委员会或者民政部门同意。

第二十九条 被监护人的父母担任监护人的，可以通过遗嘱指定监护人。

第三十条 依法具有监护资格的人之间可以协议确定监护人。协议确定监护人应当尊重被监护人的真实意愿。

第三十一条 对监护人的确定有争议的，由被监护人住所地的居民委员会、村民委员会或者民政部门指定监护人，有关当事人对指定不服的，可以向人民法院申请指定监护人；有关当事人也可以直接向人民法院申请指定监护人。

居民委员会、村民委员会、民政部门或者人民法院应当尊重被监护人的真实意愿，按照最有利于被监护人的原则在依法具有监护资格的人中指定监护人。

依照本条第一款规定指定监护人前，被监护人的人身权利、财产权利以及其他合法权益处于无人保护状态的，由被监护人住所地的居民委员会、村民委员会、法律规定的有关组织或者民政部门担任临时监护人。

监护人被指定后，不得擅自变更；擅自变更的，不免除被指定的监护人的责任。

第三十二条 没有依法具有监护资格的人的，监护人由民政部门担任，也可以由具备履行监护职责条件的被监护人住所地的居民委员会、村民委员会担任。

第三十三条 具有完全民事行为能力的成年人，可以与其近亲属、其他愿意担任监护人的个人或者组织事先协商，以书面形式确定自己的监护人。协商确定的监护人在该成年人丧失或者部分丧失民事行为能力时，履行监护职责。

第三十四条 监护人的职责是代理被监护人实施民事法律行为，保护被监护人的人身权利、财产权利以及其他合法权益等。

监护人依法履行监护职责产生的权利，受法律保护。

监护人不履行监护职责或者侵害被监护人合法权益的，应当承担法律责任。

第三十五条 监护人应当按照最有利于被监护人的原则履行监护职责。监护人除为维护被监护人利益外，不得处分被监护人的财产。

未成年人的监护人履行监护职责，在作出与被监护人利益有关的决定时，应当根据被监护人的年龄和智力状况，尊重被监护人的真实意愿。

成年人的监护人履行监护职责，应当最大程度地尊重被监护人的真实意愿，保障并协助被监护人实施与其智力、精神健康状况相适应的民事法律行为。对被监护人有能力独立处理的事务，监护人不得干涉。

第三十六条 监护人有下列情形之一的，人民法院根据有关个人或者组织的申请，撤销其监护人资格，安排必要的临时监护措施，并按照最有利于被监护人的原则依法指定监护人：

（一）实施严重损害被监护人身心健康行为的；

（二）怠于履行监护职责，或者无法履行监护职责并且拒绝将监护职责部分或者全部委托给他人，导致被监护人处于危困状态的；

(三)实施严重侵害被监护人合法权益的其他行为的。

本条规定的有关个人和组织包括:其他依法具有监护资格的人,居民委员会、村民委员会、学校、医疗机构、妇女联合会、残疾人联合会、未成年人保护组织、依法设立的老年人组织、民政部门等。

前款规定的个人和民政部门以外的组织未及时向人民法院申请撤销监护人资格的,民政部门应当向人民法院申请。

第三十七条 依法负担被监护人抚养费、赡养费、扶养费的父母、子女、配偶等,被人民法院撤销监护人资格后,应当继续履行负担的义务。

第三十八条 被监护人的父母或者子女被人民法院撤销监护人资格后,除对被监护人实施故意犯罪的外,确有悔改表现的,经其申请,人民法院可以在尊重被监护人真实意愿的前提下,视情况恢复其监护人资格,人民法院指定的监护人与被监护人的监护关系同时终止。

第三十九条 有下列情形之一的,监护关系终止:

(一)被监护人取得或者恢复完全民事行为能力;

(二)监护人丧失监护能力;

(三)被监护人或者监护人死亡;

(四)人民法院认定监护关系终止的其他情形。

监护关系终止后,被监护人仍然需要监护的,应当依法另行确定监护人。

第三节 宣告失踪和宣告死亡

第四十条 自然人下落不明满二年的,利害关系人可以向人民法院申请宣告该自然人为失踪人。

第四十一条 自然人下落不明的时间从其失去音讯之日起计算。战争期间下落不明的,下落不明的时间自战争结束之日或者有关机关确定的下落不明之日起计算。

第四十二条 失踪人的财产由其配偶、成年子女、父母或者其他愿意担任财产代管人的人代管。

代管有争议,没有前款规定的人,或者前款规定的人无代管能力的,由人民法院指定的人代管。

第四十三条 财产代管人应当妥善管理失踪人的财产,维护其财产权益。

失踪人所欠税款、债务和应付的其他费用,由财产代管人从失踪人的财产中支付。

财产代管人因故意或者重大过失造成失踪人财产损失的,应当承担赔偿责任。

第四十四条 财产代管人不履行代管职责、侵害失踪人财产权益或者丧失代管能力的,失踪人的利害关系人可以向人民法院申请变更财产代管人。

财产代管人有正当理由的,可以向人民法院申请变更财产代管人。

人民法院变更财产代管人的,变更后的财产代管人有权要求原财产代管人及时移交有关财产并报告财产代管情况。

第四十五条 失踪人重新出现,经本人或者利害关系人申请,人民法院应当撤销失踪宣告。

失踪人重新出现,有权要求财产代管人及时移交有关财产并报告财产代管情况。

第四十六条 自然人有下列情形之一的,利害关系人可以向人民法院申请宣告该自然人死亡：

（一）下落不明满四年；

（二）因意外事件，下落不明满二年。

因意外事件下落不明，经有关机关证明该自然人不可能生存的，申请宣告死亡不受二年时间的限制。

第四十七条 对同一自然人，有的利害关系人申请宣告死亡，有的利害关系人申请宣告失踪，符合本法规定的宣告死亡条件的，人民法院应当宣告死亡。

第四十八条 被宣告死亡的人，人民法院宣告死亡的判决作出之日视为其死亡的日期；因意外事件下落不明宣告死亡的，意外事件发生之日视为其死亡的日期。

第四十九条 自然人被宣告死亡但是并未死亡的，不影响该自然人在被宣告死亡期间实施的民事法律行为的效力。

第五十条 被宣告死亡的人重新出现，经本人或者利害关系人申请，人民法院应当撤销死亡宣告。

第五十一条 被宣告死亡的人的婚姻关系，自死亡宣告之日起消灭。死亡宣告被撤销的，婚姻关系自撤销死亡宣告之日起自行恢复，但是其配偶再婚或者向婚姻登记机关书面声明不愿意恢复的除外。

第五十二条 被宣告死亡的人在被宣告死亡期间，其子女被他人依法收养的，在死亡宣告被撤销后，不得以未经本人同意为由主张收养关系无效。

第五十三条 被撤销死亡宣告的人有权请求依照继承法取得其财产的民事主体返还财产。无法返还的，应当给予适当补偿。

利害关系人隐瞒真实情况，致使他人被宣告死亡取得其财产的，除应当返还财产外，还应当对由此造成的损失承担赔偿责任。

第四节 个体工商户和农村承包经营户

第五十四条 自然人从事工商业经营，经依法登记，为个体工商户。个体工商户可以起字号。

第五十五条 农村集体经济组织的成员，依法取得农村土地承包经营权，从事家庭承包经营的，为农村承包经营户。

第五十六条 个体工商户的债务，个人经营的，以个人财产承担；家庭经营的，以家庭财产承担；无法区分的，以家庭财产承担。

农村承包经营户的债务，以从事农村土地承包经营的农户财产承担；事实上由农户部分成员经营的，以该部分成员的财产承担。

第三章 法 人

第一节 一般规定

第五十七条 法人是具有民事权利能力和民事行为能力，依法独立享有民事权利和承担民事义务的组织。

第五十八条 法人应当依法成立。

法人应当有自己的名称、组织机构、住所、财产或者经费。法人成立的具体条件和程序，依照法律、行政法规的规定。

设立法人,法律、行政法规规定须经有关机关批准的,依照其规定。

第五十九条　法人的民事权利能力和民事行为能力,从法人成立时产生,到法人终止时消灭。

第六十条　法人以其全部财产独立承担民事责任。

第六十一条　依照法律或者法人章程的规定,代表法人从事民事活动的负责人,为法人的法定代表人。

法定代表人以法人名义从事的民事活动,其法律后果由法人承受。

法人章程或者法人权力机构对法定代表人代表权的限制,不得对抗善意相对人。

第六十二条　法定代表人因执行职务造成他人损害的,由法人承担民事责任。

法人承担民事责任后,依照法律或者法人章程的规定,可以向有过错的法定代表人追偿。

第六十三条　法人以其主要办事机构所在地为住所。依法需要办理法人登记的,应当将主要办事机构所在地登记为住所。

第六十四条　法人存续期间登记事项发生变化的,应当依法向登记机关申请变更登记。

第六十五条　法人的实际情况与登记的事项不一致的,不得对抗善意相对人。

第六十六条　登记机关应当依法及时公示法人登记的有关信息。

第六十七条　法人合并的,其权利和义务由合并后的法人享有和承担。

法人分立的,其权利和义务由分立后的法人享有连带债权,承担连带债务,但是债权人和债务人另有约定的除外。

第六十八条　有下列原因之一并依法完成清算、注销登记的,法人终止:

(一)法人解散;

(二)法人被宣告破产;

(三)法律规定的其他原因。

法人终止,法律、行政法规规定须经有关机关批准的,依照其规定。

第六十九条　有下列情形之一的,法人解散:

(一)法人章程规定的存续期间届满或者法人章程规定的其他解散事由出现;

(二)法人的权力机构决议解散;

(三)因法人合并或者分立需要解散;

(四)法人依法被吊销营业执照、登记证书,被责令关闭或者被撤销;

(五)法律规定的其他情形。

第七十条　法人解散的,除合并或者分立的情形外,清算义务人应当及时组成清算组进行清算。

法人的董事、理事等执行机构或者决策机构的成员为清算义务人。法律、行政法规另有规定的,依照其规定。

清算义务人未及时履行清算义务,造成损害的,应当承担民事责任;主管机关或者利害关系人可以申请人民法院指定有关人员组成清算组进行清算。

第七十一条　法人的清算程序和清算组职权,依照有关法律的规定;没有规定的,参照适用公司法的有关规定。

第七十二条　清算期间法人存续,但是不得从事与清算无关的活动。

法人清算后的剩余财产,根据法人章程的规定或者法人权力机构的决议处理。法律另有规定的,依照其规定。

清算结束并完成法人注销登记时,法人终止;依法不需要办理法人登记的,清算结束时,法人终止。

第七十三条 法人被宣告破产的,依法进行破产清算并完成法人注销登记时,法人终止。

第七十四条 法人可以依法设立分支机构。法律、行政法规规定分支机构应当登记的,依照其规定。

分支机构以自己的名义从事民事活动,产生的民事责任由法人承担;也可以先以该分支机构管理的财产承担,不足以承担的,由法人承担。

第七十五条 设立人为设立法人从事的民事活动,其法律后果由法人承受;法人未成立的,其法律后果由设立人承受,设立人为二人以上的,享有连带债权,承担连带债务。

设立人为设立法人以自己的名义从事民事活动产生的民事责任,第三人有权选择请求法人或者设立人承担。

第二节 营利法人

第七十六条 以取得利润并分配给股东等出资人为目的成立的法人,为营利法人。

营利法人包括有限责任公司、股份有限公司和其他企业法人等。

第七十七条 营利法人经依法登记成立。

第七十八条 依法设立的营利法人,由登记机关发给营利法人营业执照。营业执照签发日期为营利法人的成立日期。

第七十九条 设立营利法人应当依法制定法人章程。

第八十条 营利法人应当设权力机构。

权力机构行使修改法人章程,选举或者更换执行机构、监督机构成员,以及法人章程规定的其他职权。

第八十一条 营利法人应当设执行机构。

执行机构行使召集权力机构会议,决定法人的经营计划和投资方案,决定法人内部管理机构的设置,以及法人章程规定的其他职权。

执行机构为董事会或者执行董事的,董事长、执行董事或者经理按照法人章程的规定担任法定代表人;未设董事会或者执行董事的,法人章程规定的主要负责人为其执行机构和法定代表人。

第八十二条 营利法人设监事会或者监事等监督机构的,监督机构依法行使检查法人财务,监督执行机构成员、高级管理人员执行法人职务的行为,以及法人章程规定的其他职权。

第八十三条 营利法人的出资人不得滥用出资人权利损害法人或者其他出资人的利益。滥用出资人权利给法人或者其他出资人造成损失的,应当依法承担民事责任。

营利法人的出资人不得滥用法人独立地位和出资人有限责任损害法人的债权人利益。滥用法人独立地位和出资人有限责任,逃避债务,严重损害法人的债权人利益的,应当对法人债务承担连带责任。

第八十四条 营利法人的控股出资人、实际控制人、董事、监事、高级管理人员不得利用其关联关系损害法人的利益。利用关联关系给法人造成损失的,应当承担赔偿责任。

第八十五条　营利法人的权力机构、执行机构作出决议的会议召集程序、表决方式违反法律、行政法规、法人章程,或者决议内容违反法人章程的,营利法人的出资人可以请求人民法院撤销该决议,但是营利法人依据该决议与善意相对人形成的民事法律关系不受影响。

第八十六条　营利法人从事经营活动,应当遵守商业道德,维护交易安全,接受政府和社会的监督,承担社会责任。

第三节　非营利法人

第八十七条　为公益目的或者其他非营利目的成立,不向出资人、设立人或者会员分配所取得利润的法人,为非营利法人。

非营利法人包括事业单位、社会团体、基金会、社会服务机构等。

第八十八条　具备法人条件,为适应经济社会发展需要,提供公益服务设立的事业单位,经依法登记成立,取得事业单位法人资格;依法不需要办理法人登记的,从成立之日起,具有事业单位法人资格。

第八十九条　事业单位法人设理事会的,除法律另有规定外,理事会为其决策机构。事业单位法人的法定代表人依照法律、行政法规或者法人章程的规定产生。

第九十条　具备法人条件,基于会员共同意愿,为公益目的或者会员共同利益等非营利目的设立的社会团体,经依法登记成立,取得社会团体法人资格;依法不需要办理法人登记的,从成立之日起,具有社会团体法人资格。

第九十一条　设立社会团体法人应当依法制定法人章程。

社会团体法人应当设会员大会或者会员代表大会等权力机构。

社会团体法人应当设理事会等执行机构。理事长或者会长等负责人按照法人章程的规定担任法定代表人。

第九十二条　具备法人条件,为公益目的以捐助财产设立的基金会、社会服务机构等,经依法登记成立,取得捐助法人资格。

依法设立的宗教活动场所,具备法人条件的,可以申请法人登记,取得捐助法人资格。法律、行政法规对宗教活动场所有规定的,依照其规定。

第九十三条　设立捐助法人应当依法制定法人章程。

捐助法人应当设理事会、民主管理组织等决策机构,并设执行机构。理事长等负责人按照法人章程的规定担任法定代表人。

捐助法人应当设监事会等监督机构。

第九十四条　捐助人有权向捐助法人查询捐助财产的使用、管理情况,并提出意见和建议,捐助法人应当及时、如实答复。

捐助法人的决策机构、执行机构或者法定代表人作出决定的程序违反法律、行政法规、法人章程,或者决定内容违反法人章程的,捐助人等利害关系人或者主管机关可以请求人民法院撤销该决定,但是捐助法人依据该决定与善意相对人形成的民事法律关系不受影响。

第九十五条　为公益目的成立的非营利法人终止时,不得向出资人、设立人或者会员分配剩余财产。剩余财产应当按照法人章程的规定或者权力机构的决议用于公益目的;无法按照法人章程的规定或者权力机构的决议处理的,由主管机关主持转给宗旨相同或者相近的法人,并向社会公告。

第四节　特别法人

第九十六条　本节规定的机关法人、农村集体经济组织法人、城镇农村的合作经济组织法人、基层群众性自治组织法人，为特别法人。

第九十七条　有独立经费的机关和承担行政职能的法定机构从成立之日起，具有机关法人资格，可以从事为履行职能所需要的民事活动。

第九十八条　机关法人被撤销的，法人终止，其民事权利和义务由继任的机关法人享有和承担；没有继任的机关法人的，由作出撤销决定的机关法人享有和承担。

第九十九条　农村集体经济组织依法取得法人资格。

法律、行政法规对农村集体经济组织有规定的，依照其规定。

第一百条　城镇农村的合作经济组织依法取得法人资格。

法律、行政法规对城镇农村的合作经济组织有规定的，依照其规定。

第一百零一条　居民委员会、村民委员会具有基层群众性自治组织法人资格，可以从事为履行职能所需要的民事活动。

未设立村集体经济组织的，村民委员会可以依法代行村集体经济组织的职能。

第四章　非法人组织

第一百零二条　非法人组织是不具有法人资格，但是能够依法以自己的名义从事民事活动的组织。

非法人组织包括个人独资企业、合伙企业、不具有法人资格的专业服务机构等。

第一百零三条　非法人组织应当依照法律的规定登记。

设立非法人组织，法律、行政法规规定须经有关机关批准的，依照其规定。

第一百零四条　非法人组织的财产不足以清偿债务的，其出资人或者设立人承担无限责任。法律另有规定的，依照其规定。

第一百零五条　非法人组织可以确定一人或者数人代表该组织从事民事活动。

第一百零六条　有下列情形之一的，非法人组织解散：

（一）章程规定的存续期间届满或者章程规定的其他解散事由出现；

（二）出资人或者设立人决定解散；

（三）法律规定的其他情形。

第一百零七条　非法人组织解散的，应当依法进行清算。

第一百零八条　非法人组织除适用本章规定外，参照适用本法第三章第一节的有关规定。

第五章　民事权利

第一百零九条　自然人的人身自由、人格尊严受法律保护。

第一百一十条　自然人享有生命权、身体权、健康权、姓名权、肖像权、名誉权、荣誉权、隐私权、婚姻自主权等权利。

法人、非法人组织享有名称权、名誉权、荣誉权等权利。

第一百一十一条　自然人的个人信息受法律保护。任何组织和个人需要获取他人个人信息的，应当依法取得并确保信息安全，不得非法收集、使用、加工、传输他人个人信息，不得非法买卖、提供或者公开他人个人信息。

第一百一十二条　自然人因婚姻、家庭关系等产生的人身权利受法律保护。

第一百一十三条　民事主体的财产权利受法律平等保护。

第一百一十四条　民事主体依法享有物权。

物权是权利人依法对特定的物享有直接支配和排他的权利，包括所有权、用益物权和担保物权。

第一百一十五条　物包括不动产和动产。法律规定权利作为物权客体的，依照其规定。

第一百一十六条　物权的种类和内容，由法律规定。

第一百一十七条　为了公共利益的需要，依照法律规定的权限和程序征收、征用不动产或者动产的，应当给予公平、合理的补偿。

第一百一十八条　民事主体依法享有债权。

债权是因合同、侵权行为、无因管理、不当得利以及法律的其他规定，权利人请求特定义务人为或者不为一定行为的权利。

第一百一十九条　依法成立的合同，对当事人具有法律约束力。

第一百二十条　民事权益受到侵害的，被侵权人有权请求侵权人承担侵权责任。

第一百二十一条　没有法定的或者约定的义务，为避免他人利益受损失而进行管理的人，有权请求受益人偿还由此支出的必要费用。

第一百二十二条　因他人没有法律根据，取得不当利益，受损失的人有权请求其返还不当利益。

第一百二十三条　民事主体依法享有知识产权。

知识产权是权利人依法就下列客体享有的专有的权利：

（一）作品；

（二）发明、实用新型、外观设计；

（三）商标；

（四）地理标志；

（五）商业秘密；

（六）集成电路布图设计；

（七）植物新品种；

（八）法律规定的其他客体。

第一百二十四条　自然人依法享有继承权。

自然人合法的私有财产，可以依法继承。

第一百二十五条　民事主体依法享有股权和其他投资性权利。

第一百二十六条　民事主体享有法律规定的其他民事权利和利益。

第一百二十七条　法律对数据、网络虚拟财产的保护有规定的，依照其规定。

第一百二十八条　法律对未成年人、老年人、残疾人、妇女、消费者等的民事权利保护有特别规定的，依照其规定。

第一百二十九条　民事权利可以依据民事法律行为、事实行为、法律规定的事件或者法律规定的其他方式取得。

第一百三十条　民事主体按照自己的意愿依法行使民事权利，不受干涉。

第一百三十一条 民事主体行使权利时,应当履行法律规定的和当事人约定的义务。

第一百三十二条 民事主体不得滥用民事权利损害国家利益、社会公共利益或者他人合法权益。

第六章 民事法律行为

第一节 一般规定

第一百三十三条 民事法律行为是民事主体通过意思表示设立、变更、终止民事法律关系的行为。

第一百三十四条 民事法律行为可以基于双方或者多方的意思表示一致成立,也可以基于单方的意思表示成立。

法人、非法人组织依照法律或者章程规定的议事方式和表决程序作出决议的,该决议行为成立。

第一百三十五条 民事法律行为可以采用书面形式、口头形式或者其他形式;法律、行政法规规定或者当事人约定采用特定形式的,应当采用特定形式。

第一百三十六条 民事法律行为自成立时生效,但是法律另有规定或者当事人另有约定的除外。

行为人非依法律规定或者未经对方同意,不得擅自变更或者解除民事法律行为。

第二节 意思表示

第一百三十七条 以对话方式作出的意思表示,相对人知道其内容时生效。

以非对话方式作出的意思表示,到达相对人时生效。以非对话方式作出的采用数据电文形式的意思表示,相对人指定特定系统接收数据电文的,该数据电文进入该特定系统时生效;未指定特定系统的,相对人知道或者应当知道该数据电文进入其系统时生效。当事人对采用数据电文形式的意思表示的生效时间另有约定的,按照其约定。

第一百三十八条 无相对人的意思表示,表示完成时生效。法律另有规定的,依照其规定。

第一百三十九条 以公告方式作出的意思表示,公告发布时生效。

第一百四十条 行为人可以明示或者默示作出意思表示。

沉默只有在有法律规定、当事人约定或者符合当事人之间的交易习惯时,才可以视为意思表示。

第一百四十一条 行为人可以撤回意思表示。撤回意思表示的通知应当在意思表示到达相对人前或者与意思表示同时到达相对人。

第一百四十二条 有相对人的意思表示的解释,应当按照所使用的词句,结合相关条款、行为的性质和目的、习惯以及诚信原则,确定意思表示的含义。

无相对人的意思表示的解释,不能完全拘泥于所使用的词句,而应当结合相关条款、行为的性质和目的、习惯以及诚信原则,确定行为人的真实意思。

第三节 民事法律行为的效力

第一百四十三条 具备下列条件的民事法律行为有效:

(一)行为人具有相应的民事行为能力;

(二)意思表示真实;

（三）不违反法律、行政法规的强制性规定，不违背公序良俗。

第一百四十四条　无民事行为能力人实施的民事法律行为无效。

第一百四十五条　限制民事行为能力人实施的纯获利益的民事法律行为或者与其年龄、智力、精神健康状况相适应的民事法律行为有效；实施的其他民事法律行为经法定代理人同意或者追认后有效。

相对人可以催告法定代理人自收到通知之日起一个月内予以追认。法定代理人未作表示的，视为拒绝追认。民事法律行为被追认前，善意相对人有撤销的权利。撤销应当以通知的方式作出。

第一百四十六条　行为人与相对人以虚假的意思表示实施的民事法律行为无效。

以虚假的意思表示隐藏的民事法律行为的效力，依照有关法律规定处理。

第一百四十七条　基于重大误解实施的民事法律行为，行为人有权请求人民法院或者仲裁机构予以撤销。

第一百四十八条　一方以欺诈手段，使对方在违背真实意思的情况下实施的民事法律行为，受欺诈方有权请求人民法院或者仲裁机构予以撤销。

第一百四十九条　第三人实施欺诈行为，使一方在违背真实意思的情况下实施的民事法律行为，对方知道或者应当知道该欺诈行为的，受欺诈方有权请求人民法院或者仲裁机构予以撤销。

第一百五十条　一方或者第三人以胁迫手段，使对方在违背真实意思的情况下实施的民事法律行为，受胁迫方有权请求人民法院或者仲裁机构予以撤销。

第一百五十一条　一方利用对方处于危困状态、缺乏判断能力等情形，致使民事法律行为成立时显失公平的，受损害方有权请求人民法院或者仲裁机构予以撤销。

第一百五十二条　有下列情形之一的，撤销权消灭：

（一）当事人自知道或者应当知道撤销事由之日起一年内、重大误解的当事人自知道或者应当知道撤销事由之日起三个月内没有行使撤销权；

（二）当事人受胁迫，自胁迫行为终止之日起一年内没有行使撤销权；

（三）当事人知道撤销事由后明确表示或者以自己的行为表明放弃撤销权。

当事人自民事法律行为发生之日起五年内没有行使撤销权的，撤销权消灭。

第一百五十三条　违反法律、行政法规的强制性规定的民事法律行为无效，但是该强制性规定不导致该民事法律行为无效的除外。

违背公序良俗的民事法律行为无效。

第一百五十四条　行为人与相对人恶意串通，损害他人合法权益的民事法律行为无效。

第一百五十五条　无效的或者被撤销的民事法律行为自始没有法律约束力。

第一百五十六条　民事法律行为部分无效，不影响其他部分效力的，其他部分仍然有效。

第一百五十七条　民事法律行为无效、被撤销或者确定不发生效力后，行为人因该行为取得的财产，应当予以返还；不能返还或者没有必要返还的，应当折价补偿。有过错的一方应当赔偿对方由此所受到的损失；各方都有过错的，应当各自承担相应的责任。法律另有规定的，依照其规定。

第四节　民事法律行为的附条件和附期限

第一百五十八条　民事法律行为可以附条件,但是按照其性质不得附条件的除外。附生效条件的民事法律行为,自条件成就时生效。附解除条件的民事法律行为,自条件成就时失效。

第一百五十九条　附条件的民事法律行为,当事人为自己的利益不正当地阻止条件成就的,视为条件已成就;不正当地促成条件成就的,视为条件不成就。

第一百六十条　民事法律行为可以附期限,但是按照其性质不得附期限的除外。附生效期限的民事法律行为,自期限届至时生效。附终止期限的民事法律行为,自期限届满时失效。

第七章　代　　理

第一节　一　般　规　定

第一百六十一条　民事主体可以通过代理人实施民事法律行为。

依照法律规定、当事人约定或者民事法律行为的性质,应当由本人亲自实施的民事法律行为,不得代理。

第一百六十二条　代理人在代理权限内,以被代理人名义实施的民事法律行为,对被代理人发生效力。

第一百六十三条　代理包括委托代理和法定代理。

委托代理人按照被代理人的委托行使代理权。法定代理人依照法律的规定行使代理权。

第一百六十四条　代理人不履行或者不完全履行职责,造成被代理人损害的,应当承担民事责任。

代理人和相对人恶意串通,损害被代理人合法权益的,代理人和相对人应当承担连带责任。

第二节　委　托　代　理

第一百六十五条　委托代理授权采用书面形式的,授权委托书应当载明代理人的姓名或者名称、代理事项、权限和期间,并由被代理人签名或者盖章。

第一百六十六条　数人为同一代理事项的代理人的,应当共同行使代理权,但是当事人另有约定的除外。

第一百六十七条　代理人知道或者应当知道代理事项违法仍然实施代理行为,或者被代理人知道或者应当知道代理人的代理行为违法未作反对表示的,被代理人和代理人应当承担连带责任。

第一百六十八条　代理人不得以被代理人的名义与自己实施民事法律行为,但是被代理人同意或者追认的除外。

代理人不得以被代理人的名义与自己同时代理的其他人实施民事法律行为,但是被代理的双方同意或者追认的除外。

第一百六十九条　代理人需要转委托第三人代理的,应当取得被代理人的同意或者追认。

转委托代理经被代理人同意或者追认的,被代理人可以就代理事务直接指示转委托的第三人,代理人仅就第三人的选任以及对第三人的指示承担责任。

转委托代理未经被代理人同意或者追认的,代理人应当对转委托的第三人的行为承担责任,但是在紧急情况下代理人为了维护被代理人的利益需要转委托第三人代理的除外。

第一百七十条　执行法人或者非法人组织工作任务的人员,就其职权范围内的事项,以法人或者非法人组织的名义实施民事法律行为,对法人或者非法人组织发生效力。

法人或者非法人组织对执行其工作任务的人员职权范围的限制,不得对抗善意相对人。

第一百七十一条　行为人没有代理权、超越代理权或者代理权终止后,仍然实施代理行为,未经被代理人追认的,对被代理人不发生效力。

相对人可以催告被代理人自收到通知之日起一个月内予以追认。被代理人未作表示的,视为拒绝追认。行为人实施的行为被追认前,善意相对人有撤销的权利。撤销应当以通知的方式作出。

行为人实施的行为未被追认的,善意相对人有权请求行为人履行债务或者就其受到的损害请求行为人赔偿,但是赔偿的范围不得超过被代理人追认时相对人所能获得的利益。

相对人知道或者应当知道行为人无权代理的,相对人和行为人按照各自的过错承担责任。

第一百七十二条　行为人没有代理权、超越代理权或者代理权终止后,仍然实施代理行为,相对人有理由相信行为人有代理权的,代理行为有效。

第三节　代理终止

第一百七十三条　有下列情形之一的,委托代理终止:

(一)代理期间届满或者代理事务完成;

(二)被代理人取消委托或者代理人辞去委托;

(三)代理人丧失民事行为能力;

(四)代理人或者被代理人死亡;

(五)作为代理人或者被代理人的法人、非法人组织终止。

第一百七十四条　被代理人死亡后,有下列情形之一的,委托代理人实施的代理行为有效:

(一)代理人不知道并且不应当知道被代理人死亡;

(二)被代理人的继承人予以承认;

(三)授权中明确代理权在代理事务完成时终止;

(四)被代理人死亡前已经实施,为了被代理人的继承人的利益继续代理。

作为被代理人的法人、非法人组织终止的,参照适用前款规定。

第一百七十五条　有下列情形之一的,法定代理终止:

(一)被代理人取得或者恢复完全民事行为能力;

(二)代理人丧失民事行为能力;

(三)代理人或者被代理人死亡;

(四)法律规定的其他情形。

第八章　民事责任

第一百七十六条　民事主体依照法律规定和当事人约定,履行民事义务,承担民事责任。

第一百七十七条 二人以上依法承担按份责任,能够确定责任大小的,各自承担相应的责任;难以确定责任大小的,平均承担责任。

第一百七十八条 二人以上依法承担连带责任的,权利人有权请求部分或者全部连带责任人承担责任。

连带责任人的责任份额根据各自责任大小确定;难以确定责任大小的,平均承担责任。实际承担责任超过自己责任份额的连带责任人,有权向其他连带责任人追偿。

连带责任,由法律规定或者当事人约定。

第一百七十九条 承担民事责任的方式主要有:

(一)停止侵害;

(二)排除妨碍;

(三)消除危险;

(四)返还财产;

(五)恢复原状;

(六)修理、重作、更换;

(七)继续履行;

(八)赔偿损失;

(九)支付违约金;

(十)消除影响、恢复名誉;

(十一)赔礼道歉。

法律规定惩罚性赔偿的,依照其规定。

本条规定的承担民事责任的方式,可以单独适用,也可以合并适用。

第一百八十条 因不可抗力不能履行民事义务的,不承担民事责任。法律另有规定的,依照其规定。

不可抗力是指不能预见、不能避免且不能克服的客观情况。

第一百八十一条 因正当防卫造成损害的,不承担民事责任。

正当防卫超过必要的限度,造成不应有的损害的,正当防卫人应当承担适当的民事责任。

第一百八十二条 因紧急避险造成损害的,由引起险情发生的人承担民事责任。

危险由自然原因引起的,紧急避险人不承担民事责任,可以给予适当补偿。

紧急避险采取措施不当或者超过必要的限度,造成不应有的损害的,紧急避险人应当承担适当的民事责任。

第一百八十三条 因保护他人民事权益使自己受到损害的,由侵权人承担民事责任,受益人可以给予适当补偿。没有侵权人、侵权人逃逸或者无力承担民事责任,受害人请求补偿的,受益人应当给予适当补偿。

第一百八十四条 因自愿实施紧急救助行为造成受助人损害的,救助人不承担民事责任。

第一百八十五条 侵害英雄烈士等的姓名、肖像、名誉、荣誉,损害社会公共利益的,应当承担民事责任。

第一百八十六条　因当事人一方的违约行为,损害对方人身权益、财产权益的,受损害方有权选择请求其承担违约责任或者侵权责任。

第一百八十七条　民事主体因同一行为应当承担民事责任、行政责任和刑事责任的,承担行政责任或者刑事责任不影响承担民事责任;民事主体的财产不足以支付的,优先用于承担民事责任。

第九章　诉　讼　时　效

第一百八十八条　向人民法院请求保护民事权利的诉讼时效期间为三年。法律另有规定的,依照其规定。

诉讼时效期间自权利人知道或者应当知道权利受到损害以及义务人之日起计算。法律另有规定的,依照其规定。但是自权利受到损害之日起超过二十年的,人民法院不予保护;有特殊情况的,人民法院可以根据权利人的申请决定延长。

第一百八十九条　当事人约定同一债务分期履行的,诉讼时效期间自最后一期履行期限届满之日起计算。

第一百九十条　无民事行为能力人或者限制民事行为能力人对其法定代理人的请求权的诉讼时效期间,自该法定代理终止之日起计算。

第一百九十一条　未成年人遭受性侵害的损害赔偿请求权的诉讼时效期间,自受害人年满十八周岁之日起计算。

第一百九十二条　诉讼时效期间届满的,义务人可以提出不履行义务的抗辩。

诉讼时效期间届满后,义务人同意履行的,不得以诉讼时效期间届满为由抗辩;义务人已自愿履行的,不得请求返还。

第一百九十三条　人民法院不得主动适用诉讼时效的规定。

第一百九十四条　在诉讼时效期间的最后六个月内,因下列障碍,不能行使请求权的,诉讼时效中止:

(一)不可抗力;

(二)无民事行为能力人或者限制民事行为能力人没有法定代理人,或者法定代理人死亡、丧失民事行为能力、丧失代理权;

(三)继承开始后未确定继承人或者遗产管理人;

(四)权利人被义务人或者其他人控制;

(五)其他导致权利人不能行使请求权的障碍。

自中止时效的原因消除之日起满六个月,诉讼时效期间届满。

第一百九十五条　有下列情形之一的,诉讼时效中断,从中断、有关程序终结时起,诉讼时效期间重新计算:

(一)权利人向义务人提出履行请求;

(二)义务人同意履行义务;

(三)权利人提起诉讼或者申请仲裁;

(四)与提起诉讼或者申请仲裁具有同等效力的其他情形。

第一百九十六条　下列请求权不适用诉讼时效的规定:

(一)请求停止侵害、排除妨碍、消除危险;

（二）不动产物权和登记的动产物权的权利人请求返还财产；

（三）请求支付抚养费、赡养费或者扶养费；

（四）依法不适用诉讼时效的其他请求权。

第一百九十七条 诉讼时效的期间、计算方法以及中止、中断的事由由法律规定，当事人约定无效。

当事人对诉讼时效利益的预先放弃无效。

第一百九十八条 法律对仲裁时效有规定的，依照其规定；没有规定的，适用诉讼时效的规定。

第一百九十九条 法律规定或者当事人约定的撤销权、解除权等权利的存续期间，除法律另有规定外，自权利人知道或者应当知道权利产生之日起计算，不适用有关诉讼时效中止、中断和延长的规定。存续期间届满，撤销权、解除权等权利消灭。

第十章 期 间 计 算

第二百条 民法所称的期间按照公历年、月、日、小时计算。

第二百零一条 按照年、月、日计算期间的，开始的当日不计入，自下一日开始计算。

按照小时计算期间的，自法律规定或者当事人约定的时间开始计算。

第二百零二条 按照年、月计算期间的，到期月的对应日为期间的最后一日；没有对应日的，月末日为期间的最后一日。

第二百零三条 期间的最后一日是法定休假日的，以法定休假日结束的次日为期间的最后一日。

期间的最后一日的截止时间为二十四时；有业务时间的，停止业务活动的时间为截止时间。

第二百零四条 期间的计算方法依照本法的规定，但是法律另有规定或者当事人另有约定的除外。

第十一章 附 则

第二百零五条 民法所称的"以上""以下""以内""届满"，包括本数；所称的"不满""超过""以外"，不包括本数。

第二百零六条 本法自 2017 年 10 月 1 日起施行。

第二部分　案例精选与解析

第一章

医方过失致患方人身损害的相关案例

第一节　内科类相关案例

案例 1

一、案例病情简介

原告因全身散在结节性红斑分别于 2012 年 4 月 7 日至 4 月 24 日(第一次)、5 月 18 日至 6 月 6 日(第二次)、8 月 27 日至 9 月 4 日(第三次)、10 月 22 日至 11 月 8 日(第四次)共四次入住被告医院治疗。治疗期间原告长期服用激素,后期原告逐渐出现腿部疼痛、行走不便等症状。2013 年 11 月 2 日,原告前往当地医院行数字 X 射线摄影(digital radiography,DR)检查,结果考虑为双侧股骨头无菌性坏死。2013 年 12 月 11 日,原告前往另一三甲医院治疗,诊断为结缔组织病、双侧股骨头坏死。

二、案件鉴定及审理经过

一审法院认为,被告医院对原告的医疗过程中使用糖皮质激素不违反医疗原则,但在使用前评估不到位,使用中告知不全,违反《中华人民共和国侵权责任法》第 55 条、57 条之规定,有一定过错,与原告双侧股骨头坏死有一定因果关系,考虑到原告对糖皮质激素敏感度高(非大剂量使用糖皮质激素 7 个月),且股骨头坏死系糖皮质激素使用后的主要并发症之一,故评定其责任程度为次要责任(参与度 30%~40%)。参照鉴定意见书所记载的过失事项并结合以上各项因素综合判断,一审法院依法认定被告医院承担 35% 的赔偿责任。综上,被告医院对原告的各项物质损失承担 35% 的赔偿责任,经计算为×元;综合考虑被告过错程度以及过错责任比例,精神损害抚慰金酌情认定为×元。故被告医院共应赔偿原告×元。

依照《中华人民共和国侵权责任法》第五十七条,《最高人民法院〈关于审理人身损害赔偿案件适用法律若干问题的解释〉》第十七条、第十九条、第二十条至第二十六条、第三十一条,《最高人民法院〈关于确定民事侵权精神损害赔偿责任若干问题的解释〉》第十条的规定,判决:①被告医院于本判决生效之日起十日内一次性赔偿原告各项损失共计×元;②驳回原告的其他诉讼请求。如果未按本判决指定的期间履行给付金钱义务的,应依照《中华人民共和国民事诉讼法》第二百五十三条规定,加倍支付迟延履行期间的债务利息。本案案件受理费×元,由被告医院承担×元,剩余的由原告自行承担。

一审后,被告医院因赔偿问题,不服一审判决,遂上诉。

二审查明,司法鉴定意见书中载明"目前原告双股骨头完全坏死,双下肢负重活动功能严重受限,根据《人体损伤残疾程度鉴定标准(试行)》B.1.2条和《人身损害护理依赖程度评定》(GB/T 31147—2014)4.2.2.2条(总分值40分),目前存在大部分护理依赖。后续需行双髋人工股骨头置换……"其他二审查明事实与一审查明事实一致。二审法院认为,一审将护理时间和护理依赖时间重复计算,且未计算护理依赖系数,该处理不当,二审法院依法予以纠正,计算丁某的护理费为×元。考虑到物价上涨因素,本案宜支持首次置换费用,后续治疗费用可根据实际发生费用或物价标准,由原告另行主张。一审判决认定事实清楚,实体处理部分不当,二审依法予以纠正。

三、关键点

1. 在本案中,被告医院对原告的医疗过程中使用糖皮质激素不违反医疗原则,但在使用前评估不到位,使用中告知不全。

2. 原告在住院期间已经出现了腿部疼痛、行走不便等症状,但被告医院未对原告的症状引起足够重视,也未进行相关完善的检查,最终导致患者"双侧股骨头坏死"不可逆的严重后果。

案例 2

一、案例病情简介

死者于2015年12月23日上午9点因"上腹部疼痛2小时"来某医院就诊。医院对其进行心电图、血液分析、血淀粉酶检查,给予抗炎、对症治疗后死者疼痛明显缓解,于下午自行离院。2015年12月24日上午死者因"呼吸、心搏骤停半小时"由120救护车再次送入某院。入院后死者双侧瞳孔散大,某院紧急给予相应急救处理,经过1小时紧急抢救,死者最终宣告死亡。

二、案件鉴定及审理经过

该死者在某院就诊时显示既往冠心病病史,心电图检查存在非特异性ST-T改变,从诊断及鉴别诊断的角度应首先考虑"冠心病,心梗及主动脉夹层"的疾病。从现有的资料看,该死者死亡原因考虑为心源性猝死可能性大。因此死者病情变化而死亡与某院未将死者留院观察和请专科会诊,以及未完善相关检查有一定因果关系,为次要责任。经医患双方当事人同意,由市医疗纠纷人民调解委员会主持进行调解。经调解双方自愿达成如下协议:①某院一次性赔付死者家属人民币×元。该费用涵盖医疗费、护理费、伙食补助费、营养费、死亡赔偿金、丧葬费、交通费、精神抚慰金等法律规定的相关赔偿费用;②某院依本协议的约定支付全部款项后,医患双方的医疗纠纷即告终结。死者家属不得以任何理由再向某院要求赔偿,并不得实施损害对方声誉的行为;③调解协议书自医患双方签名(盖章)之日起生效;④双方达成协议后,如需要司法确认,应在本协议生效之日起30日内到区人民法院,双方共同申请进行人民调解协议的司法确认。

三、关键点

1. 死者入院后,应该在现有检查基础上进一步完善相关检查,如动态观察心电图、血清肌钙蛋白检测、心脏彩超、主动脉CT等,以帮助明确诊断。

2. 接诊医生考虑了心梗但未将死者留院观察并及时请专科会诊,错过了最佳诊断、治疗及抢救时机,导致了不良后果的发生。

案例 3

一、案例病情简介

死者系原告亲属。死者因腰椎间盘突出于 2013 年 10 月 11 日到被告医院住院治疗,治疗期间使用常规治疗量的糖皮质激素。2013 年 10 月 17 日死者出现急性上消化道出血伴呕血(考虑为糖皮质激素引起消化道应激性溃疡所致),于当日血红蛋白进行性下降至 70g/L,期间被告医院未予以输血,亦未进行手术治疗,原告要求将死者转入 ICU 病房未果。于当日晚 8 时,死者处于失血性休克状态,原告要求转院,被告医院告知转院的相关风险,并派员护送至被告市传染病医院急诊。10 月 18 日 0 时许,死者中度昏迷、心搏骤停,原告决定放弃治疗,要求出院,死者于当日 0 时 50 分死亡。

二、案件鉴定及审理经过

原告认为在死者的诊疗过程中,被告医院与被告市传染病医院具有明显医疗过错,遂向法院起诉,要求两被告医院赔偿相关损失。

为查明两被告医院对死者的诊疗是否存在过错以及过错与损害后果的因果关系、参与度等,一审法院依原告申请委托市司法鉴定中心进行鉴定,该中心的鉴定结论为:①被告医院与死者因上消化道出血、出血性休克致死亡的严重后果存在因果关系,建议其参与度为 30%~40%;②被告市传染病医院在急诊处置诊疗上符合规范,未发现明显过失,但其病历书写存在不规范,与死者的损害后果无因果关系。因该鉴定结论所依据的部分事实与一审法院依法查明的事实不符,一审法院依原告申请委托省司法鉴定所就上述事项进行重新鉴定,鉴定结论为:①被告医院对死者急性上消化道出血的诊疗存在医疗过失,且与死者死亡的后果存在因果关系,建议参与度为 75%;②被告市传染病医院在诊疗上符合相关诊疗规范,未见明显的医疗过失,与死者的损害后果无因果关系。

一审法院认为,死者因腰椎间盘突出症到被告医院接受治疗,在治疗过程中,被告医院作为专业的医疗机构,其医务人员依法应明确向患方说明病情及其应采取的各种医疗措施及其利弊等,但本案中被告医院对于使用相关激素类药物可能导致的风险、死者的血红蛋白下降等事项告知不足。在出现急性上消化道出血致血红蛋白进行性下降至 70g/L 时,被告医院未给予死者输血治疗;同时,普外科医师会诊也提出"行急诊胃镜止血及急诊手术"的建议,故医师如确有告知患方手术方案但患方拒绝的话,出于职业敏感及诊疗规范医师必然会要求患方如告知转院风险一样签字为证,但事实上,在病案资料中未见有医方告知手术治疗方案但被患方拒绝签字的内容。其次,原告提供的事发后患方与被告医院相关人员谈话录音的真实性经被告质证并无异议,在整个过程中,在死者家属指责被告医院未尽到救治义务时,院方始终未表示系患方拒绝了医方提出的手术治疗方案。再次,根据"谁主张谁举证"的民事诉讼证据规则,被告医院主张其已向患方告知手术方案并为患方所拒绝,但未能提供相应证据证明其主张,依法应负举证不能的责任。在患方要求转院时,死者已处于出血性休克状态,基于该危急情况,即便患方要求转院,被告医院作为专业的医疗机构,亦负有义务向患方明确说明手术治疗与转院的利弊所在,以便患方做出理性的选择,但被告医院未有相关作为。综上,被告医院未依死者的病情将应采取的手术治疗措施及其后果明确地告知患方,致使转院时已处于失血性休克状态的死者最终因抢救时机被耽误而死亡,故被告医院的上述诊疗过失行为与死者的死亡后果间存在一定的因果关系;参照鉴定意见书所记载的过失事项并结合以上各项因素综合判断,一审法院依法认定被告医院的诊疗过失行为对死者死亡这一损害后果的参与度为75%。综上,被告医院对原告的各项物质损失应承担75%的赔偿责任,经计算为×元;另原告因死者的意外死亡遭受了严重的精神痛苦,结合被告医院的过错程度等,被告医院应另行赔偿原告精神损害抚慰金×元,被告医院共应赔偿原告×元。此外,因被告市传染病医院在抢救生命垂危的死者之紧急情况下已经尽到了合理的诊疗义务,并无诊疗过失行为,故不应对死者的死亡负有责任,对原告的相关诉请依法予以驳回。

依照《中华人民共和国侵权责任法》第六条、第十六条、第二十二条、第五十四条、第五十五条、第六十条、《中华人民共和国民事诉讼法》第六十四条,最高人民法院《关于审理人身损害赔偿案件适用法律若干问题的解释》第十七条至第二十五条、第二十七条至第二十九条(相关法律法规加粗强调)的规定,判决:①被告医院于本判决生效之日起十日内赔偿原告各项损失共计×元;②驳回原告的其他诉讼请求。如果未按本判决指定的期间履行给付金钱义务,应依照《中华人民共和国民事诉讼法》第二百五十三条规定,加倍支付迟延履行期间的债务利息。案件受理费人民币×元,由原告负担×元(已交纳),被告医院负担×元,限本判决生效后七日内交纳。

判决后,原告与被告均不服判决,提起上诉。

二审法院经审理后,维持原判,该判决为终审判决。

三、关键点

1. 在本案中,被告医院在针对死者的治疗过程中可能存在的风险及病情的进展告知不足。在死者出现急性上消化道出血致血红蛋白进行性下降至 70g/L 时,被告医院未给予死者输血治疗。在死者需要手术治疗时,被告医院医务人员也无法证明已及时向死者告知该情况,从而让死者丧失了手术机会。

2. 在患方要求转院时,死者已处于出血性休克状态,此时,即便患方要求转院,被告医院仍有义务向患方明确说明手术治疗与转院的利弊所在,以便患方做出理性选择,但被告医院未有相关作为。

3. 被告市传染病医院在抢救生命垂危的死者之紧急情况下已经尽到了合理的诊疗义务,并无诊疗过失行为,故不应对死者的死亡负有责任。

案例 4

一、案例病情简介

2012 年 6 月 20 日,原告以"反复肛周肿痛、溢脓 1 年"为主诉到被告医院就诊,被告医院以"高位肛瘘、高血压病 3 级(极高危)、高血压病心脏病、双下肢动脉硬化伴斑块形成、前列腺增生伴钙化"收住入院。2012 年 6 月 28 日,被告医院对原告行"肛瘘切挂术"并针对其内科病用药治疗,其中针对其高血压病使用"苯磺酸氨氯地平(络活喜)"治疗,但用药后原告出现双下肢浮肿等症状。2012 年 7 月 19 日,原告从被告医院肛肠二科出院。

二、案件鉴定及审理经过

2012 年 11 月,原告认为其住院期间被告医院因使用"苯磺酸氨氯地平"治疗造成其双下肢浮肿系被告医院诊疗过失,诉至一审法院,要求被告医院赔偿其医疗费、护理费、精神损害抚慰金等款项。2013 年 1 月 12 日,原告向一审法院申请就被告医院对其的诊疗行为是否存在过错进行司法鉴定。2013 年 1 月 19 日,一审法院委托省司法鉴定所进行鉴定。2013

年 9 月 16 日,被告医院申请补充鉴定,请求如果经鉴定被告医院对原告诊疗行为有过错,则对被告医院的过错在患者的损害结果中的参与度进行鉴定。2013 年 10 月 22 日,省司法鉴定所作出司法鉴定意见书,认为"被告医院在对被鉴定人(原告)使用"苯磺酸氨氯地平"进行降压治疗过程中存在未告知不良反应的过错,而双下肢浮肿为"苯磺酸氨氯地平"最常见的直接不良反应,但"苯磺酸氨氯地平"作为最常见的一线降压药,被告医院尽管未尽告知义务,但在使用中并未超过国家药典规定的剂量,符合诊疗规范,因此综合分析,被告医院未尽告知"苯磺酸氨氯地平"不良反应义务的过错与原告双下肢浮肿的后果之间的参与度为 30%左右为宜。鉴定意见作出后,原告当庭向一审法院申请重新鉴定,被告医院认为省司法鉴定所鉴定程序合法,鉴定合法,原告申请重新鉴定无理由,不同意重新鉴定。原告重新鉴定申请,一审法院不予准许。按照司法鉴定意见确定的 30%的损伤参与度,经核算,被告医院对原告损失按照 30%的比例承担赔偿责任。被告医院应赔偿原告医疗费、护理费、精神损害抚慰金、鉴定费共计×元。原告诉请超过部分,一审法院不予支持。扣除被告医院已补偿给原告的部分,被告医院还应支付给原告×元。为此,依照《中华人民共和国民法通则》第一百零六条第二款、第一百一十九条,最高人民法院《关于审理人身损害赔偿案件适用法律若干问题的解释》第十八条、第十九条、第二十一条之规定,判决:①被告医院赔偿原告医疗费、护理费、鉴定费、精神损害抚慰金共计×元,扣除被告医院已支付的×元,被告医院还应支付原告×元,应在本判决生效之日起十日内支付给原告;②驳回原告的其他诉讼请求。被告医院如果未按本判决指定的期间履行给付金钱义务,应当依照《中华人民共和国民事诉讼法》第二百五十三条之规定,加倍支付迟延履行期间的债务利息。

原告不服,提起上诉,二审经审理后维持原判。

三、关键点

被告医院未告知原告使用"苯磺酸氨氯地平"的不良反应(导致双下肢浮肿),存在一定过错,但该药作为最常见的一线降压药,被告医院尽管未尽告知义务,但在用药过程中符合规范。因此被告医院未尽告知该药物不良反应义务的过错与原告双下肢浮肿的后果之间的参与度被判定为 30%左右。

案例 5

一、案例病情简介

死者因"腹泻 30 年,便秘 5 年"于 2009 年 6 月 15 日收住被告医院消化内科。既往因腹泻、便秘曾多次在外院就诊,钡灌肠检查未见异常,未接受消化道内镜检查。入院查体:体温、脉搏、呼吸频率正常,血压 150/85mmHg。极度消瘦,神清语利。皮肤黏膜无黄染,浅表淋巴结未触及。双肺呼吸音清,未闻及干湿啰音;心律齐,心率 70 次/min,未闻杂音;舟状腹,腹部无压痛,肝脾未及,肠鸣音活跃。血生化:血钾 2.95mmol/L,血钠 141.0mmol/L,血氯 96.0mmol/L,血糖 4.7mmol/L,尿素氮 5.7mmol/L,肌酐 64.0μmol/L。血常规:白细胞 9.5×10⁹/L,中性粒细胞 74.2%,淋巴细胞 17.5%,血红蛋白 140g/L,血小板 312×10⁹/L。入院诊断:①消瘦原因待查:A. 胃肠功能紊乱;B. 消化道肿瘤;②重度营养不良。入院后予以补液支持治疗。床旁胸片示双肺陈旧病灶,肺气肿。心电图示心电轴显著左偏,左前分支传导阻滞,肺性 P 波,S-T 段改变。腹腔大血管彩超示腹主动脉硬化斑块形成,斑块处局部狭窄;腹主动脉夹层动脉瘤;肠系膜上动脉狭窄。腹腔多层面螺旋 CT 血管造影(CTA)示腹主动脉硬化,斑块形成,肠系膜动脉起始部狭窄小于50%。超声心动示左室壁弥漫性运动减弱,以前壁为著;二尖瓣少-中量反流;左心功能降低,射血分数33.7%。腹部彩超:胆囊壁内胆固醇结晶。6月18日下午死者出现发热,咽痛,体温38.7℃,查体:咽充血,双肺呼吸音粗。急查血常规:白细胞9.2×10⁹/L,中性粒细胞91.3%,考虑"呼吸道感染",予头孢米诺钠静点。6月19日死者体温37~38℃,咳嗽、咳痰,听诊右下肺可闻及湿啰音。继续抗炎并对症治疗。6月20日晨6:50死者突然呼吸减慢,意识不清,血压下降至105/75mmHg,出现下颌式呼吸,即予以吸氧、吸痰,吸出少量白色黏痰。心电监测指尖血氧饱和度60%。急请ICU会诊,行气管插管、简易呼吸器辅助通气后,指尖血氧饱和度80%~86%。死者血压逐渐降低至80/50mmHg,予以多巴胺,血压升至130~150/70~80mmHg,之后以多巴胺静滴维持血压。当日晨7:50转入ICU。行纤维支气管镜检查,见左、右主支气管内均有大量食物残渣,似蛋白样块状物,阻塞各亚段,予冲洗并吸引,仍有个别块状物未能吸出。后反复拍背,有蛋白状物间断咳出。诊断:吸入性肺炎,急性呼吸窘迫综合征,感染性休克。予以持续呼吸机辅助呼吸,并予抗休克、抗感染及对症支持治疗。但死者病情仍继续加重,严重氧合障碍,重度脓毒症、感染性休克,予广谱抗生素抗炎,液体复苏,呼吸循环支持,预防应激性溃疡,小剂量激素替代治疗,抑制炎症反应,纠正低蛋白血症,对症支持治疗。6月22日始行床边持续肾脏替代治疗(CRRT透析)。

经过上述抢救,死者病情逐步好转,7月2日停用升压药物。因脱机困难,于7月10日经皮气管切开,继续呼吸机辅助呼吸。根据护理记录,死者转入ICU时骶尾部有压红,予以保护膜保护,并翻身、拍背。在ICU期间会阴部出现大面积皮疹,请皮肤科会诊,诊断为浸渍性皮炎,予以相应处理。因死者家属要求转出ICU,2009年7月15日死者转入综合病房。转出ICU时死者持续呼吸机辅助呼吸,生命体征稳定,血压135/78mmHg,神志清楚,双肺呼吸音粗,未闻及明显干湿啰音,双上肢可见红色皮疹,双下肢轻度水肿。在综合病房继续呼吸机辅助呼吸,抗炎,营养支持等治疗。

2009年8月27日死者死亡。临床死亡诊断:感染中毒性休克、呼吸衰竭、吸入性肺炎,其他病症包括重度营养不良、腹主动脉硬化、肠系膜动脉狭窄、消化道肿瘤。

二、案件鉴定及审理经过

关于护理合同的事实部分,被告公司提供了有家属(原告)签字的护理协议,对于护工职责范围,约定如下:①日常生活护理:照顾患者生活起居,帮助洗脸、漱口、洗脚、剪指(趾)甲,视病情为患者全身擦洗、处理大小便等;②饮食护理:清洗餐具、协助订饭打饭。帮助不能自理患者进食喝水;③治疗中的护理:A. 看护好输液及时发现漏、渗液,叮嘱患者按时正确按医嘱用药;B. 按时为卧床患者翻身、协助患者留取标本,陪同患者进行有关检查及时向医护人员及家属汇报病情。记载收费标准:能自理患者、全天陪护×元/d,重症不能自理患者、含宫腔镜、妇科、神外(术后)全天陪护×元。经查2009年6月15日,原告与被告公司签订护理协议,原告每日支付×元,共支付×元(7日)护理费。

死者入院后,在6月18日,原告接到病危通知书,死者开始发高烧、随时有休克、猝死的危险,不可能独自进食,死者发生食物误吸,是因护工喂食不慎所致。被告公司称,根据护理合同,原告按每日×元交纳护理费,是按日常护理标准收费,其中不包括进食喝水。如果增加饮食护理,则按重症不能自理患者标准收取×元,所以死者误吸是因自己进食所致。死者发生呛食后,护工及时通知了护士站,尽到了护理义务。现护工已不在单位工作,无法通知护工到庭陈述。

死者住院期间,支付医疗费经医保报销后,金额为×元。原告出示的交通费单据,金额共计×元、复印费×元。

2011年3月2日,在区医学会进行医疗事故技术鉴定(原告以及被告医院)。3月4日,该鉴定机构作出鉴定意见,其分析认为:①死者在消化内科住院期间,未延误诊疗。6月20日发生病情变化,被告医院对死者抢救及时、有效;②死者转入ICU后,诊断为吸入性肺炎,急性呼吸窘迫综合征,感染性休克。被告医院对死者进行了持续呼吸机辅助呼吸,并予抗休克、抗感染及对症支持等治疗,包括胰岛素、氢化可的松、盐酸米诺环素的使用,没有违反医疗常规,但在使用药物时,应根据死者的具体情况(如年龄、体重等)调整剂量。虽然使用乌司他丁超过药品说明书规定剂量,但与死者病情恶化无因果关系;③死者病情重、极度消瘦,尤其伴有感染性休克、低氧血症、低蛋白血症,都是发生压疮的高危因素。根据护理记录,被告医院对皮损的发生采取了相应的措施,而且有一定效果,但对危重死者应进一步加强翻身、拍背等皮肤护理;④被告医院在诊疗过程中存在以下不足:A.被告医院对死者病情变化及采取的治疗护理措施,对患方缺乏主动、及时、详尽的沟通;B.根据病历记录,被告医院对"急性肾功能不全"的诊断依据不足;进行床旁持续血液滤过治疗缺乏明确的适应证;C.医疗文书书写应进一步规范。鉴定结论:该病例不构成医疗事故。鉴定费×元由原告支付。

对于死者入院的身体状况,庭审后,合议庭与经治医师再次确认情况为:当日死者入院时坐轮椅推入,行走比较困难,上下床需要协助,神智清楚,能自己饮食。6月18日,查体见死者腹主动脉硬化,斑块形成,伴局部管腔狭窄,怀疑患有腹主动脉夹层动脉瘤肠系膜动脉狭窄。被告医院认为死者症状严重,随时有休克猝死的风险,因此向原告下达病危通知。该通知系针对腹主动脉夹层动脉瘤,并非死者入院后肺部感染高热所出具。

对于死者出现吸入性肺炎前的病情,在病程记录中记载如下:2009-6-18今日上午患者腹部大血管超声:腹主动脉硬化,斑块形成(混合斑块)斑块局部狭窄,腹主动脉夹层动脉瘤肠系膜上动脉狭窄。某甲副主任医师请示某乙主任医师下一步诊治意见,某乙主任医师指示:即刻行腹部CTA检查,为确保安全,备急救车现场监护……患者下午2点出现发热,咽痛,T:38.7℃,咽红,双肺呼吸音重,考虑"呼吸道感染",急查血常规……下病重通知。给予头孢米诺2.0g,2次/d静点。2009-6-19某甲副主任代主治医师看患者后指示:患者进食后腹痛明显,考虑"缺血性肠病",暂禁食,给予静脉营养支持治疗,同时给予"前列地尔注射液"扩血管治疗。今日患者仍咳嗽、咳痰,咳痰无力,查体:今晨体温37.2℃,右下肺可闻湿啰音,给予"盐酸氨溴索葡萄糖注射液"化痰治疗。患者老年,体弱,重度营养不良,病情较重,预后不佳,密切观察病情变化,并再次向患者家属下病重通知。2009-6-20抢救记录:今晨6:50患者突然呼吸减慢,意识不清,查体:血压105/75mmHg,呈下颌式呼吸,昏迷,双肺呼吸音低,散在湿啰音,心率:130次/min,律齐。立即给予面罩吸氧、吸痰,吸出少量白色黏痰。急查心电图、急查生化、心肌酶、血气分析,为进一步治疗转入ICU。

ICU专科病程记录:2009-6-20行右颈内静脉置管术,过程顺利。行纤维支气管镜示:明确考虑误吸,左右主支内均有大量食物残渣,似蛋白状块物,阻塞各亚段,冲洗并吸引,基本吸出,但有个别块状物不易吸出。必要时行异物钳钳取。反复拍背,有蛋白物间断咳出。患者本次吸入性肺炎诊断明确,完善各项检查,积极治疗,向患者家属下达病危通知,家属表示理解。医嘱记载转入ICU后,行纤维气管镜检查的时间为当日15时许。

对于压疮的描述,在 2009 年 7 月 15 日,住院患者皮肤压疮记录(综合病房)记载"转入时带入,患者骶尾部、会阴部、双侧臀部、双侧腹股沟、双侧大腿内侧大面积散在皮疹,有渗出液,左腹股沟有 6cm×5cm 破溃,周围有脓性分泌物,右腹股沟有 3cm×3cm 破溃,有渗液。左侧腕部淤紫 6cm×6cm,患者四肢水肿明显,左侧锁骨下 1cm×2cm 破溃,已结痂。原因:患者年老、恶病质体质,长期卧床,四肢水肿"。

关于病程中医嘱"暂禁食"一节,主治医师复习病历后称当日上午查房,患者出现腹痛症状,建议在症状重的时候,不要让其吃东西,如果症状减轻可以进食。当日下午查房时,患者不再有腹痛症状后,撤销该医嘱。

上述事实,有原、被告出示的病历、医疗费单据、交通费单据、身份关系证明、鉴定意见书以及当事人当庭陈述等证据在案佐证。

法院认为:首先,就被告公司与死者的生活护理一节,分析如下。被告公司作为被告医院住院患者生活区护理单位,入院时对患者病情评估,提供相应的护理服务。根据入院查体记载,死者入院时虽体格消瘦、营养不良,但神志清醒、四肢肌力可达 V 级。参考入院首日病程,建议一般日常护理符合病患护理级别,根据护理协议约定,日常护理中确不包括"进食、喝水"的护理工作。但死者在 6 月 18 日突然出现高热、感染的病情,体温一度达到 38.7℃,身体虚弱。6 月 19 日,进食后腹部疼痛明显,体温升高。从病程记录分析,死者体质迅速下降,自理能力较差,护理公司有义务及时通知原告死者状况,并适当调整护理级别。以事发时死者健康状况判断,自行进食恐难以完成。有一定经验的护理人员均应了解,对于年老体弱、有呼吸道疾病的病患,应慎重喂食小米粥、鸡蛋羹等容易导致呛咳的食物。误吸是死者病情加重以及后续出现感染性休克的直接原因。原告提出被告公司未尽到护理义务的观点,病历首页记载,死者二级护理 3 天,一级护理 45 天、特级护理 25 天。二级护理即死者从 6 月 15 日至 6 月 17 日期间护理。6 月 18 日,死者高热后,即转入一级护理,在 ICU 抢救期间属于特级护理,由 ICU 转至综合科后持续一级护理。对于一级护理的病患,根据规范要求,属于重点护理,被告医院应做到每隔 15~30 分钟巡视一次,并协助饮食起居。由此可见,被告公司替代被告医院医务人员进行日常护理,并收取护理费,对于因误吸发生的医源性损害,应承担相应责任。

病历记载,死者死亡的主要原因是感染中毒性休克。导致死者感染的原因即有肺部感染(因为难以避免的院内感染以及因误吸后出现吸入性肺炎加重)的原因,此外,在 ICU 治疗过程中,亦出现了会阴部、骶尾部大面积皮肤溃破、感染(脓液)以及散在皮疹,也是导致感染的原因之一。死者自身消瘦、营养不良、低蛋白血症等对于预防压疮有不利因素,但被告医院未采取积极、有效的护理方式,也是导致压疮发生的客观原因,亦应对感染的损伤承担相应责任。专家认为被告医院对死者行 CRRT 血滤无充分指征,该医疗行为可以认为是过度医疗,故医疗费明细中血滤管路的自费部分应当返还给原告。综上,两被告在护理过程中的过错均对于死者死亡存在一定因果关系,合议庭确定两被告对于死者死亡后果各承担百分之三十的赔偿责任。

原告要求赔偿死亡赔偿金、丧葬费的诉讼请求,符合法律规定,本院予以支持。原告要求赔偿精神损害抚慰金的诉讼请求,符合法律规定,具体金额本院酌定两被告各赔偿×万元。原告要求赔偿住院伙食补助费的诉讼请求,考虑到死者从住院后 3 天到去世的治疗均系因吸入性肺炎引起的损害后果,与自身消化道疾病无关,故该费用符合法律规定,具体天数确定为 70 天。原告要求赔偿营养费的诉讼请求,符合死者住院的实际需要,本院予以支持。原告要求赔偿护理费的诉讼请求,符合死者住院实际需要,具体金额酌定为×元,按责任比例,两被告分别赔偿×元。原告要求赔偿误工费的诉讼请求,未提交误工证明,本院不予支持。原告要求赔偿交通费的诉讼请求,本院酌定两被告各赔偿×元。原告要求赔偿病历复印费的诉讼请求,不属于法定赔偿项目,本院不予支持。综上所述,依据《中华人民共和国侵权责任法》第六条、第十六条、第二十二条、第五十四条、第五十七条之规定,判决如下:①本判决生效后三十日内,被告医院赔偿原告死亡赔偿金、丧葬费、精神损害抚慰金、住院伙食补助费、营养费、护理费、交通费、医疗费、鉴定费共计×元;②本判决生效后三十日内,被告公司赔偿原告死亡赔偿金、丧葬费、精神损害抚慰金、住院伙食补助费、营养费、护理费、交通费、医疗费共计×元;③驳回原告其他诉讼请求。

如果被告医院与被告公司赔偿未按本判决指定的期间履行给付金钱义务,应当依照《中华人民共和国民事诉讼法》第二百五十三条之规定,加倍支付迟延履行期间的债务利息。

案件受理费×元,由原告负担×元(于本判决生效后三十日内交纳),由被告医院负担×元(于本判决生效后三十日内交纳),由被告公司负担×元(于本判决生效后三十日内交纳)。

三、关键点

1. 被告公司替代被告医院医务人员进行日常护理,并收取护理费,对于因误吸发生的医源性损害,应承担相应责任。

2. 在 ICU 治疗过程中,死者出现了大面积压疮以及散在皮疹,是导致感染的原因之一。尽管死者身体素质差,对于预防压疮有不利因素,但被告医院未采取积极、有效的护理方式,也是导致压疮发生的客观原因,亦应对感染的损伤承担相应责任。

3. CRRT 血滤无充分指征,该医疗行为可以认为是过度医疗。

案例 6

一、案例病情简介

2007 年 10 月 2 日 16:30,死者被朋友送到被告卫生院治疗,根据被告卫生院病程记录:死者以"被发现神志不清,呕吐 10 分钟"为主诉入院,10 分钟前被朋友发现昏迷,口腔及鼻腔出现呕吐物,双侧眼球固定,全身湿泛多次呼之无反应。入院诊断"昏迷待查,呼吸衰竭",从 16:30 送入医院,直至 18:15,被告卫生院都在采取医疗措施,对死者进行药物治疗。在治疗过程中,被告卫生院联系被告医院,17:30,被告医院医护人员随救护车赶到被告卫生院,共同对死者进行会诊,认为死者病情危重,转运过程可能出现呼吸心跳停止,对死者药物施救,花费诊疗费×元。死者于 17:50 出现心跳、呼吸暂停,经抢救于 17:52 恢复心跳,考虑病情稍有稳定,建议转上级医院,并告知转运可能出现呼吸心跳停止,原告表示理解,于 18:35 从被告卫生院转送被告医院,当救护车行驶至某地段时,死者心跳、呼吸、脉搏停止,经被告医院继续抢救后,死者抢救无效于 19:45 死亡。由被告医院出具的居民死亡医学证明书认定死者死亡的原因是呼吸、心搏骤停,引起疾病的原因为昏迷待查。死者死亡后,原告安排死者的火化、安葬事宜,未进行尸体检验,也没有申请医疗事故认定。

二、案件鉴定及审理经过

在诉讼过程中,本案经法院释明后原、被告均表示此事不是医疗事故,原告按医疗过错人身损害赔偿纠纷主张权利。法院根据被告卫生院、被告医院的申请,依法委托警察学院司法鉴定中心进行司法鉴定,该鉴定中心作出《司法鉴定意见书》,认为被告卫生院针对死者施救过程中存在以下不足之处:①未进行详细的病史采集;②治疗过程中未见清除口鼻腔异物打开气道记录;③判断死者病情稳定并作出转院决定过于草率,但是由于死者死亡原因不明确,这些不足和死者死亡之间是否有一定的因果关系尚难以认定。

一审法院认为,原告提出被告医院在死者已被检测出血糖较高的情况下,还给死者使用了50%葡萄糖致使死者得不到合理的治疗而死亡的主张,没有相关证据证明,不予采纳。从原告提交的被告卫生院病程记录单及医嘱单,可以证明本案死者在被送到被告卫生院进行抢救时,其本身就已处于昏迷状态,被告卫生院在抢救过程中,积极进行施救,在发现死者病情严重的情况下及时向上级医院申请施救,并在病情稍有稳定情况下立即转送上级医院继续施救,原告提出被告卫生院延误了死者的最佳治疗时间的主张,没有相关证据予以支持,不予采纳。被告医院在接到被告卫生院的求救电话后,医护人员及时赶赴被告卫生院,与被告卫生院的医护人员共同对死者进行施救,在死者已经出现心跳、呼吸暂停经抢救恢复心跳情况下,为抢救死者生命,及时送往被告医院准备施救。死者在途中心跳、呼吸、脉搏停止,经被告医院继续抢救后死亡。《司法鉴定意见书》认定被告卫生院在死者施救过程中存在一些过错,但是由于死者死亡原因不明确,这些过错和死者死亡之间是否具有因果关系尚难以认定。由于原告在死者死因未查明的情况下就将尸体火化,造成死者死亡原因无法查明,故原告提出两医院在死者死亡原因尚未确定的情况下,未征得原告意见,也未对死者尸体进行解剖的情况下,擅自将尸体火化的诉称,明显违反客观事实,不予采信。因此,对原告提出要两医院连带承担赔偿因医疗过错给原告造成的经济损失的50%的诉请,不予支持。但被告卫生院在对死者病史采集、治疗过程中未见清除口鼻腔异物打开气道记录、判断死者病情稳定并作出转院决定过于草率、疏于尽到告知死者亲属可进行尸检查明死亡原因义务等不足之处,因此被告卫生院、被告医院也应承担相应的责任。原告因死者的死亡,造成的经济损失含死亡赔偿金、丧葬费、医疗费、精神抚慰金共计×元,根据案件的具体情况,该院酌情确定两被告共应承担原告经济损失总额的10%为宜。据此,市人民法院作出民事判决:①被告卫生院、被告医院应在本判决生效之日起十日内连带赔偿原告经济损失×元;②驳回原告的其他诉讼请求。

原告、被告卫生院、被告医院均不服一审判决,向市中级人民法院提出上诉。

二审法院另查明,被告卫生院在死者转院时,用电话征得原告同意。死者死亡后,其亲属未提出异议,并与死者生前所在单位相关人员安排火化、安葬事宜。

二审认为,死者于2007年10月2日19:45死亡,原告当时未提出异议,并于10月3日取得被告医院出具的《居民死亡医学证明书》后,与死者生前所在单位相关人员安排火化、安葬事宜。显然,原告认为死者死因未查明的责任是被告卫生院、被告医院与事实不符。一审法院根据被告卫生院、被告医院的申请,依法委托警察学院司法鉴定中心进行司法鉴定,该鉴定中心作出的《司法鉴定意见书》所认定事实并无不妥。一审法院根据原告一审法庭辩论终结时主张的死亡赔偿金、丧葬费、医疗费、精神抚慰金,共计×元,计算两医院应承担的份额,并无不当。综上,一审判决事实清楚,适用法律正确。据此,市中级人民法院作出民事判决:驳回上诉,维持原判。

原告不服二审判决,向省高级人民法院申请再审。省高院于2011年5月10日作出民事裁定,指令市中级人民法院再审本案。

市中级人民法院再审认为,死者送入被告卫生院时已神志不清,并出现呕吐,被告卫生院的医护人员采取了有关的医疗措施,根据被告卫生院的医疗条件及水平,被告卫生院医护人员亦与被告医院联系,建议转院治疗。被告医院医护人员随救护车赶到被告卫生院,共同对死者进行会诊,在转院前已出现心跳、呼吸暂停,经抢救心跳恢复,建议转入被告医院继续治疗,转院前告知原告,途中可能出现呼吸心跳停止情况,原告表示理解,后在途中死者出现心跳、呼吸、脉搏停止,当即进行抢救,送入被告医院继续抢救后不久死亡。据此,从入院开始被告卫生院和被告医院医护人员均采取积极救治措施,已尽义务。根据《司法鉴定意见书》,被告卫生院针对死者施救过程中存在不足,原审酌情确定赔偿损失的 10%偏低,调整至30%。原告诉讼时主张按损失 50%赔偿无事实和法律依据,不予支持。依据《审理人身损害赔偿案件适用法律若干问题的解释》第三十五条第二款“‘上一年度’,是指一审法庭辩论终结时的上一统计年度。”的规定,原审以 2007 年省人身损害赔偿标准中城镇居民人均可支配收入为标准进行计算有误,应以 2008 年度的统计数据为准,赔偿数额确定为×元。原告再审阶段主张抚养费和赡养费,依据《最高人民法院关于适用〈中华人民共和国民事诉讼法〉若干问题的意见》第一百八十四条“在第二审程序中,原审原告增加独立的诉讼请求或原审被告提出反诉的,第二审人民法院可以根据当事人自愿的原则就新增加的诉讼请求或反诉进行调解,调解不成的,告知当事人另行起诉。”的规定,由于两医院拒绝调解,且抚养费和赡养费属于新增加的诉讼请求,本案不作审理,可另案起诉。据此,市中级人民法院作出民事判决:①撤销市中级人民法院原民事判决;②被告卫生院、被告医院在本判决生效之日起十日内连带赔偿原告经济损失×元;③驳回原告的其他诉讼请求。

省人民检察院抗诉认为,被告卫生院和被告医院没有尽到积极抢救义务,其医疗行为存在过错。另,再审判决依照 30%责任比例确定精神损害赔偿金有误,本案所确定的×元精神损害赔偿金应全部判归死者的近亲属。

省高院再审过程中,原告申诉称,被申诉人并无对死者进行积极抢救,也未明确告知原告转院风险,且未经原告同意火化尸体,被申诉人应对死者的死亡承担赔偿责任。另,再审判决认定精神损害赔偿金×元偏低,应酌情予以增加。请求被申诉人承担死者死亡赔偿金×元。

被告卫生院、被告医院辩称:①医院已经尽到积极抢救义务,其对死者的诊疗行为不存在过错;②在死者朋友也无法提供完整病史情况医院对死者采取的一系列对症措施符合医疗救助规范;③病历没有书写打开气道并不表明没有进行这个步骤,诊疗规范常规已经包括了这些过程;④医院对死者使用葡萄糖及转院治疗并无过错。请求驳回申诉,维持原判。

省高院再审对原一审、二审、再审中所查明的各方当事人无异议的事实予以确认。

省高院再审认为,被告卫生院及被告医院在有限的医疗条件下已经尽到了积极抢救死者的义务。原再审判决根据司法鉴定意见书中表明的两医院在诊疗过程中存在的三点不足酌定两医院承担 30%的赔偿责任已斟合理。抗诉机关关于再审判决两医院仅承担 30%的赔偿责任加重死者责任的抗诉理由缺乏事实和法律依据,不予支持。按照 2008 年省城镇居民人均可支配收入标准计算,死者的死亡对原告造成的经济损失共计×元。据此,被告卫生院、被告医院应连带赔偿原告经济损失×元。

另,根据《最高人民法院关于确定民事侵权精神损害赔偿责任若干问题的解释》第十条、

第十一条的规定,法院在确定精神损害赔偿金的数额时已充分考虑到受害人自身的过错,如果再按责任比例分摊,将导致受害人重复承担过错责任,违背公平原则。本案原再审判决将×元精神损害赔偿金再按 30%的比例计算有误,应予纠正。抗诉机关的该项抗诉理由成立,应予支持。被告卫生院、被告医院应连带赔偿原告×元精神损害赔偿金。

再审中,被告卫生院、被告医院表示自愿给予原告×元人道主义补助款。省高院认为,被告卫生院、被告医院的自愿补助行为符合法律规定,予以照准。

综上,并经本院审判委员会讨论认为,原判认定事实正确,但在适用法律上有不当之处,应予纠正。依照《中华人民共和国民事诉讼法》第二百零七条第一款、第一百七十条第一款第(二)项之规定,判决如下:①撤销市中级人民法院前两次民事判决;②被告卫生院、被告医院应在本判决生效之日起十日内连带赔偿原告经济损失×元;③被告卫生院、被告医院应在本判决生效之日起十日内连带赔偿原告精神损害赔偿金×元;④驳回原告的其他诉讼请求。

如果未按本判决指定的期间履行给付金钱义务的,应当依照《中华人民共和国民事诉讼法》第二百五十三条之规定,加倍支付迟延履行期间的债务利息。

一审、二审案件受理费、鉴定费共计×元,由原告承担×元,两医院承担×元。

本判决为终审判决。

三、关键点

1. 被告卫生院未进行详细的病史采集。
2. 被告卫生院治疗过程中未见清除口鼻腔异物打开气道记录。
3. 被告卫生院判断死者病情稳定并作出转院决定过于草率。
4. 被告医院疏于尽到告知死者亲属可进行尸检查明死亡原因义务等不足之处。

案例 7

一、案例病情简介

原告于 2002 年 5 月 2 日出生,常规听力筛查无明显异常。2003 年 6 月 17 日,原告因病去被告卫生室就诊,经被告初步诊断为"支气管炎、咳嗽",予妥布霉素 8 万单位×4 支,每次 2 万单位,每日 1 次肌注,共 4 次。2003 年 8 月 30 日患儿因双耳听力下降,不会说话至某甲医院就诊,ABR 测试结果:左耳听力阈值 45dBHL,右耳 55dBHL。2003 年 9 月 1 日又至某儿童医院就诊,初步诊断为双耳感音神经性耳聋并出具诊断证明书:患儿诊断为双耳中度感音神经性耳聋。2004 年 3 月 15 日某乙医院 ABR 检查,双耳 90dBSPL、70dBSPL、50dBSPL 均有 V 波引出,40dBSPL、30dBSPL 以下均无明显反应。OAE 检查左 3/10、右 1/10 未通过。同年 11 月 29 日原告到某中医院就诊,行脑干诱发电位检查,示右耳阈值 65dB,左耳阈值 80dB。2003 年 11 月 17 日市医学会作出鉴定结论,认为本病例属于三级丁等医疗事故。2004 年 8 月 3 日省医学会作出医疗事故技术鉴定书,鉴定结论为:本病例不属医疗事故。2003 年 12 月 26 日原告以医疗事故损害赔偿纠纷向法院起诉,2004 年 12 月 24 日向法院撤回起诉。现原告再次诉至法院要求被告赔偿因医疗损害所造成的各项经济损失共计×元。

二、案件鉴定及审理经过

本案在审理中,经当事人申请,要求对原告是否存在耳聋的损害事实及该损害事实与被告卫生室医疗行为间有无因果关系进行鉴定,法院于 2005 年 5 月 27 日依法委托市司法鉴定所鉴定,鉴定结论为:①被告卫生室给 6 岁以内儿童使用妥布霉素存在不当行为;②被鉴定人(原告)2003年9月及2004年3月检查的双耳感音神经性耳聋诊断成立,表明使用妥布霉素与当时发生的双耳感音神经性耳聋之间有因果关系;③被鉴定人目前物理检查听力基本正常,不能排除当时发生双耳感音神经性耳聋的事实。

法院认为,本案系医疗损害赔偿纠纷,原告的诉讼请求能否成立,取决于被告卫生室给予原告的医疗行为是否存在不当或过失及原告的损害与该医疗行为间有无因果关系。本案中,原告作为医疗服务合同的一方主体,已就其出生时听力正常及使用妥布霉素后造成的损害后果进行了举证,某甲医院、某乙医院及市司法鉴定所所作司法鉴定书均可证明其双侧神经性耳聋这一损害后果,已完成法定的举证义务。被告卫生室作为医方,在提供医疗服务过程中,对可能产生不良后果的药物,应从专业角度履行加以谨慎注意的义务。妥布霉素药效中明显的副作用就是耳毒性,而药典及药理学关于妥布霉素在给药的事项中就特别注明需注意耳毒性,且使用妥布霉素应综合患儿病情、年龄、体重等各方面因素再决定是否给药及药量,本案中被告给予当时尚值1周岁的原告予以妥布霉素,医疗不当事实是客观存在的。关于原告损害结果与被告卫生室医疗行为间的因果关系:已由市司法鉴定所所作的鉴定结论予以认定,被告卫生室虽提出异议,但不能提供具有合理说服力、足以使人信赖的反驳证据,其对原告的损害应承担相应的民事赔偿责任。

关于原告的损失范围:医疗费、交通住宿费、康复费、误工费共计×元,经审查,上述费用合理,法院予以认定。关于原告主张的在康复中心的治疗费×元及保姆费×元,因其未在举证期限内提交证据,应承担举证不能的不利后果。关于后期治疗费用,鉴于原告尚未实际支出,且又未提交有效证据证明,该费用待实际产生后原告可另行主张;关于其主张的市医学会鉴定费×元、医疗事故纠纷案的诉讼费用,鉴于该费用系医疗事故纠纷案中所发生的,且当时原告已作撤诉处理,现要求该费用在本案中作为赔偿范围于法无据,法院不予支持。关于原告主张的精神损害抚慰金×元,原告的损害经市司法鉴定所鉴定认为:被鉴定人目前物理检查听力基本正常,原告该项主张无事实依据,法院不予支持。根据司法鉴定认为不能排除当时发生双耳感音神经性耳聋的事实,故由被告卫生室承担30%的民事责任为宜。

综上,依照《中华人民共和国民法通则》第一百零六条、第一百一十九条、最高人民法院《关于审理人身损害赔偿纠纷案件适用法律若干问题的解释》第十九条、第二十条、第二十二条、第二十三条、第三十五条之规定,判决如下:①被告卫生室应赔偿原告费用×元,款于本判决生效后十日内付清;②驳回原告的其他诉讼请求。

三、关键点

1. 被告卫生室给6岁以内儿童使用妥布霉素存在不当。

2. 原告两次检查的双耳感音神经性耳聋诊断成立,表明使用妥布霉素与当时发生的双耳感音神经性耳聋之间有因果关系。

3. 尽管原告目前物理检查听力基本正常,但不能排除当时发生双耳感音神经性耳聋的事实。

案例8

一、案例病情简介

原告于2011年9月19日因书写痉挛症到被告医院专家门诊就诊。次日,原告按照被告医院医生开具的处方服用药物(氯硝西泮,2片/次,1次/d;健脑胶囊,3粒/次,3次/d;氟哌噻吨美利曲辛片,1 片/次,1 次/d),后即上床休息。早晨 10 时许,原告被邻居发现躺在自家门前,被"120"救护车送往被告医院救治,入院诊断:①闭合性颅脑损伤:A. 左侧硬膜下血肿;B. 蛛网膜下腔出血;C. 脑挫裂伤;D. 额部头皮裂伤;②多发性陈旧性脑梗。同年 10 月 14 日,原告出院,诊断:①闭合性颅脑损伤:A. 左侧硬膜下血肿(治愈);B. 蛛网膜下腔出血(治愈);C. 脑挫裂伤(治愈);D. 额部头皮裂伤(治愈);②多发性陈旧性脑梗(好转);③贫血(好转);④腰椎间盘突出症(好转)。出院医嘱:①巩固治疗;②心内科、骨科、消化内科(血液科)门诊复查;住院期间,原告花费住院费用×元。

原告要求被告赔偿住院期间相关治疗及检查等相关费用未果,遂诉至法院。

二、案件鉴定及审理经过

庭审过程中,经原告申请,法院于 2013 年 7 月 12 日委托某甲医学会对原告在诊疗过程中有无过错、其受到的损害与诊疗行为是否存在因果关系及过错参与度进行鉴定。2013 年 9 月 3 日,某甲医学会出具医疗事故技术鉴定书,结论为:根据《医疗事故处理条例》第二条、第四条,《医疗事故分级标准(试行)》《医疗事故技术鉴定暂行办法》第三十六条,本病例属于四级医疗事故,医方承担轻微责任。其分析意见载明:"①2011 年 9 月 19 日,被告医院门诊专家因'书写痉挛症'给予氯硝西泮片 2mg,每晚 1 次口服符合诊疗规范;9 月 20 日,被告医院便民门诊开具处方氯硝西泮 4mg,睡前一次口服,存在首次剂量偏大,根据药物不良反应,与患者的摔伤存在间接关联;②原告高龄且存在多种疾病:腔隙性脑梗死、营养不良性贫血(轻度)、颈椎病、老年退行性心脏瓣膜病-主动脉轻中度狭窄、心功能Ⅰ级、头颈部中度动脉粥样硬化,且患者常年独居,无人陪护,与患者摔倒及摔倒后未能及时被发现、及时救治存在关联;③该患者使用剂量在安全范围,不存在中毒症状。"原告花费鉴定费×元。然而原告不服此鉴定,在法定期限内申请再次鉴定。

法院于 2013 年 11 月 12 日某乙医学会进行再次鉴定,2014 年 7 月 3 日,某乙医学会出具医疗事故技术鉴定书,结论为:根据《医疗事故处理条例》第二条、第四条,《医疗事故分级标准(试行)》《医疗事故技术鉴定暂行办法》第三十六条,本病例属于三级戊等医疗事故,医院承担主要责任。其分析意见载明:①被告医院违反氯硝西泮片说明书规定,首剂量偏大,未向原告交代药物不良反应及可能存在的风险;②原告跌伤与服用氯硝西泮存在因果关系;③由于原告服用氯硝西泮首剂量偏大致颅脑损伤,被告医院没有良好沟通,应当承担主要责任,原告年龄大,体弱多病,也是造成跌伤的重要危险因素。原告为此花费鉴定费×元。

法院认为,本案的争议焦点是被告在对原告的诊疗过程中是否存在过错,原告所受到的损害与被告的诊疗行为之间是否存在因果关系及被告是否应赔偿原告主张的各项损失。

根据《中华人民共和国侵权责任法》第五十四条的规定,医疗损害责任适用过错责任归责原则,由于医疗机构及其医务人员的过错,致使患者在诊疗活动中受到损害的,医疗机构应当承担侵权损害赔偿责任。本案中,法院依法委托某乙医学会进行医疗事故技术鉴定,某乙医学会所作的医疗事故技术鉴定书分析意见,可以确认被告在对原告的诊疗过程中存在过错,应承担 70%的赔偿责任。

依照《中华人民共和国侵权责任法》第六条第一款、第十六条、第二十二条、第五十四条,最高人民法院《关于审理人身损害赔偿案件适用法律若干问题的解释》第十七条第一款、第十八条第一款、第十九条、第二十一条、第二十二条、第二十三条第一款、第二十四条、第二十五条,《中华人民共和国民事诉讼法》第六十四条第一款、最高人民法院《关于民事诉讼证据的若干规定》第二条、第七十三条之规定,判决如下:①被告医院于本判决生效之日起十日内赔偿原告×元;②驳回原告其余的诉讼请求。

三、关键点

1. 被告医院违反氯硝西泮片说明书规定,且未向原告交代药物不良反应及可能存在的风险。

2. 原告跌伤与服用氯硝西泮存在因果关系。

3. 由于原告过量服用氯硝西泮致颅脑损伤,被告医院没有良好沟通,应当承担主要责任,原告年龄大,体弱多病,也是造成跌伤的重要危险因素。

案例 9

一、案例病情简介

原告系死者之子。死者生前住在老年公寓,2013 年 12 月 20 日上午,死者因胃不舒服,由本案被告(村卫生所)指派医师徐某上门服务对死者实施诊疗并开具处方单,为此,被告开具金额为×元的《收款收据》。医师徐某对死者实施静脉滴注,但没输液完,徐某就先行离开。当日下午 2:40 左右,静脉滴注完毕,在当日下午 4:50,老年公寓工作人员向被告(村卫生所)打电话称死者病情恶化,医师徐某赶到现场,发现已死亡。2013 年 12 月 21 日,原告将死者送到市殡仪馆进行火化。

二、案件鉴定及审理经过

2013 年 12 月 23 日,原告向被告(村卫生所)出具书面函件,指明死者 2013 年 12 月 20 日下午去世后,原告曾于 2013 年 12 月 23 日上午 12:00 来到曾为死者诊治的被告(村卫生所),只见到一张处方,并未复印也未见过死者就诊病历、治疗当日抢救记录,其实被告(村卫生所)根本就没有这些医疗文书。被告(村卫生所)、徐某在函件的落款处签署"以上属实"。2014 年 3 月 11 日,区卫生局作出答复意见,内容为:①关于村卫生所仅提供处方,未向死者提供病历及抢救记录,死者死亡后未向上级报告的问题。经调查,村卫生所开展诊疗活动时,仅记录门诊日志、开具处方,未按照《病历书写基本规范》书写门诊病历、抢救记录等文书。区卫生局已责令其立即改正,按规范书写、出具医学文书。拟依据《省医疗机构不良执业行为计分管理办法》第九条第(四)项的规定,给予记 3 分的处理;②关于医生徐某未按规范书写处方,用药不合理的情况的问题。经查,根据《医疗机构基本标准》,未要求村卫生所必须配备医学专业技术职务任职资格人员。因死者遗体已经火化,无法通过尸检查明其死因。不进行医疗事故技术鉴定,无法认定村卫生所医生徐某的诊疗行为与死者之间是否存在因果关系。区卫生局组织区内医学专家及部分高年资临床医务人员对徐某的诊疗行为和为死者开具的处方进行讨论后认为:医生徐某开具的处方药物超过 5 种、签名不完整、口服药与静脉输液药物未分别开具等,未严格按照《处方管理办法》的规范书写处方;医生徐某的诊疗水平与村卫生所所承担基本医疗的服务能力相适宜;死者静脉输液"山莨菪碱""克林霉素""甲硝唑"等药物后,未出现恶心、呕吐、腹痛等加重病情的症状,所用药物是否为导致死者死亡的主要因素尚无法判定。徐某未按规范书写处方,发现死者非正常死亡,未按照规定报告的行为,区卫生局拟依据《处方管理办法》第五十七条第(二)项及《执业医师法》第二十七条的规定,对其作出行政处罚;③对村卫生所违规开展院外输液,死者输液前后,护理人员没有在现场观察的问题。经调查,某老年公寓位于村内,2013 年 4 月 10 日在市民政局办理《民办非企业登记证书》,与村卫生所签订有《医疗合作协议》,约定至 2017 年 10 月 30 日以前,在该公寓内养老的老人如需在公寓内接受医疗诊治,由村卫生所提供。村卫生所核定的诊疗科目为'预防保健;全科医疗',根据《卫生部关于全科医疗科诊疗范围的批复》(卫政法发〔2006〕498 号)精神,'全科医疗科诊疗范围参照社区卫生服务机构提供的基本医疗服务的范围',村卫生所可开展'家庭出诊、家庭护理、家庭病床等家庭医疗服务'。2013 年 12 月 20 日,村卫生所医护人员到某老年公寓出诊,实施静脉滴注治疗后未在场观察,违反了护理工作常规。区卫生局拟依据《护士条例》第十一条的规定,将不良记录情况记入护士执业信息系统,并按照《省医疗机构不良执业行为记分管理暂行办法》第九条第(六)项,对医疗机构予以记 3 分的处理;④关于村卫生所有篡改处方的重大嫌疑的问题。经核对,原告向区卫生局提交的死者处方与村卫生所提供的处方一致。医患双方共同将该处方封存,目前由村卫生所保管。村卫生所医护人员及某老年公寓工作人员的询问笔录显示,2013 年 12 月 20 日死者静脉滴注的容量规格与处方记录相同。死者死亡后,原告方未对疑似因输液、药物等引发不良反应提出疑义,故医患双方未共同对现场实物进行封存。死者遗体被移送殡仪馆后,遗留在老年公寓的输液药瓶等废弃物被公寓工作人员丢弃,故区卫生局无法对村卫生所篡改处方的事实作出认定;⑤关于村卫生所抢救不力造成死者死亡的问题。经调查,2013 年 12 月 20 日傍晚,某老年公寓工作人员准备给死者喂晚饭时发现其呼之不应,立即向公寓管理员报告。管理员随即电话告知原告并通知村卫生所,未拨打 120 急救电话。约 5 分钟徐某医生赶到现场,查体发现死者无呼吸、心跳等生命体征,瞳孔散大,对光反射消失,经胸外按压后检查仍无生命迹象,后宣告其死亡。村卫生所医生徐某实施的现场抢救与当时当地的条件相适宜。如对本答复意见不服,原告可自收到本答复意见书之日起 30 日内向区人民政府申请复查。2014 年 8 月 8 日,市卫生局发出《市卫生局关于死者医疗事故争议中止鉴定的通知》,说明"区卫生局移送的《关于死者医疗事故争议移送处理函》及相关材料收悉,市卫生局于 2014 年 5 月按规定移送市医学会。市医学会多次通知医患双方提交医疗事故技术鉴定所需材料,但至今医患双方仍未提交。根据《医疗事故技术鉴定暂行办法》第十六条,市医学会已予以中止鉴定程序"。2014 年 8 月 29 日,区卫生局向原告发出《关于转发〈市卫生局关于死者医疗事故争议中止鉴定的通知〉的通知》。为此,原告诉至一审法院。

一审法院经审理后认为,根据《中华人民共和国侵权责任法》第五十四条"患者在诊疗活动中受到损害,医疗机构及其医务人员有过错的,由医疗机构承担赔偿责任"之规定,该规定明确了医疗损害责任的归责原则为过错责任原则。因此,在一般医疗损害责任情况下,应当遵循"谁主张,谁举证"的举证责任分配原则,当事人对自己提出的诉讼请求所依据的事实,有责任提供证据加以证明。本案中,徐某的诊疗行为只是简单的静脉滴注,由原告对这类行为的过错进行举证并不存在技术上的障碍,而在原告在死者死亡第二天未进行尸检的情况下,就将尸体火化,应承担举证不能的法律后果,不适用过错推定原则。因此,原告未提供证据证明死者的死亡与徐某的诊疗行为存在因果关系,故其要求被告(村卫生所)、徐某承担赔偿责任,没有法律依据,一审法院不予支持。依照《中华人民共和国民事诉讼法》第六十四条、《最高人民法院关于民事诉讼证据的若干规定》第二条的规定,判决:驳回原告的诉讼请求。

一审原告不服一审判决,继续上诉至二审法院。

二审中,当事人没有提交新证据。

二审法院认为,双方当事人争议焦点主要在于被告(村卫生所)、徐某是否应对死者的死亡承担赔偿责任。《中华人民共和国侵权责任法》第五十四条规定,"患者在诊疗活动中受到损害,医疗机构及其医务人员有过错的,由医疗机构承担赔偿责任。"医疗损害侵权责任包括医疗机构和医务人员的治疗行为、患者的损害、诊疗行为与损害后果之间的因果关系、医疗机构及其医务人员的过错四个构成要件。关于诊疗行为与损害后果之间的因果关系,应遵循"谁主张,谁举证"的原则,不存在举证责任倒置的情形。本案中,死者2013年12月20日下午2:40左右完成静脉滴注,下午4:50,老年公寓工作人员打电话通知死者病情恶化,徐某赶到现场时死者已死亡。死者的死亡原因无法确认。一审中,一审原告就死者的死亡与徐某的诊疗行为之间是否存在因果关系申请法院委托鉴定,一审法院先后委托的两家鉴定机构都因死者死因不明退回鉴定。一审原告并无法证明死者的死亡与被告(村卫生所)、徐某的诊疗行为之间存在因果关系,应承担举证不能的不利后果。关于医疗机构及其医务人员的过错,法律规定的是过错责任原则,除法律规定的可推定医疗机构有过错的情形外,也是由主张者承担举证责任。从区卫生局作出的《区卫生局关于原告举报被告(村卫生所)违规执业等信访事项的答复意见》看,徐某存在的只是未按规范书写处方、发现死者非正常死亡未按规定报告等不当行为,被告(村卫生所)医护人员也是因实施静脉滴注治疗后未在场观察而违反护理工作常规,并不足以认定医疗机构及其医务人员的诊疗行为存在过错。一审原告并没有其他证据可以证明医疗机构及其医务人员的诊疗行为存在过错,其主张徐某行为违反的《医疗机构病历管理规定》《病历书写基本规范》《处方管理办法》和《医疗事故处理条例》等规定,主要涉及病历、处方的书写和管理以及医疗事故的处理,并不属于《中华人民共和国侵权责任法》第五十八条规定"患者有损害,因下列情形之一的,推定医疗机构有过错:①违反法律、行政法规、规章以及其他有关诊疗规范的规定;②隐匿或者拒绝提供与纠纷有关的病历资料;③伪造、篡改或者销毁病历资料。"中涉及的诊疗规范,无法推定医疗机构有过错。因此,本案不足以认定死者的死亡与被告(村卫生所)、徐某的诊疗行为之间存在因果关系以及被告(村卫生所)、徐某的诊疗行为存在过错;一审原告诉请被告(村卫生所)、徐某承担医疗损害侵权责任,没有事实和法律依据,应不予支持。

二审维持原判,为终审判决。

三、关键点

1. 被告(村卫生所)开展诊疗活动时,仅记录门诊日志、开具处方,未按照《病历书写基本规范》书写门诊病历、抢救记录等文书,存在不规范行为。

2. 根据《医疗机构基本标准》,未要求被告(村卫生所)必须配备医学专业技术职务任职资格人员。死者遗体已经火化,无法进行尸检与医疗事故技术鉴定,因而无法认定被告(村卫生所)医生徐某的诊疗行为与死者之间是否存在因果关系。

3. 医生徐某未严格按照《处方管理办法》的规范书写处方;医生徐某的诊疗水平与被告(村卫生所)所承担基本医疗的服务能力相适宜;因死者静脉输入的药物并未出现加重病情的症状,因此无法判定所用药物是否为导致死者死亡的主要因素。徐某未按规范书写处方,发现死者非正常死亡,未按照规定报告的行为,存在过错。

4. 被告(村卫生所)医护人员到某老年公寓出诊,实施静脉滴注治疗后未在场观察,违反了护理工作常规。

5. 死者死亡后,死者家属未对疑似因输液、药物等引发不良反应提出疑义,故医患双方未共同对现场实物进行封存。死者遗体被移送殡仪馆后,遗留在老年公寓的输液药瓶等废弃物被公寓工作人员丢弃,故相关职能部门无法对被告(村卫生所)所篡改处方的事实作出认定,死者家属无法证明死者的死亡与被告(村卫生所)、徐某的诊疗行为之间存在因果关系,应承担举证不能的不利后果。

6. 被告(村卫生所)医生徐某实施的现场抢救与当时当地的条件相适宜,不存在抢救不力的事实。

案例 10

一、案例病情简介

2004 年 10 月 12 日,原告以"右小腿疼痛、畸形 2 年余,加重近 2 个月"为主诉入住被告医院的骨一科。原告的既往病史为高血压病、糖尿病;体格检查:血压 167/110mmHg,右小腿可见大量瘢痕组织,大量瘢痕挛缩,皮肤色泽暗红;右股骨中上段可见一 0.1cm×0.1cm 大小窦道,挤之无渗液。2004 年 10 月 13 日 11 时,原告的碘过敏试验为阴性。2004 年 10 月 13 日,被告医院对原告作出的生化检验报告单显示:尿素 6.6mmol/L(参考值 1.6~8.3mmol/L);肌酐 150μmol/L(参考值 40~125μmol/L);葡萄糖 7.8mmol/L(参考值 3.91~6.21mmol/L)。尿常规:尿蛋白+(参考值阴性)。2004 年 10 月 13 日,被告医院对原告进行右小腿瘘管造影,造影报告提示:经右腿皮肤瘘口注入造影剂,见右胫骨中段一瘘管,呈细管状,未见造影剂进入骨髓腔,软组织内无弥散,胫腓骨骨折。被告医院的诊断意见为右小腿瘘管形成。2004 年 10 月 17 日,被告医院的内分泌科对原告病情的会诊记录:初步诊断为糖尿病、糖尿病肾病(Ⅳ期)、高血压病、骨髓炎。2004 年 11 月 1 日,被告医院的肾病科对原告病情的会诊记录:患者有确切的糖尿病史 4 年,高血压病史 3 年,曾服用甲苯磺丁脲,后改用胰岛素降糖治疗,常感头疼、头晕,曾测血压 210/170~180mmHg,经服用卡托普利、硝苯地平等药物,现血压可控制在 130~140/80~90mmHg,一年前出现夜尿增多,视物模糊,行眼底检查,为缺血性改变,未见微血管瘤,未出现眼睑及双下肢浮肿,本次入院期间查肾功:SCr 150~178μmol/L、UA 503~578μmol/L;血糖:7.6~11.3mmol/L;尿常规:尿蛋白+。查体:血压 135/95mmHg。眼睑及双下肢无浮肿。诊断:①慢性肾功不全;②高血压并高血压肾病;③糖尿病;④慢性骨髓炎。2004 年 11 月 2 日,原告的彩色多普勒超声检查报告显示:①双肾实质回声增强;②左肾小结石。2004 年 11 月 22 日,原告出院,被告医院对其诊断为慢性骨髓炎、高血压、糖尿病。

二、案件鉴定及审理经过

2012 年 6 月 25 日,原告委托某司法鉴定所对其病情进行伤残等级鉴定。同年 7 月 10 日,该所出具鉴定意见书,鉴定意见为:被鉴定人目前病情符合肾衰竭尿毒症期,双肾功能重度障碍,依靠血液透析维持,伤残等级为Ⅲ级。

诉讼中,被告医院认为其在对原告的诊疗行为无过错,不应承担侵权责任。在审理过程中,经原告申请,法院委托省司法鉴定中心就被告医院的诊疗行为有无过错、医疗过错行为与损害后果之间是否存在因果关系以及过错参与度进行司法鉴定。2016 年 5 月 4 日,该中心出具了鉴定意见书,其中载明的主要内容为:原告在 2002 年 8 月 31 日车祸致伤前已患有糖尿病,并一直注射胰岛素治疗。原告在 2004 年 10 月在被告医院住院前已于 2004 年 6 月 1 日在市人民医院住院期间确诊:2 型糖尿病并肾病氮质血症期、高血压病、右胫腓骨骨折

（陈旧性）。鉴定意见：原告 2004 年 10 月 12 日至 11 月 22 日在被告医院进行诊疗，被告医院给原告施行右小腿瘘口造影是一项特殊检查，按要求，应有此类医学文书，但病历中无此类医学文书，甚至病程记录中都没有记载，诊疗过程中病历书写存在错误。慢性肾脏病及肾功能不全与被告医院使用复方泛影葡胺注射液经右腿瘘口造影无直接因果关系，但与此次诊疗行为存在间接因果关系，其过错参与度为 15%。经质证，原告认可该鉴定意见，无异议。被告医院对鉴定意见中关于慢性肾脏病及肾功能不全与医方使用复方泛影葡胺注射液经右腿瘘口造影无直接因果关系的鉴定意见认可，对于其余部分的鉴定意见则不予认可。

法院认为：《中华人民共和国侵权责任法》第六条第一款规定：行为人因过错侵害他人民事权益，应当承担侵权责任。过错是行为人承担侵权民事责任的法定构成要件。行为人因过错侵害他人人身，应当根据该法和《最高人民法院关于审理人身损害赔偿案件适用法律若干问题的解释》以及《最高人民法院关于确定民事侵权精神损害赔偿责任若干问题的解释》等法律、司法解释确定的赔偿范围、赔偿方式承担侵权赔偿责任。本案是一起医疗损害责任纠纷。根据《中华人民共和国侵权责任法》第五十四条规定：患者在诊疗活动中受到损害，医疗机构及其医务人员有过错的，由医疗机构承担赔偿责任。并结合前述法律、司法解释的有关规定，在医疗损害责任纠纷中，医疗机构的医疗活动具有过错是其承担民事侵权责任的构成要件。原告主张被告医院负有医疗过错，要求其承担赔偿责任，依法原告应当对被告医院所实施的医疗行为与本案损害结果之间存在因果关系及存在医疗过错承担举证责任。本案中，被告的诊疗行为是否具有过错以及与原告患肾病是否存在因果关系，应当依据前述相关法律由专业鉴定机构进行客观评价。根据原告申请，法院委托省司法鉴定中心对被告在对原告诊疗过程中是否存在医疗过错以及因果关系进行了鉴定，鉴定意见为诊疗过程中病历书写存在错误，慢性肾脏病及肾功能不全与医方使用复方泛影葡胺注射液经右腿瘘口造影无直接因果关系，但与此次诊疗行为存在间接因果关系，其过错参与度为 15%。因作出该鉴定书的司法鉴定机构是由双方当事人选定，鉴定程序合法，鉴定意见明确，故法院应将其作为重要依据，确定由被告对原告合理损失承担 15% 的民事赔偿责任。关于原告主张的各项损失问题，法院经核实确认，包含原告的残疾赔偿金、护理费、精神损害抚慰金共×元，原告主张的过高的赔偿部分，法院不予支持。原告还主张医疗费、交通费、住宿费、营养费、住院伙食补助费、误工费、被扶养人生活费等共×元，然而其并未举出切实充分的证据加以证明，故在本案中法院依法则不予支持。

综上，依照《中华人民共和国侵权责任法》第十六条、第二十二条、第五十四条，《最高人民法院关于审理人身损害赔偿案件适用法律若干问题的解释》第十七条第一、二款、第十八条第一款、第二十一条，《最高人民法院关于确定民事侵权精神损害赔偿责任若干问题的解释》第十条第一款的规定，判决如下：①被告医院赔偿原告残疾赔偿金×元；②被告医院赔偿原告护理费×元；③被告医院赔偿原告精神损害赔偿金×元；以上款项合计×元，被告医院于本判决生效后十五日内给付原告；④驳回原告的其他诉讼请求。

案件受理费、送达费、鉴定费合计×元（原告已预交），由被告医院负担，与前款同期一并给付原告。

三、关键点

1. 本案中患者病历里没有记载右小腿瘘口造影这项检查的记录，病历书写存在错误。

2. 慢性肾脏病及肾病功能不全与医方使用复方泛影葡胺注射液造影的诊疗行为存在间接因果关系,其过错参与度为 15%。

案例 11

一、案例病情简介

死者系原告妻子。死者因出现胸闷、气短不适症状,由原告拨打 120 急救电话。被告急救中心于 2014 年 9 月 25 日 01:04:55 接到报警电话,01:06:10 发送急救出诊指令,由护士隋某和被告医生罗某乘用"120"急救车辆于 2014 年 9 月 25 日 01:08 出诊,并于 01:12 到达死者住所。被告急救中心院前出诊病志记载:主诉呕吐 1 天,胸闷、气短 1 小时。原告代诉死者白天进食粗硬质食物之后出现胃痛、呕吐症状,多次呕出胃内容物及水样物,至晚间出现胸闷、气短症状,原告给予"冠心苏合胶囊"口服,症状缓解不明显。死者既往有冠心病病史,狂躁型精神病病史。心率 120 次/min;呼吸 20 次/min;血压 113/72mmHg。初步诊断:呕吐待查。

死者于 2014 年 9 月 25 日 01:19 被就近转送至被告医院急诊治疗。被告医院急诊病历记载:来诊时间:2014 年 9 月 25 日 01:37。查体:血压 117/87mmHg,心率 120 次/min,口唇略有发绀,患者瞳孔等大同圆,对光反射灵敏,双肺呼吸音清,心律齐,心音正常,病理反射未引出。心电图:窦性心动过速,ST-T 改变。初步诊断:冠心病,急性心梗。处置:立即给予吸氧;静脉给予 0.9%氯化钠注射液+丹红注射液;因死者病情严重,原告同意住院治疗。

死者于 2014 年 9 月 25 日 02:55 死亡。被告医院 24 小时入院死亡记录记载:入院时间:2014 年 9 月 25 日 01:43,出院时间:2014 年 9 月 25 日 02:55。入院情况:急诊带入吸氧,丹红注射液静滴,于 2014 年 9 月 25 日 01:55 入我科。入科时查体:血压测不清,呼吸无,心音听不清,大动脉搏动消失,心电图呈直线。入院诊断:猝死。诊断(抢救)经过:立即给予持续胸外心脏按压,给予 0.9%氯化钠 250ml+多巴胺 140mg+尼可刹米 1.125mg+洛贝林 9mg 静滴升血压,兴奋呼吸中枢治疗,请麻醉科气管插管、人工气囊辅助呼吸。给予阿托品 1mg、肾上腺素 1mg 静推。患者心跳未恢复,血压仍测不清,于 02:03 再次给予阿托品 1mg、肾上腺素 1mg 静推,给予多巴胺 60mg 加入 0.9%氯化钠 250ml+多巴胺 140mg+尼可刹米 1.125mg+洛贝林 9mg 静滴升血压治疗。呼吸心跳未恢复……02:32 给予碳酸氢钠注射液 60ml 静推纠正呼吸性酸中毒。患者心电监测仍呈直线,继续反复给予肾上腺素静推,患者心跳、呼吸始终未恢复,于 02:55 瞳孔散大至边缘,临床死亡。

二、案件鉴定及审理经过

原告认为,被告急救中心与被告医院及被告医生罗某的过错行为直接导致死者死亡。死者的去世给原告精神上造成了极大的伤害,三被告应对死者的死亡承担全部连带赔偿责任。原告诉讼请求三被告连带赔偿×元。

法院委托市司法鉴定中心对死者的死亡原因进行司法鉴定,出具司法鉴定意见书:本例死者系高血压心脏病患者。因心脏病病变加重致心肌缺血,心功能衰竭,导致心源性猝死。死因诊断:直接死因和根本死因方面是:①心功能衰竭、猝死;②冠状动脉狭窄,心脏缺血;③心脏多见陈旧性心肌梗死;④心脏体积增大,重量增加。

2014 年 10 月 20 日,被告急救中心认为罗某在 2014 年 9 月 25 日出诊中没有按单位要求着工作装及按时补充药品,严重违反了《市被告急救中心分站管理条例》,经主任办公会研究决定,给予其全中心通报批评,罚款 500 元处理。

本案在审理过程中,根据原告的申请,法院委托省司法鉴定中心对被告急救中心和被告医院上述诊疗行为是否存在过错、与死者的死亡后果是否具有因果关系以及过错程度进行司法鉴定。省司法鉴定中心于 2015 年 9 月 23 日作出司法鉴定结论,该鉴定结论分析认为:①死者既往已有动脉硬化、冠心病、陈旧性心梗,死亡原因清楚。死者在 2014 年 9 月 25 日 01:45 至 01:55 即从急诊科送往循环内科的过程中,突然心搏骤停,01:55 到达循环内科时,呼吸、心跳已经停止。死者属于猝死型冠心病。在死者要发生心肌梗死前,及时心脏复苏抢救可能挽救生命,尤其是发生在医院内,死者身旁有掌握心肺复苏经验的医务人员在场,施行及时、有效的心肺复苏措施,可幸免死亡,死者死亡发生在专业护理人员护送入院的途中,在心搏骤停的瞬间几分钟,身旁的专业护理人员,没有给予及时施行心肺复苏,丧失了使病情逆转的最后机会;②被告急救中心的医疗过错:被告急救中心出诊时未带心电机和相关急救药品,由于未给死者做心电图,心脏理学检查也未进行(院前出诊病志心脏检查一栏,无一字记载),所以未及时诊断出冠状动脉性心脏病,医生做出的初步诊断是呕吐待查。在院前医疗急救过程中,仅给鼻导管吸氧,未采取医疗措施。被告急救中心出诊对死者不检查心脏、不做心电图、不给用药,在一定程度上延误了对病情的诊断及治疗;③被告医院的医疗过错:A. 医方没有进行心电监护,未能掌握病情变化。死者心电图为异常心电图,可见诊断 T 波倒置、ST 下移,提示严重心肌缺血,不能除外急性心肌梗死,心电自动诊断提示电极脱落、请再度进行记录;但医生没有再度描记心电图。按医疗常规,此类患者必须进行心电监护(同时进行血压、心律、呼吸、血氧饱和度监测),这样才能掌握生命体征变化、根据不断变化的病情,给予有效的针对性处理;B. 医方在给予吸氧,开通静脉通道的同时,没有做相关的化验检查。如急诊血常规、心肌酶(CK)和肌钙蛋白等;因此,导致死者生前未能确诊;C. 医方没有根据病情(通过心电监测可知)变化,给予相应药物如抗心律失常药物;D. 医方没有意识到死者病情的严重性,在病情不够稳定情况下,过早地把死者送到病房(死者是 2014 年 9 月 25 日 01:37 送到急诊科,01:45 离开急诊科)。前后仅 8 分钟的处理时间,病情没有一点好转,就把死者送走;E. 护送死者的过程中没有医生,仅是护士。在此过程(01:45 至 01:55 仅为 10 分钟)死者就发生了心源性猝死,当时死者身旁的医务人员没有做心搏骤停的复苏准备,所以未能及时进行心肺复苏,猝死未能逆转,最终导致死者死亡;④由于被告急救中心的院前医疗急救工作存在过错,延误诊断与治疗,使死者的病情恶化。另被告医院的诊疗工作也存在过错,未及时进行心肺复苏,致死者的病情没有得到控制,最终发生心源性猝死。故此,死者死亡与被告急救中心及被告医院的医疗过错均存在因果关系;⑤死者的死亡是冠心病所造成的,是疾病发展的最终结局,即所谓的"疾病死亡"。死者冠心病发作,起初是不稳定心绞痛,后来发展到心源性猝死,猝死型冠心病的死亡概率极大。由于被告急救中心与被告医院都没有认真执行医疗常规,存在上述一系列的医疗过错,使死者没有得到应得的常规诊断和救治,被告急救中心和被告医院在导致死者死亡的后果中应共同承担次要责任。

该鉴定结论意见:①被告急救中心和被告医院在对死者的医疗行为中均存在医疗过错;②被告急救中心和被告医院的医疗过错行为与死者的死亡存在因果关系;③被告急救中心和被告医院在导致死者死亡的后果中应共同承担次要责任。

法院认为:医疗机构及其医务人员在对患者的诊疗救治过程中,应当严格遵行相关医疗规范,针对患者的具体情况,投以高度的注意,尽到最善良的谨慎和关心,及时、合理、妥当地采取与现实医疗技术水平相应的各种急救诊疗措施。患者在诊疗活动中受到损害,医疗机构及其医务人员有过错的,该医疗机构应当承担相应的赔偿责任。本案中,死者在经过被告急救中心急救并转至被告医院诊疗过程中猝死。省司鉴中心做出的司法鉴定结论认定被告急救中心和被告医院在对死者的医疗行为中均存在医疗过错且与死者的死亡存在因果关系,被告急救中心和被告医院在导致死者死亡的后果中应共同承担次要责任。被告急救中心、被告医院和罗某虽对该鉴定结论提出异议,但没有提供充分证据予以证明。法院经审核认为,该司法鉴定结论依据充分,鉴定程序合法,法院予以采信。被告急救中心和被告医院依法应当承担与其过错程度相应的赔偿责任。综合考虑死者的年龄和原病状况、医务人员的客观行为和主观状态,结合本案司法鉴定结论的分析意见,合理确定被告急救中心和被告医院在本案中承担40%的赔偿责任为宜。另外,根据本案司法鉴定结论意见,对于死者的死亡后果,被告急救中心与被告医院在过错程度和原因力大小方面存在比例差异。被告急救中心的医疗过错仅是在一定程度上延误了对病情的诊断及治疗,对于造成死者死亡后果的原因力较小。而被告医院的医疗过错主要表现在诊断发生延误,诊疗措施不当,抢救措施缺失等方面,最终导致死者死亡。综合以上因素,确定被告急救中心承担20%责任,被告医院承担80%责任为宜。

关于赔偿项目及金额。原告诉请赔偿医疗费、死亡赔偿金、丧葬费、尸体检验及保管费、交通费依法有据,应予以支持。交通费中包括的×元手续费不属必然支出,不予支持。另外在医疗费一项中的×元住院押金尚未结算,实际支出金额尚不确定,故法院在本案中不予审理,当事人可待该项支出结算后,另行告诉。法院仅对其余×元予以确认。关于误工费,应当按照误工人员实际减少的收入计算。本案中,原告没有举证证明其因本案误工而发生收入实际减少的事实存在。故法院对其主张误工费的请求不予支持。

关于死亡赔偿金。死者系退休工人,属城镇居民,故死亡赔偿金应以本地上一年度城镇居民人均可支配收入标准,按二十年计算。但因死者死亡时年龄为71周岁,超过60周岁11年,依法应当扣除相应年限,即按9年计算。

另外,面对死者在急救诊疗过程中发生猝死的严重后果,原告内心毫无准备,必然会遭受精神痛苦,故其主张赔偿精神抚慰金的请求应予支持。关于精神损害抚慰金赔偿数额,法院综合考量医疗机构的过错程度、侵权情节、损害责任的性质以及本地区平均生活水平等因素,合理酌定赔偿×元为宜。

原告同时诉请被告医生罗某在本案中承担民事责任没有法律依据,法院不予支持。

综上,依照《中华人民共和国侵权责任法》第二条、第十二条、第十六条、第十八条第一款、第五十四条、第五十七条,《中华人民共和国民事诉讼法》第六十四条第一款,《最高人民法院关于适用中华人民共和国民事诉讼法的解释》第九十条,《最高人民法院关于审理人身损害赔偿案件适用法律若干问题的解释》第十七条第一款、第三款、第十八条第一款、第十九条、第二十条、第二十二条、第二十九条,《最高人民法院关于确定民事侵权精神损害赔偿责任若干问题的解释》第十条之规定,判决如下:①被告急救中心、被告医院于本判决生效后七日内一次性赔偿原告医疗费、死亡赔偿金、丧葬费、尸检费、尸体保管费、交通费共计×元的40%,即×元。该赔偿款由被告急救中心分担20%,即×元;被告医院分担80%,即×元;②被告急救中心、被告医院于本判决生效后七日内一次性赔偿原告精神损害抚慰金×元。该赔偿款由被告急救中心分担×元,被告医院分担×万元;③驳回原告的其他诉讼请求。

如果未按本判决指定的期间履行给付金钱义务,应当依照《中华人民共和国民事诉讼法》第二百五十三条之规定,加倍支付迟延履行期间的债务利息。

案件受理费、鉴定费共计×元,原告负担×元;被告急救中心负担×元、被告医院负担×元。

三、关键点

1. 被告急救中心的医疗过错:被告急救中心出诊时未带心电机和相关急救药品,由于未给死者做心电图,心脏理学检查也未进行(院前出诊病志心脏检查一栏,无一字记载),所以未及时诊断出冠状动脉性心脏病,医生做出的初步诊断是呕吐待查。在院前医疗急救过程中,仅给鼻导管吸氧,未采取医疗措施,在一定程度上延误了对病情的诊断及治疗。

2. 被告医院的医疗过错:①医方没有进行心电监护,未能掌握病情变化;②医方在给予吸氧,开通静脉通道的同时,没有做相关的化验检查,因此,导致死者生前未能确诊;③医方没有根据病情(通过心电监测可知)变化,给予相应药物如抗心律失常药物;④医方没有意识到死者病情的严重性,在病情不够稳定情况下,过早地把死者送到病房;⑤护送死者的过程中没有医生,仅是护士。在转送过程中死者就发生了心源性猝死,当时死者身旁的医务人员没有做心搏骤停的复苏准备,所以未能及时进行心肺复苏,猝死未能逆转,最终导致死者死亡。

3. 由于被告急救中心与被告医院的诊疗工作中均存在过错,最终导致死者死亡。故此,死者的死亡与被告急救中心及被告医院的医疗过错均存在因果关系。

4. 死者的死亡是冠心病造成的,即所谓的"疾病死亡"。死者冠心病发作,起初是不稳定心绞痛,后来发展到心源性猝死,猝死型冠心病的死亡概率极大。由于被告急救中心与被告医院都没有认真执行医疗常规,存在上述一系列的医疗过错,使死者没有得到应得的常规诊断和救治,被告急救中心和被告医院在导致死者死亡的后果中应共同承担次要责任。

案例12

一、案例病情简介

死者于 2009 年 12 月 21 日因"间断心悸 20 余年,加重 3 个月余"到被告医院就诊并住院。入院诊断:高血压病 3 级(极高危险组);心律失常:房颤;高脂血症;脑血管病后遗症;前列腺剜除术+膀胱取石术后。入院后予以降血压、降血脂等治疗。于 2009 年 12 月 24 日行导尿术并留置尿管。2010 年 1 月 10 日出现肉眼血尿,2 月 21 日转至中心医院治疗。2010 年 6 月 5 日死者再次转入被告医院,入院诊断:重症双肺炎;重度脓毒症;慢性肾功能不全急性加重;DIC;应激性溃疡出血;泌尿系感染;过敏性皮炎;冠心病;急性非 ST 段抬高型心梗;心功能 2 级;心律失常;心房纤颤;高血压病 3 级;高血压肾病;高脂血症;脑血管病后遗症。入院后给予抗感染,呼吸机辅助呼吸,床旁肾脏替代、脏器保护、全身支持等治疗,但死者病情持续恶化,于 2010 年 8 月 12 日因抢救无效死亡。

二、案件鉴定及审理经过

死者死亡后,原告认为被告医院在诊疗过程中存在过错,提起诉讼要求被告医院赔偿相关损失。本案审理期间,根据原告(死者家属)申请,法院依法委托区医学会对死者病例与被告医院的医疗事故争议进行技术鉴定。区医学会 2011 年 7 月 18 日出具医疗事故技术鉴定书,其中分析意见指出:①死者病例,平日夜尿次数多,住院 B 超检查示前列腺增生,残余尿量 256ml,留置导尿管有明确适应证。慢性尿潴留、留置导尿管是泌尿系感染的常见原因,难以避免;②至1月29日前,死者泌尿系感染已控制(尿培养阴性、尿常规正常);③死者1月13日开始出现咳嗽症状,14日胸片诊断肺部感染,予以抗感染、化痰等治疗,至1月25日体温、血象正常,复查胸片示炎症已吸收,说明肺部感染已控制;④死者高龄、脑血管病后遗症、运动障碍、高血压、心功能不全、冬季、留置尿管后活动减少等均为死者发生肺部感染的高危因素。泌尿系感染与肺部感染之间无直接因果关系;⑤死者再次肺部感染后,在外院治疗详细情况不清,重症肺部感染并发多脏器功能衰竭,现有医疗手段难以逆转,最终抢救无效死亡;⑥医方在诊疗过程中存在以下缺陷:A. 对留置尿管的观察、处置等均不到位。B. 医疗、护理文书记录欠严谨。鉴定结论:根据《医疗事故处理条例》第二条规定,死者病例不构成医疗事故。

区医学会鉴定后,原告认为区医学会所做鉴定分析不客观,不符合医学科学理论与实践,向法院申请做司法鉴定,被告医院同意原告的司法鉴定申请。法院依法委托市司法物证鉴定中心,对被告医院在对被鉴定人(死者)的诊疗过程中是否存在医疗过错行为;若有医疗过错行为,该医疗过错行为与被鉴定人(死者)的损害后果之间是否存在因果关系,参与度是多少进行司法鉴定。

市司法物证鉴定中心于2013年5月20日出具司法鉴定意见书,鉴定意见为:①被告医院在对被鉴定人(死者)的诊疗过程中存在以下医疗过错行为:A. 医方对留置尿管的观察、处置等均存在不足,此是引起泌尿系感染的一个因素;B. 死者的泌尿系感染与其肺部感染之间的因果关系亦不能排除;C. 医方的病历书写不规范;②被告医院上述医疗过错行为中的第1项、第2项与被鉴定人(死者)的死亡后果之间存在一定的因果关系,医方负轻微责任,参与度为B级(理论系数值10%);上述医疗过错行为中的第3项与被鉴定人(死者)的死亡后果之间不存在因果关系。

法院经审理后认为,侵害他人造成人身损害的,应当赔偿医疗费、护理费、交通费等为治疗和康复支出的合理费用,以及因误工减少的收入。造成残疾的,还应当赔偿残疾生活辅助具费和残疾赔偿金。造成死亡的,还应当赔偿丧葬费和死亡赔偿金。死者在诊疗活动中受到损害,医疗机构及其医务人员有过错的,由医疗机构承担赔偿责任。本案中,针对被告医院对死者的诊疗行为已经分别进行了两次专业鉴定。依据两次鉴定结论,虽然被告医院对死者的诊疗行为不构成医疗事故,但结合两次鉴定的分析意见和鉴定意见,可以认定被告医院在本次诊疗行为中确存在一定过错,法院依据鉴定机构出具的医疗事故技术鉴定书、司法鉴定意见书酌情确定被告医院的赔偿责任比例为20%,被告医院应在此范围内承担相应的损害赔偿责任。原告作为死者的继承人,享有受赔偿的权利。

受害人遭受人身损害,因就医治疗支出的各项费用以及因误工减少的收入,包括医疗费、误工费、护理费、交通费、住宿费、住院伙食补助费、必要的营养费,赔偿义务人应当予以赔偿。受害人死亡的,赔偿义务人还应当赔偿丧葬费、被扶养人生活费、死亡补偿费以及受害人亲属办理丧葬事宜支出的交通费、住宿费和误工损失等其他合理费用。原告要求被告医院赔偿的各项损失,法院依照相关规定,结合在案的证据分别予以确认。原告经法院合法传唤,无正当理由拒不到庭,法院依法缺席判决。

据此,依照《中华人民共和国民法通则》第一百零六条第二款、《中华人民共和国侵权责任法》第五十四条、《最高人民法院关于审理人身损害赔偿案件适用法律若干问题的解释》第十七条、第十八条、第十九条、第二十一条、第二十三条、第二十九条、《中华人民共和国民事诉讼法》第六十四条之规定,判决如下:自本判决生效之日起七日内,被告医院赔偿原告医疗费、住院伙食补助费、营养费、护理费、死亡赔偿金、丧葬费、复印费、精神损害抚慰金共计×元。驳回原告其他诉讼请求。

三、关键点

1. 医方对留置尿管的观察、处置等均存在不足,是引起泌尿系感染的一个因素;死者的泌尿系感染与其肺部感染之间的因果关系不能排除;医方的病历书写不规范。

2. 被告医院上述医疗过错行为中的第 1 项、第 2 项与死者的死亡后果之间存在一定的因果关系,医方负轻微责任,参与度为 B 级(理论系数值 10%);上述医疗过错行为中的第 3 项与死者的死亡后果之间不存在因果关系。

案例 13

一、案例病情简介

被告人房某系某医院某科医务人员,具体负责该院为降低妇女流产概率而提供的"封闭抗体治疗"服务项目中淋巴细胞的分离、培养、收集、提纯操作。某日上午,房某在医院"封闭抗体治疗"服务项目培养室独自收集、提纯培养后的整批共 34 份男性淋巴细胞时,未认真做操作前的检查、准备工作,在操作开始后发现备用的一次性吸管不够的情况下,抱持侥幸心理,严重违反相关法规制度关于"一人一管一抛弃"的规定,重复使用同一根吸管交叉吸取、搅拌、提取上述培养后的淋巴细胞,致使该批次淋巴细胞被交叉污染。随后,房某将受污染的淋巴细胞交由护理部医护人员对该 34 名男性的配偶实施皮内注射。一个月后,接受该批次"封闭抗体治疗"的一名女性向医院反映,称其丈夫在被抽取血样前因个人原因已感染 HIV 病毒。房某得知此情况后自知问题严重,即将其违规操作可能致该批次接受皮内注射的其他女性面临交叉感染 HIV 病毒危险的情况向医院领导作了汇报。经紧急排查,先后确认 5 名参加该批次皮内注射的女性感染了 HIV 病毒,其中两人已怀孕。经进一步检测,发现该 5 名感染者的 HIV 毒株核酸序列与前述感染 HIV 病毒男子的核酸序列属单系传播簇、高度同源。相关部门为此投入大量资源进行处置。被告人房某于当月 10 日在其单位领导的陪同下到当地派出所投案。

二、案件鉴定及审理过程

事件发生后,区卫生和计划生育局将房某涉嫌犯罪的相关材料移送公安机关。省卫计委对房某案的基本情况、发生过程以及目前的病毒感染情况进行了调查。认定房某的操作违反了《艾滋病防治条例》第三十三条"医疗卫生机构和出入境检验检疫机构应当按照国务院卫生主管部门规定,遵守标准防护原则,严格执行操作规程和消毒管理制度,防止发生艾滋病医院感染和医源性感染",以及医院《加样器使用、维护标准操作程序》中有关"改吸不同液体、样品或试剂前要更换新吸嘴"的规定。专家组经讨论后认为,本案是一起因医院技术人员严重违反操作规程,造成交叉污染,导致医源性艾滋病病毒感染事件。

法院对医方和患方证人证言进行采集,并现场勘验检查笔录、侦查实验视频,明确被告人所在医院感染管理制度、医学检验科规章制度及实验操作程序质控管理规定,调取证据通知书、调取证据清单、相关检验报告单,收集被告人个人供述。

通过上述行为,法院认定,被告人房某作为医务人员,在批量处理他人血样时严重不负责任,违反了"一人一管一抛弃"的操作规则,致使多人身体健康遭受严重损害,其行为已构成医疗事故罪。公诉机关指控的罪名成立。本案后果严重,影响恶劣,对被告人房某应依法严惩。鉴于房某犯罪后自动投案,并如实供述自己的罪行,有自首情节,且认罪悔罪,可予从轻处罚,对辩护人所提的相应意见予以采纳。但辩护人以房某主观上系出于侥幸为由要求从轻的意见,审理认为,正因为医疗事故罪主观方面系由过失构成,刑法规定了相对轻缓的刑罚,再以过失为由要求从轻处罚显然于法无据,故不予支持。据此,依照《中华人民共和国刑法》第三百三十五条、第六十七条第一款的规定,判决如下:被告人房某犯医疗事故罪,判处有期徒刑二年六个月。

三、关键点

被告人在进行医疗行为时严重违反了医院感染管理制度、医学检验科规章制度及实验操作程序质控管理规定,违背"一人一管一抛弃"的操作原则,致使多名患者感染 HIV,身体健康遭受严重损害,其行为已构成医疗事故罪。

案例 14

一、案例病情简介

2012 年 4 月 5 日,原告因"反复双下肢浮肿 1 年,加重伴乏力,纳差 2 个月"入住被告医院。经治疗,原告于 2012 年 4 月 21 日出院,出院诊断:原发性肾病综合征(局灶性节段性肾小球硬化症)。出院医嘱:①建议休息并继续治疗,避免受凉,低盐低脂优质蛋白饮食;②定期复查肝功能、尿沉渣、尿蛋白定量;③出院带药;④出院后继续服药;⑤不适随诊。2012 年 6 月 29 日至 9 月 14 日,原告再次在被告医院住院治疗。出院诊断与出院医嘱与第一次住院一致。2013 年 1 月 22 日至 2 月 4 日,原告在某甲住院治疗。初步诊断:①膜性肾病? ②带状疱疹。最后诊断:①系统性淀粉样变性(累及心血管系统、肾脏);②带状疱疹。2013 年 2 月 4 日至 17 日,2013 年 2 月 27 日至 3 月 13 日,2013 年 3 月 26 日至 4 月 5 日,原告多次在某甲住院治疗。主要诊断:原发性系统性淀粉样变性。其他诊断:肾淀粉样变性、带状疱疹后遗神经痛。出院及随访注意事项:①优质蛋白饮食,禁食生冷、油腻、隔夜食物;②尽量避免外出,注意防寒、保暖及个人卫生,外出时注意戴口罩,避免交叉感染;③遵医嘱服药,待电话通知住院行干细胞移植,提前准备好所需物品及药品等;④如出现鼻塞、流涕等感冒症状,可服用维 C 银翘片、小柴胡冲剂等,如无好转或出现发热等情况,建议至当地医院就诊,必要时可使用抗生素治疗,建议使用青霉素及头孢三代类对肾脏毒性较小药物;⑤如尿量偏少,出现浮肿、腹胀、体重增加等,严格限水(包括稀饭、各种汤类及水果),可间断服用利尿剂治疗,服用期间定期监测肾功能及电解质;⑥如浮肿明显,需使用胶体,建议使用人血白蛋白或血浆等,禁用代血浆制品;⑦禁止随意用药,尤其禁用中药土方或偏方及各种有肾病毒性药物。

二、案件鉴定及审理经过

原告认为被告医院存在误诊的行为,给其身心造成巨大的伤害,应承担相应赔偿责任,向法院提起诉讼。

法院根据原告的申请,委托司法鉴定科学技术研究所司法鉴定中心对本案进行司法鉴定。该中心认为"难以根据现有鉴定材料出具明确的鉴定意见"。将本案退回法院。法院经原、被告双方同意,另行委托市法医验伤所对本案进行医疗过错责任鉴定。该中心于 2018 年 7 月 20 日作出《司法鉴定意见书》,分析说明:①原告因"反复双下肢浮肿 1 年,加重伴乏力、纳差2个月"于2012年4月5日入被告医院治疗:其临床表现为肾病综合征(大量蛋白尿、低蛋白血症、双眼睑、双下肢水肿)。2012年4月10日在局麻下行肾穿刺活检术,病理结果示:局灶节段性硬化症。诊断为原发性肾病综合征局灶节段性肾小球硬化症,行甲泼尼龙、金水宝胶囊、钙尔奇、奥美拉唑、瑞舒伐他汀、还原型谷胱甘肽等对症支持治疗,于2012年4月21日出院。后因"反复双下肢浮肢肿1年,加重伴乏力、纳差1月"于2012年6月29日再次住院治疗;给予双嘧达莫、碳酸钙维生素 D_3、雷公藤多甙、氯化钾、瑞舒伐他汀、复方α-酮酸、呋塞米等对症治疗,于2012年9月14日出院。后因"反复浮肿2年,尿检异常1年余"于2013年1月22日入某甲医院治疗;2013年1月25日皮肤病理报告示:皮肤淀粉样变性。2013年1月31日(外院肾组织蜡块)病理报告示:肾组织刚果红染色:肾小球节段系膜区及血管袢阳性,偏振光下呈苹果绿双折光;肾淀粉样变。诊断为:①系统性淀粉样变性(AL型累及肾脏、心脏及皮肤脂肪):A.肾淀粉样变性;B.带状疱疹后遗神经痛。后多次入某甲医院对症及干细胞移植治疗;②原告系统性淀粉样变性(AL型累及肾脏、心脏及皮肤脂肪)诊断成立。原告肾脏 HE 染色及电镜观察未见典型肾淀粉样变的改变;肾脏、皮肤刚果红染色为阳性,但偏振光下阳性不明显:提示其肾脏淀粉样变病理表现属早期不典型病变。被告医院在对原告的诊疗过程中存在如下过错:未提供刚果红染色结果,导致存在一定的延误诊断;③患者自身存在过错:如2012年4月5日入被告医院治疗时拒绝做腹部超声等检查。综上所述,原告系统性淀粉样变性(AL型累及肾脏、心脏及皮肤脂肪)诊断成立,系自身疾病,但被告医院对原告的诊疗行为中,存在过错,属轻微因素(如对疾病认识不足,未提供刚果红染色结果,导致存在一定的延误诊断)。故参照《市医疗损害司法鉴定指引(试行)》第二十一条第五项之规定,有过错、轻微因素:指医疗行为存在过错,但损害后果由患者自身因素造成,医疗行为仅起轻微作用;④鉴定意见:被告医院在对原告的诊疗行为中存在过错,属轻微因素。

2018年8月22日,法院根据原告的申请委托省司法鉴定中心对原告的伤残等级、后续治疗费、误工及护理费、营养费等进行鉴定。后因原告撤销鉴定申请致使鉴定工作无法继续进行,该中心终止此次鉴定工作并退还鉴定材料。

法院认为:患者在诊疗活动中受到损害,医疗机构及其医务人员有过错的,由医疗机构承担赔偿责任。经原告申请,法院委托市法医验伤所所作的《司法鉴定意见书》所依据的证据真实、充分,程序合法,原告就鉴定结论提出的抗辩理由,司法鉴定中心在鉴定中均已作为认定被告医院责任大小的考虑因素,故对该医疗损害鉴定意见书,法院予以采信。法院结合本案案情,参考鉴定结论酌情确认被告医院承担15%的赔偿责任。

根据查明的事实和相关规定,对原告主张的医疗损害赔偿项目及数额,认定包括医疗费、住院伙食补助费、交通费、营养费、护理费、鉴定费等共计×元。由某医院承担15%即×元。

原告虽未构残,但其多次住院,期间必然给自己及家人带来极大的精神痛苦,法院酌情考虑精神损害抚慰金×元。

综上所述,依照《中华人民共和国侵权责任法》第五十四条,根据最高人民法院《关于审理人身损害赔偿案件适用法律若干问题的解释》第一条、第十八条第一款、第十九条、第二十条、第二十一条、第二十二条、第二十三条、第二十四条、第三十五条,最高人民法院《关于确定民事侵权精神损害赔偿责任若干问题的解释》第一条第一款第(一)项、第八条第二款、第九条第(三)项、第十条的规定,判决如下:①被告医院在本判决生效之日起五日内赔偿原告各项经济损失共计×元;②被告医院在本判决生效之日起五日内赔偿原告精神损害抚慰金×元;③驳回原告的其他诉讼请求。

如当事人未按本判决指定的期间履行金钱给付义务,还应当依照《中华人民共和国民事诉讼法》第二百五十三条的规定,加倍支付迟延履行期间的债务利息。

本案受理费×元,由原告、被告医院各负担×元。

如不服本判决,可在判决书送达之日起十五日内,通过本院递交上诉状,并按对方当事人的人数提出副本,上诉于市中级人民法院。

三、关键点

被告医院在对原告的诊疗过程中存在如下过错:未提供刚果红染色结果,导致存在一定的延误诊断。其过错属轻微因素。

第二节　外科类相关案例

案例1

一、案例病情简介

2015年7月6日,原告因"发现甲状腺右叶多发结节2周"入住被告医院治疗,经诊断为"右甲状腺微小乳头状癌"并于同年7月8日行"右侧甲状腺峡部全切左侧甲状腺次全切除术"。但被告医院在具体手术操作中将原告甲状腺右侧叶切除较少,未将其右侧甲状腺全切,其手术操作与术前告知的手术方案不相符,使原告于2015年11月29日在另一三甲医院被迫再次进行切除手术。

二、案件鉴定及审理经过

一审法院认为,原告患甲状腺右侧乳头癌的临床诊断事实成立。被告医院在原告入院后诊断其为"右甲状腺微小乳头状癌、右甲状腺结节"正确。该病具有手术指征,被告医院选择右甲状腺峡部全切、左侧甲状腺次全切的手术方式合理,且术前已充分履行告知义务。但被告医院对原告实施的手术中,将其甲状腺右侧叶切除较少,与被告医院原拟定并告知患者家属的手术方案不相符,未达到对原告病情治疗的目的,且导致原告被迫再次进行切除手术。故被告医院对原告的医疗行为存在手术操作不当的过错,该医疗过错行为造成原告甲状腺右侧叶乳头状癌组织未被及时切除,一方面延误了对其病情的有效治疗,另一方面使得原告须再次接受手术,增加其身体痛苦和经济负担。综上所述,被告医院的医疗过错行为与原告接受第三次手术治疗的损害结果之间存在直接因果关系,但考虑既往手术造成甲状腺局部解剖结构紊乱而增加了手术难度及手术本身存在风险,参照鉴定意见书并结合以上因素综合判断,一审法院依法认定被告医院的医疗过错行为对原告被迫再行切除手术这一损害后果的参与度为70%~80%。综上,被告医院对原告的各项物质损失应承担80%的赔偿责任,经计算为×元;另被告医院的医疗过错行为给原告造成了精神和心理上的损害,被告医院应另行赔偿原告精神损害抚慰金×元,被告医院共应赔偿原告×元。

依照《中华人民共和国侵权责任法》第十六条、第五十四条,《最高人民法院〈关于审理人身损害赔偿案件适用法律若干问题的解释》》第十七条至第二十四条,《最高人民法院关于民事诉讼证据的若干规定》第七十一条,《最高人民法院关于确定民事侵权精神损害赔偿责任若干问题的解释》第十条及《中华人民共和国民事诉讼法》第一百四十二条的规定,判决:①被告医院于本判决书生效之日起十日内,一次性赔偿原告各项损失共计×元;②被告医院于本判决书生效之日起十日内,一次性赔偿原告精神损害抚慰金×元;③驳回原告的其他诉讼请求。如果未按本判决指定的期间履行给付金钱义务的,应依照《中华人民共和国民事诉讼法》第二百五十三条规定,加倍支付迟延履行期间的债务利息。案件受理费人民币×元,由被告医院负担(此款原告已垫付,被告医院随上述给付义务一并履行)。

三、关键点

被告医院对原告实施的手术中,与医方原拟定并告知患者家属的手术方案不相符。一方面延误了对其病情的有效治疗,另一方面使得原告须再次接受手术,增加其身体痛苦和经济负担。

案例 2

一、案例病情简介

2011 年 12 月 3 日,林某以"发现左颈前肿物 20 年"为主诉入住被告医院。入院诊断为:①左侧甲状腺腺瘤;②二次甲状腺肿瘤术后。林某于 2011 年 12 月 7 日全麻下行"左侧甲状腺残叶切除术+峡部切除术"。林某病情稳定于 2011 年 12 月 12 日出院(共住院 9 天)。2012 年 3 月 1 日,林某以"甲状腺肿瘤术后 40 年,四肢麻木疼痛 5 天"为主诉再次入住被告医院。入院诊断为:甲状旁腺功能减退症、甲状腺功能减退症、三次甲状腺肿瘤术后、右半结肠切除术后。被告医院对林某予以"左甲状腺素钠片"替代治疗、"钙尔奇 D"补钙、"罗盖全"治疗甲状旁腺功能低下、"疏血通"改善循环、"参芪扶正"益气扶正等治疗。林某于 2012 年 3 月 15 日出院(共住院 14 天)。

二、案件鉴定及审理经过

出院后,林某认为被告医院在诊疗过程中存在过错并要求赔偿,向法院提起诉讼。市司法鉴定所对被告医院在诊疗过程中的过错程度进行司法鉴定,《司法鉴定意见书》中认为:被告医院过失主要体现为:出院小结未对原告的甲状旁腺可能存在的病情变化予以告知且未采取相应的治疗措施,对原告诊疗存在过错,其甲状旁腺功能减退与手术致甲状旁腺受损存在因果关系,过错程度考虑为 75%。一审法院认为:公民享有生命健康权,在其遭受到其他公民、组织非法侵害时,有获得相应赔偿的权利。林某至被告医院就诊,双方由此建立了医疗法律关系。被告医院作为医疗机构,据此应负有特定的执业义务,亦即诊疗义务。作为医务人员执业义务的核心内容诊疗义务要求,医务人员对患者生命与健康利益具有高度责任心,在实行医疗行为过程中,应依据法律、行政法规、规章以及有关诊疗规范,保持足够的审慎,以预见医疗行为结果和避免损害结果发生。《中华人民共和国侵权责任法》第五十七条亦进一步明确"医务人员在诊疗活动中未尽到与当时的医疗水平相应的诊疗义务,造成患者损害的,医疗机构应当承担赔偿责任"。因为医疗行为是一种复杂且技术含量极高的活动,病员出现的最终后果与疾病的发展、医学科学和技术的局限性等事实密切相关,所以在确定赔偿责任时,必须综合考虑:原告的损害后果与被告医院的医疗行为之间是否具有因果关系、该损害后果是否系被告医院在医疗行为中的过错行为导致、医疗过错对损害后果发生所起的损害作用比例是多少。综上根据《中华人民共和国侵权责任法》第五十四条"患者在诊疗活动中受到损害,医疗机构及其医务人员有过错的,由医疗机构承担赔偿责任"的规定,原审法院认为原告因诊疗行为所引发的相关经济损失应由被告医院根据其过错程度承担相应责任。原审法院根据最高人民法院《关于审理人身损害赔偿案件适用法律若干问题的解释》(以下简称《解释》)的相关规定,针对原告诉请各项赔偿费用,综合计算共计×元。综上依照《中华人民共和国民法通则》第九十八条、《中华人民共和国侵权责任法》第五十四条、最高人民法院《关于审理人身损害赔偿案件适用法律若干问题的解释》第十七条、第十八条、第十九条、第二十九条以及《中华人民共和国民事诉讼法》第六十四条之规定,判决:①被告医院于本判决生效之日起十日内赔偿原告各项经济损失×元;②驳回原告的其他诉讼请求。如果被告医院未按本判决指定的期间履行给付金钱义务,应当依照《中华人民共和国民事诉讼法》第二百五十三条之规定,加倍支付迟延履行期间的债务利息。

三、关键点

1. 原告甲状旁腺功能减退与被告医院手术致甲状旁腺受损存在因果关系;

2. 被告医院的出院医嘱未对原告的甲状旁腺可能存在的病情变化予以告知及采取相应的治疗措施。

案例 3

一、案例病情简介

原告于 2007 年 9 月 12 日因"先天性脊柱侧弯、第 3 腰椎半椎体畸形"在被告医院入院治疗,并于 2007 年 9 月 16 日行"后路腰$_3$半椎体截骨、脊柱侧弯全椎弓根钉矫形内固定术"。术后恢复尚可,原告曾于 2009 年 1 月 27 日到被告医院复查腰椎 X 光片提示"内固定物位置适中,无松动"。但原告自称 2010 年 7 月 7 日晚突然听到"嘣"的声响,而后身子发麻伴剧烈疼痛,随即到被告医院处检查,摄腰椎 X 光片与 2009 年 1 月 27 日 X 光片对比未见明显差异。其后原告又于 2010 年 7 月 9 日到被告医院处检查及咨询,检查结果均为无异常。2011 年 4 月 21 日,原告在被告医院复查腰椎 X 光片,放射诊断报告单记载:"检查所见:腰$_3$半椎体截骨、脊柱侧弯全椎弓根钉矫形内固定术后,腰$_{1,2}$及腰$_{4,5}$椎体见椎弓根钉,左侧连接横杆中上段断裂,右侧连接横杆中下段成角,椎体大致弯曲度与 2010 年 7 月 7 日片比较无明显改变。印象:腰椎侧弯内固定术后改变,左侧连接横杆中上段断裂,右侧连接横杆中下段可疑断裂。"后原告于 2011 年 7 月 21 日第二次在被告医院住院,于 2011 年 8 月 3 日行"脊柱畸形内固定翻修术",并于 2011 年 8 月 21 日出院。

二、案件鉴定及审理经过

诉讼过程中,原告认为被告医院植入其体内的钢钉存在质量问题,向一审法院申请对植入其体内的钢钉进行质量鉴定。一审法院拟委托省质量技术监督局以及市医疗器械质量监督检验中心等鉴定机构对钢钉进行质量鉴定,但上述鉴定机构均向一审法院表示不予受理。被告医院主张原告手术中使用的医疗器材没有质量问题,并提供了《中华人民共和国医疗器械注册证》、由美国某公司生产的脊柱系统的《医疗器械产品注册登记表》及其附件以及某有限公司的营业执照、组织机构代码证、医疗器械经营企业许可证作为证据。原告在对植入其体内的钢钉上的编号进行核对后,表示钢钉器材中两个附件的编号找不到对应出处,因此,原告对钢钉质量仍持异议。

诉讼中,被告医院在答辩期内向一审法院提出作医疗损害鉴定的申请,原、被告双方均同意由市医学会医疗事故技术工作办公室对本案的医疗行为做鉴定。但经一审法院委托鉴定后,医鉴会答复称由于原告方对钢钉的质量存在异议,故需先进行质量鉴定后才可进行医疗损害的鉴定,因此对本医案不予受理。

在庭审中,一审法院询问被告医院关于与植入原告体内的钢钉器械的同类产品的使用年限是多久的问题,被告医院称没有相关的规范。

一审法院认为,本案争议的焦点主要在于植入原告体内的钢钉器械是否存在质量缺陷。本案中,由于植入原告体内的钢钉器械目前尚无法进行科学的分析和鉴定,对此,一审法院根据查明的事实作以下分析:首先,原告于 2007 年 9 月 16 日经手术植入钢钉,而后原告于 2011 年 4 月 21 日确诊体内钢钉断裂,期间共三年半的时间。对于植入人体内部的医疗器械,应尽最大可能地保障患者的人体健康和安全,相较一般的产品,有着更严格的质量标准,以最大限度地保护患者的身体健康权。虽然我国目前尚没有关于钢钉使用年限的规范标准,但是,本案植入原告体内的钢钉在三年半的时间即断裂,明显没有达到一般同类产品的正常使用年限。其次,被告医院没有举证证明钢钉断裂的原因是由原告造成的,而且,对于植入自己身体内的钢钉,可以合理相信原告会珍惜和爱护自己的身体健康,在日常生活中尽谨慎的注意义务以保障自身安全。故此,一审法院推定被告医院植入原告体内的钢钉存在质量缺陷,对此造成原告的损失由被告医院承担全部赔偿责任。尽管被告医院提供了证据证明植入原告体内的钢钉的合法来源,但是该事实并不是被告医院可以免责的法定事由,故一审法院对被告医院的该辩称不予采纳。

对于原告的损失数额,一审法院依法核定包含医疗费、误工费、住院伙食补助费、护理费、交通费、精神损害抚慰金,上述赔偿款合计×元应由被告医院赔偿给原告。

综上所述,《中华人民共和国侵权责任法》第五十九条,《最高人民法院关于审理人身损害赔偿案件适用法律若干问题的解释》第十七条第一款、第十九条、第二十一条、第二十二条、第二十三条之规定,判决如下:①被告医院在本判决生效之日起 7 日内赔偿医疗费、住院伙食补助费、护理费、交通费、精神损害抚慰金合计×元给原告;②驳回原告的其他诉讼请求。如果当事人未按本判决指定的期间履行给付金钱义务,应当依照《中华人民共和国民事诉讼法》第二百五十三条之规定,加倍支付迟延履行期间的债务利息。

判后,上诉人(一审被告)不服,上诉称:①一审法院推定上诉人植入体内的钢钉存在质量缺陷证据不足。被上诉人(一审原告)体内的内植物是有合法来源的,使用广泛,质量可靠。内固定断裂是临床常见问题,关于内固定物使用年限医学界没有一个具体定论,内植物的疲劳断裂与患者病情、生活及工作习惯等相关。本案中,一审法院认定内植物术后三年半断裂即是内植物质量存在问题,没有法律依据;②一审法院以推定内植物存在质量为由而判令我方承担全部责任,证据不足。综上,上诉人请求撤销一审判决。

被上诉人服从原判,不同意上诉人的上诉请求。

二审法院经审理后维持原判。

三、关键点

1. 虽然我国目前尚没有关于钢钉使用年限的规范标准,但是,本案植入原告体内的钢钉明显没有达到一般同类产品的正常使用年限。

2. 被告医院无法举证证明钢钉断裂的原因是由原告造成的。

3. 尽管被告医院提供了证据证明植入原告体内的钢钉的合法来源,但是该事实并不能让被告医院免责。

故此法院推定被告医院植入原告体内的钢钉存在质量缺陷,对此造成原告的损失由被告医院承担全部赔偿责任。

案例 4

一、案例病情简介

2013 年 6 月 21 日,死者以"上腹部闷疼 1 个月余"为主诉到被告医院外一科门诊就诊,死者 1 个月余前无明显诱因出现上腹部闷痛不适,于甲医院查电子胃镜示:结节隆起糜烂型胃炎(胃体、胃窦)。病理活检符合低分化腺癌。1 个月来症状持续存在,10 余天前出现左侧腰部疼痛,求诊于被告医院,门诊拟"胃癌"收住入院,入院初步诊断:①胃癌;②高血压病等。2013 年 7 月 10 日 9:30 许,被告医院对死者在气静全麻下行胃癌根治术,术中诊断:胃癌并广泛转移。术中行幽门下淋巴结快速活检后,向死者家属交代术中所见,告知不宜切除肿物,家属表示理解,要求行关腹手术,探查无活动性出血,逐层关腹,包扎。术中出血约 2 000ml,尿量约 100ml,总输入量约 4 000ml。手术后,死者于当日 12:25 被送往被告医院 ICU 监护、治疗。转入诊断:①胃癌伴多发转移;②剖腹探查术后;③高血压病(2 级,高危);④糖耐性异常。入科后 APACHE Ⅱ 评分 11,预期死亡率 6.22%。补充诊断:电解质紊乱:低钠血症。死者经综合抢救治疗后,于 2013 年 7 月 11 日零时被宣布临床死亡。

二、案件鉴定及审理经过

2013 年 7 月 13 日,市第一医院病理科及市公安局法医对死者的尸体解剖;2013 年 9 月 13 日,上述机构作出尸体解剖病理报告一份,结论:综合死者临床资料、尸检和病理检查结果,判断死者因失血、缺氧引起急性心、肺功能障碍,导致急性循环、呼吸衰竭而死亡。市医学会就死者与被告医院医疗事故争议接受委托鉴定,并于 2013 年 11 月 9 日作出了医疗事故技术鉴定书,结论:根据《医疗事故处理条例》第二条、第四条,《医疗事故分级标准》(试行),《医疗事故技术鉴定暂行办法》第三十六条,本病例属于一级甲等医疗事故,被告医院承担主要责任。后双方就赔偿事宜无法达成一致协议。为此,原告提起诉讼,要求被告医院进行经济赔偿。

诉讼中,因统计部门公布的 2014 年度省相关统计数据,为此原告变更诉讼请求中的死亡赔偿金为×元、丧葬费为×元、被抚养人生活费为×元,其余项目金额不变。法院依被告医院申请,依法委托省医学会对被告医院的诊疗行为是否存在过错,如有过错,是否与死者的死亡存在因果关系,过错参与度是多少进行司法鉴定。2014 年 10 月 28 日,省医学会出具《医疗损害鉴定书》一份,分析说明:①根据死者死亡前临床表现及复查死者尸检病理切片,死者死亡原因为:急性肺动脉梗死;②死者术前胃角及胃体小弯侧活检病理示:符合低分化腺癌。死者为胃癌Ⅳ期,无出血、梗阻症状,根据《胃癌诊疗规范》(2011 年版),死者不宜进行手术。被告医院的手术方式选择不当,术中出血较多,术后抢救不够得力。被告医院的诊疗过程的过失与死者死亡存在因果关系,在抢救过程中死者家属(原告)也拒绝继续抢救治疗(气管插管和呼吸机辅助通气);③死者属胃癌晚期伴高血压Ⅱ级(高危)(根据尸检病理报告:死者的癌组织浸润胃壁全层至浆膜外,神经可见浸润,脉管内癌栓,癌组织侵及贲门浆膜层、胰腺、脾门软组织及双侧肾上腺,癌组织转移至贲门周围淋巴结、胰腺旁淋巴结、脾门淋巴结、肝门区淋巴结、肺门淋巴结、纵隔淋巴结及双侧锁骨上淋巴结）。根据现有医学资料,胃癌晚期死者的中位生存期不超过 1 年。鉴定意见:被告医院在诊疗过程中的医疗过错与死者的死亡存在因果关系,参与度 80%。

一审判决认为:①关于被告医院对死者提供的医疗服务是否构成侵权问题。《中华人民共和国侵权责任法》第五十四条规定,患者在诊疗活动中受到损害,医疗机构及其医务人员有过错的,由医疗机构承担赔偿责任。患者到被告医院处住院就诊,双方形成医疗服务关系。本案中,法院委托省医学会进行司法鉴定,其出具的《医疗损害鉴定书》,程序合法。鉴定意见:被告医院在诊疗过程中的医疗过错与死者的死亡存在因果关系,参与度 80%。该鉴定结论依据充分,予以采信,被告医院对原告提供的诊疗行为构成侵权,应承担相应的民事赔偿责任。鉴于被告医院在本起诊疗过程中存在主要过错,以及鉴定机构鉴定的过错参与度 80% 等情况,确定被告医院应对死者死亡的损害结果承担 80% 的赔偿责任,原告(死者家属)自行承担 20% 的赔偿责任。被告医院提出省医学会鉴定被告医院过错参与度 80% 有异议,认为鉴定机构没有考虑本案死者的严重疾病,在死者家属强烈要求下,被告医院才进行了手术,同时没有综合考虑死者本身基础疾病对后果的影响,法院认为省医学会的鉴定书对被告医院诊疗行为过错进行了充分的说明,对被告医院的上述辩解,不予采信;②关于赔偿范围问题。因侵犯生命健康权所导致的损失,均应属于本案赔偿范围:A. 护理费、住院伙食补助费、误工费:根据本案的实际情况,并结合鉴定书,被告医院主要过错是因死者不宜进行手术,被告医院进行了手术,且手术方式选择不当,术中出血较多,术后抢救不够得力;鉴于死者于当日死亡,为此对本案计算护理费、住院伙食补助费、误工费只能计算 1 天。原告主张上述费用的标准未超过法律规定的标准,予以照准;B. 交通费:根据本案实际酌定×元较为适宜;C. 住宿费:因原告未提供相应票据,原告主张的该费用不予支持;D. 死亡赔偿金:a. 根据查明的情况,死者应属城镇居民,死亡赔偿金可按省城镇居民人均可支配收入标准计算,原告主张按 2014 年标准,未超过法律规定的标准,予以照准;b. 原告主张按 2014 年的标准,并按农村居民人均纯收入标准计算被抚养人生活费,符合法律规定,予以照准。被告医院提出死者患晚期胃癌,生存期不超过一年,计算死亡赔偿金不能按 20 年计算,法院认为生命无价,死亡赔偿金只能弥补死者家属一定的损失,无法弥补死者家属所有的损失,同时法律也未对此种情况可减少计算赔偿金进行规定。综上,被告医院此种辩解无法律依据,不予采信;E. 丧葬费:原告主张按 2014 年的标准,符合法律规定,予以确认。综上,原告因本案纠纷造成损失合计为×元,被告医院应承担上述损失的 80% 即为×元。原告主张的精神损害抚慰金,因死者在本起诊疗活动中死亡,确实给原告精神上造成较大的痛苦,给予一定精神损害抚慰金赔偿是必要的,精神损害抚慰金结合死者的病情、双方过错程度以及当地平均生活水平等各种因素酌情确定为×元。据此,依照《中华人民共和国侵权责任法》第六条第一款、第十六条、第五十四条、第五十五条,《最高人民法院关于审理人身损害赔偿案件适用法律若干问题的解释》第十七条第一款、第十七条第三款、第十八条、第二十条、第二十一条、第二十二条、第二十三条、第二十七条、第二十八条、第二十九条、第三十条、第三十五条,《最高人民法院〈关于确定民事侵权精神损害赔偿责任若干问题的解释〉》第八条第二款、第十条第一款的规定,判决:①被告医院应于本判决生效之日起十日内赔偿原告护理费、住院伙食补助费、误工费、交通费、丧葬费、死亡赔偿金合计×元的 80%,即×元;②被告医院应于本判决生效之日起十日内赔偿原告精神损害抚慰金×元;③驳回原告的其他诉讼请求。

一审后被告医院不服,提起上诉,二审法院经审理后,维持原判。

三、关键点

1. 死者死亡原因为:急性肺动脉栓塞。

2. 根据死者病情以及相关诊疗规范判断,该死者不宜进行手术。且被告医院的术式选择不当,术中出血较多,术后抢救不够得力。但在抢救过程中患方也拒绝继续抢救治疗(气管插管和呼吸机辅助通气)。尽管被告医院提出手术是在家属强烈要求下进行的,但法院根据省医学会的鉴定结果,未予采信。

3. 该死者系胃癌晚期,根据现有医学资料,胃癌晚期死者的中位生存期不超过1年。

经鉴定,被告医院在诊疗过程中的医疗过错与死者的死亡存在因果关系,参与度80%。

案例 5

一、案例病情简介

2004年7月7日,原告因"右腹股沟反复性肿块3年,突然腹痛2小时"收住被告医院。被告医院对原告的初步诊断为:"右腹股沟斜疝嵌顿,肾病综合征"。入院后,原告于当日急诊在硬膜外麻下行右腹股沟斜疝嵌顿+高位结扎+巴西尼法修补术。7月9日原告感到右侧会阴部胀痛不适,被告医生查体示右侧阴囊稍肿胀。7月14日原告出院。10月6日原告因右侧阴囊不适、麻木再次到被告处门诊,彩色多普勒超声示"右侧睾丸偏小,血供减少"。10月7日至10月28日在外院多次查彩色多普勒超声,结果示"右侧睾丸大小3.3cm×52.2cm×2cm,回声不均,血流着色差,附睾未见明显异常""右侧睾丸偏小,血供减少""右侧睾丸萎缩性改变,右侧精索鞘膜积液"。2005年3月8日,原告于外院彩色多普勒超声示"右侧睾丸及附睾慢性病变伴萎缩性改变,右侧精索鞘膜腔积液"。

二、案件鉴定及审理经过

2005年4月15日,原告以被告医院的医疗行为存在过错向法院起诉,要求被告医院赔偿相关损失及支付精神损害抚慰金等。双方在本案中的主要争议焦点是:①被告医院是否由于其医疗过错与不当造成了原告的损害后果,并应承担相应的赔偿责任;②原告所受的经济损失应如何正确认定。法院根据原告的申请委托了市司法鉴定中心对被告医院的医疗行为是否存在不当和过失,以及被告医院的医疗行为与原告的损害后果是否存在因果关系进行了鉴定,该鉴定中心于2005年7月11日出具了司法鉴定书,结论认为:不能排除被告医院在为原告施疝气手术时存在有误伤或误扎右睾丸动脉、右输精管动脉等操作不当;目前原告的右睾丸萎缩、血流不明显原因尚无与被告医院手术无关之充分证据。同时,法院还根据原告的申请委托了法院司法鉴定处对原告的伤残等级及原告的医疗赔偿费用进行了鉴定、审核,同年9月14日法院司法鉴定处出具了法医学活体检验鉴定书,认定原告"右侧睾丸萎缩"构成十级伤残;经对相关病历所列治疗费用审查,认为2004年7月7日—2004年7月14日主要为治疗右腹股沟斜疝嵌顿,2004年10月6日—2005年7月2日(除2004年10月28日左斜疝就诊)主要为检查治疗右睾丸病变。法院经审理后认为,被告医院在为原告施行疝气手术后原告出现"右侧睾丸及附睾慢性病变伴萎缩性改变,右侧精索鞘膜腔积液"等损害后果的事实清楚,经医疗鉴定可以确认被告医院的医疗行为存在不当并造成了原告医疗损害,被告医院理应为此承担相应的赔偿责任。被告医院辩称右侧睾丸缩小为手术较少见的并发症,但未能就此提供足够的证据证明,即使原告的上述损害后果确属手术较少见的并发症,也不是被告医院可以免责的理由。综上,参照鉴定意见书所记载的过失事项并结合以上各项因素综合判断,法院依法认定被告医院的诊疗过失行为对患者的损害后果有因果关系,被告医院对原告的各项物质损失应承担一定赔偿责任,经计算为×元。同时,考虑到被告医院的医疗损害可能对原告正常的性生活带来一定影响,故抚慰金酌情确定人民币×元。依照《中华人民共和国民法通则》第一百零六条第二款、第一百一十九条,《最高人民法院关于审理人身损害赔偿案件适用法律若干问题的解释》第十七条第一、二款,《最高人民法院关于确定民事侵权精神损害赔偿责任若干问题的解释》第十条之规定,判决如下:①被告医院应赔偿原告医药费、残疾赔偿金、被抚养人生活费、精神损害抚慰金等经济损失计人民币×元,限本判决生效后十日内付清;②驳回原告的其余诉讼请求。案件受理费×元,其他实际支出费×元,合计×元,由原告负担×元,被告医院负担×元。如不服本判决,可在判决书送达之日起十五日内,向法院递交上诉状,并按对方当事人的人数提出副本,上诉于省高级人民法院。

三、关键点

1. 鉴定结论确认被告医院的医疗行为存在不当并造成了原告医疗损害,被告医院理应承担相应的赔偿责任。

2. 被告医院辩称其医疗行为并无过错或不当,原告右侧睾丸缩小为手术较少见的并发症,但未能就此提供足够的证据证明。

3. 即使原告的上述损害后果确属手术较少见的并发症,也不是被告医院可以免责的理由。

案例 6

一、案例病情简介

原告于2005年9月到某中医院门诊检查,化验测得甲胎蛋白异常高,上腹部 CT 提示为"肝硬化"。11月3日原告到被告医院就诊复查,以"肝硬化失代偿期,原发性肝癌待排"入院做进一步检查。11月10日,测乙肝表面抗原阳性,乙肝核心抗体(+)、球蛋白偏高、AKP、T-GT 均增高,甲胎蛋白二次复检均高于正常。初步诊断:乙型肝炎后肝硬化失代偿期。注意事项:患者病情变化,必要时行肝脏穿刺活检。某教授结合之前的诊疗经过及化验结果及影像结果指示:考虑患者甲胎蛋白增高与慢性活动性肝炎有关,但弥漫性肝癌尚不能排除,建议行肝脏穿刺检查,患者拒绝,嘱定期复查,随诊。后予以保肝治疗,病情稳定,于2005年11月21日出院。2004年12月29日至2005年1月6日,被告医院以"肝硬化失代偿期"再次收治原告入院,予以完善相关检查。期间,检查 HbcAg(+)、HbcAb(+)、甲胎蛋白高于正常,AST、AKP、T-GT 均升高。2005年12月24日外院 CT 显示:肝硬化、脾肿大,肝内多发结节灶,考虑肝硬化结节可能大,肝癌不能排除。CEA、CA199 均超出正常值。2005年12月30日,该院指示原告行 TACE 检查,帮助明确诊断及治疗。原告签字确认并于12月31日行肝动脉介入治疗(TACE),肝血管造影未见异常,治疗后无不适反应,于2006年1月6日出院。原告在被告医院及某肝胆医院行 CT 及 MRI 检查,显示肝脏多发小结节改变,提示肝癌,于2006年2月16日以"肝硬化失代偿期、原发性肝癌"收治入院,复查 HbcAg(+)、HbcAb(+)。AST、AKP、T-GT 均高于正常值,CEA、CA199 均超出正常值。2月18日肝动脉造影意见:弥漫性肝癌,行 TACE 治疗,治疗后无异常反应,病情稳定,于2月21日出院,门诊随访。

2006年2月22日,被告医院以"肝炎后肝硬化、肝癌"再次收治原告入院。入院后予以相关检查,保肝治疗,限期行肝移植术。结合 MRI 及 B 超结果,上级医生指示,高度怀疑肝癌并伴结节性肝硬化,患者有肝移植手术指征并且目前最佳治疗方案是肝移植。4 月 7 日办理入院接受肝移植手术治疗。4 月 21 日,原告在全麻下行原位肝移植,术毕一般情况良好,送返 ICU 病房,切除标本送病理,向原告家属交代施行肝移植手术可能出现的意外情况和风险,但根据病历记载,被告医院的《告住院病员书》为原告本人所签,但《病员授权委托书》《医疗告知书》均为原告妻子签署,且该两份文书的落款日期均为术后的 2006 年 4 月 22 日。4 月 28 日,病理检查诊断:混合结节性活动性肝硬化。术后予以抗排斥,对症支持抗炎止血等治疗。术后原告生命体征平稳,无发热和其他特殊不适。5 月 4 日,查生化指标显示,肝功能趋于正常。5 月 10 日伤口已拆线。5 月 18 日,原告生命体征平稳,肝、肾功能正常,伤口已愈合。遂于 5 月 19 日出院,门诊随访。5 月 24 日,某大学附属肿瘤医院出具《外院病理切片病理学会诊咨询意见书》,对原告被换肝脏的病理学会诊咨询意见为:(肝)混合结节性活动性肝硬化,伴小胆管增生及血吸虫卵沉着(钙化),胆囊呈慢性炎性改变。

上述事实由被告医院病历及出院小结等在卷佐证。

二、案件鉴定及审理经过

因为本案所涉医疗纠纷,原告向区人民法院提起民事诉讼,法院在审理期间,根据双方确认就本病例曾委托区医学会进行医疗事故鉴定,鉴定分析意见为:①依据目前的科学水平,被告医院诊断原发性肝癌符合《某市常见恶性肿瘤诊治指南》"原发性肝癌诊断标准"。主要依据:慢性乙肝病史,甲胎蛋白持续增高,肝动脉造影及影像学检查结果;②被告医院行介入治疗有指征,符合目前多种治疗方案选择范畴;③被告医院进行原位肝移植,有手术指征,手术操作规范,术后恢复较好,目前状态尚好;④患者多次住院,术前谈话记录欠全面,并有"日期"错误;⑤诊断上,疑难病例术后病历可以与术前诊断不符,其他治疗也会影响病理结果。鉴定结论为:原告与被告医院医疗争议不构成医疗事故。在医疗事故鉴定后,原告于 2008 年 9 月 14 日向区人民法院撤回起诉,并于 2009 年 1 月 3 日向市人民法院提起诉讼。

在案件审理中,司法鉴定并未对被告医院是否存在医疗过错形成结论性意见,市人民法院结合具体案情及当事人的举证责任,参考区人民法院处理相同纠纷时委托区医学会所作的医疗事故鉴定认定:①被告医院在病历管理上存有瑕疵,致当事人持有合理怀疑,成为无法进行医疗过错鉴定的重要因素;②其在实施肝移植手术前,未尽到充分的告知义务,亦未充分保障患者的知情权与选择权。推定其行为存在一定过错,应当承担与此相适应的民事责任;③鉴于涉案病例已被医学会确定为疑难病例,且原告确身患混合结节性活动性肝硬化、伴小胆管增生、胆囊呈慢性炎性改变等疾病,在手术成功实施后亦能恢复较为正常的生活状态。因此,对被告医院实施的诊疗活动不宜过于苛责,故酌定被告医院在原告因肝移植手术致实际损失的范围内,承担 30% 的赔偿责任。

鉴于原告与被告存在病例书写错误导致的医患纠纷过失的异议,市人民法院委托市医学会行鉴定。医疗损害鉴定书分析:本病例临床诊断"原发性肝癌"成立。被告医院在临床诊断"原发性肝癌"成立条件下,有行介入化疗指征,化疗方案及药物剂量符合治疗规范。该病例有肝移植手术指征:①肝癌可能性不能排除,原发性肝癌临床诊断成立;②有肝硬化失代偿期表现(PT 延长、肝硬化结节满布肝脏、腹水、静脉曲张)。在肝移植手术术前被告医院已履行签字同意手续,肝移植术后至今已经 9 年证实肝移植术成功。未向患者充分沟通疾病临床诊断与病理诊断在概念上的差异,导致患者在肝移植术后对医方肝癌的诊断持有异议,引发医患纠纷存在过错。未经患者签字确认,故不能证明是患者的真实意思表达。患方依据"肝移植术前告知书"上的日期是 2006 年 4 月 22 日,而手术日期是 2006 年 4 月 21 日,主张被告医院术前未告知,该"术前告知书"为术后补写。被告医院解释为笔误。具体事实鉴定会中无法确认,但医方至少存在病历书写不规范的过错。结论为:该患者肝癌符合临床诊断标准,有行介入治疗和肝移植指征,被告医院存在的过错,与患者目前状态无因果关系。

市人民法院认为,医疗损害赔偿应以诊疗行为构成医疗事故或诊疗行为有过错,且过错与损害后果之间有因果关系为基础,即如果医疗机构在治疗患者疾病中存在不法行为与过错,并且造成患者损害后果,医疗机构应承担对患者损害的赔偿责任。反之,如果医疗机构的医疗行为中不存在违法行为,而是由于现代医学技术发展局限的固有风险造成的损害,或者是由于患者自身的原因导致的损害,那么就不应当判令医疗机构承担法律责任。本案的争议焦点是两被告医院在治疗原告疾病过程中是否存在医疗过错以及医疗行为与原告肝移植及其后果之间是否存在因果关系。市医学会医疗过错鉴定并未违反法律、行政法规及相关政策的规定,鉴定程序合法,该鉴定结论可以作为该案重要依据。该案中各医疗机构不存在对原告造成医疗损害的事实。原告请求各被告连带赔偿其医疗损害造成损失的主张,本院不予支持。依照《中华人民共和国民事诉讼法》第六十四条第一款,最高人民法院《关于民事诉讼证据的若干规定》第二十七条的规定,判决如下:①被告医院于本判决生效之日起 10 日内赔偿原告的损失合计×元;②驳回原告的其他诉讼请求。

三、关键点

1. 被告医院在病历管理上存有瑕疵,致当事人持有合理怀疑,成为无法进行医疗过错鉴定的重要因素。

2. 被告医院在对患者实施肝移植手术前,未尽到充分的告知义务,亦未充分保障患者的知情权与选择权。推定其行为存在一定过错。

3. 涉案病例已被确定为疑难病例,且患者确实患混合结节性活动性肝硬化、伴小胆管增生、胆囊呈慢性炎性改变等疾病,术后亦能恢复较为正常的生活状态。因此,未对被告医院实施的诊疗活动过于苛责,故酌定被告医院承担 30% 的赔偿责任。

案例7

一、案例病情简介

原告于 2013 年 10 月 26 日入被告医院(为三级综合医疗机构),诊断为:①胸部、背部急性广泛性蜂窝织炎;②败血症。入院后被告医院按诊疗规范积极救治,住院期间被告医院对原告在局麻下施行胸背部脓肿切开引流等治疗,留置引流管。后原告病情好转,视引流管无明显液体流出后于 2012 年 11 月 14 日拔除引流管,留置引流条继续引流,切口换药。2012 年 11 月 17 日,原告监护人见原告病情有所好转,以其居住的地方与被告医院的距离较近、经济困难为由,主动要求出院,被告医院管床医师请示上级医师,原告签了自动出院告知书后办理出院。出院医嘱:建议继续切口引流、换药、抗感染治疗,待切口引流干净后停止留置引流条。原告由住院治疗改为定期到普外科门诊换药治疗。出院后,原告的监护人对原告未尽到监护义务,致留置的橡胶引流条掉入体内。于 2013 年 11 月 19 日上午,原告到被告医院门诊换药时,发现留置的引流条缺失。接诊医师询问原告的母亲,其母说橡胶引流条可能已掉出,医师根据原告母亲的讲述使用弯钳探查伤口内,未作进一步彻底的检查,未能发现留置的引流条已掉入原告体内。医师认为原引流条是自行脱落,继续另外放置橡胶引流条及加压包扎患处,直至第六次换药时见伤口已无明显脓液渗出,不再留置引流条。但原告于 2014 年 2 月 20 日左胸部又出现"肿胀,身体发热"症状,原告监护人带其到被告医院门诊检查,未能确诊,遂于 2014 年 2 月 26 日至 27 日至某甲医院复查,超声诊断:左侧胸壁低回声团并管状回声。于 2014 年 3 月 3 日原告又转到某乙医院进行进一步复查,诊断为:①左胸壁异物残留;②轻度贫血。经手术取出橡胶异物,即在被告医院手术时留置的橡胶引流条。

二、案件鉴定及审理经过

原告认为被告医院在诊疗护理中,存在过失,给原告造成精神痛苦并加重经济负担,要求被告医院承当责任,向法院提起诉讼。法院经审理后认为,根据原、被告双方的观点,归纳如下争议焦点:①造成引流条留置原告体内是原告的过错或是被告医院的过错? 责任应如何承担? ②原告请求的各项损失费用是否有事实和法律依据。原告因发热,胸部、背部红肿到被告医院住院治疗,双方已形成医疗服务合同关系。原告在被告医院治疗期间,被告医院积极为原告救治,并做了脓肿切开引流手术,原告的病情有所好转。原告的监护人以其居住的地方与被告医院的距离较近、经济困难为由,主动请求出院改为门诊治疗。出院后,作为原告的监护人对原告未尽到监护义务,致原告术后的引流条掉入体内,主要责任是由原告监护人监护不力所致。因此,原告应承担本案的主要过错责任。而原告监护人带原告到被告医院复诊时,被告医院医师只单凭原告的监护人对原告的病情口述,不作彻底的诊断、检查,导致原告转院手术取出掉入体内的引流条,延迟了治疗康复的时间,造成原告不必要的医疗费用等损失。同时,被告医院作为三级综合医疗机构,依据其医疗设备以及医生的医术水平,对掉入原告体内的引流管未能查出,与其医疗水平是不相应的。依据《中华人民共和国侵权责任法》第五十七条"医务人员在诊疗活动中未尽到与当时的医疗水平相应的诊疗义务,造成患者损害的,医疗机构应当承担赔偿责任"和第五十四条"患者在诊疗活动中受到损害,医疗机构及其医务人员有过错的,由医疗机构承担赔偿责任"的规定,被告的治疗行为存在误诊和治疗责任事故,因此,被告有一定治疗的过错,亦应承担一定的民事责任。综合原被告过错责任,原告自身应承担70%的责任,被告应承担30%的责任。综上,根据《中华人民共和国民法通则》第一百三十一条,《中华人民共和国侵权责任法》第五十四条、五十七条,《最高人民法院关于审理人身损害赔偿案件适用法律若干问题的解释》第十七条、第十九条、第二十一条、第二十二条、第二十三条、第二十四条,《最高人民法院关于确定民事侵权精神损害赔偿责任若干问题的解释》第一条第一款第一项、第十一条,参照 2012 年度《×省道路交通事故人身损害赔偿项目计算标准》判决如下:①被告医院赔偿给原告×元;②驳回原告的其他诉讼请求。

三、关键点

1. 出院后,原告家属对原告未尽到监护义务,致原告术后的引流条掉入体内,因此,原告家属应承担本案的主要过错责任。

2. 原告到被告医院复诊时,被告医院医师只单凭原告的监护人对原告的病情口述,未作彻底的诊断、检查,导致了原告治疗与康复的延误,造成原告不必要的医疗费用等损失。

案例 8

一、案例病情简介

2000 年,原告感觉腰部疼痛,在市人民医院检查诊断为"腰椎间盘突出",经过治疗后原告自我感觉"恢复尚可",半年后又感觉不适,原告到被告医院检查,经诊断,原告不仅患有腰椎间盘突出,而且还患有椎管内硬膜下脊髓外占位性病变,被告医院建议原告入院治疗。2003 年 9 月 18 日,原告入住被告医院骨一科住院治疗,经过检查后,被告医院对原告病情诊断为腰$_1$椎管内肿瘤:①脂肪瘤;②双下肢不全瘫。同年 9 月 22 日,被告医院为原告做了"腰$_1$椎管减压、脊髓探查术、肿瘤摘除术",病理报告单显示:椎管内脂肪瘤伴良性囊性畸胎瘤。原告于同年 10 月 5 日出院。2006 年 8 月 29 日,原告入住被告医院的神经外科,查体:肌张力正常,左下肢肌力Ⅲ级,右下肢肌力Ⅳ级,左侧踝关节活动不能,臀部、会阴部、左足感觉缺失,双下肢、右足感觉麻木,生理反射存在,病理反射未引出。检查 MRI 示:①胸$_{10}$~腰$_2$椎体水平椎管内肿瘤术后,平扫未见明显复发或残留征象,相应椎管及邻近软组织呈术后改变;②腰椎轻度骨质增生;③腰$_{3~4}$、腰$_{4~5}$椎间盘变性、膨隆;④右肾囊肿。对症处理后,原告于同年 9 月 2 日出院。2007 年 7 月 12 日,原告在甲医院的检查报告单显示:①左侧坐骨神经、腓总神经、胫神经运动电位波幅均未引出;②左侧 M 波、H 反射未引出,右侧 H 反射未引出;③右侧坐骨神经胫支运动传导速度减慢,运动电位波幅降低;④右侧腓总神经、胫神经运动电位波幅降低;⑤右侧足底内神经感觉波幅未引出;⑥两侧腓肠肌,左侧胫前肌神经源性损害肌电图,右侧胫前肌轻度神经源性损害肌电图;⑦两侧腓浅神经,右侧足底内神经感觉传导未见异常。同年 7 月 17 日,原告在人民医院做性功能检测,结论为:勃起功能障碍。2007 年 8 月 16 日经原告申请,市医司法鉴定所做出鉴定书,鉴定结论为:原告因椎管内占位性病变,行腰$_1$椎管减压、脊髓探查、肿瘤减压术,术后致下肢软瘫,小便失禁,与被告医院骨一科的手术有因果关系,参与度为 75%;下肢软瘫,伤残等级为Ⅱ级(二级);小便失禁,伤残等级为Ⅴ级(五级);护理依赖程度为部分护理依赖。

二、案件鉴定及审理经过

原告依此鉴定向法院起诉。法院在审理过程中,被告医院提出对原告的损害做医疗事故鉴定,经被告申请,法院委托省医学会进行鉴定,该鉴定书的分析意见为:①椎管内硬膜下肿瘤应由神经外科医师在显微镜下切除,至少应有神经外科医师参与,单纯由骨科医师进行,属超范围手术,存在违规事实;②医方的医疗行为与患者目前的症状有直接因果关系;③患者左下肢合并大小便功能障碍,定为二级丁等;④医方负有次要责任,因患者自身疾病如不经手术治疗,远期也会发生截瘫和大小便功能障碍。结论为:根据《医疗事故处理条例》第二条、第四条,《医疗事故分级标准(试行)》《医疗事故技术鉴定暂行办法》第三十六条,本病例属于二级丁等医疗事故,医方承担次要责任。

原告对此鉴定有异议,要求重新鉴定,法院委托省医学会进行鉴定,分析意见为:①医方在诊疗过程中无违法,但有违规行为:A. 术前诊断为椎管内占位未请神经外科会诊;B. 在术中发生病情变化时未履行再次告知义务及请神经外科协助诊治。该患者疾病病理特性,增加了手术风险;②院方的过失行为与患者的人身损害有间接因果关系;③医方在医疗事故损害后果中承担次要责任。结论为:根据《医疗事故处理条例》第二、四条,《医疗事故分级标准(试行)》《医疗事故技术鉴定暂行办法》第三十六条,本病例属于二级乙等医疗事故,医方承担次要责任,对患者的医疗护理建议是康复治疗。庭审中,原、被告双方对省医学会的医疗事故技术鉴定均认可。

法院认为,省医学会的医疗事故鉴定书中明确被告医院的过失行为与原告的损害后果有间接因果关系,并在医疗事故损害后果中承担次要责任,原告自身疾病的特性,在被告医院为原告手术中增加了风险,根据原告自身疾病在诊疗过程中的参与度及医疗事故鉴定书中的专家意见,确定被告医院承担赔偿责任的比例为35%。

综上所述,依照《中华人民共和国民法通则》第一百零六条第二款、第一百一十九条,最高人民法院《关于审理人身损害赔偿案件适用法律若干问题的解释》第十七条第二款、第十九条的规定,判决如下:①被告医院于本判决生效后五日内赔偿原告医疗费×元;②驳回原告的其他诉讼请求。

三、关键点

1. 椎管内硬膜下肿瘤单纯由骨科医师进行手术,未邀请神经外科医师会诊与参与手术,属超范围手术,存在违规事实。

2. 医方的医疗行为与患者目前的症状有直接因果关系。

3. 患者左下肢合并大小便功能障碍,定为二级丁等。

4. 医方负有次要责任,因患者自身疾病如不经手术治疗,远期也会发生截瘫和大小便功能障碍。

案例9

一、案例病情简介

原告系某厂职工,被告医院为该厂定点医疗单位。1993年5月31日,原告因腹部剧痛到被告医院住院治疗,确诊为"急性出血性坏死性胰腺炎"。次日,被告医院为原告做了剖腹手术。手术后医生根据原告的病情为其输血两次共400ml,血源由某制药厂提供。被告医院取来血液后与原告的血液进行了交叉配血实验后输血给原告,未作抗丙型肝炎病毒(以下简称HCV)检查。原告在住院治疗期间,被告医院又分别于同年6月4日、6月7日、6月10日、6月12日、6月17日、6月24日、6月30日、7月8日共8次为原告输入人血白蛋白,该人血白蛋白均由某医药公司提供。同年7月19日,被告医院为原告申请肝炎病毒检测,同年7月21日,原告的肝炎病毒检测单显示包含抗HCV在内,原告各项肝炎病毒检测均为阴性。同年8月17日,原告出院。1994年2月16日至3月31日,原告第二次到被告医院住院治疗,该次住院未进行输血及血液制品治疗。2007年8月28日,原告又因病到被告医院住院治疗。同年8月30日,经被告医院检查,原告抗HCV抗体为阳性。自此,原告得知自己感染HCV。

二、案件鉴定及审理经过

原告认为其感染HCV系在被告医院住院期间输血及血制品所致,被告医院在对其诊疗过程中存在过错,诉至一审法院。

诉讼期间,受一审法院委托,市医学会于2008年10月7日出具医疗事故鉴定意见书,认为输血及血制品的使用,曾是20世纪80年代后期至90年代中期最主要的丙型肝炎传播途径,其他如注射、针刺、器官移植、血液透析亦可传播;原告输血、使用人血白蛋白至今已经15年余,因历时太久,故专家们无法肯定、亦无法否定原告被输血及使用人血白蛋白与现存丙型肝炎存在因果关系;分析结论为不属于医疗事故。同时市医学会对原告提出医疗护理医学建议,认为须根据抗 HCV-IgG、HCV-RNA、肝功能的检测结果确定治疗方案;如检查结果均正常则无需治疗;如检查结果存在异常,但由于原告现患有糖尿病,不能采取干扰素进行治疗,只能采取复合维生素 B 辅助治疗,治疗时间为一年,必要时进行降转氨酶治疗。同年 10 月 8 日,原告妻子与女儿自行到某大学附属医院检验,两人 HCV 抗体均为阴性。经原告自行委托,2010 年 5 月 17 日,甲司法鉴定中心出具司法鉴定意见书,认为 HCV 可以通过血液、性接触和母婴三种途径传播;输血和血制品是 HCV 主要的传播途径;HCV 潜伏期为 2~26 周,平均为 7 周;1993 年 7 月 19 日,被告医院 HCV 检测单是在输最后一次白蛋白之前做的,只能说明原告在住院之前没有感染过 HCV;原告妻、女 HCV 抗体阴性,说明原告 HCV 不是家人传播的。其鉴定结论为:在确定 1993 年 7 月 29 日到 2007 年 8 月 29 日期间原告没有再输血史的前提下,被告医院的输血及血制品的病史与原告丙型病毒肝炎的感染存在因果关系。2014 年 10 月 13 日,乙司法鉴定中心出具鉴定意见书,认为原告患丙型肝炎可评定为七级伤残。

另查明,我国卫生部于 1993 年 2 月 17 日发布并于同年 7 月 1 日起实施的《关于发布血站基本标准的通知》第五条规定,在供血者健康检查和血液检查中增加了丙型肝炎抗体检测。

一审法院经审理后认为,原告于 1993 年在被告医院接受手术并进行输血及血制品治疗,2007 年原告再次在被告医院住院治疗时发现感染 HCV,故本案所争议的侵权行为及损害后果均发生在侵权责任法实施之前,不应适用侵权责任法的规定,而应适用当时的法律规定。根据 2002 年 4 月 1 日起施行的《最高人民法院关于民事诉讼证据的若干规定》第四条第一款第八项"因医疗行为引起的侵权诉讼,由医疗机构就医疗行为与损害后果之间不存在因果关系及不存在医疗过错承担举证责任"之规定,本案应由被告医院就其医疗行为与原告感染 HCV 损害不存在因果关系及不存在医疗过错承担举证责任。根据医学常识,HCV 传播途径为血液传播、性传播、母婴传播,其中经血液传播是 HCV 的主要传播方式。原告因病在被告医院进行手术并两次输入血液、八次输入人血白蛋白,存在通过血液感染 HCV 的风险。根据被告医院于 1993 年 7 月 19 日为原告进行的肝炎病毒检测显示,包含抗 HCV 在内,原告各项肝炎病毒检测均为阴性。因 HCV 存在平均为 7 周的潜伏期,故由此可以确认原告在入院前未感染 HCV(即排除母婴传播),但不能确认原告此时未感染 HCV。换言之,如果要排除原告在被告医院感染 HCV 可能性,应满足被告医院最后一次为原告输入血制品并经 HCV 潜伏期后检测原告抗 HCV 呈阴性的条件。但被告医院在 7 月 19 日为原告进行 HCV 检测后又于 7 月 28 日为原告输入最后一次人血白蛋白。此后至原告 8 月 17 日出院,被告医院未再对原告进行肝炎病毒检测,故现无法排除原告在被告医院感染 HCV 可能性。被告医院虽提交了其采购血液及人血白蛋白的相关销售发票和财务凭证,但只能说明其采购来源及价格等,不能据此说明该血液及人血白蛋白的品质。现被告医院未提供其为原告输入的其他血液及血制品不含 HCV 的证据,该举证不能的不利后果应由被告医院承担。原告已提交其妻子及女儿未携带 HCV 的证据,据此可排除原告通过家庭(性)传播的可能性。根据甲司法鉴定中心出具的"在确定 1993 年 7 月 29 日到 2007 年 8 月 29 日期间原告没有再输血史的前提下,被告医院的输血及血制品的病史与原告丙型病毒肝炎的感染存在因果关系"鉴定意见,现被告医院并未提交证据证实原告在此期间有输血史。综上,被告医院不能提交证据证实其医疗行为与原告感染 HCV 损害不存在因果关系,故应推定原告感染 HCV 与被告医院医疗行为存在因果关系。但原告在被告医院共输入了十次血液和血制品,其中九次发生在1993 年 7 月 1 日《关于发布血站基本标准的通知》实施前。在此之前,在血液和血制品中并未要求增加 HCV 抗体检测,故被告医院当时的医疗行为为未违反医疗常规。原告在 1993年 7 月 28 日最后一次输入人血白蛋白发生在该通知实施之后,被告医院应当对该人血白蛋白是否携带 HCV 等质量缺陷进行必要的审核。但就感染概率而言,原告输入的前九次血液及血制品感染 HCV 概率要明显高于最后一次,因原告前九次为原告输入血液及血制品未违反医疗常规,在不能确定原告感染 HCV 确系最后一次输入人血白蛋白所致情况下,可适当减轻被告医院的赔偿责任。对原告遭受的损失作如下认定:①医疗费,原告自 2012 年 8 月份起一年内因治疗肝炎在市第八人民医院进行干扰素结合利巴韦林治疗,共花费医疗费×元,予以认定;但应用干扰素治疗丙型肝炎是糖代谢紊乱的危险因素之一,我国公布的《丙型病毒性肝炎防治教育手册》也列明"未控制的糖尿病"是丙型抗病毒治疗的相对禁忌证;原告患有糖尿病,使用干扰素进行抗病毒治疗丙型肝炎具有一定风险性;根据省司法鉴定中心的鉴定意见,原告用干扰素结合利巴韦林治疗一年后如仍未控制病情则需继续治疗;现原告在进行一年治疗后其病毒已经控制,其此后亦未再进行干扰素治疗;原告后期是否仍需干扰素进行治疗应根据其糖尿病及丙型肝炎发展情况进行实际处理,该费用并非必然发生,故对原告诉请后期治疗费×元的诉讼请求,不予支持;②残疾赔偿金,原告已提交证据证实经常居住地为某市市区,其诉请按经常居住地相关标准计算残疾赔偿金予以支持,残疾赔偿金计算为×元;③营养费,原告未提交医疗机构意见,不予支持;④精神损害抚慰金×元;⑤鉴定费×元;⑥交通费、住宿费,因原告诉请的交通费大部分系其为维护自身权利往返经常居住地和法院所支出的费用,该费用与原告居住地等相关,并非因被告医院侵权造成的直接损失,没有法律依据,不予支持;但原告因确诊病因、病情多次到外地进行的鉴定应视为治疗,其花费的合理交通费、住宿费,应予支持。故根据原告提供的票据,酌情认定交通费×,住宿费×元。原告诉请材料打印费×元,不是被告医院侵权所造成的直接损失,没有法律依据,不予支持。原告上述损失共计×元。被告医院提出追加血液及血制品提供机构为本案共同被告的主张,经审查,被告医院赔偿后有权向负有责任的生产血制品或者提供血液机构追偿,现原告仅要求被告医院赔偿,符合法律规定,故对该项主张不予支持。原告的损失宜由被告医院承担80%赔偿责任即×元。依照《最高人民法院关于审理人身损害赔偿案件适用法律若干问题的解释》第十七条第一、二款、第十八条第一款、第十九条、第二十二条、第二十三条第二款、第二十四条、第二十五条第一款、第三十条,《最高人民法院关于民事诉讼证据的若干规定》第四条第一款第八项,《最高人民法院关于适用〈中华人民共和国民事诉讼法〉的解释》第九十条之规定,判决:①被告医院在判决生效后十日内一次性赔偿原告各项损失共计×元;②驳回原告的其他诉讼请求。如果未按判决指定的期间履行给付金钱义务,应当依照《中华人民共和国民事诉讼法》第二百五十三条之规定,加倍支付迟延履行期间的债务利息。案件受理费×元,由原告负担×元,被告医院负担×元。

一审后,原、被告双方均不服判决,提起上诉,二审法院经审理后驳回上诉,维持原判。

三、关键点

被告医院不能提交证据证实其医疗行为与原告感染 HCV 损害不存在因果关系,故应推定原告感染 HCV 与被告医院医疗行为存在因果关系。但原告在被告医院共输入了十次血液和血制品,其中九次发生在 1993 年 7 月 1 日《关于发布血站基本标准的通知》实施前。在此之前,在血液和血制品中并未要求增加 HCV 抗体检测,故被告医院当时的医疗行为为未违反医疗常规。原告最后一次输入人血白蛋白则发生在该通知实施之后,被告医院应当对该人血白蛋白是否携带 HCV 等质量缺陷进行必要的审核。但就感染概率而言,原告输入的前九次血液及血制品感染 HCV 概率要明显高于最后一次,因原告前九次为原告输入血液及血制品未违反医疗常规,在不能确定原告感染 HCV 确系最后一次输入人血白蛋白所致情况下,可适当减轻被告医院的赔偿责任。

案例 10

一、案例病情简介

2011 年 9 月 21 日,原告因"右上腹疼痛 1 个月余"入住被告医院外科。原告既往有胆囊结石、胃炎、糖尿病、乙肝表面抗原(+)、乙肝 e 抗体(+)、乙肝核心抗体(+)等。诊断为"胆囊结石,胆囊炎",于 9 月 28 日在全麻下行腹腔镜胆囊切除术,术后予抗炎、止血、对症支持治疗,10 月 4 日出院,出院时伤口未拆线;出院诊断:胆囊结石;胆囊炎;脂肪肝;肝血管瘤(CT 增强所见)。此后手术戳孔处出现腹壁窦道不愈合,一直在被告医院门诊或住院行伤口换药等治疗。2012 年 8 月 31 日在该院行腹壁窦道切除术,局部组织分泌物细菌培养发现抗酸杆菌。9 月 6 日开始给予异烟肼、利福平、乙胺丁醇、阿米卡星等抗结核治疗,9 月 18 日血生化检查发现转氨酶升高等肝功能异常表现,19 日停用抗结核药物并相继给予护肝等治疗,此后肝功能进行性恶化,原告前往北京治疗。2012 年 10 月 9 日至 2012 年 10 月 16 日在某甲医院住院治疗,诊断为"药物性肝衰竭,慢性肝炎,胆囊切除术后,腹壁窦道"等,护肝、降酶等治疗无效,原告家属存在肝移植意愿。于 2013 年 1 月 25 日在某乙医院行原位肝移植术,术后病理回报"肝结节性肝硬化伴胆栓形成,肝海绵状血管瘤",出院诊断"药物性肝损害,肝炎性肝硬化,肝血管瘤,糖尿病"。2014 年至 2017 年,原告到某乙医院、某丙医院继续治疗,截止至 2017 年度,原告到各大医院住院 468 天,用去医疗费用×元。

二、案件鉴定及审理经过

原告认为被告医院在对其诊疗的过程中存在过错,向法院提起诉讼。

经法院委托,某医学院法医司法鉴定所作出鉴定书,该意见书对被告医院医疗行为的评价:①根据送鉴资料,原告(被鉴定人)2011 年 9 月因胆石症在被告医院住院治疗,有手术适应证,没有禁忌证,被告医院对其实施腹腔镜胆囊切除术符合医疗原则,不存在过错;②本案例中,原告的腹腔镜胆囊切除术系择期手术且应系Ⅰ类清洁切口,一般应甲级愈合。原告术后出现戳孔处不愈合并形成感染性窦道的事实存在;依据现有资料,窦道形成原因难以准确判断,可能系因被告医院的不规范治疗、患者自身疾病(如糖尿病等)因素以及门诊治疗的依从性差等多因素导致。但被告医院在对伤口的诊疗中(一直在医院里换药)没有病历记载治疗和病情变化过程,未尽合理的诊疗义务,存在过错;③原告在腹腔镜胆囊切除术后 2 个月余于 2011 年 12 月 15 日至 21 日因右下腹痛在被告医院住院期间,被告医院检查发现有腹部包块,但体检及 B 超检查欠仔细(仅检查和 B 超探查腹腔内,未考虑包块的存在并进一步鉴别检查腹壁),未尽谨慎的注意义务,致使腹痛和包块的诊断、治疗结果不明确,腹壁包块和脓肿漏诊,延误诊治,最终导致形成窦道;④被告医院在明确发现原告的腹壁窦道后给予分泌物培养显示非结核分枝杆菌生长,行换药抗感染治疗,以及此后于 2012 年 8 月行窦道切除术的医疗行为符合腹壁窦道的治疗原则;⑤被告医院在腹壁窦道感染经久不愈时,根据分泌物培养抗酸杆菌阳性的结果,属于可疑结核病,临床上可考虑抗结核治疗;根据病历资料,被告医院抗结核药物的用法用量不违背原则。异烟肼等抗结核药物较容易导致肝损害,被告医院应预见相应的风险,在进行抗结核治疗时应及时给予护肝等措施。被告医院在没有进一步明确诊断、没有相关专科会诊(如肝功能评估、用药方案等)的情况下给予异烟肼等抗结核治疗,且在抗结核治疗期间没有及时给予护肝药物治疗,未尽谨慎的注意义务,存在过失;⑥原告在接受抗结核治疗(2012 年 9 月 6 日开始用异烟肼、阿米卡星等)十余天后出现恶心、肝功能异常等表现后,被告医院及时停药(2012 年 9 月 19 日停用),此医疗行为符合原则。在原告出现消化系统症状、肝功能下降等表现时,被告医院仅给予甲氧氯普胺、泮托拉唑等治疗,未及时给予护肝处理,未尽相应的合理诊疗义务,存在过失;⑦结合送鉴资料,原告 2012 年 10 月在某乙医院住院期间,诊断为药物性肝衰竭,予以认定。原告有多年肝炎病史,但在抗结核治疗前肝功能检查正常,此前检查也无证据证明存在功能损害的表现,故不符合肝炎直接导致肝功能衰竭。综合分析推断其肝功能衰竭的原因:A. 考虑抗结核药物系肝损害的主要因素;B. 不能排除肝炎对肝损害的参与作用;C. 也不能排除个体差异、体质等因素与严重肝损害的关联性;⑧综上所述,被告医院对原告的下列诊疗过程存在医疗过失:A. 胆道术后出现切口感染;B. 切口感染后处理欠规范、及时,导致腹壁窦道形成;C. 因腹壁窦道感染行抗结核治疗后出现肝功能衰竭;过失与原告最终发生肝衰竭、肝移植的损害后果之间存在因果关系。关于医疗过失参与度,目前我国法医司法鉴定相关规定中无国家标准和法律法规给予明确规定,基于委托需要,根据上述分析,参照我国《医疗事故鉴定暂行办法》和省司法鉴定协会《关于医疗损害司法鉴定中医疗过失参与度的有关规定》之相关规定,建议被告的医疗过失对被鉴定人损害后果的参与度为 40%~60%;⑨关于伤残程度、后期治疗费、误工期、营养期、护理人数、护理期:被鉴定人已行肝移植手术治疗,近期复查肝功能尚可;由于其一直使用免疫抑制剂等药物维持治疗,近期复查肝功能尚可;由于其一直使用免疫抑制剂等药物维持治疗,存在一般医疗依赖,对生活、工作、社会交往等能力存在明显影响,依据国家两院三部《人体损伤致残程度分级》标准附录 A. 6 并比照第 5. 6. 4. 1 条之规定,评定为六级伤残。被鉴定人肝移植术后期需要免疫抑制剂等药物治疗以及定期复查等医疗措施,医疗费原则上以实际发生额计算,基于委托要求,结合目前相关医疗价格,建议近 2 年内医疗费为×元/月左右。结合被鉴定人胆囊术后出现腹壁窦道、肝衰并肝移植等伤病的实际情况,建议休养期、护理期、营养期至定残前一日为止,护理人数原则上为 1 人。若被鉴定人病情发生显著变化,必要时可重新鉴定。某医学院法医司法鉴定所作出鉴定书的鉴定意见为:①被告医院对原告的诊疗过程存在过失,医疗过失与原告的损害后果之间存在因果关系,建议医疗过失对损害后果的参与度为 40%~60%;②原告损害后果的伤残程度评定为六级,建议后续治疗费近 2 年内为×元/月左右,建议休养期、护理期、营养期至定残前一日为止,护理人数原则上为 1 人。

一审法院经审理后认为,原告入住被告医院就诊治疗,双方医患关系形成。原告诉称被告医院在对其本人的诊疗过程中存在过错且造成了严重损害后果,要求被告医院承担民事赔偿责任,故本案属于医疗损害责任纠纷。结合某医学院法医司法鉴定所做出鉴定意见,根据《中华人民共和国侵权责任法》第六条的规定,行为人因过错侵害他人民事权益,应当承担侵权责任;该法第五十四条规定,患者在诊疗活动中受到损害,医疗机构及其医务人员有过错的,由医疗机构承担赔偿责任。因此,被告医院应对其医疗过错造成的损失承担赔偿责任。

关于原告的损失,依据《最高人民法院关于审理人身损害赔偿案件适用法律若干问题的解释》第十七条、第十八条、第十九条、第二十条、第二十一条、第二十二条、第二十三条、第二十四条、第二十五条的规定,法院认定:医疗费、护理费、住院伙食补助费、营养费、交通费、残疾赔偿金、住宿餐饮费、后续治疗费、鉴定费共计×元。因被告医院的医疗过错参与度为40%~60%,法院酌定医院的医疗过错参与度为50%,故被告医院应向原告支付因医疗过错造成的人身损害赔偿费用为×元及精神损害抚慰金×元,以上共计×元。

综上所述,依照《中华人民共和国侵权责任法》第六条、第五十四条,《中华人民共和国民法总则》第一百八十八条,《最高人民法院关于审理人身损害赔偿案件适用法律若干问题的解释》第十七条、第十八条、第十九条、第二十条、第二十一条、第二十二条、第二十三条、第二十四条、第二十五条及《中华人民共和国民事诉讼法》第一百四十二条的规定,判决:①被告医院于判决书生效之日起十日内一次性赔偿原告各项损失共计×元;②驳回原告的其他诉讼请求。如果被告医院未按判决指定的期间给付金钱义务,应当依照《中华人民共和国民事诉讼法》第二百五十三条之规定,加倍支付迟延履行期间的债务利息。一审案件受理费×元,由原告承担×元,被告医院承担×元。

一审后,原、被告双方均不服判决,提起上诉,二审法院经审理后驳回上诉,维持原判。

三、关键点

被告医院的过失与原告最终发生肝衰竭、肝移植的损害后果之间存在因果关系:

1. 被告医院在对原告伤口的诊疗中没有病历记载治疗和病情变化过程,未尽合理的诊疗义务,存在过错。

2. 原告在腹腔镜胆囊切除术后2个月后再次在被告医院住院期间,被告医院检查发现有腹部包块,但体检及B超检查欠仔细,未尽谨慎的注意义务,致使腹痛和包块的诊断、治疗结果不明确,腹壁包块和脓肿漏诊,延误诊治,最终导致形成窦道。

3. 被告医院在没有进一步明确诊断、没有相关专科会诊的情况下给予异烟肼等抗结核治疗,且在抗结核治疗期间没有及时给予护肝药物治疗,未尽谨慎的注意义务,存在过失。

4. 在原告出现消化系统症状、肝功能下降等表现时,被告医院仅给予甲氧氯普胺、泮托拉唑等治疗,未及时给予护肝处理,未尽相应的合理诊疗义务,存在过失。

案例 11

一、案例病情简介

2010年5月26日,原告因"双侧腰痛2个月余"就诊于被告医院,由医生徐某接诊,诊断为"双侧输尿管结石、双肾积水",医嘱:住院行输尿管镜取石术。原告于同日入住被告医院,诊断为:双肾积水、双侧输尿管结石、左肾结石,于2010年5月28日行双侧输尿管镜取石术+D-J管置入术。后于2010年6月4日治愈出院,出院医嘱:……②定期复查,门诊随访;③1个月以后拔除D-J管。该次住院治疗期间,原告花费医疗×元。

2010年7月6日,原告以双侧输尿管D-J管置入术后1个月再次就诊于被告医院并被收治入院,于2010年7月9日在局麻下行双侧输尿管镜检查加双侧输尿管D-J管重新置入,后于2010年7月13日治愈出院。出院医嘱:……⑤2010年8月9日之前拔除D-J管。该次住院治疗期间,原告花费医疗费×元。

2010年8月初,原告到被告医院处就诊,由住院医师黄某在门诊手术室为原告拔除D-J管。

2014年初,原告感腰痛明显且发生大小便失禁等情形,遂于2014年3月4日到某医学院附属医院进行检查,发现体内右侧输尿管D-J管遗留。其后原告就诊于被告医院处,2014年3月5日被告医院为原告行B超检查示:右肾积水、右肾内有D-J管。

2014年3月7日,被告医院以"右肾积水、右侧输尿管D-J管置入术后"将原告收治入院。2014年3月8日,被告医院将遗留于原告体内的右侧D-J管拔除。3月18日,被告医院以"左侧输尿管结石、右侧输尿管全程扩张"的诊断为原告行"左侧输尿管镜钬激光碎石取石术+双侧双管植入术";4月17日,被告医院为原告拔除D-J管。

2014年6月16日,被告医院为原告行"左侧输尿管镜检查+D-J管置入术"、11月21日局麻下行"左侧输尿管镜检查"。

原告主张其在被告医院处住院治疗至2015年5月4日,但被告医院病案显示2015年1月16日后没有为原告治疗、检查的记录。原告该次住院期间仅缴纳住院费用×元。该期间内,原告曾至某医学院附属医院、市中心医院等处门诊检查,其中在某医学院附属医院门诊检查,于2014年3月14日花费×元、3月15日花费×元、4月22日花费×元、2015年1月5日花费×元,2014年5月27日在市中心医院门诊检查花费×元;另外原告还提交了某社区卫生服务中心的门诊收费票据一张,其中载明2014年9月10日购买二甲双胍缓释片花费×元,但该票据姓名处填写的内容为"顾客"。

二、案件鉴定及审理经过

本案一审立案前,原告曾提出医疗损害鉴定申请,要求对被告医院的医疗行为是否存在过错、原告目前损害后果是否构成伤残及伤残等级、原告目前损害后果与被告医院医疗行为之间是否存在因果关系及被告医院是否应对原告目前损害后果承担责任及责任程度等事项进行鉴定。一审法院组织双方对现有证据进行质证后将鉴定请求及有关鉴定资料提交给市医学会医疗损害鉴定办公室,2015年3月30日,市医学会医疗损害鉴定办公室以"缺少原告2010年8月至被告医院处拔管时的门诊病历"为由中止该医疗损害鉴定。

本案立案后,一审法院要求双方提交上述2010年8月的门诊病历,原告称被告医院为其拔除D-J管系在门诊手术室完成,当时并未书写任何记录,故无法提交该门诊病历;被告医院认可原告的拔管手术系在该院门诊手术室实施,但主张该手术记录应体现在门诊病历中,而门诊病历应由原告保存。另根据被告医院当时为原告接诊的医生徐某陈述,2010年前后拔除D-J管并不需要签署手术同意书,通常情况下也不需要书写病历;但如果只为原告拔除一侧D-J管,应该是其右侧肾积水比左侧严重而考虑右侧的管子多留一段时间,当时应该在病历上记录通知其过一段时间复诊;为原告拔除D-J管时其是否在场已经记不清楚了,医生黄某已于2011年11月去世。据此一审法院分别于2015年9月和12月以被告医院没有证据证明其对2010年8月拔管过程为原告书写病历记录或进行口头告知为由要求市医学会医疗损害鉴定办公室继续进行鉴定,但该鉴定办公室以被告医院不同意恢复鉴定为由暂中止鉴定。后经一审法院反复沟通,市医学会于2016年8月19日出具专家会诊意见,称:①在患者行输尿管手术及肾脏手术后留置D-J管,拔除时间取决于患者的病情,一般情况为2至4周。根据病情需要,有些患者需放置更长时间,但需定期更换;②一般情况下按医嘱拔除 D-J 管有以下情况:A. 肾积水较重;B. 输尿管狭窄可适当延长放置时间。辅助检查根据患者病情而定,尿常规、KUB 平片、B 超检查对判断有帮助;C. 因缺少相关材料不能判断 2010 年 8 月进行拔管手术时是否应当保留右侧的 D-J 管;D. 正常情况下长期放置 D-J 管对肾脏有一定损害,如果有肾积水、输尿管梗阻,可考虑长期留置。

鉴于上述情况,一审法院经与原告沟通,于 2016 年 12 月再次委托市医学会医疗损害鉴定办公室,就原告右侧输尿管 D-J 管超期拔除是否符合医疗常规、超期拔除所造成的损害后果及损害程度、原告目前的损害程度与其自身疾病和超期拔管的参与度等,进行鉴定或出具会诊意见,但其后该鉴定申请仍被退回。2017 年 12 月,一审法院依《省医疗损害鉴定管理办法》的规定另行委托某医科大学司法鉴定所针对上述问题进行鉴定。后该司法鉴定所于 2018 年 6 月以缺乏患者 2010 年在医方就诊的病历资料无法完成鉴定工作为由对该司法鉴定不予受理。

原告在审理中提交了与医院有关人员交涉的两段录音,其中一段原告主张形成于 2014 年 3 月 5 日下午 17 时左右,对话人为原告与医师徐某,该录音中徐某陈述原告 2010 年 7 月的置管手术系其与医生刘某做的,拔管可能是没有参与手术的医生黄某实施的,他没有想到是双侧置管;另外一段录音原告主张形成于 2014 年 5 月 13 日上午 9 时 40 分,对话人为原告与医院相关人员崔某,其中崔某称可以达成一个初步协议,但医院是否有过错需要经过鉴定。

一审法院认为,医疗机构及其医务人员在对患者进行诊疗过程中应当向患者说明病情及医疗措施并按规定填写并妥善保管住院志、医嘱单、病历资料、护理资料等病历资料,医疗机构及其医务人员未尽到上述义务或违反法律、行政法规、规章以及其他有关诊疗规范规定而造成患者损害的,推定医疗机构及其医务人员存在过错并由医疗机构承担赔偿责任。

本案中,原告在被告医院住院期间于 2010 年 7 月 9 日行双侧输尿管镜检查加双侧输尿管 D-J 管重新置入术后,根据 2010 年 7 月 13 日的出院医嘱于 2010 年 8 月到被告医院处拔除双侧输尿管 D-J 管,但被告医院接诊医生黄某仅为原告拔除了左侧输尿管 D-J 管,导致右侧输尿管 D-J 管长期留置在原告体内直至 2014 年原告出现右侧输尿管全程扩张、右肾病变等症状。至于医生黄某未为原告拔除右侧输尿管 D-J 管的原因,曾为原告置入 D-J 管且后续为其治疗的医生徐某推测系因双侧置管的患者较少,且医生黄某对原告置管情况不了解或者是认为原告的病情需要留置一段时间。但因医生黄某已经死亡且双方均不能提交 D-J 管拔除时的相关记载病历,现已无法还原当时的客观情况,而一审法院屡次委托的鉴定也因缺乏拔除 D-J 管时的病历记录而无法进行。

一审法院认为,就生活常识而言,原告在接受诊疗过程中对接诊医生具有高度的信任,对医生的医嘱(不论是书面医嘱还是口头医嘱)应当遵照执行,因此在原告遵医嘱前往被告医院拔除此前置入的 D-J 管而接诊医生仅对一侧 D-J 管拔除的情况下,如接诊医生告知原告另一侧 D-J 管留存的理由及拔除时间,原告不可能也没有理由在接近四年的时间里不到被告医院就诊,而是直至感觉身体不适经过检查才发现体内留存有 D-J 管;被告医院虽然坚称其接诊医生会将拔除 D-J 管的经过及医嘱记载于原告持有的门诊病历,但其却没有证据证明其所称事实确实存在,而参与原告治疗的医生徐某亦表示 2010 年期间拔除 D-J 管并非大的手术,既不需要签署手术同意书,在非特殊情况下也不需要书写病历,结合市医学会出具的专家会诊意见,应当认为被告医院的医务人员系基于疏忽而没有为原告拔除右侧输尿管

D-J 管,且违反诊疗规范而没有对该手术过程进行书面记录,故应推定被告医院在对原告的诊疗过程存在过错,应对原告的损害后果承担赔偿责任。

对于原告因右侧输尿管 D-J 管超期未拔除所引发的损害后果,因有关鉴定机构均未给出最终的结果,故现尚无法进行确定。但原告 2014 年之后进行的检查、治疗等确与右侧输尿管 D-J 管超期未拔除有关,其因此产生的有关费用应根据原告的治疗情况由被告医院进行赔偿。根据原告的诉讼请求及其 2014 年 3 月之后的治疗情况,确认其因右侧输尿管 D-J 管超期未拔除而产生的损失包括医疗费、住院伙食补助费、护理费、营养费、交通费、误工费、鉴定费、精神损害抚慰金共计×元。

综上所述,原告因被告医院的过错医疗行为致使右侧输尿管 D-J 管长期留置其体内造成的损失合计为×元,被告医院对此损失应当承担全部赔偿责任。遂判决:①被告医院于本判决生效后十日内赔偿原告各项损失×元;②驳回原告的其他诉讼请求。一审案件受理费×元,由原告负担×元,被告医院负担×元。

一审判决后,被告医院不服判决,提起上诉,二审法院经审理后驳回上诉,维持原判。

三、关键点

1. 被告医院的医务人员系基于疏忽而没有为原告拔除右侧输尿管 D-J 管。
2. 被告医院违反诊疗规范没有对该手术过程进行书面记录。

故应推定被告医院在对原告的诊疗过程存在过错,应对原告的损害后果承担赔偿责任。

案例 12

一、案例病情简介

2002 年 6 月 17 日,死者生前因"活动后胸闷、气促 9 年"于被告医院就诊,诊断考虑"扩张型心肌病、二尖瓣脱垂并关闭不全",予以对症处理后于 7 月 1 日出院。2002 年 7 月 11 日,死者再次就诊并入住被告医院,入院诊断:①二尖瓣脱垂并关闭不全;②二尖瓣中度反流;③房颤;④全心扩张;⑤心功能Ⅲ级。7 月 25 日,被告医院为死者行二尖瓣人工瓣环成形术、冠状动脉搭桥术 LIMA-LDA、三尖瓣成形术,术后恢复可。2002 年 8 月 7 日,死者出院。

2014 年 10 月 11 日,死者因活动胸闷、气促、咳嗽等症状于市中心医院就诊,入院诊断:①冠心病,缺血性心肌病型,心脏扩大,房颤,冠脉搭桥术后,心功能Ⅳ级;②二尖瓣退行性变并修补术后;③支气管炎。10 月 14 日,死者在该医院 X 光诊断报告单的诊断意见:①心脏明显增大,肺淤血;②心瓣膜人工瓣环置换术后,人工瓣环断裂;③心脏形态失常,边缘僵直,心包炎? 以上请结合临床。10 月 23 日,死者出院,出院医嘱:①注意休息、饮食;②继续口服药治疗,定期复查;③不适随诊。

2015 年 8 月 10 日至 8 月 18 日,2016 年 5 月 16 日至 23 日,死者在市第三人民医院住院治疗。2016 年 5 月 29 日至 6 月 2 日,死者因"劳力性气促 20+年伴咳嗽、发热 1 天"就诊并入住市第三人民医院,出院诊断:①冠心病缺血性心肌病型,心脏扩大,心房颤动,心功能Ⅳ级、CABG 术后;②二尖瓣前叶脱垂并关闭不全;③Ⅰ型呼吸衰竭;④淤血性肝损伤;⑤肺部感染;⑥中度贫血。出院医嘱:上级医院继续治疗,行心瓣膜置换术。

2016 年 6 月 6 日,死者再次入住被告医院,于 7 月 8 日在体外循环麻醉下行二尖瓣机械瓣膜置换+心房折叠术。术前及术后诊断:①冠心病(缺血性心肌病型)、心脏扩大、心房颤动、心功能Ⅳ级、CABG 术后;②心脏瓣膜病、二尖瓣狭窄、二尖瓣关闭不全、肺部感染;③中度贫血、溶血可能;④左肾囊肿;⑤前列腺多发钙化灶;⑥腹水。手术记录:"……二尖瓣前瓣脱垂,增厚,后瓣增厚,腱索挛缩,活动受限,可见二尖瓣成形环被内膜覆盖,剪去成形环缝线,去除成形环,剪去二尖瓣前瓣及腱索……"。2016 年 7 月 9 日,死者出院,出院诊断:风湿性心脏瓣膜病,风湿性二尖瓣狭窄,风湿性二尖瓣关闭不全,冠心病缺血性心肌病型,心脏扩大,心房颤动,心功能Ⅳ级,肺部感染,中度贫血。出院医嘱:患者家属要求转当地医院治疗。死者于出院当日死亡。

二、案件鉴定及审理经过

原告(死者家属)认为被告医院植入死者体内的二尖瓣人工瓣环存在严重质量问题导致断裂,致使死者心脏功能低下,最终医治无效死亡,被告医院及生产厂家应对此承担赔偿责任,向法院提起诉讼。

2017 年 11 月 7 日,被告医院向法院申请司法鉴定,要求对:人工瓣环是否存在质量问题;如存在质量问题,则进一步鉴定瓣环断裂与死者死亡的因果关系参与度进行鉴定。法院根据被告医院的申请,委托省司法鉴定中心进行鉴定,该中心认为人工瓣环的质量问题不在其鉴定范围内,于 2017 年 12 月 14 日将本案退回法院。

之后,法院委托省人民医院司法鉴定中心进行鉴定,该中心于 2018 年 10 月 22 日向法院发出《省人民医院司法鉴定中心终止鉴定通知书》:"……我中心认为,受限于本中心鉴定能力和技术条件,难以完成委托事项。尤其是本例可能涉及产品(心脏瓣环)质量的问题,是否与死亡有因果关系难以作出客观评价。……我中心决定终止鉴定,并退还鉴定材料。"

被告医院未向法院提交死者于 2002 年 7 月 11 日在被告医院植入的人工瓣环的相关资料。

法院认为:患者在诊疗活动中受到损害,医疗机构及其医务人员有过错的,由医疗机构承担赔偿责任。①关于本案的诉讼时效问题。《中华人民共和国产品质量法》第四十五条规定:因产品存在缺陷造成损害要求赔偿的诉讼时效期间为二年,自当事人知道或者应当知道其权益受到损害时起计算。因产品存在缺陷造成损害要求赔偿的请求权,在造成损害的缺陷产品交付最初消费者满十年丧失;但是,尚未超过明示的安全使用期的除外。本案没有书面警示标志说明植入死者体内的人工瓣环的安全使用期限,也没有证据证明被告医院向死者明示了该人工瓣环的安全使用期限。因此,本案尚未超过诉讼时效,对被告医院关于本案已超过诉讼时效的意见,本院不予采信;②关于责任承担问题。人工瓣环系植入性医疗器械。医疗器械符合产品的特征,且医疗机构使用该类产品以营利为目的,故该类物品适用产品侵权责任的规定。《中华人民共和国侵权责任法》第四十一条规定,因产品存在缺陷造成他人损害的,生产者承担赔偿责任。第五十九条规定:因药品、消毒药剂、医疗器械的缺陷,或者输入不合格的血液造成患者损害的,患者可以向生产者或者血液提供机构请求赔偿,也可以向医疗机构请求赔偿。患者向医疗机构请求赔偿的,医疗机构赔偿后,有权向负有责任的生产者或者血液提供机构追偿。产品责任的构成要件包括产品存在缺陷、有损害事实发生、产品缺陷与损害事实之间存在因果关系。因此,药品、消毒药剂、医疗器械损害赔偿案件能构成产品侵权责任,必须具备以下要件:A. 医疗器械存在缺陷,即医疗器械不能提供人们有权期待的安全性或者产品存在不合理的安全性。不符合大众期待的安全要求则是医疗器械存在着"不合理的危险";B. 存在人身伤害、财产损害的事实;C. 缺陷与损害事实间存在因果关系。关于人工瓣环是否存在缺陷,根据《中华人民共和国产品质量法》第四十六条规定,所谓产品缺陷,是指产品存在危及他人人身、财产安全的不合理的危险;产品有保障人体健康和人身、财产安全的国家标准、行业标准的,是指不符合该标准。可见,判断产品是否存在缺陷有两个标准,一是产品是否存在不合理的危险,二是产品是否符合法定标准。通常产品是否符合法定标准一般应由权威机构进行科学鉴定,但法院两次送检,鉴定机构均无法得出结论。根据法律规定,医疗机构、医疗产品的生产者、销售者主张不承担责任的,应当对医疗产品不存在缺陷等抗辩事由承担举证证明责任。因此,本案应由被告医院就其产品不存在缺陷承担举证责任。经法院释明后,被告医院在法定时间内,无法提交其植入死者体内的人工瓣环的合格证、注册证、说明书,也无法提供该人工瓣环的进货发票或正规进货渠道的相关材料。故法院认定植入死者体内的人工瓣环存在缺陷。关于有无损害事实。本案中,死者在植入人工瓣环的 14 年后于 2016 年 7 月 8 日体外循环麻醉下行二尖瓣机械膜置换+心房折叠术后,因心脏疾病死亡。因此,本案确有损害事实发生。关于人工瓣环与损害事实的因果关系,《医疗机构管理条例实施细则》规定,诊疗活动是指通过各种检查,使用药物、器械及手术等方法,对疾病作出判断和消除疾病、缓解病情、减轻痛苦、改善功能、延长生命、帮助患者恢复健康的活动。鉴于医疗手段特殊性,医疗行为本身也具有专业性、复杂性、风险性、侵袭性等特征,客观上一些医疗损害结果经常为多个条件、多种原因的聚合或共同作用所致。故患者依据《中华人民共和国侵权责任法》第五十九条规定请求赔偿的,应当提交使用医疗产品或受到损害的证据。患者无法提交使用医疗产品与损害之间具有因果关系的证据,依法申请鉴定的,人民法院应予准许。本案对于有缺陷的人工瓣环与死者死亡是否存在因果关系,因受限于现有鉴定机构的水平无法作出结论。从现有证据来看,被告医院为死者植入的人工瓣环确实存在缺陷。但死者在植入人工瓣环 14 年后出现"胸闷、气促、咳嗽"等症状后就诊于市中心医院,在医院诊断认为其"人工瓣环断裂"后未及时到上级医院就诊,对自身疾病的发展存在一定延误。死者在被告医院第二次手术后,出院诊断为"风湿性心脏瓣膜病,风湿性二尖瓣狭窄,风湿性二尖瓣关闭不全,冠心病缺血性心肌病型,心脏扩大,心房颤动,心功能Ⅳ级,肺部感染,中度贫血"。可见死者自身疾病的严重性是导致其死亡的主要原因。因此,法院结合本案案情,综合考虑多方面的因素,酌情确认由被告医院对死者的死亡后果承担 20% 的责任。

根据查明的事实和相关规定,对原告主张的医疗损害赔偿项目及数额,认定:包括医疗费、死亡赔偿金、丧葬费、护理费、住院伙食补助费、交通费共计×元。由被告医院承担其中 20% 即×元。死者的死亡必定给其家属带来精神痛苦,法院酌情考虑被告医院承担精神损害抚慰金×元。

综上所述,依照《中华人民共和国侵权责任法》第五十四条、第五十九条,根据最高人民法院《关于审理人身损害赔偿案件适用法律若干问题的解释》第一条,第十七条第一款、第十七条第三款、第十八条第一款、第十九条、第二十一条、第二十二条、第二十三条、第二十七条、第二十九条、第三十五条,最高人民法院《关于确定民事侵权精神损害赔偿责任若干问题的解释》第一条第一款第一项、第八条第二款、第九条第三项、第十条的规定,判决如下:①被告医院在本判决生效之日起五日内赔偿原告各项经济损失×元;②被告医院在本判决生效之日起五日内赔偿原告精神损害抚慰金×元;③驳回原告的其他诉讼请求。

当事人如未按本判决指定的期间履行金钱给付义务,还应当依照《中华人民共和国民事诉讼法》第二百五十三条的规定,加倍支付迟延履行期间的债务利息。

本案受理费×元,由原告负担×元,被告医院负担×元。

如不服本判决,可在判决书送达之日起十五日内,通过本院递交上诉状,并按对方当事人的人数提出副本,上诉于市中级人民法院。

三、关键点

1. 被告医院在法定时间内,无法提交其植入死者体内的人工瓣环的合格证、注册证、说明书,也无法提供该人工瓣环的进货发票或正规进货渠道的相关材料,承担举证不能的责任,故法院认定植入死者体内的人工瓣环存在缺陷。

2. 死者在植入人工瓣环14年后出现"胸闷、气促、咳嗽"等症状后就诊于市中心医院,在医院诊断认为其"人工瓣环断裂"后死者未及时到上级医院就诊,对自身疾病的发展存在一定延误。死者自身疾病的严重性是导致其死亡的主要原因。

因此酌情确认由被告医院对死者的死亡后果承担20%的责任。

案例13

一、案例病情简介

死者因"阵发性头晕头痛1年余"于2016年7月13日入住被告医院,于2016年7月21日行颅内动脉瘤介入栓塞术,术中出现动脉瘤破裂出血,急诊给予脑室穿刺引流。术后入ICU。于2016年7月22日行双额冠切去骨瓣减压术。于2016年8月15日出院,出院诊断为"颅内多发动脉瘤(前交通动脉、左侧颈内动脉后交通段),高血压病(3级,极高危),2型糖尿病,白细胞、血小板减少待查:脾亢,乙肝病毒携带者,蛛网膜下腔出血,高钠血症,低蛋白血症,肺部感染,胸腔积液(双侧)并肺不张,颊部肿物(右),低钾血症,感染中毒性休克,脑疝,中枢性尿崩症"。死者在被告医院住院期间共花费医疗费×元。2016年8月15日,死者使用急救中心救护车转院至市第六人民医院,共支出救护车费用×元。2016年8月16日,死者在市第六人民医院死亡。死者在市第六人民医院共花费医疗费×元。

二、案件鉴定及审理经过

2017年2月,原告(死者家属)认为被告医院在诊疗过程中存在过错,诉至法院。本案审理过程中,法院委托市司法鉴定所针对被告医院在对死者的诊治过程中是否存在过错及过错与死者死亡之间的因果关系等进行鉴定。2018年5月2日,市司法鉴定所出具《司法鉴定意见书》,分析认为:①关于死者的死亡原因……因死者死亡后未行尸体检验,尸体已处理;其病理死亡原因无法明确。其临床死亡原因符合脑动脉瘤破裂出血导致脑疝、引起中枢性呼吸系统衰竭的病理生理机制;②关于被告医院对死者的诊疗行为的评价:A. 死者2016年7月13日因"阵发性头晕头痛1年余"入住被告医院,被告医院根据其病史、临床表现及辅助检查结果,入院诊断为"颅内多发动脉瘤(前交通动脉、左后交通动脉),高血压病(3级,极高危),2型糖尿病"有依据,上述诊断成立;B. 颅内动脉瘤血管内介入适应证,根据颅内动脉瘤血管内介入治疗中国专家共识(2013)的推荐意见……被告医院根据死者当时的病情,选择行动脉瘤介入栓塞术有手术指征。术前被告医院对手术适应证和手术风险有告知,患方知情同意签字。被告医院在术前疾病记录中有向死者家属交待可能行"开颅手术"的记载,但在被告医院的家属同意手术记录中未见替代方案的告知说明,应认为被告医院告知义务履行不完全,存在缺陷;C. 被告医院为死者选择实施的手术为脑动脉瘤介入栓塞术。根据送检病历记载的当时情况,应属于择期手术。死者术前检查存在白细胞减少、血小板减少、脾亢、乙肝病毒携带等情况,腹部 CT 提示脾大、门脉高压,不除外肝硬化。被告医院应在术前明确血小板减少的原因,并对血小板减少给手术增加的相关风险进行预防和告知,但在送检病历中未见相关记载。应认为被告医院注意义务不到位,存在不足;D. 在手术记录手术步骤中,部分环节的记载略欠详细(如根据动脉瘤的位置及形态进行微导管塑型后,要缓慢平滑地行进而不能跳跃式前进等未见明确记载)。死者的动脉瘤破裂出血是在被告医院为其实施脑动脉瘤介入栓塞术的过程中发生的,属于术中并发症。根据现有病历资料,综合分析不排除被告医院的注意义务不到位(注意义务包括风险预知义务和风险回避义务),存在缺陷或不足;E. 被告医院的术前讨论及家属同意手术记录中有患方家属签字,但送检病历中无死者本人的授权委托书及患方家属代签人的相关证明,存在缺陷;F. 被告医院在病历管理方面存在缺陷。如死者术前、术后多项辅助检查报告单未及时归入病历,不符合医疗机构病历管理规定。综上所述,被告医院诊疗过程中的医疗行为存在医疗过错,其过错与死者死亡后果之间存在一定因果关系;③关于被告医院过错与死者死亡后果之间的因果关系及其过错参与度评定。死者所患上述疾病属于自身原有疾病。其颅内动脉瘤破裂出血和蛛网膜下腔出血与被告医院的动脉瘤介入栓塞术有关,属于手术并发症,但并非是完全不可避免的并发症。颅内动脉瘤破裂出血和蛛网膜下腔出血是导致脑疝、多器官功能衰竭的主要原因。死者死亡应属于多因一果,其主要原因是在原有疾病的基础上因手术并发动脉瘤破裂出血和蛛网膜下腔出血后引起脑疝导致呼吸循环衰竭死亡。考虑到本病的发生发展特点,结合死者的自身疾病情况、术前风险告知签字情况和被告医院上述医疗过错情况,综合分析认为,被告医院的责任程度应为次要责任;④鉴定意见。被告医院在对死者的诊疗过程中存在医疗过错,其过错与死者的损害后果之间存在因果关系,建议被告医院的责任程度为次要责任。

原告对鉴定意见称部分不认可,其主张被告医院应承担全部责任。被告医院亦对鉴定意见不认可,称认定医方次要责任过高。

法院经审理后认为,医院的诊疗行为是否有过错,该过错与损害后果是否存在因果关系及过错行为与损害后果的参与度是多少,系专业性较强的技术性问题,需要国家认可的专业性机构鉴定方可得出结论。经市司法鉴定所鉴定:被告医院在对死者的诊疗过程中存在医疗过错,其过错与死者的损害后果之间存在因果关系,建议医方的责任程度为次要责任。

虽然原、被告双方均对鉴定意见有异议,但均未提交反证予以证实,且双方所提异议在《司法鉴定意见书》中做了分析说明,是鉴定意见已考虑的因素,故法院对鉴定结论予以采信,具体比例将根据鉴定结果,并结合本案的实际情况酌情确定为30%。

对于原告诉讼请求中涉及的损失范围及赔偿数额问题,损失范围及赔偿标准应按照侵权责任法及相关司法解释的规定确定。经认定,被告医院应赔偿原告包含医疗费、护理费、交通费、死亡赔偿金、丧葬费、精神损害抚慰金等共计×元。对于原告诉讼中请求过高的部分,法院不予支持。综上,法院依照《中华人民共和国侵权责任法》第十六条、第二十二条、第五十四条及《中华人民共和国民事诉讼法》第六十四条之规定,判决:①被告医院于判决生效后十日内赔偿原告各项损失共计×元;②驳回原告的其他诉讼请求。如未按判决指定的期间履行给付金钱义务,应当依照《中华人民共和国民事诉讼法》第二百五十三条之规定,加倍支付迟延履行期间的债务利息。

一审后,被告医院不服一审判决,提起上诉,二审法院经审理后驳回上诉,维持原判。

三、关键点

1. 被告医院在术前疾病记录中有向死者家属交待可能行"开颅手术"的记载,但在家属同意手术记录中未见替代方案的告知说明,应认为被告医院告知义务履行不完全,存在缺陷。

2. 被告医院应在术前明确血小板减少的原因,并对血小板减少给手术增加的相关风险进行预防和告知,但在送检病历中未见相关记载。应认为被告医院注意义务不到位,存在不足。

3. 在手术记录手术步骤中,部分环节的记载略欠详细,死者的动脉瘤破裂出血属于术中并发症,根据现有病历资料,综合分析不排除被告医院的注意义务不到位,存在缺陷或不足。

4. 被告医院的术前讨论及家属同意手术记录中有患方家属签字,但送检病历中无死者本人的授权委托书及患方家属代签人的相关证明,存在缺陷。

5. 被告医院在病历管理方面存在缺陷。如死者术前、术后多项辅助检查报告单未及时归入病历,不符合医疗机构病历管理规定。

鉴定认为被告医院在对死者的诊疗过程中存在的医疗过错与死者的损害后果之间存在因果关系,认定为为次要责任。

第三节　孕产类相关案例

案例1

一、案例病情简介

原告于 2014 年 11 月怀孕 7 周左右到被告医院处做检查。被告医院先后对原告检查 9 次,其中彩超 3 次,每次检查后均告知原告未发现明显异常。2015 年 6 月 30 日,原告在被告医院处产下一男婴,发现左手畸形(四指缺如)。

二、案件鉴定及审理经过

一审法院认为,原告早孕期间多次在被告医院就诊,在没有建立孕妇保健手册的情况下,被告医院应告知或建议原告在户籍所在地或社区妇幼保健系统建立相应的孕妇保健手册;应告知或建议原告目前孕期产前常规检查的局限性,如二维 B 超,必要时可进一步行产前诊断检查。原告在早孕期未建立孕妇保健手册,使被告医院未定期进行正规全面系统的检查,待孕 24 周有门诊病历记载行产检时,已错过发现胎儿发育畸形的最佳时机。加之,二维超声很难发现胎儿肢体畸形(指和趾),即使发现也不是终止妊娠的医学意见;而原告儿子出生后左手畸形(四指缺如)并非医疗行为所致,且原告的生育选择亦不属被告医院所能确定。因此,被告医院在原告儿子的损害后果中只能起轻微作用。综上,被告医院在本次医疗行为中存在一定告知上的不足,同时考虑被告医院的医疗行为与原告之子出生畸形之间没有直接因果关系,一审法院根据司法鉴定意见酌情判令被告医院承担 10% 责任。关于赔偿范围问题,原告主张的是被告侵犯其知情权和生育选择权,且在原告与被告医院发生法律关系时,其子尚未出生,只是母体中的胎儿,其子是先天性残疾,被告医院对原告所做的医疗行为与其子的残疾事实没有因果关系,对其子本人身体不构成侵权,故原告诉讼请求中其子的医疗费、残疾赔偿金、残疾辅助器具费的主张一审法院不予支持。综上,被告医院对原告的各项物质损失承担10%的赔偿责任,经计算为×元;精神损害抚慰金,参照鉴定意见,酌情确定×元。故被告医院共应赔偿原告×元。

依照《中华人民共和国侵权责任法》第三条、第十六条、第五十四条、第五十五条,《中华人民共和国母婴保健法实施办法》第四条、第十八条,《最高人民法院〈关于审理人身损害赔偿案件适用法律若干问题的解释〉》第十七条至第十九条、第二十一条至第二十六条,《中华人民共和国民事诉讼法》第一百四十二条的规定,判决:①被告医院于本判决生效之日起十日内赔偿原告各项损失共计×元;②驳回原告的其他诉讼请求。如果未按本判决指定的期间履行给付金钱义务的,应依照《中华人民共和国民事诉讼法》第二百五十三条规定,加倍支付迟延履行期间的债务利息。本案案件受理费×元、鉴定费×元及法医出庭费×元,共计×元。由原告自行负担×元(已交纳),被告医院负担×元,限本判决生效后七日内交纳。

双方当事人在二审均未向二审法院提交新证据。二审经审理查明的事实与一审查明事实相同。一审经原告申请,法院依法委托进行了鉴定,原告对鉴定结论无异议,一审法院根据鉴定结论判令被告医院承担10%责任并无不当。二审法院对原告要求被告医院承担20%责任的请求不予支持。原告主张被告侵犯其知情权和生育选择权,因被告医院对原告的医疗行为与其子的残疾事实没有因果关系,对其子本人身体不构成侵权,故原告要求被告医院赔偿其子的医疗费、残疾赔偿金、残疾辅助器具费的主张一审法院不予支持符合法律规定。经核实,一审法院对原告各项损失认定正确。综上所述,原告上诉请求不能成立,予以驳回,二审维持原判。二审案件受理费×元,由被告负担。

三、关键点

1. 被告医院在原告孕早期就诊没有建立孕妇保健手册的情况下,未告知或建议原告在户籍所在地或社区妇幼保健系统建立相应的孕妇保健手册。

2. 被告医院应告知或建议原告目前孕期产前常规检查的局限性,如二维B超,必要时可进一步行产前诊断检查。

3. 原告儿子出生后左手畸形(四指缺如)并非医疗行为所致,且原告的生育选择亦不属被告医院所能确定。因此认定被告医院在原告儿子的损害后果中起轻微作用。

案例 2

一、案例病情简介

原告的母亲翁某入住被告医院处产科待分娩,同年1月27日分娩出原告,于同年1月31日原告随其母亲翁某出院。不久原告即被发现右上肢活动较左上肢少,右腕背部力量差,右手拇指、示指无明显自主活动,即向被告医院反映,但被告医院认为不属于医疗事故。此后,原告先后到市儿科医院、市中医医院共三次住院治疗,共住院12天,多次门诊治疗,经诊断为右侧臂丛神经损伤。

二、案件鉴定及审理经过

原告三次住院治疗花费扣除新农合补偿后花医疗费数万元。经原告申请,市医学会于2013年4月27日作出《医疗事故技术鉴定书》,认定上述事故属于三级戊等医疗事故,被告医院承担轻微责任,原告花费鉴定费×元。2014年3月11日,市司法鉴定所作出《司法鉴定意见书》,原告的损伤被评定为五级伤残,其花鉴定费×元。对该医疗事故,原告于2014年1

月向市医患中心申请调解,经该中心调解后,因双方对赔偿金额意见分歧太大无法达成协议。原告诉至法院。原告对市医学会鉴定意见有异议,被告医院对原告的伤残等级有异议,因此,双方对本案医疗事故的因果关系、过错责任和伤残等级等要求作重新鉴定,双方经协商共同选择了甲司法鉴定中心作为鉴定机构,由法院委托鉴定,原、被告提供相应的材料给鉴定机构。甲司法鉴定中心鉴定意见,认定原告右臂丛神经损伤达六级伤残,被告医院对原告右臂丛神经损伤存在过错,应承担主要责任,其参与度约为85%。原告花鉴定费×元。

经被告医院申请要求和原审法院依职权,鉴定人当庭陈述鉴定过程及鉴定意见,出庭接受原审法院及原、被告的质询,故一审法院认为,原告母亲翁某某到被告医院待产并分娩出原告,双方之间已形成医患关系。由于原告在诊疗过程中受到损害,医疗机构及其医务人员存在过错,应由医疗机构承担赔偿责任。本案经原、被告共同协商的结果选择的甲司法鉴定中心重新鉴定,认定原告右臂丛神经损伤达六级伤残,被告医院对原告右臂丛神经损伤存在过错,被告医院虽对甲司法鉴定中心的鉴定意见提出异议,但未向法庭提供充分证据证明该鉴定意见明显依据不足及不能作为证据使用的其他情形。经审查,甲司法鉴定中心及其鉴定人员具备相关鉴定资质,鉴定程序合法,鉴定意见依据充分,符合《最高人民法院〈关于民事诉讼证据的若干规定〉》有关鉴定意见审核认定的规定,故甲鉴定中心出具的《法医临床司法鉴定意见书》具有证据效力,一审法院对该鉴定机构的分析说明意见及鉴定意见予以采信,并依法确认原告右臂丛神经损伤构成六级伤残,被告医院对原告右臂丛神经损伤存在过错,应承担主要责任,其参与度约为85%,因此,被告医院应赔偿原告各项损失×元,符合法律规定,予以支持;被告医院医疗行为的过错,给原告造成精神损害,原告提出精神损害抚慰金,原审法院予以支持精神损害抚慰金×元,被告应赔偿原告各项损失共计×元。一审法院结合本案审理经过,依照《中华人民共和国侵权责任法》第三条、第六条第一款、第十五条、第十六条、第二十二条、第五十四条,《最高人民法院〈关于审理人身损害赔偿案件适用法律若干问题的解释〉》第十七条、第十八条、第十九条、第二十一条、第二十二条、第二十三条、第二十四条、第二十五条之规定,故判决:①被告医院应于本判决生效后十日内赔偿原告各项经济损失人民币计×元;②驳回原告的其他诉讼请求。

被告医院不服一审判决,向法院提起上诉。

二审再次审理后,维持原判。

三、关键点

司法鉴定中心最终鉴定意见,认定原告右臂丛神经损伤达六级伤残,被告对原告右臂丛神经损伤存在过错,应承担主要责任,其参与度约为85%。

案例3

一、案例病情简介

2016年6月4日至7月4日上午,原告因妊娠出现阴道少量出血伴腹胀等症状,曾先后5次到被告医院门诊就诊。被告医院接诊后,先后为原告实施了生殖系统彩超检查、抽血查验β-HCG指标、开具地屈孕酮片、黄体酮胶囊等口服药物等诊疗措施,但对原告的病情均未作出明确诊断结果。同年7月4日下午,原告转诊甲医院。7月5日,该院门诊以"异位妊娠"将原告收入妇科病房接受住院治疗。7月6日,甲医院为原告行右侧输卵管切除术,出院诊断是"右侧输卵管妊娠"。原告于确诊之前陆续在被告医院门诊诊治 5 次,花去医疗费×元。

二、案件鉴定及审理经过

出院后,原告认为是被告医院的误诊误治行为,导致其无法自然生育,遂提起本案诉讼。2016 年 10 月 20 日,市司法鉴定中心对原告的诊疗过程作出医疗损害鉴定,鉴定意见为:①被鉴定人(原告)患了右侧输卵管妊娠,被告医院对原告的诊疗过程中延误了正确的诊断及正确治疗,其后果与该院误诊误治的过失有关。参与度为 60%;②被鉴定人的伤残等级评定为六级伤残;③被鉴定人的误工期评定为 90 日。被告医院对该份鉴定书提出异议,2017 年 3 月 1 日,市司法鉴定中心对被告医院提出的异议作出书面说明函,坚持对原告伤残等级六级的评定,但认为原告致残并非完全由本次医疗事故造成,因原告有左侧输卵管异位妊娠史,之前已切除,请法院予以酌情考虑。

一审判决认为,本案中被告医院与原告之间属医患关系,被告医院作为具有医疗资质的医院,有义务尽职尽责为患者提供良好的医疗服务。由于被告医院在给原告治疗过程中,对已知原告存在左侧输卵管异位妊娠史已切除的情况下,原告再次因妊娠出现的症状未能及时确诊的不当行为,延误了原告的病情未能及时诊疗处理,致其右侧输卵管被切除。经司法鉴定,原告的损伤,医院的医疗行为存在过错,该过错与原告的损害后果之间存在因果关系,故原告请求赔偿损失,于法有据,予以支持。根据鉴定书确认被告医院在本次诊疗过程中过失造成后果的参与度为 60%,原告请求被告医院承担损失 60%的赔偿责任,并无不当,予以支持。但原告致残并非完全由本次医疗事故造成,对请求伤残赔偿金酌情考虑按 80%计算。对请求赔偿项目中部分项目的赔偿数额不合理,应予调整。依据《中华人民共和国侵权责任法》第五十四条、第五十七条及最高人民法院《关于审理人身损害赔偿案件适用法律若干问题的解释》第十七条一、二款、第十八条、第十九条、第二十条、第二十一条、第二十二条、第二十三条、第二十四条、第二十五条一款之规定,判决:①被告医院应于本判决生效后 10 日内赔偿原告因本次医疗事故造成的经济损失人民币×元;②驳回原告其他诉讼请求。如果未按本判决指定的期间履行给付金钱义务,应当依照《中华人民共和国民事诉讼法》第二百五十三条之规定,加倍支付原告迟延履行期间的债务利息。被告医院不服一审判决,向法院提起上诉。

二审法院维持原判,并为终审判决。

三、关键点

被告医院在给原告治疗过程中,已知原告左侧输卵管因异位妊娠切除史并再次因右侧输卵管异位妊娠出现症状的情况下未能及时确诊,延误了原告的病情未能及时处理,致其右侧输卵管被切除,其医疗行为存在过错,该过错与原告的损害后果之间存在因果关系。

案例 4

一、案例病情简介

原告于 2014 年 2 月 25 日 15 时 20 分入住被告医院分娩。入院诊断:G2P1(孕 2 产 1)孕 39^{+3} 周,超声描述:头先露,胎动可见,胎心律齐,瞬间胎心率约 149 次/min,羊水指数 144mm,胎盘位于前壁,厚度约 30mm,成熟度 II 级。超声诊断:宫内单活胎(头位)。当日 19 时 40 分胎膜自破,见羊水 I 度混浊,行阴道指检:宫口开 1cm,先露 S-3,测胎心 98 ~

108 次/min,宫缩 35s/3min,强度中,19 时 50 分胎心 96 次/min。20 时 20 分行剖宫产术,术中发现子宫破裂,20 时 28 分头位助娩一男婴,面色苍白,无呼吸及肌张力,断脐后置辐射抢救台抢救,Apgar 评分 0-0-0,经 30 分钟抢救无效后停止抢救,宣布男婴死亡。胎盘母体面见凝血块附着。探查子宫左后侧壁向下延裂长约 5cm,阔韧带破裂淤血,裂口活动性出血,立即予缝合止血处理。在被告医院住院 2 天后,原告于 2014 年 2 月 27 日转入市第一医院住院治疗,2014 年 3 月 15 日出院,原告住院 16 天,出院医嘱为:出院后注意休息,普外一科及妇产科随诊,加强营养及护理。

二、案件鉴定及审理经过

2014 年 4 月 18 日,市第一医院解剖病理报告认定:原告之子因原告突发子宫破裂出血,胎盘剥离,影响、阻断了母体与胎儿之间血液供应,使胎儿因缺氧而发生严重的宫内窘迫导致死亡。2014 年 4 月 27 日,经市医患纠纷人民调解委员会调解,以原告为患方、被告医院为医方,双方达成如下协议:①医方支付患方×元;②医方预付款项的时间为 2014 年 4 月 28 日上午 10 时前,该款存入原告银行账户;③医方建议死婴尸检,患方同意,尸检以及医疗事故技术鉴定发生的费用由医方承担;④根据尸检和医疗事故技术鉴定结果,如果医方存在过错,按照法律规定由法院判决或医疗纠纷调解委员会调解结果给予多还少补。如果医方不存在过错,患方必须返还上述款项(上述款项不包含本协议第三条所涉及的尸检及鉴定费);⑤患方在医方本次住院医疗期间的医疗费未报销部分,根据尸检和医疗事故技术鉴定结果,如果医方存在过错,此款项由医方承担;⑥协议签字盖章后,医患双方不得反悔。2014 年 4 月 28 日,被告医院按约支付原告×元。

2014 年 5 月 6 日,市医学会医疗事故技术鉴定办公室出具医疗事故技术鉴定中止通知书,以"患方提出医方篡改病历、鉴定材料不真实等原因,致使鉴定无法继续进行"为由,中止了有关原告的医疗事故技术鉴定。2014 年 5 月 16 日,某律师事务所经原告委托向市司法鉴定中心申请伤残等级鉴定,该所于 2014 年 5 月 19 日作出临床法医学司法鉴定意见书,评定原告子宫破裂修补已构成十级伤残。原告为此支出鉴定费×元。原告多次与被告医院协商赔偿事宜未果遂向法院起诉。

诉讼中,法院根据被告医院的申请,依法委托市司法鉴定所进行司法鉴定,鉴定事项为被告医院向原告提供的医疗服务中是否存在过失行为;医疗过失行为与原告子宫破裂是否存在因果关系以及参与程度。法院根据原告的申请,依法委托市司法鉴定所对被告医院对原告之子的死亡是否存在医疗过错以及过错参与度进行司法鉴定。该鉴定中心于 2015 年 5 月 14 日作出法医临床鉴定意见书,鉴定意见为:①根据委托单位提供的病史资料,被告医院对原告的医疗服务中存在医疗过失行为:对产程观察不仔细、给予的治疗措施不到位、结束分娩欠及时等情况,未尽到注意义务;②被鉴定人(原告)子宫破裂主要系因其自身产程进展异常所致,被告医院的医疗过失行为系次要因素,参与度拟为 20%~40%;③被告医院的医疗过失行为,致使原告之子未能得到及时有效的救治措施,被告医院的医疗过失行为系致其死亡的主要因素,参与度拟为 60%~90%。2015 年 7 月 8 日,应被告医院要求,鉴定人甲、乙出庭作证。

法院认为,原告的诉讼请求包含了由两项因不同法律事实而提出的主张,一是主张被告医院在对原告诊疗过程中未仔细检查及正确处理,导致原告子宫受损,要求被告医院赔偿原告医疗费等费用和精神损害抚慰金(健康权);二是主张被告医院的医疗过失行为致使原告之子死亡,要求被告医院赔偿丧葬费以及精神损害抚慰金(其他人身权)。该两项主张的诉讼标的属同一种类(人身权),为避免讼累,法院决定合并审理。公民享有生命健康权,被告医院接收原告入院治疗,双方形成医疗法律关系,医方应当对患者进行积极妥善治疗。患者在诊疗活动中受到损害,医疗机构及其医务人员存在过错的,由医疗机构承担赔偿责任。本案中,原告主张提供给鉴定机构的鉴定材料存在伪造情况,却对鉴定意见无异议,如果病历内容记载不具真实性,则鉴定意见不能采纳,此应非原告本意,原告的此项主张自相矛盾,且未能提供充分的证据证明鉴定材料不真实,故法院对原告的此项主张不予采信。作为医疗机构的被告医院的医疗行为是否存在过错以及与损害结果是否有因果关系是处理本案的前提。本案原、被告均同意法院委托具有鉴定资质的鉴定机构对上述事项进行鉴定,鉴定意见系具有医学专业知识的人员根据在案证据,依照法定程序进行,对争议焦点的归纳与之后的分析说明全面、客观、翔实,鉴定人员亦出庭作证,故该鉴定意见可以作为双方医疗纠纷处理及过错认定的依据。诉讼中,原、被告对市第一医院尸体解剖病理报告的真实性无异议,但对结论"原告之子因原告突发子宫破裂出血,胎盘剥离,影响、阻断了母体与胎儿之间血液供应,使胎儿因缺氧而发生严重的宫内窘迫导致死亡"存在不同理解;同时针对市第一医院尸体解剖病理报告中载明的原告之子死亡日期与死亡情况陈述存在矛盾这一情况,法院依职权于 2015 年 9 月 21 日向市公安局法医制作调查笔录,证实原告之子在脱离母体娩出前已死亡;原告之子的死亡日期应为 2014 年 2 月 25 日,尸体解剖病理报告中载明的死亡时间为 2014 年 2 月 26 日系笔误。2015 年 10 月 30 日,法院依职权前往市第一医院病理科向其科长制作调查笔录,确认了前述笔误情况并予以更正。根据已查明的事实,能够确认原告胎儿在宫内已死亡,其不具备民事权利能力,但死胎仍包含了一定的人格利益和伦理道德因素,故应尊重原告对死胎享有的精神利益和身份权利,就本案而言,原告享有向侵权人主张丧葬费和精神损害抚慰金的权利。经鉴定,原告子宫破裂主要系因其自身产程进展异常所致,被告医院的医疗过失行为系次要因素(占 20%~40%),法院据此认定原、被告各自承担责任的比例为 60% 和 40%。被告医院的医疗过失行为,致使胎儿未能得到及时有效的救治措施而死亡,被告医院的医疗过失行为系主要因素(占 60%~90%),据此认定原、被告各自承担责任的比例为 10% 和 90%。

依照《中华人民共和国侵权责任法》第六条第一款、第十六条、第二十二条、第五十四条,《最高人民法院关于审理人身损害赔偿案件适用法律若干问题的解释》第十七条、第十八条、第十九条、第二十条、第二十一条、第二十二条、第二十三条、第二十四条、第二十五条、第二十七条、第二十九条规定,判决:①被告医院应于本判决生效之日起十日内赔偿原告医疗费、护理费、住院伙食补助费、营养费、残疾赔偿金、误工费、鉴定费、交通费,共计×元的 40% 即×元;②被告医院应于本判决生效之日起十日内赔偿原告精神损害抚慰金×元;③被告医院应于本判决生效之日起十日内赔偿原告丧葬、精神损害抚慰金,合计×元,扣除被告医院已支付的×元,被告医院还应当支付原告×元;④驳回原告的其他诉讼请求。如果未按本判决指定的期间履行给付金钱义务,应当按照《中华人民共和国民事诉讼法》第二百五十三条之规定,加倍支付迟延履行期间的债务利息。

三、关键点

1. 被告医院对原告的医疗服务中存在医疗过失行为:对产程观察不仔细、给予的治疗措施不到位、结束分娩欠及时等情况,未尽到注意义务。

2. 原告子宫破裂主要系因其自身产程进展异常所致,医方的医疗过失行为系次要因素,参与度拟为 20%~40%。

3. 被告医院的医疗过失行为,致使原告之子未能得到及时有效的救治措施,其过失行为系致原告之子死亡的主要因素,参与度拟为 60%~90%。

案例 5

一、案例病情简介

2014 年 11 月 20 日,死者(产妇)入住被告医院待产。被告医院对死者进行体格检查和产科检查,估计胎儿体重 3 900g,初步诊断:①G4P1(孕 4 产 1)孕 41^{+5}周宫内活胎;②羊水过多。诊疗计划为:A. 完善相关辅助检查,行胎心监护;B. 根据病史及产前检查,胎心 140 次/min,肛查宫口未开,死者及原告(死者家属)要求经阴道分娩,鉴于经死者要求阴道分娩,故可经阴道试产;C. 入院待产,暂无阴道分娩禁忌证,在试产过程中如有异常,手术终止妊娠。分娩记录显示,死者于 15:30 出现规律宫缩,于 17:50 时宫口开大 3cm,医院予人工破膜,缓慢放出羊水,羊水色清,量约 2 000ml,主诉无不适,于 19:30 因宫缩欠佳予缩宫素静点,加强宫缩对症处理,产程进展顺利,于 19:43 宫口全开,死者不能配合用劲,考虑胎儿宫内窘迫,于 19:58 在会阴侧切产钳助娩下分娩一活男婴,体重 4 350g。医院补充诊断:①急性胎儿宫内窘迫;②巨大儿;③羊水过多;④脐带绕颈。死者于 20:50 出现胸闷、气短、呕吐、呼吸困难,被告医院立即予面罩吸氧、增加静脉通道、心电监护,并请普内科主治医师会诊,考虑死者"①羊水过多;②巨大儿",产后回心血量增加,加重心脏负担,可能造成心衰、羊水栓塞、急性心肌梗死,予呋塞米静推,给予导尿,并留置导尿管监测尿量。死者胸闷略缓解,两分钟后再次胸闷,被告医院给予抢救并通知妇产科主任。死者当时神志清、精神差,烦躁不安,恶心、呕吐,腹软,医院立即报病危,将病情详细告知原告(死者家属),原告表示理解病情,并签署知情同意书、病危通知书及病情危重告知书。医院遂通知总值班、副院长、医务处主任,并请 ICU、麻醉科多科协助抢救,死者于 21:40 呼吸停止,无法测及心率、血压,被告医院立即予心肺复苏,持续胸外按压、气管插管、人工气囊辅助通气等,经过抢救,于 21:55 心率 120 次/min 左右,仍未测及血压,21:56 予肾上腺素静推,21:58 心率逐渐下降,22:02 予肾上腺素静推,并继续给予胸外心脏按压、正压给氧。22:07 死者双侧瞳孔散大,对光反射消失,被告医院予肾上腺素静推,死者心率持续下降,22:15 心电监测不能测及心率,被告医院立即予心脏电除颤、胸外心脏按压等抢救措施。期间被告医院多次向原告交待病情变化。经以上抢救后死者仍无好转迹象,医院再次向原告交待病情后,原告选择放弃继续抢救,23:10,死者心电图呈一条直线。死亡原因为:①肺栓塞(羊水栓塞);②心源性猝死。

二、案件鉴定及审理经过

2014 年 11 月 20 日,原告在被告医院出具的死者尸体解剖告知书上书写:不同意尸检。因原告认为被告医院应当对死者的死亡承担责任,故诉至法院。

诉讼中,被告申请对死者在被告医院治疗过程中死亡是否构成医疗事故进行鉴定,法院依法委托市医学会进行鉴定,鉴定意见为:本病例不属于医疗事故。原告申请对被告医院在对死者的治疗过程中是否存在过错及过错行为与死亡之间的因果关系进行鉴定,鉴定意见为:①被告医院在对死者的治疗过程中的过错行为:院方在评估胎儿体重时预估体重不足;院方评估胎儿体重不足,导致死者丧失进行选择顺产或是剖宫产的机会;院方在行会阴侧切时未尽到相应的告知义务,同时也并未获得死者及其家属的知情同意;②死者羊水栓塞的病情(病程快而迅速,病情凶险)是死者死亡的主要原因;而院方的医疗过错行为在一定程度增加了死者羊水栓塞发生的可能,作用是轻微的,在死者死亡的参与因数中参与度考虑为12.5%。原告因鉴定支出鉴定费×元。

上述事实,经当庭出示并质证,有死亡证明、户籍证明、被告医院病历、医疗事故技术鉴定书、鉴定意见书、发票及原、被告的当庭陈述在案予以证实。

法院认为:①关于损害责任的承担。医疗机构及其从业人员在医疗活动中,应当尽到相关法律、法规、规章和诊疗技术规范所规定的注意义务,维护患者的健康利益,如因医疗机构未尽相关义务而导致患者人身财产损害的,应由医疗机构承担相应的损害赔偿责任。鉴定意见认为,羊水栓塞发生于足月妊娠时,产妇死亡率高达80%以上;结合羊水栓塞发生的原因(自发或人为的过强宫缩、子宫不完全破裂)可知,羊水栓塞的发生与多种因素有关,羊水栓塞的发生是无法预防的。通过死者羊水栓塞的发生情况来看,死者羊水栓塞的发生、发展至死者死亡速度时间较短,病情凶险。院方估计胎儿体重3 900g,胎儿实际体重4 350g,而4 000g是评价胎儿是否巨大儿的标准界限。巨大儿是剖宫产的指征,巨大儿的生产增加了孕妇过强宫缩、子宫不完全破裂的机会;一定程度上使羊水栓塞发生机会增加。被告医院对胎儿体重评估不足存在增加羊水栓塞发生机会的可能,故无法排除被告医院的医疗过错行为增加了死者羊水栓塞的可能。死者羊水栓塞的情况是死者死亡的主要原因;而被告医院的医疗过错行为在一定程度增加了死者羊水栓塞发生的可能,参与度考虑为12.5%。法院认为,鉴定意见系经当事人申请,法院委托后作出,作出该鉴定意见的鉴定机构和鉴定人员具备相应的鉴定资格,且鉴定程序合法,故法院对该鉴定意见予以采纳,被告医院应对死者死亡原因承担12.5%的责任。原告认为死者在23∶23仍有心跳,被告对此已给予合理解释;其主张被告应对死者死亡原因承担30%的责任,无事实和法律依据,法院依法不予支持。被告辩称死者并未达到剖宫产的指征,且剖宫产亦是羊水栓塞的原因,法院认为,被告未评估出胎儿系巨大儿,如告知死者胎儿系巨大儿,死者及原告可能选择剖宫产,从而减小分娩中过强宫缩、子宫不完全破裂的机会,减小羊水栓塞发生的可能性,被告医院未评估出胎儿系巨大儿增加了羊水栓塞发生的可能性,故对被告的辩理由法院依法不予采信;②关于具体赔偿数额。其中死者支出的×元医疗费为分娩的费用,死者也已经顺产一名男婴,故对医疗费×元的赔偿请求,法院依法不予支持。丧葬费应按受诉法院所在地上一年度职工月平均工资标准计算六个月,原告主张×元(按2014年标准计算)并无不当,法院依法予以支持。关于交通费,原告未提供任何证据予以证实,法院酌定为×元。原告认为应当按照2015年标准计算死亡赔偿金和被抚养人生活费,因政府统计部门尚未公布2015年度在岗职工平均工资标准,且死者于2014年死亡,按照2014年标准计算死亡赔偿金和被抚养人生活费并不损害原告的利益,故死亡赔偿金和被抚养人生活费亦按照2014年的城镇居民家庭年人均可支配收入和城镇居民家庭年平均消费性支出计算。死亡赔偿金应为×元,原告共计为×元。鉴定费×元,有鉴定费发票予以证实,法院依法予以支持。综上,法院确认的原告损失为丧葬费、交通费、死亡赔偿金、鉴定费和被抚养人生活费共计×元,被告应向原告支付×元。关于精神损害抚慰金,考虑原告因死者死亡遭受的精神痛苦和被告的过错程度,法院酌定为×元。

综上,依照《中华人民共和国侵权责任法》第五十四条,《最高人民法院关于审理人身损害赔偿案件适用法律若干问题的解释》第十七条、第十八条、第二十二条、第二十七条、第二十八条、第二十九条、第三十五条,《最高人民法院关于确定民事侵权精神损害赔偿责任若干问题的解释》第一条第一款第一项、第八条第二款、第十条,《最高人民法院关于适用〈中华人民共和国侵权责任法〉若干问题的通知》第四条之规定,判决如下:①被告医院赔偿原告丧葬费、交通费、死亡赔偿金、鉴定费、被抚养人生活费和精神损害抚慰金合计×元,于本判决生效之日起十日付清;②驳回原告其他诉讼请求。

三、关键点

1. 被告医院在评估胎儿体重时预估体重不足,导致死者丧失进行选择顺产或是剖宫产的机会;院方在行会阴侧切时未尽到相应的告知义务,同时也并未获得死者及其家属的知情同意。

2. 羊水栓塞是死者的主要死亡原因;而院方的医疗过错行为在一定程度增加了死者羊水栓塞发生的可能,但作用轻微,鉴定认定其参与度为12.5%。

案例6

一、案例病情简介

原告母亲以"停经39^{+6}周,腹痛1小时12分"为主诉,于2015年10月20日20:20入住被告医院,于2015年10月21日03:08顺娩一女婴,即原告。原告母亲于2015年11月4日出院,住院15天共支出医疗费×元。出院医嘱为:①门诊随诊,产后42天当地卫生院复诊;②加强营养,注意休息等。原告出生时羊水Ⅲ度混浊,脐带绕颈一周,紧,Apgar评分1分-3分-3分。原告于2015年10月21日5时18分被送往市第一医院新生儿科治疗,入院时呈昏迷状态,压眶无反应,对外界反应差,无哭声,无自主呼吸。入院诊断为:①新生儿重度窒息;②缺血缺氧性脑病(重度);③胎粪吸入综合征;④呼吸衰竭;⑤DIC;⑥多脏器功能损害;⑦新生儿贫血。原告入院治疗75天后,于2016年1月4日出院。出院诊断为:①新生儿重度窒息;②缺血缺氧性脑病(重度);③胎粪吸入综合征;④呼吸衰竭;⑤DIC;⑥多脏器功能损害;⑦新生儿贫血;⑧肾功能衰竭等。建议出院后即进行康复治疗。原告共支出医疗费×元。

二、案件鉴定及审理经过

原告出院后,原告母亲认为被告医院在其分娩前后的诊疗行为存在过错,代理原告向区卫生局申诉。2015年12月19日,区卫生局委托市医学会进行医疗事故技术鉴定,该会于2016年1月13日作出医疗事故技术鉴定书,认定:①根据胎心监护分析(10月20日23时至23时40分,10月21日1时40分至2时10分),该产妇在生产过程中存在宫缩乏力,在宫缩乏力情况下,医方没有按规范使用缩宫剂以缩短产程;②从新生儿血气分析的结果,pH6.7以及羊水Ⅲ度混浊判断,胎儿存在宫内缺氧的表现;③在新生儿窒息的复苏过程中,没有做到充分有效的复苏,没有详细记录抢救过程;④新生儿转送市第一医院路途中绕道存在延误;⑤医方以上过失行为与新生儿窒息及缺血、缺氧性脑病、呼吸衰竭等存在因果关系;孕妇自身存在脐带绕颈一周的异常,可能是导致新生儿窒息的原因之一,故被告医院在本次事故中承担主要责任。结论为本病例属于四级医疗事故,被告医院承担主要责任,医疗护理建议为每月随访,视病情变化尽早做康复治疗。2016年1月30日,原告经市医院儿童神经行为功能评定,结果为运动发育迟缓,建议长期康复训练治疗。事发后,被告医院已向原告支付部分赔偿款,但原告与被告医院多次协商后续赔偿事宜未果,遂向法院起诉,请求判令:被告支付原告医疗费、营养费、护理费、交通费、住院伙食补助费、精神损害抚慰金共计×元。

诉讼中,原告向一审法院申请对被告医院在原告母亲生产及原告出生后抢救过程中的诊疗行为是否存在过错、过错参与度及因果关系进行鉴定。一审法院依法予以准许并委托某甲司法鉴定所进行司法鉴定,该所于2016年9月2日作出退鉴函,主要内容为"该所于2016年6月11日、2016年7月21日请市资深专家妇产科主任会诊,审阅送检材料两次,专家建议需被告医院提供原始完整的原告在被告医院分娩期间的胎心监护记录图表和胎盘脐带的病理检查报告等。由于被告医院无法提供上述客观证据,鉴定无法继续进行。经研究决定终止此次鉴定,并将本案材料退回"。后再次委托某乙司法鉴定所进行司法鉴定,该所于2016年12月16日作出退鉴函,主要内容为"经审阅,同意某甲司法鉴定所退鉴理由,本中心无法受理此案"。

一审法院认为,原告母亲在被告医院分娩并生产下原告,由此双方建立了医疗法律关系。患者在诊疗活动中受到损害,医疗机构及其医务人员有过错的,由医疗机构承担赔偿责任。医疗机构在医疗活动中是否违反医疗卫生管理法律、行政法规、部门规章和诊疗护理规范、常规等,是否过错造成患者损害,应由专业的医疗鉴定机构进行认定。在本案医疗损害鉴定过程中,由于被告医院未能提供原告在被告分娩期间的胎心监护记录图表和胎盘脐带病理检查报告等,导致无法进行司法鉴定。现被告医院提出同意按医疗事故技术鉴定结论承担主要责任,结合被告医院在医疗过程中未能进行完整胎心监护记录及胎盘脐带检查、原告母亲自身存在脐带绕颈一周情况等因素,确认被告医院在原告母亲生产及原告抢救过程中存在医疗过失,与原告的损害后果存在因果关系,并酌定被告医院对原告的损失承担75%的赔偿责任。就原告的损失,一审法院认定如下:关于医疗费、营养费、交通费、住院伙食补助费、护理费等要求合理,原告主张精神损害抚慰金缺乏事实和法律依据,不予支持,以上合计×元。故被告应赔偿该款×元的75%即×元,扣除被告已支付的×元,被告还应赔偿原告×元。综上,原告的诉请部分有理,予以支持。据此,依照《中华人民共和国侵权责任法》第六条第一款、第十六条、第五十四条,《最高人民法院关于审理人身损害赔偿案件适用法律若干问题的解释》第十七条、第十九条、第二十一条、第二十二条、第二十三条、第二十四条之规定,判决:①被告医院应于本判决生效之日起十日内支付原告赔偿款×元;②驳回原告的其他诉讼请求。如果未按本判决指定的期间履行给付金钱义务,应当按照《中华人民共和国民事诉讼法》第二百五十三条之规定,加倍支付迟延履行期间的债务利息。

宣判后,原告不服,向二审法院提起上诉。

二审法院认为,一审原告母亲在被告医院分娩并生产下一审原告,由此双方建立了医疗法律关系。根据《中华人民共和国侵权责任法》第五十四条规定,患者在诊疗活动中受到损害,医疗机构及其医务人员有过错的,由医疗机构承担赔偿责任。因此,医疗赔偿采用的是一般过错原则。本案中,2016年1月13日市医学会作出的医疗事故技术鉴定书中载明"六、诊治摘要,根据鉴定资料……给予持续胎心监护……孕妇自身存在脐带绕颈一周的异常,可能是导致新生儿窒息的原因之一……",但事实上一审被告并没有提供一审原告母亲持续胎心监护的记录,且一审原告在一审法院申请某甲、某乙司法鉴定所进行重新司法鉴定时,专家需一审被告提供原始完整的胎心监护记录图表和胎盘脐带的病理检查报告时,一审被告也无法提供,导致鉴定无法进行,医疗事故技术鉴定书描述的事实也与客观事实不符;而且一审原告母亲入住某医院时 B 超就显示胎儿脐带绕颈,市第一医院出院诊断原告的窒息是胎粪吸入综合征,并不是胎儿脐带绕颈一周致胎儿窒息,医疗事故技术鉴定书认定胎儿脐带绕颈一周,"可能"是导致新生儿窒息的原因之一,此处用词是"可能",存在明显的不确定性;故市医学会作出的医疗事故技术鉴定书,鉴定结论明显依据不足,且没有附鉴定机构或者鉴定人员具备相关的鉴定资格的证明,该鉴定报告不作为本案的定案依据。本案中,由于一审被告无法提供原始完整的胎心监护记录图表和胎盘脐带的病理检查报告,导致鉴定无法进行,根据《中华人民共和国侵权责任法》第五十八条规定,患者有损害,因下列情形之一的,推定医疗机构有过错:(二)隐匿或者拒绝提供与纠纷有关的病历资料;(三)伪造、篡改或者销毁病历资料。本案应采用过错推定原则,一审被告应承担全部赔偿责任。一审法院采用市医学会作出的医疗事故技术鉴定书的结论错误,二审法院予以纠正。上诉人要求被上诉人支付精神损失费缺乏法律依据,二审法院不予支持。但一审法院判决对上诉人损失的医疗费、营养费、交通费、护理费、住院伙食补助费共计×元认定正确,扣除被上诉人已支付的×元,被上诉人还应赔偿上诉人×元。综上,一审法院认定事实清楚、但适用法律错误,上诉人的上诉理由部分成立。依照《中华人民共和国侵权责任法》第六条第一款、第十六条、第五十八条,《最高人民法院关于审理人身损害赔偿案件适用法律若干问题的解释》第十七条、第十九条、第二十一条、第二十二条、第二十三条、第二十四条之规定,《中华人民共和国民事诉讼法》第一百七十条第一款第(一)项之规定,判决如下:①维持区人民法院民事判决第二项,即"二、驳回原告的其他诉讼请求"。②撤销区人民法院民事判决第一项,即"被告医院应于本判决生效之日起十日内支付原告赔偿款×元"。③被上诉人某医院应于本判决生效之日起十日内支付上诉人原告赔偿款×元。

三、关键点

1. 根据胎心监护分析,产妇在生产过程中存在宫缩乏力,在宫缩乏力情况下,医方没有按规范使用缩宫剂以缩短产程。

2. 从新生儿血气分析的结果及后羊水Ⅲ度混浊判断,胎儿存在宫内缺氧的表现。

3. 在新生儿窒息的复苏过程中,没有做到充分有效的复苏,没有详细记录抢救过程。

4. 新生儿转送市第一医院路途中绕道存在延误。

5. 被告医院以上过失行为与新生儿窒息及缺血、缺氧性脑病、呼吸衰竭等存在因果关系;孕妇自身存在脐带绕颈一周的异常,可能是导致新生儿窒息的原因之一。

鉴定结论认为为本病例属于四级医疗事故,被告医院承担主要责任。

案例 7

一、案例病情简介

2011 年 7 月 25 日 02:22,产妇(一审原告母亲)以"停经 41 周,阴道流水 1 小时"为主诉,入住被告医院待产,入院后予待产观察,嘱严密观察胎心及产程进展情况。2011 年 7 月 25 日 20:30 产妇宫口开全,发现阴道纵隔,予以切开阴道纵隔,局部无活动性出血。2011 年 7 月 25 日 21:00 宫缩变弱,予宫缩素 3.5 单位静滴。2011 年 7 月 25 日 21:54,胎心下降至 100 次/min,考虑胎儿宫内窘迫,予以产钳助产,2011 年 7 月 25 日 21:59 产钳助娩出陆某。原告出生时 Apgar 评分:9 分-6 分-3 分,儿科医生在场实施复苏抢救。2011 年 7 月 25 日 23:00转省妇幼保健院进一步抢救、治疗。被告医院最后诊断:①G1P1(孕 1 产 1)孕 41 周宫内妊娠 LOA(左枕前胎位)难产;②继发宫缩乏力;③胎儿宫内窘迫;④胎膜早破;⑤阴道纵隔;⑥新生儿重度窒息。

二、案件鉴定及审理经过

原告母亲认为被告医院在诊疗行为中存在过错,向法院提起诉讼,要求赔偿。区法院委托警察学院司法鉴定中心对被告医院于原告出生的医疗行为是否存在过错、因果关系和参与度进行司法鉴定,2014 年 3 月 18 日警察学院司法鉴定中心作出司法鉴定意见书,意见书认为:被告医院对因"胎膜早破"入院孕妇,未注意到残余羊水量与妊娠结局的相关性;对阴道纵隔,被告医院产前检查不仔细,未能发现;存在医疗行为过失。鉴定意见:被告医院对原告出生过程中的医疗行为存在过失,该医疗过失行为对原告新生儿缺血缺氧性脑病的发生参与度拟为 20%~30%。区法院委托甲司法鉴定所对原告伤残等级情况进行鉴定,2014 年 10 月 8 日甲司法鉴定所作出司法鉴定意见书,鉴定意见为:原告目前呈脑性瘫痪植物状态,构成一级伤残。

一审法院认为,根据《中华人民共和国侵权责任法》第五十七条规定:医务人员在诊疗活动中未尽到与当时的医疗水平相适应的诊疗义务,造成患者损害的,医疗机构应当承担赔偿责任。根据警察学院司法鉴定中心作出的鉴定意见书,被告医院在原告母亲"胎膜早破""脐带绕颈一周可能"这些可能导致胎儿宫内窒息的因素存在的情况下,对残余羊水量检测不到位;对原告母亲存在阴道纵隔,产前检查不仔细,存在过错,应承担赔偿责任。根据鉴定意见书的鉴定结论,该医疗过失行为对原告缺血缺氧性脑病的发生参与度拟为 20%~30%。关于涉案医生王某是否具有妇产科的执业资格,一审法院认为,王某作为中西医结合的医生,应按照《省中医、中西医结合医师执业范围的暂行规定》,申请后才可从事相应的母婴保健和计划生育技术服务。据此,而被告医院在王某没有《母婴保健技术考核合格证书》的情况下,让王某从事产科医疗服务是不妥的,为此应承担相应责任。但病历显示原告母亲的主要接生医生和护士分别是林某和方某,且都具有从事母婴保健和计划生育技术服务的资质,为此原告母亲提出主张要求被告医院承担全部责任是不妥的。关于原告母亲提出某医院有涂改、造假病历的问题,一审法院认为,原告母亲在事发后查看了某医院保留的病历记录,发现记录中出现两个不同的 ID 号情况属实。但是根据原告母亲提供的被告医院住院病历、产前检查(复印件)、住院患者费用清单、催产素催产记录、胎心监护申请报告单、阴道助产同意书、分娩记录以及被告医院提供的病历等经原告母亲确认无异议的相关材料进行医疗事故鉴定,并得出的鉴定结论,双方当事人对鉴定结论没有异议,故原告母亲对病历的相关异议,并要求被告医院承担全部责任的主张,不予采纳。综上,经一审法院审判委员会研究讨论决定,原告母亲主张要求被告医院赔偿经济损失应以鉴定结论为依据来分清责任,综合考虑被告医院涉案医生王某无相应的母婴保健和计划生育技术服务的资格等因素,一审法院认为被告医院应赔偿原告母亲与原告因在某医院生产造成的经济损失人民币×元的 50%,即×元。原告的后续治疗费可待实际发生后另行主张。综上,一审法院作出民事判决:①被告医院于判决生效之日起十日内赔偿原告经济损失人民币×元,以及精神损害抚慰金人民币×元;②驳回原告的其他诉讼请求。

一审宣判后,原告和被告医院均不服,向二审法院提起上诉。

经二审法院审理查明:双方当事人对一审认定的事实均无异议,二审法院依法予以确认。

另查明,一审原告于 2015 年 7 月 25 日因脑瘫死亡。根据区卫生局的复函及二审法庭调查,该局于 2011 年 7 月未核发王某《母婴保健考核合格证书》。

另查明,一审原告以一审被告医院存在医疗过错,应承担损害赔偿责任为由,于 2013 年 7 月诉至区人民法院。区法院于 2014 年 12 月 4 日作出民事判决。判后,被告医院不服,上诉至二审法院,二审法院于 2015 年 3 月 24 日作出民事裁定,裁定撤销原判并发回重审。2016 年 2 月 6 日区法院作出本案一审判决。

二审法院认为,原告与被告医院之间形成医疗关系。根据《中华人民共和国侵权责任法》第五十七条规定,医务人员在诊疗活动中未尽到与当时的医疗水平相适应的诊疗义务,造成患者损害的,医疗机构应当承担赔偿责任。根据警察学院司法鉴定中心所作《司法鉴定意见书》,被告医院对原告出生过程中的医疗行为存在过失,该医疗过失行为对原告缺血缺氧性脑病的发生参与度拟为 20%~30%。故被告医院的医疗行为与原告因脑瘫而死亡的结果具有因果关系,被告医院应在其医疗损害责任比例范围内对原告进行赔偿。

关于本案医疗损害责任承担比例问题。本案提供的"主管医生"为王某,原告的《医患双向责任书》《入院记录》初步和最后诊断、《胎心监护申请报告单》《催产素催产记录单》《阴道助产同意书》上均有王某签字;且根据双方在二审法庭调查时的陈述,王某参与了原告母亲生产、原告抢救全过程。上诉人一审被告认为林某是医疗组组长,故为本案患者实质上的主管医生,但其所提供的证据虽能证实林某参与了本案诊疗活动,却均未体现林某为主管医生;本案患者的主治医生王某所有工作都是在其指导下进行的,但亦无提供充分证据予以证实。故本案应以诊疗材料上的原始、客观记载为依据,结合法庭调查时双方陈述,认定王某、林某、方某等医护人员参与了本案诊疗活动,其中王某为本案原告的主管医生。《省母婴保健、计划生育技术服务许可管理办法》第二条规定,本办法适用于本省辖区内从事母婴保健和计划生育技术服务的各级各类医疗保健机构和人员。第十五条第一款规定,经注册的执业医师、执业助理医师和执业护士申请从事母婴保健技术服务,……。第十九条规定,取得《母婴保健技术考核合格证书》的卫生技术人员……不能开展批准项目之外的母婴保健技术服务。根据上述规定,母婴保健及计划生育技术服务属于行政许可事项,医院从事母婴保健及计划生育技术服务的人员应符合相关条件,并经卫生行政部门考核合格、发给《母婴保健技术考核合格证书》后,按照批准项目开展服务。故被告医院关于王某不需要取得《母婴保健技术考核合格证书》的意见,本院不予采纳。根据区卫生局复函,该局于 2011 年 7 月未核发王某《母婴保健考核合格证书》。故被告医院关于王某不存在无相应母婴保健和计划生育技术服务资格因素的意见,本院亦不予采纳。综上,结合医疗过错鉴定结论、涉案医护人员的资质情况以及在本案诊疗过程中的参与度、医患双方负担能力等,由一审原告承担本案医疗损害责任的 20%,由被告医院承担本案医疗损害责任的 80%,较为合理。

关于上诉人(一审原告)提交的光盘和书面摘要的真实性以及被告医院涂改、伪造病历记录的上诉意见,经查,上诉人一审原告提交的该光盘和书面摘要未经合法程序提取,被告医院亦对此提出异议,一审法院未予确认其真实性,并无不当。一审原告病历记录中确有两个不同 ID 号,但未有其他相关证据佐证某医院涂改、伪造病历;且一审原告对依据上述病历记录所作出的《司法鉴定意见书》不持异议。故上述意见本院不予采纳。

关于上诉人一审原告因本案产生的经济损失及精神损害抚慰金具体分析如下:经济损失+护理费+死亡赔偿金+住院伙食补助费+交通费+丧葬费+鉴定费共计×元,以及精神损害抚慰金×元。根据责任比例,由上诉人一审原告承担各项经济损失的20%共计×元;由上诉人一审被告医院承担各项经济损失的80%共计×元以及精神损害抚慰金×元。

综上,依照《中华人民共和国侵权责任法》第五十七条,《最高人民法院关于审理人身损害赔偿案件适用法律若干问题的解释》第十九条、第二十一条、第二十二条、第二十三条、第二十七条、第二十九条,《最高人民法院关于确定民事侵权精神损害赔偿责任若干问题的解释》第八条第二款、第十条,《最高人民法院关于民事诉讼证据的若干规定》第二条,《中华人民共和国民事诉讼法》第一百七十条第一款第(二)项之规定,判决如下:①撤销区人民法院民事判决;②上诉人一审被告于判决生效之日起十日内赔偿上诉人一审原告经济损失人民币×元,以及精神损害抚慰金人民币×元;③驳回上诉人一审原告和上诉人一审被告医院的其他诉讼请求。

如上诉人被告医院未按本判决指定的期间履行给付金钱义务,应当依照《中华人民共和国民事诉讼法》第二百五十三条之规定,加倍支付迟延履行期间的债务利息。

本案一审诉讼费按一审判决执行;二审诉讼费共计×元,由上诉人一审原告负担×元;由上诉人被告医院负担×元。

本判决为终审判决。

三、关键点

1. 被告医院在原告母亲"胎膜早破""脐带绕颈一周可能"这些可能导致胎儿宫内窒息的因素存在的情况下,对残余羊水量检测不到位。

2. 对原告母亲存在阴道纵隔,产前检查不仔细,存在过错。

根据鉴定意见书的鉴定结论,该医疗过失行为对原告新生儿缺血缺氧性脑病的发生参与度拟为20%~30%。

案例8

一、案例病情简介

2008年6月5日,原告母亲在被告医院门诊进行产检、胎心监护、B超等检查后,以"停经39^{+2}周,胎动异常1天"为主诉入住被告医院产科,并于当日21时35分入手术室在腰硬联合麻醉下行子宫下段剖宫产术,22时23分娩出一女婴即原告。原告出生后,先后多次就诊,被诊断为:发育迟缓、脑性瘫痪、双侧听力障碍、脑损伤综合征、继发性癫痫等,现为智力、肢体一级残疾人。

二、案件鉴定及审理经过

一审查明,原告曾以被告医院在其母亲分娩过程中存在过错为由,向一审法院提起诉讼,要求被告医院承担医疗损害赔偿责任,同时请求判令:①被告蒋某赔偿原告经济损失×元;②被告汪某赔偿原告经济损失×元;③被告卢某赔偿原告经济损失×元。

在该案审理过程中,一审法院先后委托市医学会、市司法鉴定中心进行鉴定,市医学会的鉴定结论为原告的脑瘫等疾病与被告医院的诊疗行为无因果关系,不属于医疗事故;市司法鉴定中心鉴定认为:①门诊处理无不当,经检查后即收入院;②原告生理物理评分为7分,从时间上考虑在24小时内处理,不可能发生急性缺氧性脑病,……不存在胎儿宫内窘迫;③缺血缺氧性脑瘫,如果在产程中发生时为急性的,患儿表现为硬瘫,典型的双下肢呈剪刀样交叉姿势,常有斜眼、口角偏斜,是骨骼肌收缩亢进特征表现。而原告表现四肢肌肉软弱无力,不能抬头,坐不住,不是硬瘫的表现。后在某医院放射科做颅脑 MRI 证实脑室腔扩大等积液改变说明出生前出生后有慢性进展性脑萎缩,大多数脑瘫与产前的先天性代谢免疫性疾病有关,孕妇在产前或孕前感染,如巨细胞病毒、弓形虫、风疹、疱疹病毒等均可导致新生儿脑瘫、智力低下、听力丧失等临床表现……;④欠缺:A. 被告医院在告知病情方面有缺点,当原告出生时无哭声,表现嗜睡、食奶量少等。被告医院只简单说是正常的,没有做好解释工作,被告医院如认真观察病情,提前发现问题,提前做好必要的检查对原告方都是有帮助的……;B. 患儿母亲点滴宫缩素做 OCT 试验时一般应每 10 分钟观察胎儿及宫缩一次,被告医院违反操作规定每 1 小时才检测 1 次。鉴定意见为:原告的脑瘫与分娩过程无相关性,被告医院存在诊疗中的欠缺,该欠缺与原告的病情无因果关系。一审法院经审理认为,市医学会、市司法鉴定中心作出的上述鉴定,证据形式合法,程序规范,结论亦相互印证,对两份鉴定意见书的真实性、合法性和关联性予以确认,并作出民事判决:被告医院补偿原告×元。双方当事人均不服该判决提出上诉。

2012 年 12 月 4 日,市中级人民法院作出民事判决,对市司法鉴定中心作出的上述鉴定结论予以采信,据此认定原告的脑瘫与被告医院的诊疗行为并无因果关系,但被告医院在告知病情方面存在缺陷,在一定程度上存在延误原告治疗、康复的过错,应承担 20% 的赔偿责任,故判决驳回原告及被告医院的上诉,维持原判。之后,原告又向省高级人民法院提出再审申请,省高级人民法院认定了市司法鉴定中心上述鉴定结论的证明力,医院是否提交持续胎心监护图、OCT 试验电子数据,不影响医疗行为与损害结果之间因果关系的认定,原告主张被告医院的相关人员伪造证据,依据不足,裁定驳回原告的再审申请。

一审另查明,原告在被告医院出生时,被告蒋某、汪某、卢某均为被告医院工作人员,其中蒋某在原告诉被告医院医疗损害赔偿纠纷一案中,曾以医院委托代理人身份提交相关病历资料作为证据;汪某时任被告医院产科副主任医师,原告母亲待产时,其查房后指示:自觉无胎动,胎儿生物物理评分 7 分,考虑胎儿宫内窘迫可能,患者坚决要求手术,可同意手术;卢某为产科医生,系其为原告母亲实施剖宫产术。

一审审理中,原告主张被告蒋某的侵权行为系故意隐匿、伪造、销毁病历,如销毁手术当天的胎心监护图、OCT 试验电子数据等客观证据;被告汪某、卢某的侵权行为系伪造、销毁病历,例如原告腹部左下方有个明显的血管痣,卢某却记录为"无",B 超检查结果为羊水暗区浑浊,卢某却在手术报告中记载为"清亮"等;另外,汪某、卢某还存在误诊、误治的侵权行为,原告出生后,不但未予急救反而故意隐匿、伪造病历;被告蒋某、汪某、卢某与被告医院的共同侵权行为造成原告缺血缺氧性脑瘫。

一审法院认为:①原告主张被告蒋某、汪某、卢某隐匿、伪造、销毁病历,但相关病历材料的真实性、合法性已在原告诉被告医院的医疗损害赔偿纠纷一案中作出认定,据此所作出的鉴定结论也已经为生效的判决所认定。且原告在该案审理中业已主张医方隐匿、伪造、销毁病历,但该主张已被认定依据不足,故对原告该项主张,不予采信;②根据法律规定,用人单位的工作人员因执行工作任务造成他人损害的,由用人单位承担侵权责任。原告出生时,被告蒋某、汪某、卢某系被告医院工作人员,三位被告在本案中的相关行为均系执行工作任务,为职务行为,若造成相关损害,也应由被告医院承担侵权责任;③民事判决已经生效,该判决已认定原告的脑瘫与被告医院的诊疗行为并无因果关系,故原告主张被告汪某、卢某存在误诊、误治的侵权行为,并无事实依据,亦不予采信。综上所述,原告主张三被告对原告造成侵权并应赔偿损失的请求缺乏事实和法律依据,不予支持。据此,依照《中华人民共和国侵权责任法》第三十四条第一款及《中华人民共和国民事诉讼法》第六十四条第一款之规定,判决:驳回原告的诉讼请求。

判决后,原告不服,向法院提起上诉。

二审维持原判,并为终审判决。

三、关键点

1. 被告医院在告知病情方面有缺陷。当原告出生时无哭声,表现嗜睡、食奶量少等,院方只简单说是正常的,没有做好解释工作。院方如认真观察病情,提前发现问题,提前做好必要的检查对原告方都是有帮助的。

2. 患儿母亲点滴宫缩素做 OCT 试验时一般应每 10 分钟观察胎儿及宫缩一次,被告医院违反操作规定每 1 小时才检测 1 次。

虽然原告的脑瘫与被告医院的诊疗行为并无因果关系,但被告医院在告知病情方面存在缺陷,在一定程度上存在延误原告治疗、康复的过错,经鉴定应承担 20% 的赔偿责任。

案例 9

一、案例病情简介

原告母亲主因"发现糖尿病 1⁺ 年,宫内妊娠 33⁺¹ 周,发现血糖升高 3 天"于 2000 年 1 月 27 日到被告医院住院治疗。经相关检查,入院诊断为:宫内妊娠 33⁺¹ 周,G1P0(孕 1 产 0),未产,头位;糖尿病合并妊娠;妊娠期糖尿病。原告母亲于 2000 年 2 月 16 日在产钳辅助下经阴道分娩出一活女婴,即原告。原告出生后被转入新生儿病房,诊断为:新生儿窒息(轻度);新生儿缺氧缺血性脑病(中度)并蛛网膜下腔出血;新生儿吸入性肺炎;左臂丛神经损伤;帽状腱膜血肿;35⁺⁵ 周大于胎龄儿;糖尿病母亲婴儿;新生儿高胆红素血症;先天性斜视(右侧)。经相关治疗,于 2000 年 7 月 4 日出院。出院时原告表现为左上肢功能障碍,斜颈、斜视。

二、案件鉴定及审理经过

就原、被告之间的医疗纠纷,区医疗事故鉴定委员会于 2000 年 11 月 8 日出具医疗问题技术鉴定报告。该报告认为:原告母亲系糖尿病合并妊娠。在妊娠 35⁺⁴ 周,胎膜早破临产后无剖宫产的绝对指征。分娩大于胎龄儿(3 550g)时,因胎儿手抱肩,使肩娩出困难而致肩难产,娩肩过程中发生臂丛神经麻痹及胸锁乳突肌血肿(是产前及产时无法预料的)。目前对婴儿积极治疗,仍有好转的希望。臂丛神经麻痹及胸锁乳突肌血肿系肩难产合并症。被告医院产科对糖尿病合并妊娠的诊治及接产技术有待提高。根据国务院《医疗事故处理办法》第一章第二条的规定,本例不属于医疗事故。

原告及其母曾以被告医院对原告母亲分娩手术存在医疗过错为由将该医院诉至法院。在该案诉讼中,法院委托市法庭科学技术鉴定研究所就被告医院在原告母亲的分娩过程中有无医疗过错,原告所患病症是否因分娩所致进行法医学鉴定。2001 年 12 月,该机构出具《法医学鉴定意见书》,鉴定意见如下:①在被告医院对原告母亲及原告的诊疗中,未发现存在明显违反诊疗常规之处,但其产科处理较保守,对糖尿病合并妊娠、产钳助产接生技术等方面存在不足;②原告左臂丛神经损伤为产伤,与接生技术性因素关系密切;其脑发育及斜视问题,与糖尿病母亲、血糖未良好控制、糖尿病早产儿等关系密切。不排除在分娩过程中产程延长等可促使胎儿出现缺氧而加重原告临床症状的可能。鉴定意见作出后,因原告当时年幼,无法进行残疾程度鉴定,原告及其母撤诉。

在本案审理过程中,经原告申请,法院委托市司法鉴定中心就被告医院在对原告及其母的诊疗过程中,医疗过错行为与原告母亲的损害后果之间的因果关系及参与度以及原告的伤残程度进行司法鉴定。

2012 年 10 月 31 日,该机构出具《司法鉴定意见书》,分析认为:

(1)关于被鉴定人(原告母亲)及其女(原告)在被告医院诊疗过程的概述。

(详见第一部分"案例病情简介")

(2)关于被告医院对原告母亲诊疗行为的评价。

1)原告母亲主因"发现糖尿病 1$^+$年,宫内妊娠 33^{+1}周,发现血糖升高 2 天"于 2000 年 1 月 27 日到被告医院就诊并入院,经检查后入院诊断为:宫内妊娠 33^{+1}周,G1P0,未产,头位;糖尿病合并妊娠;妊娠期糖尿病,该诊断正确,被告医院的医疗行为符合规范。

2)原告母亲此次妊娠前 1$^+$年确诊为糖尿病,未正规服药控制。本次妊娠核对孕周无误,孕早、中期未测血糖,孕 31 周于院外产检唐氏筛查 15.10,空腹血糖 6.8mmol/L,孕后波动于 7～10mmol/L 之间,孕期血糖控制不满意。此是分娩时大于胎龄儿形成的主要原因。

3)被告医院在原告母亲入院后,给予糖尿病普食及胰岛素调节血糖,但于临产时血糖控制仍不理想,显示被告医院对原告母亲的糖尿病合并妊娠认识不足,血糖控制力度不够,医疗行为存在欠妥之处。审阅病历材料显示,原告母亲住院期间,有离院外出情况,其治疗的依从性欠佳,此亦给控制血糖增加了难度。

4)原告母亲于 2000 年 2 月 15 日上午 5:00,主因"宫内妊娠 35^{+4}周,孕 1 产 0,胎膜早破"入产房,但临产后无剖宫产的绝对指征,被告医院采取阴道分娩及产钳助产符合规范,而且上述分娩方式,被告医院已经告知家属,尽到了告知义务。在产钳辅助分娩时,由于产妇当时有难产,胎儿手抱肩娩肩困难。所以使用产钳辅助分娩有指征。被告医院诊疗行为符合规范。

5)原告母亲于 2000 年 2 月 16 日娩出一活女婴,即原告,体重 3 550g,胎龄评分 34 周,属大于胎龄儿,因胎儿手抱肩,使肩分娩出困难致肩难产,分娩过程中发生臂丛神经损伤及胸锁乳突肌血肿。此与母亲宫缩无力、婴儿体格较大、肩宽、娩肩困难及接生技术等因素关系密切,属并发症。但其产科处理相对保守,产钳助产接生技术等方面存在不足。

6)原告的脑发育及斜视问题,与糖尿病母亲血糖未良好控制、糖尿病早产儿等关系密切。但也不排除在分娩过程中产程延长等可促使胎儿出现缺氧而加重原告临床症状的可能。

7)原告生后 Apgar 评分:1 分钟评 4 分,5 分钟评 9 分,10 分钟评 10 分。急转儿科抢救,被告医院实施气管插管属于积极抢救新生儿措施中的一种,被告医院已尽到了告知义务,被告医院行为符合规范。

(3)关于被告医院对原告母亲与原告的诊疗过程中的医疗过错行为与原告的损害后果之间的因果关系、责任程度的分析。

1)被告医院对原告母亲的糖尿病合并妊娠至临产时血糖控制不满意,医疗行为存在不足;

2)被告医院对原告母亲诊疗过程中产钳助产接生技术方面存在不足。

被告医院上述医疗过错行为与原告的左侧臂丛神经损伤及胸锁乳突肌血肿之间存在一定的因果关系。被告医院负轻微责任,参与度为 B 级(赔偿参考范围 10%～20%)。

(4)关于原告的伤残程度评定

原告目前遗留有左上肢瘫,双下肢不等长,依据《人体损伤致残程度鉴定标准(2011 年修订稿)》之第 2.7.2 条规定,原告的伤残程度属七级(伤残率 40%)。

上述鉴定报告作出后,原告提出异议,鉴定人对此予以书面回复,具体内容如下:

(1)关于"参与度 B 级"的理由及依据:

1)原告母亲主因"发现糖尿病 1⁺年,宫内妊娠 33⁺¹周,发现血糖升高 2 天"于 2000 年 1 月 27 日入住被告医院待产。被告医院对其入院检查及诊断符合诊疗规范。

2)由于原告母亲患有糖尿病,故要求被告医院给予患者糖尿病普食及胰岛素调节血糖,但原告母亲于临产时血糖控制仍不理想,市司法鉴定中心认为:被告医院对原告母亲的糖尿病合并妊娠认识不足,血糖控制力度不够,医疗行为存在欠妥之处。需要指出的是:a. 原告母亲于孕期血糖控制不满意;b. 此次住院期间,有离院外出情况,其治疗的依从性欠佳,给控制血糖增加了难度;c. 原告母亲离院外出时,被告医院告知了"病情的危重性",原告母亲亲自写假条表示离开被告医院期间一切后果自负。

3)原告母亲于 2000 年 2 月 15 日上午 5:00 入产房后,因糖尿病本身不是剖宫产的指征,原告母亲无其他剖宫产的绝对指征,被告医院采取阴道分娩及产钳助产符合诊疗规范。

4)在产钳辅助分娩时,由于产妇当时有难产,胎儿手抱肩娩肩困难。所以使用产钳辅助分娩有指征,被告医院的行为符合诊疗规范。

5)原告母亲于 2000 年 2 月 16 日娩出一活女婴,因肩难产,分娩过程中发生臂丛神经损伤及胸锁乳突肌血肿。市司法鉴定中心认为:被告医院在产钳助产接生技术方面存在不足。但应当明确,出现产伤与以下因素有关:a. 产钳助产接生技术较为保守是一个因素;b. 产妇宫缩乏力;c. 婴儿体格较大、娩肩困难。

6)新生儿娩出后,被告医院给予积极抢救,并使用气管插管,医疗行为符合诊疗规范。

7)在 2000 年的医疗水平,人们对糖尿病合并妊娠的危险性认识还不是很深刻。所以不应以现在的医疗水平进行评价。

综上分析认为,被告医院应当承担轻微责任,参与度为 B 级。

(2)关于伤残等级的评定

鉴定中心分析认为,左侧臂丛神经损伤及胸锁乳突肌血肿是被告医院过错行为对被鉴定人造成的损害后果。而脑发育及斜视等其他情况与被告医院过错行为之间不存在必然的因果关系。故此,根据《人体损伤致残程度鉴定标准》相关条款,予以评定的伤残等级。

上述鉴定报告及书面回复作出后,原告认为伤残程度及参与度偏低。被告医院认为鉴定人认定的医疗过错参与度比例过高,认可残疾程度。

原告向市司法鉴定中心交纳鉴定费×元。

原告为城镇户籍。原告主张其残疾赔偿金按照 2012 年市城镇居民人均可支配收入×元计算 20 年,再计算 40%的残疾赔偿指数。原告就其交通费,称系就医发生,但未提供证据。

上述事实,有原、被告当庭陈述,病历材料,鉴定报告及书面回复等证据材料在案佐证。

法院认为:医务人员在诊疗活动中未充分履行诊疗义务,造成患者损害的,医疗机构应当承担赔偿责任。

就医疗纠纷中的专业问题,法院可以根据当事人的申请,委托有资质的鉴定单位进行医疗鉴定。对于鉴定人出具的鉴定意见,当事人可以进行反驳,但应当提出合理的理由以及充分的证据。否则鉴定意见应当作为法院认定事实的重要参考。

本案中经当事人申请,法院委托司法鉴定单位进行了医疗过错司法鉴定。鉴定人又根据当事人对鉴定意见的异议出具了书面回复,鉴定程序合法。根据上述鉴定意见,认定与医疗过错之间仅存在轻微的因果关系。诉讼中尽管原告对上述鉴定意见提出异议,但是法院认为:原告母亲并不存在剖宫产的绝对指征,衡量产钳助产技术以及人们对糖尿病合并妊娠的危险性认识应与当时的医疗水平相适应。因此原告的异议并不足以推翻上述意见。法院参考鉴定人的意见,认定被告医院应当对原告的医疗损害,即左上肢瘫、双下肢不等长承担轻微责任,责任程度法院酌定为20%。

原告按照鉴定意见给出的伤残率所主张的残疾赔偿金,其计算方法及标准符合有关司法解释的规定,被告医院应当按照责任比例进行赔偿。原告就其就医交通费,未提供证据,考虑其治疗医疗损害势必支出交通费,法院对被告医院应当赔偿的交通费数额予以酌定。由于医疗损害严重,原告已构成伤残,给原告及其近亲属也势必造成精神损害。特别是原告受损害时刚出生,医疗损害势必伴随其终生。为此被告医院应当赔偿原告一定的精神损害抚慰金,具体数额由法院根据损害程度、责任程度进行酌定。本案进行的司法鉴定认定被告医院存在医疗过错,而进行鉴定系当事人完成举证责任的手段,鉴定费收取数额与过错程度无关,故法院判决鉴定费由被告医院负担。

综上所述,依据《中华人民共和国民法通则》第一百零六条,《最高人民法院关于民事诉讼证据的若干规定》第七十一条,《最高人民法院关于审理人身损害赔偿案件适用法律若干问题的解释》第十七条、第十八条、第二十二条、第二十五条,《最高人民法院关于确定民事侵权精神损害赔偿责任若干问题的解释》第八条、第十条之规定,法院判决如下:①本判决生效之日起七日内,被告医院赔偿原告残疾赔偿金、交通费、精神损害抚慰金共计×元。②驳回原告的其他诉讼请求。

如果被告医院未按本判决指定的期间履行给付金钱义务,应当依照《中华人民共和国民事诉讼法》第二百五十三条之规定,加倍支付迟延履行期间的债务利息。

三、关键点

1. 被告医院对原告母亲的糖尿病合并妊娠至临产时血糖控制不满意,医疗行为存在不足。

2. 被告医院对原告母亲诊疗过程中产钳助产接生技术方面存在不足。

3. 被告医院上述医疗过错行为与原告的左侧臂丛神经损伤及胸锁乳突肌血肿之间存在一定的因果关系。被告医院负轻微责任。

案例 10

一、案例病情简介

2010年2月22日8:30,死者以"阵发性腹痛2小时"为主诉入住被告甲医院的妇产科,于当日10:35顺产一活男婴即本案原告。当日10:50,死者阴道流血增多,查子宫收缩欠佳。被告医院诊断子宫收缩乏力、产后大出血,需进一步诊治,遂于11:50报转上级医院。2010

年 2 月 22 日 12:41,死者送入被告乙医院的产科救治。入院诊断:产后大出血(宫缩乏力、凝血功能障碍)、失血性休克、弥散性血管内凝血、急性肾功能衰竭、羊水栓塞不排除。被告乙医院给予死者产科Ⅰ级护理,报病危,以及给予心电监护。禁食水,加压给予氧气吸入,给予促宫缩、抗炎、纠正酸中毒、升压、扩容、止血、利尿等措施。15:42 静脉输血浆两次。15:44 输血 4 组,具体量无记录。17:25 给予大抢救,17:35 死者死亡。死亡诊断:产后大出血(宫缩乏力、凝血功能障碍)、失血性休克、弥散性血管内凝血、急性肾功能衰竭、羊水栓塞不排除。原告共向该院支出医疗费×元。

二、案件鉴定及审理经过

原告认为两被告医院在针对死者的诊疗过程中存在过错,向法院提起诉讼。2010 年 5 月 6 日,法院受理了原告诉被告甲医院、乙医院医疗损害责任纠纷一案。在该案诉讼中,被告甲医院提出申请要求进行医疗事故技术鉴定。后法院委托地区医学会就被告甲医院、被告乙医院对死者的诊疗活动进行医疗事故技术鉴定。经地区医学会鉴定认为,医方在诊疗过程中无违法行为,但存在以下违规事实:①被告甲医院在诊疗过程中存在以下违规事实:A. 该院在死者出现了大出血后,未及时扩容输血,出血量估计不足;B. 短时间内使用缩宫素量过大,分娩前未查凝血四项,无血小板化验,在死者出现缩宫乏力之后出血,使用药物止血效果不好的情况,应积极及早采取子宫切除术治疗,控制出血;C. 产后大出血没有及时向死者及家属交代病情,没有及时转院;D. 医疗文书不全,没有待临产记录;②被告乙医院在诊疗过程中存在以下不足:死者大出血、失血性休克、弥散性血管内凝血抢救时输血量不足,没有输冷沉淀、血小板等凝血因子,医疗文书记载不规范。综上所述,结合死者临床表现及病情,考虑死者死亡的原因为产后大出血、弥散性血管内凝血,羊水栓塞不除外,两被告医院的违规行为与死者死亡之间存在间接因果关系。鉴定结论为本病例属于一级甲等医疗事故,被告甲医院承担次要责任,被告乙医院承担轻微责任。

法院经审理后认为,死者是作为产妇在医院生产后的诊治过程中死亡,因此本案是医疗损害责任纠纷。根据查明事实,本案涉及的损害事实发生于 2010 年 2 月 22 日,《中华人民共和国侵权责任法》自 2010 年 7 月 1 日起施行,该法未作出溯及既往的特别规定,故本案纠纷应当根据当时的法律、法规、司法解释予以处理,即根据《中华人民共和国民法通则》及相关司法解释中的有关规定处理。

根据《中华人民共和国民法通则》第一百零六条第二款规定:"公民、法人由于过错侵害国家的、集体的财产,侵害他人财产、人身的应当承担民事责任。"过错是行为人承担侵权民事责任的法定构成要件之一。行为人因过错侵害他人人身的,应当根据该法和《最高人民法院关于审理人身损害赔偿案件适用法律若干问题的解释》以及《最高人民法院关于确定民事侵权精神损害赔偿责任若干问题的解释》等法律、司法解释确定的赔偿范围、赔偿方式承担侵权赔偿责任。

根据前述法律、司法解释的有关规定,不可抗力、没有超过必要限度的正当防卫、没有采取不当措施或没有超过必要限度的紧急避险是行为人不承担民事责任的法定抗辩事由。受害人对于损害的发生也有过错的,是行为人可以请求减轻承担民事责任的法定事由。

根据《最高人民法院关于民事诉讼证据的若干规定》第四条第(八)项的规定,"因医疗行为引起的侵权诉讼,由医疗机构就医疗行为与损害结果之间不存在因果关系及不存在医疗过错承担举证责任。"并结合前述法律、司法解释规定,在医疗损害责任纠纷中,医疗机构在医疗活动中有过错是其承担民事侵权责任的构成要件。两被告医院应当对其实施的医疗行为与本案损害结果之间不存在因果关系及不存在医疗过错承担举证责任,或对其行为属于免责事由或受害人自身对损害的发生也有过错承担举证责任。对此,两被告均未能举证证明。

本案诉讼中,法院委托具有鉴定工作职能的地区医学会对本案涉及的医疗行为进行医疗事故技术鉴定,本次医疗事故技术鉴定形成的鉴定意见,经过双方当事人质证,并经法院审核属实,可以作为本案的证据使用,具有证明力。

医疗活动是具有高度的专业性、复杂性、风险性等多种因素的活动,尤其是在抢救危重患者中更加体现了这种专业性、复杂性、风险性,因而法律也允许一定的风险存在,但正是这种风险性,才更加体现了医疗救治活动中遵循医疗常规的重要性。

根据地区医学会的医疗事故技术鉴定意见,两被告的违规行为与死者死亡之间存在间接因果关系,因此,两被告均有过错,其中被告甲医院的过错程度为一般过失,被告乙医院的过错程度为轻微过失,两被告应当承担侵权赔偿责任。在两被告分别实施的医疗行为间接结合发生同一损害后果的情形下,应当根据两被告的过失大小各自承担相应的赔偿责任,结合前述医疗事故技术鉴定中被告甲医院应承担次要责任,被告乙医院承担轻微责任的意见,法院确定两被告应承担的赔偿责任比例分别为被告甲医院为30%、被告乙医院为15%。

关于本案损失范围及数额,法院核实如下:

(1)原告主张的交通费×元、公证费×元、病历复印费×元,被告无异议,法院予以确认。原告主张住院伙食补助费×元,符合法律规定,法院予以确认。

(2)原告在被告乙医院支出抢救医疗费×元,被告无异议,法院予以确认。死者在被告甲医院分娩生产的医疗费×元,与本案医疗损害责任无关,故对原告主张该部分医疗费,法院不予支持。

(3)原告一方为办理丧葬事宜而误工,符合实际情况,为此,原告主张误工费属于合理损失。其具体数额可按照2010年度当地职工平均工资×元的标准,酌情按三人计算7天,法院确定误工费为×元。

(4)死者生前是农村居民,按照上一年度当地农村人口人均纯收入×元的标准计算,死亡赔偿金为×元。

(5)按照上一年度当地农村人口人均年生活消费性支出×元的标准计算,原告的被扶养人生活费总额应为×元。

(6)综合考虑本案侵害的场合、行为方式等具体情节,以及侵权行为所造成的损害后果、侵权人承担责任的经济能力、过错程度等因素,法院酌情确定被告甲医院承担精神损害抚慰金×元,被告乙医院承担精神损害抚慰金×元。原告主张的过高部分,法院不予支持。

综上,依照《中华人民共和国民法通则》第一百零六条第二款、第一百一十九条,《最高人民法院关于审理人身损害赔偿案件适用法律若干问题的解释》第十七条第一、三款、第十八条第一款、第二十七条、第二十九条、第三十五条以及《最高人民法院关于确定民事侵权精神损害赔偿责任若干问题的解释》第三条第二款、第八条第二款、第十条第一款的规定,判决如下:被告甲医院于本判决生效之日起十日内赔偿原告各项损失共计×元,被告乙医院于本判决生效之日起十日内赔偿原告各项损失共计×元。

三、关键点

被告甲医院在诊疗过程中存在以下违规事实：

1. 该院在死者出现了大出血后，未及时扩容输血，出血量估计不足。

2. 短时间内使用缩宫素量过大，分娩前未查凝血四项，无血小板化验。在死者出现缩宫乏力之后出血，使用药物止血效果不好的情况，院方未积极及早采取子宫切除术治疗以控制出血。

3. 产后大出血没有及时向死者及家属交代病情，没有及时转院。

4. 医疗文书不全，没有待临产记录。

被告乙医院在诊疗过程中存在以下不足：死者大出血，失血性休克，弥散性血管内凝血抢救时输血量不足，没有输冷沉淀，血小板等凝血因子，医疗文书记载不规范。

案例 11

一、案例病情简介

原告因怀孕 38^{+2} 周，于 2013 年 4 月 14 日到被告医院入院待产。入院诊断为：孕 5 产 0，孕 38^{+2} 周，左枕前胎位（LOA），先兆临产；胎膜早破。经原告签字同意后予静滴催产素。后原告于 2013 年 4 月 14 日 15:00 顺产一活女婴。产后 12^+ 小时原告出现腹部疼痛，经 B 超检查，被告医院考虑原告腹腔积液是自然分娩过程中用力引起脏器出血所致。产后 14 小时血常规回报示 HGB 66g/L，医方考虑腹腔内出血可能性大，即予原告行后穹隆穿刺。被告医院建议转某重症孕产妇救治中心（某医学院第三附属医院）进一步诊治。经原告同意后于当天转院。2013 年 4 月 15 日 7:00，转入某医学院第三附属医院诊治。入院后即行剖腹探查术，见后壁下段、子宫峡部子宫动脉处有一破裂口，大小约 4cm，遂行全子宫切除术。后于 2013 年 4 月 24 日出院。出院诊断：失血性休克；腹腔内出血；子宫破裂；孕 5 产 1 孕 38^{+1} 周顺产后。原告共住院 10 天，用去医疗费共×元。

二、案件鉴定及审理经过

法院依法委托市医学会就被告医院对原告所实施的医疗行为是否构成医疗事故作医疗事故技术鉴定。2014 年 7 月 11 日市医学会作出鉴定，结论为：本案构成三级丙等医疗事故，被告医院承担次要责任。分析如下：①被告医院对原告的诊断正确，分娩方式选择合理；在孕妇产程进展不明显的情况下，予小剂量催产素静脉滴注加强宫缩，符合临床产科处置常规；②被告医院在原告分娩后，存在以下违规及医疗过失行为：未按产科常规对原告进行监护、观察与诊治，未及时发现其子宫破裂。被告医院对其产后监护不足，未及时发现子宫破裂引起内出血，导致原告产后出血长达 15 小时，失血量达 5 500ml，最终须行子宫切除；③原告产后大出血及子宫被切除的损害后果，与被告医院上述的违规及医疗过失行为之间存在因果关系。鉴于原告的子宫破裂是由于其既往有多次人工流产史，造成子宫壁受损，在分娩过程中引起的自发破裂，非医源性造成；即使尽早剖腹探查发现，也未必能保全子宫，故被告医院承担次要责任。损失承担 40% 的赔偿责任。

法院认为：原告认为被告某某医院的医疗行为侵权并主张索赔，属于因医疗行为引起的侵权诉讼。市医学会对涉案医疗行为的分析意见及鉴定结论准确，法院予以确认。本案构成三级丙等医疗事故，医方承担次要责任，故被告某某医院应对其医疗行为造成原告的各项损失承担 40% 的赔偿责任。

依照《中华人民共和国民法通则》第一百零六条第二款、第一百一十九条，《中华人民共和国侵权责任法》第十六条、第二十二条、第五十四条、第五十七条,《中华人民共和国民事诉讼法》第六十四条第一款,《最高人民法院关于审理人身损害赔偿案件适用法律若干问题的解释》第十七条、第十八条、第十九条、第二十条、第二十一条、第二十三条、第二十五条、第二十八条的规定,判决如下:①被告某某医院于本判决生效之日起10日内赔偿原告的各项损失合计×元;②驳回原告的其他诉讼请求。案件受理费×元,由原告负担×元,被告医院负担×元。

三、关键点

1. 医方在产妇分娩后,未按常规对产妇进行监护与诊治,未及时发现其子宫破裂,导致产妇产后出血长时间大量失血,最终须行子宫切除。

2. 产妇产后大出血及子宫被切除的损害后果,与医方上述的违规及医疗过失行为之间存在因果关系。但产妇子宫破裂是由于其既往有多次人工流产史,造成子宫壁受损,在分娩过程中引起的自发破裂,非医源性造成;即使尽早剖腹探查发现,也未必能保全子宫。鉴于此,医方承担次要责任。

案例12

一、案例病情简介

2010年6月30日晚11:30,原告到被告医院妇科待产。入院诊断:宫内孕42周,临产,G1P0,枕左前胎位,胎膜早破;治疗意见:完善各项产前检查及准备,严密观察胎心率及产程进展,适时适式终止妊娠。2010年7月1日8:00 B超检查"羊水量正常,胎位正常",下午3:30再次B超复查"羊水量正常,胎位枕横位",下午6:00再次B超复查"羊水量正常,胎位转枕后位",被告工作人员向原告家属说明不能顺产必须手术。当晚8:00,原告及家属在手术同意书上签字后被告为原告实施"子宫下段剖宫产手术",产出一女性活婴。剖宫产手术中被告以原告"胎盘胎膜部分剥离,约1/3植入子宫左侧壁肌层,人工剥离胎盘后,胎盘剥离面渗血,子宫收缩差,又肌注缩宫素针20U,子宫收缩仍差,用纱垫压迫止血,按摩子宫,又肌注缩宫素针20U,用米索前列醇0.2mg×3片放入宫底,热盐水纱垫热敷,效果不佳,结扎双侧子宫动脉仍无效",为原告实施了"子宫次全切术"。2010年7月7日原告出院,住院期间用去医疗费×元。

二、案件鉴定及审理经过

原告出院后,就其在被告医院分娩过程中子宫被切除与被告医院发生纠纷。原告认为被告提供的手术同意书内容为格式条款,在"术中和术后可能发生的常见并发症"部分有"术中术后子宫不收缩,大出血,植入性胎盘等需切除子宫"的字样,在术中和术后可能发生的意外部分另行手写有"子宫收缩乏力,切除子宫",原告否认被告曾告知其上述内容,被告医院在为原告实施手术前和手术中也无采取配血、备血等相关措施。剖宫产手术中被告医院因原告胎盘胎膜部分剥离,部分植入子宫左侧壁肌层,宫缩差,缩宫素处理后子宫收缩仍差,结扎双侧子宫动脉仍无效,为原告实施了"子宫次全切术",但未另行提供手术同意书,而是在剖宫产手术同意书中家属及患者签名处,另行书写"同意切除子宫",由原告及巍某、陆某签名。但原告否认同意被告医院为其实施子宫次全切术并且否认签名。但双方未对原告的病历进行封存,被告医院也未向原告提供原告在被告处的病历。被告医院于2010年和2011年4月在原告起诉过程中分别提供了部分病历内容,现原告对上述两份病历均不认可。

2011 年 5 月 4 日原告申请对其伤残等级、被告医院对其实施的医疗行为是否存在过错、过错度为多少、被告医院的医疗行为与原告的损害后果之间是否存在因果关系进行鉴定。2011 年 10 月 12 日某甲司法鉴定中心鉴定原告"子宫次全切除"相当于工伤七级伤残,经法院要求,2012 年 5 月 7 日某乙司法鉴定中心明确相当于工伤七级伤残属于七级伤残。2011 年 9 月 29 日原告向某乙司法鉴定中心支付鉴定费×元。

2011 年 7 月 30 日原告申请对被告提供的手术同意书中"同意切除子宫"处原告的签名是否为原告本人所签进行鉴定。2011 年 11 月 10 日某乙司法鉴定中心鉴定被告提供的手术同意书中"同意切除子宫"处原告的签名笔迹不是原告书写,原告为此支付费用×元。

被告医院对司法鉴定中心鉴定结论不服,2011 年 12 月 28 日申请对原告的签名重新进行鉴定,因其申请不符合重新鉴定的法定条件法院未予准许。2012 年 1 月 15 日被告医院提出医疗事故鉴定申请,因该申请未能在举证期限内提出,法院也未予准许。

上述事实有被告医院提供的两份病历、某甲司法鉴定中心司法鉴定意见书、某乙司法鉴定中心司法鉴定意见书及庭审笔录等在案佐证。

法院认为,患者因分娩到医院待产,享有得到正确医疗服务的权利,医院应当严格遵守诊疗常规,综合判断患者病情并以此确定完整的治疗方案,对于在诊疗过程中存在的医疗过失而给患者造成的损害应当承担民事赔偿责任。本案中原告到被告医院分娩,被告医院应向患者说明病情、医疗措施并做好充分准备的义务。被告医院在对原告实施手术前明知术中术后可能出现子宫不收缩,大出血等情况却未采取必要的措施,在为原告实施手术前,也未能及时充分地向原告说明医疗风险和医疗替代方案等情况。被告医院手术同意书为格式条款,不能证明被告医院已向原告宣读条款内容,原告又否认在手术前被告知有"切除子宫"的风险,对此应做出对被告医院不利的解释。被告医院提供的手术同意书中有关切除子宫的内容是另行手写,被告医院也无其他证据证实已向原告及时充分地说明了该项手术的风险和医疗替代方案等情况,并且在被告医院为原告实施"子宫次全切术"时依法也应取得原告的书面同意,经法院委托鉴定,同意子宫切除部分不是原告签名。手术前被告未采取必要的配血、备血等准备措施,在纠纷发生后,未及时向原告提供病历,原告起诉后被告医院两次向法院提供的病历也不相同,造成原告认为被告医院病历造假。综上,因被告医院在为原告诊疗过程中存在过失,由此对原告造成损害,被告医院应当承担赔偿责任。综上,依照《中华人民共和国侵权责任法》第五十四条、第五十五条、第六十一条,《医疗机构管理条例》第三十三条,《最高人民法院关于民事诉讼证据的若干规定》第二条、第四条、第二十五条、第二十七条及有关民事政策法律之规定,判决如下:①被告医院于判决生效后十日内赔偿原告医疗费、误工费、护理费、住院伙食补助费、营养费、鉴定费、被抚养人生活费、残疾赔偿金、精神损害抚慰金等共计×元;②如未在本判决指定的期限内履行给付金钱义务,应当按照《中华人民共和国民事诉讼法》第二百二十九条之规定加倍支付迟延履行期间的债务利息。案件受理费×元,由被告医院负担。

三、关键点

1. 被告医院在为原告实施"子宫下段剖宫产手术"前,未能及时充分地向原告说明医疗风险和医疗替代方案等情况。

2. 被告医院未对原告已知可能出现的术中术后并发症采取必要应对措施。

3. 被告医院提供的剖宫产手术同意书,虽有原告签名,但该手术同意书为格式条款,不能证明被告医院已向原告宣读和患者已自行阅读条款内容,原告又否认在手术前被告知有"子宫收缩乏力,切除子宫"的风险,对此做出对被告医院不利的解释。

4. 被告医院提供的手术同意书中有关切除子宫的内容是另行手写,被告医院也无其他证据证实已向原告及时充分地说明了该项手术的风险和医疗替代方案等情况,并且在被告医院为原告实施"子宫次全切术"时依法也应取得原告的书面同意,鉴定认为"同意子宫切除"部分不是原告签名,原告也不认可其同意被告为其实施"子宫次全切术"。

5. 手术前被告医院未采取必要的配血、备血等准备措施,在纠纷发生后,不及时向原告提供病历,原告起诉后被告医院两次向法院提供的病历也不相同,造成原告认为被告医院病历造假。

案例 13

一、案例病情简介

2014 年 5 月 7 日,原告以"停经 47 天、阴道少量出血"为由,就诊于被告甲医院,被告甲医院诊断为:先兆流产,建议 B 超检查。经 B 超检查为:①宫内稍厚壁,无回声区,建议上级医院复查或一周后复查;②左侧卵巢体积增大;③盆腔积液。被告甲医院处理是:①黄体酮;②卧床休息一周,不适随访;③用药期间如有突感腹痛应随访;④一周后复查 B 超。5 月 15 日上午,原告在被告乙医院进行 B 超检查,B 超显示:宫内无回声区;右附件囊性占位;左附件未见明显占位;陶氏腔积液。5 月 15 日下午,原告又就诊被告甲医院,以"阴道出血、下腹闷痛"为由,要求行清宫术,被告甲医院为原告行清宫术。术中未见明显绒毛组织刮出,且未送病检。5 月 22 日,原告在被告甲医院复查 B 超,显示:子宫、双附件未见明显异常声像;子宫直肠窝少量积液。6 月 27 日,原告又在被告甲医院进行 B 超,B 超显示:宫腔内积液;子宫左前上方不均回声团块。考虑:左侧输卵妊娠可能性大。被告甲医院处理结果是:即刻转上级医院就诊。当天,原告马上去被告乙医院就诊,被告乙医院检查后,告知原告立即送市第一医院就诊。原告在市第一医院住院 1 天后,认为原告的病情严重,立即用"120"急救车送至省立医院抢救。7 月 1 日,省立医院对原告行"左输卵管切除+盆腔粘连松解+清宫术"。7 月 8 日,省立医院出具出院小结,出院小结记载原告住院 10 天,出院诊断是:①左输卵管妊娠;②盆腔炎性疾病。为此,原告在被告甲医院花去医疗费人民币×元,在市第一医院花去医疗费人民币×元,在省立医院花去医疗费人民币×元,上述医疗费计人民币×元。

二、案件鉴定及审理经过

2014 年 9 月 16 日,市司法鉴定所作出司法鉴定意见书,结论是原告的伤残等级为十级伤残。为此,原告花去鉴定费人民币×元。原告于 2014 年 9 月 25 日将被告甲医院、被告乙医院诉至法院请求处理。

一审法院认为,公民享有生命健康权。侵害公民身体造成伤害或死亡的,应当赔偿医疗费等损失。本案中,原告在被告甲医院就诊时,因被告甲医院未尽高度注意义务,导致左输卵管被切除,已认定被告甲医院的医疗行为存在过错,且与原告的合理经济损失存在因果关系,应承担全部的赔偿责任。为此给原告造成经济损失为人民币×元,故被告甲医院应予以全部赔偿。因原告未在被告乙医院就诊,故原告请求被告乙医院共同赔偿没有事实依据及法律依据,不予支持。被告甲医院辩解不存在医疗过错因举证不能,法院不予采纳。原告的诉讼请求合理部分,予以支持,不合理部分,予以驳回。据此,依照《中华人民共和国民法通则》第一百一十九条,《中华人民共和国侵权责任法》第五十四条、第五十七条,最高人民法院《关于审理人身损害赔偿案件适用法律若干问题的解释》第十八条、第十九条、第二十条、第二十一条、第二十二条、第二十三条、第二十四条、第二十五条之规定,判决:①被告甲医院应于本判决书生效之日起十日内赔偿原告医疗费、营养费、护理费、误工费、住院伙食补助费、交通费、伤残赔偿金、精神抚慰金、鉴定费共计人民币×元;②驳回原告对被告乙医院的诉讼请求;③驳回原告其他诉讼请求。如果未按本判决指定的期间履行给付金钱义务,应当依照《中华人民共和国民事诉讼法》第二百五十三条的规定,加倍支付迟延履行期间的债务利息。案件受理费人民币×元,由被告甲医院负担人民币×元,由原告负担人民币×元。

宣判后,被告甲医院不服,上诉称:①原审法院判决认为上诉人诊疗行为存在过错,缺乏事实根据;被上诉人(一审原告)诉称被告甲医院与被告乙医院存在过错的理由是两医院对其宫外妊娠出现"漏诊",不是指上诉人给予被上诉人进行清宫术治疗行为。清宫术治疗是必要的,没有任何不妥。被上诉人当时患有宫内异物及宫外妊娠两种不同疾病。宫外妊娠未达到一定程度,很难发现,这是医学界公认的问题,连彩超都无法发现宫外妊娠,那就不是行清宫治疗医院的过错;②原审法院判决认为上诉人的诊疗行为与被上诉人的宫外妊娠之间存在因果关系,这完全是错误的。其实,被上诉人"宫外妊娠"不是上诉人诊疗行为造成的,而是被上诉人的性生活造成的;③原审法院判决适用法律错误。本案是医疗损害赔偿纠纷案件,不是一般的人身损害赔偿纠纷案,故应当适用国务院颁发的《医疗事故处理条例》的有关规定,但原审法院适用的是最高院《关于审理人身损害赔偿案件适用法律若干问题的解释》的有关规定,这显然是适用法律错误。请求二审法院改判驳回被上诉人对上诉人的诉讼请求。

一审原告答辩称,原审认定事实清楚,判决正确,请求二审法院驳回上诉,维持原判。

被告乙医院答辩称:原审法院认定一审原告未在被告乙医院医疗事实清楚,一审原告没有在被告乙医院诊疗,故被告乙医院不存在医疗过程的过错,一审原告医疗过程所受十级伤残的损害后果与被告乙医院无关,一审原告的经济损失与被告乙医院无因果关系,因此原审法院判决是正确的,请求维持原判。

经审理查明,双方当事人对原审查明的事实没有异议,二审法院予以确认。

二审法院认为,本案中,上诉人被告甲医院对一审原告以先兆流产诊断后行清宫术,术中未见胚胎与绒毛组织刮出,说明宫内没有怀孕的胚胎,并非是流产的,然而,上诉人被告甲医院未对刮出组织进行检测,也未进一步的检查和向具有更高专业水准的医疗机构进行咨询,造成误诊的结果,更没有向一审原告提醒有存在宫外孕的可能,致使一审原告在被告甲医院对其术后1个多月后又产生腹痛,幸及时发现系宫外孕,经及时抢救后虽然生命没有大碍,但因贻误治疗时机,造成其左输卵管被切除的后果。原审法院认定被告甲医院的医疗行为存在过错并判决承担赔偿全部责任并无不当。原审法院认定事实清楚,判决正确,应当维持。上诉人被告甲医院上诉理由不能成立,不予采纳。据此,依照《中华人民共和国民事诉讼法》第一百七十条第一款第(一)项之规定,判决如下:驳回上诉,维持原判。二审案件受理费人民币×元,由上诉人被告甲医院承担。本判决为终审判决。

三、关键点

1. 原告在被告甲医院就诊时,因被告甲医院未尽高度注意义务,导致左输卵管被切除,已认定被告甲医院的医疗行为存在过错,且与原告的合理经济损失存在因果关系,应承担全部的赔偿责任。

2. 因原告未在被告乙医院就诊,故原告请求被告乙医院共同赔偿没有事实依据及法律依据,不予支持。

3. 被告甲医院辩解不存在医疗过错因举证不能,原审法院不予采纳。

第二章

医方无明确过失类的相关案例

第一节　内科类相关案例

案例1

一、案例病情简介

2016 年 3 月 12 日 0:30 左右,死者就诊于被告甲医院,病历记载:主诉胸口疼痛 2 小时。1:25,死者进行心电图检查,诊断疑似冠心病,医生建议转上级医院进一步诊疗。1:50 左右,死者到被告乙医院就诊,主诉胸口疼痛,该院医生查阅过被告甲医院的心电图报告后,让死者进行进一步检查,包括血清肌钙蛋白 Ⅰ、B 型钠尿肽、胸部 CT 等。2:15,死者突然意识不清,但仍有呼吸,心电图示波为室颤,医护人员立即给予心肺复苏、电除颤等抢救措施,并予使用肾上腺素、胺碘酮、阿托品、碳酸氢钠等药品进行抢救。经历 2 小时的持续抢救,死者仍未恢复自主心跳。被告乙医院于 4:15 停止抢救,宣告死者临床死亡并向家属交代。

二、案件鉴定及审理经过

原告认为被告两医院在对死者的治疗及抢救过程中存在过错,要求赔偿而向法院起诉。在本案审理过程中,原告(死者家属)申请对被告甲医院、被告乙医院在对死者的诊疗过程中是否存在医疗过错,以及过错行为与死者死亡的因果关系参与度委托有关机构进行司法鉴定。一审法院先后委托市法庭科学技术鉴定研究所、中华医学会医疗事故技术鉴定工作办公室、某大学司法鉴定中心、市法医学司法鉴定中心进行鉴定。2016 年 12 月 15 日,市法庭科学技术鉴定研究所作出《不予受理函》,认为死者未行尸检,死亡原因无法明确,难以进行医疗过错与其死亡因果关系的鉴定,故不予受理。2017 年 1 月 5 日,中华医学会医疗事故技术鉴定工作办公室作出回复函,称中华医学会尚未开展医疗损害鉴定,此案不符合委托其进行医疗事故技术鉴定的程序,故不予受理。2017 年 3 月 20 日,某大学司法鉴定中心作出《终止鉴定告知书》,认为:①死者死后未行尸检,具体死亡原因不明;②死者就诊时间较短,就诊资料不详细,以上情况无法满足鉴定条件,故终止鉴定,作退案处理。2017 年 5 月 11 日,市法医学司法鉴定中心作出《情况说明》,认为死者病程快,检查材料相对缺乏,也未行尸检,故难以完成委托事项的鉴定,不予受理。

一审法院认为,本案系医疗损害责任纠纷。医疗损害赔偿纠纷的归责原则以过错责任原则为一般原则,特定条件下实行过错推定原则。但在本案中,家属无法证明被告甲医院、被告乙医院及其医务人员在诊疗活动中有过错,或者其医务人员在诊疗活动中违反有关诊疗规范,或者怠于履行其抢救义务,因而无法推定被告甲医院、被告乙医院存在过错,故一审予以驳回原告的诉讼请求。后原告不服,再次上诉。

二审经审理后维持原判。

三、关键点

本案系医疗损害责任纠纷。医疗损害赔偿纠纷的归责原则以过错责任原则为一般原则,特定条件下实行过错推定原则。但在本案中,死者家属无法证明两被告医院及其医务人员在诊疗活动中有过错,或者其医务人员在诊疗活动中违反有关诊疗规范,或者怠于履行其抢救义务,因而无法推定两被告医院存在过错。

案例 2

一、案例病情简介

死者于 2013 年 10 月 22 日以"左侧臀部脓肿疼痛 4 天"为主诉入住被告医院外一科。死者于此次入院前 9 个月在市第一医院行直肠癌根治术,直肠癌术后半年复发,于此次入院 1 个月前因肠梗阻在市人民医院行肠造瘘术。后经治疗,死者症状缓解,肿块变小,触痛不明显,于 2013 年 11 月 5 日出院。2014 年 1 月 11 日,死者以"反复咳嗽、咳痰 11 个月余,痰不易咳出 2 天"为主诉入住被告医院呼吸内科。后经诊疗,病情有所缓解,刘某于 2014 年 1 月 31 日出院。2014 年 2 月 8 日,死者又以"反复咳嗽、咳痰 1 年,痰不易咳出 3 天"为主诉又再次入住被告医院呼吸内科。2014 年 2 月 13 日 14:10,死者呼吸急促、血氧饱和度低、给予经鼻气管插管、呼吸辅助呼吸,但最终全身极度衰竭,经抢救无效于 2014 年 2 月 14 日 23:32 临床死亡。

二、案件鉴定及审理经过

原告(死者家属)认为被告医院在为死者的诊疗过程中,违反诊疗护理规范常规、存在误诊误治行为、错误使用呼吸机等,导致死者死亡,属于医疗事故,上诉至法院,要求被告医院赔偿。法院委托市医学会就该案进行鉴定,经鉴定,市医学会认定被告医院在对死者的整个治疗过程符合诊疗常规,死者死亡属于疾病本身的自然转归,医疗机构的诊疗行为与死者的死亡无因果关系,不属于医疗事故,2014 年 12 月 30 日经调解某医院给予一定数额补偿。

原告后于 2016 年 9 月"发现"死者的临床护理动态记录,认为有与实际情况不符之处,故认为被告医院存在误诊行为,进而认定之前的鉴定无效,且认为其中一位原告签署调解书时其余原告均不知情,不认可调解书的签订,并要求追加赔偿。法院再次审理,认定原告于 2014 年医疗事故鉴定时知晓护理文书的存在,不存在医院隐匿医疗文书。且现从医疗事故鉴定之日起至今,已超过法定一年的除斥期间,原告享有的撤销权已消灭。依据《中华人民共和国合同法》第五十五条,《最高人民法院关于审理涉及人民调解协议的民事案件的若干规定》第一条、第七条,以及《中华人民共和国民事诉讼法》第九十条之规定,判决驳回原告的诉讼请求。根据《中华人民共和国合同法》,不存在该《调解协议书》无效。原告亦不能举证医院存在医疗过错。

三、关键点

1. 法院认定原告于 2014 年医疗事故鉴定时知晓护理文书的存在,不存在被告医院隐匿医疗文书。

2. 从医疗事故鉴定之日起 2016 年,已超过法定一年的除斥期间,原告享有的撤销权已消灭。

3. 原告亦不能举证医院存在医疗过错。

案例 3

一、案例病情简介

原告系死者子女。死者曾于 2010 年 2 月 28 日因"慢性支气管炎并肺部感染,阻塞性肺气肿"等进入被告医院治疗,并于 2010 年 3 月 12 日出院,治疗结果为"好转"。2013 年 5 月 1 日,死者以"反复咳嗽、咳痰、气喘 5 年,再发 2 天"为主诉再次进入被告医院住院治疗。后因病情加重,抢救难度极大,被告医院医生将相关情况向原告说明后,原告要求出院。死者的出院记录上记录死者于 2013 年 5 月 7 日出院,被告医院已告知原告死者随时可能死亡,原告表示理解,仍要求自动出院,予办理。出院后死者于 2013 年 5 月 8 日 03:14 死亡。

二、案件鉴定及审理经过

原告申明,认为系被告医院不让死者继续住院治疗,而原告要求继续治疗,但是被告医院不予准许,并非自动出院。且原告主张被告医院存在伪造病历资料的事实,例如住院病历死者的主诉抄袭 2010 年死者就医的病历;住院病历第 109 页、115 页、116 页、119 页存在伪造原告的签名。被告医院对原告主张构成伪造病历的事实说明如下:死者因同样疾病住院治疗,被告医院对照前后出院记录、住院病历,不存在抄袭病历的事实;被告医院并不存在伪造原告的签名;被告医院告知原告死者随时可能死亡,原告表示理解仍要求自动出院,给予办理。原告主张被告医院违反诊疗规范,如在诊疗过程中对多索茶碱、甲强龙和利尿治疗用药不当等问题,被告医院对此予以否认,并称诊疗活动用药符合常规。审理中,被告医院申请法院委托市医学会就被告医院的医疗行为是否符合医疗常规、是否存在医疗过失、被告医院的医疗行为和死者死亡是否存在因果关系及本案病例是否构成医疗事故进行鉴定。原告不同意被告医院提出的对本案病历做医疗事故鉴定,原告坚持认为案涉病历系伪造,故应推定被告医院存在过错,不同意就被告医院提供的住院病历作为鉴定检材进行鉴定,被告医院之后撤回鉴定申请。原告认为病历是伪造的,并申请法院委托鉴定机构对"伪造的病历资料"是否会影响死者的诊疗行为进行医疗过错司法鉴定的鉴定结果。若没有影响则对死者的诊疗行为进行医疗过错鉴定。

一审法院认为,本案系医疗损害责任纠纷,依照《中华人民共和国侵权责任法》第五十四条,患者在诊疗活动中受到损害,医疗机构及其医务人员有过错的,由医疗机构承担赔偿责任;因此,医疗损害责任纠纷中医疗机构承担的是过错责任,并由患者就医疗机构在诊疗过程中存在过错承担举证责任。原告主张被告医院存在伪造病历资料、违反诊疗规范的事实,但是从原告的陈述并不足以证实被告医院伪造病历资料、违反诊疗规范,且被告医院对原告提出的质疑进行解释,故无法认定被告医院伪造病历、违反诊疗规范,原告未能提出鉴定申请等进一步举证证实,故对原告的主张不予采信。根据《中华人民共和国侵权责任法》第五十四条和第五十八条的规定,原告应举证证明其主张被告医院在诊疗活动中伪造病历、违反诊疗规范,原告未能证实被告医院伪造病历、违反诊疗规范,本案不能适用《中华人民共和国侵权责任法》第五十八条的规定推定被告医院在诊疗活动中存在过错,据此,因原告未能证明被告医院诊疗活动中存在过错,原告诉求被告医院承担侵权责任,没有事实依据。综上,根据《中华人民共和国侵权责任法》第五十四条、第五十八条,《中华人民共和国民事诉讼法》第六十四条第一款之规定,判决:驳回原告的全部诉讼请求。

宣判后,原告不服,向二审法院提起上诉。

二审经审理查明,原告在原审中提交的材料病历资料共88页,被告医院原审提交的病历资料共132页,双方提交的病历有重合,重合部分病历一致。

二审中,二审法院告知各方当事人对鉴材的质证意见可附随鉴材一并提交鉴定机构,各方当事人均表示知悉,并表示不申请鉴定。

二审法院认为,当事人对自己的主张负有举证责任。原告对死者在诊疗活动中受到损害及该损害由医疗机构的过错造成负有举证责任。本案中被告医院对死者的诊疗是否存在过错、该诊疗行为与死者死亡之间是否存在因果关系,属于医学领域的专业问题,需要鉴定机构对此做出评判,但原告不同意被告医院的鉴定申请。原告主张被告医院存在伪造的病历资料的情形,被告医院予以否认。病历资料属于医疗领域的专业资料,病历书写的规范也有其相应专业标准,被告医院的病历是否规范、是否存在伪造情况,也应由鉴定机构做出评判,但原告不同意被告医院提交的病历资料作为鉴材导致鉴定未果,二审中也明确表示不申请鉴定,应承担举证不能的后果。原审认定原告未能证实被告医院伪造病历资料、违反诊疗常规,举证责任分配正确,适用法律并无不当,并据此驳回原告的诉讼请求正确,二审法院依法予以维持。

二审维持原判,并为终审判决。

三、关键点

原告主张被告医院存在伪造病历资料、违反诊疗规范的事实,但是原告的陈述并不足以证实上述情况,且被告医院对死者家属提出的质疑进行解释,故无法认定被告医院伪造病历、违反诊疗规范,死者家属未能提出鉴定申请等进一步举证证实,故法院对原告的主张不予采信。

案例4

一、案例病情简介

2014年5月5日09:05,死者就诊于被告医院耳鼻咽喉科。病历记载:主诉"咽痛、呼吸不畅1天"。喉镜示:咽部黏膜充血,双侧扁桃体略充血、肿大,咽喉壁及舌根部淋巴滤泡增生,会厌无红肿,抬举可,双侧梨状窝对称,黏膜光滑,无积液,双侧杓会厌襞、喉室黏膜光滑,未见新生物,双侧声带光滑,未见新生物,运动良好,闭合佳。故诊断为咽喉炎,有急性加重表现。处予银黄颗粒、裸花紫珠片、双黄连含片,并嘱随诊。死者回到家里后按医嘱服用了上述三种药品后却仍然感到很不舒服,独自第二次来到被告医院欲进行理疗。11:50:26,死者步入诊室,理疗科医师正在接诊另一位患者。11:54左右,理疗科医师为死者接诊读卡并询问病史,死者突然诉头晕随即人事不省倒地身体后仰,理疗科医师急忙抓住死者左手臂扶住身体后进行人中按压。死者仍未见好转,出现口吐白沫,点头样呼吸,呼之不应,理疗科医师立即将死者平躺,进行心肺复苏。同时护士紧急通知急诊科、内科等医师到场抢救,并通知总值班现场指挥。11:57:40至11:58:22,急诊科医师、护士携带急救箱、呼吸气囊等药械赶到理疗科,内科二线医师也赶到现场指导并参与抢救,持续予心肺复苏。但死者意识、双颈动脉搏动、心音未能恢复。12:03:20,死者被平车送出理疗科,12:05 被送入抢救室,继续予高级心肺复苏。后经抢救无效,死者双瞳孔散大固定、双颈动脉搏动消失,无自主呼吸、心音消失、四肢肌张力消失,床边心电监护均显示为无效的心电波,抢救历时 1 小时余,13:06 宣告临床死亡。

二、案件鉴定及审理经过

经查明,原告系死者的亲属。原告认为被告医院在诊疗过程中存在过错,提起诉讼,要求被告医院赔偿原告相关经济损失。在本案审理过程中,原告申请对被告医院在死者的诊疗过程中是否存在过错及过错行为与死者死亡的因果关系及参与度委托有关机构进行鉴定。一审法院先后委托某司法鉴定中心、司法鉴定科学研究所司法鉴定中心、某大学法医鉴定中心进行鉴定。2014 年 9 月 10 日,某司法鉴定中心作出《不予受理说明》,认为未作尸体解剖,死亡原因不明,作退卷处理。2014 年 9 月 29 日,司法鉴定科学研究所司法鉴定中心作出《退卷说明》,认为鉴定材料有限,且死者尸体已不存在,难以满足委托要求,予以退卷处理。2014 年 10 月 15 日,某大学法医鉴定中心作出《暂停受理医疗损害责任纠纷鉴定函》,告知原审法院该中心在 2014 年 8 月 11 日—2015 年 1 月 1 日间暂不受理医疗损害责任纠纷鉴定申请。

一审法院认为,本案系医疗损害责任纠纷。医疗损害赔偿纠纷的归责原则以过错责任原则为一般原则,以特定条件下的过错推定原则。在本案中,原告应当证明被告医院及其医务人员在诊疗活动中有过错,或者其医务人员在诊疗活动中违反有关诊疗规范,或者怠于履行其抢救义务,推定被告医院存在过错,则被告医院应承担赔偿责任。首先,原告应当举证证明,在死者第 1 次就诊耳鼻喉科时,被告医院的医务人员在诊疗活动中违反有关诊疗规范。但原告未能举证证实被告医院的第一次诊疗行为违反有关诊疗规范。其次,在死者第 2 次就诊理疗科发生危重病情,被告医院即刻进行抢救,原告也未有证据证明被告医院在此过程中怠于抢救,以致死者死亡。再次,原告尚需证明死者死亡与被告医院的诊疗行为之间存在因果关系,即被告医院的诊疗行为导致死者死亡。但是,原告也无法提供证据证明死者死亡与被告医院的诊疗行为之间存在因果关系。综上,原告没有证据证明被告医院在诊疗过程中存在过错或者推定存在过错,也没有证据证明死者的死亡后果与被告医院的诊疗行为之间存在因果关系。原告虽然有存在损失,但要求被告医院承担赔偿责任,没有相应的法律依据。因此,对于原告的诉讼请求,原审法院不予以支持。根据《中华人民共和国侵权责任法》第五十四条、第五十八条,《中华人民共和国民事诉讼法》第六十四条第一款,《最高人民法院关于民事诉讼证据的若干规定》第二十五条的规定,判决:驳回原告的诉讼请求。

宣判后,原告不服,向二审法院提起上诉。

经二审法院审理查明,对一审法院查明的事实,除上诉人一审原告认为死者突发疾病人事不省并倒地身体后仰的时间并非 11:54 左右,而是 11:50 外,各方当事人均无其他异议。各方当事人均无异议的事实部分,二审法院依法予以确认。关于上述时间问题。根据查明的事实,死者步入诊室的时间为 11:50:26,且被告医院原审提供的康复理疗科接诊记录显示,理疗科医师为死者接诊读卡的时间为 11:54 左右,故一审原告主张死者突发疾病人事不省并倒地身体后仰的时间为 11:50,但未提供充分的证据予以证明,二审法院不予采信。

二审法院认为,《中华人民共和国侵权责任法》第五十四条规定:"患者在诊疗活动中受到损害,医疗机构及其医务人员有过错的,由医疗机构承担赔偿责任。"依据该条规定,一审原告主张被告医院承担赔偿责任,应提供证据证明被告医院在对死者的诊疗活动中存在过错。原审法院根据一审原告的申请先后三次委托国内三家不同的司法鉴定机构对被告医院是否存在诊疗过错问题进行鉴定,其中两家司法鉴定机构在对移送鉴定的材料进行审查后,均以未做尸检或尸体不存在,无法做出鉴定结论为由做退卷处理,另外一家司法鉴定机构未予受理。因此,一审原告关于被告医院在诊疗中存在过错应承担赔偿责任的主张,缺乏依据。关于未做尸检的责任问题,《医疗事故处理条例》第十八条规定:"患者死亡,医患双方当事人不能确定死因或者对死因有异议的,应当在患者死亡后48小时内进行尸检;具备尸体冻存条件的,可以延长至7日。尸检应当经死者近亲属同意并签字。……拒绝或者拖延尸检,超过规定时间,影响对死因判定的,由拒绝或者拖延的一方承担责任。"根据该条规定,因一审原告对被告医院在对死者诊疗过程中是否存在过错承担举证责任,且《死亡证明书》载明的死亡原因"心搏、呼吸骤停"并非引起死亡的直接的病理原因,故一审原告本应启动尸检程序,以确定死者死亡的直接的病理原因。而且,一审原告并未提供证据证明被告医院存在拒绝或拖延尸检的情形,故其主张被告医院应承担对死者未进行尸检的责任,没有依据,二审法院不予采信。关于一审原告主张的被告医院违反"35岁以上患者首诊应测血压"的诊疗规范的问题。二审法院认为,即使被告医院违反了该诊疗规范,根据《中华人民共和国侵权责任法》第五十八条的规定:"患者有损害,因下列情形之一的,推定医疗机构有过错:(一)违反法律、行政法规、规章以及其他有关诊疗规范的规定",一审原告还需要进一步证明被告医院违反该诊疗规范的行为与死者的死亡之间存在因果关系。因一审原告未证明其所称的被告医院违反诊疗规范的行为与死者的死亡之间存在因果关系,故对一审原告的该项主张,二审法院不予采纳。至于一审原告关于被告医院在抢救时未尽到与当时医疗水平相应的诊疗义务的主张,因一审原告对此未提供证据予以证实,二审法院亦不予采纳。综上,一审原告并未提供充分的证据证明被告医院在对死者诊疗的过程中存在过错,原审法院对一审原告的诉讼请求,不予支持,并无不当。

二审维持原判,并为终审判决。

三、关键点

1. 原告没有证据证明被告医院在诊疗过程中存在过错或者推定存在过错,也没有证据证明死者的死亡后果与被告医院的诊疗行为之间存在因果关系。原告虽然存在损失,但要求被告医院承担赔偿责任,没有相应的法律依据。

2. 原告并未提供证据证明被告医院存在拒绝或拖延尸检的情形,故其主张被告医院应承担对死者未进行尸检的责任,没有依据。

第二节　外科类相关案例

一、案例病情简介

2016年3月15日,死者在家不慎摔倒,并于当晚23:00入住被告医院治疗,入院诊断为:①急性颅脑损伤GCS=15分:A. 脑震荡;B. 右枕部头皮挫裂伤;②双侧额颞部硬膜下积液;③2型糖尿病;④高血压病;⑤肝硬化。2016年3月16日6:40死者突发神志昏迷,呼吸、心搏骤停,口唇发绀,血压测不出,双侧瞳孔直径约 3.5mm,对光反射消失。遂急诊请麻醉科会诊协助行气管插管、呼吸机辅助呼吸,持续胸外心脏按压等抢救措施,抢救至 6:50 死者自主呼吸、心跳无恢复,血压测不出,颈动脉等大动脉搏动消失,双瞳孔直径约 3.5mm,对光反射消失,继续抢救至 8 时死者自主呼吸、心跳仍无恢复,2016 年 3 月 16 日 8:10,原告(死者家属)放弃继续抢救,带管出院并于当日死亡。死者死亡后,原告未对死者进行死亡原因鉴定。2016 年 3 月 19 日,死者遗体被火化。

二、案件鉴定及审理过程

原告认为被告医院对死者的医疗行为存在过错,要求被告医院承担赔偿责任,遂诉至一审法院。一审法院立案受理后,曾先后委托甲司法鉴定所和乙司法鉴定所对被告医院针对死者的诊疗行为进行医疗过错鉴定;被告医院针对死者的诊疗过错行为与其死亡是否有因果关系及参与度进行鉴定。甲司法鉴定所和乙司法鉴定所均以"不能明确死者的死亡原因而无法对委托项目进行鉴定"为由退鉴。

一审法院在审理过程中指出,死者不慎摔伤入住被告医院治疗,原告以被告医院对死者的医疗行为存在过错,提起诉讼,要求被告医院承担赔偿责任。本案系医疗损害责任纠纷一案,根据《中华人民共和国侵权责任法》第五十四条"患者在诊疗活动中受到损害,医疗机构及其医务人员有过错的,由医疗机构承担赔偿责任。"该条规定的是过错原则。根据我国民法理论,侵权责任的构成要件,是指构成侵权责任所必须具备的条件,具备构成要件,则构成侵权责任;欠缺任何一个构成要件,都可能会导致侵权责任的不构成。在过错责任原则下,需要行为人有过错,需要有行为、损害事实以及行为与损害事实之间的因果关系四个构成要件。根据《最高人民法院关于民事诉讼证据的若干规定》第二条"当事人对自己提出的诉讼请求所依据的事实或者反驳对方诉讼请求所依据的事实有责任提供证据加以证明。没有证据或者证据不足以证明当事人的事实主张的,由负有举证责任的当事人承担不利后果。"在本案中因原告未对死者死亡原因进行鉴定,无法证实是何原因造成死者死亡的结果,不能因为死者生前在被告医院进行诊治就推定其死亡与被告医院的诊疗行为存在因果关系,同时本案中原告也不能提供被告医院在诊疗死者的医疗行为中存在过错的证据,即使被告医院医疗行为存在过错,原告也未能向法院提供证据证明死者的死亡与被告医院的医疗过错行为间存在因果关系,因此,原告需承担举证不能的不利后果,其要求被告医院承担医疗损害赔偿责任的依据不足。依照《中华人民共和国侵权责任法》第十八条,《中华人民共和国民事诉讼法》第六十四条,《最高人民法院关于适用〈中华人民共和国民事诉讼法〉的解释》第九十条规定,判决:驳回原告要求被告医院承担赔偿责任的诉讼请求。一审案件受理费×元,减半收取×元,由原告负担。

原告不服一审判决,进一步上诉。二审经审理维持原判,为终审判决。

三、关键点

1. 本案中原告将死者遗体火化而未进行死因鉴定,无法证实死者死因,不能因为死者生前在被告医院进行诊治就推定其死亡与被告医院的诊疗行为存在因果关系,同时本案中原告提供的证据无法证明被告医院的医疗行为存在过错。

2. 即使被告医院医疗行为存在过错,原告也无法向法院提供证据证明死者的死亡与被告医院的医疗过错行为间存在因果关系,原告由此承担举证不能的不利后果,其要求被告医院承担医疗损害赔偿责任的依据不足。

第三节 孕产类相关案例

一、案例病情简介

死者系原告的妻子。死者因咳嗽、咳痰 6 天,气促半天,于 2011 年 2 月 4 日 16:30 到被告医院急诊治疗,急诊拟"①肺炎;②孕 3 个月余"收入住院治疗。入院后经查体、查血常规,初步诊断为:重症肺炎;孕 3 个月余。死者既往于 2010 年 12 月曾有咳嗽、咳痰、气促,在外院予抗感染治疗后症状好转。在诊疗过程中,被告医师认为诊断重症肺炎,行胸片、胸部 CT 检查可进一步明确,但考虑死者当时已怀孕 3 个月,放射线可能对胎儿造成损害,暂不行胸部 X 光检查,如病情变化再进一步行胸片或胸部 CT,并将情况及病情告知了原告,原告表示理解。被告医院对死者采取相应的治疗措施进行治疗。2011 年 2 月 5 日 1:00 死者出现呼吸困难,被告医院医师采取相应治疗措施后未见改善,考虑重症肺炎、急性呼吸衰竭,不排除急性肺梗死、肺结核咯血,病情危重,死者呼吸急促,低氧血症明显,行胸部 CT 检查途中风险大,需呼吸机辅助呼吸改善通气,建议转 ICU 进一步抢救治疗,原告亦同意转 ICU 治疗。于 2011 年 2 月 5 日 4:55 将死者转入 ICU 治疗,同时被告医院组织全院性大会诊,进一步诊治。后因死者病情危重,经抢救治疗无效,于 2011 年 2 月 5 日 11:47 死亡。死亡诊断:①肺梗死;②呼吸衰竭;③重症肺炎;④孕 3 个月。死亡原因:①肺梗死;②呼吸衰竭。2011 年 2 月 5 日 12:00,被告医院向死者家属告知尸检的权利,原告表示不同意尸检。事后,原告认为被告医院有过错,于 2011 年 6 月 27 日提起本案诉讼。

二、案件鉴定及审理经过

诉讼中,原告向法院申请作医疗过错鉴定,被告医院向法院申请作医疗事故鉴定。法院于 2011 年 8 月 5 日委托市医学会作医疗事故争议技术鉴定,2011 年 8 月 22 日,市医学会认为因争议要点涉及死因的认定,而本案未作尸检又无较完整的资料作为判断依据,因此作出不予受理的决定。2011 年 10 月 19 日,法院委托市司法鉴定中心对被告医院在治疗死者过程中是否有过错、医疗行为与死者死亡是否存在因果关系及过错程度予以鉴定。2011 年 10 月 25 日,市司法鉴定中心复函,需补充以下资料:①死者的尸检报告;②确无尸检报告的,需原、被告双方签字明确死者死亡诊断的书面材料。因原告认为死者的死因不明确,故不能确定死因,鉴定中心不能作出诊疗行为与死亡是否有因果关系的鉴定,只能作诊疗行为是否存在过错的鉴定。法院向原告释明后,原告仍坚持申请作被告医院的诊疗行为是否存在过错的鉴定。法院遂再次委托市司法鉴定中心行鉴定,鉴定结果认为:①被告医院根据死者的病史、临床症状、体征及辅助检查,作出"重症肺炎、孕 3 个月"的入院诊断是明确的,其诊疗措施符合临床诊疗常规;②被告医院根据死者的病情恶化,予以由呼吸内科转入 ICU 科,作出"肺梗死、重症肺炎、急性呼吸衰竭、孕 3 个月"的转科诊断是明确的。由于死者为孕妇,不宜进行胸部 CT 和增强 CT 扫描、三维重构等确诊检查,被告医院根据死者的病情予以面罩吸氧(每分钟 10L)、气管插管呼吸机辅助通气以及对症支持治疗,符合临床诊疗常规。在死者心率减慢至 40 次/min 时,被告医院予以持续胸外心脏按压、每间隔 3~5 分钟予静脉推注 1mg 肾上腺素、电除颤等抢救措施,符合急救措施与原则;③被告医院对死者家即原告属履行了"告知义务",死者授权与相关告知书上均有原告签名确认。因此,作出被告医院对死者的医疗行为中不存在过错的鉴定意见。

法院认为:被告医院对死者的诊疗及急救措施符合临床诊疗常规,也履行了告知义务,且在死者死亡后,被告医院及时告知原告尸检的权利,但原告不同意进行尸检,导致无法查明死因,致使医疗行为与死者的死亡是否存在因果关系无法确定,为此原告应承担举证不利的法律后果。故原告要求被告医院赔偿损失的诉讼请求,证据不足,理由不成立,法院不予支持。据此,依照《中华人民共和国侵权责任法》第五十四条,《中华人民共和国民事诉讼法》第六十四条,《最高人民法院关于民事诉讼证据的若干规定》第二条,判决如下:①驳回原告的诉讼请求;②案件受理费×元,鉴定费×元,由原告负担。

三、关键点

1. 被告医院对死者的诊疗及急救措施符合临床诊疗常规,也履行了告知义务,鉴定结论为医疗行为中不存在过错。原告亦无其他充足的证据推翻该鉴定意见,因此认定被告医院对死者的医疗行为中不存在过错。

2. 在死者死亡后,被告医院已及时告知原告尸检的权利,但原告不同意进行尸检,导致无法查明死因,致使医疗行为与死者的死亡是否存在因果关系无法确定,原告承担举证不利的法律后果。

第三章

依法处理医闹类相关案例

案例 1

一、案情经过简介

死者系被告人乙之父。2013 年 4 月 10 日,死者到某医院就诊,后于 2013 年 4 月 15 日 9 时许死亡。被告人甲及被告人乙等人以某医院负主要责任为由,联系殡葬服务业者租借冰棺,将冰棺放置在某医院住院部大厅,把死者尸体放入冰棺内,并通过在该院门口设置音响设备奏放哀乐、摆放花圈、拉横幅、燃放鞭炮,在该院门口及院内烧纸等方式进行"医闹"。期间,被告人乙等人还将医院住院部、门诊大门锁住,并雇佣多名残疾人到该院参加"医闹"。被告人甲、乙等人的"医闹"行为一直持续至 2013 年 4 月 23 日,严重扰乱了某医院的正常工作秩序,致使该院的正常诊疗活动无法开展。2013 年 5 月 12 日,死者其他亲属与某医院达成谅解协议,并对"医闹"行为向医院表示道歉,且放弃要求医院赔偿损失的请求。

二、案件审理经过简述

区人民检察院指控:被告人甲、被告人乙伙同他人聚众扰乱社会秩序,情节严重,致使医疗机构无法正常开展诊疗活动,造成严重损失,其行为触犯了《中华人民共和国刑法》第二十五条第一款、第二百九十条第一款之规定,犯罪事实清楚,证据确实充分,应当以聚众扰乱社会秩序罪追究其刑事责任。

被告人甲、被告人乙对公诉机关指控的犯罪事实和确定的聚众扰乱社会秩序罪名无异议。

被告人甲的辩护人认为,被告人甲没有指挥策划"医闹",在共同犯罪中处于从属地位,且案件的发生是事出有因,现"医闹"方已与某医院达成谅解协议,请求结合其认罪态度对其从轻处罚。

法院认为:被告人甲、乙伙同他人聚众扰乱社会秩序,致使医疗机构无法正常开展诊疗活动,造成严重损失和恶劣的社会影响,其行为已构成聚众扰乱社会秩序罪,系共同犯罪。对公诉机关指控的犯罪事实和确定的罪名予以确认。被告人甲、乙属聚众扰乱社会秩序的积极参加者,故对被告人甲的辩护人认为被告人甲在共同犯罪中系从犯的辩护意见不予支持,但对辩护人提出的该案的发生系事出有因,要求结合其悔罪态度对其从轻处罚的辩护意见予以采纳。被告人甲、乙归案后能如实供述自己的犯罪事实,可从轻处罚,另鉴于死者的亲属已就"医闹"行为向某医院表示道歉并达成谅解协议,可酌情从轻处罚。

三、判决结果

依照《中华人民共和国刑法》第二百九十条第一款、第二十五条第一款之规定,判决如下:①被告人甲犯聚众扰乱社会秩序罪,判处有期徒刑六个月(刑期从判决执行之日起计算。判决执行以前先行羁押的,羁押一日折抵刑期一日,即自2013年4月23日起至2014年7月26日止。羁押期间取保候审的,刑期的终止日顺延。);②被告人乙犯聚众扰乱社会秩序罪,判处拘役四个月。(刑期从判决执行之日起计算。判决执行以前先行羁押的,羁押一日折抵刑期一日,即自2013年4月23日起至2014年7月2日止。羁押期间取保候审的,刑期的终止日顺延。)如不服本判决,可在接到判决书的第二日起十日内,通过本院或者市中级人民法院提出上诉。书面上诉的,应当提交上诉状正本一份,副本两份。

案件 2

一、案情经过简介

死者系被告人甲的亲属。2013年9月24日0:37,县交警大队的工作人员在巡逻时,在某路段发现一男子(死者)倒在路边不省人事,交警大队工作人员即将其送往县人民医院急症科治疗,医院急症科对死者进行抢救治疗,因死者病情严重,后又将其转入重症区治疗。2013年9月28日8:50时,死者突然出现心搏骤停,经抢救无效于2013年9月28日9:25时宣告临床死亡。

被告人甲于2013年9月28日11时许开始,因死者在县人民医院治疗期间死亡一事,为了给医院施加压力,纠集被告人乙等7人占据病房停尸,期间不顾医院和政府工作人员的劝阻,多次在住院部一楼和三楼燃烧冥纸,导致住院部三楼病房全部无法使用,并对整栋住院部大楼的医疗工作和患者的治疗康复造成严重影响。2013年9月30日9时许,被告人甲接到县人民医院要求限期清场的通知后,与被告人乙商议,决定由被告人甲组织人员守住病房不让医院将尸体搬走,由被告人乙带家属到县政府找领导。被告人乙在走出病房时,对在电梯附近的医院工作人员说:"事情没处理,你们不能拉人",接着被告人乙用车载部分家属到县政府。接着被告人甲组织多人用病床堵住病房的房门,准备阻止医院工作人员清场。10时许,医院工作人员在多次劝阻无效的情况下清场,被告人甲等人使用暴力阻碍医院工作人员的清场工作,并导致在现场维持秩序的六名县公安局民警受伤(经鉴定均为轻微伤)。被告人甲、被告人乙等人的行为严重扰乱医院的正常秩序,导致医院的医疗工作无法正常进行,给医院造成了严重损失及恶劣的社会影响。

二、案件审理经过简述

县人民检察院指控:被告人甲、被告人乙聚众扰乱社会秩序,情节严重,给医院造成了严重损失,其行为均已触犯了《中华人民共和国刑法》第二百九十条第一款之规定,犯罪事实清楚,证据确实、充分,应当以聚众扰乱社会秩序罪追究其刑事责任。被告人甲、被告人乙归案后如实供述自己的犯罪事实,有坦白从宽情节,根据《中华人民共和国刑法》第六十七条第三款之规定,可以从轻处罚。根据《中华人民共和国刑事诉讼法》第一百七十二条之规定,提请本院依法判处。

被告人甲辩称其在医院时没有使用暴力,只是用言语阻止医院清场,对公诉机关指控的罪名和其他犯罪事实无异议,并当庭自愿认罪,请求法庭从轻处罚。

被告人乙对公诉机关指控的罪名和犯罪事实无异议,并当庭自愿认罪,请求法庭从轻处罚。

法院结合物证、书证、相关证人证言、被告人供述、法医学人体损伤程度鉴定书、现场勘验检查工作记录、现场图及现场照片等相关材料,经过审理后认为,被告人甲、乙无视国家法律,聚众扰乱社会秩序,情节严重,给医院造成了严重损失,其行为已构成聚众扰乱社会秩序罪,依法应予惩处。公诉机关指控的犯罪事实清楚,证据确实、充分,指控罪名成立,依法予以支持。鉴于被告人甲归案后能如实供述自己的罪行,有坦白从宽情节,依法可以从轻处罚。被告人乙经被告人甲纠集后积极参与,归案后能如实供述自己的罪行,有坦白从宽情节,依法可以从轻处罚。被告人甲、被告人乙均当庭认罪,有悔罪表现,请求给予从轻处罚,经查有事实和法律依据,本院予以采纳。结合本案实际,将被告人甲、被告人乙置于社会改造,没有再犯罪的危险,对居住地没有重大不良影响,可对其适用缓刑。

三、判决结果

根据被告人犯罪的事实、性质、情节及危害程度,依照《中华人民共和国刑法》第二百九十条第一款、第六十七条第三款、第七十二条第一款、第七十三条之规定,判决如下:①被告人甲犯聚众扰乱社会秩序罪,判处有期徒刑三年缓刑四年。缓刑考验期限,从判决确定之日起计算;②被告人乙犯聚众扰乱社会秩序罪,判处有期徒刑二年缓刑三年。缓刑考验期限,从判决确定之日起计算。如不服本判决,可在接到判决书的次日起十日内,通过本院或直接向市中级人民法院提出上诉。书面上诉的,应当提交上诉状正本一份,副本两份。

案例3

一、案情经过简介

被告人,男,因犯抢劫罪于2002年1月21日被市人民法院判处有期徒刑12年,2009年5月16日减刑释放。因涉嫌犯聚众扰乱社会秩序罪于2013年8月6日被市公安局刑事拘留,2013年8月8日被市公安局监视居住,2014年1月23日被市人民检察院取保候审,因传唤不到案,2017年2月28日被市人民检察院决定逮捕,同年10月30日被市公安局抓获羁押并执行逮捕,现羁押于市看守所。

2013年7月3日,被告人的儿子(死者,系早产儿且体重偏低,只有3斤4两,1斤=500g,1两=50g)在市人民医院出生后一直在医院保温室治疗,一个多星期后死者的体重没有增加反而轻了2两,医院医生给死者做了体检,发现其有黄疸、心肺发育不全、甲状腺激素分泌偏低等疾病,建议转院。2013年7月15日,死者被转至市中心医院治疗,2013年8月1日出院回家。市中心医院医生又打电话通知被告人的妻子(有精神障碍),要她给死者在当地医院再打几针维生素K_1。2013年8月2日17时许,被告人妻子和被告人母亲带死者到市人民医院打了一针维生素K_1后回家,其母亲发现死者有恙,便于当日19时许,带死者到市人民医院,医生当时就确诊死者已死亡。当日21时许,被告人赶到市人民医院,以其子在市人民医院打针后死亡为由,纠集亲属10余人到人民医院闹事,并搬凳子堵住人民医院的大门,然后两台面包车开入医院大厅,将挂号窗口和收费窗口堵住达半小时之久,致使医院挂号、收费工作无法进行。后镇办事处领导和村干部赶来现场做工作,被告人等才将汽车开走,并约好8月3日8时到医院处理。

2013 年 8 月 3 日 8 时许,被告人又纠集亲属到市人民医院吵闹,并将两台面包车与一台东风牌货车将医院大厅大门、挂号窗口和收费窗口堵住,并将买来的钱纸丢在大厅,后经镇办事处领导和村干部做工作,被告人将车开走。

2013 年 8 月 4 日早上,被告人妻子和被告人岳母来到市人民医院儿科急诊室吵闹,并扯打两名当值医生(未作伤势鉴定),后来经社区民警劝说他们才离开。

2013 年 8 月 5 日 8 时许,被告人与其妻子又纠集 5 人买来钱纸和鞭炮到人民医院闹事,几人将钱纸抬到大厅,并在医院大厅门口燃放鞭炮,还有些亲属追打两名当值医生,时间持续有 1 个小时之久,严重扰乱了市人民医院的工作秩序。

二、案件审理经过简述

市人民检察院当庭出具了相关的证据,指控被告人的行为已经涉嫌构成聚众扰乱社会秩序罪,系积极参加者,提请法院依法判处。

被告人辩称:起诉书指控他老婆和丈母娘打了医生不是事实,事实上是他老婆和他丈母娘本来是去医院找医生,反而被医生打了;与他同去的几人不是他叫去的,他根本不认识这些人;起诉书指控的其他的犯罪事实没有意见,他认罪;请求从轻处罚。

被告辩护人的辩护意见是:本案的发生医院有过错;被告人的主观动机并不是去扰乱医院的秩序,而是希望医院方对此事进行处理,造成的危害相对较小;被告人并没有怂恿他人到医院撒纸钱、放鞭炮;被告人具有悔罪表现,当庭认罪,认罪态度好,案发后表现很好;请求对被告人从轻处理。

法院结合控方事实陈述、被告方辩护人的法庭陈述、同案人供述、证人证言、民警处警证明、被告人的抓获经过与临时羁押证明、现场照片等资料,经过审理后认为,被告人无视国家法律,聚众扰乱医疗机构秩序,情节严重,致使医疗机构正常工作无法进行,造成恶劣社会影响,其行为已构成了聚众扰乱社会秩序罪。市人民检察院指控被告人犯聚众扰乱社会秩序罪的事实清楚,证据确实、充分,指控罪名成立,法院予以支持。公诉机关提出被告人系聚众扰乱社会秩序犯罪活动中的积极参加者,因本案纠集的其余几人未到案,故上述公诉意见法院予以采纳。被告人被判处有期徒刑刑罚执行完毕以后,在五年以内再犯应当判处有期徒刑以上刑罚之罪的,是累犯,应当从重处罚;被告人自愿认罪,可酌情从轻处罚。故对辩护人提出被告人具有悔罪表现,当庭认罪,认罪态度好的辩护意见,法院予以采纳。综上,对被告人酌情从重处罚。对被告人及其辩护人提出的请求从轻处罚的辩解、辩护意见,法院不予采纳;对辩护人提出的其他辩护意见,因与法院审理查明的事实不符,法院均不予采纳。

三、判决结果

依照《中华人民共和国刑法》第二百九十条第一款、第六十五条第一款之规定,判决如下:被告人犯聚众扰乱社会秩序罪,判处有期徒刑九个月(刑期从判决执行之日起计算。判决执行以前先行羁押的,羁押一日折抵刑期一日。即自 2017 年 10 月 30 日起至 2018 年 7 月 26 日止)。如不服本判决,可在接到判决书的第二日起十日内,通过法院或者直接向市中级人民法院提出上诉。书面上诉的,应当提交上诉状正本一份,副本七份。

案例 4

一、案情经过简介

2013 年 12 月 8 日至 12 月 9 日,被告人甲因不满其妻子在本市某医院就诊期间产下死婴,遂纠集被告人乙,伙同多名家属及同乡,准备了横幅及拜祭物品,用以在医院门口聚集拜祭死婴,并向医院施加压力。

2013年12月9日11时许,被告人甲伙同被告人乙,纠集百余名人员先后来到该医院,在医院门口静坐示威,堵塞医院出入口,影响医护人员及患者的正常出入,并通过在医院门口及周边道路上撒冥纸、拉横幅及使用扩音喇叭播放录音等形式起哄闹事,严重影响医院及周边的社会秩序。

当日14:55许,医院数名保安人员在清除医院门前的死婴照片及横幅时与被告人甲以及其余2名同案人发生冲突。之后另5名同案人随后使用砖头、泥块等工具多次打砸医院玻璃门墙并冲破民警防线,期间,被告人乙跟随其他人冲进医院大堂,拿起大堂桌上的电话进行打砸,并加入到与医院保安人员的肢体冲突中。在冲突过程中,造成多名保安人员不同程度的多发软组织损伤(经法医鉴定,上述损伤程度均为轻微伤),并造成医院玻璃门墙等装饰物(经鉴定,修复价格总值人民币×元)及医院大堂内电脑、钢琴等物品(经鉴定,共价值人民币×元)严重受损,医院的正常经营秩序受到严重破坏。

2014年5月19日某医院与被告人甲的妻子达成和解协议,由被告人甲的妻子代表本案涉案人员赔偿某医院经济损失×元,某医院对本案涉案人员的行为予以整体谅解,请求司法机关对涉案人员从轻、减轻处罚。

2017年2月27日,被告人甲到某公安分局投案;2017年3月29日,被告人乙被民警抓获。

二、案件审理经过简述

公诉机关向法院提交了相关证据证实所指控的事实,认为被告人甲无视国家法律,聚众扰乱社会秩序,情节严重,致使工作、营业无法进行,造成严重损失,是首要分子;被告人乙无视国家法律,积极参加聚众扰乱社会秩序,情节严重,致使工作、营业无法进行,造成严重损失;依法均应以聚众扰乱社会秩序罪追究其刑事责任。被告人乙归案后如实供述自己的罪行,依法可以从轻处罚。提请法院依法判处。

被告人甲对公诉机关指控其犯聚众扰乱社会秩序罪的事实和罪名没有意见,认罪认罚,但辩称自己不是首要分子。

被告人乙对公诉机关指控其犯聚众扰乱社会秩序罪的事实和罪名没有意见,认罪认罚。

法院结合控方事实陈述、被告人法庭陈述、被告方辩护人的法庭陈述、证人证言、同案人供述、受害人证言、公安机关出具的受案登记表、立案决定书、110警情信息表、某医院提供的相关病历资料、《和解协议》以及某医院出具的《刑事责任谅解书》、收条、公安机关出具的《到案经过》及抓获经过等材料、刑事裁定书、受害人伤情鉴定书及受损物品的损失价格的价格鉴定结论书、死者死因鉴定书、公安机关现场勘验检查工作记录、现场照片、案发现场照片、视频录像等证据材料,经审理后认为,被告人甲、乙无视国家法律,聚众扰乱社会秩序,情节严重,并造成严重损失,其中被告人甲是首要分子,被告人乙是积极参加者,其行为均已构成聚众扰乱社会秩序罪,依法应予以惩处。公诉机关指控被告人甲、乙犯聚众扰乱社会秩序罪的事实清楚,证据确实、充分,指控的罪名成立,法院予以支持,依法应予以惩处。关于被告人甲及其辩护人辩称被告人甲不是首要分子的意见,经查,有证人证言及被告人甲的供述证实被告人甲因其妻子胎儿死亡,在案发前准备横幅、并准备组织朋友去医院维权,当警察在现场维持秩序时,被告人甲让其母亲站到警察组成的人墙前面;有同案人指认被告人甲通知他们于 2013 年 12 月 9 日到某医院帮忙,有证人证言,证实被告人甲冲进医院大堂进行指挥的事实,以上证据共同证实了被告人甲为了到医院维权,进行了相关的策划、组织、召集和准备工作,在案发现场亦有相关的指挥行为,依法应认定为首要分子,被告人甲及其辩护人上述方面的辩解辩护意见,法院不予采纳。被告人甲在犯罪后自动投案,如实供述自己的主要犯罪事实,是自首,法院依法对其减轻处罚。被告人乙能如实供述自己的犯罪事实,依法可以对其从轻处罚。2014 年 5 月 19 日,某医院与被告人甲的妻子达成了和解协议,由被告人甲的妻子代表涉案人员赔偿了某医院的经济损失,该院对涉案人员的行为表示谅解,辩护人上述方面的辩护意见,法院予以采纳。

三、判决结果

根据本案的性质、情节、危害后果及被告人甲、乙在共同犯罪中的地位和作用等情况,依照《中华人民共和国刑法》第二百九十条第一款、第六十七条第一款、第三款以及《关于处理自首和立功具体应用法律若干问题的解释》第一条之规定,判决如下:①被告人甲犯聚众扰乱社会秩序罪,判处有期徒刑二年一个月(刑期从判决执行之日起计算。判决执行以前先行羁押的,羁押一日折抵刑期一日,即从 2017 年 2 月 27 日至 2019 年 3 月 26 日止);②被告人乙犯聚众扰乱社会秩序罪,判处有期徒刑十个月(刑期从判决执行之日起计算。判决执行以前先行羁押的,羁押一日折抵刑期一日,即从 2017 年 3 月 29 日至 2018 年 1 月 28 日止)。如不服本判决,可在接到判决书的第二日起十日内,通过本院或者直接向市中级人民法院提出上诉,书面上诉的,应当提交上诉状正本一份,副本两份。

案例 5

一、案情经过简介

2016 年 10 月 1 日早上,被告人甲的母亲因胃痛到镇中心卫生院住院治疗,在住院期间,每天晚上都居住在被告人甲的租住房内。2016 年 10 月 7 日凌晨,被告人甲发现其母在其屋内死亡。2016 年 10 月 8 日,镇中心卫生院领导和当地医疗事故调解委员会工作人员到被告人甲所在村与死者家属协商死者丧葬费等问题,但双方未达成协议,当晚,被告人甲不准镇中心卫生院工作人员离开,并放了该院车辆的轮胎气。2016 年 10 月 9 日上午,被告人甲、乙、丙、丁等人以镇中心卫生院未满足条件为由,邀集被告人戊以及多人,将死者已入殓的棺材抬上三轮车,被告人甲、乙在前面骑摩托车开道,被告人戊驾驶三轮车紧跟其后,途中不顾干部、民警的劝阻,于 10:51 许将死者的棺材运至镇中心卫生院,并将棺材停放在医院的住院部大厅内。然后,被告人甲、丙、丁等人在住院部门口及医院门口的公路上燃放鞭炮,13时许,被告人丙、丁准备在镇中心卫生院门诊大厅内燃放鞭炮时,被处置民警阻止,当参与处置的民警江某用手机对被告人丙、丁进行拍照时,被告人甲踢了江某手上一脚致其手机落地,被告人丁准备抓挠江某时被其他民警拉开。当日 14:16 许,被告人甲头戴孝帽盘坐在镇中心卫生院门诊进出门口,直至 14:58 许被人拉开。被告人甲等人的行为导致镇中心卫生院门诊基本停诊,正常工作无法进行,对患者也造成不良影响,严重扰乱了镇中心卫生院正常的工作秩序。为平息事态,镇中心卫生院、镇人民政府被迫分别支付被告人甲现金人民币×元、×元作为死者的安葬费。当日 19 时许,在被告人甲的安排下,死者的棺材才被拉回。案发后,被告人丙、丁主动向公安机关投案,并如实供述了自己的罪行,被告人甲等人已退回现金人民币×元。

二、案件审理经过简述

县人民检察院认为:被告人甲、乙、丙、丁因其母亲在医院住院期间死亡,邀集被告人戊等多人将棺木抬至医院院内达数小时,严重扰乱社会秩序,致使医疗工作无法进行,造成严重损失,其中被告人甲、乙、丙、丁系本案首要分子,被告人戊系积极参加者,其行为均触犯了《中华人民共和国刑法》第二百九十条第一款之规定,应当以聚众扰乱社会秩序罪追究其刑事责任。

被告人甲对起诉书指控的犯罪事实和罪名基本无异议,自愿认罪,但辩称:7日晚,医院的人来到其家中,说其母亲确实死得突然,其问怎么查,他们讲要解剖尸体,其讲农村对这些事比较顾忌;10月8日晚,其讲同意做尸检,但他们没有给出一个明确答复,一气之下,第二天其就把母亲棺材拉到卫生院,而且棺材盖上的三颗钉没钉就是为了方便尸检。安葬费是医院提出来的,一开始其是讲要8万元,但后来讲只要3万元一次性了结。坐在医院大厅不是故意的,而是因为身体不好,有高血压,腰也不好,在坐之前还问了特警,特警也答应了。医院也确实存在误诊。

被告人甲的辩护人提出如下辩护意见:被告人甲自愿认罪,可酌情从轻、减轻处罚,积极退还违法所得,无犯罪前科。综上,建议法庭对被告人甲从轻处罚,适用缓刑。

被告人乙对起诉书指控的犯罪事实和罪名基本无异议,自愿认罪,但辩称:他们有责任,相关部门肯定也有责任。安葬费的事是医院首先提出来的,当时他们这一方是说了要8万元,但后来同意3万元一次性了结,后来又有人说给2万元,但这个事情一直没处理好,第二天,其打电话给医院的院长,院长说他没法处理这个事情。

被告人乙的辩护人提出如下辩护意见:被告人乙在该起案件中不是首要分子,只能算是积极参加者,被告人乙在事件中一直维护秩序,只是处理方式有所不当,被告人乙自愿认罪。综上,建议法庭对被告人乙从轻处罚。

被告人丙对起诉书指控的犯罪事实和罪名基本无异议,自愿认罪,但辩称:把母亲的尸体抬到医院2个小时,都没有一个医生出来看出来问,一气之下就放了鞭炮,是在外面的马路上放的,没有在医院里面放,后来派出所的人把其打火机拿走了,其就跟着民警进了医院大厅。

被告人丁对起诉书指控的犯罪事实和罪名基本无异议,自愿认罪,但辩称:6号早上其母亲住院时,医院在喷油漆,油漆的味道特别重,其母亲当时就非常难受,口吐白沫,其怀疑是油漆的味道刺激到了其母亲,当时就跟医院的人说这环境怎么让人住院,在这种情况下其母亲下午就没去住院了,医院确实有责任。

被告人戊对起诉书指控的犯罪事实和罪名基本无异议,自愿认罪,但辩称:其就是帮人家做事,开个车子,不懂法。

受法院委托,县司法局对被告人甲、乙、丙、丁、戊的社区影响评估意见均为:适宜社区矫正。

法院结合扣押决定书、相关涉案人员之前的"刑事判决书"与"违法犯罪经历查询记录"、调取证据通知书、证人证言、被告人的供述与辩解、司法鉴定意见书、视听资料、处警经过记录、调解协议书等与本案相关文件,审理后认为:被告人甲、乙、丙、丁因其母亲在某镇中心卫生院治疗期间死亡,纠集被告人戊等人将棺材抬至该院院内达数小时,严重扰乱了社会秩序,致使医疗工作无法进行,造成严重损失,其行为均已构成聚众扰乱社会秩序罪。公诉机关指控的罪名均成立。被告人甲、乙、丙、丁在本案中起组织、策划、指挥作用,被告人乙的所谓"维持秩序",也仅仅是希望事态在现有的基础上不再进一步激化,现在的事发状态就是被告人乙所希望维持的、维持后的"秩序",故被告人甲、乙、丙、丁均应认定为首要分子,被告人戊系积极参加者。被告人乙有前科,可酌情从重处罚;被告人甲、乙、戊如实供述自己的罪行,均可从轻处罚;被告人丙、丁自动投案,如实供述自己的罪行,是自首,均可减轻处罚;被告人甲、乙、丙、丁、戊有悔罪表现并适宜社区矫正,故对其均可适用缓刑。

三、判决结果

对被告人甲、乙、戊依照《中华人民共和国刑法》第二百九十条第一款,第二十五条第一款,第二十六条第一、四款,第六十七条第三款,第七十二条第一款,第七十三条第二、三款之规定;对被告人丙、丁依照《中华人民共和国刑法》第二百九十条第一款,第二十五条第一款,第二十六条第一、四款,第六十七条第一款,第七十二条第一款,第七十三条第二、三款之规定,判决如下:①被告人甲犯聚众扰乱社会秩序罪,判处有期徒刑三年,缓刑三年(缓刑考验期限,从判决确定之日起计算);②被告人乙犯聚众扰乱社会秩序罪,判处有期徒刑三年,缓刑三年(缓刑考验期限,从判决确定之日起计算);③被告人丙犯聚众扰乱社会秩序罪,判处有期徒刑两年,缓刑两年(缓刑考验期限,从判决确定之日起计算);④被告人丁犯聚众扰乱社会秩序罪,判处有期徒刑两年,缓刑两年;(缓刑考验期限,从判决确定之日起计算;⑤被告人戊犯聚众扰乱社会秩序罪,判处有期徒刑一年,缓刑一年(缓刑考验期限,从判决确定之日起计算)。如不服本判决,可在接到判决书的第二日起十日内,通过法院或者直接向市中级人民法院提出上诉。书面上诉的,应当提交上诉状正本一份,副本两份。

案例 6

一、案情经过简介

2015年6月2日7时许,死者到县妇幼保健院待产,并当日产下一名死婴,死者在生产过程中因发生羊水栓塞,经抢救无效死亡。当天,被告人甲(死者丈夫)及其家属三十余人到妇幼保健院,在与妇幼保健院协商无果的情况下,掀翻妇幼保健院8楼会议室桌椅。6月3日14:00许,被告人甲、乙(被告人甲的哥哥)等人为达到向县妇幼保健院索赔的目的,纠集家属四十余人来到妇幼保健院闹事。具体是:被告人乙、丙(死者姐夫)指挥被告人丁(甲的姐姐)、戊(乙的妻子)等人用写有"县妇幼保健院草菅人命还我老婆孩子"等字样的横幅,将妇幼保健院三号楼一楼大门及两侧通道封住,并打印死者及死婴的照片摆放在妇幼保健院三号楼大门口,被告人乙出资购买花圈、香炉摆放至医院大门口,并使用音响在医院大门口播放哀乐。15:05许,被告人丁等人将三号楼一楼电闸拉掉造成一楼停电,致使一楼的收费处、药房、儿科门诊等科室无法工作,15:25许,民警到达现场协调后才恢复供电。

6月4日8:20许,被告人甲、乙、丙、丁、戊等人除继续在妇幼保健院拉横幅、摆花圈、播放哀乐外,还采取堵大门、堵收费窗口等方式扰乱医院秩序。具体是:被告人甲指使他人用医院内的长椅将医院大门堵住,造成无法出入。被告人甲等人先是指使他人将三号楼一楼收费窗口用长椅挡住,以阻止其他患者或家属缴费。发现效果不好后,被告人甲、丙等人又指挥多人利用透明胶布将横幅粘贴在收费窗口上,将收费窗口封死,且谩骂、威胁收费人员不准帮人缴费,并威胁、阻拦现场患者或家属缴费,致使收费窗口瘫痪。妇幼保健院部分收费人员被迫到二号楼一层启动旧收费系统收费。8:38,被告人戊、丁等人在三号楼三楼妇产科看守死者尸体时,欲将医院护工袁某强行拖至死者尸体旁,导致袁某右手受伤,经鉴定为轻微伤。9:25,被告人丁等人在妇幼保健院内四处查看,发现二号楼有收费时,告知被告人甲等人,尔后,被告人甲、戊等人用手术平车将婴儿尸体推到二号楼一层收费处,被告人戊等人还将死者及婴儿的照片摆放在二号楼一层大门处,阻止其他患者或家属缴费。被告人丁到二号楼三楼B超室外阻止患者进行B超检测及缴费。9:34许,被告人丙、丁、戊等人在三号楼一楼大厅药房窗口谩骂、威胁工作人员,并阻止其他患者或家属取药,其中被告人丙等人还与患者家属发生冲突,推搡患者家属,造成医院药房工作中断。另外,被告人甲等人还到三号楼一层儿科门诊处阻挠医生为患者就诊。11:00许,被告人乙等人喷写条幅后,由被告人丙、丁、戊等人打着“冤枉母婴二命”等字样的条幅步行示威到县人民政府门口,拉开横幅封堵县政府大门,直至12:00许才被县公安局民警劝离。直至6月4日16:20许,县公安局民警对妇幼保健院内实施医闹的人员进行强制清场,至18:00许,县妇幼保健院才恢复正常工作秩序。经统计,6月3~4日,被告人甲等人的医闹行为造成县妇幼保健院直接经济损失×元。

2015年6月15日及16日,被告人甲、丁、戊和乙、丙先后主动向县公安局投案,到案后,各被告人基本供述了各自的罪行。

二、案件审理经过简述

被告人甲、乙、丙、丁、戊被控聚众扰乱社会秩序一案,县人民检察院于2016年6月17日向法院提起公诉。

县人民检察院提供了以下证据:①县公安局出具的《受案登记表》《立案决定书》《取保候审决定书》《当事人血样(尿样)提取登记表》、道路交通事故认定书、公安交通管理行政处罚决定书、驾驶人信息查询结果单、电动三轮车合格证、常住人口详细查询结果单、到案、破案经过、有无违法犯罪经历证明表、和解协议书等书证;②本案证人证言;③被害人袁某的陈述;④被告人甲、乙、丙、丁、戊的供述和辩解;⑤县公安局出具的法医学人体损伤程度鉴定书;⑥县公安局制作的辨认笔录及照片、现场照片等勘验、检查笔录。

被告人甲、乙、丙、丁、戊对指控的罪名及主要事实无异议,当庭自愿认罪,请求从轻处罚。另被告人丙辩解其未实施组织指挥的行为。

被告辩护人提出如下辩护意见:①指控被告人甲犯聚众扰乱社会秩序罪证据不足。作为案件一方当事人县妇幼保健院出具的收入损失的统计数字认定该院的经济损失依据不足;②即使被告人甲的行为构罪,亦有以下从轻量刑情节:A. 本案系因医疗纠纷引发;B. 被告人甲未对整个事件组织策划,只是指挥了一些具体的事情;C. 被告人甲自动投案并如实供述,应认定为自首,其本人亦当庭自愿认罪,也无前科。

法院结合县人民检察院提供的各项证据及被告方法庭陈述,经审理认为:被告人甲、乙、丙、丁、戊聚众扰乱社会秩序,情节严重,致工作、生产无法进行,社会影响恶劣,造成严重损失,其行为均触犯了《中华人民共和国刑法》第二百九十条之规定,构成聚众扰乱社会秩序罪。公诉机关指控五被告人犯聚众扰乱社会秩序罪成立。

关于被告辩护人提出的“以县妇幼保健院出具的收入损失的统计数字认定该院的经济损失依据不足”的辩护意见。法院认为,认定被告人聚众扰乱的行为造成的损失既包括可计算的经济损失,更包括所造成的对医院医疗工作无法正常进行的所产生的对民众的生命健康的影响和威胁,举横幅封堵医院、政府大门,造成极坏的社会影响。辩护人该辩护意见不予采纳。

关于被告人丙提出的其未实施组织、指挥行为的辩解。经查,多位现场证人指证其实施指挥阻止患者就诊及交费和指使他人拉横幅的行为。该辩解与事实不符,不予采纳。

被告人甲、乙、丙在共同犯罪中均有实施组织和指挥行为,属于聚众扰乱的首要分子,依法应处三年以上七年以下有期徒刑。被告人丁、戊属于聚众扰乱的积极参加人员,依法应处三年以下有期徒刑、拘役、管制或者剥夺政治权利。五被告人均系自动投案到案,到案后如实供述主要罪行,依法可以从轻处或者减轻处罚;在公共媒体和公共场所播放和张贴《悔过书》,认罪悔罪,消减造成的社会负面影响,酌情予以从轻处罚。

三、判决结果

综上,根据各被告的犯罪事实、性质和情节,依照《中华人民共和国刑法》第二百九十条第一款、第六十一条、第二十五条、第六十四条、第六十七条第一款、第七十二条第一款、第七十三条第二款、第三款之规定,经本院审判委员会讨论,判决如下:①被告人甲犯聚众扰乱社会秩序罪,判处有期徒刑一年九个月,缓刑两年(缓刑考验期从判决确定之日起计算);②被告人乙犯聚众扰乱社会秩序罪,判处有期徒刑一年九个月,缓刑两年(缓刑考验期从判决确定之日起计算);③被告人丙犯聚众扰乱社会秩序罪,判处有期徒刑一年六个月,缓刑两年(缓刑考验期从判决确定之日起计算;④被告人丁犯聚众扰乱社会秩序罪,判处有期徒刑九个月,缓刑一年(缓刑考验期从判决确定之日起计算;⑤被告人戊犯聚众扰乱社会秩序罪,判处有期徒刑六个月,缓刑一年(缓刑考验期从判决确定之日起计算;⑥扣押在案的作案工具白布一条、横幅两条、胶布一卷、"自动喷漆"十个、扩音话筒二个、内存卡一个、遗像海报两张、音响一台,予以没收,判决生效后由暂扣机关县公安局依法处理。如不服本判决,可在接到判决书的第二日起十日内,通过本院或者直接向市中级人民法院提出上诉。书面上诉的,应当提交上诉状正本一份,副本两份。

案例 7

一、案情经过简介

被告人因医疗纠纷与医院未能达成和解,后通过电话、微信等方式邀约了亲属、朋友 20 余人,于 2016 年 12 月 27 日上午到省妇幼保健医院"讨说法",在该院门口采用拉横幅、烧纸钱以及威胁跳楼等方式进行医闹,后在民警出警时仍不听劝说与执法民警发生冲撞,扰乱了社会正常秩序。

二、案件审理经过简述

区人民检察院指控被告人犯聚众扰乱社会秩序罪,于 2017 年 8 月 22 日向法院提起公诉。

公诉机关当庭宣读和出示的以下证据印证:①被告人身份信息材料及供述;②抓获经过;③被害单位报案材料及陈述;④多名证人证言;⑤检查笔录;⑥现场辨认笔录及照片;⑦辨认笔录及照片;⑧物证照片;⑨调取证据通知书、调取证据清单等。上述证据取证程序合法,内容客观真实,相互之间已经形成证据锁链,可以作为本案的定案依据。

庭审中,被告人对公诉机关指控的罪名和事实均无异议,没有辩解及辩护意见。被告人的辩护人发表了如被害单位存在过错,被告人已取得被害单位谅解,且被告人主观恶性较轻,到案后如实供述,具有悔罪表现,系初犯、偶犯等辩护意见。

法院结合公诉机关提供的各项证据及被告方法庭陈述,经审理认为:被告人聚众扰乱社会秩序,情节严重,致使医疗活动无法正常进行,其行为已构成聚众扰乱社会秩序罪。公诉机关的指控成立。被告人如实供述并自愿认罪,依法可以从轻处罚并适用缓刑。被告人的辩护人所提其事前无预谋或策划以及被害单位有过错的辩护意见与法院查明事实不符,不予支持,其余合理辩护意见符合案件客观事实予以采纳。

三、判决结果

法院依照《中华人民共和国刑法》第二百九十条第一款、第六十七条第三款、第七十二条的规定,判决如下:被告人犯聚众扰乱社会秩序罪,判处有期徒刑三年,缓刑三年(缓刑考验期从判决确定之日起计算)。如不服本判决,可于接到判决书的第二日起十日内,通过本院或者直接向市中级人民法院提出上诉,书面上诉的,应当提交上诉状正本一份,副本一份。

案例 8

一、案情经过简介

2013 年 10 月 25 日 0:30 许,死者(被告人的儿子)因发热、咳嗽,被送至县妇幼保健院治疗。次日 12:00 许,被转院至市人民医院继续治疗的死者经救治无效死亡。被告人等认为县妇幼保健院应对死者的死亡负责,遂于当日 14:00 许将死者尸体运至县妇幼保健院。同时,被告人纠集多名亲戚朋友到县妇幼保健院来施加压力。到县妇幼保健院后,被告人要朋友将死者尸体抱到五楼儿内科办公桌上,同时,被告人和朋友多人在五楼和一楼燃放鞭炮、焚烧纸钱。县妇幼保健院工作人员遂与被告人等人进行协商,并告知了相关救济途径,但被告人要求巨额赔偿×元。协商未果,被告人又将死者尸体抱至一楼门诊大厅导诊台,继续燃放鞭炮、焚烧香烛和纸钱。被告人安排其亲属买来白布围住大门口,在大门外燃放鞭炮、焚烧香烛和纸钱,阻碍人员和车辆通行。被告人在大门外拉上"天理何在,还死者公道"的横幅。14:00 许,被告人等多人进入院长办公室砸坏办公室的凳子和烟灰缸,弄来高音喇叭在门口播放哀乐,驱赶在五楼儿内科工作的医务人员,后又来到一楼堵住收费和发药窗口要求医务人员停止工作。直至当日 15:00 许,县公安局出警强制处置平息了医闹事件。

二、案件审理经过简述

县人民检察院指控被告人犯聚众扰乱社会秩序罪,于 2014 年 6 月 25 日向法院提起公诉。

公诉机关当庭出示并宣读了物证、书证、证人证言、被告人的供述和辩解、辨认笔录、现场照片、提取笔录及提取物、医疗纠纷调解协议书及复印件、办案说明及抓获经过等证据。

被告人在法庭上对指控事实无异议并自愿认罪。

法院结合公诉机关提供的各项证据及被告方法庭陈述,审理认为:被告人聚众扰乱医疗单位的正常活动,情节严重,致使医疗单位工作无法进行,造成严重损失,其行为构成聚众扰乱社会秩序罪,且系首要分子,依法应予惩处。公诉机关指控成立。被告人能够如实供述自己的犯罪事实并自愿认罪,依法可从轻处罚。被告人取得受害单位谅解,可酌情从轻处罚。根据被告人的犯罪情节和悔罪表现及所在社区愿意帮教的评估意见,可对其适用缓刑。

三、判决结果

依照《中华人民共和国刑法》第二百九十条第一款、第六十七条第三款、第七十二条第一款、第七十三条第二、三款之规定,判决如下:被告人犯聚众扰乱社会秩序罪,判处有期徒刑三年,缓刑三年(缓刑的期限自判决确定之日起计算)。如不服本判决,可在接到判决书的第二日起十日内,通过本院或直接向市中级人民法院提出上诉。书面上诉的,应当提交上诉状正本一份,副本两份。